Gunter Hankammer **Abnahme von Bauleistungen Band 1**

Abnahme von Bauleistungen
Band 1

Rechtliche und technische Grundlagen &
praktische Hinweise zur Abnahme von
Rohbau, Dach und Fassade

6., aktualisierte und erweiterte Auflage

mit 411 Abbildungen und 76 Tabellen

+ mit Checklisten zum Download

Gunter Hankammer

öffentlich bestellter und vereidigter Sachverständiger für Schäden an Gebäuden sowie Schimmelpilze und andere Innenraumschadstoffe (Handelskammer Hamburg) und für Sachfragen der Honorierung von Architektenleistungen nach der HOAI (Hamburgische Architektenkammer)

RM Rudolf Müller

Bibliografische Information der Deutschen Nationalbibliothek

Die Deutsche Nationalbibliothek verzeichnet diese Publikation in der Deutschen Nationalbibliografie; detaillierte bibliografische Daten sind im Internet über https://dnb.de abrufbar.

6., aktualisierte und erweiterte Auflage 2022

Aus Gründen der besseren Lesbarkeit wird bei Personenbezeichnungen und personenbezogenen Hauptwörtern die männliche Form verwendet. Entsprechende Begriffe gelten im Sinne der Gleichbehandlung grundsätzlich für alle Geschlechter. Die verkürzte Sprachform hat nur redaktionelle Gründe und beinhaltet keine Wertung.

Maßgebend für das Anwenden von Normen ist deren Fassung mit dem neuesten Ausgabedatum, die bei der Beuth Verlag GmbH, Burggrafenstraße 6, 10757 Berlin, erhältlich ist. Maßgebend für das Anwenden von Regelwerken, Richtlinien, Merkblättern, Hinweisen, Verordnungen usw. ist deren Fassung mit dem neuesten Ausgabedatum, die bei der jeweiligen herausgebenden Institution erhältlich ist. Zitate aus Normen, Merkblättern usw. wurden, unabhängig von ihrem Ausgabedatum, in neuer deutscher Rechtschreibung abgedruckt.

Das vorliegende Werk wurde mit größter Sorgfalt erstellt. Verlag und Autor können dennoch für die inhaltliche und technische Fehlerfreiheit, Aktualität und Vollständigkeit des Werkes und seiner elektronischen Bestandteile (Internetseiten) keine Haftung übernehmen.

Wir freuen uns, Ihre Meinung über dieses Fachbuch zu erfahren. Bitte teilen Sie uns Ihre Anregungen, Hinweise oder Fragen per E-Mail: fachmedien.bau@rudolf-mueller.de oder Telefax: 0221 5497-114 mit.

Lektorat: Petra Lindner, Kescheid
Umschlaggestaltung: Hackethal Producing, Bonn
Satz: Hackethal Producing, Bonn
Druck und Bindearbeiten: Westermann Druck Zwickau GmbH, Zwickau

Printed in Germany

ISBN 978-3-481-04390-2 (Buch-Ausgabe)
ISBN 978-3-481-04391-9 (E-Book als PDF)

FSC
www.fsc.org
MIX
Papier aus verantwortungsvollen Quellen
FSC® C110508

Vorwort zur 6. Auflage

Da in der kurzen Zeitspanne seit Herausgabe der 5. Auflage im Jahr 2017 neben der VOB/C erneut zahlreiche andere Regelwerke geändert, umfassend überarbeitet oder fortgeschrieben worden sind, wurde die vorliegende Aktualisierung und Erweiterung des Werks „Abnahme von Bauleistungen" erforderlich. Daneben wurde der Umfang an Fallbeispielen vergrößert, um die inhaltlichen Auswirkungen der aktualisierten Fachregeln für die Abnahmepraxis greifbar zu gestalten. Der erste Band umfasst die förmlichen Grundlagen der Abnahme sowie praktische Hinweise für die Abnahme von Rohbauarbeiten. Der zweite Band befasst sich mit der Abnahme von Ausbauarbeiten.

Hamburg, im August 2022 Gunter Hankammer

Danksagung

Für die fachliche Unterstützung und Hilfe bei der Entwicklung des Werks und der Umsetzung der 6. Auflage gilt mein besonderer Dank:

Frau Dipl.-Ing. (FH) Katrin Timm
Herr RA Dr. Michael Selk
Frau Petra Lindner, Lektorin

Widmung

Das Buch ist meiner Frau Susanne gewidmet.

Hinweise zum Download-Angebot

Die im Anhang dieses Buches enthaltenen Checklisten für die Abnahme stehen exklusiv für Buchkäufer zum Download bereit unter

www.bauleiter-plattform.de/download-abnahme-band1-6a

Zum Öffnen der Seite ist ein Kennwort erforderlich.
Ihr persönliches Kennwort lautet: Abnahme682C!

Weitere Informationen und alle Checklisten für die Abnahme finden Sie im Anhang 7.2 ab Seite 468.

Inhaltsverzeichnis

1 Einleitung 11

2 Abnahme 13

2.1 Definition 13

2.2 Abnahme nach BGB 13
2.2.1 Förmliche Abnahme nach BGB 13
2.2.2 Konkludente Abnahme nach BGB 18

2.3 Förmliche Abnahme nach VOB/B 20
2.3.1 Abnahme nach § 12 Nr. 1 VOB/B 21
2.3.2 Förmliche Abnahme § 12 Nr. 4 VOB/B 22
2.3.3 Fiktive Abnahme § 12 Nr. 5 VOB/B 22
2.3.4 Abnahme und Schlussrechnung 24
2.3.5 Vertragsstrafenvorbehalt 24
2.3.6 Teilabnahme § 12 Nr. 2 VOB/B 25
2.3.7 Zustandsfeststellung von Teilen der Leistung § 4 Nr. 10 VOB/B 26
2.3.8 Abnahme von Mängelbeseitigungsarbeiten 27
2.3.9 Abnahme von Gewährleistungsarbeiten 27

2.4 Vorbereitung der Abnahme 28

2.5 Kosten der Abnahme 29

2.6 Vorwegabnahme 30

2.7 Verweigerung der Abnahme 30

2.8 Wesentliche Mängel 31

2.9 Abnahme durch Architekten 37
2.9.1 Rechtliche Stellung des Architekten 37
2.9.2 Abnahme von Bauleistungen nach HOAI 42
2.9.3 Abnahme von Mängelbeseitigungsarbeiten durch Architekten nach HOAI 44
2.9.4 Abnahme von Gewährleistungsarbeiten durch Architekten nach HOAI 45

2.10 Abnahme durch Sachverständige 45

2.11 Abnahme bei WEG-Projekten 46

2.12 Abnahme und Besitzübergang 56

2.13 Rückgabe von Mieträumen 56

2.14 Abnahme von Architekten- und Ingenieurleistungen 58

2.15 Abnahme bei Abbruch- und Entsorgungsarbeiten 63

2.16 Abnahme bei Kündigung ... 64

2.17 Abnahme bei Ablehnung ... 65

2.18 Abnahme unter versicherungsrelevanten Aspekten ... 65

2.19 Abnahmeprotokoll ... 67
2.19.1 Vorbehalte wegen der Vertragsstrafe ... 72
2.19.2 Vorbehalte wegen Mängeln ... 72

2.20 Folgen der Abnahme ... 74

3 Mangel ... 77

3.1 Definition im Werkvertragsrecht ... 77

3.2 Schadensersatzpflicht, Mängelhaftung, Garantie ... 83

3.3 Mängelarten ... 85
3.3.1 Wesentliche Mängel im Sinne des § 12 Nr. 3 VOB/B/ unwesentliche Mängel im Sinne von § 640 BGB ... 85
3.3.2 Mängel in Form von Abweichungen von den anerkannten Regeln der Technik gemäß § 13 Nr. 1 VOB/B (nicht im BGB geregelt) .. 86
3.3.3 Abweichungen von der vereinbarten Beschaffenheit gemäß § 13 Nr. 1 VOB/B/§ 633 BGB ... 88
3.3.4 Abweichungen von der nach dem Vertrag vorausgesetzten Beschaffenheit ... 90
3.3.5 Nichteignung für die gewöhnliche Verwendung und Abweichung von der üblichen Beschaffenheit der Werke der gleichen Art, die der Besteller nach der Art des Werkes erwarten kann, gemäß § 13 Nr. 1 VOB/B und § 633 BGB ... 90
3.3.6 Arglistig verschwiegene Mängel ... 92
3.3.7 Versteckte Mängel ... 93

3.4 Mangelbewertung ... 94

3.5 Nacherfüllung ... 95

3.6 Minderung ... 100
3.6.1 Minderwertarten ... 104
3.6.2 Minderwertermittlung ... 105

3.7 Rücktritt ... 121

3.8 Mangelverfolgung ... 121

3.9 Symptomrechtsprechung ... 122

4 Allgemeine Beanstandungen/Unregelmäßigkeiten ... 123

4.1 Geschuldete Präzision ... 123

4.2 Bedingungen für die Beurteilung von Bauteilen ... 124

4.3 Mehrkosten durch erhöhte Anforderungen ... 132

4.4 Unangemessene Erwartungshaltung ... 132

4.5 Hinnehmbare Unregelmäßigkeiten ... 133

5 Technische Regeln ... 135

5.1 Anerkannte Regeln der Technik ... 135
5.1.1 Allgemeine Regelungen für Bauarbeiten jeder Art (VOB/C ATV DIN 18299) ... 138
5.1.2 Bedeutung der DIN-Normen ... 139

5.2 Stand der Technik ... 141

5.3 Bauregelliste des Deutschen Instituts für Bautechnik (DIBt) ... 142

5.4 Maßtoleranzen (DIN 18202) ... 145

6 Praktische Hinweise für die Abnahme der Gewerke ... 149

6.1 Erdarbeiten (VOB/C ATV DIN 18300) ... 149

6.2 Dränarbeiten (VOB/C ATV DIN 18308) ... 150

6.3 Verkehrswegebauarbeiten – Pflasterdecken und Plattenbeläge ungebundener Ausführung, Einfassungen (VOB/C ATV DIN 18318) ... 169

6.4 Mauerarbeiten (VOB/C ATV DIN 18330) ... 181
6.4.1 Allgemeines zum Verblendmauerwerk ... 181
6.4.2 Farbspiel ... 181
6.4.3 Steinbeschädigungen ... 182
6.4.4 Sichtmauerwerk ... 184
6.4.5 Risse im Außenmauerwerk ... 185
6.4.6 Feuchteschutz ... 185
6.4.7 Ausblühungen/Auslaugungen ... 198
6.4.8 Maßtoleranzen im Fugennetz ... 200
6.4.9 Dehnungsfugen ... 207
6.4.10 Verband ... 209
6.4.11 Drahtanker ... 212
6.4.12 Wärmebrücken ... 214
6.4.13 Stürze ... 214
6.4.14 Rollschichten als Fenstersohlbänke ... 216
6.4.15 Mörtelfugen ... 216
6.4.16 Schlitze und Aussparungen ... 218

6.5 Betonarbeiten (VOB/C ATV DIN 18331) ... 222
6.5.1 Sichtbeton ... 222
6.5.2 Weiße Wannen/WU-Beton ... 228
6.5.3 Expositionsklassen nach DIN EN 1992-1-1:2011-01 ... 242
6.5.4 Filigranelement-Deckenplatten ... 244
6.5.4.1 Filigranelement-Deckenplatten aus Beton ... 244
6.5.4.2 Verlegung der Filigranelement-Deckenplatten aus Beton ... 245
6.5.5 Balkonplatten ... 249

6.6 Zimmer- und Holzbauarbeiten (VOB/C ATV DIN 18334) ... 252
6.6.1 Windrispenband ... 252
6.6.2 Riffelholzdielen ... 254
6.6.3 Wärmeschutz ... 261
6.6.4 Balkenauflager in Außenwänden und anderen Mauerwerkswänden ... 262
6.6.5 Lüftungsgitter ... 264

6.6.6 Feuchteschutz während der Bauzeit und im Gebrauchszustand 268
6.6.7 Holzschalung im Außenbereich 271
6.6.8 Imprägnierung, Beschichtung 274
6.6.9 Einbaufeuchte 278
6.6.10 Handwerkliche Holztreppen 285

6.7 Abdichtungsarbeiten (VOB/C ATV DIN 18336) 295

6.8 Dachdeckungs- und Dachabdichtungsarbeiten (VOB/C ATV DIN 18338) 318
6.8.1 Dachdeckungsarbeiten 319
6.8.2 Beschädigungen an engobierten Dachziegeln 322
6.8.3 Traufe 324
6.8.4 Unterspannbahn 328
6.8.5 Flachdach 341

6.9 Klempnerarbeiten (VOB/C ATV DIN 18339) 357

6.10 Trockenbauarbeiten (VOB/C ATV DIN 18340) 378

6.11 Wärmedämm-Verbundsysteme (VOB/C ATV DIN 18345) 410

6.12 Putz- und Stuckarbeiten (VOB/C ATV DIN 18350) 442
6.12.1 Putzrisse 442
6.12.2 Putzsysteme 448
6.12.3 Toleranzen 448
6.12.4 Stuckgesimse im Außenbereich 456

6.13 Baufeuchte bei der Abnahme (VOB/C ATV DIN 18299) 457

6.14 Luftdichtheit der Gebäudehülle 458

6.15 Abbruch- und Rückbauarbeiten (VOB/C ATV DIN 18459) 466

7 Anhang 467

7.1 Beanstandungsliste 467

7.2 Checklisten für die Abnahme (PDF-Dateien zum Download) 468

7.3 Abkürzungsverzeichnis 521

7.4 Literaturverzeichnis 524

7.5 Stichwortverzeichnis 530

1 Einleitung

Die Abnahme von Bauleistungen birgt ein hohes Haftungspotenzial für jeden, der Abnahmen durchführt:

Nimmt der Architekt oder Bauleiter unzulängliche Leistungen ab, haftet er gegenüber dem Besteller für etwa vorhandene Mängel und hieraus erwachsende Schäden (vgl. Oberlandesgericht [OLG] Rostock, Urteil vom 29.08.2002 – 7 U 261/00).

Verweigert er jedoch die Abnahme ohne nachhaltig triftige Gründe, haftet er ebenfalls gegenüber dem Besteller, in diesem Fall für etwa entstehende Vermögensschäden wie u. a. Prozesskosten.

Der Bauleiter, der für sein Bauunternehmen Abnahmen von Subunternehmerleistungen durchführt, unterliegt dem Risiko, dass die gleiche Leistung anschließend von seiner eigenen Auftraggeberseite abgelehnt wird. Die Abnahme durch den Bauherrn erfolgt gewöhnlich nach der Fertigstellung der Gesamtmaßnahme. In der Regel wird das Subunternehmergewerk zu einem sehr viel früheren Zeitpunkt die Abnahme seiner individuellen Teilleistung vom Hauptgewerk verlangen. Wird dem Subunternehmer die Abnahme ungerechtfertigt verweigert, droht auch hier ein Rechtsstreit mit Prozesskosten.

Die Entscheidung, ob Gründe für eine Abnahmeverweigerung vorliegen, weil die festgestellten Mängel in der Gesamtschau als wesentlich zu erachten sind, fällt nicht immer leicht. Häufig sind Leistungen „grenzwertig“ erbracht worden oder es sind keine Regelwerke für eine klare Annahme oder Ablehnung der Leistung verfügbar.

Dieses Werk soll den Lesern mit Fallbeispielen, Tipps und Literaturverweisen Entscheidungshilfen bieten, um bei künftigen Abnahmen sichere Entscheidungen treffen zu können. Es soll den Weg aufzeigen, wie man bei spezifischen Problemstellungen aus den verfügbaren Regelwerken die jeweils zutreffenden herausfindet.

2 Abnahme

2.1 Definition

Die Abnahme wird auch als „Dreh- und Angelpunkt“ des Bauvorganges bezeichnet. Nach der Abnahme (des gesamten Bauvorhabens) sollte der Bauvorgang prinzipiell beendet sein. Das Bauvorhaben wird dem Nutzer übergeben.

Die „Abnahme“ ist ein Vorgang aus dem alltäglichen Leben: Der Lieferant übergibt dem Besteller eine Sache, der Besteller nimmt sie ab.

Die Abnahme von Werkleistungen ist sowohl im Bürgerlichen Gesetzbuch (BGB) als auch in der Vergabe- und Vertragsordnung für Bauleistungen – Teil B: Allgemeine Vertragsbedingungen für die Ausführung von Bauleistungen (VOB/B, früher: Verdingungsordnung für Bauleistungen) geregelt (siehe Abb. 2.1).

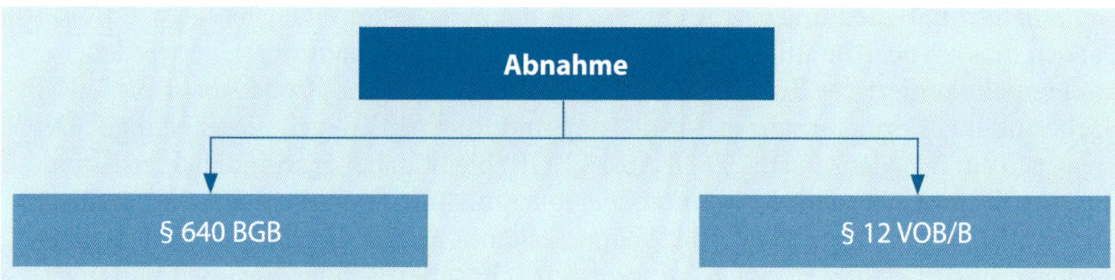

Abb. 2.1: Abnahme nach BGB und VOB/B

2.2 Abnahme nach BGB

2.2.1 Förmliche Abnahme nach BGB

Das BGB sieht eine Abnahme nur im Kauf- und Werkvertrag vor. Während im Kaufvertrag die Abnahme der gekauften Sache eine Nebenpflicht des Käufers ist, steigt sie beim Werkvertrag in den Rang einer Hauptpflicht des „Bestellers“ (Bauherr, Auftraggeber) auf. Das Werkvertragsrecht hat der Abnahme einen eigenen Paragrafen gewidmet.

§ 640 BGB „Abnahme“:

„(1) Der Besteller ist verpflichtet, das vertragsmäßig hergestellte Werk abzunehmen, sofern nicht nach der Beschaffenheit des Werkes die Abnahme ausgeschlossen ist. Wegen unwesentlicher Mängel kann die Abnahme nicht verweigert werden.

(2) Als abgenommen gilt ein Werk auch, wenn der Unternehmer dem Besteller nach Fertigstellung des Werks eine angemessene Frist zur Abnahme gesetzt hat und der Besteller die Abnahme nicht innerhalb dieser Frist unter Angabe mindestens eines Mangels verweigert hat. Ist der Besteller ein Verbraucher, so treten die Rechtsfolgen des Satzes 1 nur dann ein, wenn der Unternehmer den Besteller zusammen mit der Aufforderung zur Abnahme auf

die Folgen einer nicht erklärten oder ohne Angabe von Mängeln verweigerten Abnahme hingewiesen hat; der Hinweis muss in Textform erfolgen.

(3) Nimmt der Besteller ein mangelhaftes Werk gemäß Absatz 1 Satz 1 ab, obschon er den Mangel kennt, so stehen ihm die in § 634 Nr. 1 bis 3 bezeichneten Rechte nur zu, wenn er sich seine Rechte wegen des Mangels bei der Abnahme vorbehält."

Wesentlich ist, dass der „Besteller" (Bauherr, Auftraggeber) die Leistung des Unternehmers „in der Hauptsache" billigt, den Vertrag also für erfüllt erklärt, den Unternehmer gewissermaßen aus seinen Erfüllungspflichten entlässt.

Da das Werk auf Bestellung hergestellt wird, ist nicht auszuschließen, dass es ausschließlich für den Besteller Bedeutung hat. Eventuell kann keine andere Person damit etwas anfangen. Umso wichtiger ist es, dass der Besteller das bestellte Werk auch wirklich abnimmt. Daher ist ihm die Abnahme zur (Haupt-)Pflicht gemacht worden.

Nach § 640 Abs. 1 BGB ist er jedoch nur verpflichtet, das „vertragsmäßig hergestellte" Werk abzunehmen. Dies würde es dem Besteller ermöglichen, die Abnahme eines „mangelhaften" (also nicht vertragsmäßig hergestellten) Werkes zu verweigern, selbst bei kleinsten Mängeln. Dem hat der Gesetzgeber vorgebeugt, indem er den Besteller verpflichtet, auch beim Vorliegen von nebensächlichen Schlechterfüllungen das Werk abzunehmen.

Von erheblicher Bedeutung (insbesondere für den Architekten) ist § 640 Abs. 2 BGB. Danach müssen bei Abnahme erkannte Mängel auch bei Abnahme gerügt werden. Anderenfalls verliert der Besteller einen Teil seiner Ansprüche (§ 634 Abs. 1 bis 3 BGB: Nacherfüllung, Ersatzvornahme, Minderung und Rücktritt) wegen dieser Mängel. Der Anspruch auf Schadensersatz (§ 634 Abs. 4 BGB) bleibt dabei grundsätzlich erhalten. Dies betrifft ggf. nicht nur die konkret „bei der Abnahme erkannten" Mängel, sondern auch solche, die bei Abnahme ohne Weiteres erkannt werden können. Diese Regelung erschwert es dem Auftraggeber zumindest, zunächst oberflächlich abzunehmen und später detailliert optische Beanstandungen geltend zu machen.

Verweigert der Besteller die Abnahme unter Angabe von Mängeln, besteht für den Unternehmer nach dem neuen Bauvertragsrecht seit 2018 die Möglichkeit, eine gemeinsame Zustandsfeststellung zu verlangen. Bleibt der Besteller diesem Termin fern, kann der Unternehmer nach § 550g BGB die Zustandsfeststellung auch einseitig vornehmen:

§ 650g BGB „Zustandsfeststellung bei Verweigerung der Abnahme; Schlussrechnung"

„(1) Verweigert der Besteller die Abnahme unter Angabe von Mängeln, hat er auf Verlangen des Unternehmers an einer gemeinsamen Feststellung des Zustands des Werks mitzuwirken. Die gemeinsame Zustandsfeststellung soll mit der Angabe des Tages der Anfertigung versehen werden und ist von beiden Vertragsparteien zu unterschreiben.

(2) Bleibt der Besteller einem vereinbarten oder einem von dem Unternehmer innerhalb einer angemessenen Frist bestimmten Termin zur Zustandsfeststellung fern, so kann der Unternehmer die Zustandsfeststellung auch einseitig vornehmen. Dies gilt nicht, wenn der Besteller infolge eines Umstands fernbleibt, den er nicht zu vertreten hat und den er dem Unternehmer unverzüglich mitgeteilt hat. Der Unternehmer hat die einseitige Zustandsfeststellung mit der Angabe des Tages der Anfertigung zu versehen und sie zu unterschreiben sowie dem Besteller eine Abschrift der einseitigen Zustandsfeststellung zur Verfügung zu stellen.

(3) Ist das Werk dem Besteller verschafft worden und ist in der Zustandsfeststellung nach Absatz 1 oder 2 ein offenkundiger Mangel nicht angegeben, wird vermutet, dass dieser nach der Zustandsfeststellung entstanden und vom Besteller zu vertreten ist. Die Vermutung gilt nicht, wenn der Mangel nach seiner Art nicht vom Besteller verursacht worden sein kann.

(4) Die Vergütung ist zu entrichten, wenn

1. *der Besteller das Werk abgenommen hat oder die Abnahme nach § 641 Absatz 2 entbehrlich ist und*
2. *der Unternehmer dem Besteller eine prüffähige Schlussrechnung erteilt hat.*

Die Schlussrechnung ist prüffähig, wenn sie eine übersichtliche Aufstellung der erbrachten Leistungen enthält und für den Besteller nachvollziehbar ist. Sie gilt als prüffähig, wenn der Besteller nicht innerhalb von 30 Tagen nach Zugang der Schlussrechnung begründete Einwendungen gegen ihre Prüffähigkeit erhoben hat."

Wichtig ist also, dass der Besteller zunächst den Mangel rügt und Nachbesserung verlangt. Der **Unternehmer** ist sodann zur Verweigerung der Mängelbeseitigung berechtigt, wenn seine Prüfung auf einen unverhältnismäßig hohen Aufwand zur Beseitigung der Mängel hinweist.

§ 633 BGB „Sach- und Rechtsmangel":

„(1) Der Unternehmer hat dem Besteller das Werk frei von Sach- und Rechtsmängeln zu verschaffen.

(2) Das Werk ist frei von Sachmängeln, wenn es die vereinbarte Beschaffenheit hat. Soweit die Beschaffenheit nicht vereinbart ist, ist das Werk frei von Sachmängeln,

1. *wenn es sich für die nach dem Vertrag vorausgesetzte, sonst*
2. *für die gewöhnliche Verwendung eignet und eine Beschaffenheit aufweist, die bei Werken der gleichen Art üblich ist und die der Besteller nach der Art des Werks erwarten kann.*

Einem Sachmangel steht es gleich, wenn der Unternehmer ein anderes als das bestellte Werk oder das Werk in zu geringer Menge herstellt.

(3) Das Werk ist frei von Rechtsmängeln, wenn Dritte in Bezug auf das Werk keine oder nur die im Vertrag übernommenen Rechte gegen den Besteller geltend machen können."

Hinsichtlich der Sachmängel muss das Werk also die im Vertrag vereinbarte Beschaffenheit haben. Ergibt sich aus dem Vertrag nicht, welche Beschaffenheit durch den Auftragnehmer geschuldet wird, gelten **die übliche Art** und die **gewöhnliche Verwendung** als Parameter für die Bewertung.

§ 634 BGB „Rechte des Bestellers bei Mängeln":

„Ist das Werk mangelhaft, kann der Besteller, wenn die Voraussetzungen der folgenden Vorschriften vorliegen und soweit nicht ein anderes bestimmt ist,

1. *nach § 635 Nacherfüllung verlangen,*
2. *nach § 637 den Mangel selbst beseitigen und Ersatz der erforderlichen Aufwendungen verlangen,*
3. *nach den §§ 636, 323 und 326 Abs. 5 von dem Vertrag zurücktreten oder nach § 638 die Vergütung mindern und*

4. *nach den §§ 636, 280, 281, 283 und 311a Schadensersatz oder nach § 284 Ersatz vergeblicher Aufwendungen verlangen.“*

Neben der Nacherfüllung, früher Nachbesserung, stehen die Minderung, der Rücktritt und der Schadenersatz als Sanktionen zur Verfügung.

§ 634a BGB „Verjährung der Mängelansprüche“:

„(1) Die in § 634 Nr. 1, 2 und 4 bezeichneten Ansprüche verjähren

1. *vorbehaltlich der Nummer 2 in zwei Jahren bei einem Werk, dessen Erfolg in der Herstellung, Wartung oder Veränderung einer Sache oder in der Erbringung von Planungs- oder Überwachungsleistungen hierfür besteht,*
2. *in fünf Jahren bei einem Bauwerk und einem Werk, dessen Erfolg in der Erbringung von Planungs- oder Überwachungsleistungen hierfür besteht, und*
3. *im Übrigen in der regelmäßigen Verjährungsfrist.*

(2) Die Verjährung beginnt in den Fällen des Absatzes 1 Nr. 1 und 2 mit der Abnahme.

(3) Abweichend von Absatz 1 Nr. 1 und 2 und Absatz 2 verjähren die Ansprüche in der regelmäßigen Verjährungsfrist, wenn der Unternehmer den Mangel arglistig verschwiegen hat. Im Fall des Absatzes 1 Nr. 2 tritt die Verjährung jedoch nicht vor Ablauf der dort bestimmten Frist ein.

(4) Für das in § 634 bezeichnete Rücktrittsrecht gilt § 218. Der Besteller kann trotz einer Unwirksamkeit des Rücktritts nach § 218 Abs. 1 die Zahlung der Vergütung insoweit verweigern, als er aufgrund des Rücktritts dazu berechtigt sein würde. Macht er von diesem Recht Gebrauch, kann der Unternehmer vom Vertrag zurücktreten.

(5) Auf das in § 634 bezeichnete Minderungsrecht finden § 218 und Absatz 4 Satz 2 entsprechende Anwendung.“

§ 635 BGB „Nacherfüllung“:

„(1) Verlangt der Besteller Nacherfüllung, so kann der Unternehmer nach seiner Wahl den Mangel beseitigen oder ein neues Werk herstellen.

(2) Der Unternehmer hat die zum Zwecke der Nacherfüllung erforderlichen Aufwendungen, insbesondere Transport-, Wege-, Arbeits- und Materialkosten zu tragen.

(3) Der Unternehmer kann die Nacherfüllung unbeschadet des § 275 Abs. 2 und 3 verweigern, wenn sie nur mit unverhältnismäßigen Kosten möglich ist.

(4) Stellt der Unternehmer ein neues Werk her, so kann er vom Besteller Rückgewähr des mangelhaften Werks nach Maßgabe der §§ 346 bis 348 verlangen.“

§ 636 BGB „Besondere Bestimmungen für Rücktritt und Schadensersatz:

„Außer in den Fällen des § 281 Abs. 2 und des § 323 Abs. 2 bedarf es der Fristsetzung auch dann nicht, wenn der Unternehmer die Nacherfüllung gemäß § 635 Abs. 3 verweigert oder wenn die Nacherfüllung fehlgeschlagen oder dem Besteller unzumutbar ist.“

§ 637 BGB „Selbstvornahme“:

„(1) Der Besteller kann wegen eines Mangels des Werks nach erfolglosem Ablauf einer von ihm zur Nacherfüllung bestimmten angemessenen Frist den Mangel selbst beseitigen und Ersatz der erforderlichen Aufwendungen verlangen, wenn nicht der Unternehmer die Nacherfüllung zu Recht verweigert.

(2) § 323 Abs. 2 findet entsprechende Anwendung. Der Bestimmung einer Frist bedarf es auch dann nicht, wenn die Nacherfüllung fehlgeschlagen oder dem Besteller unzumutbar ist.

(3) Der Besteller kann von dem Unternehmer für die zur Beseitigung des Mangels erforderlichen Aufwendungen Vorschuss verlangen.“

§ 638 BGB „Minderung“:

„(1) Statt zurückzutreten, kann der Besteller die Vergütung durch Erklärung gegenüber dem Unternehmer mindern. Der Ausschlussgrund des § 323 Abs. 5 Satz 2 findet keine Anwendung.

(2) Sind auf der Seite des Bestellers oder auf der Seite des Unternehmers mehrere beteiligt, so kann die Minderung nur von allen oder gegen alle erklärt werden.

(3) Bei der Minderung ist die Vergütung in dem Verhältnis herabzusetzen, in welchem zur Zeit des Vertragsschlusses der Wert des Werks in mangelfreiem Zustand zu dem wirklichen Wert gestanden haben würde. Die Minderung ist, soweit erforderlich, durch Schätzung zu ermitteln.

(4) Hat der Besteller mehr als die geminderte Vergütung gezahlt, so ist der Mehrbetrag vom Unternehmer zu erstatten. § 346 Abs. 1 und § 347 Abs. 1 finden entsprechende Anwendung.“

Mit der Abnahme wird die Vergütung fällig. Das BGB geht dabei auch von möglichen Teilabnahmen aus.

§ 641 BGB „Fälligkeit der Vergütung“:

„(1) Die Vergütung ist bei der Abnahme des Werkes zu entrichten. Ist das Werk in Teilen abzunehmen und die Vergütung für die einzelnen Teile bestimmt, so ist die Vergütung für jeden Teil bei dessen Abnahme zu entrichten.“

Ebenso wie die VOB/B hat auch das BGB eine Verwirkung der Vertragsstrafe vorgesehen, wenn bei der Abnahme kein entsprechender ausdrücklicher Vorbehalt formuliert wird.

§ 341 BGB „Strafversprechen für nicht gehörige Erfüllung“:

„(1) Hat der Schuldner die Strafe für den Fall versprochen, dass er seine Verbindlichkeit nicht in gehöriger Weise, insbesondere nicht zu der bestimmten Zeit, erfüllt, so kann der Gläubiger die verwirkte Strafe neben der Erfüllung verlangen.

(2) Steht dem Gläubiger ein Anspruch auf Schadensersatz wegen der nicht gehörigen Erfüllung zu, so finden die Vorschriften des § 340 Abs. 2 Anwendung.

(3) Nimmt der Gläubiger die Erfüllung an, so kann er die Strafe nur verlangen, wenn er sich das Recht dazu bei der Annahme vorbehält.“

2.2.2 Konkludente Abnahme nach BGB

Eine Abnahme durch schlüssiges Handeln wird als konkludente Abnahme bezeichnet. Ähnlich wie in der VOB/B, die diese fiktive Abnahmeform noch näher beschreibt, sieht auch die Rechtsprechung zum § 640 BGB eine stillschweigende Abnahme vor.

Eine Einigung über die Höhe der Schlussrechnung nach mehreren Baustellenbesichtigungen kann trotz vorhandener Mängel zur stillschweigenden Abnahme der Werkleistung führen und zum Verlust des Anspruches auf die Geltendmachung der Vertragsstrafe, wie das OLG Dresden entschieden hat.

OLG Dresden, Endurteil vom 19.03.2003 – 11 U 696/02 (aus dem Leitsatz):

„Leitsatz:

Der Bauherr nimmt konkludent die Werkleistung ab, wenn er sich nach mehreren Besichtigungen mit dem Unternehmer über die Höhe der noch zu erstellenden Schlussrechnung mit Zu- und Abschlägen einigt, auch wenn die in mehrseitigen Listen aufgeführten Mängel zu diesem Zeitpunkt noch nicht nachgebessert sind."

Verhält sich ein Besteller so, dass der Unternehmer davon ausgehen kann, er billige das Vertragswerk als im Wesentlichen vertragsgemäß, kann eine konkludente Abnahme vorliegen, wie der Bundesgerichtshof (BGH) entschieden hat.

BGH, Urteil vom 22.12.2000 – VII ZR 311/99 (aus der Entscheidungsbegründung):

„Eine konkludente Abnahme ist nur möglich, wenn die Vertragsparteien die Vereinbarung über die förmliche Abnahme einvernehmlich aufgehoben haben. Die Vereinbarung einer förmlichen Abnahme kann ihrerseits konkludent wieder aufgehoben werden. (...)

Eine konkludente Abnahme setzt voraus, dass nach den Umständen des Einzelfalles das Verhalten des Erwerbers den Schluss rechtfertigt, er billige das Werk als im Wesentlichen vertragsgemäß. Der Einzug in die Wohnung ist jedenfalls dann keine hinreichende Grundlage für eine konkludente Abnahme, wenn der Erwerber vor dem Einzug Mängel gerügt hat, die ihn zur Abnahmeverweigerung berechtigen."

Auch das Thüringer OLG geht trotz vereinbarter förmlicher Abnahme dann von einer stillschweigenden Abnahme aus, wenn sich der Besteller so verhält, als ob er das Werk im Wesentlichen billigt.

Thüringer OLG, Urteil vom 25.05.2006 – 4 U 159/02 (Revision nicht zugelassen) (aus den Entscheidungsgründen):

„Bei einer vereinbarten, aber nicht durchgeführten Abnahme kann in der schlichten Untätigkeit des Auftraggebers grundsätzlich eine konkludente Billigungserklärung gesehen werden. Das gilt insbesondere dann, wenn – wie vorliegend – das Bauwerk vom Bauherrn bereits genutzt wird. Nach einhelliger Auffassung darf sich der Auftraggeber jedenfalls dann nach Treu und Glauben nicht (mehr) auf die fehlende förmliche Abnahme berufen, wenn die Voraussetzungen der Abnahme vorliegen und die Handlungen des Auftraggebers auf eine Billigungserklärung schließen lassen."

Ohne ein solches Verhalten des Bestellers kann nicht von einer konkludenten Abnahme ausgegangen werden, wenn die Parteien eine förmliche Abnahme vertraglich vereinbart haben, wie das OLG Brandenburg entschieden hat.

OLG Brandenburg, Urteil vom 25.01.2012 – 4 U 7/10 (Revision nicht zugelassen) (aus den Leitsätzen):

„3. Vereinbaren die Parteien eine förmliche Abnahme und rügt der Auftraggeber vor Abnahme gravierende Mängel, kann ohne das Vorliegen weiterer Umstände nicht davon ausgegangen werden, dass der Auftraggeber vom Erfordernis einer förmlichen Abnahme Abstand nehmen will."

Die Ingebrauchnahme durch den Bauherrn kann aber nicht generell als Indiz für eine konkludente Abnahme gelten. Das kann z. B. der Fall sein, wenn dem Bauherrn die Möglichkeit der freien Willensentscheidung nicht gegeben ist.

OLG Hamm, Urteil vom 27.06.1997 – 19 U 193/96 (aus der Entscheidungsbegründung):

„Arbeiten an einem älteren Fachwerkhaus rechtfertigen es nicht, Abstriche von der üblichen Sorgfalt, der fachgerechte Arbeit zugrunde liegen muss, vorzunehmen."

Hat der Auftraggeber eine Abnahme bereits vor Einzug aufgrund von Mängeln verweigert, stellen Einzug und Nutzung keine hinreichende Grundlage für eine konkludente Abnahme dar, wie der BGH entschieden hat.

BGH, Urteil vom 10.06.1999 – VII ZR 170/98 (aus der Entscheidungsbegründung):

„BGB § 640 Abs. 1

Der Einzug in das Bauwerk oder dessen Nutzung sind jedenfalls dann keine hinreichende Grundlage für eine konkludente Abnahme, wenn der Auftraggeber vor dem Einzug oder der Nutzung die Abnahme zu Recht aufgrund von Mängeln verweigert hat, die zum Zeitpunkt des Einzugs oder der Nutzung nicht beseitigt worden sind.

Der Auftraggeber ist in einem derartigen Fall nicht gehalten, beim Einzug oder mit dem Beginn der Nutzung die Abnahmeverweigerung zu wiederholen. (…)

Eine konkludente Abnahme setzt voraus, dass nach den Umständen des Einzelfalles das Verhalten des Auftraggebers den Schluss rechtfertigt, er billige das Werk als im Wesentlichen vertragsgemäß. Ein typischer Sachverhalt, auf den eine konkludente Abnahme gestützt werden kann, ist der Einzug und die Nutzung des Gebäudes. (…)

Verweigert der Auftraggeber die Abnahme unter Hinweis auf Mängel, die ihn berechtigen, die Abnahme zu verweigern, dann begründet der anschließende Einzug und die Nutzung im Regelfall keine konkludente Abnahme. Der Auftrageber muss beim Einzug in das Bauwerk, wenn er zuvor die Abnahme berechtigterweise verweigert hat, im Regelfall nicht noch einmal die Abnahmeverweigerung erklären. (…)

Der Umstand, dass im Zeitpunkt des Einzugs die ursprünglich beanstandeten Mängel noch nicht beseitigt waren, spricht gegen eine Billigung des Werkes als im Wesentlichen vertragsgemäß, weil die Beklagte mit der vorbehaltlosen konkludenten Abnahme die Gewährleistungsansprüche nach §§ 633, 634 BGB hinsichtlich der ihr bekannten Mängel nach § 640 Abs. 2 BGB verloren hätte."

Fehlen noch wesentliche Teile der Werkleistung, kann nicht von einer konkludenten Abnahme ausgegangen werden, wie der BGH entschieden hat.

BGH, Beschluss vom 27.01.2011 – VII ZR 175/09 (aus den Gründen):

„Danach kommt eine konkludente Abnahme durch Entgegennahme der Leistung regelmäßig nicht in Betracht, wenn die Leistung noch nicht vollständig erbracht worden ist (…).

Nach dem im Beschwerdeverfahren zu unterstellenden Sachverhalt hat die Klägerin im Dezember 2006 wesentliche Leistungen noch nicht erbracht. Danach scheidet eine konklu-

dente Abnahme aus. Wäre es anders, würde das Wesen der Abnahme hier in ihr Gegenteil verkehrt. Denn mit der Abnahme wird erklärt, dass die Leistung im Wesentlichen vertragsgerecht erbracht ist.“

2.3 Förmliche Abnahme nach VOB/B

Damit die VOB/B wirksam wird, bedarf es der schriftlichen Vereinbarung im Vertrag. Bei dem privaten Auftraggeber ist es außerdem erforderlich, dass dieser Kenntnis vom Wortlaut der VOB/B erlangt. Dies kann dann vorausgesetzt werden, wenn der Auftragnehmer dem Auftraggeber die VOB/B vor Vertragsabschluss aushändigt und sich den Erhalt möglichst quittieren lässt. Das Angebot, dem Auftraggeber werde der Text der VOB/B auf Wunsch kostenlos zur Verfügung gestellt, reicht nicht aus, um diese zum Vertragsbestandteil werden zu lassen, hat der BGH entschieden (BGH, Urteil vom 10.06.1999 – VII ZR 170/98).

Anders verhält es sich, wenn die Vertragsbedingungen von der Bauherrenseite selbst verfasst worden sind und die VOB/B als Grundlage vorsehen, wie ebenfalls das Brandenburgische OLG entschieden hat.

Brandenburgisches OLG, Urteil vom 06.10.2004 – 4 U 182/01 (aus der Entscheidungsbegründung):

„Erfolgt die Einbeziehung der VOB/B auf Veranlassung des Bauherrn, ist deren Geltung jedenfalls dann wirksam vereinbart, wenn der Bauherr, wie es hier der Fall war, sachkundig durch ein Bauingenieurbüro vertreten wurde.“

In der VOB ist die Abnahme in § 12 wesentlich eingehender geregelt als im BGB, insbesondere die eigentliche Durchführung der Abnahme. Es werden dort aber auch Abnahmearten aufgeführt, die dem BGB fremd sind (siehe Abb. 2.2).

Gemäß § 12 „Abnahme“ der VOB/B DIN 1961:2016-09 „VOB Vergabe- und Vertragsordnung für Bauleistungen – Teil B: Allgemeine Vertragsbedingungen für die Ausführung von Bauleistungen“ gilt:

„§ 12 Abnahme

(1) Verlangt der Auftragnehmer nach der Fertigstellung – gegebenenfalls auch vor Ablauf der vereinbarten Ausführungsfrist – die Abnahme der Leistung, so hat sie der Auftraggeber binnen 12 Werktagen durchzuführen; eine andere Frist kann vereinbart werden.

(2) Auf Verlangen sind in sich abgeschlossene Teile der Leistung besonders abzunehmen.

(3) Wegen wesentlicher Mängel kann die Abnahme bis zur Beseitigung verweigert werden.

(4) 1. Eine förmliche Abnahme hat stattzufinden, wenn eine Vertragspartei es verlangt. Jede Partei kann auf ihre Kosten einen Sachverständigen zuziehen. Der Befund ist in gemeinsamer Verhandlung schriftlich niederzulegen. In die Niederschrift sind etwaige Vorbehalte wegen bekannter Mängel und wegen Vertragsstrafen aufzunehmen, ebenso etwaige Einwendungen des Auftragnehmers. Jede Partei erhält eine Ausfertigung.

2. Die förmliche Abnahme kann in Abwesenheit des Auftragnehmers stattfinden, wenn der Termin vereinbart war oder der Auftraggeber mit genügender Frist dazu eingeladen hatte. Das Ergebnis der Abnahme ist dem Auftragnehmer alsbald mitzuteilen.

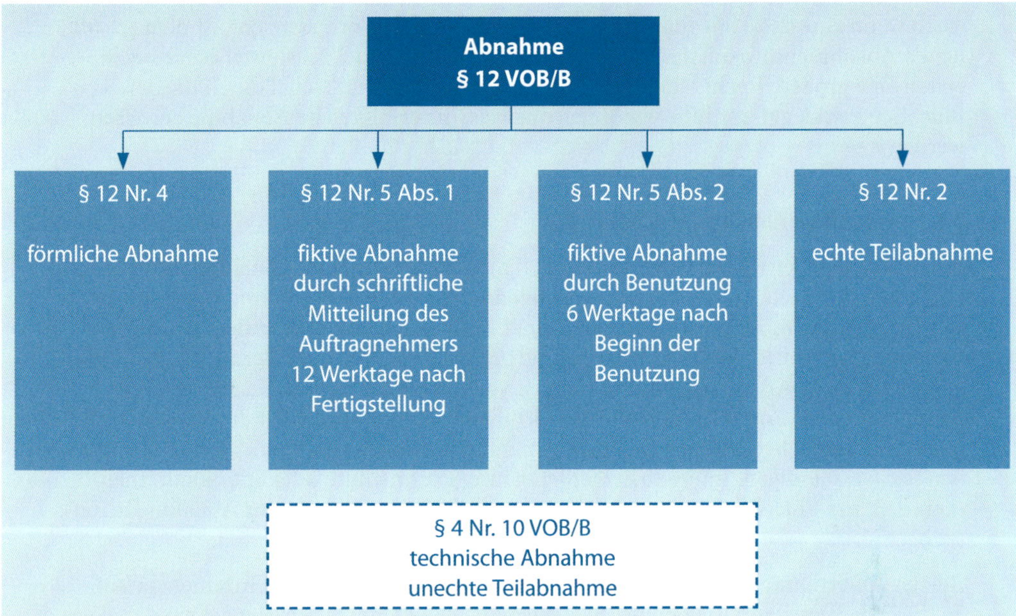

Abb. 2.2: Abnahme nach VOB/B

(5) 1. Wird keine Abnahme verlangt, so gilt die Leistung als abgenommen mit Ablauf von 12 Werktagen nach schriftlicher Mitteilung über die Fertigstellung der Leistung.
2. Wird keine Abnahme verlangt und hat der Auftraggeber die Leistung oder einen Teil der Leistung in Benutzung genommen, so gilt die Abnahme nach Ablauf von 6 Werktagen nach Beginn der Benutzung als erfolgt, wenn nichts anderes vereinbart ist. Die Benutzung von Teilen einer baulichen Anlage zur Weiterführung der Arbeiten gilt nicht als Abnahme.
3. Vorbehalte wegen bekannter Mängel oder wegen Vertragsstrafen hat der Auftraggeber spätestens zu den in den Absätzen 1 und 2 bezeichneten Zeitpunkten geltend zu machen.

(6) Mit der Abnahme geht die Gefahr auf den Auftraggeber über, soweit er sie nicht schon nach § 7 trägt.“

2.3.1 Abnahme nach § 12 Nr. 1 VOB/B

Grundsätzlich gelten für die Erklärung der Abnahme keine Formerfordernisse. Das Wesen der Abnahme liegt vielmehr in der ausdrücklichen Billigung der fertiggestellten Werkleistung durch den Besteller. Diese kann bereits in verbalen Willenserklärungen des Bestellers begründet sein, wie z. B.:

- „Die Arbeiten sind abgenommen.“,
- „Die Arbeiten sind gut ausgeführt und abgeschlossen worden.“.

Auch wenn eine derartige mündliche Erklärung des Bestellers ausreicht, ist dem schriftlichen Abnahmeprotokoll der Vorzug zu geben (siehe Kapitel 2.19), weil es für beide Seiten eine größere Rechtssicherheit bedeutet, ohne dass im Zweifel durch die beweispflichtige Partei, ggf. mithilfe von Zeugenbeweis, die erfolgreiche Abnahme bewiesen werden muss.

2.3.2 Förmliche Abnahme § 12 Nr. 4 VOB/B

Wenn eine der Vertragsparteien es verlangt, muss eine förmliche Abnahme stattfinden. So kann z. B. bereits im Vertrag von vornherein die förmliche Abnahme ausbedungen werden, um den möglichen Wirkungen einer fiktiven Abnahme vorzubeugen. Für das Verlangen nach einer förmlichen Abnahme besteht kein Formerfordernis. Beide Parteien können diese Art der Abnahme jederzeit vor Ablauf der in § 12 Nr. 5 VOB/B genannten Fristen verlangen. Im Falle der förmlichen Abnahme erfolgt die Niederschrift des Befundes nachvollziehbar in einem Abnahmeprotokoll, ggf. unter Hinzuziehung von Sachverständigen. Im Tiefbau werden häufig Prüfinstitute oder Spezialunternehmen, z. B. zur Videokanaluntersuchung oder für Druckprüfungen, zur Abnahme herangezogen.

Bei der Anfertigung eines derartigen Protokolls kommt es nicht im Einzelnen darauf an, für jede Beanstandung bereits festzulegen, ob es sich um einen Mangel handelt. Dies würde gerade bei großen Bauvorhaben zu einem erheblichen Zeitaufwand für die Abnahme führen. Bei Streitigkeiten und Zweifeln genügt es völlig, die Beanstandung durch den Besteller zu bezeichnen, den diesbezüglichen Tatsachenbefund durch örtliche Feststellungen, ggf. durch Messungen, festzuhalten und die Einwände des Auftragnehmers mit in das Protokoll aufzunehmen. Die Frage, ob mit den Beanstandungen auch gleichzeitig Mängel vorliegen, kann dann im Nachgang gründlich geklärt werden.

Besonders wichtig ist die bei der förmlichen Abnahme zwingend erforderliche Erklärung des Vertragsstrafenvorbehalts, weil tatsächlich entstandene Ansprüche des Bestellers auf die Geltendmachung der Vertragsstrafe ansonsten unwiderruflich entfallen.

Ferner ist auch die Erklärung des Vorbehalts für bereits bekannte Mängel wichtig, weil ansonsten für den Besteller ein Teil seiner Ansprüche verloren geht.

2.3.3 Fiktive Abnahme § 12 Nr. 5 VOB/B

Die schriftliche Mitteilung über die Fertigstellung nach § 12 Nr. 5 VOB/B ist nicht an eine Form gebunden. Auch die Vorlage der Schlussrechnung genügt als Information für den Auftraggeber, dass der Auftragnehmer seine Leistungen als abgeschlossen betrachtet. Selbst die Vorlage einer Rechnung, aus der sich dies durch die verwendete Formulierung schlüssig ergibt, reicht aus. Zu beachten ist, dass der Samstag als Werktag gilt.

Zur fiktiven Abnahme siehe auch Landgericht (LG) Kiel, Urteil vom 18.03.2002 – 15 O 210/00 (aus der Entscheidungsbegründung):

„Eine Abnahmefiktion war zunächst nicht eingetreten. Die Fiktion der Abnahme gem. § 12, Nr. 5 Abs. 2 VOB/B war so lange ausgeschlossen, wie die Vertragsparteien an der vereinbarten förmlichen Abnahme festhalten wollten. Das war bis zur Bezahlung der Schlussrechnung durch die Klägerin am 26. September 1994 der Fall. Aus dem Übersenden

der Schlussrechnung durch die Firma musste die Klägerin entnehmen, dass die Arbeiten fertiggestellt waren. Nachdem die Firma weder 20 Tage nach Übersendung der Schlussrechnung noch in der Folgezeit von sich aus die vertraglich vereinbarte Abnahme durchgeführt hatte, war für die Klägerin klar, dass die Firma ihrerseits nicht auf der förmlichen Abnahme bestand. Indem die Klägerin auch ohne förmliche Abnahme die Schlussrechnung in der geprüften Form akzeptierte und bezahlte, machte sie für die Firma deutlich, dass auch sie eine förmliche Abnahme nicht mehr für erforderlich hielt, zumal sie das Gebäude bei Zahlung der Schlussrechnungssumme bereits mehr als 3 Monate insgesamt in Benutzung genommen hatte. (…)

Die Werkleistung ist ab dem Zeitpunkt als abgenommen anzusehen, ab dem mit einer Abnahme nicht mehr gerechnet werden kann. Im vorliegenden Fall konnte frühestens nach der vorbehaltlosen Zahlung des Kaufpreises von keiner der Vertragsparteien mehr erwartet werden, dass die andere Seite noch eine Abnahme verlangen würde."

Für den Eintritt der Abnahmewirkung kann auch die telefonische Mitteilung des Auftragnehmers über die Fertigstellung ausreichen, wie das LG Leipzig entschieden hat.

LG Leipzig, Urteil vom 07.07.2011 – 4 O 2496/08 (aus dem Leitsatz):

„1. Auch eine lediglich telefonische Mitteilung der Fertigstellung der Arbeiten kann zur Abnahmewirkung führen."

Wird von einer der Parteien bis zum Ablauf der in § 12 Nr. 5 VOB/B bestimmten Fristen eine förmliche Abnahme verlangt oder die Abnahme schon frühzeitig verweigert, kommt die Abnahmefiktion in der Regel nicht mehr zum Zuge.

OLG Frankfurt am Main, Urteil vom 25.07.2003 – 2 U 107/02 (Beschwerde gegen die Nichtzulassung der Revision am 11.03.2004 zurückgewiesen; BGH VII ZR 239/03) (aus den Entscheidungsgründen):

„Nach wohl einhelliger Meinung scheidet eine Abnahmefiktion gemäß § 12 Nr. 5 VOB/B u. a. dann aus, wenn der Bestseller bereits vor der Ingebrauchnahme eine Abnahme verweigert hat. Da es, wie bereits gesagt, in diesem Fall an dem entsprechenden Erklärungswert der Ingebrauchnahme fehlt, sind die Gründe für eine vorzeitige Werknutzung nach Auffassung des Senats nicht von Bedeutung."

Wird eine förmliche Abnahme verlangt, löst der Bezug des Gebäudes allein nicht die fiktive Abnahme aus, wie aus dem Urteil des Brandenburgischen OLG hervorgeht.

Brandenburgisches OLG, Urteil vom 14.03.2007 – 13 U 105/06 (aus den Gründen):

„Fälligkeitsvoraussetzung für die Schlusszahlung sind beim VOB/B- Bauvertrag zum einen die Abnahme der Werkleistung und zum anderen die Erstellung einer prüfbaren Schlussrechnung. (…) Die Parteien haben im Bauvertrag ausdrücklich die förmliche Abnahme unter Hinweis auf § 12 Nr. 4 (1) VOB/B und die Erstellung eines Protokolls vereinbart. (…) Unstreitig hat eine Abnahme des Bauwerkes nicht stattgefunden. (…) Die förmliche Abnahme ist auch nicht deshalb entbehrlich geworden, weil die Beklagten bereits im Laufe des Monats November 2004 in das Haus eingezogen sind, denn unstreitig war dieses zu diesem Zeitpunkt noch nicht fertig hergestellt."

Wird eine vom Auftragnehmer verlangte Abnahme durch den Auftraggeber abgelehnt, kommt eine fiktive oder konkludente Abnahme nicht mehr in Betracht.

Brandenburgisches OLG, Urteil vom 08.02.2006 – 4 U 86/01 (Revision nicht zugelassen) (aus den Entscheidungsgründen):

„Eine Abnahme ist weder förmlich noch konkludent erfolgt. Entgegen der Auffassung der Klägerin ist eine stillschweigende Abnahme auch nicht in dem Bezug des Hauses bzw. dessen Ingebrauchnahme durch den Beklagten zu sehen. Eine konkludente Abnahme kommt nämlich nicht in Betracht, wenn der Auftraggeber eine Abnahme verweigert hat, da ihm dann der Abnahmewille fehlt."

2.3.4 Abnahme und Schlussrechnung

Selbst wenn im Vertrag eine förmliche Abnahme vereinbart worden ist, kann von einer fiktiven Abnahme ausgegangen werden, wenn der Auftragnehmer die Schlussrechnung stellt und der Auftraggeber über mehrere Monate hinweg seinerseits nicht auf der Abnahme besteht.

Kammergericht (KG) Berlin, Urteil vom 04.04.2006 – 7 U 247/05 (aus den Gründen):

„II. 1. a)
Sowohl die (...) als auch die Restwerklohnforderung (...) sind fällig, da von einer Abnahme der von der Klägerin erbrachten Leistungen auszugehen ist.
Zwar haben die Parteien (...) eine förmliche Abnahme vereinbart und eine Abnahme durch Ingebrauchnahme ausgeschlossen.
Als die Klägerin der Beklagten die Schlussrechnung übersandte, ohne den Antrag auf eine förmliche Abnahme zu stellen, gab sie damit zu erkennen, dass sie auf eine förmliche Abnahme keinen Wert legte, sondern davon absehen wollte. Das musste auch der Beklagten klar sein. Wenn diese daraufhin trotzdem mehrere Monate lang ihrerseits nicht den Wunsch nach einer förmlichen Abnahme äußerte, so ist das von beiden Parteien bis zum Jahresende 2004 gezeigte Verhalten dahin zu werten, dass sie übereinstimmend konkludent von der in Ziff. 11 des Nachunternehmervertrages vorgesehenen förmlichen Abnahme abgesehen haben und es bei formloser Abnahme haben bewenden lassen."

Umgekehrt führt die Abnahme dazu, dass der Status „Fertigstellung" im Sinne des § 14 Nr. 3 VOB/B erreicht wird und damit die Frist zur Stellung der Schlussrechnung beginnt, auch wenn noch Restleistungen zu erbringen sind, wie der BGH entschieden hat.

BGH, Urteil vom 20.08.2009 – VII ZR 205/07 (aus den Leitsätzen):

„c) Eine Fertigstellung im Sinne von § 14 Nr. 3 VOB/B liegt vor, wenn der Auftragnehmer die vertraglichen Leistungen erbracht hat. Die Abnahme indiziert die Fertigstellung regelmäßig auch dann, wenn Restleistungen fehlen. Fehlen wesentliche Restleistungen, kann sich aus deren Gewicht und den Bauumständen ergeben, dass die Leistung noch nicht fertiggestellt ist."

2.3.5 Vertragsstrafenvorbehalt

Besonders wichtig ist auch bei der fiktiven Abnahme innerhalb der in § 12 Nr. 5 VOB/B genannten Fristen die zwingend erforderliche Erklärung des Vertragsstrafenvorbehalts, weil tatsächlich entstandene Ansprüche des Bestellers auf die Geltendmachung der Vertragsstrafe ansonsten unwiderruflich entfallen.

Ferner ist auch die Erklärung des Vorbehalts für bereits bekannte Mängel wichtig, weil sonst für den Besteller ein Teil seiner Ansprüche verloren geht.

Die Vereinbarung der fiktiven Abnahme gemäß § 12 Nr. 5 VOB/B kann gegen das Gesetz zur Regelung des Rechts der Allgemeinen Geschäftsbedingungen (AGB-Gesetz – jetzt Bestandteil des BGB) verstoßen, wenn die VOB/B nicht als Ganzes vereinbart ist, wie das Saarländische OLG entschieden hat.

Saarländisches OLG, Urteil vom 09.03.2004 – 7 U 342/03-71 (aus den Entscheidungsgründen):

„Da die VOB/B nicht als Ganzes Vertragsbestandteil geworden ist (s. o.), hat eine isolierte Inhaltskontrolle der einzelnen VOB-Bestimmungen anhand des AGBG zu erfolgen. Hiernach verstößt § 12 Nr. 5 VOB/B gegen § 10 Nr. 5 AGBG, wonach grundsätzlich eine Vertragsklausel unwirksam ist, nach der eine Erklärung des Vertragspartners des Verwenders – hier: Auftragnehmer – bei Vornahme oder Unterlassen einer bestimmten Handlung (Abnahme oder Verweigerung der Abnahme) als abgegeben oder nicht abgegeben gilt; insoweit steht Nr. 5 Abs. 1 und 2 zu einem Klauselverbot in Widerspruch und ist damit unwirksam, zumal auch eine Wirksamkeit anhand § 9 Abs. 1 AGBG im Hinblick darauf, dass die VOB/B nicht als Ganzes vereinbart worden ist, nicht festgestellt werden kann (vgl. Ingenstau-Oppler, a. a. O., § 12, Rn. 144, m. w. N.).“

2.3.6 Teilabnahme § 12 Nr. 2 VOB/B

Selbstständige, in sich abgeschlossene Leistungsabschnitte oder Gewerkebereiche, die für sich allein betrachtet funktionsfähig sind, können damit als Teilleistung abgenommen werden.

Die Rechtsfolgen dieser Teilabnahme, die in Abgrenzung zu § 4 Nr. 10 VOB/B auch als „echte Teilabnahme“ bezeichnet wird, entsprechen denen der Gesamtabnahme mit allen Konsequenzen, wie Fälligkeit der Vergütung, Beweislastumkehr, Beginn der Verjährungsfrist, Gefahrenübergang usw.

Brandenburgisches OLG, Urteil vom 05.05.2004 – 4 U 118/03 (aus der Entscheidungsbegründung):

„Eine Teilabnahme löst sämtliche Abnahmewirkungen für die abgenommene Teilleistung aus, insbesondere begründet sie die Fälligkeit für den der Teilleistung entsprechenden Werklohn und setzt die Gewährleistungsfristen in Gang.“

Wenn nach der eigentlichen Abnahme noch ergänzende Arbeiten ausgeführt werden müssen, z. B. Pflanzarbeiten, wird für diese Teilleistungen eine letzte Teilabnahme fällig. Der Vorbehalt der Vertragsstrafe muss dann spätestens zu diesem Zeitpunkt geltend gemacht werden, damit entsprechende Ansprüche nicht verloren gehen. Findet eine derartige letzte Teilabnahme nicht förmlich statt, gilt die fiktive Abnahme 12 Werktage nach Eingang der schriftlichen Mitteilung als vollzogen. Die Option der Geltendmachung einer Vertragsstrafe ist dann verwirkt, wie das OLG Naumburg entschieden hat.

OLG Naumburg, Urteil vom 08.01.2004 – 4 U 154/03 (aus der Entscheidungsbegründung):

„Da eine Abnahme der Arbeiten unstreitig am 10.07.2002 stattgefunden und die Klägerin auch eine Schlussrechnung erstellt hat, bestehen gegen die Fälligkeit der Werklohnforderung keine Bedenken. Dies gilt auch hinsichtlich der später ausgeführten Pflanzarbeiten. Denn die Klägerin hat diese Arbeiten unstreitig jedenfalls Anfang Dezember 2002 ausgeführt und dies der Beklagten mit Schreiben vom 09.12.2002 mitgeteilt. Selbst wenn auch diese Restarbeiten nochmals hätten abgenommen werden müssen, läge eine fiktive Abnah-

me mit Ablauf von zwölf Werktagen nach dieser Mitteilung vor, § 12 Nr. 5 Abs. 1 VOB/B. (…)

Ein Anspruch auf die vereinbarte Vertragsstrafe scheitert (…) jedenfalls daran, dass die Beklagte sie sich nicht bei der Abnahme vorbehalten hat, § 12 Nr. 5 VOB/B. Selbst wenn man berücksichtigt, dass die Vertragsstrafe hier für die nicht rechtzeitige Erbringung der vertraglichen Gesamtleistung vereinbart war, ändert die nachfolgende Fertigstellung der Pflanzarbeiten an dieser Beurteilung nichts. Denn in diesem Fall hätte der Vorbehalt jedenfalls bei der Abnahme der letzten Teilleistung erklärt werden müssen (…). Im Falle des § 12 Nr. 5 VOB/B hätte die Beklagte hier daher innerhalb der Frist von zwei Wochen einen Vorbehalt erklären müssen. Da sie dies versäumt hat, ist der Anspruch auf die Vertragsstrafe verwirkt.“

2.3.7 Zustandsfeststellung von Teilen der Leistung § 4 Nr. 10 VOB/B

Neben dem finalen Abnahmeparagrafen der Teilabnahme nach § 12 Nr. 2 der VOB/B gibt es jedoch auch eine vorläufige Regelung für Zwischenbauzustände, die durch Fortführung der Arbeiten verdeckt zu werden drohen. Sie wird auch als „unechte Teilabnahme“ bezeichnet.

Gemäß § 4 VOB/B DIN 1961:2016-09 „Ausführung“ gilt:

„§ 4 Ausführung (…)

(10) Der Zustand von Teilen der Leistung ist auf Verlangen gemeinsam von Auftraggeber und Auftragnehmer festzustellen, wenn diese Teile der Leistung durch die weitere Ausführung der Prüfung und Feststellung entzogen werden. Das Ergebnis ist schriftlich niederzulegen.“

(Diese Regelung war in der VOB/B DIN 1961:1998 noch unter § 12 Nr. 2b enthalten.)

Bei der Feststellung des Zustandes handelt es sich um eine bereits mit Vertragsabschluss vereinbarte Beweissicherung, die dazu dient, eine gewisse bauliche Situation gemeinsam festzuhalten, bevor der weitere Baufortschritt dies unmöglich macht. Das Ergebnis ist schriftlich niederzulegen, damit spätere Streitigkeiten über mögliche Auslegungsmöglichkeiten des Ergebnisses vermieden werden.

Die technische Feststellung des Zustandes ist keine rechtsgeschäftliche Abnahme und zieht insoweit auch nicht die rechtlichen Folgen einer Abnahme nach sich. Sie kann aber der späteren Abnahme dienen, wenn die Ergebnisse der Zustandsfeststellung bei der rechtsgeschäftlichen Abnahme berücksichtigt werden.

Insbesondere bei der Ausführung von Tiefbauarbeiten und Spezialtiefbauarbeiten werden einzelne Leistungsabschnitte durch nachfolgende Arbeitsschritte endgültig überdeckt. Hier kommt der Zustandsfeststellung eine besondere Bedeutung zu (siehe Kapitel 6.1).

Der Auftraggeber hat die technische Zustandsfeststellung auf Verlangen des Auftragnehmers durchzuführen, ihn trifft insoweit eine Mitwirkungspflicht.

Die gemeinsame Zustandsfeststellung von Teilen der Leistung gemäß § 4 Nr. 10 VOB/B kann von beiden Vertragsparteien verlangt werden und ist nicht auf in sich abgeschlossene Teile einer Leistung beschränkt. Sie dient der Feststellung eines Zustandes, bevor weitere Leistungen diesen Zustand verdecken. Erforderlich ist die schriftliche Niederlegung des Ergebnisses des Tatsachenbefundes. Dabei müssen Meinungsverschiedenheiten zwischen den Parteien nicht durch Sachverständigenbeweis bis zum Ende entschieden werden. Die final notwendige Entscheidung wird auf die tatsächliche Abnahme verlagert.

Auch aus der Sicht des mit der Überwachung der Bauleistungen beauftragten Ingenieurs oder Architekten ist die Zustandsfeststellung ein wichtiger Schritt für die Dokumentation seiner ordnungsgemäßen Überwachungsleistungen (siehe Kapitel 2.6). Da nach § 4 Nr. 10 VOB/B der Auftraggeber selbst angesprochen wird, muss der Ingenieur oder Architekt den Auftraggeber für die Zustandsfeststellung hinzuziehen oder sich, wie bei der rechtsgeschäftlichen Abnahme, ggf. vom Auftraggeber bevollmächtigen lassen.

2.3.8 Abnahme von Mängelbeseitigungsarbeiten

Wenn die Nacherfüllung des Auftragnehmers hinsichtlich der Mängel, die bei der Abnahme erkannt oder vorbehalten wurden, abgeschlossen ist, wird wiederum abgenommen. Ist ein Architekt oder Ingenieur mit der Leistungsphase 8 „Objektüberwachung (Bauüberwachung)" des § 33 der Verordnung über die Honorare für Architekten- und Ingenieurleistungen (Honorarordnung für Architekten und Ingenieure – HOAI) vom Besteller beauftragt worden, ist die Durchführung dieser Nachkontrolle durch die dort beschriebenen Grundleistungen erfasst (siehe Kapitel 2.9).

Die Regelungen hinsichtlich der Gewährleistung bei Mängeln, die bei der Abnahme erkannt oder vorbehalten wurden, finden sich für das Vertragsverhältnis zwischen Besteller und Unternehmer in § 13 Nr. 4 VOB/B.

Gemäß § 13 VOB/B DIN 1961:2012-06 „Mängelansprüche" gilt":

„(4) 1. Ist für Mängelansprüche keine Verjährungsfrist im Vertrag vereinbart, so beträgt sie für Bauwerke 4 Jahre, für andere Werke, deren Erfolg in der Herstellung, Wartung oder Veränderung einer Sache besteht, und für die vom Feuer berührten Teile von Feuerungsanlagen 2 Jahre. Abweichend von Satz 1 beträgt die Verjährungsfrist für feuerberührte und abgasdämmende Teile von industriellen Feuerungsanlagen 1 Jahr.

2. Ist für Teile von maschinellen und elektrotechnischen/elektronischen Anlagen, bei denen die Wartung Einfluss auf Sicherheit und Funktionsfähigkeit hat, nichts anderes vereinbart, beträgt für diese Anlagenteile die Verjährungsfrist für Mängelansprüche abweichend von Abs. 1 zwei Jahre, wenn der Auftrageber sich dafür entschieden hat, dem Auftragnehmer die Wartung für die Dauer der Verjährungsfrist nicht zu übertragen; dies gilt auch, wenn für weitere Leistungen eine andere Verjährungsfrist vereinbart ist.

3. Die Frist beginnt mit der Abnahme der gesamten Leistung; nur für in sich abgeschlossene Teile der Leistung beginnt sie mit der Teilabnahme (§ 12 Absatz 2)."

2.3.9 Abnahme von Gewährleistungsarbeiten

Die Erfüllung von Gewährleistungsverpflichtungen durch den Auftragnehmer hinsichtlich der Mängel, die innerhalb der Gewährleistungsphase erkannt wurden, wird ebenfalls abgenommen. Ist ein Architekt oder Ingenieur mit der Leistungsphase 9 „Objektbetreuung und Dokumentation" des § 33 HOAI oder Leistungsphase 9 „Objektbetreuung und Dokumentation" des § 42 HOAI vom Besteller beauftragt worden, ist die Durchführung dieser Nachkontrolle durch die dort beschriebenen Grundleistungen erfasst (siehe Kapitel 2.9).

Die Regelungen hinsichtlich der Gewährleistung bei Mängeln, die nach der Abnahme und innerhalb der Gewährleistungsfrist erkannt wurden, finden sich für das Vertragsverhältnis zwischen Besteller und Unternehmer in § 13 Nr. 5 VOB/B.

Gemäß § 13 VOB/B DIN 1961:2016-09 „Mängelansprüche" gilt":

„(5) 1. Der Auftragnehmer ist verpflichtet, alle während der Verjährungsfrist hervortretenden Mängel, die auf vertragswidrige Leistung zurückzuführen sind, auf seine Kosten zu beseitigen, wenn es der Auftraggeber vor Ablauf der Frist schriftlich verlangt. Der Anspruch auf Beseitigung der gerügten Mängel verjährt in 2 Jahren, gerechnet vom Zugang des schriftlichen Verlangens an, jedoch nicht vor Ablauf der Regelfristen nach Nummer 4 oder der an ihrer Stelle vereinbarten Frist. Nach Abnahme der Mängelbeseitigungsleistung beginnt für diese Leistung eine Verjährungsfrist von 2 Jahren neu, die jedoch nicht vor Ablauf der Regelfristen nach Nummer 4 oder der an ihrer Stelle vereinbarten Frist endet.

2. Kommt der Auftragnehmer der Aufforderung zur Mängelbeseitigung in einer vom Auftraggeber gesetzten angemessenen Frist nicht nach, so kann der Auftraggeber die Mängel auf Kosten des Auftragnehmers beseitigen lassen."

2.4 Vorbereitung der Abnahme

Vom Auftraggeber beauftragte Bauingenieure, Architekten, Sachverständige und Bauherrenvertreter nehmen in der Regel eine Vielzahl von Gewerken ab, oft ohne weitere Unterstützung von Sonderfachleuten, wie z. B. Bodengutachtern oder Tragwerksplanern. Es besteht hierbei die Möglichkeit, dass man dabei auf der Auftragnehmerseite auf vermeintlich „regelwerkfeste" Fachbauleiter trifft, die die Ordnungsmäßigkeit ihrer Teilleistung mit Verweis auf (nicht vorhandene) Vorschriften vehement verteidigen. Die Gefahr liegt in dieser Situation dann darin, dass sich der Abnehmende in den Konflikt eines Handlungszwanges begibt und unter Druck Leistungen voreilig abnimmt.

Dieses Risiko wird durch gemeinsame **technische Begehungen** kurz vor der eigentlichen Abnahme ausgeschlossen, bei denen Beanstandungen protokollarisch festgehalten werden. Beide Parteien haben dann bis zur Abnahme die Möglichkeit, sich bezüglich der jeweils gültigen Regelwerke kundig zu machen. Ferner können die so erkannten Beanstandungen bis zur Abnahme abgearbeitet werden.

Der Auftragnehmer hat keinen Anspruch darauf, vom Auftraggeber bei der Ausführung seiner Leistungen überwacht zu werden. Obwohl den Besteller also keine Pflicht zur Leistungskontrolle trifft, hat er aber das Recht dazu. Im Hinblick auf die Tragweite von nicht erkannten Mängeln an Tiefbauleistungen, die sich erst später bei der Nutzung zeigen, setzen professionelle und öffentliche Auftraggeber bereits frühzeitig technische Überwachungsinstitute, Ingenieurbüros und Prüflaboratorien als Kontrollorgane ein.

Gute Erfahrungen sind mit **Checklisten** zur Abnahme gemacht worden. Checklisten können allgemein gehalten werden, damit sie für jedes Gewerk einsetzbar sind, oder sie können spezifisch auf die Besonderheiten jedes einzelnen Gewerks ausgelegt werden. Eine beispielhafte Auswahl von Checklisten zu den verschiedenen Gewerken befindet sich im Anhang dieses Buches. Derartige Listen können fortgeschrieben werden und lassen sich auch unternehmensspezifisch durch die abnehmenden Gremien anlegen.

2.5 Kosten der Abnahme

Da die Abnahme zu den Hauptvertragspflichten des Bestellers gehört, trägt dieser auch die Kosten der Abnahme.

Verlangt der Auftragnehmer aber die Abnahme ungerechtfertigt zu einem Zeitpunkt, bei dem noch keine Abnahmefähigkeit für die Leistung besteht, kann der Auftraggeber die durch die vergebliche Abnahme entstandenen Kosten als Schaden beim Auftragnehmer geltend machen.

Mit der Abnahme tritt zwar die Umkehr der Beweislast für etwaige Gewährleitungsmängel ein; der Auftraggeber muss dem Auftragnehmer die Mangelhaftigkeit der Werkleistungen beweisen. Das bedeutet jedoch nicht, dass der Auftraggeber immer verpflichtet ist, alle denkbaren Untersuchungen zur objektiven Klärung der Mangelursache einzuleiten. In seltenen, juristisch komplexen Fällen kann auch der Auftragnehmer dazu verpflichtet sein, die Mangelursache aufzuklären. Fällt dies nicht in seinen Verantwortungsbereich, kann er wiederum den Auftraggeber im Rahmen einer Schadensersatzforderung für die entstandenen Kosten in Regress nehmen, wie der BGH entschieden hat.

BGH, Urteil vom 02.09.2010 – VII ZR 110/09 (aus den Entscheidungsgründen):

„Der Auftraggeber schuldet dem für den Mangel verantwortlichen Auftragnehmer vor dessen Inanspruchnahme nicht die objektive Klärung der Mangelursache, deren Kenntnis erst geeignete Mängelbeseitigungs- und Schadensabwendungsmaßnahmen sicher ermöglicht (vgl. Merl in Festschrift Soergel, 1993, S. 217, 230). Es ist vielmehr Aufgabe des Auftragnehmers, Mängelbehauptungen zu prüfen und Grund und Umfang seiner Leistungspflicht selbst zu beurteilen (BGH, Urteil vom 26.02.1987 – VII ZR 64/86, BauR 1987, 443, 444 = ZfBR 1987, 188).

Das gilt entgegen der Auffassung der Revision auch dann, wenn die Bauleistung abgenommen ist und der Auftraggeber deshalb die Beweislast dafür trägt, dass ein Mangel des Werkes vorliegt. Diese Beweislast wirkt sich zum Nachteil des Auftraggebers aus, wenn der Beweis nicht geführt werden kann. Sie verpflichtet den Auftraggeber jedoch grundsätzlich nicht, vor einer Inanspruchnahme eines Auftragnehmers zu klären, ob dieser für einen Schaden verantwortlich ist. Eine solche Inanspruchnahme mag zu einer Schadensersatzverpflichtung führen, wenn der Auftragnehmer für den Mangel nicht verantwortlich ist und der Auftraggeber bei der im Rahmen seiner Möglichkeiten gebotenen Überprüfung hätte feststellen können, dass er selbst für die Ursachen des Mangels verantwortlich ist (vgl. BGH, Urteil vom 23.01.2008 – VIII ZR 246/06, BauR 2008, 671; vgl. auch OLG Düsseldorf BauR 1999, 919; Messerschmidt/Voit – Moufang, § 635 Rn. 6). Daraus kann nicht hergeleitet werden, dass der zutreffend in Anspruch genommene Auftragnehmer Rechte daraus herleiten könnte, dass vor der Inanspruchnahme seine Verantwortung noch nicht geklärt war.“

2.6 Vorwegabnahme

Der Auftraggeber einer Werkleistung und der Käufer einer Immobilie können die Abnahme erklären, obwohl noch keine Abnahmereife vorliegt.

Eine trotz vorhandener Mängel erklärte Abnahme ist wirksam und kann später nicht wegen Irrtums über den erreichten Bautenstand angefochten werden (OLG München, Urteil vom 13.12.2011 - 9 U 2533/11).

Da die Folgen der Abnahme (siehe Kapitel 2.20) gravierend sind, muss der Wille des Bauherrn zur Vorwegabnahme klar erkennbar sein und ist vom Auftragnehmer, der sich darauf beruft, zu beweisen (BGH, Urteil vom 11.05.2006 - VII ZR 300/04, NJW-RR 2006, 1248).

2.7 Verweigerung der Abnahme

Die Abnahmepflicht des Bestellers ist zunächst einmal grundsätzlich eine **Hauptvertragspflicht** (BGH, Urteil vom 23.02.1989 - VII ZR 89/87, ZfBR 89, 158 = BauR 89, 322).

Mit der Kündigung des Vertrages durch den Auftraggeber (hier: Beklagte) tritt die Abnahmewirkung nicht automatisch ein, wie das LG Lübeck entschieden hat.

LG Lübeck, Beschluss vom 17.11.2004 - 5 O 99/04 (aus den Gründen):

„Unstreitig ist das Werk von der Klägerin nicht fertiggestellt worden. Auf ein Abnahmeverlangen der Klägerin hat die Beklagte nicht reagiert. Eine ausdrückliche Abnahme hat nicht stattgefunden. Aber auch eine konkludente Abnahme ist hier nicht gegeben. Voraussetzung hierfür wäre u. a., dass der Besteller das Werk rügelos benutzt. Dies ist nicht der Fall, da die Beklagte ständig Mängel gerügt hat und letztlich wegen der nicht beseitigten Mängel die Kündigung aus wichtigem Grund erklärt hat. Mangels Abnahme des Werkes hat daher die Klägerin darzulegen und zu beweisen, dass ihr Werk abnahmefähig, d. h., im Wesentlichen mangelfrei ist. Sie ist daher auch vorschusspflichtig.“

Verweigert der Besteller die Abnahme, kann der Unternehmer auf Abnahme klagen (BGH, Urteil vom 26.02.1981 - VII ZR 287/79, NJW 81, 1448 = BauR 81, 284). Ferner kann der Unternehmer eine Feststellungsklage hinsichtlich der Abnahmefähigkeit seiner Leistungen erheben. Bei der Feststellungsklage kommt es auf den Zustand zum Zeitpunkt des ergebnislosen Abnahmetermins an, bei der Klage auf Abnahme kommt es auf den Termin der letzten mündlichen Verhandlung des Verfahrens an, der in der Regel deutlich später liegt. Ist die Verweigerung der Abnahme grundlos, kann der Besteller in Gläubiger- oder Schuldnerverzug geraten. Der **Auftragnehmer** kann Schadenersatz nach § 286 BGB verlangen, wenn die Feststellungsklage für ihn im Ergebnis erfolgreich verläuft. Die Umkehr der Beweislast tritt dann nicht ein. Bei Schadenersatzforderungen im Zuge der Feststellungsklage wird der **Auftragnehmer** so gestellt, als habe der Besteller tatsächlich zum Zeitpunkt der Verweigerung abgenommen. Das hat zur Folge, dass

- die Leistungs- und die Vergütungsgefahr auf den Besteller übergehen,
- die Fälligkeitsvoraussetzungen für die Schlusszahlung eintreten,
- die Gewährleistungsfrist beginnt.

Die Umkehr der Beweislast tritt hingegen nicht ein.

Wenn der Auftraggeber die Abnahme endgültig verweigert, treten sämtliche Abnahmewirkungen ein, wie das Schleswig-Holsteinische OLG entschieden hat.

Schleswig-Holsteinisches OLG, Urteil vom 29.05.2009 – 17 U 15/09 (aus den Gründen):

„Wegen der weiteren, nicht im Abnahmeprotokoll aufgeführten Mängel kann die Beklagte die Rechte aus § 634 Nr. 1–3 BGB n. F., insbesondere Rücktritt oder Minderung, nicht mehr geltend machen. Verweigert nämlich der Auftraggeber die Abnahme endgültig, treten sämtliche Abnahmewirkungen mit der Verweigerungserklärung ein (…), d. h., der Auftraggeber kann, wenn er ein mangelhaftes Werk trotz Kenntnis des Mangels abgenommen hat, beim BGB-Bauvertrag die sich aus § 634 Nr. 1–3 n. F. ergebenden Rechte nur geltend machen, wenn er sich diese bei Abnahme vorbehalten hat, wie aus § 640 Abs. 2 BGB hervorgeht. Das Gleiche ergibt sich für den VOB-Vertrag aus dem Sinn und Zweck der Bestimmungen in § 12 Nr. 4 Abs. 1 Satz 4 und Nr. 5 Abs. 3 VOB/B (…). Alle diese angeblichen Mängel sind offensichtlich und hätten daher spätestens bei der Abnahmebegehung festgestellt werden können."

Ebenso hat der BGH entschieden.

BGH, Urteil vom 08.07.2010 – VII ZR 171/08 (aus dem Leitsatz):

„Die werkvertraglichen Gewährleistungsansprüche des Bestellers unterliegen auch dann der Verjährungsregelung des § 638 Abs. 1 Satz 1 BGB a. F., wenn sie vor der Abnahme entstanden sind. Die Verjährungsfrist beginnt erst zu laufen, wenn die Abnahme erfolgt oder endgültig verweigert wird (Abänderung von BGH, Urteil vom 30.09.1999 – VII ZR 162/97, BauR 2000, 128 = NZBau 2000, 22 = ZfBR 2000, 97)."

2.8 Wesentliche Mängel

In § 12 Nr. 3 VOB/B ist geregelt, dass die Abnahme nur bei „wesentlichen Mängeln" verweigert werden darf. Dabei ist das Wort „wesentlich" ein unbestimmter Rechtsbegriff, also nur für den Einzelfall bestimmbar. Die Grenzen zwischen einem wesentlichen und einem unwesentlichen Mangel sind nicht normativ festgelegt. Die Frage, ob eine Leistung abnahmefähig ist, muss also in der Regel im Einzelfall durch Juristen geklärt werden. Dabei sind nach Auffassung des OLG München folgende Kriterien zu prüfen.

OLG München, Endurteil vom 15.01.2008 – 13 U 4378/07 (aus den Gründen):

„Behauptet der Auftraggeber, dass ihm ein Abnahmeverweigerungsrecht i. S. des § 640 Abs. 1 S. 2 BGB aufgrund eines oder mehrerer Mängel zusteht, hat der Unternehmer die Darlegungs- und Beweislast, dass der oder die Mängel unwesentlich sind (Werner/Pastor, Der Bauprozess, 12. Auflage, Rn. 1366).

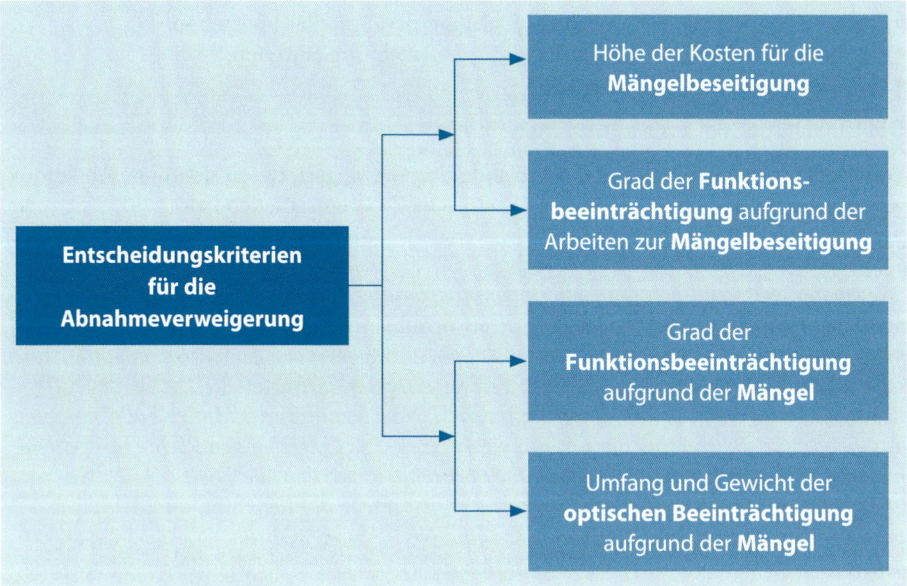

Abb. 2.3: Entscheidungskriterien zur Abnahmeverweigerung

Für die Abgrenzung von wesentlichen und unwesentlichen Mängeln ist von folgenden Kriterien auszugehen:

(1) dem Umfang der Mängelbeseitigungsmaßnahmen, insbesondere Höhe der Mängelbeseitigungskosten (BGH BauR 1981, 284, 286; BauR 200, 1482),

(2) den Auswirkungen des Mangels auf die Funktionsfähigkeit der Gesamtwerkleistung (Werner/Pastor, a. a. O.) und

(3) dem Maß der – möglicherweise auch nur optischen – Beeinträchtigung.

Dabei ist anerkannt, dass eine Vielzahl von unwesentlichen Mängeln im Einzelfall einem wesentlichen Mangel gleichstehen kann (Werner/Pastor, a. a. O)."

Allein die Tatsache, dass sich der Auftraggeber ganz persönlich eine Teilleistung „anders vorgestellt hat", als sie dann später erbracht wurde, ist kein hinreichendes Indiz für das Vorhandensein eines wesentlichen Mangels.

Wenn einem Auftraggeber also eine ganz spezielle Ausgestaltung bei der Abnahme als besonders wichtig erscheint, wird das Gericht im Streitfall zunächst intensiv prüfen, ob dieser Wunsch bereits auf dem Vorwege nachvollziehbar und kalkulierbar als ausdrückliche Zielvorgabe formuliert war. Entsprechende **besondere Hinweise** müssen sich dann in den **Plänen** und den **Ausschreibungsunterlagen** wiederfinden.

Verbindliche Regeln für die Entscheidung, ob ein wesentlicher Mangel vorliegt oder nicht, enthält weder die VOB/B noch das BGB. Die in Abb. 2.3 aufgeführten objektiven Kriterien sollten daher aus technischer Sicht aufbereitet werden, um eine anschließende (juristische) Beurteilung zu unterstützen.

Zum wesentlichen Mangel hat der BGH entschieden.

BGH, Urteil vom 26.02.1981 – VII ZR 287/79:

„Ob ein Mangel ‚wesentlich' ist und deshalb zur Verweigerung der Abnahme nach § 12 Nr. 3 VOB/B berechtigt, hängt von seiner Art, seinem Umfang und vor allem seinen Auswirkungen ab und lässt sich nur unter Berücksichtigung der Umstände des jeweiligen Einzelfalls beurteilen. Dabei mögen auch subjektive Vorstellungen der Vertragspartner über die Bedeutung bestimmter Einzelheiten bei der Ausführung der Arbeiten eine Rolle spielen, wenn diese Vorstellungen hinreichend zum Ausdruck gekommen sind. Daraus allein, wie ausführlich die zu erbringende Leistung beschrieben worden ist, kann aber noch nicht geschlossen werden, dass beim Fehlen einzelner Merkmale der darin bestehende Mangel dann auch ‚wesentlich' sein müsste. Selbst die Höhe der voraussichtlichen Mängelbeseitigungskosten ist zwar ein wichtiger Ansatzpunkt, aber ebenfalls nur einer der zu berücksichtigenden Umstände."

Das Hanseatische OLG sieht es als wesentlich an, wenn die Höhe der Mangelbeseitigungskosten etwa 10 % der Baukosten beträgt.

Hanseatisches OLG, Urteil vom 10.06.2003 – 9 U 121/00 (aus der Entscheidungsbegründung):

„Die Darlegungs- und Beweislast dafür, dass die Leistung ohne wesentlichen Mangel ist, trägt der Auftragnehmer. (...) Verweigert der Auftraggeber die Abnahme zu Recht, treten die Abnahmewirkungen nicht ein, insbesondere kann es auch nicht zu einer fiktiven Abnahme nach § 12 Nr. 5 VOB/B kommen (...) Ob ein Mangel ‚wesentlich' ist und deshalb zur Verweigerung der Abnahme nach § 12 Nr. 3 VOB/B berechtigt, bestimmt sich nach der Rechtsprechung des BGH, der der Senat folgt, anhand der Art des Mangels, seines Umfangs und vor allem seiner Auswirkung, wobei dies unter Berücksichtigung der Umstände des jeweiligen Einzelfalles zu entscheiden ist.

Im vorliegenden Fall hat die Klägerin nicht bewiesen, dass ihre Werkleistung ohne wesentlichen Mangel gewesen ist.

Der von den Parteien gemeinsam beauftragte Sachverständige hat (...) zahlreiche Mängel festgestellt, die in ihrer Gesamtheit nicht mehr als lediglich unbedeutend angesehen werden können. (...)

Der Senat folgt diesen Ausführungen des Sachverständigen. Die danach erforderlichen Arbeiten sind in ihrer Gesamtheit nicht unwesentlich, was sich bereits daran zeigt, dass die Kosten höher sind als 10 % des vereinbarten Gesamtpreises."

Das OLG Stuttgart hat zu der Definition eines wesentlichen Mangels entschieden:

OLG Stuttgart, Urteil vom 22.12.1999 – 4 U 105/99 (aus den Gründen):

„Was im Einzelnen als ‚wesentlicher Mangel' anzusehen ist, beurteilt sich nach der Verkehrsanschauung sowie den in den Vertrag einbezogenen subjektiven Vorstellungen der Parteien über Wert oder Unwert einzelner Eigenschaften der Leistung. Die Bewertung hängt von Art, Umfang und Auswirkung des Mangels ab. Abzustellen ist insbesondere auf die Auswirkungen des Mangels für die Gebrauchstauglichkeit der Leistung und die mit der Mangelbeseitigung verbundenen Kosten. Letztlich ist maßgebend, ob dem Auftraggeber zuzumuten ist, die Leistung ungeachtet der vorhandenen Mängel abzunehmen und damit die mit der Abnahme verbundenen nachteiligen Wirkungen in Kauf zu nehmen (vgl.

dazu Kleine-Möller/Merl/Oelmaier, Handbuch des privaten Baurechts, 2. Aufl., 1997, § 11 Rn. 125). Die Anwendung dieser Beurteilungsmaßstäbe führt zum Ergebnis, dass von einer berechtigten Abnahmeverweigerung auszugehen ist.

(...)

Es kann dahinstehen, ob nicht bereits ein einzelner unstreitiger Mangel als ‚wesentlich' anzusehen ist (...) – denn jedenfalls in ihrer Gesamtheit stellen die Defizite einen wesentlichen Mangel des klägerischen Werkes dar. Es handelt sich um eine Vielzahl über das Gesamtwerk verteilter Mängel, was u. a. eine erhöhte Beeinträchtigung des Beklagten bzw. der Benutzer des Gebäudes bei der Nachbesserung mit sich bringt. Ferner führen die Mängel dazu, dass das Werk nicht voll funktions- und gebrauchsfähig ist (...). Hinzu kommt, dass die (...) ermittelten Nachbesserungskosten (...) eine beträchtliche Höhe erreichen und über 5 % des vertraglichen Gesamtnettovolumens ausmachen."

Das Brandenburgische OLG erachtet einen Gesamtwert aller vorhandenen Mängel in der Größenordnung von etwas mehr als 5 % unter wirtschaftlichen Gesichtspunkten als geringfügig und hat unter den besonderen Umständen des Einzelfalls einen wesentlichen Mangel verneint (Brandenburgisches OLG, Urteil vom 27.04.2005 – 4 U 64/02, Revision nicht zugelassen).

Ein wesentlicher Mangel kann aber trotz geringfügiger Mängelbeseitigungskosten auch in dem Fehlen relevanter sicherheitstechnischer Einrichtungen liegen. Das OLG Hamm entschied in einem ein Wohn- und Geschäftshaus im Wert von 1,5 Mio. € betreffenden Fall, bei dem ein Absturzgeländer im Wert von 4.000,00 € (= 0,27 %) zwischen einem Gehweg und einem angrenzenden 79 cm höher gelegenen Parkplatz bei der Abnahme fehlte.

OLG Hamm, Urteil vom 26.11.2003 – 12 U 112/02 (Revision nicht zugelassen) (aus der Entscheidungsbegründung):

„Die fehlende Absturzsicherung im Außenbereich ist deshalb nicht anders zu beurteilen als etwa ein fehlendes Balkongeländer. Die beschriebene Situation stellt sich auch als wesentlicher Mangel des von der Klägerin geschuldeten Werks dar. Zwar ist der von den Beklagten realistisch auf 4.000,00 Euro netto zuzüglich Mehrwertsteuer geschätzte Kostenaufwand für die notwendige Herstellung des erforderlichen Geländers auf einer Länge von 25 Metern im Vergleich zu den Gesamtkosten der Baumaßnahme von mehr als 3 Mio. DM nicht sehr gewichtig. Für die Beurteilung der Frage, ob ein Mangel wesentlich im Sinne des § 12 Nr. 3 VOB/B ist, kann jedoch nicht allein auf die Relation von Gesamtbaukosten und Nachbesserungskosten abgestellt werden. Es bedarf vielmehr einer Abwägung des Interesses des Auftragnehmers, die mit der Abnahme verbundenen Rechtsfolgen herbeizuführen, mit dem Interesse des Auftraggebers an einer möglichst vollständigen Erfüllung der vertragsgerechten Leistung vor Zahlung der Vergütung. (...) Bei dieser Abwägung ist nicht allein auf die Kosten, sondern entscheidend auch auf die Bedeutung des Mangels für die Gebrauchstauglichkeit des Werkes abzustellen. Bei wie hier sicherheitsrelevanten Mängeln, aus denen sich ein nicht unerhebliches Gefahrenpotenzial für die Nutzer und Besucher des Objekts ergibt, und dem Auftraggeber im Schadensfall droht, als Verkehrssicherungspflichtiger in Anspruch genommen zu werden, überwiegt dessen Interesse derart, dass die Abnahmeverweigerung gerechtfertigt ist."

Die Bezugsfertigkeit des Objektes kann ein Kriterium sein, das bei der Entscheidung, ob ein wesentlicher Mangel vorliegt, zu berücksichtigen ist. Der BGH hat entschieden, dass

Abb. 2.4: Wesentlicher Mangel – nicht gegebene Bezugsfertigkeit aufgrund unbefestigter Zuwegung und fehlenden Klingeltableaus

die Bezugsfertigkeit jedenfalls dann nicht vorliegt, wenn der gewöhnliche Zugang zum Bauobjekt noch fehlt (siehe Abb. 2.4).

BGH, Urteil vom 15.04.2004 – VII ZR 397/02 (aus den Entscheidungsgründen):

„Zur Bezugsfertigkeit gehört jedenfalls die Herstellung des nach der vertraglichen Vereinbarung zu errichtenden gewöhnlichen Zugangs zum Bauobjekt. Denn der Zugang ist ein zentrales Element für den Bezug. Ist für eine Souterrainwohnung ein Zugang über eine Außentreppe vorgesehen, muss diese Treppe errichtet sein. Dem Besteller ist es nicht zuzumuten, das Objekt entgegen der vertraglichen Vereinbarung über einen möglichen Kellerzugang zu nutzen."

Eine relevante Abweichung der tatsächlichen Abmessungen von Fenstern gegenüber den vertraglich vereinbarten Maßen in der Größenordnung von 1 bis 19 cm rechtfertigt die Verweigerung der Abnahme.

Brandenburgisches OLG vom 08.02.2006 – 4 U 86/01 (Revision nicht zugelassen) (aus den Entscheidungsgründen):

„Nach dem subjektiven Fehlerbegriff ist ein Werk frei von Mängeln, wenn es die vereinbarte Beschaffenheit hat. Ist vertraglich eine bestimmte Beschaffenheit vereinbart, ist das hergestellte Werk schon dann mangelhaft, wenn es die vereinbarte Beschaffenheit nicht aufweist, auch wenn die Werkausführung wirtschaftlich oder technisch besser als die vereinbarte Leistung sein sollte. Unter Beachtung dieser Grundsätze zum subjektiven Fehlerbegriff liegt im Streitfall ein der Abnahmereife entgegenstehender wesentlicher Mangel des Werkes darin, dass die gelieferten und eingebauten Fenster andere Maße aufwiesen als vertraglich vereinbart."

Bei Fassaden stellt der Einbau einer Einscheiben-Sicherheitsglas(ESG)-Verglasung, die aufgrund von Nickelsulfid-Einschlüssen zu Spontanbrüchen neigt, einen wesentlichen Mangel dar, wie das OLG Stuttgart festgestellt hat.

OLG Stuttgart, Urteil vom 16.05.2007 – 4 U 23/07 (Revision nicht zugelassen) (aus den Gründen):

„2. Zutreffend geht das Landgericht davon aus, dass die Werkleistung der Beklagten mangelhaft i. S. v. § 13 Nr. 1 VOB/B ist, da die Beklagte in das von ihr errichtete Gewerk ESG-Glasscheiben eingebaut hat, die aufgrund von Nickelsulfid-Einschlüssen zu Spontanbrüchen neigen. (…)

b) Durch die Glasscheiben sollte eine dauerhaft haltbare Fassaden- und Dachfläche geschaffen werden. Glasscheiben, die aufgrund konkreter Nickelsulfid-Einschlüsse zu Spontanbrüchen neigen, sind für diese nach dem Vertrag vorausgesetzte Verwendung nicht geeignet und daher mangelhaft i. S. v. § 13 Nr. 1 VOB/B. (…)

4. Es handelt sich auch um einen wesentlichen, die Gebrauchsfähigkeit erheblich beeinträchtigenden Mangel, § 13 Nr. 7 Abs. 1 VOB/B.“

Rät der Architekt seinem Bauherrn die Abnahmeverweigerung an, ohne dass hierfür triftige Gründe vorliegen, kann er für den daraus entstehenden Schaden in Höhe der Prozesskosten vom Bauherrn in Anspruch genommen werden, wie das OLG Celle entschieden hat.

OLG Celle, Urteil vom 11.12.2003 – 14 U 126/03 (aus der Entscheidungsbegründung):

„Würde sich die Behauptung der Klägerin, die Empfehlung des Beklagten sei inhaltlich falsch gewesen, bestätigen, so wäre (angesichts grundsätzlich anzunehmenden beratungskonformen Verhaltens) davon auszugehen, dass ohne diese falsche Empfehlung die Klägerin sich nicht von der Firma H. hätte verklagen lassen und ihr die Prozesskosten nicht entstanden wären.“

Die Fälligkeit der Vergütung kann auch ohne Abnahme eintreten, wenn das Werk abnahmefähig ist, wie das Brandenburgische OLG entschieden hat.

Brandenburgisches OLG, Urteil vom 08.01.2003 – 4 U 82/02 (aus der Entscheidungsbegründung):

„1. Dem Kläger steht gegen die Beklagte gemäß § 631 BGB ein Anspruch auf Werklohn in der geltend gemachten und vom Landgericht zugesprochenen Höhe zu.

a) Die Werklohnforderung des Klägers ist fällig. Die hierfür gemäß § 641 BGB grundsätzlich erforderliche Abnahme ist vorliegend entbehrlich, weil die Leistung des Klägers abnahmefähig war. Die Abnahmefähigkeit ist selbst dann gegeben, wenn sie – wie im Streitfall – erst durch die vom Besteller veranlasste Ersatzvornahme herbeigeführt wird (Palandt/Sprau, BGB-Kommentar, 61. Aufl., § 640 Rn. 6). Nach dem eigenen Vortrag der Beklagten sollen die behaupteten Mängel jedenfalls durch die Nachbesserungsarbeiten der Firma E(…) GmbH behoben worden sein. Spätestens seit diesem Zeitpunkt ist mithin von der Abnahmefähigkeit auszugehen.“

Nach der Rechtsprechung des BGH wird der Werklohn auch dann fällig, wenn der Besteller die Abnahme zu Unrecht endgültig verweigert (BGH, Urteil vom 18.05.2010 – VII ZR 158/09, IBR 2010, 489; BGH, Urteil vom 25.01.1996 – VII ZR 26/95, BauR 1996, 390, 391 = ZfBR 1996, 156).

2.9 Abnahme durch Architekten

2.9.1 Rechtliche Stellung des Architekten

Die Abnahme ist eine rechtsverbindliche Erklärung des Auftraggebers und kann daher rechtswirksam nur durch ihn selbst erfolgen. Bei Gesellschaften ist insofern nur der Geschäftsführer oder eine Person mit entsprechend ausgestatteter Prokura berechtigt, eine verbindliche Abnahmeerklärung abzugeben. Bei Behörden ist nur der durch seinen Dienstvertrag zu rechtsgeschäftlichen Handlungen Ermächtigte berechtigt, eine Abnahme durchzuführen. Sofern sich eine Partei bei der Abnahme vertreten lässt, muss eine entsprechende verbindliche Vollmacht nach § 167 BGB hierzu vorliegen.

§ 167 BGB „Erteilung der Vollmacht":

„(1) Die Erteilung der Vollmacht erfolgt durch Erklärung gegenüber dem zu Bevollmächtigenden oder dem Dritten, dem gegenüber die Vertretung stattfinden soll.

(2) Die Erklärung bedarf nicht der Form, welche für das Rechtsgeschäft bestimmt ist, auf das sich die Vollmacht bezieht."

Vor Beginn einer Abnahme sollte daher zwischen den Beteiligten geklärt werden, welche Vollmachten und Befugnisse tatsächlich auf beiden Seiten vorliegen.

Die **originäre Vollmacht** versetzt den Architekten kraft seines Architektenvertrages in die Lage, für den Bauherrn im Sinne des Projektes in begrenztem Umfang aktiv zu werden. Hierzu zählen nach allgemeiner Rechtsauffassung die Verhandlungen mit den Behörden und das Treffen erforderlicher Anweisungen gegenüber den Handwerksbetrieben. Die Erteilung von Aufträgen und die Unterzeichnung von Stundenlohnzetteln werden hiervon nicht grundsätzlich abgedeckt. Lediglich bei erforderlich werdenden Nachtragsaufträgen geringen Umfangs kann von einer Bevollmächtigung des Architekten ausgegangen werden, wie das OLG Düsseldorf entschieden hat.

OLG Düsseldorf, Urteil vom 09.01.1997 – 5 U 104/96 (aus der Entscheidungsbegründung):

„Der Architekt, der Bauleistungen persönlich bei Handwerkern in Auftrag gibt, handelt im Zweifel nicht im eigenen Namen, sondern im Namen des Bauherren. Dies ist tatsächlich zu vermuten, denn der Architekt ist bei Bauwerken den Beteiligten erkennbar rechtlich und wirtschaftlich nicht für eigene Rechnung, sondern für den Bauherrn tätig, der sein Auftraggeber ist, § 164 Abs. 2 BGB. (…) Auch der bauleitende Architekt ist im Rahmen der Bauausführung mindestens insoweit als stillschweigend durch den Bauherrn bevollmächtigt anzusehen, als dies zur mangelfreien Errichtung des Bauwerks erforderlich ist. (…) Hieraus ist allgemein die Feststellung abzuleiten, dass der Architekt auch ohne besondere Bevollmächtigung im Namen des Bauherrn zulässig Aufträge kleineren Umfangs an Bauhandwerker vergeben darf. (…)

Es ist nicht anzunehmen, die Baukosten hätten sich auf lediglich wenige 100.000,00 DM beschränkt. Demgegenüber war der Auftrag, den der Beklagte dem Kläger erteilt hat, von vergleichsweise geringem Umfang. Er hat sich auf einen Rechnungswert von etwa 8.000,00 DM belaufen."

Der Architekt mit einem Vertrag nach § 33 Leistungsphase 8 HOAI ist kraft seiner originären Vollmacht auch nicht zu einer **rechtsgeschäftlichen Abnahme** befugt. Er darf lediglich eine **technische Abnahme** durchführen. Gleiches gilt für die Formulierung von Abnahmevorbehalten. Auch hierzu ist lediglich der Auftraggeber berechtigt.

Sofern der Auftraggeber also an der Abnahme nicht selbst teilnimmt, kann nur eine technische **Begehung zur Vorbereitung der Abnahme** oder eine **Bauzustandsfeststellung zum Zeitpunkt der Abnahme** mit dem Architekten und dem Auftragnehmer gemeinsam durchgeführt werden. Die Abnahmeerklärung muss anschließend in einem gesonderten Akt erfolgen.

Abweichend von diesem Grundsatz kann der Unternehmer möglicherweise von einer erfolgreichen Abnahme ausgehen, wenn der tatsächlich vollmachtlose Architekt bei der Abnahme den Anschein der Befugnis erweckt. Er handelt dann als vollmachtloser Vertreter und muss ggf. die volle Verantwortung hinsichtlich entstehender Schäden übernehmen, wenn der Bauherr die Abnahme nicht nachträglich anerkennt.

§ 179 BGB „Haftung des Vertreters ohne Vertretungsmacht“:

„(1) Wer als Vertreter einen Vertrag geschlossen hat, ist, sofern er nicht seine Vertretungsmacht nachweist, dem anderen Teil nach dessen Wahl zur Erfüllung oder zum Schadensersatz verpflichtet, wenn der Vertretene die Genehmigung des Vertrags verweigert.

(2) Hat der Vertreter den Mangel der Vertretungsmacht nicht gekannt, so ist er nur zum Ersatze desjenigen Schadens verpflichtet, welchen der andere Teil dadurch erleidet, dass er auf die Vertretungsmacht vertraut, jedoch nicht über den Betrag des Interesses hinaus, welches der andere Teil an der Wirksamkeit des Vertrags hat.

(3) Der Vertreter haftet nicht, wenn der andere Teil den Mangel der Vertretungsmacht kannte oder kennen musste. Der Vertreter haftet auch dann nicht, wenn er in der Geschäftsfähigkeit beschränkt war, es sei denn, dass er mit Zustimmung seines gesetzlichen Vertreters gehandelt hat.“

Beispiel einer Entscheidungsbegründung zur vollmachtlosen Vertretung, Saarländisches OLG, Urteil vom 11.07.2000 – 7 U 944/99-233:

„Danach haftet der Vertreter nicht, wenn der andere Teil den Mangel der Vertretungsmacht kannte oder kennen musste. Kennenmüssen liegt schon bei jeder fahrlässigen Unkenntnis des Mangels der Vertretungsmacht vor; Rechtsfolge ist ohne Weiteres der Ausschluss jeglicher Haftung nach § 179 BGB (BGH MDR 1990, 222).

Fahrlässigkeit, d. h. das Außerachtlassen der im Verkehr erforderlichen Sorgfalt, liegt vor, wenn die Umstände des Falles den Vertragspartner veranlassen müssen, sich danach zu erkundigen, ob der Vertreter die zumindest stillschweigend behauptete Vertretungsmacht tatsächlich hat.“

Ein weiteres Urteil zur vollmachtlosen Vertretung durch den Architekten und zu der nachträglichen Genehmigung des Auftraggebers durch Zahlung der Schlussrechnung hat das Hanseatische OLG gefällt.

Hanseatisches OLG, Urteil vom 25.04.2001 – 13 U 38/00 (aus den Entscheidungsgründen):

„Hinsichtlich der von dem Architekten in Auftrag gegebenen Zusatzarbeiten liegen die Voraussetzungen des § 164 BGB vor. Da Architekten berufsspezifisch für ihre Auftraggeber tätig werden, spricht vorliegend die Vermutung dafür, dass der Architekt im Namen des Beklagten gehandelt hat. Hierzu war der Architekt aufgrund seiner ihm von dem Beklagten eingeräumten Stellung auch bevollmächtigt. Nach der Rechtsprechung des Bundesgerichtshofs erteilt der Bauherr dem Architekten, dem er die technische und geschäftliche Oberleitung sowie die Bauausführung überträgt, damit zugleich in gewissem Umfange

auch die Befugnis, ihn gegenüber den Bauhandwerkern zu vertreten (vgl. BGH NJW 1960, 859; BauR 1975, 358). Hier hat der Architekt im Rahmen seiner sog. originären Vollmacht gehandelt, da er umfassend von der Beklagten bevollmächtigt war (Planung, Genehmigung, Bauüberwachung) und lediglich Zusatzaufträge kleineren Umfangs erteilt hat. Das Volumen der einzelnen Zusatzaufträge liegt nämlich jeweils unter 5 %, das Gesamtvolumen unter 10 % der ursprünglichen Auftragssumme.

Aber auch im Falle eines vollmachtslosen Handelns des Architekten könnte der Beklagte eine bereits eingetretene Überzahlung nicht geltend machen, da in der Bezahlung der Schlussrechnung eine schlüssige Genehmigung des Vertreterhandels zu sehen ist (§§ 177, 184 BGB). Der Beklagte konnte der ihm vorgelegten Schlussrechnung ohne Weiteres entnehmen, dass die Klägerin neben den pauschal abgerechneten Arbeiten weitere ‚Arbeiten gemäß Nachtragsangebot' in Rechnung gestellt hat. Wenn der Beklagte gleichwohl die von ihm selbst nicht in Auftrag gegebenen Arbeiten bezahlt, konnte die Klägerin diese Handlungsweise nur als Genehmigung verstehen.“

Weiterhin muss sich der Auftraggeber ggf. eine **Duldungsvollmacht** des Architekten (siehe Abb. 2.5) anrechnen lassen, wenn er es wissentlich geduldet hat, dass dieser – ohne Vollmacht – während der Gesamtdauer des Projekts rechtsgeschäftliche Vereinbarungen mit den Vertragspartnern getroffen hat. Der Unternehmer kann in der Regel nach den Grundsätzen von Treu und Glauben davon ausgehen, dass hier der Wille des Auftraggebers vorliegt, sich vom Architekten rechtsgeschäftlich vertreten zu lassen.

Zur Duldungsvollmacht des Architekten hat das Brandenburgische OLG entschieden.

Brandenburgisches OLG, Urteil vom 22.11.2001 – 12 U 65/01 BIS 2002, 143 (aus der Entscheidungsbegründung):

„Wird im Rahmen eines Bauvorhabens ein Auftrag nicht von dem Bauherrn selbst, sondern von einem von ihm eingesetzten Architekten erteilt, so ist bei der Beantwortung der Frage, ob der Architekt für den Bauherrn oder im eigenen Namen tätig wird, vom objektiven Erklärungswert der Auftragserteilung auszugehen. Dabei ist von Bedeutung, wie sich die Erklärung nach Treu und Glauben mit Rücksicht auf die Verkehrssitte für einen objektiven Betrachter in der Lage des Erklärungsempfängers darstellt; zu berücksichtigen sind die gesamten Umstände des Einzelfalles, insbesondere die dem Rechtsverhältnis zugrunde liegenden Lebensverhältnisse, die Interessenlage, der Geschäftsbereich, dem der Erklärungsgegenstand zugehört, und die typischen Verhaltensweisen (BGH BauR 1988, S. 215 ff.; Werner/Pastor, Der Bauprozess, 9. Auflage 1999, Rn. 1066). Die Auftragserteilung durch einen Architekten, der grundsätzlich – anders als ein Bauträger – berufsspezifisch für seinen Auftraggeber tätig wird, spricht hierbei für ein Handeln im Namen des Bauherrn (vgl. OLG Köln, BauR 1996, S. 254 ff.; Werner/Pastor a. a. O.).

Die Klägerin hat auch keinen Anspruch aus § 179 Abs. 1 BGB wegen eines Handelns des Beklagten als Vertreter ohne Vertretungsmacht. Es kann insoweit dahinstehen, ob der Beklagte (…) nicht bereits – konkludent – bevollmächtigt wurde (…), denn auch im Falle des Fehlens einer ausdrücklichen oder konkludenten Bevollmächtigung ist es jedenfalls zu einer wirksamen Verpflichtung der Bauherrin über das Institut der Duldungsvollmacht gekommen. Danach haftet derjenige auf Vertragserfüllung, der das Handeln eines anderen, nicht zu seiner Vertretung Befugten kennt und es trotz zumutbarer Sorgfalt duldet, falls der Geschäftsgegner diese Vollmacht hat. Die Duldungsvollmacht setzt dabei die positive Kenntnis des Vertretenden voraus, dass der vollmachtlose Vertreter beim Vertragsabschluss wie sein Vertreter auftritt, und ferner die Duldung eines solchen Auftretens. Eine Duldungsvollmacht in diesem Sinne kann z. B. darin liegen, dass der Auftraggeber die

Kopie eines durch seinen Architekten erteilten Auftrages widerspruchslos entgegennimmt oder Teil- bzw. Abschlagsrechnungen eines solchen Auftrages bezahlt (OLG Hamburg BauR 1996, S. 256 f., Ingenstau/Korbion, VOB, Kommentar, 14. Aufl. 2000, B, § 2 Rn. 40; Werner/Pastor, a. a. O., Rn. 1084). In diesem Fall entfällt zugleich eine Haftung des Handelnden aus § 179 Abs. 1 BGB (vgl. Werner/Pastor, a. a. O., Rn. 1071). Das Institut der Duldungsvollmacht greift allerdings dann nicht ein, wenn der Vertragspartner bei Anwendung der zumutbaren Sorgfalt erkennen konnte, dass trotz der Duldung des Verhaltens des Architekten durch den Bauherrn dieser keine Vollmacht damit erteilen wollte.“

Auch die Unterzeichnung von Nachträgen durch Mitarbeiter des Auftraggebers mit dem Zusatz „im Auftrag“ oder „i. A.“ befreit den Auftraggeber selbst nicht von seiner Vergütungspflicht, wenn der Vorgang geduldet wird und die Leistung entgegengenommen wird.

Thüringer OLG Jena, Urteil vom 25.05.2005 – 4 U 159/02 (aus den Entscheidungsgründen):

„Hinsichtlich der dann nicht von K. als Oberbauleiter unterschriebenen Nachträgen kommt aber eine Anscheins- oder Duldungsvollmacht desselben in Betracht. Die Nachträge sind ‚im Auftrag‘ von R. unterzeichnet worden. Es ist daher davon auszugehen, dass diese zumindest im Auftrag und mit Wissen des Oberbauleiters erfolgt sind, sodass die fehlende Gegenzeichnung zwar ein Indiz für den Mangel der Rechtsverbindlichkeit sein kann, andererseits der Zusatz ‚im Auftrag‘ dieses Indiz aber wieder aufhebt. Die Leistungen der Nachträge wurden auch entgegengenommen. (…) Selbst wenn dieser die Nachträge dann nicht (mehr) abgezeichnet hatte, ist aus der vorbehaltlosen Entgegennahme der Leistungen zu schließen, dass die Parteien auf die Förmlichkeit des Vertragsabschlusses für diese Nachträge verzichtet haben.“

Ähnlich verhält es sich mit der **Anscheinsvollmacht** (siehe Abb. 2.5), wenn der Architekt den Anschein einer Vertretungsberechtigung erweckt und der Bauherr dies bei pflichtgemäßer Sorgfalt erkennen musste. Voraussetzung sind in beiden Fällen aber die Gutgläubigkeit des Bauunternehmers und die Kausalität mit dem Projekt.

Das OLG München hat hierzu entschieden.

OLG München, Endurteil vom 24.05.2011 – 13 U 2760/10 (Revision nicht zugelassen) (aus den Gründen):

„Nach der Bekundung des Zeugen Ro., des mit umfassender Vollmacht ausgestatteten Projektleiters der Klägerin, war für ihn neben Be., der für Ro. nur in wenigen Fällen Ansprechpartner war, hauptsächlich Kö. Ansprech- und Verhandlungspartner. Zahlreiche Nachträge standen unter großem Zeitdruck und mussten sofort erledigt werden, noch bevor eine schriftliche Bestätigung der Beklagten in Rücklauf kam. Aus Sicht des Zeugen Ro. gab es 3 Unterschriftsberechtigte, nämlich Be., Kö., mit dem ca. 90 % der Nachträge verhandelt wurden, und Fr., der sein Büro am Stammsitz der Beklagten hat. An Ablehnungen der vorher ausgehandelten Verträge konnte sich Ro. nicht erinnern.

Damit hat die Beklagte den Rechtsschein einer Bevollmächtigung Kö.s geschaffen. Wer einen mit der Sache befassten und sachkundigen Mitarbeiter zu Verhandlungen auf die Baustelle schickt, erzeugt regelmäßig einen solchen Anschein, siehe zuletzt BGH BauR 2011, 669. Diese Entscheidung betraf zwar den Mitarbeiter des Auftragnehmers. Es ist aber kein sachlicher Grund ersichtlich, diesen Grundsatz nicht auch auf Mitarbeiter des Auftraggebers anzuwenden.

Abb. 2.5: Konstruktionen von Architektenvollmachten

Darüber hinaus finden auch die Grundsätze über die Duldungsvollmacht Anwendung. Die Zentrale in E. musste bemerkt haben, dass eine Fülle von zusätzlichen Leistungen ausgeführt wurde, sei es auf Wunsch der Bauherrin F., sei es aufgrund technischer Notwendigkeiten. (…). Das heißt nichts anderes, als dass es mehr Nachträge gab als die, die entsprechend der internen Hierarchie der Beklagten abgezeichnet wurden.

Sofern die Beklagte darauf abhebt, durch die Verwendung der Abkürzungen i. V. (in Vertretung) und i. A. (im Auftrag) habe die Klägerin erkennen können, dass der Zeuge Kö. keine Vollmacht hatte, dringt sie nicht durch. Zum einen werden diese Abkürzungen in der betrieblichen Praxis ohnehin nicht immer streng durchgehalten. Zum anderen hat der Zeuge Wi. bekundet (Protokoll vom 24.05.2011, Seite 6 unten), dass auch Fr., also der abschließende Unterzeichner eines Nachtrags, mit i. A. unterschrieb.“

Von einer **konkret erteilten Vollmacht** kann indes ausgegangen werden, wenn der Unternehmer die Abnahme bei dem Auftraggeber selbst beantragt hat und der Auftraggeber seinen beauftragten Architekten zum Termin entsendet, selbst aber nicht erscheint (siehe Abb. 2.5).

Dann muss sich der Auftraggeber die Handlungen des Architekten als bevollmächtigten „Gehilfen“ zurechnen lassen, wie das OLG Düsseldorf entschieden hat.

OLG Düsseldorf, Urteil vom 19.11.2013 – I-23 U 32/13 (Revision nicht zugelassen) (aus den Gründen):

„Der Vortrag der Beklagten, ihr Mitarbeiter O habe die Abnahmeprotokolle nicht unterschrieben, ist unzutreffend. Die Abnahmeprotokolle tragen seine Unterschrift (GA 168, GA 169). Auch ist er als bevollmächtigt anzusehen, da er den Abnahmetermin für die Klägerin wahrgenommen hat. Denn entsendet der Geschäftsherr einen Gehilfen zu einer Abnahmeverhandlung, so ist regelmäßig davon auszugehen, dass er ihn zu den Erklärungen bevollmächtigt, die im Rahmen der Abnahmeverhandlung abgegeben werden sollen. (…)“

2.9.2 Abnahme von Bauleistungen nach HOAI

Für die Abnahme von Bauleistungen bei Gebäuden, Freianlagen und raumbildenden Ausbauten durch Architekten finden sich Hinweise bei den Grundleistungen der Leistungsphase 8 „Objektüberwachung (Bauüberwachung)" in der Anlage 11 zu § 33 der HOAI.

HOAI vom 11.08.2009, Anlage 11 zu den §§ 33 und 38 Abs. 2:

„Leistungen im Leistungsbild Gebäude und raumbildende Ausbauten sowie im Leistungsbild Freianlagen (...)

Leistungsphase 8: Objektüberwachung (Bauüberwachung) (...)

h) Abnahme der Bauleistungen unter Mitwirkung anderer an der Planung und Objektüberwachung fachlich Beteiligter unter Feststellung von Mängeln (...)

n) Überwachen der Beseitigung der bei der Abnahme der Bauleistungen festgestellten Mängel, (...)"

Die Grundleistungen im Leistungsbild der Leistungsphase 8 sahen es noch bis zur Fassung von 2009 vor, dass der Architekt die **Abnahme der Bauleistungen unter Mitwirkung anderer an der Planung und Objektüberwachung fachlich Beteiligter** durchführt. Diese Formulierung war irreführend, da der Architekt ja gerade nicht die rechtsgeschäftliche Abnahme durchführen kann, sondern nur die technische Begehung zur Zustandsfeststellung.

In der Fassung von 2013 findet sich eine abweichende Formulierung im Leistungsbild in der Anlage 10.

HOAI vom 10.7.2013, Anlage 10 zu den §§ 34 Abs. 1 und 35 Abs. 6:

„10.1 Leistungsbild Gebäude und Innenräume (...)

LPH 8 Objektüberwachung (Bauüberwachung) und Dokumentation (...)

k) Organisation der Abnahme der Bauleistungen unter Mitwirkung anderer an der Planung und Objektüberwachung fachlich Beteiligter, Feststellung von Mängeln, Abnahmeempfehlung für den Auftraggeber"

Die Grundleistungen der Leistungsphase 8 sehen es seit 2013 vor, dass der Architekt die **Organisation der Abnahme der Bauleistungen unter Mitwirkung anderer an der Planung und Objektüberwachung fachlich Beteiligter** durchführt und die **Feststellung von Mängeln** besorgt sowie eine **Abnahmeempfehlung für den Auftraggeber** ausspricht. Auch diese Formulierung ist nicht unproblematisch, da es sich bei der Frage, ob eine Beanstandung von Werkleistungen einen Mangel darstellt, nach herrschender Meinung um eine Rechtsfrage handelt, die im Zweifel erst durch Auslegung gerichtlich zu klären wäre, wie das OLG Brandenburg begründet hat.

OLG Brandenburg, Urteil vom 05.03.2014 – 4 U 134/09 (Revision nicht zugelassen) (aus den Gründen):

„Die Bewertung als Mangel ist eine Rechtsfrage, die allein dem Senat obliegt und die dieser aufgrund des vorstehend beschriebenen Zustandes des Parketts bejaht."

Auch die jetzt hinzugekommene Abnahmeempfehlung für den Auftraggeber setzt voraus, dass der Architekt persönlich die Entscheidung darüber trifft, ob ein Mangel als wesentlich zu bewerten ist und daher zur Abnahmeverweigerung berechtigt oder nicht.

Die Wesentlichkeit eines Mangels hängt nach der einschlägigen Rechtsprechung von den Umständen des Einzelfalls ab und kann im Zweifel ebenfalls erst durch rechtliche Auslegung gerichtlich geklärt werden, wie der BGH geurteilt hat.

BGH, Urteil vom 30.04.1992 – VII ZR 185/90 (aus den Entscheidungsgründen):

„Ob ein Mangel ‚wesentlich' ist und deshalb zur Verweigerung der Abnahme nach § 12 Nr. 3 VOB/B berechtigt, bestimmt sich nach der Rechtsprechung des BGH anhand der Art des Mangels, seines Umfangs und vor allem seiner Auswirkungen, wobei dies unter Berücksichtigung der Umstände des jeweiligen Einzelfalles zu entscheiden ist (…). Der BGH hat den Beurteilungsmaßstab dem Sinn und Zweck der in § 12 Nr. 3 VOB/B getroffenen Regelung entnommen. Die Bestimmung soll einen angemessenen Ausgleich der widerstreitenden Interessen der Vertragsparteien bewirken, wobei die für die Abwägung maßgeblichen Kriterien in der Senatsentscheidung aufgezeigt sind."

Da die Gründe, die zu einer berechtigten Abnahmeverweigerung führen, sich erst aus der Rechtsprechung ergeben, sollten Architekten sich auf einen Tatsachenbefund beschränken, der in folgenden Feststellungen bestehen kann:

- Feststellung und Dokumentation von Beanstandungen,
- Feststellung etwaiger Abweichungen von den anerkannten Regeln der Technik,
- Feststellung von Funktionsstörungen durch die erhobenen Beanstandungen,
- Feststellung von optischen Beanstandungen,
- Beurteilung der voraussichtlichen Auswirkungen der erhobenen Beanstandungen,
- Feststellung der Maßnahmen zur Beseitigung erhobener Beanstandungen,
- Feststellung der Kosten zur Beseitigung erhobener Beanstandungen,
- Beurteilung der voraussichtlichen Auswirkungen durch die Beseitigung der erhobenen Beanstandungen.

Auf der Grundlage dieses Tatsachenbefundes kann dann ein Rechtsanwalt in Kenntnis der einschlägigen Rechtsprechung aus rechtlicher Sicht beurteilen, ob Grund zur Annahme eines wesentlichen Mangels besteht.

Sofern vorhandene Mängel bei der Abnahme von Bauleistungen durch den Architekten nicht gerügt werden, spricht der Anscheinsbeweis für eine mangelhafte Bauüberwachung durch den Architekten.

OLG Rostock, Urteil vom 29.08.2002 – 7 U 261/00 (aus der Entscheidungsbegründung):

„Bei Übernahme der Bauaufsicht hat ein Architekt auf das Entstehen eines mangelfreien Bauwerkes hinzuwirken; hierin besteht der von ihm geschuldete Werkerfolg. Das Ausmaß seiner Überwachungspflichten richtet sich nach dem Einzelfall, der Bedeutung und der Schwierigkeit des jeweiligen Bauabschnittes sowie der Zuverlässigkeit des Bauunternehmens und seiner Mitarbeiter. (…) Bei im Bauwerk verkörperten Mängeln der Architektenleistung hat der Besteller den Mangel einer Pflichtverletzung des Architekten zuzuordnen. (…)

Zum Nachweis der Verletzung kann ein Anscheinsbeweis genügen (vgl. BGH, Urteil vom 16.05.2002 a. a. O.). Sind vorhandene Baumängel bei der Abnahme nicht gerügt worden, so spricht der typische Geschehensablauf dafür, dass die Überwachung des Architekten bei der Errichtung des Bauwerkes mangelhaft war. In einem solchen Fall braucht der Bauherr nicht anzugeben, inwieweit es der Architekt im Einzelnen an der erforderlichen Überwachung hat fehlen lassen. Vielmehr ist es Sache des Architekten, den Beweis des ersten Anscheines dadurch auszuräumen, dass er seinerseits darlegt, was er oder sein Erfüllungsge-

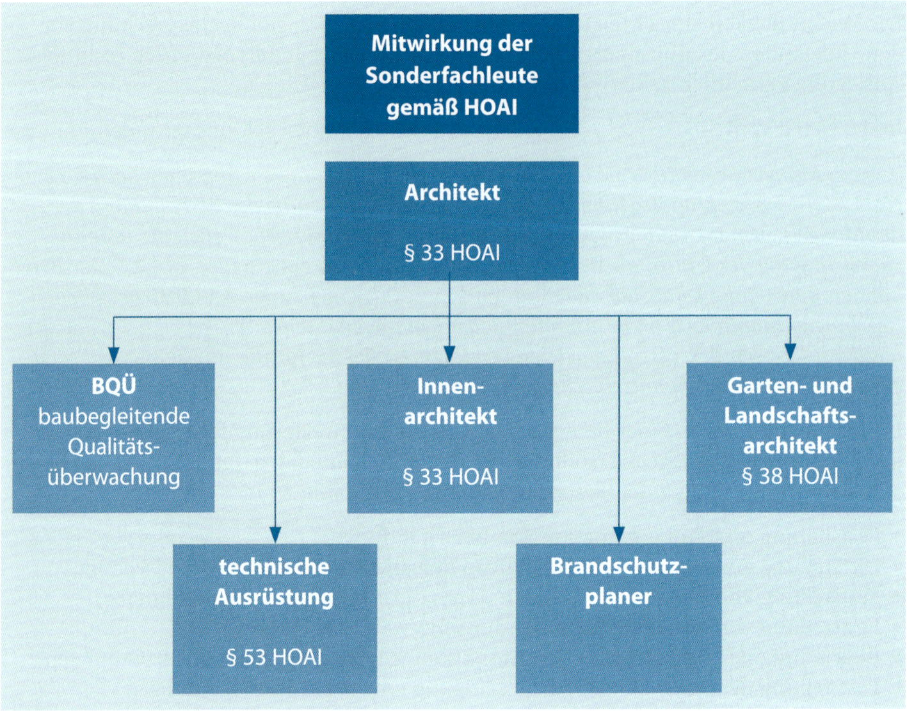

Abb. 2.6: Mitwirkung von Sonderfachleuten

hilfe an Überwachungsmaßnahmen geleistet hat. Dazu genügt nicht die bloße Behauptung, er habe die Arbeiten selbst oder durch einen Mitarbeiter überwachen lassen. (...)

Zutreffend ist zwar, dass sich ein bauleitender Architekt bei einfachen Bauarbeiten darauf verlassen kann, dass der Unternehmer sie ohne ständige Überwachung ordnungsgemäß ausführt (vgl. LG Köln, VersR 1981, 1191; BGH VersR 1966, 488). Jedoch oblag es der Beklagten, das Gewerk jedenfalls vor der Abnahme auf seine fachgerechte Ausführung hin zu überprüfen."

In der HOAI ist in den entsprechenden Leistungsphasen auch die Mitwirkung von Sonderfachleuten bei der Abnahme vorgesehen (siehe Abb. 2.6).

Eine richtungsweisende Entscheidung des BGH vom 07.02.02 – III ZR 1/01, IBR 2002, 199, scheint in diesem Zusammenhang bemerkenswert: Ein Architekt, der im Rahmen einer Bautenstand- oder Rechnungsprüfung per Stempel oder handschriftlich die Formulierung „Fachtechnisch und rechnerisch geprüft ...; anerkannter Rechnungsbetrag: ... €" verwendet, erklärt, dass er den Bau auf Mangelfreiheit untersucht hat.

2.9.3 Abnahme von Mängelbeseitigungsarbeiten durch Architekten nach HOAI

Wenn die Nacherfüllung des Auftragnehmers hinsichtlich der Mängel, die bei der Abnahme erkannt oder vorbehalten wurden, abgeschlossen ist, wird wiederum abgenommen. Ist ein Architekt mit der Leistungsphase 8 „Objektüberwachung (Bauüberwachung)" des § 34 HOAI vom Besteller beauftragt worden, ist die Durchführung dieser Nachkontrolle durch die dort beschriebenen Grundleistungen erfasst.

HOAI vom 10.7.2013, Anlage 10 zu den §§ 34 Abs. 1 und 35 Abs. 6:

„10.1 Leistungsbild Gebäude und Innenräume (...)

LPH 8 Objektüberwachung (Bauüberwachung) und Dokumentation (...)

p) Überwachung der Beseitigung der bei der Abnahme festgestellten Mängel“

2.9.4 Abnahme von Gewährleistungsarbeiten durch Architekten nach HOAI

Die Erfüllung von Gewährleistungsverpflichtungen durch den Auftragnehmer hinsichtlich der Mängel, die innerhalb der Gewährleistungsphase erkannt wurden, wird ebenfalls abgenommen. Ist ein Architekt mit der Leistungsphase 9 „Objektbetreuung und Dokumentation“ des § 34 HOAI vom Besteller beauftragt worden, ist die Durchführung dieser Nachkontrolle durch die dort beschriebenen Grundleistungen erfasst.

HOAI vom 10.07.2013, Anlage 10 zu den §§ 34 Abs. 1 und 35 Abs. 6:

„10.1 Leistungsbild Gebäude und Innenräume (...)

LPH 9 Objektbetreuung (...)

b) Objektbegehung zur Mängelfeststellung vor Ablauf der Verjährungsfristen für Mängelansprüche gegenüber den ausführenden Unternehmen“

2.10 Abnahme durch Sachverständige

Die Frage, ob Beanstandungen hinnehmbar sind oder nicht, lässt sich oft nur durch Hinzuziehung von Sachverständigen klären. Zur Verfügung stehen hierbei 5 mögliche Verfahrensweisen:

Außergerichtliche Gutachten

- **Parteiengutachten**
  Der Gutachter wird von einer der Parteien zur Erstattung eines Gutachtens beauftragt. Die Gegenpartei muss sich der Auffassung des Gutachters jedoch nicht anschließen und kann ggf. einen eigenen Parteiengutachter hinzuziehen. Die jeweils beauftragende Partei kommt für die Gutachtenkosten auf.
- **unparteiischer Sachverständigenratschlag**
  Die Parteien einigen sich gemeinsam darauf, einen von beiden Parteien anerkannten Sachverständigen mit der Klärung der Hinnehmbarkeit einer Beanstandung zu beauftragen. Die Parteien sind jedoch nicht an die Entscheidung des Gutachters gebunden.
- **Schiedsgutachten**
  Die Parteien verpflichten sich von vornherein, die Entscheidung eines gemeinsam beauftragten Gutachters widerspruchslos zu akzeptieren und sich auch der Kostenquotelung für Mangelbeseitigungskosten und Gutachterkosten zu unterwerfen.

Gerichtliche Gutachten

- **gerichtliches selbstständiges Beweisverfahren**
  Über das zuständige Gericht wird ein öffentlich bestellter und vereidigter Sachverständiger zur Erstattung eines Gutachtens bereits beauftragt, bevor eine Klage eingereicht worden ist. Die Parteien formulieren auf dem Vorwege den Inhalt des

Beweisbeschlusses und sind damit in dieser Phase „Herr des Verfahrens". Die Tatsachenfeststellungen gehen im Falle eines nachfolgenden gerichtlichen Verfahrens in das Verfahren unmittelbar ein.

- **gerichtliches Gutachten**
  Im Rahmen einer Klage wird über das zuständige Gericht ein öffentlich bestellter und vereidigter Sachverständiger mit der Klärung der Frage beauftragt, ob die Beanstandungen hinnehmbar sind oder nicht.

Für die außergerichtlichen Gutachten kommt jeder infrage, der sachkundig ist. Eine Vereidigung oder öffentliche Bestellung des Gutachters ist nicht zwingend erforderlich. Der Begriff **„Gutachter"** und der Begriff **„Sachverständiger"** sind in Deutschland nicht gesetzlich geschützt und können insofern frei verwendet werden.

Für die gerichtlich veranlassten Gutachten werden in der Regel nur **öffentlich bestellte und vereidigte Sachverständige** von den Gerichten beauftragt. Die Bestellung erfolgt für ein oder mehrere Fachgebiete, auf denen der Sachverständige seine besondere Sachkunde nachweisen muss und anschließend schriftlich und mündlich von dem Bestellungsorgan umfassend geprüft wird.

Bestellungsorgane für das Bauwesen

- **Handwerkskammern**
  Die Bestellung erfolgt in der Regel für ein handwerklich geprägtes Fachgebiet, z. B. Klempnerarbeiten. Die Sachverständigen sind in der Regel Betriebsinhaber als Handwerksmeister und damit Kammermitglieder.
- **Architekten- und Ingenieurkammern**
  Die Bestellung erfolgt beispielhaft für Architekten- und Ingenieurhonorare, für Architekten- und Ingenieurleistungen oder auch für Schäden an Gebäuden. Die Sachverständigen sind in der Regel Architekten und Ingenieure und damit Kammermitglieder.
- **Industrie- und Handelskammern**
  Die Bestellung erfolgt für sämtliche Sachgebiete, auf denen Bedarf an Sachverständigen besteht, u. a. auch für Schäden an Gebäuden. Die Sachverständigen sind in der Regel freie selbstständige und hauptberufliche Sachverständige und damit keine Kammermitglieder.

Besonders kritisch sollte daher gerade bei der Vorbereitung von außergerichtlichen Sachverständigengutachten die Wahl des Gutachters im Hinblick auf seine spezielle Kompetenz und seine Unbefangenheit erwogen werden.

2.11 Abnahme bei WEG-Projekten

Eine Besonderheit bei Abnahmen bilden WEG-Projekte, d. h. Gebäude mit aufgeteilten Nutzungseinheiten nach dem Gesetz über das Wohnungseigentum und das Dauerwohnrecht (WEG) vom 15.03.1951 (BGBl. I S. 175), zuletzt geändert durch Gesetz vom 10.5.2012.

§ 1 WEG „Begriffsbestimmungen“:

„(1) Nach Maßgabe dieses Gesetzes kann an Wohnungen das Wohnungseigentum, an nicht zu Wohnzwecken dienenden Räumen eines Gebäudes das Teileigentum begründet werden.

(2) Wohnungseigentum ist das Sondereigentum an einer Wohnung in Verbindung mit dem Miteigentumsanteil an dem gemeinschaftlichen Eigentum, zu dem es gehört.

(3) Teileigentum ist das Sondereigentum an nicht zu Wohnzwecken dienenden Räumen eines Gebäudes in Verbindung mit dem Miteigentumsanteil an dem gemeinschaftlichen Eigentum, zu dem es gehört.

(4) Wohnungseigentum und Teileigentum können nicht in der Weise begründet werden, dass das Sondereigentum mit Miteigentum an mehreren Grundstücken verbunden wird.

(5) Gemeinschaftliches Eigentum im Sinne dieses Gesetzes sind das Grundstück sowie die Teile, Anlagen und Einrichtungen des Gebäudes, die nicht im Sondereigentum oder im Eigentum eines Dritten stehen.

(6) Für das Teileigentum gelten die Vorschriften über das Wohnungseigentum entsprechend.“

Bei der Abnahme werden die Bestandteile des Gebäudes zunächst gemäß Abb. 2.7 unterschieden.

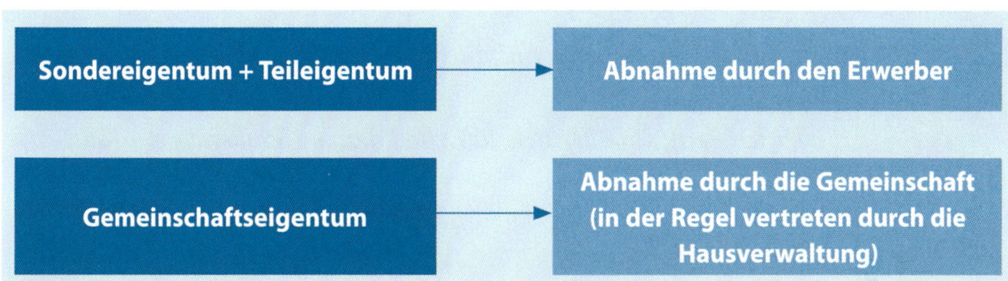

Abb. 2.7: Abnahme nach WEG

Mit einer Teilungserklärung in Form einer notariell beglaubigten Urkunde wird von den Eigentümern gegenüber dem Grundbuchamt eine Erklärung abgegeben, aus der sich die Aufteilung der Miteigentumsanteile am Grundstück verbunden mit einem Sondereigentum an der jeweiligen Wohnung ergibt.

§ 5 WEG „Gegenstand und Inhalt des Sondereigentums“:

„(1) Gegenstand des Sondereigentums sind die gemäß § 3 Abs. 1 bestimmten Räume sowie die zu diesen Räumen gehörenden Bestandteile des Gebäudes, die verändert, beseitigt oder eingefügt werden können, ohne dass dadurch das gemeinschaftliche Eigentum oder ein auf Sondereigentum beruhendes Recht eines anderen Wohnungseigentümers über das nach § 14 zulässige Maß hinaus beeinträchtigt oder die äußere Gestaltung des Gebäudes verändert wird.

(2) Teile des Gebäudes, die für dessen Bestand oder Sicherheit erforderlich sind, sowie Anlagen und Einrichtungen, die dem gemeinschaftlichen Gebrauch der Wohnungseigentümer dienen, sind nicht Gegenstand des Sondereigentums, selbst wenn sie sich im Bereich der im Sondereigentum stehenden Räume befinden.

(3) Die Wohnungseigentümer können vereinbaren, dass Bestandteile des Gebäudes, die Gegenstand des Sondereigentums sein können, zum gemeinschaftlichen Eigentum gehören.

(4) Vereinbarungen über das Verhältnis der Wohnungseigentümer untereinander können nach den Vorschriften des 2. und 3. Abschnittes zum Inhalt des Sondereigentums gemacht werden."

Zum **Sondereigentum** zählen üblicherweise: Bodenbeläge, Wand- und Deckenbehänge, Einbaumobiliar, Sanitärobjekte und Armaturen, Innentüren und Wohnungseingangstür, Innentreppen.

Zum **Teileigentum** zählen üblicherweise: zugehöriger Kellerraum oder Bodenraum, Kfz-Stellplatz.

Zum **Gemeinschaftseigentum** gehören üblicherweise: Grund und Boden, konstruktive Bauteile wie Gründung, Außenwände, Dach usw.

In der Praxis erfolgen die Abnahme und Übergabe der einzelnen Wohnungseigentumseinheiten nicht an einem gemeinsamen Stichtag, sondern sukzessive, in der Reihenfolge des Verkaufs. Der Erwerb des Eigentums an einem Grundstück richtet sich nach den Bestimmungen des Kaufrechts. Für das jeweilige Sondereigentum sind damit die Gewährleistungsansprüche des Erwerbers nach § 438 BGB geregelt. Die jeweilige Gewährleistungsfrist beginnt am Tage der Übergabe.

§ 438 BGB „Verjährung der Mängelansprüche":

„(1) Die in § 437 Nr. 1 und 3 bezeichneten Ansprüche verjähren

1. *in 30 Jahren, wenn der Mangel*
   a) in einem dinglichen Recht eines Dritten, aufgrund dessen Herausgabe der Kaufsache verlangt werden kann, oder
   b) in einem sonstigen Recht, das im Grundbuch eingetragen ist,
   besteht,
2. *in fünf Jahren*
   a) bei einem Bauwerk und
   b) bei einer Sache, die entsprechend ihrer üblichen Verwendungsweise für ein Bauwerk verwendet worden ist und dessen Mangelhaftigkeit verursacht hat, und
3. *im Übrigen in zwei Jahren.*

(2) Die Verjährung beginnt bei Grundstücken mit der Übergabe, im Übrigen mit der Ablieferung der Sache."

Der Verkäufer hat das Objekt nach § 433 BGB frei von Sach- und Rechtsmängeln zu übergeben.

§ 433 BGB „Vertragstypische Pflichten beim Kaufvertrag":

„(1) Durch den Kaufvertrag wird der Verkäufer einer Sache verpflichtet, dem Käufer die Sache zu übergeben und das Eigentum an der Sache zu verschaffen. Der Verkäufer hat dem Käufer die Sache frei von Sach- und Rechtsmängeln zu verschaffen.

(2) Der Käufer ist verpflichtet, dem Verkäufer den vereinbarten Kaufpreis zu zahlen und die gekaufte Sache abzunehmen."

Ob das Sondereigentum nach dem Kaufrecht mangelfrei ist, richtet sich nach den Bestimmungen der §§ 434 und 435 BGB.

§ 434 BGB „Sachmangel":

„(1) Die Sache ist frei von Sachmängeln, wenn sie bei Gefahrübergang die vereinbarte Beschaffenheit hat. Soweit die Beschaffenheit nicht vereinbart ist, ist die Sache frei von Sachmängeln,

1. *wenn sie sich für die nach dem Vertrag vorausgesetzte Verwendung eignet, sonst*
2. *wenn sie sich für die gewöhnliche Verwendung eignet und eine Beschaffenheit aufweist, die bei Sachen der gleichen Art üblich ist und die der Käufer nach der Art der Sache erwarten kann.*

Zu der Beschaffenheit nach Satz 2 Nr. 2 gehören auch Eigenschaften, die der Käufer nach den öffentlichen Äußerungen des Verkäufers, des Herstellers (§ 4 Abs. 1 und 2 des Produkthaftungsgesetzes) oder seines Gehilfen insbesondere in der Werbung oder bei der Kennzeichnung über bestimmte Eigenschaften der Sache erwarten kann, es sei denn, dass der Verkäufer die Äußerung nicht kannte und auch nicht kennen musste, dass sie im Zeitpunkt des Vertragsschlusses in gleichwertiger Weise berichtigt war oder dass sie die Kaufentscheidung nicht beeinflussen konnte.

(2) Ein Sachmangel ist auch dann gegeben, wenn die vereinbarte Montage durch den Verkäufer oder dessen Erfüllungsgehilfen unsachgemäß durchgeführt worden ist. Ein Sachmangel liegt bei einer zur Montage bestimmten Sache ferner vor, wenn die Montageanleitung mangelhaft ist, es sei denn, die Sache ist fehlerfrei montiert worden.

(3) Einem Sachmangel steht es gleich, wenn der Verkäufer eine andere Sache oder eine zu geringe Menge liefert."

§ 435 BGB „Rechtsmangel":

„Die Sache ist frei von Rechtsmängeln, wenn Dritte in Bezug auf die Sache keine oder nur die im Kaufvertrag übernommenen Rechte gegen den Verkäufer geltend machen können. Einem Rechtsmangel steht es gleich, wenn im Grundbuch ein Recht eingetragen ist, das nicht besteht."

Es existieren unterschiedliche Konstruktionen der Abnahme des Gemeinschaftseigentums für den Fall, dass noch nicht alle Erwerber feststehen. Diese Konstruktionen sind jedoch rechtlich umstritten, da eine verbindliche Abnahme des Gemeinschaftseigentums nicht zulasten des Nachzüglers erklärt werden kann. Eine besondere Konstruktion der Abnahme ist bei Bauträgerverträgen bekannt: die Abnahme durch Sachverständige, bei der die Erwerber sich schon im Kaufvertrag dazu bereit erklären, dass die Abnahme z. B. des Gemeinschaftseigentums durch einen Sachverständigen erfolgt, der durch den Bauträger gestellt wird. Es sind hier Formulierungen gebräuchlich wie: „Die Erwerber bevollmächtigen mit Abschluss des Kaufvertrages einen noch von der Handelskammer Hamburg zu benennenden Sachverständigen mit der Abnahme des Gemeinschaftseigentums."

Ebenso wie bei der Abnahme durch den Architekten wird auch hier der Sachverständige zur rechtsgeschäftlichen Abnahme genötigt, mit der Folge eines erheblichen Haftungspotenzials für den Fall, dass sich später die Mangelhaftigkeit der abgenommenen Leistungen herausstellt. Das OLG Karlsruhe hat hierzu inzwischen entschieden, dass eine derartige Regelung im Bauträgervertrag unwirksam ist.

OLG Karlsruhe, Urteil vom 27.09.2011 – 8 U 106/10 (aus den Leitsätzen):

„1. Eine Regelung in einem vorformulierten Bauträgervertrag, wonach das Gemeinschaftseigentum durch einen von dem Bauträger zu benennenden Sachverständigen abgenommen wird und der Erwerber diesem Sachverständigen eine unwiderrufliche Vollmacht, das Gemeinschaftseigentum abzunehmen, erteilt, ist wegen unangemessener Benachteiligung des Erwerbers unwirksam."

Auch eine Klausel in den Allgemeinen Geschäftsbedingungen eines Erwerbsvertrags, wonach das Gemeinschaftseigentum durch den bestellten Erstverwalter abgenommen werden darf, ist unwirksam, wie der BGH entschieden hat.

BGH, Beschluss vom 12.09.2013 – VII ZR 308/12 (aus dem Leitsatz):

„Eine von einem Bauträger in Allgemeinen Geschäftsbedingungen eines Erwerbsvertrages verwendete Klausel, die die Abnahme des Gemeinschafts-eigentums durch einen vom Bauträger bestimmbaren Erstverwalter ermöglicht, ist gemäß § 9 Abs. 1 AGBG (jetzt: § 307 Abs. 1 Satz 1 BGB) unwirksam."

Erfolgt eine Abnahmeerklärung für das Gemeinschaftseigentum durch einen Sachverständigen oder den ersten bestellten Verwalter, so ist weder der einzelne Erwerber von Wohnungseigentum noch der Nachzügler, dessen Erwerb zeitlich erst nach dieser Abnahme stattfindet, daran gebunden, wie das OLG Frankfurt am Main entschieden hat.

OLG Frankfurt am Main, Urteil vom 30.09.2013 – 1 U 18/12 (Revision nicht zugelassen) (aus den Leitsätzen):

„1. Der Erwerber von Wohnungseigentum kann im formularmäßigen Bauträgervertrag nicht an Abnahmeerklärungen zum Gemeinschaftseigentum gebunden werden, die ein ihm vom Bauträger vorgegebener Sachverständiger oder der erste Verwalter abgeben.

2. Ebenso wenig kommt eine Bindung solcher Erwerber an bereits abgegebene Abnahmeerklärungen des Sachverständigen oder des Verwalters in Betracht, die ihren Bauträgervertrag erst nachher abschließen (‚Nachzügler‘)."

Danach ist die Abnahme des Gemeinschaftseigentums durch jeden einzelnen Erwerber zu erklären.

Sofern der Sachverständige ausdrücklich zur Begleitung der Abnahme hinzugezogen wird, beschränkt sich seine Aufgabe auf die Klärung technischer Sachverhalte. Hierzu zählen z. B. die Feststellung von Regelabweichungen und – soweit die vertraglich vereinbarte Beschaffenheit ohne rechtliche Auslegungen nachvollziehbar ist – auf die Feststellung von Abweichungen der Ist-Beschaffenheit gegenüber der vertraglich vereinbarten Soll-Beschaffenheit sowie die Aufklärung der Parteien über ggf. zu beachtende Toleranzen.

Oft sind die durch den Sachverständigen einzusehenden Vertragsunterlagen des Bauträgers hinsichtlich der Soll-Beschaffenheit nicht aussagekräftig. Die in den Baubeschreibungen der Bauträger enthaltenen Angaben beinhalten in der Regel keine belastbaren Definitionen des geschuldeten Standards. Um die tatsächliche Soll-Beschaffenheit festzustellen, bedürfte es im Zweifel einer Auslegung der Vertragsinhalte durch ein Gericht. Insoweit empfiehlt es sich, auf potenzielle Streitpunkte hinzuweisen, damit es der Wohnungseigentümergemeinschaft rechtzeitig ermöglicht wird, einen Rechtsanwalt hinzuzuziehen (siehe Tabelle 2.1).

Tabelle 2.1: Typische Streitpunkte bei WEG-Bauträgerprojekten

Sachverhalt	Mindeststandard	erhöhte Anforderungen
Schallschutz	DIN 4109	VDI 4100, Sst I, II, II
Stellplatzabmessungen	GarVO	EAR 05: 2012
Tiefgaragengefälle	Nullgefälle	Gefälle
Lüftungskonzept	kein Konzept	DIN 1946-6
Verfügbarkeit Warmwasser	DIN EN 806-2	VDI 6003 Stufe I, II, III
Oberflächenqualität	Gips-Merkblatt 3 Q2	Gips-Merkblatt 3 Q3, Q4

Dies wird an dem Beispiel der Stellplatzabmessungen in Tiefgaragen deutlich. In der Regel enthält die notarielle Urkunde keine konkreten Angaben und Zeichnungen sind für den Erwerber nicht aussagekräftig. Erst beim erstmaligen Anfahren des Stellplatzes offenbaren sich dessen knappe Abmessungen. Die Garagenverordnungen (GarVO) der Länder geben Mindestanforderungen für die Stellplatzbreiten an, die mit den zunehmenden Fahrzeugdimensionen nicht mehr korrespondieren. Oft führen erst die gerichtlichen Auslegungen der vertraglich vereinbarten Soll-Beschaffenheit zu der Klärung, ob ein Mangel vorliegt. Das OLG Frankfurt am Main hat einen Mangel bejaht, nachdem ein Stellplatz von einem Fahrzeug der Mittelklasse nur rückwärts und nach mehrmaligem Rangieren anfahrbar war (OLG Frankfurt am Main, Beschluss vom 08.01.2014 –3 U 110/13 [nachgehend BGH, 16.10.2014 – VII ZR 61/14, Nichtzulassungsbeschwerde zurückgewiesen]).

Das LG Hamburg hat entschieden, dass sich auf einem Tiefgaragenstellplatz in einem neu errichteten Gebäude ein Fahrzeug der durchschnittlichen Größe ohne wesentliche Einschränkungen abstellen lassen muss. Diese Beschaffenheit liege nicht vor, wenn die Stellplatzbreite für 85 % der Fahrzeuge nicht ausreichend ist (LG Hamburg, Entscheidung vom 04.06.2015 – 319 O 188/12).

Werden die in den gesetzlichen Vorschriften enthaltenen Mindestanforderungen an die Stellplatzabmessungen mit den in verschiedenen Regelwerken aufgeführten Angaben verglichen, lassen sich Abweichungen der Sollbreiten in der Größenordnung von bis zu 40 cm erkennen (siehe Tabelle 2.2).

Tabelle 2.2: Beispiele für die Mindestabmessungen von Stellplätzen in Tiefgaragen

	Regelwerk	**GarVO**	**SBauO**	**Plast 6**	**EAR 05**	**b.v.s.**
	Stand	**Januar 2012**	**Dezember 2016**	**2005**	**2005**	**September 2011**
	Geltungsbereich	**Freie und Hansestadt Hamburg**	**NRW**	**Freie und Hansestadt Hamburg**		
		Mindestabmessungen in m				
1	Parkstandtiefe	5,00	5,00	–	5,00	–
2	Stellplatzbreite	–	–	–	–	–
2.1	ohne Längsseitenbeschränkung	2,30	2,45	2,50	2,50	2,50
2.2	einseitige Längsseitenbeschränkung	2,45	2,55	2,90	2,85	2,65
2.3	beidseitige Längsseitenbeschränkung	2,50	2,65	2,90	2,90	2,70
2.4	behindertengerecht ohne Längsseitenbeschränkung	3,50	3,50	–	3,50	–
2.5	behindertengerecht mit Längsseitenbeschränkung	–	–	–	3,90	–

Weitere typische Streitpunkte bei WEG-Bauträgerprojekten sind:

- Schallschutz der Wohnungen,
- Tiefgaragengefälle,
- Lüftungskonzept für die Wohnungen,
- Warmwasserverfügbarkeit in den Wohnungen,
- Oberflächenqualität bei allen dekorativen Oberflächen.

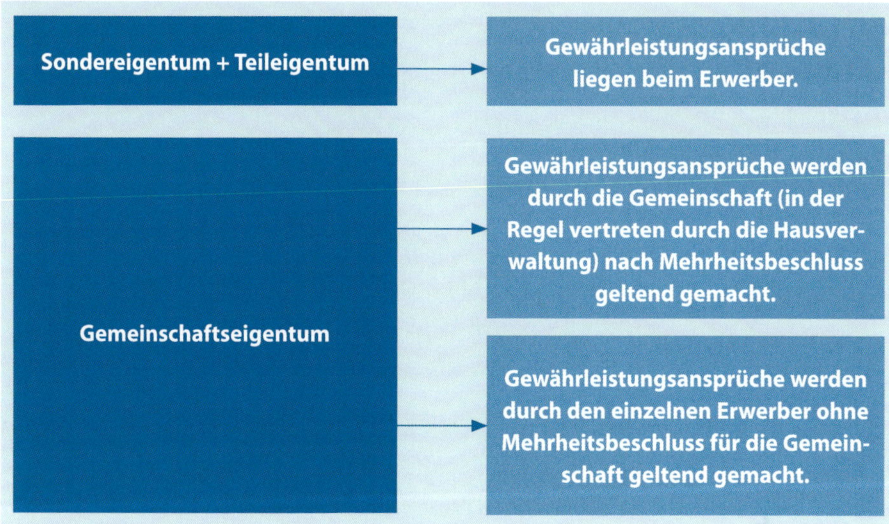

Abb. 2.8: Trennung der Gewährleistungsansprüche nach WEG

Im Rechtsverhältnis der Wohnungseigentümergemeinschaft gegenüber Dritten gilt bezüglich der Gewährleistungsansprüche das Gleiche wie bei der Abnahme (siehe Abb. 2.8).

Bei Ansprüchen der Gemeinschaft gilt die formelle Erfordernis einer vorherigen Beschlussfassung nach § 25 WEG.

§ 25 WEG „Mehrheitsbeschluss“:

„(1) Für die Beschlussfassung in Angelegenheiten, über die die Wohnungseigentümer durch Stimmenmehrheit beschließen, gelten die Vorschriften der Absätze 2 bis 5.

(2) Jeder Wohnungseigentümer hat eine Stimme. Steht ein Wohnungseigentum mehreren gemeinschaftlich zu, so können sie das Stimmrecht nur einheitlich ausüben.

(3) Die Versammlung ist nur beschlussfähig, wenn die erschienenen stimmberechtigten Wohnungseigentümer mehr als die Hälfte der Miteigentumsanteile, berechnet nach der im Grundbuch eingetragenen Größe dieser Anteile, vertreten.

(4) Ist eine Versammlung nicht gemäß Absatz 3 beschlussfähig, so beruft der Verwalter eine neue Versammlung mit dem gleichen Gegenstand ein. Diese Versammlung ist ohne Rücksicht auf die Höhe der vertretenen Anteile beschlussfähig; hierauf ist bei der Einberufung hinzuweisen.“

Der beauftragte Verwalter kann daher ohne vorherigen Mehrheitsbeschluss der Gemeinschaft zunächst keine Gewährleistungsansprüche gegenüber Dritten geltend machen. Dies gilt es aus formellen Gründen zu beachten.

Die entsprechenden Befugnisse und Verpflichtungen des Verwalters ergeben sich aus § 27 WEG.

§ 27 WEG „Aufgaben und Befugnisse des Verwalters“:

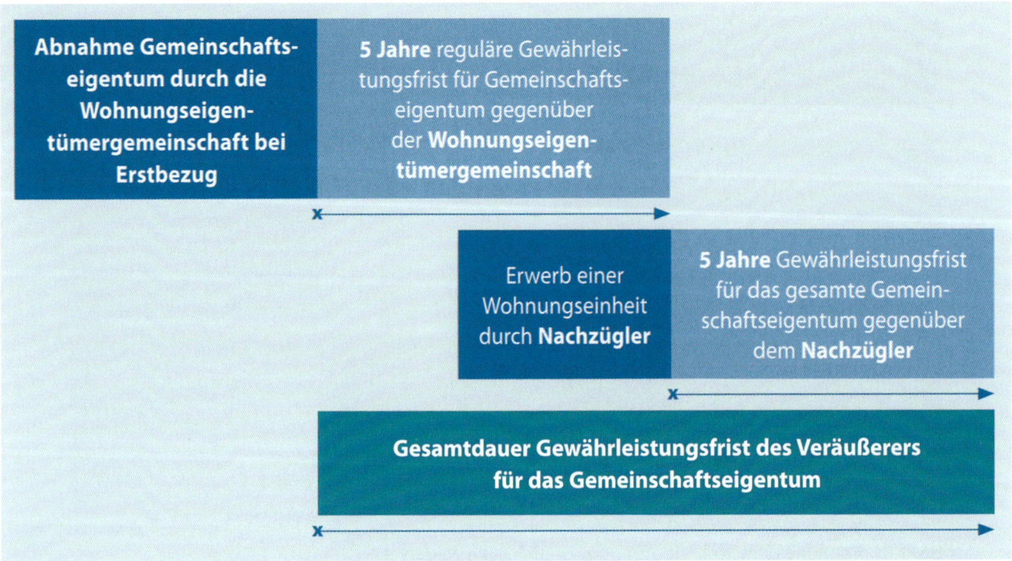

Abb. 2.9: Unterschiedliche Gewährleistungspflichten des Veräußerers für das Gemeinschaftseigentum

„(1) Der Verwalter ist gegenüber den Wohnungseigentümern und gegenüber der Gemeinschaft der Wohnungseigentümer berechtigt und verpflichtet,

1. *Beschlüsse der Wohnungseigentümer durchzuführen und für die Durchführung der Hausordnung zu sorgen; (…)*

(2) Der Verwalter ist berechtigt, im Namen aller Wohnungseigentümer und mit Wirkung für und gegen sie: (…)

2. *Maßnahmen zu treffen, die zur Wahrung einer Frist oder zur Abwendung eines sonstigen Rechtsnachteils erforderlich sind; (…)*
3. *Ansprüche gerichtlich und außergerichtlich geltend zu machen, sofern er hierzu durch Vereinbarung oder Beschluss mit Stimmenmehrheit der Wohnungseigentümer ermächtigt ist; (…)"*

Da jedoch jeder Erwerber für sich den Anspruch auf ein mangelfreies Werk hat, kann er ohne Mehrheitsbeschluss Ansprüche gegenüber Dritten geltend machen. Er kann die Erfüllung der Gewährleistungsansprüche entweder in Form einer Mangelbeseitigung verlangen oder in Form einer Zahlung. Im Falle einer Zahlung kann er diese nur an die Gemeinschaft verlangen, nicht an sich selbst, es sei denn, er verfügt über eine abweichende Ermächtigung durch die Gemeinschaft.

Für die Wohnungseigentumsanlage insgesamt bedeutet dieser Sachverhalt, dass die Gewährleistungsverpflichtungen des Verkäufers für das Gemeinschaftseigentum nicht mit Ablauf von 5 Jahren nach Abnahme des Gemeinschaftseigentums enden, sondern genau genommen erst 5 Jahre nach der Abnahme der letzten veräußerten Wohnung (siehe Abb. 2.9).

Auch die vorübergehende Innutzungsnahme der fertiggestellten Einheit als Musterwohnung sowie längerer Leerstand führen hierbei nicht zu einer verkürzten Gewährleistung.

Urteile zu diesen Sachverhalten

BGH, Urteil vom 05.04.1979 – VII ZR 308/77, BGHZ 74, 204 = BauR 1979, 337: Erwerb eines weitgehend fertiggestellten Bauvorhabens, das vom Veräußerer im Einvernehmen mit dem Erwerber kurzzeitig genutzt wurde

BGH, Urteil vom 29.06.1981 – VII ZR 259/80, NJW 1981, 2344 = BauR 1981, 571 = WM 1981, 944: Veräußerung einer fertiggestellten Eigentumswohnung

BGH, Urteil vom 06.05.1982 – VII ZR 74/81, BauR 1982, 493 = ZfBR 1982, 152 = NJW 1982, 2243, vgl. dazu Hönn, JZ 1983, 677, Sturmberg, NJW 1989, 1832: Veräußerung eines Musterhauses

BGH, Urteil vom 21.02.1985 – VII ZR 72/84, BauR 1985, 314 = ZfBR 1985, 132 = NJW 1985, 1551, vgl. dazu Reithmann, WuB IV A § 638 BGB 1.85, Reithmann, DNotZ 1991, 133, Schilling, BauR 1986, 449: Veräußerung einer Eigentumswohnung ca. 2 ½ Jahre nach Fertigstellung

OLG Frankfurt am Main, Urteil vom 10.06.1999 – 15 U 92/95, nicht veröffentlicht; Revision der Veräußerer nicht angenommen; BGH, Beschluss vom 18.01.2001 – VII ZR 501/99: Veräußerung eines neu errichteten Wohn- und Geschäftshauses ca. 2 Jahre nach Fertigstellung

149 Beanstandungen in der Form von Restarbeiten und kleineren Mängeln am Gemeinschaftseigentum, die unbedeutende Beeinträchtigungen darstellen, sind kein Grund zur Abnahmeverweigerung, wie das OLG Köln entschieden hat.

OLG Köln, Urteil vom 28.10.2020-17 – U 44/16 (Nichtzulassungsbeschwerde zurückgewiesen durch Beschluss des BGH vom 21.04.2021 – VII ZR 269/20) (aus den Gründen):

„Die Klägerin hat die Herstellung des Gemeinschaftseigentums zu Unrecht nicht abgenommen, obwohl sie spätestens im Sommer 2014 gemäß § 640 Abs. 1 BGB a. F. zur Abnahme verpflichtet war. Das Werk gilt daher als abgenommen.

Unstreitig hat die Klägerin mehrfach, nämlich mit den Schreiben vom 10. September 2012 (68 GA) sowie vom 13. Juni (73 f. GA) und 16. Juli 2014 (77 GA) ausdrücklich eine Abnahme des Gemeinschaftseigentums als im Wesentlichen vertragsgerecht abgelehnt, obwohl sie mit Schreiben der Beklagten vom 21. August 2012 (54 GA) und nochmals mit Schreiben vom 1. April 2014 (71 f., 73 GA) dazu aufgefordert worden ist. Dabei hat sie sich, wie sie in der mündlichen Verhandlung vor dem Senat am 12. August 2020 durch ihren Prozessbevollmächtigten nach entsprechendem Hinweis ausdrücklich bestätigt hat, allein auf die von dem (Privat-)Sachverständigen A in dessen ‚Abnahmeprotokoll Gemeinschaftseigentum' vom 3. August 2012 (55 GA) aufgeführten 149 ‚Restarbeiten/Mängel' (58 – 63 GA) bezogen. Bei den dort im Einzelnen aufgelisteten Restarbeiten und Mängeln handelt es sich nur um kleinere Nachbesserungsarbeiten und geringfügige Mängel (Reinigung, Beschilderung und Beschriftung, fehlende Steckdose usw.), die im Verhältnis zum gesamten Gemeinschaftseigentum dieser großen Eigentumsanlage als unwesentlich und geringfügig im Sinne von § 640 Abs. 1 Satz 2 BGB (a. F.) anzusehen sind. Sowohl nach der Verkehrsauffassung als auch nach dem Interesse der Klägerin als Bestellerin an einem mangelfreien Werk stellen diese unbedeutende Beeinträchtigungen dar, die bezogen auf den Herstellungsaufwand der Gesamtanlage mit einem geringen Aufwand für die Beklagte als Unternehmerin zu beseitigen waren. In einem solchen Fall ist es der Bestellerin zuzumuten, das Gemeinschaftseigentum als im Wesentlichen vertragsgemäß abzunehmen (vgl. Palandt/Sprau, 79. Aufl., § 640 BGB Rn. 12; Werner in Werner/Pastor, a. a. O., Rn. 1787).

Besteht Abnahmereife, dann ist die Bestellerin zur Abnahme verpflichtet. Mit Ablauf der von der Beklagten gesetzten Frist zur Abnahme gilt das Gemeinschaftseigentum gemäß § 640 Abs. 1 Satz 3 BGB a. F. als abgenommen. Hierbei ist auf die konkrete Abnahmesituation abzustellen und die Abnahmereife danach zu beurteilen, ob der Besteller wegen erkennbarer Mängel (subjektiv) hätte Anlass haben können, die Abnahme zu verweigern (…). Demgegenüber hat die Klägerin nach eigener Darstellung zum damaligen Zeitpunkt keine – weiteren – objektiv erkennbaren Mängelrügen ‚vor Augen gehabt', die sie zu einer Verweigerung der Abnahme als im Wesentlichen vertragsgemäß hätten berechtigen können."

2.12 Abnahme und Besitzübergang

Die förmliche Abnahme des Werkes muss nicht mit der Besitzübergabe zusammenfallen, wie das OLG Braunschweig entschieden hat.

OLG Braunschweig, Urteil vom 05.10.1999 – 8 W 47/99 (aus der Entscheidungsbegründung):

„Ergänzend ist zu dem Beschwerdevorbringen auszuführen, dass eine förmliche Abnahme des Werkes jedenfalls bei unbeweglichen Sachen nicht zwingend mit der Besitzübertragung, d. h. der Erlangung der tatsächlichen Gewalt gemäß § 854 Abs. 1 BGB, verbunden sein muss (z. B. Abnahme von Teilleistungen oder die Abnahme zwischen Haupt- und Subunternehmen."

Sind Abnahme und Übergabe getrennt, kann vereinbart werden, dass die Übergabe erst nach Beseitigung der bei der Abnahme festgestellten Mängel stattfindet, wie der BGH entschieden hat.

BGH, Urteil vom 20.01.2000 – VII ZR 224/98 (aus den Leitsätzen):

„BGB §§ 133c, 157 Ge, 286 Abs. 1; MaBV §§ 3 Abs. 2,12

a) Eine Regelung in einem Bauträgervertrag, wonach die letzte Rate vor Übergabe der Wohnungen zu zahlen ist, zuvor jedoch bei der Abnahme festgestellte Mängel zu beseitigen sind, ist dahin auszulegen, dass die letzte Rate nicht vor Beseitigung der Mängel fällig wird.

b) Ist für die Übergabe ein Termin vereinbart, gerät der Bauträger in Verzug, wenn er bis zu dem Termin die Mängel nicht beseitigt hat. Er kann sich dann nicht darauf berufen, dass der Erwerber die letzte Rate nicht bezahlt hat."

2.13 Rückgabe von Mieträumen

Mieter müssen die von ihnen angemieteten Mietflächen nach Beendigung des Mietverhältnisses zurückgeben. Das bestimmt das BGB.

§ 546 BGB „Rückgabepflicht des Mieters":

(1) Der Mieter ist verpflichtet, die Mietsache nach Beendigung des Mietverhältnisses zurückzugeben."

Abb. 2.10 und 2.11: Nicht fachgerechte Ausbesserungen eines Hallenfußbodens bei Rückgabe der Mietfläche

Abb. 2.12. und 2.13: Die Dübellöcher von Maschinenverankerungen wurden nicht verschlossen.

Der Zustand, den die Mietsache bei Rückgabe haben muss, damit die Rückgabe als erfüllt betrachtet wird, richtet sich im Wesentlichen nach dem Wortlaut des Mietvertrags. Nach der Rechtsprechung ist im Übrigen allgemein davon auszugehen, dass Einbauten des Mieters in der Regel zurückgebaut werden müssen und Schäden an der Mietsache, die über den vertragsgemäßen Gebrauch hinaus während der Dauer des Mietverhältnisses entstanden sind, beseitigt werden müssen. In der Regel wird der zum Zeitpunkt der Rückgabe mieterseitig geschuldete Zustand der Mietsache als Rechtsfrage von Juristen in Auslegung des Mietvertrages zu klären sein. Sofern Architekten und Ingenieure zu einer Abnahme von Rückbaumaßnahmen an Mietflächen hinzugezogen werden, kann sich ihre Aufgabe insoweit nur auf den Tatsachenbefund in Form einer Beweissicherung beschränken. Die Abb. 2.10 bis 2.16 zeigen Beispiele für nicht fachgerechte Ausbesserungen bei Rückgabe der Mietfläche.

Abb. 2.14: Die Gewindeanker von Maschinenverankerungen wurden nicht aus dem Untergrund ausgebohrt und die Oberfläche wurde nicht verschlossen.

Abb. 2.15: Eine Ausbruchstelle wurde lediglich mit flüssigem Epoxidharz aufgefüllt.

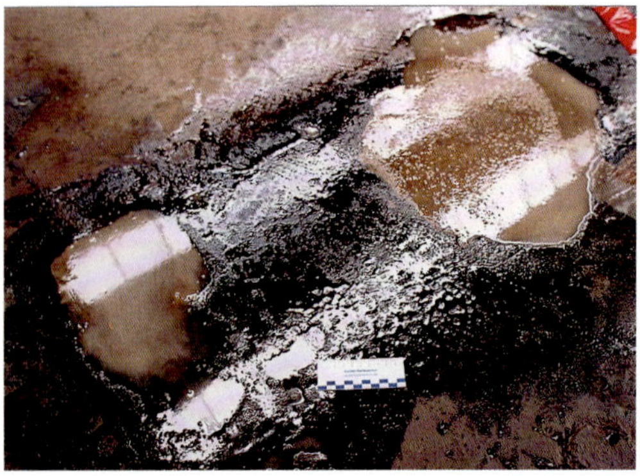

Abb. 2.16: Ausbruchstellen wurden lediglich mit flüssigem Epoxidharz aufgefüllt, ohne griffige Absandung mit Quarzsand.

2.14 Abnahme von Architekten- und Ingenieurleistungen

Bei Architekten- und Ingenieurleistungen handelt es sich um werkvertragliche Leistungen, die in § 631 BGB geregelt sind. Bei Projektsteuerungsverträgen war es lange Zeit umstritten, ob es sich ebenfalls um Werkverträge handelt oder vielmehr um Dienstleistungsverträge gemäß § 611 BGB. Inzwischen hat sich mehrheitlich die Rechtsauffassung durchgesetzt, dass es sich um einen Dienstvertrag handelt (siehe Abb. 2.17).

§ 631 BGB „Vertragstypische Pflichten beim Werkvertrag":

„(1) Durch den Werkvertrag wird der Unternehmer zur Herstellung des versprochenen Werkes, der Besteller zur Entrichtung der vereinbarten Vergütung verpflichtet.

(2) Gegenstand des Werkvertrages kann sowohl die Herstellung oder Veränderung einer Sache als ein anderer durch Arbeit oder Dienstleistung herbeizuführender Erfolg sein."

§ 611 BGB „Vertragstypische Pflichten beim Dienstvertrag":

„(1) Durch den Dienstvertrag wird derjenige, welcher Dienste zusagt, zur Leistung der versprochenen Dienste, der andere zur Gewährung der vereinbarten Vergütung verpflichtet.

(2) Gegenstand des Dienstvertrages können Dienste jeder Art sein."

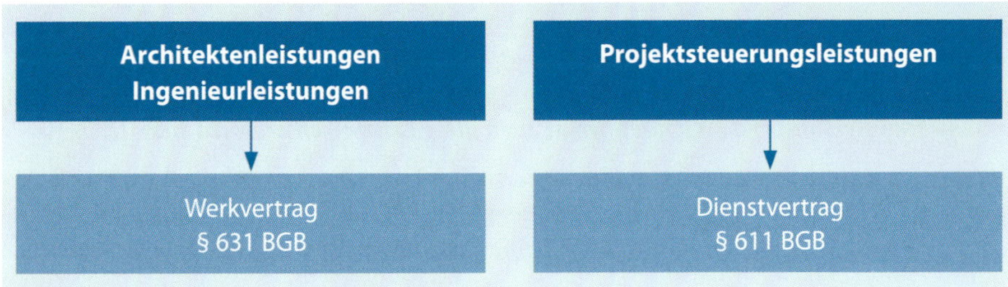

Abb. 2.17: Unterschiedliche Vertragsarten bei Architekten-, Ingenieur- und Projektsteuerungsleistungen

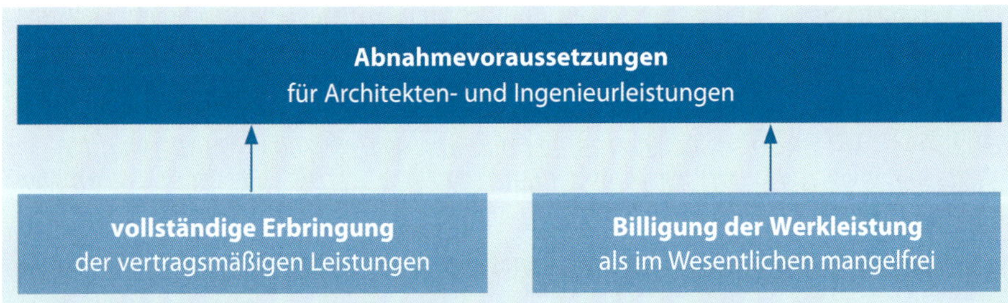

Abb. 2.18: Abnahmevoraussetzungen für Architekten- und Ingenieurleistungen

Für die Abnahme von Architekten- und Ingenieurleistungen gelten daher die werkvertraglichen Regelungen des § 640 BGB in gleicher Weise wie für den Erbringer von bauhandwerklichen Leistungen. Geschuldet wird hier jedoch nicht das Bauwerk als Leistungsinhalt, sondern vielmehr das „Entstehenlassen“ desselben. Statt einer körperlichen Übergabe der Werkleistung sind hier daher notwendig (siehe Abb. 2.18):

- die vollständige Erbringung der vertragsmäßigen Architekten- oder Ingenieurleistungen,
- die Billigung der Werkleistung durch den Auftraggeber als „im Wesentlichen mangelfrei“.

Werden dem Architekten z. B. nur die Leistungsphasen 1 bis 8 § 33 HOAI übertragen, ist die Leistung abnahmefähig, wenn die bei der Abnahme des Bauwerks festgestellten Mängel unter Regie des Architekten von den ausführenden Firmen fachgerecht beseitigt worden sind, die Rechnungsprüfung vom Architekten an den Bauherrn übergeben wurde und der Architekt seine Schlussrechnung gestellt hat.

Bei vollständiger Beauftragung des Architekten mit den Leistungsphasen 1 bis 9 § 33 HOAI ist die Abnahmefähigkeit hingegen neben den o. g. Kriterien erst dann gegeben, wenn die „Objektbegehung zur Mängelfeststellung vor Ablauf der Verjährungsfristen der Gewährleistungsansprüche gegenüber den bauausführenden Unternehmen“ und die „Überwachung der Beseitigung von Mängeln, die innerhalb der Verjährungsfristen der Gewährleistungsansprüche (...) auftreten“, erfolgt sind. Hierzu hat der BGH wie folgt entschieden.

BGH, Urteil vom 10.02.1994 – VII ZR 20/93 (aus der Entscheidungsbegründung):

„Wann ein Architektenwerk, das auch die Leistungsphase nach § 15 Abs. 2 Nr. 9 HOAI umfasst, abnahmereif hergestellt ist, ist höchstrichterlich noch nicht entschieden. (...)

Zur abnahmefähigen Herstellung des Architektenwerks gehört die Vollendung aller vertraglich geschuldeten Leistungen. Hat der Architekt auch die Leistungen, die in der Leistungsphase 9 des § 15 HOAI beschrieben sind, vertraglich übernommen, so ist das Architektenwerk insgesamt erst vollendet, wenn auch diese Leistungen erbracht sind. (...)

Entgegen Jagenburg kommt regelmäßig nach Abschluss der Leistungsphase 8 auch kein Anspruch auf Teilabnahme in Betracht. Nach der Rechtsprechung des Senats kann der Architekt eine Abnahme in Teilen nur aufgrund einer entsprechenden Vereinbarung verlangen (...)"

BGH, Urteil vom 06.07.2000 – VII ZR 82/98 (aus der Entscheidungsbegründung):

„Die Verjährungsfrist für die gegen einen Architekten oder Ingenieur gerichteten Gewährleistungsansprüche beginnt erst mit Abnahme seiner Werkleistung oder mit der abnahmereifen Herstellung sämtlicher geschuldeter Leistungen einschließlich einer etwa vereinbarten Objektbetreuung während der Gewährleistungszeit zu laufen (BGH, Urteil vom 10.02.1994 – VII ZR 20/93, BGHZ 125, 111 0 BauR 1994, 392, 393 = ZfBR 1994, 131; Urteil vom 25.02.1999 – VII ZR 190/97, BauR 1999, 934 = NJW 1999, 2112 = ZfBR 1999, 202)."

BGH, Urteil vom 20.10.2005 – VII ZR 155/04 (aus dem Leitsatz):

„BGB § 640 Abs. 1 a. F.:

Wenn nach den Vorstellungen der Parteien eines die Leistungsphase 9 des § 15 Abs. 2 HOAI umfassenden Architektenvertrags für das Ende der Objektbetreuung fünfjährige Gewährleistungsfristen mit den Unternehmern maßgebend sind, tatsächlich jedoch mit diesen zweijährige Gewährleistungsfristen vereinbart wurden, liegt eine konkludente Abnahme des Architektenwerks nicht darin, dass der Besteller innerhalb der Zweijahresfrist das Architektenwerk unbeanstandet lässt."

BGH, Urteil vom 20.10.2005 – VII ZR 155/04 (aus den Entscheidungsgründen):

„2.
a) Eine konkludente Abnahme setzt voraus, dass nach den Umständen des Einzelfalls das Verhalten des Bestellers den Schluss rechtfertigt, er billige das Werk als im Wesentlichen vertragsgemäß (BGH, Urteil vom 10.06.1999 – VII ZR 170/98, BauR 1999, 1186, 1188 = ZfBR 1999, 327). Sie kann regelmäßig erst dann angenommen werden, wenn der Architekt sein Werk abnahmefähig hergestellt hat. Erst dann kann er ein bestimmtes Verhalten des Bestellers als Billigung verstehen. Zur abnahmefähigen Herstellung gehört die Vollendung aller vertraglich geschuldeten Leistungen (BGH, Urteil vom 25.02.1999 – VII ZR 190/97, BauR 1999, 934, 935 = ZfBR 1999, 202). Hat der Architekt auch die Leistungen der Phase 9 des § 15 Abs. 2 HOAI übernommen, ist sein Werk erst dann vollendet, wenn auch diese Leistungen erbracht sind. Dabei dauert die Objektbetreuung bis zum Ablauf der Gewährleistungsfristen gegenüber den Bauhandwerkern fort (BGH, Urteil vom 10.02.1994 – VII ZR 20/93, BGHZ 125, 111)."

Ist keine Abnahme der Architektenleistungen erfolgt, läuft die Gewährleistung nicht unbefristet weiter. Das Gericht muss vielmehr unter Würdigung aller Umstände beurteilen, wann der Beginn der Gewährleitungsfrist eingetreten ist. Wenn die Ausführung weiterer vom Architektenvertrag erfasster Leistungen nicht mehr in Betracht kommt, kann das den Beginn der Gewährleistungsphase auslösen, wie der BGH entschieden hat.

BGH, Urteil vom 24.02.2011 – VII ZR 61/10 (BauR 2011, 1032,1033) (aus dem Leitsatz):

„Der Schadensersatzanspruch gegen den Architekten gemäß § 635 BGB a. F. verjährt nach § 634a BGB n. F., sofern diese Vorschrift gemäß Art. 229 § 6 Abs. 1 EGBGB anwendbar ist. Die Verjährung beginnt erst, wenn die Abnahme erfolgt ist oder Umstände gegeben sind, nach denen eine Erfüllung des Vertrages nicht mehr in Betracht kommt (im Anschluss an BGH, Urteil vom 08.07.2010 – VII ZR 171/08, BauR 2010, 1778 = NZBau 2010, 768 = ZfBR 2010, 773).“

Auch die Abnahmefiktion des § 640 BGB gilt für Architekten- und Ingenieurleistungen. Mit der vorbehaltlosen Bezahlung der Schlussrechnung für Architekten- und Ingenieurleistungen kann daher eine fiktive Abnahme begründet sein. Allein die Inbezugnahme rechtfertigt jedoch in der Regel nicht die fiktive Abnahme. Eine konkludente Abnahme der Architektenleistungen kann vorliegen, wenn das Gebäude fertiggestellt und bezogen ist und innerhalb einer Prüfungsfrist von 6 Monaten keine Mängel an der Architektenleistung gerügt wurden, wie der BGH festgestellt hat.

BGH, Urteil vom 26.09.2013 – VII ZR 220/12 (aus dem Leitsatz):

„Die konkludente Abnahme einer Architektenleistung kann darin liegen, dass der Besteller nach Fertigstellung der Leistung, Bezug des fertiggestellten Bauwerks und Ablauf einer Prüfungsfrist von sechs Monaten keine Mängel der Architektenleistungen rügt (Fortführung von BGH, Urteil vom 25.02.2010 – VII ZR 64/09, BauR 2010, 795 = NZBau 2010, 318).“

BGH, Urteil vom 25.02.2010 – VII ZR 64/09 (aus den Leitsätzen):

„a) Die konkludente Abnahme der Tragwerksplanung kann darin liegen, dass der Besteller nach Fertigstellung der Leistung, Bezahlung der Rechnung des Tragwerkplaners und mehrere Monate nach Einzug in das nahezu fertiggestellte Bauwerk keine Mängel der Tragwerksplanung rügt.

b) Auch bei einer konkludenten Abnahme kommt es gemäß § 640 Abs. 2 BGB zu einem Rechtsverlust, wenn der Besteller sich die Rechte wegen der ihm bekannten Mängel nicht vorbehält.“

Die Gewährleistungsfrist für die Architektenleistungen beginnt erst mit deren Abnahme zu laufen. Fehlt die Abnahme, gilt die dreißigjährige Verjährung, wie der BGH entschieden hat.

BGH, Urteil vom 30.09.1999 – VII ZR 162/97, OLG Celle (aus der Entscheidungsbegründung):

„Liegt ein nicht mehr nachbesserungsfähiger Mangel eines Architektenwerks [siehe Abb. 2.19] *vor, kann der Besteller vor Abnahme des Architektenwerks Schadensersatz nach § 635 BGB geltend machen. Dieser Anspruch unterliegt der 30-jährigen Verjährungsfrist. Die fünfjährige Verjährungsfrist des § 638 Abs. 1 Satz 1 BGB greift hier nicht ein. Sie beginnt nach § 638 Abs. 1 Satz 2 BGB mit der Abnahme oder, soweit eine Abnahme ausgeschlossen ist, mit der Vollendung des Werks (§ 646 BGB) zu laufen. Beim Architektenvertrag ist eine Abnahme regelmäßig nicht ausgeschlossen, da Architektenleistungen jedenfalls ganz überwiegend billigungsfähig sind. (…)*

Abb. 2.19: Planungsmangel: Der Zwischenraum zwischen Gaube und Treppenhauskopf ist zu Wartungszwecken unzugänglich.

Die Verjährung kann nach ständiger Rechtsprechung des BGH nicht nur mit der Abnahme oder der Vollendung, sondern auch mit der ernsthaften und endgültigen Ablehnung der Abnahme durch den Besteller beginnen; dies gilt auch, wenn die Abnahme zu Recht verweigert wird.“

KG Berlin, Urteil vom 12.02.2004 – 4 U 162/02 (aus der Entscheidungsbegründung):

„Die gesetzliche Verjährungsfrist von fünf Jahren (§ 638 BGB a. F.) beginnend mit der Abnahme der geschuldeten Leistung ist nicht abgelaufen. Geschuldete Leistung in diesem Sinne ist bei einem Architektenvertrag mit Vollarchitektur oder – wie im vorliegenden Fall – mit Übertragung der Leistungsphasen 5 bis 9 des § 15 HOAI die Verpflichtung, ein mangelfreies Bauwerk entstehen zu lassen. Von daher ist die Architektenleistung grundsätzlich erst mit Abschluss der Leistungsphase 9 erbracht mit der Folge, dass die Gewährleistungsfrist wegen mangelhafter Architektenleistungen erst kurz vor Ablauf der Gewährleistungsfrist wegen mangelhafter Leistungen des Bauunternehmers zu laufen beginnt und bis zu zehn Jahren nach Abnahme des Bauwerks dauern kann (BGH NJW 1994, 1276). (…)

Bei einer erst teilweise ausgeführten Leistung kommt eine Abnahme durch schlüssiges Verhalten ohnehin regelmäßig nicht in Betracht (BGH Baurecht 1994, 392, 1981, 373).“

Abnahme von Sanierungsmaßnahmen

Neben den üblichen Kontrollen sind bei der Abnahme von Sanierungsmaßnahmen einige besondere Prüfungen vorzunehmen:

- Erfolgskontrolle bei Maßnahmen zur Mauerwerkstrockenlegung,
- Erfolgskontrolle bei Fassadenhydrophobierungen,
- Überprüfung der fachgerechten Entsorgung von kontaminierten Abbruchmaterialien und Abfällen,
- Erfolgskontrolle nach Entfernung von zerstörendem Befall durch Pilze und Insekten,
- Erfolgskontrolle im Anschluss an die Beseitigung mikrobieller Schäden,
- Kontrolle sicherheitsrelevanter Veränderungen am Objekt.

Abb. 2.20 Farbbeschichtetes Plexiglas

Gerade durch Veränderungen von Bauteilen, die mit der Sanierung von Gebäuden gleichzeitig einhergehen, entwickeln sich häufig auch unbeachtete Sicherheitsgefahren.

Beispiel

Bei der Farbbeschichtung des Trapezblechdaches in Abb. 2.20 wurde ein Lichtelement aus Plexiglas in gleicher Farbgebung mitbeschichtet. Beim Begehen des Daches ist später nicht mehr erkennbar, dass hier eine tödliche Durchsturzgefahr besteht.

Die Sanierung von Gebäuden im Bestand bietet keinen Anlass für die unfachgerechte Ausführung handwerklicher Leistungen, wie das OLG Hamm entschieden hat.

OLG Hamm, Urteil vom 27.06.1997 – 19 U 193/96 (aus der Entscheidungsbegründung):

„Nach den Feststellungen des Sachverständigen kann auch nicht davon ausgegangen werden, dass dieser optische Mangel ‚unerheblich' ist, sodass Berufung gegen Treu und Glauben verstieße. Der Sachverständige hat festgestellt, dass Verschmutzungen in unregelmäßigen Abständen über die gesamte Fläche verteilt seien und dem unbefangenen Besucher mit Sicherheit auffallen. Eine solche optische Beeinträchtigung des Bodens, der auch der Gestaltung und optischen Aufwertung des Zimmers dient, muss der Besteller nicht hinnehmen."

2.15 Abnahme bei Abbruch- und Entsorgungsarbeiten

Abbruch- und Entsorgungsarbeiten sind seit 2006 auch in der VOB/C ATV geregelt. Bei Abbruch- und Entsorgungsarbeiten besteht das Wesen der Werkleistung nicht in der Produktion von Bauteilen, sondern vielmehr in deren „Verschwindenlassen" von der Baustelle. Auch wenn eine Abnahme der Werkleistung vor diesem Hintergrund paradox erscheinen mag, ist sie dennoch erforderlich. Im Wesentlichen wird man sich bei der Abnahme darauf konzentrieren, ob Abbruch und Entsorgung rückstandsfrei erfolgt sind und ob die verbleibenden angrenzenden Bauteile hierbei nicht beschädigt wurden. Gleichwohl bleibt der Eigentümer vorläufig für alle auf seinem Grundstück geborgenen

Stoffe hinsichtlich des Transportes und der Weiterverwendung verantwortlich. Die Abnahme setzt daher voraus, dass die erforderlichen Entsorgungsnachweise vom Auftragnehmer z. B. durch Annahmescheine und Wiegenoten der Deponie lückenlos erbracht werden.

2.16 Abnahme bei Kündigung

Wird ein Werkvertrag gekündigt, liegt hierin noch keine Abnahme der bis dahin erbrachten Leistungen. Dies hat der BGH in seinem Leitsatzurteil vom 19.12.2002 entschieden.

BGH, Urteil vom 19.12.2002 – VII ZR 103/00 (aus den Leitsätzen):

„BGB § 640 Abs. 1; VOB/B § 12

a) Nach der Kündigung hat der Auftragnehmer einen Anspruch gegen den Auftraggeber auf Abnahme, wenn die von ihm bis zur Kündigung erbrachte Leistung die Voraussetzungen für die Abnahmepflicht des Auftraggebers erfüllt.

b) Die Abnahme der durch die Kündigung beschränkten vertraglich geschuldeten Werkleistung beendet das Erfüllungsstadium des gekündigten Vertrages und führt die Erfüllungswirkungen der Werkleistung herbei. (…)

VOB/B § 12 Nr. 5

Eine fiktive Abnahme nach § 12 Nr. 5 VOB/B kommt bei einem gekündigten VOB/B-Vertrag nicht in Betracht. (…)

(2) Das Erfüllungsstadium eines gekündigten Vertrages endet wie bei einem nicht gekündigten Vertrag mit der Abnahme. (…) Mit der Abnahme treten die Erfüllungswirkungen der durch die Kündigung beschränkten vertraglich geschuldeten Werkleistung ein. (…)

(4) Die Kündigung selbst ist keine konkludente Abnahme. Die Kündigung des Auftraggebers enthält nicht die Erklärung, dass er das bis zur Kündigung erbrachte Werk als im Wesentlichen vertragsgerecht anerkennt, weil die Kündigung regelmäßig auf einer Vertragsverletzung des Auftragnehmers beruht. Die Kündigung des Auftragnehmers kann schon deshalb keine Abnahme sein, weil ausschließlich der Auftraggeber berechtigt und unter Umständen verpflichtet ist, die Abnahme zu erklären (Kniffka, ZfBR 1998, 114).“

Für die bis zu einer Kündigung im Wesentlichen vertragsgerecht erbrachten Leistungen verbleibt daher das Recht des Auftragnehmers auf Abnahme. Er muss die Abnahme vom Auftraggeber verlangen, damit für diese Leistungen der Beginn der Gewährleistungsfristen definiert wird. Gleichzeitig sollte durch gemeinsames Aufmaß die Leistungsgrenze bestimmt werden, damit es bei Fortführung der Arbeiten durch Dritte nicht obendrein zu Abrechnungs- und Gewährleistungsstreitigkeiten kommt. Auch bei der Kündigung wird der Werklohn erst mit der Abnahme fällig.

BGH, Urteil vom 11.05.2006 – VII ZR 146/04 (aus dem Leitsatz):

„Nach Kündigung eines Bauvertrags wird die Werklohnforderung grundsätzlich erst mit der Abnahme der bis dahin erbrachten Werkleistungen fällig (Änderung der Rechtsprechung, vgl. Senat, Urteil vom 09.10.1986 – VII ZR 249/85, BauR 1987, 95 = ZfBR 1987, 38).“

2.17 Abnahme bei Ablehnung

Hat der Bauherr dem Unternehmer vor der Abnahme wirksam eine Frist zur Mangelbeseitigung mit Ablehnungsandrohung gesetzt und die Frist läuft ergebnislos ab, wandelt sich das Vertragsverhältnis in ein Abwicklungsverhältnis mit der Folge, dass die Werklohnforderung des Unternehmers auch ohne Abnahme fällig wird, wie das Saarländische OLG entschieden hat.

Saarländisches OLG, Urteil vom 09.03.2004 – 7 U 342/03-71 (aus den Entscheidungsgründen):

„Entbehrlich ist die Abnahme dann, wenn der Besteller nicht mehr Mangelbeseitigung, sondern Schadensersatz oder Minderung verlangt, also eine Vertragserfüllung durch den Werkunternehmer nicht mehr in Betracht kommt und dessen Vorleistungspflicht entfällt. In diesem Fall hat unabhängig von einer Abnahme eine endgültige Abrechnung über die erbrachte Leistung des Auftragnehmers und den Schadensersatzanspruch des Bestellers stattzufinden (vgl. Palandt-Sprau, a. a. O., § 641, Rn. 2, m. w. N.; Ingenstau-Locher, a. a. O., § 16, Rn. 18, m. w. N.; Werner/Pastor, a. a. O., Rn. 1338, m. w. N.; OLG Hamm, OLGR Hamm 1998, S. 58 ff., m. w. N.; OLG Hamm, OLGR 1997, S. 74 ff., m. w. N.; OLG Hamm, OLGR 1995, S. 241 ff.; BGH, NJW 2003, S. 288; BGH, MDR 1979, S. 304). Das Gleiche gilt, wenn der Bauherr dem Unternehmer gemäß § 634 Abs. 1 BGB vor Abnahme wirksam eine Frist mit Ablehnungsandrohung gesetzt hat und die Frist abgelaufen ist. Nach Ablauf der Frist wird das Vertragsverhältnis in ein Abwicklungsverhältnis umgewandelt, wenn der Unternehmer die gerügten Mängel nicht bis zum Fristablauf beseitigt hat. Mit der Umwandlung des Erfüllungsverhältnisses in das Abrechnungs- und Abwicklungsverhältnis entfällt der Erfüllungsanspruch des Bestellers sowie die Vorleistungspflicht des Unternehmers und dessen Nachbesserungsrecht. Die Umwandlung des Vertragsverhältnisses hat mittelbar zur Folge, dass die Werklohnforderung des Unternehmers auch ohne Abnahme fällig wird (BGH Z 142, S. 278 ff. = NJW 1999, S. 3710 ff., m. w. N.; OLG Hamm, NJW-RR 1989, S. 1365).“

2.18 Abnahme unter versicherungsrelevanten Aspekten

Bezugsfertigkeit, behördliche Abnahme und rechtsgeschäftliche Abnahme sind für Beginn und Beendigung einiger Versicherungsarten wichtig.

Bauwesenversicherung oder Bauleistungsversicherung

Die Allgemeinen Bedingungen für die Bauleistungsversicherung (ABN 2008) regeln beispielsweise Vertrags- und Versicherungsschutzsuchende:

„Abschnitt B (…)

§ 3 Ende des Vertrages; Ende des Versicherungsschutzes

1. Ende des Vertrages

Der Vertrag endet mit dem Ende des Versicherungsschutzes.

2. Ende des Versicherungsschutzes

Der Versicherungsschutz endet

a) mit der Bezugsfertigkeit oder
b) nach Ablauf von sechs Werktagen seit Beginn der Benutzung oder
c) mit dem Tage der behördlichen Gebrauchsabnahme.

Maßgebend ist der früheste dieser Zeitpunkte. Für Restarbeiten besteht weiterhin Versicherungsschutz.

Liegen vorstehende Voraussetzungen nur für eines von mehreren Bauwerken oder für einen Teil eines Bauwerkes vor, so endet der Versicherungsschutz für dieses von mehreren Bauwerken oder für diesen Teil eines Bauwerkes.

Der Versicherungsschutz endet spätestens zu dem im Versicherungsschein angegebenen Zeitpunkt. Vor Ende des Versicherungsschutzes kann der Versicherungsnehmer die Verlängerung des Versicherungsschutzes beantragen.

3. Ende des Versicherungsschutzes für versicherte Unternehmer

Der Versicherungsschutz eines versicherten Unternehmers endet mit dem Zeitpunkt, in dem die Bauleistung oder Teile davon abgenommen werden oder nach dem Bauvertrag als abgenommen gelten oder in dem der Auftraggeber in Abnahmeverzug gerät.

Für Baustoffe und Bauteile endet der Versicherungsschutz abweichend von Satz 1 einen Monat nach dem Ende des Versicherungsschutzes für die zugehörige Bauleistung; das Gleiche gilt für versicherte Hilfsbauten und Bauhilfsstoffe. Der Versicherungsschutz endet jedoch spätestens mit dem in

Nummer 2 genannten Zeitpunkt.“

Bauherrenhaftpflichtversicherung

Das Ende des Versicherungsvertrages ist nicht mehr wie in früher individuellen Verträgen von der Abnahme der Bauleistungen abhängig, sondern von der im Vertrag vorgesehenen Vertragsdauer und von dem Wegfall des versicherten Risikos. Die Allgemeinen Versicherungsbedingungen für die Haftpflichtversicherung (AHB 2011) regeln beispielsweise:

„Dauer und Ende des Vertrages/Kündigung

16. Dauer und Ende des Vertrages

16.1 Der Vertrag ist für die im Versicherungsschein angegebene Zeit abgeschlossen.

16.2 Bei einer Vertragsdauer von mindestens einem Jahr verlängert sich der Vertrag um jeweils ein Jahr, wenn nicht dem Vertragspartner spätestens drei Monate vor dem Ablauf der jeweiligen Versicherungsdauer eine Kündigung zugegangen ist.

16.3 Bei einer Vertragsdauer von weniger als einem Jahr endet der Vertrag, ohne dass es einer Kündigung bedarf, zum vorgesehenen Zeitpunkt.

16.4 Bei einer Vertragsdauer von mehr als drei Jahren kann der Versicherungsnehmer den Vertrag zum Ablauf des dritten Jahres oder jedes darauf folgenden Jahres kündigen; die Kündigung muss dem Versicherer spätestens drei Monate vor dem Ablauf des jeweiligen Jahres zugegangen sein.

17. Wegfall des versicherten Risikos

Wenn versicherte Risiken vollständig und dauerhaft wegfallen, so erlischt die Versicherung bezüglich dieser Risiken. Dem Versicherer steht der Beitrag zu, den er hätte erheben können, wenn die Versicherung dieser Risiken nur bis zu dem Zeitpunkt beantragt worden wäre, zu dem er vom Wegfall Kenntnis erlangt."

Rohbaufeuerversicherung

Eine Rohbaufeuerversicherung wird heute in der Regel prämienfrei in Verbindung mit der Wohngebäudeversicherung abgeschlossen und geht nahtlos in diese über.

Leitungswasserschadenversicherung

Der Versicherungsschutz gegen Leitungswasser ist in den Allgemeinen Geschäftsbedingungen des Versicherers geregelt und beginnt erst mit der bezugsfertigen Fertigstellung des Gebäudes.

Gebäudeversicherung

Für die Gebäudeversicherung sind die verschiedenen Abnahmen ohne Relevanz.

2.19 Abnahmeprotokoll

Bei einer förmlichen Abnahme ist ein Protokoll anzufertigen, das in aller Regel der Architekt erstellt. In das Protokoll gehört zunächst alles, was ohnehin in Protokolle gehört, nämlich (siehe Abb. 2.21):

- Ort der Abnahmebegehung,
- Tag und Stunde der Abnahmebegehung,
- Namen der Anwesenden und ihre Funktion sowie Dauer ihrer Anwesenheit,

außerdem

- eine Liste der bei der Abnahmebegehung festgestellten Beanstandungen (Vorbehalte wegen dieser Beanstandungen, sofern es sich um Mängel handelt) (siehe Abb. 2.22),
- Vorbehalte wegen etwaiger Vertragsstrafen,
- eventuelle Einwendungen des Auftragnehmers, sofern dieser die Beanstandungen nicht als Mängel anerkennt,
- Vorbehalte wegen fehlender Nachweise des Auftragnehmers, dass die Leistung vertragsgerecht und nach den anerkannten Regeln der Technik ausgeführt wurde,
- Vorbehalte wegen fehlender Fremdprüfungen (TÜV, Bauordnungsamt usw.)
- die Feststellung, ob die Abnahme erfolgte oder verweigert wurde,
- Frist zur Mängelbeseitigung,
- Unterschrift von Besteller und Unternehmer.

Abb. 2.21: Abnahmeprotokoll

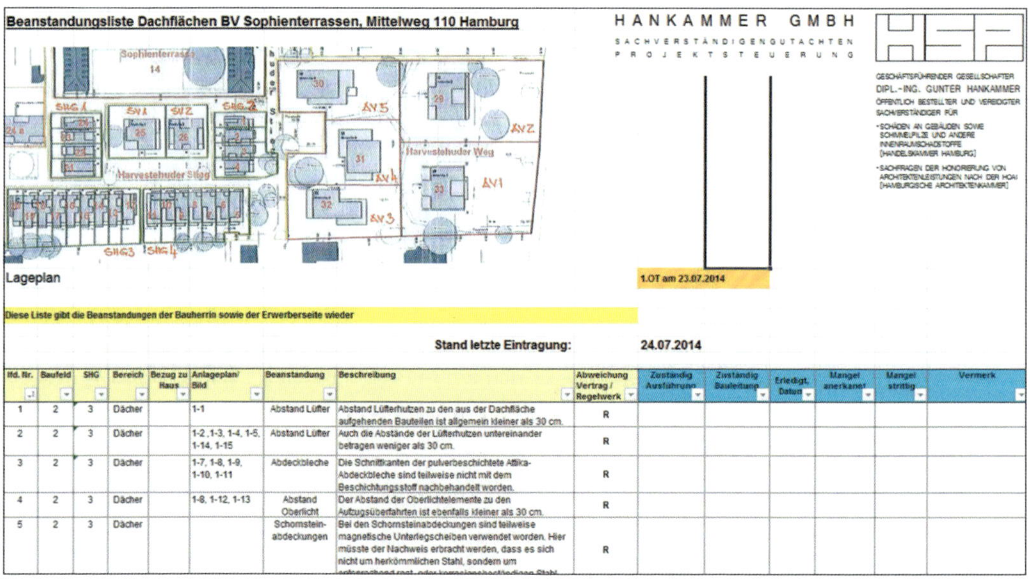

Beanstandungsliste Dachflächen BV Sophienterrassen, Mittelweg 110 Hamburg

HANKAMMER GMBH
SACHVERSTÄNDIGENGUTACHTEN
PROJEKTSTEUERUNG

GESCHÄFTSFÜHRENDER GESELLSCHAFTER
DIPL.-ING. GUNTER HANKAMMER
ÖFFENTLICH BESTELLTER UND VEREIDIGTER SACHVERSTÄNDIGER FÜR
- SCHÄDEN AN GEBÄUDEN SOWIE SCHIMMELPILZE UND ANDERE INNENRAUMSCHADSTOFFE [HANDELSKAMMER HAMBURG]
- SACHFRAGEN DER HONORIERUNG VON ARCHITEKTENLEISTUNGEN NACH DER HOAI [HAMBURGISCHE ARCHITEKTENKAMMER]

Lageplan

1.OT am 23.07.2014

Diese Liste gibt die Beanstandungen der Bauherrin sowie der Erwerberseite wieder

Stand letzte Eintragung: 24.07.2014

lfd. Nr.	Baufeld	SHG	Bereich	Bezug zu Haus	Anlageplan/ Bild	Beanstandung	Beschreibung	Abweichung Vertrag / Regelwerk	Zuständig Ausführung	Zuständig Bauleitung	Erledigt. Datum	Mangel anerkannt	Mangel strittig	Vermerk
1	2	3	Dächer		1-1	Abstand Lüfter	Abstand Lüfterhutzen zu den aus der Dachfläche aufgehenden Bauteilen ist allgemein kleiner als 30 cm.	R						
2	2	3	Dächer		1-2 ,1-3, 1-4, 1-5, 1-14, 1-15	Abstand Lüfter	Auch die Abstände der Lüfterhutzen untereinander betragen weniger als 30 cm.	R						
3	2	3	Dächer		1-7, 1-8, 1-9, 1-10, 1-11	Abdeckbleche	Die Schnittkanten der pulverbeschichtete Attika-Abdeckbleche sind teilweise nicht mit dem Beschichtungsstoff nachbehandelt worden.	R						
4	2	3	Dächer		1-8, 1-12, 1-13	Abstand Oberlicht	Der Abstand der Oberlichtelemente zu den Aufzugsüberfahrten ist ebenfalls kleiner als 30 cm.	R						
5	2	3	Dächer			Schornstein-abdeckungen	Bei den Schornsteinabdeckungen sind teilweise magnetische Unterlegscheiben verwendet worden. Hier müsste der Nachweis erbracht werden, dass es sich nicht um herkömmlichen Stahl, sondern um	R						

Abb. 2.22: Beanstandungsliste

Bei Baumaßnahmen des Bundes kommt das Formular 442 aus dem „Vergabe- und Vertragshandbuch für die Baumaßnahmen des Bundes" (Bundesministerium für Umwelt Naturschutz, Bau und Reaktorsicherheit [BMUV], 2019) zur Anwendung (siehe Abb. 2.23).

442
(Abnahme)

Auftraggeber

Vergabe-/Auftragsnummer	Auftragsdatum

Auftragnehmer

Baumaßnahme

Leistung

Leistungsort	Beginn	Fertigstellung bzw. Beendigung

Abnahme

Ort: ______ Datum: ______ Uhrzeit: ______

Teilnehmer
Für den Auftraggeber:

Für den Auftragnehmer:

☐ Abnahme der Gesamtleistung

☐ Abnahme folgender, in sich abgeschlossener Teile der Leistung

☐ siehe Anlage

☐ Abnahme der ausgeführten Leistung im Falle der Kündigung

© VHB - Bund - Ausgabe 2017 - Stand 2019 Seite 1 von 2

Abb. 2.23: Formular 442 aus dem „Vergabe- und Vertragshandbuch für die Baumaßnahmen des Bundes" (Quelle: Bundesministerium für Umwelt Naturschutz, Bau und Reaktorsicherheit [BMUV], 2019)

442
(Abnahme)

Zur Abnahme sind folgende Unterlagen vorgelegt worden:

Festgestellt wurden:
- ☐ keine Mängel
- ☐ folgende Mängel:

- ☐ folgende Mängel laut Anlage(n)
- ☐ folgende Mängel, die zur Kündigung geführt haben:

Die festgestellten Mängel sind unverzüglich, spätestens bis zum ______________ zu beseitigen.
Dies gilt nicht für die Mängel, die zur Kündigung geführt haben.
Kommt der Auftragnehmer dem nicht nach, ist der Auftraggeber berechtigt, die Mängel auf Kosten des Auftragnehmers beseitigen zu lassen.

☐ Die Abnahme wird verweigert, weil die festgestellten Mängel wesentlich sind.

☐ Zusätzliche Absprache:

Alle übrigen Ansprüche des Auftraggebers bleiben weiterhin unberührt.
Der Auftraggeber behält sich vor, die vereinbarte Vertragsstrafe geltend zu machen.

Auftragnehmer[1]:	Auftraggeber:
In Vertretung/Im Auftrag	In Vertretung/Im Auftrag

[1] Unterschrift des Auftragnehmers ist nur erforderlich, wenn eine gemeinsame Abnahme stattgefunden hat.

© VHB VHB - Bund - Ausgabe 2017 - Stand 2019 Seite 2 von 2

Abb. 2.23 (Fortsetzung): Formular 442 aus dem „Vergabe- und Vertragshandbuch für die Baumaßnahmen des Bundes" (Quelle: Bundesministerium für Umwelt Naturschutz, Bau und Reaktorsicherheit [BMUV], 2019)

„Richtlinien zu 442, 443

Abnahme und Abnahme Mängelbeseitigungsleistung

1 Allgemeines

1.1 Das Formblatt 442 findet Anwendung bei Abnahme

– nach Fertigstellung der gesamten Leistung,
– nach Fertigstellung in sich abgeschlossener Teile von Leistungen,
– im Fall der Kündigung (§ 8 Absatz 7 VOB/B).

1.2 Das Formblatt 443 findet Anwendung bei Abnahme von Mängelbeseitigungsleistungen.

1.3 Ab einer Auftragssumme von 10.000 Euro ist die Leistung förmlich abzunehmen.

1.4 Die Abnahme ist eine Rechtshandlung und Hauptleistungspflicht des Auftraggebers.

Mit der Abnahme

– wird die Leistung als vertragsgemäß ausgeführt gebilligt,
– geht die Gefahr für die Bauleistung auf den Auftraggeber über,
– beginnt die Verjährungsfrist für Mängelansprüche.

Nach der Abnahme

– können Ansprüche auf Beseitigung bereits erkannter und nicht ausdrücklich vorbehaltener Mängel nicht mehr durchgesetzt werden,
– hat der Auftraggeber zu beweisen, dass später festgestellte Mängel auf vertragswidrige Leistung zurückzuführen sind.

Wegen dieser weitreichenden Wirkungen bedarf die Abnahme gründlicher Vorbereitung und besonderer Sorgfalt.

1.5 Die Voraussetzungen für die Abnahme sind:

– Fertigstellung der Leistung und
– kein Vorliegen wesentlicher Mängel.

Hinweis:

Bei Fehlen von vertraglich geschuldeten Leistungen wie z. B. Betriebsunterlagen, Bestandszeichnungen/-plänen, Bedienungsanleitungen, Personalschulung/-einweisung kommt eine Abnahme in der Regel nicht in Betracht. Denn diese haben besondere Bedeutung, weil ohne diese Unterlagen eine Übergabe an die nutzende Verwaltung in der Regel nicht möglich ist. Im Formblatt 442 sind auch alle weiteren bis zu diesem Zeitpunkt bekannt gewordenen Mängel aufzuführen. Wird in solchen Fällen gleichwohl abgenommen, richten sich die Ansprüche des Auftraggebers nach § 13 VOB/B i. V. m. § 633 BGB und sind von der Sicherheit für Mängelansprüche abgedeckt.

1.6 Die rechtsgeschäftliche Erklärung der Abnahme obliegt der Baudurchführenden Ebene; freiberuflich Tätige sind zur Abgabe dieser Erklärung nicht befugt.“

2.19.1 Vorbehalte wegen der Vertragsstrafe

Befindet sich der Auftragnehmer mit der Fertigstellung seiner Leistungen im Verzug, muss der Vorbehalt hinsichtlich der Geltendmachung einer vertraglich vereinbarten Vertragsstrafe bei der Abnahme ausdrücklich erklärt werden, da ein berechtigter Anspruch des Auftraggebers auf die Vertragsstrafe ansonsten verfällt. Obwohl es sich bei der Vertragsstrafe um eine rechtsgeschäftliche Angelegenheit handelt, muss der Architekt die wesentlichen Grundzüge der Vereinbarung und der Geltendmachung eines Vertragsstrafenanspruchs kennen. Versäumt er es, den Bauherrn auf offensichtliche Fehler hinzuweisen, haftet er für den verloren gegangenen Anspruch.

Einen solchen Fall entschied das LG Hamburg, Urteil vom 19.10.2006 - 328 O 196/03 (aus den Entscheidungsgründen):

„Der Anspruch folgt aus einer Verletzung von § 2.1 des Architektenvertrages i. V. m. § 15 Abs. 1 Nr. 7 HOAI. Der Beklagte hat seine Pflicht zur Mitwirkung bei der Vergabe des Bauauftrages verletzt, weil die Vertragsstrafenklausel entgegen der bereits damals bekannten Rechtsprechung des BGH (siehe nur BGH NJW-RR 1989, 527) keine Begrenzung nach oben aufwies und deshalb gegen § 9 AGBG verstieß. Zwar ist ein Architekt zu einer rechtsberatenden Tätigkeit grundsätzlich weder berechtigt noch verpflichtet. Die Grundsätze des Werkvertragsrechts sowie die grundsätzlichen Regelungen des AGB-Gesetzes und die hierzu ergangene Rechtsprechung muss er jedoch beherrschen (OLG Brandenburg, NZBau 2003, 684, 685; OLG Hamm, NZBau 2005, 525, 526; Korbion, in: Korbion/Mantscheff/Vygen, HOAI, 6. Aufl. 2004, § 15 Rn. 140; Locher/Koeble/Frik, HOAI, 8. Aufl. 2002, § 15 Rn. 172). Man kann daher von einem Architekten das Wissen verlangen, dass eine Vertragsstrafe in Allgemeinen Geschäftsbedingungen nicht ohne Festlegung einer Obergrenze vereinbart werden kann. Denn die Vereinbarung einer Vertragsstrafe für den Fall der Bauzeitenüberschreitung ist geradezu ein klassischer Bestandteil von Bauverträgen und ihre Wirksamkeit für den Bauherrn von wesentlicher Bedeutung (siehe auch OLG Brandenburg, NZBau 2003, 684, 685; OLG Hamm, NZBau 2005, 525, 526).“

2.19.2 Vorbehalte wegen Mängeln

Sofern dem Auftraggeber zum Zeitpunkt der Abnahme Mängel bekannt sind, muss er gegenüber dem Auftragnehmer im Zuge der Abnahme entsprechende Vorbehalte aussprechen. Unterlässt er dies, verliert er einen Teil seiner Gewährleistungsansprüche. Dasselbe gilt auch für diejenigen Mängel, die offensichtlich sind und die bei der Abnahme zu erkennen waren, wie das Schleswig-Holsteinische OLG entschieden hat:

Schleswig-Holsteinisches OLG, Urteil vom 29.05.2009 – 17 U 15/09 (aus den Gründen):

„Wegen der weiteren, nicht im Abnahmeprotokoll aufgeführten Mängel kann die Beklagte die Rechte aus § 634 Nr. 1–3 BGB n. F., insbesondere Rücktritt oder Minderung, nicht

mehr geltend machen. (...) d. h., der Auftraggeber kann, wenn er ein mangelhaftes Werk trotz Kenntnis des Mangels abgenommen hat, beim BGB-Bauvertrag die sich aus § 634 Nr. 1–3 n. F. ergebenden Rechte nur geltend machen, wenn er sich diese bei Abnahme vorbehalten hat, wie aus § 640 Abs. 2 BGB hervorgeht. Das Gleiche ergibt sich für den VOB-Vertrag aus dem Sinn und Zweck der Bestimmungen in § 12 Nr. 4 Abs. 1 Satz 4 und Nr. 5 Abs. 3 VOB/B (...). Alle diese angeblichen Mängel sind offensichtlich und hätten daher spätestens bei der Abnahmebegehung festgestellt werden können."

Ein unterschriebenes Abnahmeprotokoll, das Vorbehalte wegen bestimmter Mängel enthält, dokumentiert, dass die Abnahme erfolgt ist, wie das Brandenburgische OLG entschieden hat.

Brandenburgisches OLG, Urteil vom 20.03.2003 – 12 U 14/02 (aus der Entscheidungsbegründung):

„Es ist eine förmliche Abnahme des Werkes der Klägerin als im Wesentlichen vertragsgemäß durch die Beklagte erfolgt. Die Niederschrift vom 31.08.2000, die auf Bestellerseite durch die Geschäftsführerin der Beklagten sowie durch den Architekten unterzeichnet worden ist, ist mit ‚Abnahme-Protokoll' überschrieben. Außerdem ist das Kästchen ‚Gesamtleistung' angekreuzt. Unter 3. ist weiter angekreuzt ‚Abnahme erfolgt mit dem nachfolgend erwähnten Vorbehalt wegen Leistungsmängel'. Als Beginn der Gewährleistungsfrist ist zusätzlich der 31.08.2000 eingesetzt. Eine andere Auslegung des Protokolls als diejenige, dass eine Abnahme stattgefunden hat, verbietet sich angesichts des klaren Wortlautes. Der Vorbehalt von Mängeln ändert daran nichts. Auch eine Abnahme unter Vorbehalt bestimmter Mängel ist rechtstechnisch eine Abnahme, wie sich bereits aus dem Wortlaut des § 640 Abs. 2 BGB a. F. ergibt. Es kommt auch nicht darauf an, wie umfangreich die vorbehaltenen Mängel sind und ob aufgrund dieser Mängel die Abnahme auch hätte verweigert werden dürfen. Entscheidend ist, ob die Abnahme tatsächlich erfolgt ist. Ausweislich des Protokolls ist hier die Abnahme erklärt worden. Dass von der Unternehmerseite das Protokoll mit dem Zusatz ‚u. V.' (unter Vorbehalt) unterzeichnet worden ist, ändert an dieser Auslegung nichts. Damit sollte ersichtlich nicht die Abnahme eingeschränkt, sondern verhindert werden, dass hinsichtlich der Vorbehalte die Unterschrift etwa als Anerkenntnis der Mängel gewertet werden könnte."

Mit seiner Unterschrift auf dem Abnahmeprotokoll erkennt der Auftragnehmer die vom Auftraggeber vorbehaltenen Mängel nicht an, wie das OLG Dresden entschieden hat.

OLG Dresden, Urteil vom 01.10.2019 – 6 U 1275/19 (Nichtzulassungsbeschwerde zurückgewiesen, BGH, Beschluss vom 17.06.2020 - VII ZR 248/19) (aus den Leitsätzen):

„4. Mit seiner Unterschrift unter dem Abnahmeprotokoll erkennt der Auftragnehmer die vom Auftraggeber vorbehaltenen Mängel nicht an."

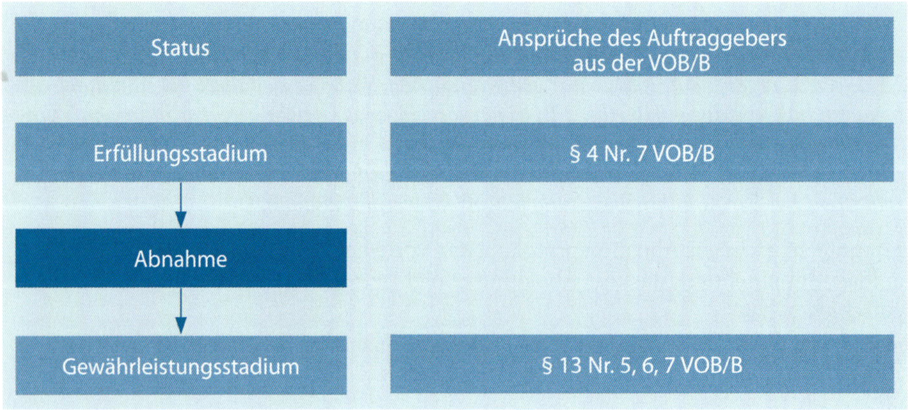

Abb. 2.24: Ansprüche des Auftraggebers

2.20 Folgen der Abnahme

Mit der Abnahme endet das Erfüllungsstadium eines Vertrages. Gleichzeitig beginnt das Gewährleistungsstadium (siehe Abb. 2.24).

Die Abnahme zieht eine Reihe von rechtlichen Konsequenzen nach sich:

- Die Schlussvergütung ist fällig (§ 641 BGB).
- Die Verjährungsfrist für die Gewährleistung beginnt (§ 634a BGB und § 13 Nr. 4 VOB/B).
- Die Gefahr geht auf den Auftraggeber über (§ 644 BGB, § 7 VOB/B, § 12 Nr. 6 VOB/B).
- Die Beweislast verschiebt sich.
- Der Unternehmer muss seine Leistung nicht mehr vor Beschädigung schützen (§ 4 Nr. 5 VOB/B).

Voraussetzung für die Fälligkeit der Schlussrechnung ist grundsätzlich die Abnahme. Eine Ausnahme hiervon liegt in der Fristsetzung des Bauherrn zur Mangelbeseitigung mit Ablehnungsandrohung vor der Abnahme. Verstreicht diese Frist erfolglos, entfällt die Möglichkeit einer Mängelbeseitigung und es bleibt nur noch der Schadensersatz oder die Minderung (vgl. Saarländisches OLG, Urteil vom 09.03. 2004 – 7 U 342/03-71; siehe Kapitel 2.17).

Der Werklohn ist auch ohne eine Abnahme fällig, wenn der Auftraggeber nicht mehr die Erfüllung, sondern nur noch Schadensersatz verlangt, wie der BGH entschieden hat.

BGH, Urteil vom 22.09.2005 – VII ZR 117/03 (aus den Entscheidungsgründen):

„Aus dem Vortrag der Beklagten ergibt sich, dass sie weder die Fertigstellung des Werks noch eine Beseitigung von Mängeln der erbrachten Leistung fordert, sondern nur noch Schadensersatz. Wenn der Auftragnehmer nicht mehr Erfüllung, sondern nur noch Schadensersatz verlangt, ist der Werklohn auch ohne Abnahme fällig und es findet eine Abrechnung der beiderseitigen Ansprüche statt.“

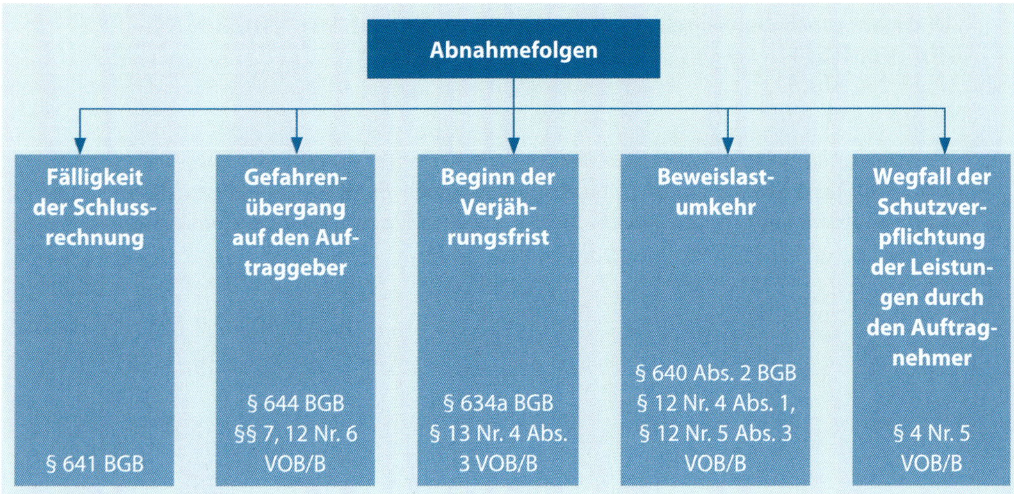

Abb. 2.25: Abnahmefolgen

Am Tag der Abnahme beginnt die Verjährungsfrist für die Gewährleistung. Je früher also die Abnahme stattfindet, desto früher endet auch die Pflicht der Gewährleistung des Unternehmers. Gewährleistungsansprüche, die der Besteller schon vor der Abnahme geltend macht, führen nicht dazu, dass der Beginn der Verjährung vor der Abnahme eintritt.

BGH, Urteil vom 08.07.2010 – VII ZR 171/08 (aus dem Leitsatz):

„Die werkvertraglichen Gewährleistungsansprüche des Bestellers unterliegen auch dann der Verjährungsregelung des § 638 Abs. 1 Satz 1 BGB a. F., wenn sie vor der Abnahme entstanden sind. Die Verjährungsfrist beginnt erst zu laufen, wenn die Abnahme erfolgt oder endgültig verweigert wird (Abänderung von BGH, Urteil vom 30.09.1999 – VII ZR 162/97, BauR 2000, 128 = NZBau 2000, 22 = ZfBR 2000, 97).“

Am Tag der Abnahme beginnt aber auch die Verpflichtung der Bewirtschaftung für den Besteller. Dies kann von wirtschaftlicher Bedeutung z. B. dann sein, wenn Abnahme und Innutzungnahme einer Immobilie nicht auf denselben Tag fallen. Wird die Fertigstellung eines Großprojektes beispielsweise aus steuertechnischen Gründen zum 31.12. eines Jahres geschuldet, aber aus praktischen Erwägungen bereits vor dem 24.12. abgenommen, entsteht dem Besteller ein zusätzlicher Aufwand für die Bewirtschaftung und für die Funktionsüberwachung der technischen Gebäudeausrüstung sowie für den Versicherungsschutz.

Bei Streitigkeiten über die Ursachen von Mängeln kann die Beweislastverschiebung von erheblicher Bedeutung für den Unternehmer sein. Während er vor der Abnahme unter Beweisdruck steht, den Nachweis zu erbringen, dass er seinen Vertrag erfüllt hat, ist durch die Abnahme gerade dies bestätigt worden. Für die nun folgenden Gewährleistungsauseinandersetzungen um Mängel trägt der Auftraggeber die Beweislast, mit Ausnahme der Beanstandungen, bei denen sich der Auftraggeber seine Rechte gemäß § 640 Abs. 2 BGB bzw. § 12 Nr. 4 Abs. 1 VOB/B vorbehalten hat (siehe Abb. 2.25).

Siehe hierzu auch den Leitsatz des BGH, Urteil vom 24.10.1996 – VII ZR 98/94,
BGB §§ 634, 640
ZPO § 256 Abs. 1
VOB/B § 13 E Nr. 7

„a) Vor der Abnahme, im Falle ihrer berechtigten Verweigerung oder des Vorbehalts gemäß § 640 Abs. 2 BGB trägt der Unternehmer, wenn der Besteller das Vorhandensein eines Mangels substanziiert vorträgt, die Beweislast für die Mangelfreiheit des Bauwerks."

3 Mangel

3.1 Definition im Werkvertragsrecht

Ein Mangel ist dann gegeben, wenn die ausgeführte Bauleistung (der Istzustand) in negativer Weise vom vertraglich geschuldeten Zustand (Sollzustand) abweicht.

Das Gesetz unterscheidet zwischen dem Sachmangel und dem Rechtsmangel. Die Rechtsgrundlage für diese stufenweise Beurteilung findet sich in dem BGB und in der VOB/B.

Mangeldefinition in der VOB

In § 13 VOB/B DIN 1961:2016-09 „Mängelansprüche" wird der Mangel wie folgt definiert:

„(1) Der Auftragnehmer hat dem Auftraggeber seine Leistung zum Zeitpunkt der Abnahme frei von Sachmängeln zu verschaffen. Die Leistung ist zur Zeit der Abnahme frei von Sachmängeln, wenn sie die vereinbarte Beschaffenheit hat und den anerkannten Regeln der Technik entspricht. Ist die Beschaffenheit nicht vereinbart, so ist die Leistung zur Zeit der Abnahme frei von Sachmängeln,

1. *wenn sie sich für die nach dem Vertrag vorausgesetzte, sonst*
2. *für die gewöhnliche Verwendung eignet und eine Beschaffenheit aufweist, die bei Werken der gleichen Art üblich ist und die der Auftraggeber nach der Art der Leistung erwarten kann."*

Mangelbegriff im BGB

Nach dem BGB gelten folgende Mangeldefinitionen in Unterscheidung von Sach- und Rechtsmängeln.

§ 633 BGB „Sach- und Rechtsmangel":

„(1) Der Unternehmer hat dem Besteller das Werk frei von Sach- und Rechtsmängeln zu verschaffen.

(2) Das Werk ist frei von Sachmängeln, wenn es die vereinbarte Beschaffenheit hat. Soweit die Beschaffenheit nicht vereinbart ist, ist das Werk frei von Sachmängeln,

1. *wenn es sich für die nach dem Vertrag vorausgesetzte, sonst*
2. *für die gewöhnliche Verwendung eignet und eine Beschaffenheit aufweist, die bei Werken der gleichen Art üblich ist und die der Besteller nach der Art des Werks erwarten kann.*

Einem Sachmangel steht es gleich, wenn der Unternehmer ein anderes als das bestellte Werk oder das Werk in zu geringer Menge herstellt.

(3) Das Werk ist frei von Rechtsmängeln, wenn Dritte in Bezug auf das Werk keine oder nur die im Vertrag übernommenen Rechte gegen den Besteller geltend machen können."

Im Vergleich zur VOB fällt auf, dass die Mangelhaftigkeit bei Abweichung von den anerkannten Regeln der Technik hier nicht explizit erwähnt wird.

Dennoch wird in der Rechtsprechung grundsätzlich davon ausgegangen, dass die anerkannten Regeln der Technik bei Werkverträgen einzuhalten sind.

In den beiden Definitionen sind kumulative Kriterien erwähnt, nach denen die Leistung frei von Sachmängeln ist, wenn sie die vereinbarte Beschaffenheit besitzt und den anerkannten Regeln der Technik entspricht. Umgekehrt bedeutet dies: Hat die Leistung entweder nicht die vereinbarte Beschaffenheit oder entspricht sie nicht den anerkannten Regeln der Technik, ist sie mit einem Sachmangel behaftet.

Der Auftragnehmer schuldet dem Auftraggeber als Hauptvertragspflicht die Herstellung eines zweckentsprechenden und funktionstauglichen Werks. Eine Leistung ist daher mangelhaft, wenn sie zwar den anerkannten Regeln der Technik entspricht, aber nicht funktionstauglich ist, wie der BGH entschieden hat.

BGH, Urteil vom 08.11.2007 – VII ZR 183/05 (aus den Entscheidungsgründen):

„(1) Welche Beschaffenheit eines Werkes die Parteien vereinbart haben, ergibt sich aus der Auslegung des Werkvertrages. Zur vereinbarten Beschaffenheit im Sinne des § 633 Abs. 2 Satz 1 BGB gehören alle Eigenschaften des Werkes, die nach der Vereinbarung der Parteien den vertraglich geschuldeten Erfolg herbeiführen sollen. Der vertraglich geschuldete Erfolg bestimmt sich nicht allein nach der zu seiner Erreichung vereinbarten Leistung oder Ausführungsart, sondern auch danach, welche Funktion das Werk nach dem Willen der Parteien erfüllen soll. Der Bundesgerichtshof hat deshalb eine Abweichung von der vereinbarten Beschaffenheit und damit einen Fehler im Sinne des § 633 Abs. 1 BGB a. F. angenommen, wenn der mit dem Vertrag verfolgte Zweck der Herstellung eines Werkes nicht erreicht wird und das Werk seine vereinbarte oder nach dem Vertrag vorausgesetzte Funktion nicht erfüllt (…). Das gilt unabhängig davon, ob die Parteien eine bestimmte Ausführungsart vereinbart haben oder die anerkannten Regeln der Technik eingehalten worden sind. Ist die Funktionstauglichkeit für den vertraglich vorausgesetzten oder gewöhnlichen Gebrauch vereinbart und ist dieser Erfolg mit der vertraglich vereinbarten Leistung oder Ausführungsart oder den anerkannten Regeln der Technik nicht zu erreichen, schuldet der Unternehmer die vereinbarte Funktionstauglichkeit (…)

(2) Dieses Verständnis von der ‚vereinbarten Beschaffenheit' hat sich durch das Gesetz zur Modernisierung des Schuldrechts nicht geändert."

Es gelten diejenigen Fassungen der anerkannten Regeln der Technik, die zum Zeitpunkt der Abnahme gültig sind, wie das OLG Nürnberg entschieden hat.

OLG Nürnberg, Urteil vom 23.09.2010 – 13 U 194/08 (Revision nicht zugelassen) (aus den Gründen):

„Für ein mangelfreies Werk ist erforderlich, dass es nicht mit Fehlern behaftet ist, die den Wert oder die Tauglichkeit zu dem nach dem Vertrag vorausgesetzten Gebrauch, hilfsweise für den gewöhnlichen, d. h. den nach Art des Werkes üblichen Gebrauch aufheben oder mindern (§ 635 Abs. 1 BGB a. F.).

Dabei ergibt sich aus den bei Abnahme oder – wenn eine solche wie vorliegend fehlt – bei Schluss der letzten mündlichen Verhandlung in der Tatsacheninstanz anerkannten Regeln der Technik der vertragliche Mindeststandard. Der Besteller kann redlicherweise erwarten, dass das Werk zum Zeitpunkt der Fertigstellung und Abnahme diejenigen Qualitäts- und Komfortstandards erfüllt, die auch vergleichbare andere zeitgleich fertiggestellte und abgenommene Bauwerke erfüllen (BGHZ 139, 16). Der Unternehmer sichert üblicherweise stillschweigend bei Vertragsschluss die Einhaltung dieses Standards zu. Es kommt deshalb im Allgemeinen auf den Stand der anerkannten Regeln der Technik zur Zeit der Abnahme an (BGH, a. a. O.).“

Bei der Bewertung der Mangelhaftigkeit einer Sache sind grundsätzlich zunächst die anerkannten Regeln der Technik heranzuziehen, die zum Zeitpunkt der Abnahme der Bauleistungen Gültigkeit hatten, wie der BGH entschieden hat.

BGH, Urteil vom 25.02.2016 – VII ZR 210/13 (aus dem Leitsatz und den Entscheidungsgründen):

„Für die Beurteilung, ob ein Werk mangelhaft ist, kommt es nach einer durchgeführten Abnahme auf den Zustand des Werks zum Zeitpunkt der Abnahme an.“

Noch umfassender ergibt sich dies aus den Leitsätzen im Urteil des BGH vom 14.11.2017:

BGH, Urteil vom 14.11.2017 – VII ZR 65/14 (aus den Leitsätzen):

„1. Der Auftragnehmer schuldet gemäß § 13 Nr. 1 VOB/B (2006) grundsätzlich die Einhaltung der allgemein anerkannten Regeln der Technik zum Zeitpunkt der Abnahme. Dies gilt auch bei einer Änderung der allgemein anerkannten Regeln der Technik zwischen Vertragsschluss und Abnahme.

2. a) In einem solchen Fall hat der Auftragnehmer den Auftraggeber regelmäßig über die Änderung und die damit verbundenen Konsequenzen und Risiken für die Bauausführung zu informieren, es sei denn, diese sind dem Auftraggeber bekannt oder ergeben sich ohne Weiteres aus den Umständen.
b) Der Auftraggeber hat sodann im Regelfall zwei Optionen.

Der Auftraggeber kann zum einen die Einhaltung der neuen allgemein anerkannten Regeln der Technik verlangen mit der Folge, dass ein aufwendigeres Verfahren zur Herstellung erforderlich werden kann als im Zeitpunkt des Vertragsschlusses von den Parteien vorgesehen. Der Auftragnehmer kann, soweit hierfür nicht von der Vergütungsvereinbarung erfasste Leistungen erforderlich werden, im Regelfall eine Vergütungsanpassung nach § 1 Nr. 3 oder 4, § 2 Nr. 5 oder 6 VOB/B (2006) verlangen.

Der Auftraggeber kann zum anderen von einer Einhaltung der neuen allgemein anerkannten Regeln der Technik und damit von einer etwaigen Verteuerung des Bauvorhabens absehen.“

Auch die Abweichung von der vertraglich vereinbarten Beschaffenheit führt zur Mangelhaftigkeit der Werkleistung – auch wenn die anerkannten Regeln der Technik eingehalten worden sind. Dies hat der BGH in seinem Leitsatzurteil vom 10.11.2005 entschieden.

BGH, Urteil vom 10.11.2005 – VII ZR 147/04 (aus dem Leitsatz):

„Die von der vertraglich vereinbarten Beschaffenheit abweichende Leistung des Unternehmers ist auch dann mangelhaft, wenn ihn kein Verschulden trifft, etwa weil die Ausführung den für diese Zeit anerkannten Regeln der Technik entspricht oder weil er nach allgemeinem Fachwissen auf Herstellerangaben und sonstige Informationen vertrauen konnte.“

BGH, Urteil vom 10.11.2005 – VII ZR 147/04 (aus den Entscheidungsgründen):

„Ein Werk ist gemäß §§ 13 Nr. 1 VOB/B a. F. mangelhaft, wenn es mit Fehlern behaftet ist, die den Wert oder die Tauglichkeit zu dem gewöhnlichen oder nach dem Vertrag vorausgesetzten Gebrauch aufheben oder mindern. Die Leistung des Auftragnehmers ist nur vertragsgerecht, wenn sie die Beschaffenheit aufweist, die für den vertraglich vorausgesetzten oder gewöhnlichen Gebrauch erforderlich ist. Im Rahmen der getroffenen Vereinbarungen schuldet der Auftragnehmer ein funktionstaugliches und zweckentsprechendes Werk (…).

(…) Inwieweit ein Mangel des Werkes vorliegt, hängt nicht davon ab, ob der Unternehmer aufgrund der ihm zugänglichen fachlichen Informationen darauf vertrauen konnte, dass die vertraglich vereinbarte Beschaffenheit durch seine Leistung erfüllt wird. Die davon abweichende Leistung des Unternehmers ist auch dann mangelhaft, wenn ihn kein Verschulden trifft, etwa weil die Ausführung den für diese Zeit anerkannten Regeln der Technik entspricht (…) oder weil er nach allgemeinem Fachwissen auf Herstellerangaben und sonstige Informationen vertrauen konnte.“

Auch das OLG Hamm hat hierzu ein Urteil gefällt.

OLG Hamm, Urteil vom 27.09.2012 I-17 U 170/11 (Revision nicht zugelassen) (aus den Entscheidungsgründen):

„Auch wenn der Unternehmer regelmäßig verpflichtet ist, die aktuell anerkannten Regeln der Technik zu beachten, so schließt doch umgekehrt die Beachtung dieser Regeln die Annahme eines Sachmangels nicht aus (…). Auch das diesen Regeln entsprechende Werk ist mangelhaft, wenn es nicht den Beschaffenheitsvereinbarungen (…) oder den erkennbaren Bedürfnissen des Bestellers (…) entspricht oder es sonst in seiner Gebrauchsfähigkeit eingeschränkt ist (…); denn geschuldet ist der vertraglich vereinbarte Erfolg, nicht bloß ein den Regeln der Technik entsprechendes Werk (…).“

Eine Werkleistung kann daher trotz Einhaltung der anerkannten Regeln der Technik mangelhaft sein, wenn sie nicht der vertraglich vereinbarten Beschaffenheit entspricht und/oder weil sie nicht funktionstauglich oder nicht zweckentsprechend ist, wie der BGH entschieden hat.

BGH, Urteil vom 29.09.2011 – VII ZR 87/11 (aus den Leitsätzen):

„BGB § 633 Abs. 2

a) Eine Abweichung von der vereinbarten Beschaffenheit liegt vor, wenn der mit dem Vertrag verfolgte Zweck der Herstellung eines Werkes nicht erreicht wird und das Werk seine vereinbarte oder nach dem Vertrag vorausgesetzte Funktion nicht erfüllt.
b) Beruft sich der Unternehmer zu seiner Entlastung darauf, er habe aufgrund bindender Anordnung einer untauglichen Ausführungsweise durch den Auftraggeber die vereinbarte oder nach dem Vertrag vorausgesetzte Funktion nicht erfüllen können, trägt er die Darlegungs- und Beweislast für eine solche Behauptung.“

Die rechtliche Beurteilung, ob ein Sachmangel vorliegt, erfolgt vor diesem Hintergrund in 3 aufeinanderfolgenden Schritten stufenweise; erst wenn sich bei Überprüfung der ersten Stufe keine Anhaltspunkte für das Vorliegen eines Mangels ergeben, wird die nachfolgende Stufe überhaupt geprüft (siehe Tabelle 3.1):

- Sachmangel aufgrund Abweichung von der vertraglich vereinbarten Beschaffenheit oder den anerkannten Regeln der Technik (§ 633 Abs. 2 BGB und § 13 Nr. 1 VOB/B),

- Sachmangel aufgrund der Nichteignung für die nach dem Vertrag vorausgesetzte Verwendung (§ 633 Abs. 2 Satz 1 BGB und § 13 Nr. 1a VOB/B),
- Sachmangel aufgrund der Nichteignung für die gewöhnliche Verwendung oder aufgrund des Fehlens einer Beschaffenheit, die bei Werken der gleichen Art üblich ist und die der Besteller nach der Art der Leistung erwarten kann (§ 633 Abs. 2 Satz 2 BGB und § 13 Nr. 1b VOB/B).

Tabelle 3.1: Schrittweise Beurteilung einer Leistung im Hinblick auf Sachmängel

		gesetzliche Regelung		Untersuchungskriterien		Sachmangel liegt vor
Nr.		**BGB**	**VOB/B**	**erfüllt**	**nicht erfüllt**	
1.	a	§ 633 (2)	§ 13.1	Leistung hat die vertraglich vereinbarte Beschaffenheit. ✓	→	†
	b			Leistung entspricht den anerkannten Regeln der Technik. ✓	→	†
				↓		
2.		§ 633 (2) 1.	§ 13.1a	Leistung eignet sich für die nach dem Vertrag vorausgesetzte Verwendung. ✓	→	†
				↓		
3.	a	§ 633 (2) 2.	§ 13.1b	Leistung eignet sich für die gewöhnliche Verwendung. ✓	→	†
	b			Leistung hat eine Beschaffenheit, die bei Werken der gleichen Art üblich ist und die der Besteller nach der Art der Leistung erwarten kann. ✓	→	†
				↓		
				Leistung ist frei von Sachmängeln. ✓		

Mangelbegriff bei Kaufverträgen nach dem BGB

Das BGB regelt in § 434 den Begriff des Sachmangels.

„(1) Die Sache ist frei von Sachmängeln, wenn sie bei Gefahrübergang die vereinbarte Beschaffenheit hat. Soweit die Beschaffenheit nicht vereinbart ist, ist die Sache frei von Sachmängeln,

1. *wenn sie sich für die nach dem Vertrag vorausgesetzte Verwendung eignet, sonst*
2. *wenn sie sich für die gewöhnliche Verwendung eignet und eine Beschaffenheit aufweist, die bei Sachen der gleichen Art üblich ist und die der Käufer nach der Art der Sache erwarten kann.*

Zu der Beschaffenheit nach Satz 2 Nr. 2 gehören auch Eigenschaften, die der Käufer nach den öffentlichen Äußerungen des Verkäufers, des Herstellers (§ 4 Abs. 1 und 2 des Produkthaftungsgesetzes) oder seines Gehilfen insbesondere in der Werbung oder bei der Kennzeichnung über bestimmte Eigenschaften der Sache erwarten kann, es sei denn, dass der Verkäufer die Äußerung nicht kannte und auch nicht kennen musste, dass sie im Zeitpunkt des Vertragsschlusses in gleichwertiger Weise berichtigt war oder dass sie die Kaufentscheidung nicht beeinflussen konnte.

(2) Ein Sachmangel ist auch dann gegeben, wenn die vereinbarte Montage durch den Verkäufer oder dessen Erfüllungsgehilfen unsachgemäß durchgeführt worden ist. Ein Sachmangel liegt bei einer zur Montage bestimmten Sache ferner vor, wenn die Montageanleitung mangelhaft ist, es sei denn, die Sache ist fehlerfrei montiert worden.

(3) Einem Sachmangel steht es gleich, wenn der Verkäufer eine andere Sache oder eine zu geringe Menge liefert."

Mangelbegriff bei Mietverträgen nach dem BGB

Der Mangelbegriff ist im Mietvertragsrecht des BGB völlig anders definiert als im Werkvertrags- und im Kaufrecht des BGB. Im Mietvertragsrecht kommt es hauptsächlich auf die Eignung der Mietsache zum vertragsgemäßen Gebrauch an, weniger auf die Einhaltung bestimmter technischer Regeln. Die aktuell gültigen anerkannten Regeln der Technik werden daher nicht zur Beurteilung der Mangelhaftigkeit einer Mietsache herangezogen. Vielmehr wird zunächst geprüft, ob die Mietsache sich für den vertragsgemäßen Gebrauch eignet. Falls nicht, liegt ein Mangel an der Mietsache vor. § 535 BGB definiert die Pflichten, die sich aus dem Mietvertrag ergeben, § 536 regelt die Mietminderung bei Sach- und Rechtsmängeln.

§ 535 BGB „Inhalt und Hauptpflichten des Mietvertrages":

„(1) Durch den Mietvertrag wird der Vermieter verpflichtet, dem Mieter den Gebrauch der Mietsache während der Mietzeit zu gewähren. Der Vermieter hat die Mietsache dem Mieter in einem zum vertragsgemäßen Gebrauch geeigneten Zustand zu überlassen und sie während der Mietzeit in diesem Zustand zu erhalten. Er hat die auf der Mietsache ruhenden Lasten zu tragen.

(2) Der Mieter ist verpflichtet, dem Vermieter die vereinbarte Miete zu entrichten."

§ 536 BGB „Mietminderung bei Sach- und Rechtsmängeln":

„(1) Hat die Mietsache zur Zeit der Überlassung an den Mieter einen Mangel, der ihre Tauglichkeit zum vertragsgemäßen Gebrauch aufhebt, oder entsteht während der Mietzeit ein solcher Mangel, so ist der Mieter für die Zeit, in der die Tauglichkeit aufgehoben ist, von der Entrichtung der Miete befreit. Für die Zeit, während der die Tauglichkeit gemindert ist, hat er nur eine angemessen herabgesetzte Miete zu entrichten. Eine unerhebliche Minderung der Tauglichkeit bleibt außer Betracht."

Enthält der Mietvertrag keine konkreten Angaben zu einer bestimmten Beschaffenheit der Mietsache, kann das Gericht die zum Zeitpunkt der Errichtung des Gebäudes gültigen anerkannten Regeln der Technik als Maßstab für die Beurteilung der Eignung zum vertragsgemäßen Gebrauch heranziehen, wie der BGH entschieden hat.

BGH, Urteil vom 07.07.2010 – VIII ZR 85/09 (aus dem Leitsatz):

„Ohne eine dahin gehende vertragliche Regelung hat ein Wohnraummieter regelmäßig keinen Anspruch auf einen gegenüber den Grenzwerten der zur Zeit der Errichtung des Gebäudes geltenden DIN-Norm erhöhten Schallschutz (Bestätigung des Senatsurteils vom 06.10.2004 – VIII ZR 355/03, NJW 2005, 218).“

BGH, Urteil vom 07.07.2010 – VIII ZR 85/09 (aus den Gründen):

„1. Ein Mangel einer Mietwohnung, der die Tauglichkeit der Mietsache zum vertragsgemäßen Gebrauch aufhebt oder mindert, ist eine für den Mieter nachteilige Abweichung des tatsächlichen Zustands der Mietsache vom vertraglich geschuldeten Zustand. Maßstab für diese Beurteilung sind – wie das Berufungsgericht zutreffend gesehen hat – in erster Linie die Vereinbarungen der Mietvertragsparteien.

2. Fehlt es an Parteiabreden zur Beschaffenheit der Mietsache, schuldet der Vermieter eine Beschaffenheit, die sich für den vereinbarten Nutzungszweck – hier die Nutzung als Wohnung – eignet und die der Mieter nach der Art der Mietsache erwarten kann. Der Mieter einer Wohnung kann nach der allgemeinen Verkehrsanschauung erwarten, dass die von ihm angemieteten Räume einen Wohnstandard aufweisen, der bei vergleichbaren Wohnungen üblich ist. Dabei sind insbesondere das Alter, die Ausstattung und die Art des Gebäudes, aber auch die Höhe der Miete und eine eventuelle Ortssitte zu berücksichtigen. Gibt es zu bestimmten Anforderungen an den Wohnstandard technische Normen, so ist nach der Rechtsprechung des Senats (jedenfalls) deren Einhaltung vom Vermieter geschuldet. Dabei ist nach der Verkehrsanschauung grundsätzlich der bei Errichtung des Gebäudes geltende Maßstab anzulegen.“

3.2 Schadensersatzpflicht, Mängelhaftung, Garantie

Der Umfang der Schadensersatzpflicht ergibt sich aus § 249 BGB. Damit eine Schadensersatzpflicht eintritt, muss in der Regel ein Verschulden vorliegen. Die Mängelhaftung für Gewährleistungsmängel hingegen gilt verschuldensunabhängig nach den Regelungen des BGB-Schuldrechts. Die Mängelhaftung ist dispositiv; beide Parteien können vertragliche Vereinbarungen treffen, die von der gesetzlichen Regelung abweichen. Davon zu unterscheiden sind Garantieansprüche, da Garantieerklärungen freiwillige Versprechungen des Verkäufers (Kaufvertragsrecht) oder des Unternehmers (Werkvertragsrecht) darstellen. Abweichungen von den Regelwerken werden oft als Mängel „ohne Schadensfolge“ oder „ohne Schadensautomatismus“ relativiert. Da sowohl nach der VOB/B bei Bauverträgen als auch nach dem BGB bei Werk-, Kauf- und Mietverträgen aber Mangelfreiheit statt Schadensfreiheit geschuldet wird, kommt es nicht vorrangig darauf an, ob bereits eine Schädigung eingetreten ist, wie das Schleswig-Holsteinische OLG entschieden hat.

Schleswig-Holsteinisches OLG, Urteil vom 12.08.2004 – 7 U 23/99 (aus der Entscheidungsbegründung):

„Eine Bauleistung ist schon dann mangelhaft, ohne dass überhaupt ein Fehler am Bauwerk entstanden sein muss, wenn sie den anerkannten Regeln der Technik nicht entspricht. Deshalb kommt es nicht darauf an, ob bereits Schäden wegen der gegen anerkannte Regeln

der Technik verstoßenden Arbei-ten eingetreten sind. Die Verpflichtung zur Beachtung der anerkannten Regeln der Bautechnik ist mithin unabhängig von den sonstigen Gewährleistungs-pflichten; eine Verletzung dieser Pflicht führt auch zur Verantwortlichkeit, wenn die Bauleistung ansonsten nicht zu beanstanden ist. (...)

Soweit der Sachverständige Verstöße des Klägers gegen die anerkannten Regeln der Technik festgestellt hat, folgt schon daraus eine Haftung, weil ein Verstoß gegen die anerkannten Regeln der Technik einen Mangel der Werkleistung darstellt, auch wenn das Werk als solches funktionstauglich ist; eine Werkleistung, die nicht den anerkannten Regeln der Technik entspricht, birgt das Risiko eines Schadens in sich; dabei reicht es für die Beurteilung der Schadenswahrscheinlichkeit aus, dass eine Verarbeitung entgegen den Herstellervorgaben den Verstoß gegen die anerkannten Regeln der Technik begründet; auch die Ungewissheit über die Risiken des Gebrauchs der Werkleistung begründet bereits einen Mangel des Werks (...); ein Verstoß gegen die Verarbeitungsvorschriften eines Herstellers führt mit Blick auf das vertraglich nicht übernommene Gebrauchsrisiko des Bestellers selbst dann zu einem Mangel, wenn das Werk ansonsten technisch nicht zu beanstanden ist (Brandenburgisches OLG), ZfBR 2001, 111, 112).“

Ausschreibungs- und Planungsmängel

Nicht selten basieren Streitigkeiten auf unklar definierten Leistungsbildern. Vergessene, falsch geplante oder fehlerhaft beschriebene Leistungen werden dann bei der Abnahme zu Unrecht von der Auftraggeberseite als Mängel beanstandet. Nur in entsprechend ausformulierten Generalunternehmerverträgen für schlüsselfertige Projekte kann eine Vollständigkeitsklausel zu einer umfassenden Leistungsschuld des Auftragnehmers führen. In allen übrigen Fällen weist die VOB/C ATV eindeutig aus, welche Leistungen zu den nicht vergütungspflichtigen **Nebenleistungen** zählen und welche Leistungen als **Besondere Leistungen** vergütet werden müssen.

VOB/C ATV DIN 18299:2019-09 „VOB Vergabe- und Vertragsordnung für Bauleistungen – Teil C: Allgemeine Technische Vertragsbedingungen für Bauleistungen (ATV) – Allgemeine Regelungen für Bauarbeiten jeder Art“ führt hierzu aus:

„4 Nebenleistungen, Besondere Leistungen

4.1 Nebenleistungen

Nebenleistungen sind Leistungen, die auch ohne Erwähnung im Vertrag zur vertraglichen Leistung gehören (§ 2 Absatz 1 VOB/B). (...)

4.2 Besondere Leistungen

Besondere Leistungen sind Leistungen, die nicht Nebenleistungen nach Abschnitt 4.1 sind und nur dann zur vertraglichen Leistung gehören, wenn sie in der Leistungsbeschreibung besonders erwähnt sind.“

3.3 Mängelarten

Die Frage, ob es sich bei einer Reklamation um einen Mangel oder vielleicht um einen wesentlichen Mangel handelt, der zur Abnahmeverweigerung berechtigt, hängt von einer Reihe von Umständen ab, die im Hinblick auf den abgeschlossenen Vertrag unter Abwägung des beiderseitigen Interesses geprüft werden müssen.

3.3.1 Wesentliche Mängel im Sinne des § 12 Nr. 3 VOB/B/ unwesentliche Mängel im Sinne von § 640 BGB

Wesentliche Mängel berechtigen den Auftraggeber zur Abnahmeverweigerung. Ein wesentlicher Mangel liegt z. B. dann vor, wenn die Gebrauchsfähigkeit erheblich beeinträchtigt ist.

Da die betragsmäßige Höhe des Ausgleichs jedoch unberücksichtigt bleibt, sind außerdem auch subjektive Merkmale zu berücksichtigen. Insbesondere ist das spezielle Interesse des Auftraggebers an der vertragsgerechten Leistung hervorzuheben. Das Interesse des Auftraggebers muss jedoch dem Auftragnehmer bekannt sein oder hätte ihm bekannt sein müssen.

Erhebliche Beeinträchtigung der Gebrauchsfähigkeit

Die Gebrauchsfähigkeit wird durch einen Mangel beeinträchtigt, wenn die Funktion oder die Geltung aufgehoben oder spürbar gemindert ist.

Der BGH hat hierzu entschieden.

BGH, Urteil vom 10.11.2005 – VII ZR 147/04 (aus dem Leitsatz):

„BGB § 633 a. F.; VOB/B § 13 Nr. 1 a. F.

(…) Die von der vertraglich vereinbarten Beschaffenheit abweichende Leistung des Unternehmers ist auch dann mangelhaft, wenn ihn kein Verschulden trifft, etwa weil die Ausführung den für diese Zeit anerkannten Regeln der Technik entspricht oder weil er nach allgemeinem Fachwissen auf Herstellerangaben und sonstige Informationen vertrauen konnte."

BGH, Urteil vom 10.11.2005 – VII ZR 147/04 (aus den Entscheidungsgründen):

„(…) Ein Werk ist gemäß §§ 13 Nr. 1 VOB/B a. F. mangelhaft, wenn es mit Fehlern behaftet ist, die den Wert oder die Tauglichkeit zu dem gewöhnlichen oder nach dem Vertrag vorausgesetzten Gebrauch aufheben oder mindern. Die Leistung des Auftragnehmers ist nur vertragsgerecht, wenn sie die Beschaffenheit aufweist, die für den vertraglich vorausgesetzten oder gewöhnlichen Gebrauch erforderlich ist. Im Rahmen der getroffenen Vereinbarungen schuldet der Auftragnehmer ein funktionstaugliches und zweckentsprechendes Werk (BGH, Urteil vom 16.07.1998 – VII ZR 350/96, BGHZ 139, 244, 247 f.; Urteil vom 11.11.1999 – VII ZR 403/98, BauR 2000, 411 = NZBau 2000, 74 = ZfBR 2000, 121). Das Berufungsgericht hat keine Feststellungen dazu getroffen, ob die Terrassentüren mangelhaft waren. Es hat vielmehr allein darauf abgestellt, dass die Klägerin etwaige Mängel des von ihr eingebauten Systems nicht erkennen musste. Darauf kommt es nicht an. Inwieweit ein Mangel des Werkes vorliegt, hängt nicht davon ab, ob der Unternehmer aufgrund der ihm zugänglichen fachlichen Informationen darauf vertrauen konnte, dass die vertraglich

vereinbarte Beschaffenheit durch seine Leistung erfüllt wird. Die davon abweichende Leistung des Unternehmers ist auch dann mangelhaft, wenn ihn kein Verschulden trifft, etwa weil die Ausführung den für diese Zeit anerkannten Regeln der Technik entspricht (BGH, Urteil vom 09.07.2002 – X ZR 242/99, NZBau 2002, 611 = ZfBR 2003, 22) oder weil er nach allgemeinem Fachwissen auf Herstellerangaben und sonstige Informationen vertrauen konnte.“

Es kommt insoweit nicht immer darauf an, ob die zum Zeitpunkt der Ausführung gültigen anerkannten Regeln der Technik beachtet worden sind.

BGH, Urteil vom 09.07.2002 – X ZR 242/99 (aus den Entscheidungsgründen):

„Die Leistung des Auftragnehmers ist nur vertragsgerecht, wenn sie die Beschaffenheit aufweist, die für den vertraglich vorausgesetzten oder gewöhnlichen Gebrauch erforderlich ist. Im Rahmen der getroffenen Vereinbarung schuldet der Auftragnehmer ein funktionstaugliches und zweckentsprechendes Werk. Haben die Parteien die Beschaffenheit des Werks nicht ausdrücklich vereinbart, ist ein für den vertraglich vorausgesetzten, d. h. den vom Besteller beabsichtigten und dem Unternehmer bekannten Gebrauch, hilfsweise ein für den gewöhnlichen, d. h. den nach Art des Werkes üblichen Gebrauch funktionstaugliches und zweckentsprechendes Werk geschuldet. Der Unternehmer kann dabei eine vom Besteller geforderte vertragsgemäße Beschaffenheit auch schlüssig akzeptieren. Eine Werkleistung kann sonach auch dann fehlerhaft sein, wenn bei der Errichtung des Werkes die für diese Zeit allgemein anerkannten Regeln der Technik beachtet wurden. Diese können bei der Beurteilung der Mangelfreiheit eines Werkes allenfalls dann Bedeutung gewinnen, wenn nach dem konkret abgeschlossenen Vertrag ein bestimmter Gebrauch des Werkes nicht vorausgesetzt wurde.“

Die Beeinträchtigung der Gebrauchsfähigkeit kann sich in einer Gebrauchsminderung oder in einer Gebrauchsaufhebung darstellen. Sie kann in einer Herabsetzung der Funktionsfähigkeit, Lebensdauer oder Gebrauchssicherheit sowie in erhöhten Aufwendungen für Betrieb oder Unterhalt begründet sein (**technischer Minderwert**).

Andererseits kann ein **merkantiler Minderwert** vorhanden sein, der in der Minderung des wirtschaftlichen Wertes einer Sache – trotz völliger und ordnungsgemäßer Instandsetzung – verbleibt, weil der Sache ein Makel anhaftet.

BGH, Urteil vom 09.01.2003 – VII ZR 181/00 (aus den Leitsätzen):

„g) Neben einer Minderung für einen technischen Minderwert kann der Auftraggeber für einen merkantilen Minderwert Minderung verlangen, wenn die vertragswidrige Ausführung eine verringerte Verwertbarkeit zur Folge hat, weil die maßgeblichen Verkehrskreise ein im Vergleich zur vertragsgemäßen Ausführung geringeres Vertrauen in die Qualität des Gebäudes haben.“

3.3.2 Mängel in Form von Abweichungen von den anerkannten Regeln der Technik gemäß § 13 Nr. 1 VOB/B (nicht im BGB geregelt)

Abweichungen von DIN-Normen

Die DIN-Normen gelten überwiegend als anerkannte Regeln der Technik. Es gibt DIN-Normen, die als technische Baubestimmungen eingeführt wurden, und DIN-Normen, die nicht eingeführte technische Baubestimmungen sind.

Abweichungen von technischen Regelwerken

Neben den DIN-Vorschriften geben auch die Industrieverbände Regelwerke heraus, die von entsprechenden Ausschüssen entworfen werden und die sich im Laufe der Zeit ebenfalls zu anerkannten Regeln der Technik entwickelt haben.

Abweichungen von Herstellervorschriften

Neben den eingeführten und nicht eingeführten technischen Baubestimmungen können die Herstellerrichtlinien oder Herstellervorschriften als anerkannte Regeln der Technik gelten.

Werden die Herstellerrichtlinien nicht eingehalten, kann dies dazu führen, dass der Baustoff in seiner Wirkung negativ beeinflusst wird bzw. die zugesicherten Eigenschaften völlig verliert. Beispielhaft seien hier genannt:

- gemeinsame Verwendung von einzelnen Komponenten unterschiedlicher Systeme,
- Abweichung von den Verarbeitungsvorschriften (Temperatur, Feuchte).

Ob eine Abweichung von den Herstellervorschriften einen Mangel darstellt, hängt von den Umständen des Einzelfalls ab (BGH, Urteil vom 21.04.2011 – VII ZR 130/10) und muss daher nach dem Stufenprinzip anhand des Wortlauts von § 633 BGB schrittweise geprüft werden:

- Sofern die Einhaltung der Herstellervorschriften ausdrücklich vertraglich vereinbart worden ist, stellt die Abweichung entsprechend § 633 BGB einen Mangel dar.
- Wenn die nach dem Vertrag vorauszusetzende Verwendung nicht möglich ist, weil die Herstellervorschriften nicht eingehalten worden sind, liegt ein Mangel vor.
- Wenn die gewöhnliche Verwendung nicht möglich ist und das Werk nicht der üblichen Beschaffenheit gleichartiger Werke entspricht, weil die Herstellervorschriften nicht eingehalten worden sind, liegt ein Mangel vor.

Ob allein in der Abweichung von den Herstellerrichtlinien ein Mangel an einer Werkleistung begründet ist, hängt im Wesentlichen davon ab, ob sich als Folge hieraus eine Ungewissheit über die Risiken des Gebrauchs ergibt (OLG Köln, Urteil vom 20.07.2005 – 11 U 96/04).

Das OLG Frankfurt am Main hat entschieden, dass die Herstellervorgaben jedenfalls dann zu beachten sind, wenn sie der Risikominimierung dienen.

OLG Frankfurt am Main, Urteil vom 15.06.2012 – 2 U 205/11 (Nichtzulassungsbeschwerde zurückgewiesen, BGH, 06.03.2014 – VII ZR 196/12) (aus dem Leitsatz):

„1. Ein Verstoß gegen Herstellerrichtlinien stellt nicht zwangsläufig auch einen Ausführungsmangel dar. Herstellervorgaben sind allerdings zu beachten, wenn diese der Risikominimierung dienen und bei einem Verstoß gegen die Richtlinien des Herstellers nicht auszuschließen ist, dass sich hierdurch gerade das durch die Herstellervorgabe zu vermeidende Risiko realisiert. In diesem Fall führt der Verstoß gegen Herstellervorgaben zur Vermutung der Mangelhaftigkeit.“

3.3.3 Abweichungen von der vereinbarten Beschaffenheit gemäß § 13 Nr. 1 VOB/B/§ 633 BGB

Maßstab für die Bewertung ist der abgeschlossene Vertrag. Typische Vertragsbestandteile sind in Abb. 3.1 aufgeführt.

Die Überprüfung, ob ein Mangel in diesem Sinne vorliegt, erfordert also die gründliche Kenntnis des Vertragswerkes. Enthalten die einzelnen Vertragsbestandteile widersprüchliche Angaben, entscheidet regelmäßig die Rangfolge über den geschuldeten Leistungsumfang. Eine Ausnahme bildet z. B. die Vertragsklausel: „Bei widersprüchlichen Angaben gilt die jeweils höherwertige Qualität."

Bei bauträgerseitig veranlassten Ausführungsänderungen kann eine diesbezüglich vorbehaltende Vertragsformulierung nicht wirksam sein, wie der BGH entschieden hat.

BGH, Urteil vom 23.06.2005 – VII ZR 200/04 (aus dem Leitsatz):

„AGBG § 10 Nr. 4

Die Klausel in einem Bauträgervertrag:

‚Grundlage der Bauausführung ist diese Baubeschreibung. Änderungen der Bauausführung, der Material- bzw. Baustoffauswahl, soweit sie gleichwertig sind, bleiben vorbehalten.'

ist unwirksam."

Die Entscheidungsbegründung des OLG Celle ist ein Beispiel für den Fall einer abweichenden Ausführung des ansonsten mangelfreien Schornsteinzuges von den zeichnerischen Vertragsunterlagen.

OLG Celle, Urteil vom 06.02.2003 – 5 U 159/02 (aus der Entscheidungsbegründung):

„Dem Bauvertrag war beigefügt ein von beiden Vertragspartnern unterschriebener Plan der Giebelansicht des von der Klägerin erworbenen Reihenendhauses, auf dem zu erkennen ist, dass der Schornstein des an das Haus der Klägerin angebauten Technikhauses an der Giebelwand des Hauses der Klägerin über das Dachniveau hinausgeführt werden sollte (Bl. 75 d, A.).

Tatsächlich hat die Beklagte den Schornstein so ausgeführt, wie es auf dem Foto 18 des Gutachtens des Sachverständigen Dipl.-Ing. (...) zu sehen ist. Zwischen den Parteien ist unstreitig, dass die gewählte tatsächliche Ausführung mängelfrei und behördlich abgenommen ist. Technische Notwendigkeiten oder behördliche Auflagen haben die Änderung der Ausführungen nicht notwendig gemacht.

Die Klägerin muss die abweichende Bauausführung durch die Beklagte gleichwohl nicht hinnehmen. Sie hat einen Anspruch darauf, dass der Schornstein so gebaut wird, wie es der ursprüngliche Plan der Giebelansicht vorsieht. Die tatsächliche Ausführung des Schornsteins stellt einen Mangel dar, weil die Ausführung von den vertraglichen Vereinbarungen abweicht. Die Beklagte schuldet eine komplette Heizungsanlage, zu der auch der Schornstein gehörte. Nach der Zeichnung der Giebelwand war der Schornstein in einer bestimmten Art und Weise zu errichten, nämlich an der Giebelwand des Hauses der Klägerin. Er war zudem über das Dach zu führen. Dem entspricht die tatsächliche Ausführung nicht."

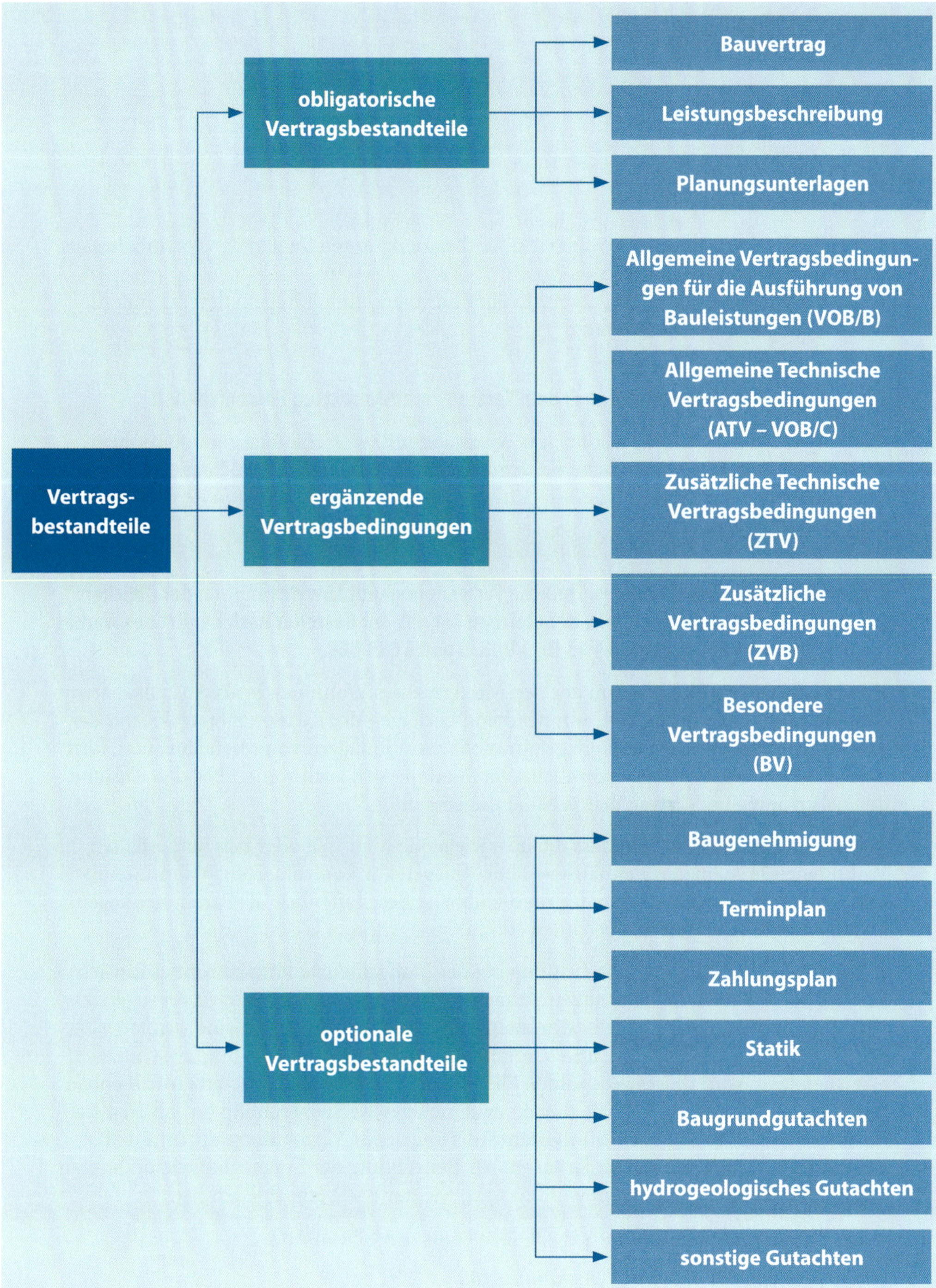

Abb. 3.1: Vertragsbestandteile

Optische Mängel

- Farbe
- Struktur
- Oberflächenbeschaffenheit
- Passgenauigkeit

Technische Mängel

- Schallschutzmaßnahmen, soweit sie über die anerkannten Regeln der Technik hinaus vertraglich vereinbart waren
- Wärmeschutzmaßnahmen, soweit sie über die anerkannten Regeln der Technik hinaus vertraglich vereinbart waren

3.3.4 Abweichungen von der nach dem Vertrag vorausgesetzten Beschaffenheit

Wird im Vertrag zum Beispiel die Herstellung einer Pkw-Tiefgarage vereinbart, liegt auch ohne besondere vertragliche Festlegung von Abmessungen ein Mangel dann vor, wenn die lichte Torbreite nur 1,80 m beträgt und damit der Standardbreite von Pkws nicht gerecht wird.

3.3.5 Nichteignung für die gewöhnliche Verwendung und Abweichung von der üblichen Beschaffenheit der Werke der gleichen Art, die der Besteller nach der Art des Werkes erwarten kann, gemäß § 13 Nr. 1 VOB/B und § 633 BGB

Eignet sich z. B. ein Kellerraum, der den Mietern eines Wohnhauses als Abstellkeller zur Verfügung gestellt werden soll, aufgrund von Leckagen des Kellermauerwerks und der damit verbundenen Schimmelpilzgefahr nicht zum Einlagern von Mieterinventar, liegt eine Nichteignung für die gewöhnliche Verwendung vor, auch wenn über den Zustand der Kellerräume im Vertrag nichts Näheres geregelt ist.

Wenn z. B. nachzuweisen ist, dass die überwiegende Mehrheit aller neu hergestellten Wohnungen in Mehrfamilienhäusern über Anlagen zur kontrollierten Wohnraumbe- und -entlüftung verfügen, kann hierin die übliche Beschaffenheit als Parameter liegen, an dem sich die übrigen neu gebauten Wohnhäuser messen lassen müssen.

Entsprechend der stufenweisen Prüfung bei der Mangelbeurteilung kommt es hinsichtlich des geschuldeten Schallschutzes zunächst darauf an, was die Parteien vertraglich vereinbart haben. Wenn keine bestimmten Werte vereinbart worden sind, sich aber bei der vereinbarten Bauweise und sorgfältiger Ausführung ein bestimmtes Schutzziel erreichen lässt, wird dieses geschuldet. Die in der DIN 4109 „Schallschutz im Hochbau" formulierten Schalldämm-Maße dienen nach neuerer Rechtsprechung nur als Maßstab für die öffentlich-rechtlichen Mindestanforderungen zur Vermeidung unzumutbarer Belästigungen, nicht jedoch als Kriterien zur Beurteilung der Frage, ob die anerkannten Regeln der Technik eingehalten worden sind, wie der BGH entschieden hat.

BGH, Urteil vom 14.06.2007 – VII ZR 45/06 (aus den Leitsätzen):

„BGB § 157 B; DIN 4109; VDI-Richtlinie 4100

a) *Welcher Schallschutz für die Errichtung von Doppelhäusern geschuldet ist, ist durch Auslegung des Vertrages zu ermitteln. Wird ein üblicher Qualitäts- und Komfortstan-*

dard geschuldet, muss sich das einzuhaltende Schalldämm-Maß an dieser Vereinbarung orientieren. Die Schalldämm-Maße der DIN 4109 können schon deshalb nicht herangezogen werden, weil sie lediglich Mindestanforderungen zur Vermeidung unzumutbarer Belästigungen regeln. Anhaltspunkte können aus den Regelwerken die Schallschutzstufen II und III der VDI-Richtlinie 4100 aus dem Jahre 1994 oder das Beiblatt 2 zu DIN 4109 liefern.

b) *Vertraglichen Erklärungen des Unternehmers, die Mindestanforderungen an den Schallschutz würden überschritten oder es werde optimaler Schallschutz erreicht, kann eine vertragliche Wirkung nicht deshalb aberkannt werden, weil aus ihnen das Maß des geschuldeten Schallschutzes nicht bestimmbar sei. Das Gericht muss unter Berücksichtigung der gesamten Vertragsumstände das geschuldete Maß ermitteln.*

c) *Können durch die vereinbarte Bauweise bei einwandfreier, den anerkannten Regeln der Technik entsprechender Bauausführung höhere Schallschutzwerte erreicht werden, als sie sich aus den Anforderungen der DIN 4109 ergeben, sind diese Werte unabhängig davon geschuldet, welche Bedeutung den Schalldämm-Maßen der DIN 4109 sonst zukommt.*

d) *Bei gleichwertigen, nach den anerkannten Regeln der Technik möglichen Bauweisen darf der Besteller angesichts der hohen Bedeutung des Schallschutzes im modernen Haus- und Wohnungsbau erwarten, dass der Unternehmer jedenfalls dann diejenige Bauweise wählt, die den besseren Schallschutz erbringt, wenn sie ohne nennenswerten Mehraufwand möglich ist.*

e) *Zur Schalldämmung der Haustrennwand zwischen zwei Doppelhaushälften."*

Im Anschluss daran hat der VII. Senat entschieden, dass die Mindestmaße der DIN 4109 „Schallschutz im Hochbau" bei Wohnungen mit üblichem Qualitäts- und Komfortstandard keine anerkannten Regeln der Technik darstellen.

Leitsätze des BGH, Urteil vom 04.06.2009 – VII ZR 54/07:

„BGB § 157 B; DIN 4109

a) *Welcher Schallschutz für die Errichtung von Eigentumswohnungen geschuldet ist, ist in erster Linie durch Auslegung des Vertrages zu ermitteln. Wird ein üblicher Qualitäts- und Komfortstandard geschuldet, muss sich das einzuhaltende Schalldämm-Maß an dieser Vereinbarung orientieren. Der Umstand, dass im Vertrag auf eine ‚Schalldämmung nach DIN 4109' Bezug genommen ist, lässt schon deshalb nicht die Annahme zu, es seien lediglich die Mindestmaße der DIN 4109 vereinbart, weil diese Werte in der Regel keine anerkannten Regeln der Technik für die Herstellung des Schallschutzes in Wohnungen sind, die üblichen Qualitäts- und Komfortstandards genügen (im Anschluss an BGH, Urteil vom 14.06.2007 – VII ZR 45/06, BGHZ 172, 346).*

b) *Kann der Erwerber nach den Umständen erwarten, dass die Wohnung in Bezug auf den Schallschutz üblichen Qualitäts- und Komfortstandards entspricht, muss der Unternehmer, der hiervon vertraglich abweichen will, den Erwerber deutlich hierauf hinweisen und ihn über die Folgen einer solchen Bauweise für die Wohnqualität aufklären. Der Verweis des Unternehmers in der Leistungsbeschreibung auf ‚Schalldämmung nach DIN 4109' genügt hierfür nicht."*

3.3.6 Arglistig verschwiegene Mängel

Verschweigt der Auftragnehmer zum Zeitpunkt der Abnahme Mängel an seiner Leistung, die ihm aber nachweislich bekannt sind, handelt es sich im juristischen Sinne um „Arglist“ im Sinne des § 123 BGB. Eine unter der Voraussetzung einer arglistigen Täuschung gegebene Abnahmeerklärung des Auftraggebers wäre unter diesen Umständen anfechtbar.

Im Falle eines Auftragnehmers, der ein unerprobtes Wärmedämm-Verbundsystem mit einem neuartigen Faserspachtelmaterial anstelle des Nylonarmierungsgewebes verwendet hatte, ohne den Besteller zuvor auf das sich hieraus ergebende besondere Risiko hinzuweisen, lautet beispielsweise die Entscheidungsbegründung des BGH wie folgt:

BGH, Urteil vom 23.05.2002 – VII ZR 219/01 (aus der Entscheidungsbegründung):

„BGB § 638 Abs. 1 Satz 1 a. F.

Verwendet der Bauunternehmer bewusst abweichend vom Vertrag einen nicht erprobten Baustoff, so handelt er arglistig, wenn er den Auftraggeber treuwidrig hierauf und auf das mit der Verwendung dieses Baustoffs verbundene Risiko nicht hinweist.

Der Klägerin [Besteller] steht dem Grunde nach ein nicht verjährter Schadensersatzanspruch gegen den Beklagten [AN] zu. Der Beklagte hat mangelhaft gearbeitet (1) und den Mangel arglistig verschwiegen (2).

1. *Es liegt ein zum Schadensersatz führender Mangel der Werkleistung des Beklagten vor. Er hat auf die Styroporplatten vertragswidrig statt des gebräuchlichen und bewährten Nylongitternetzes einen Faserspachtel aufgebracht und alsdann den Reibeputz aufgetragen. Damit hat er im maßgeblichen Zeitpunkt der Abnahme die vereinbarte Leistung nicht vertragsgerecht erbracht. Der stattdessen aufgebrachte Faserspachtel hat sich als nicht gleichwertig erwiesen.*
2. *Der Anspruch der Klägerin auf Schadensersatz ist nicht verjährt, da der Beklagte den Mangel arglistig verschwiegen hat (§ 638 Abs. 1 Satz 1, § 195 BGB) (…)*

aa) ‚Arglistig verschweigt‘, wer sich bewusst ist, dass ein bestimmter Umstand für die Entschließung seines Vertragspartners erheblich ist, nach Treu und Glauben diesen Umstand mitzuteilen verpflichtet ist und ihn trotzdem nicht offenbart (BGH, Urteile vom 20.12.1973 – VII ZR 184/72, BHGZ 62, 63, 66 und vom 12.03.1992 – VII ZR 5/91, BGHZ 117, 318 f.). Arglistiges Verschweigen erfordert nicht, dass der Unternehmer bewusst die Folge der vertragswidrigen Ausführung in Kauf genommen hat. Es verlangt keine Schädigungsabsicht und keinen eigenen Vorteil. Verwendet der Unternehmer in bewusster Abweichung von der Vereinbarung einen neuen, nicht erprobten Baustoff, so genügt er seiner Mitteilungspflicht gegenüber dem Besteller nur dadurch, dass er ihn darauf und auf das mit der Verwendung dieses Baustoffes verbundenen Risiko hinweist.

bb) Es liegt auf der Hand, dass die vertragswidrige Verwendung eines neuen, noch nicht erprobten Baustoffes, der für das Gelingen des Werkes und für seine Lebensdauer von ausschlaggebender Bedeutung ist, für die Entschließung des Vertragspartners erheblich ist.“

Bei Architektenverträgen, die eine Bauüberwachung beinhalten, ist Arglist nicht erst dann gegeben, wenn der bauüberwachende Architekt einen ihm bekannten Baumangel gegenüber dem Auftraggeber bei der Abnahme verschweigt. Auch das Verschweigen des Sachverhaltes einer mangelhaften Bauüberwachung bei besonders schadensträchtigen Arbeiten (z. B. bei Abdichtungsarbeiten) kann die Arglist begründen, wie das OLG Stuttgart entschieden hat.

OLG Stuttgart, Urteil vom 21.04.2008 – 5 U 22/08 (aus den Leitsätzen):

„1. Die Abdichtung von Balkonen ist besonders überwachungsbedürftig. Der Architekt muss sie deshalb einer konkreten Überprüfung unterziehen.
2. Arglistiges Verhalten des Architekten mit der Folge, des Ausschlusses des Verjährungseinwandes gem. § 638 BGB a. F. kommt in Betracht, wenn der Architekt weiß, dass er seine Überwachungspflicht nicht korrekt wahrgenommen hat, er deshalb damit rechnen muss und in Kauf nimmt, einen wesentlichen Ausführungsmangel übersehen zu haben, und er dieses Risiko nicht offenlegt."

Hat der Unternehmer einen Mangel arglistig verschwiegen, verjähren die Ansprüche des Bestellers in der regelmäßigen Verjährungsfrist, die entsprechend den §§ 195 und 199 BGB 3 Jahre ab Kenntnis beträgt. Die Verjährung tritt jedoch nicht vor Ablauf der Verjährungsfrist, die z. B. bei Bauwerken 5 Jahre beträgt und die mit der Abnahme beginnt, wie § 634a BGB regelt.

§ 634a BGB „Verjährung der Mängelansprüche":

„(1) Die in § 634 Nr. 1, 2 und 4 bezeichneten Ansprüche verjähren

1. *vorbehaltlich der Nummer 2 in zwei Jahren bei einem Werk, dessen Erfolg in der Herstellung, Wartung oder Veränderung einer Sache oder in der Erbringung von Planungs- oder Überwachungsleistungen hierfür besteht,*
2. *in fünf Jahren bei einem Bauwerk und einem Werk, dessen Erfolg in der Erbringung von Planungs- oder Überwachungsleistungen hierfür besteht, und*
3. *im Übrigen in der regelmäßigen Verjährungsfrist.*

(2) Die Verjährung beginnt in den Fällen des Absatzes 1 Nr. 1 und 2 mit der Abnahme.

(3) Abweichend von Absatz 1 Nr. 1 und 2 und Absatz 2 verjähren die Ansprüche in der regelmäßigen Verjährungsfrist, wenn der Unternehmer den Mangel arglistig verschwiegen hat. Im Fall des Absatzes 1 Nr. 2 tritt die Verjährung jedoch nicht vor Ablauf der dort bestimmten Frist ein.

(4) Für das in § 634 bezeichnete Rücktrittsrecht gilt § 218. Der Besteller kann trotz einer Unwirksamkeit des Rücktritts nach § 218 Abs. 1 die Zahlung der Vergütung insoweit verweigern, als er aufgrund des Rücktritts dazu berechtigt sein würde. Macht er von diesem Recht Gebrauch, kann der Unternehmer vom Vertrag zurücktreten.

(5) Auf das in § 634 bezeichnete Minderungsrecht finden § 218 und Absatz 4 Satz 2 entsprechende Anwendung."

3.3.7 Versteckte Mängel

Versteckte Mängel gibt es im juristischen Sinne, entgegen einem weitverbreiteten Irrglauben, nicht. Mängel, die zum Zeitpunkt der Abnahme durch andere Bauteile verdeckt oder unzugänglich waren, unterliegen also den üblichen, vertraglich vereinbarten Abnahme- und Gewährleistungskriterien.

Bei entsprechenden Verdachtsmomenten sollte man in besonderer Weise die Umkehr der Beweislast beachten und den Auftragnehmer zum Nachweis der ordnungsgemäß erbrachten Leistung auffordern, ggf. durch eine Fachunternehmererklärung.

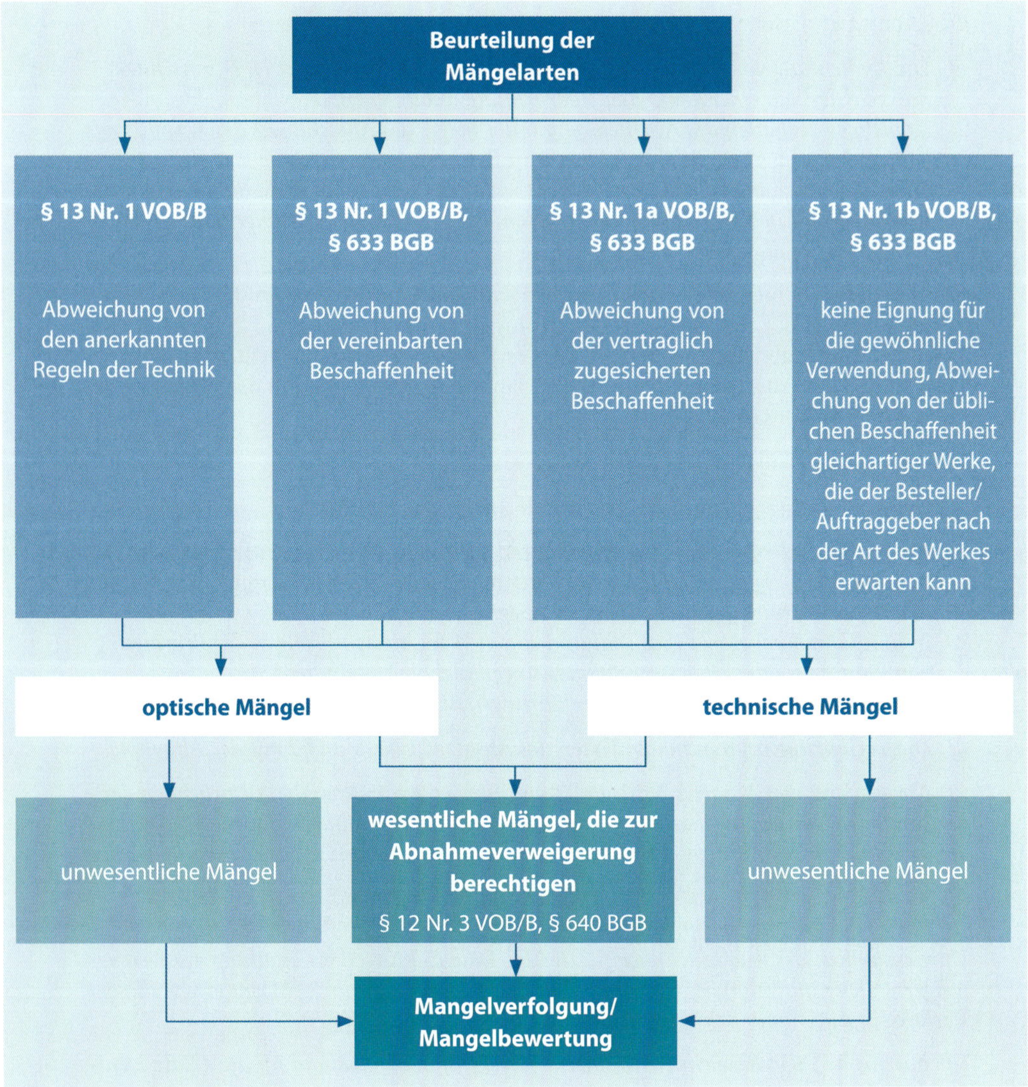

Abb. 3.2: Objektive Mangelbeurteilung

3.4 Mangelbewertung

Ganz unabhängig von der juristischen Mangelbegründung der unterschiedlichen Mängelarten (siehe Abb. 3.2) unterliegen die Regeln für die Mangelverfolgung, also die rechtliche Würdigung von Mängelbeseitigungsansprüchen, einer eigenständigen Skalierung.

Bei der wirtschaftlichen Bewertung von festgestellten Mängeln geht man zunächst davon aus, dass eine Sanktion gemäß § 634 BGB und § 13 VOB/B grundsätzlich auf 5 verschiedene Arten erfolgen kann (siehe Abb. 3.3).

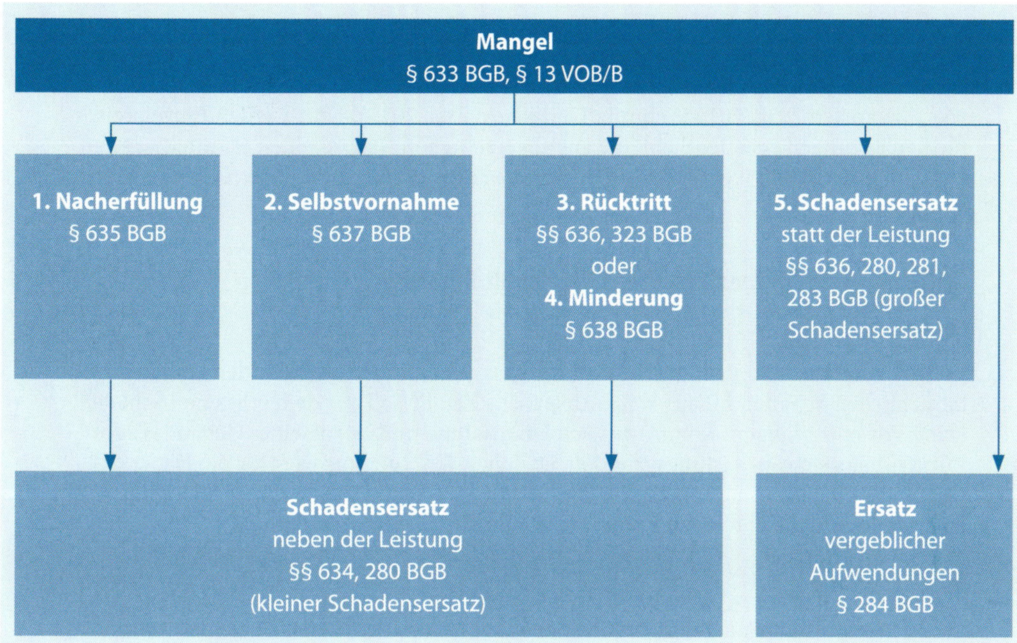

Abb. 3.3: Mangelverfolgung

Kommt der Unternehmer seinen entsprechenden Verpflichtungen trotz Fristsetzung nicht nach, bleibt dem Besteller abschließend noch die Option der Schadensersatzforderung.

3.5 Nacherfüllung

Die Nacherfüllung ist die Mängelbeseitigung am nicht vertragskonformen Werk mit dem Ziel, den ursprünglich geschuldeten Zustand herzustellen. In der Regel ist das Interesse des Bestellers an einer Mangelbeseitigung groß. In seinem Leitsatzurteil vom 27.03.2003 hat der BGH bestimmt, wann von einer Unverhältnismäßigkeit für die Mängelbeseitigung auszugehen ist.

BGH, Urteil vom 27.03.2003 –VII ZR 443/01 (aus den Leitsätzen):

„e) Ob Aufwendungen für die Mängelbeseitigung unverhältnismäßig sind, beurteilt sich nach den Grundsätzen des § 251 Abs. 2 Satz 1 BGB. Unverhältnismäßigkeit kommt nur in Ausnahmefällen in Betracht.“

Die wirtschaftliche Bewertung der Schadenshöhe richtet sich nach dem gängigen Baupreisermittlungsverfahren und nach den Wertermittlungsrichtlinien für Immobilien. Bewertet werden:

Nacherfüllungskosten

Die Nacherfüllungskosten werden nach Zeitaufwand und Materialerfordernis bzw. nach den handelsüblichen Baupreistabellen ermittelt, zuzüglich der Baustelleneinrichtungskosten (Gerüste, Transport- und Hebezeuge, Unterkünfte, Schutzmaßnahmen, Baureinigung) und zuzüglich der erforderlichen Regiekosten (Gutachten, Planung, Ausschreibung, Bauleitung, Sonderfachleute). Hilfreich sind hierbei Baukostentabellenbücher, wie „Baukosten 2014/2015 (Schmitz/Gerlach/Meisel, 2015). Dort werden Einzelpreise für Bauleistungen veröffentlicht, die aus abgerechneten Bauprojekten ermittelt worden sind. Im praktischen Gebrauch haben sich die angegebenen Kostenwerte als sehr zuverlässig erwiesen.

Vorteilsausgleich: Sowiesokosten und Neu-für-alt-Regelung

Vorteilsausgleich

In der Rechtsprechung gilt der Grundsatz, dass der Geschädigte über den Umfang des tatsächlichen Schaden hinaus keine Ansprüche hat. Er soll aus dem erlittenen Schaden keine Vorteile erlangen. Kommt es nach Übernahme und Bezug eines Gebäudes zum Rücktritt aus Gewährleistungsgründen, ist daher der Nutzungswert für die Dauer des Gebrauchs in Höhe einer marktüblichen Miete vom Schadensersatzanspruch in Abzug zu bringen (OLG Koblenz im Urteil vom 24.04.2003 - 5 U 1566/00).

Sowiesokosten

Die Sowiesokosten sind von der Höhe der Schadensersatzkosten abzuziehen, wie der BGH entschieden hat.

BGH, Urteil vom 18.01.1990 - VII ZR 171/88 (aus den Entscheidungsgründen):

„Nach ständiger Rechtsprechung des Senats darf der Anspruchsgegner eines Schadensersatzanspruchs wie auch der Auftragnehmer im Rahmen eines Gewährleistungsanspruchs nicht mit Kosten belastet werden, um die das Werk bei ordnungsgemäßer Ausführung von vornherein teurer geworden wäre (sogenannte Sowiesokosten; [...]).“

Werden im Zuge einer Mängelbeseitigung Leistungen erbracht, die zum Zeitpunkt der Gebäudeerstellung - unter Einhaltung der anerkannten Regeln der Technik - ohnehin angefallen wären, spricht man von **Sowiesokosten**, die nicht zu den erstattungspflichtigen Schadenskosten zählen. Der Geschädigte muss sich diesen Anteil bei der Ermittlung der Schadenshöhe als **„Vorteilsausgleichung“** anrechnen lassen. Unterschieden werden muss im Einzelfall, ob eine Wertverbesserung des Bauteils eintritt oder ob die Maßnahme nur der Verwirklichung einer Mängelbeseitigung dient.

Sowiesokosten (siehe Abb. 3.4) sind Kosten, die dem Auftraggeber auch dann entstanden wären, wenn eine Sache von vornherein richtig geplant und ausgeübt worden wäre. Sie sind daher nicht Bestandteil der Schadenskosten. Die Berechnung erfolgt auf Basis der Kalkulation, die dem Hauptauftrag zugrunde liegt, und damit nach Einheitspreisen, wie sie zum Zeitpunkt der Auftragslegung Gültigkeit hatten.

Beispiel

Der Unternehmer hat gemäß Ausschreibung eine KSL-Trennwand (Kalksand-Lochstein) in einer Wandstärke von 11,5 cm geliefert. Es stellt sich aber heraus, dass nach den Schallschutz- und Brandschutzanforderungen vielmehr eine KSV-Wand (Kalksand-Vollstein) in einer Wandstärke von 24 cm notwendig ist. Der Auftraggeber muss in diesem Fall bei einer Neuerrichtung der Wand die Differenzkosten

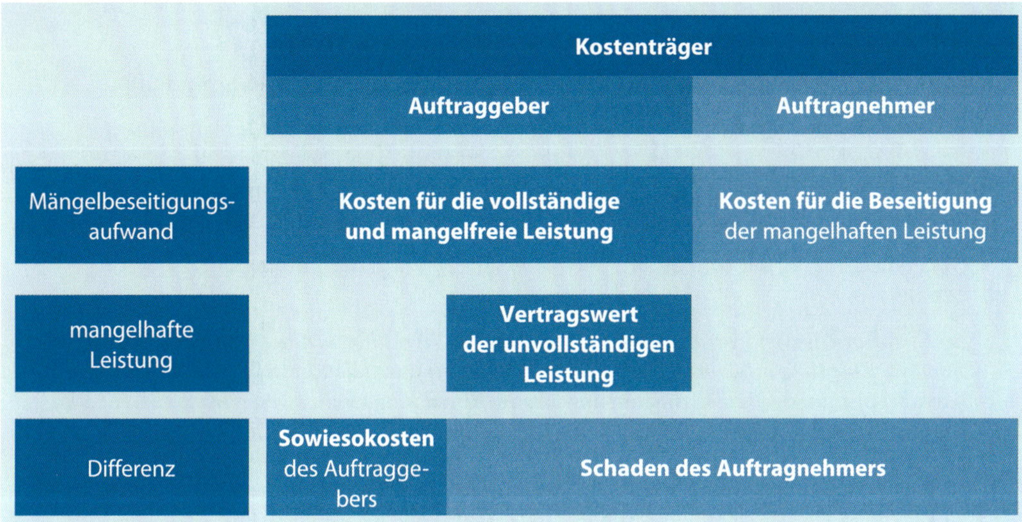

Abb. 3.4: Sowiesokosten

zwischen der beauftragten und abgerechneten Wand und der erforderlichen Wand selbst vergüten. Der entstandene Schaden beschränkt sich damit auf die Abbruchkosten und auf die verloren gegangene Leistung für den tatsächlich gelieferten Unterbau, der sich als fehlerhaft herausgestellt hat.

Zeitwert

Sofern Teile der zu bewertenden Leistungen zur Mängelbeseitigung bereits seit längerer Zeit in Benutzung sind und damit einen Teil ihrer Nutzungsdauer abgeleistet haben, wird eine Kostenkorrektur („Abzug neu für alt") vorgenommen. Dieser Grundsatz entspricht der Regelung des § 249 BGB.

§ 249 BGB „Art und Umfang des Schadensersatzes"

„(1) Wer zum Schadensersatz verpflichtet ist, hat den Zustand herzustellen, der bestehen würde, wenn der zum Ersatz verpflichtende Umstand nicht eingetreten wäre.

(2) Ist wegen Verletzung einer Person oder wegen Beschädigung einer Sache Schadensersatz zu leisten, so kann der Gläubiger statt der Herstellung den dazu erforderlichen Geldbetrag verlangen. Bei der Beschädigung einer Sache schließt der nach Satz 1 erforderliche Geldbetrag die Umsatzsteuer nur mit ein, wenn und soweit sie tatsächlich angefallen ist."

Beispiel

Die Flachdachsanierung eines Schulgebäudes hat sich nach einiger Zeit als unfachgerecht herausgestellt. Auf die vorhandene Wärmedämmschicht und die alte Abdichtung wurde eine neue Abdichtung aufgebracht. Bei einer Komplettsanierung zählen Abbruch und Entsorgung der alten Wärmedämmschicht ebenso zu den Sowiesokosten wie deren Erneuerung. Ferner entsteht dem Besteller durch die Verlängerung der Nutzungsdauer des Flachdachs ein Vorteil, der gegenüber dem Unternehmer auszugleichen ist.

Der BGH und das OLG Nürnberg haben dazu wie folgt entschieden.

BGH, Urteil vom 13.09.2001 – VII ZR 392/00 (aus der Entscheidungsbegründung):

„d) Eine Anrechnung des Vorteils, der durch eine deutlich verlängerte Nutzungsdauer entsteht, ist nach der Rechtsprechung des Senats zu erwägen, wenn der Mangel sich verhältnismäßig spät auswirkt und der Auftraggeber bis dahin keine Gebrauchsnachteile hinnehmen musste (BGH, Urteil vom 17.05.1984 – VII ZR 169/82, BGHZ 91, 206, 217).“

OLG Nürnberg, Urteil vom 29.11.2000 – 4 U 2053/99 (aus der Entscheidungsbegründung):

„a) Es entspricht ständiger Rechtsprechung, dass der Werkunternehmer, der einen Mangel beseitigt, Anspruch auf Übernahme derjenigen Kosten durch den Besteller hat, um die das Werk bei ordnungsgemäßer Ausführung von vorneherein teuerer gewesen wäre (BGHZ 91, 206/211; Staudinger/Peters (2000), BGB, § 633, Rn. 184, je m. w. N.). Dies wird mit Gesichtspunkten der Vorteilsausgleichung, aber auch mit solchen der ergänzenden Vertragsauslegung begründet. Vor allem der letztgenannte Ansatz überzeugt, der darauf abstellt, dass die Parteien so gestellt werden sollen, wie sie stünden, wenn ihnen von vorneherein deutlich gewesen wäre, dass die vorgesehene Ausführung unzulänglich geraten werde. In diesem Fall hätten sie sich von vorneherein auf die sachlich angemessene Lösung geeinigt und der Besteller hätte sich dann nach Treu und Glauben nicht weigern können, die damit verbundenen Mehrkosten zu tragen. Dieser Ansatz erklärt zugleich, dass die Sowiesokosten nach dem damaligen Preisstand zu berechnen sind (BGH, BB 1993, 2182).

Dabei spielt aber erneut die Frage die entscheidende Rolle, wie sich die Parteien bei von Anfang an regelgerechtem Arbeiten verhalten hätten. Vorteilsausgleich soll ja deswegen gewährt werden, weil es nicht einzusehen ist, dass der Besteller im Wege der Gewährleistung ein mangelfreies Werk erhält, das er bei von Anfang an mangelfreier Herstellung nach Treu und Glauben durch einen Aufschlag auf den ursprünglich vereinbarten Vertragspreis hätte bezahlen müssen, weil nur mit zusätzlichen Maßnahmen ein vertragsgerechtes Werk zu erstellen ist. Auch hier muss entschieden werden, welches die zusätzlichen Maßnahmen sind, deren Wert dem Besteller nicht ohne Gegenleistung zufließen soll. Auch hier müsste auf die zur Bauzeit üblichen Maßnahmen abgestellt werden.“

Beispiel

Im Zuge einer Mangelbeseitigung an Rohrleitungen muss auch die 5 Jahre alte Tapezierung in den betroffenen Räumlichkeiten erneuert werden. Deren vorausgesetzte Nutzungsdauer beträgt 10 Jahre, dann ermittelt sich der Zeitwert zu:

Zeitwert = Restnutzungsdauer · 100 : Gesamtnutzungsdauer

Somit errechnen sich die Schadenskosten wie in Abb. 3.5 dargestellt.

Schätzung der Höhe des Schadens

Wenn ein noch nicht beseitigter Schaden vorliegt, müssen die entstehenden Schadenskosten zunächst in Form einer Kostenschätzung ermittelt werden. In der Regel werden hierfür Sachverständige herangezogen. Über die Form der Schätzung liegt in § 287 ZPO keine verbindliche Regelung vor.

Lohnaufwand		L
Materialaufwand	+	M
= Einzelkosten der Teilleistungen	=	**EKT**
Baustellengemeinkosten	+	BGK
Allgemeine Geschäftskosten	+	AG
Wagnis + Gewinn	+	WG
= Baukosten	=	**BK**
+ Nebenkosten	+	NK
– Sowiesokosten	–	SWS
– Anteil verbrauchter Nutzungsdauer	–	AN
Schadenskosten	=	**SCHK**

Abb. 3.5: Ermittlung der Schadenskosten

§ 287 ZPO „Schadensermittlung; Höhe der Forderung“:

„(1) Ist unter den Parteien streitig, ob ein Schaden entstanden sei und wie hoch sich der Schaden oder ein zu ersetzendes Interesse belaufe, so entscheidet hierüber das Gericht unter Würdigung aller Umstände nach freier Überzeugung. Ob und inwieweit eine beantragte Beweisaufnahme oder von Amts wegen die Begutachtung durch Sachverständige anzuordnen sei, bleibt dem Ermessen des Gerichts überlassen. Das Gericht kann den Beweisführer über den Schaden oder das Interesse vernehmen, die Vorschriften des § 452 Abs. 1 Satz 1, Abs. 2 bis 4 gelten entsprechend.

(2) Die Vorschriften des Absatzes 1 Satz 1, 2 sind bei vermögensrechtlichen Streitigkeiten auch in anderen Fällen entsprechend anzuwenden, soweit unter den Parteien die Höhe einer Forderung streitig ist und die vollständige Aufklärung aller hierfür maßgebenden Umstände mit Schwierigkeiten verbunden ist, die zu der Bedeutung des streitigen Teils der Forderung in keinem Verhältnis stehen.“

Der BGH, Urteil vom 10.04.2003 – VII ZR 251/02, führt zur Kostenschätzung aus:

„Der für die Mängelbeseitigung erforderliche Betrag kann mithilfe eines Sachverständigen ermittelt werden. Auch der Sachverständige wird in den meisten Fällen nicht daran vorbeikommen, den erforderlichen Betrag zu schätzen: Eine derartige Schätzung ist dem Gericht nach § 287 ZPO erlaubt. Zweifel an der Höhe der zur Mängelbeseitigung erforderlichen Kosten gehen nicht zu den Lasten des Schädigers. Es darf nur derjenige Betrag ausgeurteilt werden, der im Rahmen der vorzunehmenden Schätzung für die Mängelbeseitigung sicher anfällt.“

Auch die weiteren Kosten, die aufgewendet werden müssen, um den Schaden zu beseitigen, kann der Geschädigte beanspruchen. Hierzu zählen die Kosten für Umzug, Einlagerung von Mobiliar und ggf. die Hotelübernachtung der Bewohner, wie der BGH ausgeurteilt hat.

BGH, Urteil vom 10.04.2003 – VII ZR 251/02:

„Es gibt im Rahmen des Schadensersatzanspruches keinen Grund, zwischen solchen Schäden zu unterscheiden, die im Rahmen der Mängelbeseitigung am Bauwerk zwangsläufig entstehen, und solchen, die notwendig dadurch entstehen, dass die Mängelbeseitigung am Bauwerk erst ermöglicht wird. Der Besteller muss mit dem ihm zur Verfügung gestellten Betrag in die Lage versetzt werden, den Mangel ohne Vermögenseinbuße zu beseitigen (…). Es ist deshalb geboten, auch die Hotelkosten in den zu ersetzenden Schaden einzubeziehen, wenn diese erforderlich sind, um die Mängelbeseitigung zu ermöglichen."

Mängel, die aufwandsunabhängig beseitig werden müssen

Mängel mit wesentlicher Schadensfolge, z. B. Dachdurchfeuchtungen, Kellerdurchfeuchtungen, Leitungswasserschäden, Sicherheitsmängel, von denen Gefahr für Leib und Leben ausgeht, sowie Mängel, die inakzeptable Nutzungseinschränkungen bewirken, müssen auf jeden Fall beseitigt werden. Der hierfür notwendige Aufwand ist nicht relevant.

3.6 Minderung

Statt der Nacherfüllung (Mangelbeseitigung) oder des Rücktritts (Rückabwicklung des Vertrages) kann der Auftraggeber eine Minderung entsprechend § 634 Abs. 3 BGB und § 13 Nr. 6 VOB/B, also einen monetären Wertausgleich, nur unter den in Abb. 3.6 aufgezeigten Voraussetzungen erwarten.

Voraussetzung für die Minderung ist aber grundsätzlich, dass der Auftraggeber die Minderung verlangt. Das Saarländische OLG hat dazu entschieden.

Saarländisches OLG, Urteil vom 09.03.2004 – 7 U 342/03-71 (aus der Entscheidungsbegründung):

„Soweit gemäß § 13 Nr. 6 VOB/B eine Minderung in Betracht kommt, ist Voraussetzung, dass der Auftraggeber eine Minderung verlangt. Hierfür ist eine empfangsbedürftige Willenserklärung gegenüber dem Auftragnehmer abzugeben. Bevor dies nicht geschehen ist und der Auftraggeber sein Herabsetzungsverlangen in Bezug auf die Vergütung nicht formuliert hat, kommt eine Minderung der Vergütung nicht Betracht."

Unmöglichkeit

Die Beseitigung des Mangels muss objektiv unmöglich sein, d. h., auch andere Unternehmer außer dem Auftragnehmer sind nicht in der Lage, den Mangel zu beseitigen. Die Unmöglichkeit ist gleichzusetzen mit genereller Unerfüllbarkeit (OLG Frankfurt am Main, Urteil vom 26.06.2000 – 18 U 50/95).

Neben der technischen Unmöglichkeit kann auch weiterhin eine rechtliche Unmöglichkeit vorliegen (nicht vorliegende Baugenehmigungen usw.).

Unverhältnismäßigkeit

Kann die Mängelbeseitigung nur mit unverhältnismäßig hohem Aufwand vorgenommen werden oder besteht objektiv nur ein geringes Interesse des Bestellers an einer Nacherfüllung, gibt es die Möglichkeit, dass der Auftragnehmer die Mängelbeseitigung verweigert. Dies ist in der Regel bei geringfügigen **Schönheitsfehlern** der Fall, bei

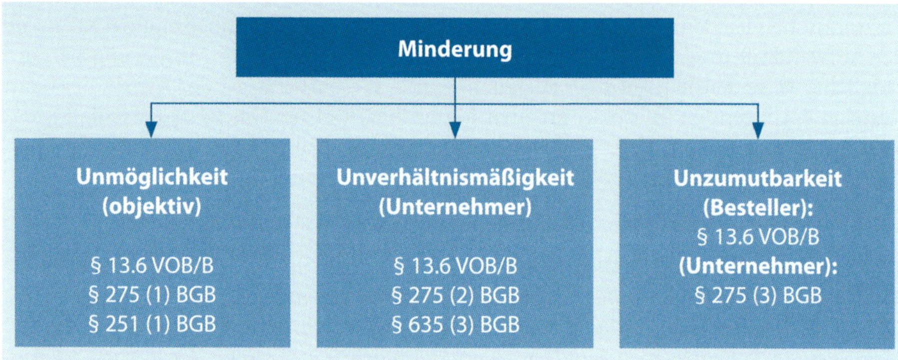

Abb. 3.6: Möglichkeiten, die zur Minderung führen

denen die Gebrauchsfähigkeit des Werkes nahezu unbeeinträchtigt ist und die nur mit erheblichem Aufwand beseitigt werden können (Kratzer an Verglasungen, Unebenheiten im Putz außerhalb von Maßtoleranzen usw.). Eine Unverhältnismäßigkeit wird in juristischer Hinsicht im Allgemeinen bei Schallschutzmängeln und bei statischen Mängeln nicht anerkannt.

Sind nach juristischer Bewertung keine derartigen Umstände gegeben, muss der Auftragnehmer den Mangel beseitigen. Er hat nicht das grundsätzliche Wahlrecht zwischen Nacherfüllung und Minderung. Die Unverhältnismäßigkeit ist nach den einschlägigen Urteilen des BGH eher die Ausnahme.

BGH, Urteil vom 04.07.1996 – VII ZR 24/95 (OLG Stuttgart) (aus der Entscheidungsgründe):

„Danach wird Unverhältnismäßigkeit in aller Regel nur anzunehmen sein, wenn einem objektiv geringeren Interesse des Bestellers an einer völlig ordnungsgemäßen Vertragsleistung ein ganz erheblicher und deshalb vergleichsweise unangemessener Aufwand gegenübersteht. Hat der Besteller hingegen objektiv ein berechtigtes Interesse an einer ordnungsgemäßen Erfüllung des Vertrages, was vor allem anzunehmen ist, wenn die Funktionsfähigkeit des Werks spürbar beeinträchtigt ist, so kann ihm regelmäßig nicht wegen hoher Kosten die Nachbesserung verweigert werden."

BGH, Urteil vom 27.03.2003 – VII ZR 443/01 (aus den Leitsätzen):

„BGB § 635

a) Der Schadensersatzanspruch umfasst alle Aufwendungen, die für die ordnungsgemäße Herstellung des vom Unternehmer vertraglich geschuldeten Werks erforderlich sind.
b) Er beschränkt sich nicht auf die geringeren Kosten einer Ersatzlösung, die den vertraglich geschuldeten Erfolg nicht herbeiführt.
c) Der Besteller muss sich nicht darauf verweisen lassen, dass der durch eine nicht vertragsgemäße Nachbesserung verbleibende Minderwert durch einen Minderungsbetrag abgegolten wird.
d) Zu den zu ersetzenden notwendigen Aufwendungen für die Mängelbeseitigung gehören diejenigen Kosten, die der Besteller bei verständiger Würdigung für erforderlich halten durfte.
e) Ob Aufwendungen für die Mängelbeseitigung unverhältnismäßig sind, beurteilt sich nach den Grundsätzen des § 251 Abs. 2 Satz 1 BGB. Unverhältnismäßigkeit kommt nur in Ausnahmefällen in Betracht."

Es kommt bei der Beurteilung der Unverhältnismäßigkeit nicht unbedingt darauf an, ob der Aufwand für die Mangelbeseitigung sehr hoch ist, während der Minderungsbetrag möglicherweise deutlich geringer ausfallen würde. Wesentlicher ist der Aspekt des beim Besteller vorliegenden Interesses an einer Mangelbeseitigung. Der BGH entschied wie folgt im Falle einer vom Vertrag abweichend nicht ausgeführten Alternativabdichtung (unterhalb der Bodenfliesen der Badezimmer in einem Seniorenwohnheim).

BGH, Urteil vom 10.11.2005 – VII ZR 64/04 (aus den Entscheidungsgründen):

„Die von der Beklagten geforderte Sanierung mit einer Erneuerung des gesamten Fußbodenaufbaus einschließlich der Fußbodenheizung und einem Gesamtaufwand von ca. 216.000,00 € sei im Hinblick auf den Gesamterfolg unverhältnismäßig hoch. Die Beklagte könne deshalb lediglich einen Minderwert geltend machen, der auf der Grundlage der Ausführungen des Sachverständigen auf 2.000,00 € zu schätzen sei.

2. Diese Ausführungen halten der rechtlichen Nachprüfung nicht stand. Das Berufungsgericht hat die vom Bundesgerichtshof entwickelten Grundsätze zur Unverhältnismäßigkeit der Nachbesserung verkannt und der Beklagten lediglich einen Anspruch auf Minderung zuerkannt.

a) Nach § 633 Abs. 2 Satz 3 BGB, § 13 Nr. 6 VOB/B kann der Unternehmer die Beseitigung eines Mangels verweigern, wenn sie einen unverhältnismäßigen Aufwand erfordert.

Eine Unverhältnismäßigkeit liegt in aller Regel nur vor, wenn einem objektiv geringen Interesse des Bestellers an einer mangelfreien Vertragsleistung ein ganz erheblicher und deshalb vergleichsweise unangemessener Aufwand gegenübersteht. Hat der Besteller objektiv ein berechtigtes Interesse an einer ordnungsgemäßen Erfüllung des Vertrags, kann ihm der Unternehmer regelmäßig die Nachbesserung wegen hoher Kosten der Mängelbeseitigung nicht verweigern. Ohne Bedeutung für die erforderliche Abwägung sind das Preis-Leistungs-Verhältnis und das Verhältnis des Nachbesserungsaufwands zu den zugehörigen Vertragspreisen. Der Einwand der Unverhältnismäßigkeit ist nur dann gerechtfertigt, wenn das Bestehen auf ordnungsgemäßer Vertragserfüllung im Verhältnis zu dem dafür erforderlichen Aufwand unter Abwägung aller Umstände einen Verstoß gegen Treu und Glauben darstellt. Von Bedeutung bei der gebotenen Abwägung ist auch, ob und in welchem Ausmaß der Unternehmer den Mangel verschuldet hat (BGH, Urteil vom 04.07.1996 – VII ZR 24/95, BauR 1996, 858 = ZfBR 1996, 313; Urteil vom 24.04.1997 – VII ZR 110/96, BauR 1997, 638 = ZfBR 1997, 249; Urteil vom 06.12.2001 – VII ZR 241/00, BauR 2002, 613 = ZfBR 2002, 345 = NZBau 2002, 338).

b) Das Berufungsgericht stellt rechtsfehlerhaft allein auf den Sanierungsaufwand ab. Es berücksichtigt nicht, dass die Beklagte ein objektiv berechtigtes Interesse an der ordnungsgemäßen Erfüllung und die Klägerin bewusst das geschuldete System nicht eingebaut hat."

Voraussetzung des Minderungsanspruches des Auftraggebers ist, dass der Auftragnehmer aufgrund des unverhältnismäßig hohen Aufwandes die Mängel zunächst verweigert.

Ein unverhältnismäßig hoher Aufwand kann gegeben sein, wenn zur Mangelbeseitigung andere, in sich fertiggestellte Leistungsbereiche in großem Umfang wieder zerstört werden.

Unverhältnismäßigkeit kann auch gegeben sein, wenn der Erfolg einer Mangelbeseitigung lediglich optisch wahrnehmbar ist, wie das OLG Hamm entschieden hat. In dem

Fall ging es um Haustürschwellen aus Naturstein, die vom Unternehmer nicht einteilig, sondern aus mehreren Teilen geliefert und eingebaut worden waren.

OLG Hamm, Urteil vom 24.03.2003 – 17 U 88/02 (aus der Entscheidungsbegründung):

„Ausweislich der Ausführungen des Sachverständigen (...) sind in den Bereichen vor der Hauseingangstür und der abgewandten Ecke unnötig viele, klein geschnittene Restplatten eingesetzt worden, ohne sichtbares Bemühen, einen gleichmäßigen Bahnenverlauf herzustellen, der mit geringem Mehraufwand möglich gewesen wäre. Auch hätte die Beklagte (...) angesichts des Ausschreibungstextes und der technischen Rahmenbedingungen eine 2er- bzw. maximal 3er-Teilung erwarten dürfen. Demnach weisen die Arbeiten der Klägerin vertraglich vorausgesetzte – optische – Eigenschaften nicht auf und sind daher mangelbehaftet.

Die Beseitigung dieses Mangels erfordert jedoch i. S. d. § 13 Ziff. 6 VOB/B einen unverhältnismäßig hohen Aufwand.

Ein unverhältnismäßig hoher Aufwand der Mängelbeseitigung ist dann anzunehmen, wenn der damit in Richtung auf die Beseitigung des Mangels erzielte Erfolg oder Teilerfolg bei Abwägung aller Umstände des Einzelfalls in keinem vernünftigen Verhältnis zur Höhe des dafür geltend gemachten Geldaufwandes steht.

Im Rahmen der dabei vorzunehmenden Abwägung sind die Schwere des Vertragsverstoßes und des Verschuldens des Unternehmers zu berücksichtigen (vgl. zum Banzen BGH, BauR 1991, 606, 608 und BGH BauR 1995, 540, 541).

Vorliegend ist von einem hohen Beseitigungsaufwand auszugehen, der von der Beklagten ausweislich ihrer Klageerwiderung (Bl. 36 unten/37 oben) weit höher eingeschätzt wird als die Werklohnforderung der Klägerin daselbst. Dem stünde ein Erfolg gegenüber, der lediglich optisch – wenn überhaupt – wahrzunehmen wäre. (...) Das Verschulden der Klägerin an dem vorliegenden – rein optischen – Mangel ist relativ gering. Denn die Vereinbarung der Parteien über die geschuldete Verlegart ist ungenau. (...)

Nach allem kommt daher lediglich eine Minderung der Werklohnforderung in Betracht.“

Anders hat der BGH entschieden, der den Anspruch eines Immobilienerwerbers auf Schadensersatz in Höhe der Mängelbeseitigungskosten von 153.391,06 DM bestätigt hat, obwohl die Höhe einer Minderung durch einen Sachverständigen mit 31.250,00 DM (= 20 %) ermittelt worden war.

BGH, Urteil vom 10.03.2005 – VII ZR 321/03 (aus dem Leitsatz):

„BGB §§ 634, 635 a. F.

Der Anspruch nach § 635 BGB ist auf den zur Mangelbeseitigung notwendigen Betrag gerichtet. Der Besteller kann auch dann nicht auf den Ersatz der objektiven Minderung des Verkehrswerts des Werks verwiesen werden, wenn diese erheblich geringer ist als die Kosten der Mangelbeseitigung.“

Unzumutbarkeit

Ausnahmsweise kann der Auftraggeber eine Minderung der Vergütung verlangen, wenn die Mangelbeseitigung für ihn unzumutbar ist. Der Auftraggeber trägt hierbei die Beweislast für die Unzumutbarkeit in der Form, dass ihm unzumutbare persönliche oder finanzielle Opfer abverlangt werden würden.

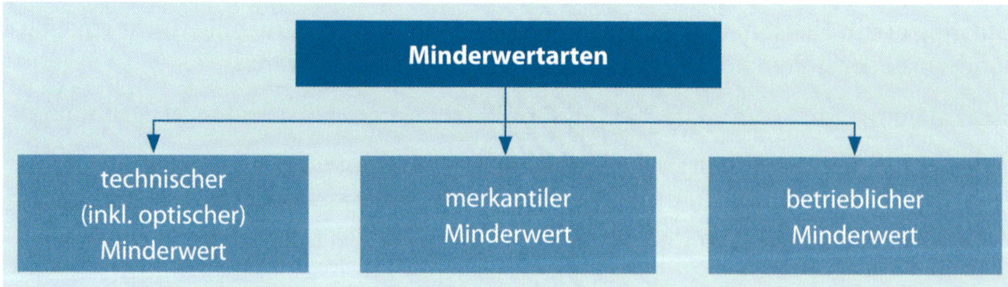

Abb. 3.7: Minderwertarten

3.6.1 Minderwertarten

Führt die Nachbesserung nicht dazu, dass der vertraglich geschuldete Erfolg vollständig eintritt, verbleibt ein **technischer**, **merkantiler** oder **betrieblicher Minderwert** (siehe Abb. 3.7).

Technischer Minderwert

Der **technische Minderwert** wird damit begründet, dass eine Sache ihre vertraglich geschuldete Funktion nicht erfüllt (z. B. Wärmedämmung, Schallschutz, energiesparende Funktionen, Tragfähigkeit). Die Ermittlung des technischen Minderwerts kann über das sog. **Zielbaumverfahren** erfolgen. Bei der Betrachtung des technischen Minderwerts kann auch ein erhöhter Bewirtschaftungsaufwand ermittelt werden, der dann für die Dauer der Restnutzung des Gebäudes hochgerechnet wird und somit die Höhe des Schadens beschreibt.

Der **optische Minderwert** gehört zu der Kategorie des technischen Minderwerts und wird damit begründet, dass eine Sache den vertraglich zugesicherten Geltungscharakter nicht erreicht (Ebenheit, Farbbild, äußere Anmutung). Die Ermittlung des optischen Minderwerts kann nach dem Zielbaumverfahren erfolgen.

Merkantiler Minderwert

Neben dem technischen Minderwert kommt ein **merkantiler Minderwert** dann in Betracht, wenn die Kenntnis über den eingetretenen Schadensfall trotz fachgerecht durchgeführter Mängelbeseitigung zu einer Verunsicherung möglicher Kaufinteressenten führt, die im unmittelbaren Vergleich mit einem makellosen Gebäude eine Kaufpreisminderung für das mit einem Makel behaftete Gebäude nach sich zieht.

Betrieblicher Minderwert

Der **betriebliche Minderwert** ergibt sich aus einer Einschränkung von Produktionsabläufen und Produktivitätsfaktoren und wird daher in der Regel von betriebswirtschaftlich orientierten Sachverständigen ermittelt.

BGH, Urteil vom 09.01.2003 – VII ZR 181/00 (aus den Leitsätzen):

„VOB/B § 13 Nr. 1, 6 a. F. A, D (...)

d) Die Berechnung der Minderung nach den Mängelbeseitigungskosten kommt nicht in Betracht, wenn die Nachbesserung unmöglich oder unverhältnismäßig ist.

e) Verwendet der Auftragnehmer im Vergleich zur geschuldeten Ausführung minderwertiges Material, dann ist die Vergütung des Auftragnehmers um den Vergütungsanteil zu mindern, der der Differenz zwischen der erbrachten und der geschuldeten Ausführung entspricht.

f) Der Auftraggeber kann Minderung für einen technischen Minderwert verlangen, der durch die vertragswidrige Ausführung im Vergleich zur geschuldeten verursacht worden ist.

g) Neben einer Minderung für einen technischen Minderwert kann der Auftraggeber für einen merkantilen Minderwert Minderung verlangen, wenn die vertragswidrige Ausführung eine verringerte Verwertbarkeit zur Folge hat, weil die maßgeblichen Verkehrskreise ein im Vergleich zur vertragsgemäßen Ausführung geringeres Vertrauen in die Qualität des Gebäudes haben."

3.6.2 Minderwertermittlung

Für die Minderwertermittlung stehen 3 Verfahren zur Verfügung:

- Ermittlung nach BGB,
- Ermittlung der Nacherfüllungskosten (siehe Kapitel 3.5),
- Ermittlung nach dem Zielbaumverfahren.

Ermittlung von Minderwert nach BGB

Die gesetzliche Regelung hierzu findet sich in § 638 BGB.

§ 638 BGB „Minderung":

„(1) Statt zurückzutreten, kann der Besteller die Vergütung durch Erklärung gegenüber dem Unternehmer mindern. Der Ausschlussgrund des § 323 Abs. 5 Satz 2 findet keine Anwendung.

(2) Sind auf der Seite des Bestellers oder auf der Seite des Unternehmers mehrere beteiligt, so kann die Minderung nur von allen oder gegen alle erklärt werden.

(3) Bei der Minderung ist die Vergütung in dem Verhältnis herabzusetzen, in welchem zur Zeit des Vertragsschlusses der Wert des Werks in mangelfreiem Zustand zu dem wirklichen Wert gestanden haben würde. Die Minderung ist, soweit erforderlich, durch Schätzung zu ermitteln.

(4) Hat der Besteller mehr als die geminderte Vergütung gezahlt, so ist der Mehrbetrag vom Unternehmer zu erstatten. § 346 Abs. 1 und § 347 Abs. 1 finden entsprechende Anwendung."

In mathematischer Hinsicht steht die geminderte Vergütung im gleichen Verhältnis zum Werklohn wie der Wert der mangelbehafteten Leistung im Verhältnis steht zum Wert der mangelfreien Leistung. In eine Formel gebracht bedeutet dies:

Höhe der Minderung gemäß § 638 Abs. 3 BGB:

$$\text{geminderte Vergütung} = \text{Werklohn} \cdot \frac{\text{Wert der mangelhaften Leistung}}{\text{Wert der mangelfreien Leistung}}$$

Maßgebend für die Kostenermittlung ist der Zeitpunkt der Abnahme.

Abb. 3.8: Merkantiler Minderwert

Mit dieser Anpassung des Minderwerts an den Werklohn wird der Tatsache Rechnung getragen, dass der Werklohn nicht unbedingt gleichzusetzen ist mit dem Wert der mangelfreien Leistung, da ggf. infolge von Markt- und Wettbewerbsbedingungen eine Preisanpassung bei der Beauftragung erfolgt ist.

Neben dem technischen Minderwert kommt ein merkantiler Minderwert (siehe Abb. 3.8) infrage, wenn das Wissen um den eingetretenen Schadensfall mögliche Kaufinteressenten verunsichert und daraus im direkten Vergleich mit einem makellosen Gebäude eine Kaufpreisminderung für das mit einem Makel behaftete Gebäude resultiert, wie der BGH entschieden hat.

BGH, Urteil vom 09.01.2003 – VII ZR 181/00 (aus den Leitsätzen):

„Der Auftraggeber kann Minderung für einen technischen Minderwert verlangen, der durch die vertragswidrige Ausführung im Vergleich zur geschuldeten verursacht worden ist.

Neben einer Minderung für einen technischen Minderwert kann der Auftraggeber für einen merkantilen Minderwert Minderung verlangen, wenn die vertragswidrige Ausführung eine verringerte Verwertbarkeit zur Folge hat, weil die maßgeblichen Verkehrskreise ein im Vergleich zur vertragsgemäßen Ausführung geringeres Vertrauen in die Qualität des Gebäudes haben."

Den Begriff „merkantiler Minderwert" hat der BGH definiert.

BGH, Urteil vom 08.12.1977 – VII ZR 60/76:

„Der merkantile Minderwert liegt in der Minderung des Verkaufswerts einer Sache, die trotz völliger und ordnungsgemäßer Instandsetzung deshalb verbleibt, weil bei einem großen Teil des Publikums vor allem wegen des Verdachts verborgen gebliebener Schäden eine den Preis beeinflussende Abneigung gegen den Erwerb besteht."

Die Ermittlung des merkantilen Minderwertes von Immobilien gestaltet sich oft schwierig, da durch das Gericht 2 Vermögenslagen des Eigentümers miteinander verglichen werden müssen, deren Differenz den merkantilen Minderwert ausmacht:

- **gedachte Vermögenslage:** Verkehrswert ohne den Schadenseintritt,
- **tatsächliche Vermögenslage:** Verkehrswert nach Beseitigung des Schadens.

Sachverständige des Bestellungsgebiets „6300 Schäden an Gebäuden" werden zwar Angaben zu den Mängelbeseitigungskosten und zum technischen Minderwert machen können, nicht aber zum Einfluss bereits beseitigter Schäden auf die Preisbildung beim

Verkauf einer Immobilie. Da die Bewertung des Verkehrswertes regelmäßig in den Aufgabenbereich des Bestellungsgebietes „1400 Bewertung von Immobilien“ fällt, wird das Gericht im Zweifel einen Sachverständigen dieses Bestellungsgebietes mit der Ermittlung des merkantilen Minderwerts beauftragen müssen, wenn es keine Schätzung entsprechend § 287 ZPO vornimmt. Aber auch der Sachverständige für die Verkehrswertermittlung wird nicht über Datenerhebungen verfügen, anhand derer er einen exakt auf den Einzelfall angestimmten Abschlag auf den Verkehrswert ermitteln kann, da sich eine Abneigung der Käufer nicht objektivieren lässt. Eine Möglichkeit, zu einem möglichst objektiven Ergebnis zu kommen, liegt darin, dass der Sachverständige selbst eine repräsentative Umfrage bei Berufskollegen durchführt, wie das LG Marburg ausführt.

LG Marburg, Urteil vom 14.01.2011 – 1 O 256/08 (aus den Gründen):

„Der Sachverständige hat auch unter Differenzierung zwischen technischem und merkantilem Minderwert zunächst zutreffend darauf abgestellt, dass der merkantile Minderwert in Relation zu dem Verkehrswert eines Objektes zu ermitteln ist. Denn abzustellen ist nach den zuvor dargestellten Grundsätzen auf eine geringere Verwertbarkeit des Objektes bzw. die Minderung des Veräußerungswertes der baulichen Anlage. (…)

Zur Berechnung der Höhe eines Abschlages von diesem Verkehrswert stellt sich die Problematik, eine vom Grundsatz her gerade nicht objektivierbare ‚Abneigung‘ von möglichen Käufern gegen ein Objekt gleichwohl einer nachvollziehbaren Bewertung zuzuführen. Der Sachverständige hat dies auch aus Sicht der Kammer in Anbetracht der Schwierigkeiten bei der Objektivierbarkeit einer für sich genommen nicht objektivierbaren Einstellung etwaiger Käufer überzeugend getan, indem er eine statistische Untersuchung durchgeführt hat, bei der Immobilienmakler und Bewertungssachverständige befragt wurden. (…) Aus Sicht der Kammer jedenfalls bietet das durch die statistische Befragung aus allen erhaltenen Antworten gewonnene Ergebnis eines arithmetischen Mittelwertes von 2,13 % eine geeignete Grundlage für die Bemessung der hier zu beurteilenden, den Preis beeinflussenden Abneigung von potenziellen Käufern gegen den Erwerb des Objektes.“

Dieser Expertenbefragung steht auch der BGH aufgeschlossen gegenüber, da es letztlich darauf ankommt, wie der Tatrichter den eingetretenen Mindestschaden einschätzt. Sofern das Gericht die befragten Experten für hinreichend fachkundig hält, kann es entsprechend § 287 ZPO den Schaden auf der Grundlage der Expertenbefragung schätzen, wie der BGH entschieden hat.

BGH, Urteil vom 06.12.2012 – VII ZR 84/10 (aus den Entscheidungsgründen):

„a) Ein merkantiler Minderwert liegt vor, wenn nach erfolgter Mängelbeseitigung eine verringerte Verwertbarkeit gegeben ist, weil die maßgeblichen Verkehrskreise ein im Vergleich zur vertragsgemäßen Ausführung geringeres Vertrauen in die Qualität des Gebäudes haben (…).

b) Im Ergebnis nicht zu beanstanden sind auch die Erwägungen des Berufungsgerichts, dass es keinen ‚Markt für bestimmte Wertminderungen‘ der hier vorliegenden Art gebe, sodass keine allgemeinen Parameter gefunden werden könnten, nach denen Abschläge zu bemessen seien. Es ist zutreffend davon ausgegangen, dass die Wertminderung nur auf das konkrete Objekt bezogen durch die individuellen Eigenschaften des geschädigten Objektes unter Berücksichtigung der konkreten Schadensursache und der zum Wertermittlungsstichtag herrschenden allgemeinen Marktbedingungen vorgenommen werden kann.

aa) Zu Unrecht meint das Berufungsgericht jedoch, die von dem Sachverständigen O. vorgenommene ‚Expertenbefragung‘ könne keine geeignete Grundlage zur Schätzung eines

Mindestschadens der Klägerin im Hinblick auf einen merkantilen Minderwert der Gebäude sein. Das Berufungsgericht sieht selbst zu Recht, dass es grundsätzlich einen richtigen Ansatz darstellt, festzustellen, wie sich der reparierte Schaden auf die Bereitschaft potenzieller Kaufinteressenten am Markt zur Zahlung des vollen oder nur eines entsprechend geminderten Kaufpreises auswirken würde. Dies kann durchaus in der Weise geschehen, dass der Sachverständige Fachleute befragt, die den Markt kennen und in der Lage sind, fundierte Werteinschätzungen der betroffenen Gebäude abzugeben und dabei die Auswirkungen der durchgeführten Mängelarbeiten auf die Bereitschaft potenzieller Kaufinteressenten, den üblichen Marktpreis mangelfreier Gebäude zu zahlen, einzuschätzen. (…)

bb) Im Rahmen des § 287 Abs. 1 ZPO soll das Gericht die Schadenshöhe gerade schätzen, wobei in Kauf genommen wird, dass das Ergebnis unter Umständen mit der Wirklichkeit nicht übereinstimmt (…).

Wenn es dagegen nur an ausreichenden Anhaltspunkten fehlt, einen einheitlichen Schaden in seinem vollen Umfang zu schätzen, ist zu prüfen, ob die vorliegenden Tatsachen ausreichen, wenigstens einen gewissen Schadensbetrag durch Schätzung festzustellen. Steht fest, dass ein Schaden in einem der Höhe nach nicht bestimmbaren, aber jedenfalls erheblichen Ausmaße entstanden ist, dann wird sich in der Regel aus den Umständen, die die Annahme eines erheblichen Schadens begründen, eine ausreichende Grundlage für die Ermittlung eines gewissen (Mindest-)Schadens gewinnen lassen. Darüber hinaus mag für die Entstehung eines höheren Schadens noch eine gewisse Wahrscheinlichkeit bestehen, die für die wenig über dem (Mindest-)Schaden liegenden Beträge verhältnismäßig hoch sein kann und für weitere Beträge immer geringer wird. Sache des Gerichts ist es, unter Berücksichtigung aller wesentlichen Umstände die Grenze zu ermitteln, bis zu der für die Schätzung eines Schadens eine ausreichende Grundlage vorhanden ist. Mag der so geschätzte Betrag auch hinter dem wirklichen Schaden zurückbleiben, so wird wenigstens vermieden, dass der Geschädigte völlig leer ausgeht, obwohl die Ersatzpflicht für einen Schaden erheblichen Ausmaßes feststeht. Das entspricht dem Zweck des § 287 ZPO, denn eben, um derartige unbillige Ergebnisse zu vermeiden, hat der Gesetzgeber dem Richter das Recht gegeben und damit die Pflicht auferlegt, einen Schaden trotz unvollständiger Aufklärung des Sachverhalts durch Schätzung festzulegen (…).

cc) Danach gab es aufgrund der Befragung von Fachleuten durch den Sachverständigen O. durchaus Anhaltspunkte dafür, in welcher Höhe bei einem Verkauf mindestens eine Einbuße beim Erlös eintreten würde. Soweit das Gericht von der Fachkunde der Auskunftspersonen überzeugt ist, schadet es nicht, wenn auch die Fachleute ihrerseits keine Angaben mit mathematischer Genauigkeit machen können und diese von subjektiven Einschätzungen nicht frei sind. Dies schlägt sich nicht anders nieder, als wenn das Gericht selbst in Gebieten, in denen es die notwendige Sachkunde besitzt, die gebotene Schätzung insgesamt vornimmt. Soweit unterschiedliche Angaben vorliegen, obliegt es dem Tatrichter nach den genannten Grundsätzen, ob er nicht die niedrigsten Angaben als Mindestschaden zugrunde legt oder bis zu einem gewissen Rahmen eine ausreichende Wahrscheinlichkeit sieht, hierüber hinaus zu gehen.“

Für den Anspruch auf Schadensersatz in Höhe des merkantilen Minderwerts kommt es nicht darauf an, ob der Eigentümer beabsichtigt, seine Immobilie aktuell zu veräußern, wie das OLG Stuttgart entschieden hat.

OLG Stuttgart, Urteil vom 08.02.2011 – 12 U 74/10 (Revision nicht zugelassen) (aus den Gründen):

„Auch wenn die Sanierungsarbeiten ordnungsgemäß durchgeführt worden sind, kann ein merkantiler Minderwert verbleiben, wenn der Verkaufswert des Werkes durch den früheren, nunmehr behobenen Mangel beeinflusst wird (...). Bei Bauwerken entsteht ein geringerer Verkaufswert dadurch, dass auf dem Immobilienmarkt bei einem großen Teil der maßgeblichen Verkehrskreise wegen des Verdachts verborgen gebliebener Schäden oder des geringeren Vertrauens in die Qualität des Gebäudes eine den Preis beeinflussende Neigung gegen den Erwerb und damit eine schlechtere Verwertbarkeit des Gebäudegrundstückes besteht (...). Diese Voraussetzung wird insbesondere für Mängel im Bereich der Hauskonstruktion anzunehmen sein, bei denen eine 100%ige Überprüfung nicht möglich ist. Hierzu gehört nicht nur die Feuchtigkeitsabdichtung im Kellerbereich (...), sondern auch der Dachbereich, wenn dort Undichtigkeiten aufgetreten sind, die erhebliche Sanierungsarbeiten erforderlich gemacht haben. (...)

Im Hinblick auf die deshalb bei den potenziellen Käufern bestehenden Bedenken kann sich ein Verkäufer regelmäßig nicht der Forderung nach einer Preisreduzierung verschließen. Auf den Umstand, dass aufseiten der Beklagten derzeit keine Verkaufsabsicht besteht, kommt es nicht an, da es sich um eine Wertminderung des Hauses handelt, die auch ohne Verkauf aktuell bereits einen Schaden darstellt (...).“

Ermittlung des Vermögensschadens bei andauernd erhöhten Betriebskosten

Entstehen für den Besteller aufgrund eines Mangels andauernd erhöhte Aufwendungen für die Bewirtschaftung der Immobilie, muss die Höhe der Schadensumme ermittelt werden, die sich hieraus ergibt.

> **Beispiel**
>
> Bei einem Objekt ist abweichend vom Vertrag der geschuldete Niedrigenergiehaus-Standard (NEH-Standard) gemäß RAL-GZ 965 „Planung und Bauausführung von Häusern in besonders energiesparender Bauweise – Gütesicherung“ (RAL, 2002) nicht erreicht worden. Durch einen erhöhten unkontrollierten Lüftungswärmeverlust entsteht ein zusätzlicher Aufwand an Heizenergiekosten.
>
> Es besteht kein unmittelbar umrechenbarer Zusammenhang zwischen der Luftwechselzahl, die unter Prüfbedingungen von 50 Pa erreicht wird, und der praktischen Luftwechselzahl im Gebrauch. Hierüber liegen auch keine Forschungsergebnisse vor, da der praktische Luftwechsel im Jahresdurchschnitt signifikant von den individuellen Wohn- und Nutzungsverhältnissen abhängt.

Die praktische Luftwechselzahl im Jahresdurchschnitt setzt sich zusammen aus:

- unkontrolliertem Luftwechsel durch Luftleckagen der Gebäudehülle,
- zwangsläufigem Luftwechsel infolge von Frequentierung der Gebäudezu- und -ausgänge,
- Zwangsentlüftung durch motorische Abluftanlagen wie Dunstabzugshauben und Einzelraumentlüfter in Nasszellen,
- Zwangsentlüftung durch Kaminbetrieb,
- freiwillige Fensterlüftung.

Die Größenordnung einer angemessenen Minderung ergibt sich im Hinblick auf die Abweichungen von den jeweiligen gesetzlichen Anforderungen unter Einbezug der jährlichen Heizkosten-Mehraufwendungen.

Wenn infolge eines Mangels mit anhaltend überhöhten Bewirtschaftungskosten zu rechnen ist, ergibt sich die Gesamtschadenshöhe durch Betrachtung der jährlich anfallenden Mehrkosten, bezogen auf die wirtschaftliche Lebensdauer des Gebäudes oder des betroffenen Bauteils. Nach dem gängigen Verfahren zur Wertermittlung von Gebäuden beträgt beispielsweise die Lebensdauer für ein Einfamilienhaus: **80 bis 100 Jahre**.

Wird für dieses beispielhafte Einfamilienhaus vertraglich die Einhaltung des Niedrigenergiehaus-Standards gemäß NEH-Standard nach RAL-GZ 965 „Planung und Bauausführung von Häusern besonders energiesparender Bauweise – Gütesicherung" (RAL, 2002) mit einer Luftdichtigkeitsrate von 1,0 h^{-1} vereinbart und nicht eingehalten, entsteht im dauerhaften Gebrauch ein höherer Lüftungswärmeverlust, als vertragsmäßig vorausgesetzt worden ist.

Die Heizenergiekostendifferenz ergibt sich unter diesen Voraussetzungen wie folgt:

Betrachtet man den beispielhaften Wärmeschutznachweis gemäß Wärmeschutzverordnung (WSchVO) (1995) für das streitbefangene Gebäude, ergeben sich folgende Einzelwerte:

1. Transmissionswärmebedarf Q_T	24.251 kWh/a	=	98 %
2. Lüftungswärmebedarf Q_L	19.742 kWh/a	=	78 %
3. Solare Wärmegewinne Q_S	–6.161 kWh/a	=	–25 %
4. Interne Wärmegewinne Q_I	–8.640 kWh/a	=	–35 %
5. Jahresheizwärmebedarf $Q_H = 0{,}9 \cdot (Q_T + Q_L) - (Q_S + Q_I)$	= 24.793 kWh/a	=	100 %
6. Kontrolle: 0,9 · (98 % + 78 %) – (25 % + 35 %)		=	100 %

Die Ermittlung des Lüftungswärmebedarfs ergibt sich für Gebäude ohne Lüftungsanlagen mit dem Faktor $f_L = 1{,}0$ nach WSchVO (1995) wie folgt:

$$Q_L = f_L \cdot 18{,}28 \cdot V \quad \text{in kWh/a}$$

Geht man davon aus, dass Undichtigkeiten vorliegen, kann man eine Steigerung des Lüftungswärmebedarfes im Verhältnis von **0,7/0,6** ansetzen = 1,17,

das bedeutet eine zusätzliche Zunahme aufgrund von Gebäudeleckagen von **17 %**.

DIN V 4108-6:2003-06 „Wärmeschutz und Energie-Einsparung in Gebäuden – Teil 6: Berechnung des Jahresheizwärme- und des Jahresheizenergiebedarfs":

„6.2 Lüftungswärmeverluste

6.2.2 Freie Lüftung (…)

Als mittlere Standard-Luftwechselrate n kann für nicht luftdichtheitsgeprüfte Gebäude ein Wert von $n = 0{,}7\ h^{-1}$ und für luftdichtheitsgeprüfte Gebäude ($n_{50} \leq 3\ h^{-1}$) ein Wert von $n = 0{,}6\ h^{-1}$ angenommen werden, siehe auch Anhang D (…)"

$$Q_L = f_L \cdot 18{,}28 \cdot V_L \cdot \mathbf{(0{,}7/0{,}6)} \quad \text{in kWh/a}$$

Bei dem vorliegenden Lüftungswärmebedarf von	19.742 kWh/a
ergibt sich ein 17%iger Anteil zu 19.742 kWh · 17 % =	3.356 kWh/a.
Bezogen auf den ermittelten Gesamtheizwärmebedarf von	24.793 kWh/a
bedeutet dies eine Steigerung von 3.356 · 100 : 24.793 =	**14 %.**
Bei einem Arbeitspreis von 0,03 €/kWh ergibt sich zunächst für das **erste Jahr** ein jährlich erhöhter Kostenaufwand in Höhe von 3.356 kWh/a · 0,03 €/kWh =	**100,68 €/a.**

Dieser Minderwert kommt jedoch nur in Betracht, wenn der Mangel nicht abgestellt wird.

Diese für das erste Jahr ermittelte Heizkostendifferenz lässt sich noch nicht mit der Nutzungsdauer des Objekts multiplizieren, da die Energieverbrauchskosten nicht konstant sind. Da sich auch keine zuverlässige Prognose über die zukünftigen Energiepreise abgeben lässt, geht man bei der Ermittlung der Schadenshöhe davon aus, dass künftige Preissteigerungsraten eintreten werden, die der Entwicklung der Vergangenheit entsprechen. Auf diese Weise lässt sich der Einheitspreis für die Heizenergie kontinuierlich jährlich fortschreiben.

Aus praktischen Erwägungen heraus wird in der Regel die rechnerische Ermittlung des Gesamtschadens erforderlich. Hierbei ist zu berücksichtigen, dass sich eine Auszahlung in der Gegenwart erst im Laufe der Zeit verbrauchen wird, in einer jährlichen Größenordnung, die den jeweils ermittelten überhöhten Heizenergiekosten entspricht. Der jeweils verbleibende Kapitalbetrag erwirtschaftet bis zum Ende der Laufzeit einen Kapitaldienst.

Der Kapitaleinsatz muss daher unter Berücksichtigung der Verzinsung am Ende der Laufzeit bei null angelangen. Bei der Ermittlung der Schadenshöhe wird dies durch den **Abzinsungsfaktor** berücksichtigt:

$$F_{\mathrm{ab,\,j}} = (1+i)^{-j}$$

Der Abzinsungsfaktor, auch „interner Zinsfuß“ genannt, definiert den Wert einer zukünftigen Zahlung zu einem davor liegenden Zeitpunkt. Die Höhe des Abzinsungsfaktors ist von der zukünftigen Zinsentwicklung abhängig und daher variabel. Der Abzinsungsfaktor kann sich an der aktuellen Verzinsung von Sparguthaben orientieren. Ein Betrag, der in 4 Jahren fällig wird, muss daher mit dem aktuellen Zinssatz für vierjährige Festgeldanlagen abgezinst werden. In Deutschland sollte bei langfristigen Laufzeiten als interner Zinsfuß der Basiszinssatz für die Umlaufrendite von börsennotierten Bundeswertpapieren, z. B. mit einer Restlaufzeit von 9 bis 10 Jahren, verwendet werden. Diese sind dem Monatsbericht der Deutschen Bundesbank zu entnehmen, der unter http://www.bundesbank.de/ abrufbar ist.

Richtig eingesetzt, ergibt sich auf diese Weise für die Restnutzungsdauer des beispielhaften Einfamilienhauses der in Tabelle 3.2 ermittelte Auszahlungsbetrag.

Tabelle 3.2: Schadensermittlung für einen überhöhten Heizenergieverbrauch infolge mangelnder Luftdichtheit

Soll-Verbrauch:	**24.793 kWh/a**	Ist-Verbrauch:	**28.149 kWh/a**	Differenz:	**3.356 kWh/a**
Zinsfuß *i*: Zinsfuß *i*:	**5,5 %** 0,055 [Zahl]	Teuerungsrate: Teuerungsrate:	**5 %** 0,05 [Zahl]	Abzinsfaktor $F_{ab,j}$: Auszahlung A_j:	$(1 + i)^{-j}$ **7.614,48 €**
Laufzeit *j*:	**100 a**	Energiepreis aktuell:	**0,03 €/kWh**		

Jahr	**fortgeschriebener Energiepreis in €/kWh**	**Mehrverbrauch in kWh/a**	**Mehrverbrauchskosten in €**	**Abzinsfaktor**	**abgezinster Betrag in €**	**kumulierter Betrag in €**	**Kapitalwert in €**
1	**2**	**3**	**4**	**5**	**6**	**7**	**8**
			(2 · 3)		**(4 · 5)**	**(Summe 6)**	**(A_j – 7)**
1	0,030	3.356	100,68	0,947867	95,43	95,43	7.519,05
2	0,032	3.356	105,71	0,898452	94,98	190,41	7.424,07
3	0,033	3.356	111,00	0,851614	94,53	284,94	7.329,54
4	0,035	3.356	116,55	0,807217	94,08	379,02	7.235,46
5	0,036	3.356	122,38	0,765134	93,63	472,65	7.141,82
6	0,038	3.356	128,50	0,725246	93,19	565,85	7.048,63
7	0,040	3.356	134,92	0,687437	92,75	658,60	6.955,88
8	0,042	3.356	141,67	0,651599	92,31	750,91	6.863,57
9	0,044	3.356	148,75	0,617629	91,87	842,78	6.771,70
10	0,047	3.356	156,19	0,585431	91,44	934,22	6.680,26
.							
.							
.							
100	3,757	3.356	12.609,09	0,004729	59,63	7.614,48	**0,00**

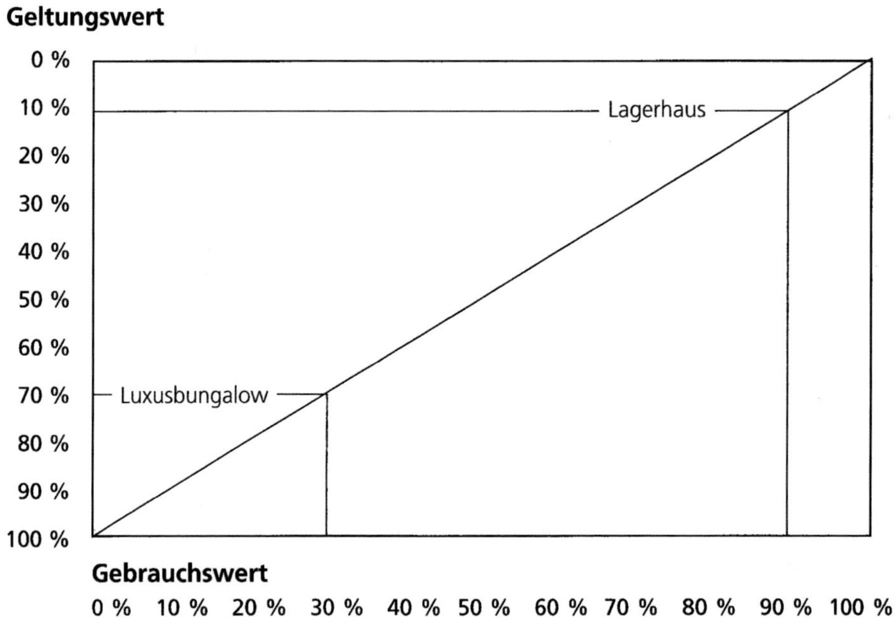

Abb. 3.9: Geltungs- und Gebrauchswert nach Gebäudetypen (Quelle: Richtlinie zur visuellen Beurteilung beschichteter Oberflächen [Richtlinie-Oberflächen – Rili-Ofl], 2013)

Ermittlung von Minderwerten über das Zielbaumverfahren

Sofern eine Leistung als mangelhaft erkannt wurde, kommt eine Nacherfüllung, eine Minderung oder auch ein Rücktritt infrage. Ob der Auftragnehmer die Wahl des Verfahrens hat, hängt zunächst nach § 13 Nr. 6 VOB/B von der Möglichkeit und der Zumutbarkeit einer Mängelbeseitigung ab. Verweigert der Auftragnehmer die Mangelbeseitigung, weil sie unmöglich ist oder einen unverhältnismäßig hohen Aufwand erfordert, kann der Auftraggeber die Minderung der Vergütung verlangen (§§ 634 Abs. 4, 472 BGB).

Für die Ermittlung der Minderwerte kann das sog. Zielbaumverfahren nach Aurnhammer verwendet werden. (Bundesverwaltungsgericht [BVerwG], Urteil vom 16.11.2004 – 4B 71.04, Brandenburgisches OLG, Urteil vom 26.01.2005 – 4 U 118/04).

Nach dieser Methode kann der Minderwert mangelbehafteter Bauteile ermittelt werden, indem der jeweilige Grad der Beeinträchtigung von **Geltungswert** und **Funktionswert** beurteilt wird und eine Gewichtung dieser beiden Gruppen festgelegt wird.

Hierbei ist der Geltungscharakter von der Art des Gebäudes oder des einzelnen Bauteils abhängig. Ein Gewerbeobjekt in einem Gewerbegebiet stellt geringere Anforderungen an den Geltungswert als eine Stadthausvilla in prominenter Lage. Während z. B. die Fassade eines Lagerhauses einen Geltungswert von 10 % und einen Funktionswert von 90 % haben kann, kann der Geltungswert einer Fassade eines Luxusbungalows bei 70 % liegen und der Funktionswert bei 30 %. Entscheidend sind immer die Umstände des Einzelfalls (siehe Abb. 3.9).

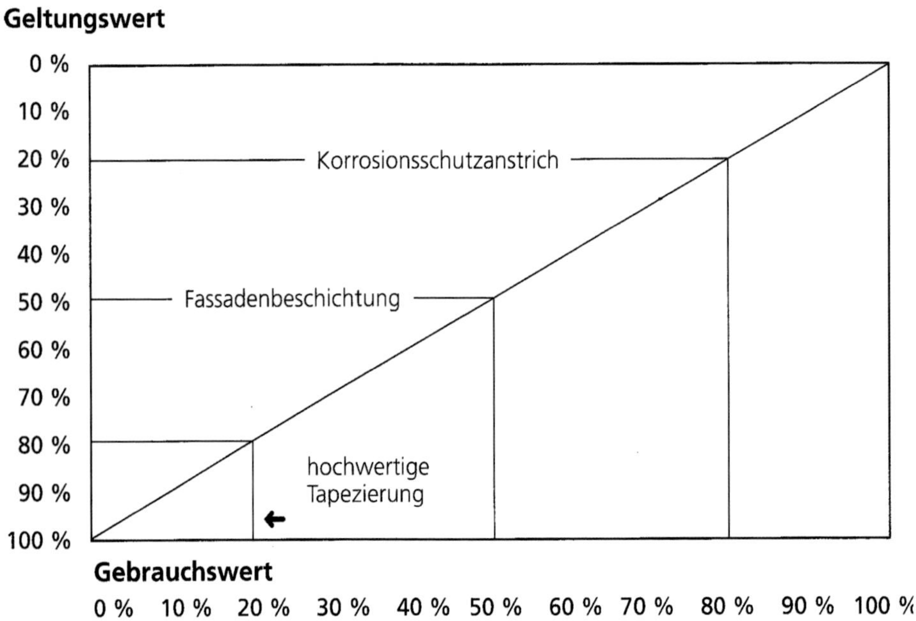

Abb. 3.10: Beispielhafte Einstufung des Geltungswertes und des Gebrauchswertes nach der Bedeutung der Verfahren (Quelle: Richtlinie zur visuellen Beurteilung beschichteter Oberflächen [Richtlinie-Oberflächen – Rili-Ofl], 2013)

Auch bei einzelnen Bauteilen erfolgt die Festlegung der Gewichtung individuell, je nach dem Zweck, den das Bauteil zu erfüllen hat (siehe Abb. 3.10).

Das Beispiel von Fliesen- und Plattenarbeiten in verschiedenen baulichen Situationen zeigt die Abhängigkeit des Geltungsanteils von der Art der Nutzung (siehe Tabelle 3.3).

Tabelle 3.3: Wichtung von Geltungs- und Gebrauchswerten für Fliesen und Plattenarbeiten (Quelle: Puche, Manfred, 2007, Tabelle A.7.2)

Gebäudenutzung	Gebäudebereich	Gebrauchswert in %	Geltungswert in %
Veranstaltungszentren	Windfang/Eingangshalle	50	50
	Flure/Treppenhäuser	60	40
	WC-Anlagen	60	40
Schulen/Kindergärten	Eingangshallen/Treppenhäuser	70	30
	WC-Anlagen/Duschen	70	30
Banken	Eingang/Schalterhallen	50	50
	WC-Anlagen	60	40
Arztpraxen	Aufenthalts-/Wartezimmer	50	50
	WC	60	40
	Labor	70	30
Kaufhäuser	Eingang/Verkaufsräume	50	50
	Lager/Vorratsräume	80	20
Hotels	Eingang/Empfang	30	70
	WC-Anlagen/Treppenhäuser	40	60
	Bäder/Duschen	40	60
	Vorratsräume/Lager	80	20
Fabriken/Werkstätten	Eingang/Ausstellungsräume	60	40
	Betriebsstätten/Lagerhallen	90	10
	WC-Anlagen/Betriebsküche	80	20
private Wohnbereiche	Badezimmer/WC/Küche	40	60
	Eingang/Wohnzimmer	30	70
	Hauswirtschaftsraum/Sauna	70	30
	Keller/Garage	80	20
	Balkon/Terrasse	50	50

Anmerkung: Die Leistungsbeschreibung oder vertragliche Vereinbarung über die konkrete Beschaffenheit des Werkes können eine individuelle Angleichung erforderlich machen!

Der Minderwert des betroffenen Bauteils wird nach folgender Formel ermittelt:

$$\text{Minderwert} = \text{Bauteilwert} \cdot (BG \cdot AG + BF \cdot AF)$$

mit

AF = Anteil Funktionswert (Gewichtung der Funktion) in %
AG = Anteil Geltungswert (Gewichtung der Geltung) in %
BF = Beeinträchtigung Funktion (Minderung der Funktion) in %
BG = Beeinträchtigung Geltung (Minderung der Geltung) in %

Der Grad der Beeinträchtigung wird nach der in Tabelle 3.4 dargestellten Wertungsskala bemessen.

Tabelle 3.4: Wertungsskala

Skala	nach Dr. Aurnhammer (1978) Bau/R 1/98	andere Beschreibungen in der Literatur (Mortensen, 1998; Fischer, 1993; Hankammer, 2002; Oswald/Abel, 2000)
10 = 100 %	unbrauchbar, nicht verwendbar	vollständige Beeinträchtigung/wertlos
9 = 90 %	ungenügend, aber noch nutzbar	massive Beeinträchtigung/Mängel
8 = 80 %	unzulänglich	sehr schwere Beeinträchtigung/Mängel
7 = 70 %	sehr mangelhaft	schwere Mängel/Beeinträchtigung
6 = 60 %	mangelhaft	sehr starke Beeinträchtigung/Mängel
5 = 50 %	unbefriedigend	starke Beeinträchtigung/Mängel
4 = 40 %	weniger befriedigend	deutliche Beeinträchtigung/Mängel
3 = 30 %	noch befriedigend	mäßige Beeinträchtigung/Mängel
2 = 20 %	etwas beeinträchtigt	nur leichte Mängel/geringe Beeinträchtigung
1 = 10 %	fast nicht beeinträchtigt	fast keine Beeinträchtigung/Mängel
0 = 0 %	mangelfrei	keine Beeinträchtigung/Mängel

Abb. 3.11: Unzulässiges Farbspiel im Verblendmauerwerk

Beispiel 1

Beim Vermauern einer Verblendfassade sind werkseitig die angelieferten Steine aus den Paketen heraus vermauert worden, ohne dass zuvor die notwendige Durchmischung der sehr unterschiedlich ausfallenden Steine erfolgt ist. Es zeigen sich lagenweise erhebliche Farbunterschiede. Die gewollte Gleichmäßigkeit des Farbspiels wird nicht erreicht. Dieser Zustand ist **optisch** unbefriedigend. **Technisch** ist die Fassade nicht zu beanstanden. Sie erfüllt ihren vorausbestimmten Zweck. Es verbleibt der optische Minderwert (siehe Abb. 3.11).

Bei einer Fassade wird der dekorative Charakter bei der Ermittlung einer angemessenen Wertminderung als gleichwertig bewertet werden mit der Funktion als Schutz der tragenden und wärmedämmenden Konstruktion vor Schlagregen.

Es ergibt sich nach der Zielbaummethode der **Geltungswert** zum **Funktionswert** im Verhältnis von **50 %** zu **50 %**.

Der Minderwert des Geltungswertes kann eingestuft werden als unzulänglich, aber noch zumutbar: 80 %.

Der Minderwert des Funktionswertes kann eingestuft werden als mangelfrei, entspricht der geforderten Leistung: 0 %.

Der Gesamtwert der betroffenen Bauteile beträgt im vorliegenden Beispiel: ca. 50.000,00 € zzgl. MwSt.

Der Gesamtminderwert ergibt sich damit zu:
(0 · 0,50) + (0,80 · 0,50) · 50.000,00 € = ca. 20.000,00 € zzgl. MwSt.

Zur exakteren Bestimmung des Minderwerts anhand des Zielbaumverfahrens ist es oft erforderlich, dass Funktionswert und Geltungswert noch in weiteren Bezugsebenen untersetzt werden.

Hierzu werden die Funktion und die Geltung jeweils in weitere Einzelmerkmale differenziert. Diesen Einzelmerkmalen werden Wichtungsanteile zugeordnet, bevor ihr jeweiliger Grad der Beeinträchtigung bewertet wird. In der Summe müssen alle Einzelmerkmale einen Wert von 100 % ergeben. Die Summe der Einzelminderungsanteile ergibt den prozentualen Wert der Gesamtminderung.

Die Minderung berechnet sich nach folgender Formel:

$$M_{\text{Bauteil}} = \sum m_i$$

$$m_i = g_i \cdot a_i$$

mit

a_i	= Abweichung in %
g_i	= Gewichtung in %
i	= Laufvariable
M_{Bauteil}	= Minderung in %
m_i	= Einzelminderwert in %
$\sum m_i$	= Summe aller Einzelminderwerte in %

Beispiel 2

Bei einer Verblendmauerwerkfassade sind die Fugen nicht scharfkantig konturiert hergestellt worden. Stoßfugen und Lagerfugen liegen teilweise in unterschiedlichen Ebenen. Die Farbe der Fugen schwankt stark. Außerdem sind die Steine vor dem Vermauern nicht durchmischt worden (siehe Abb. 3.12).

Die Minderung wird im Sachverständigengutachten mit dem Zielbaumverfahren ermittelt, wie in Abb. 3.13 dargestellt.

Abb. 3.12: Unregelmäßiges Fugenbild bei Verblendmauerwerk

Hankammer GmbH Gutachten Nr. 09 09 2222 Anlage GA 2			
Verblendfassade	**Gewichtung** g_i **in %**	**Wertung Abweichung** a_i **in %**	**Einzel-minderung** $m_i = g_i \cdot a_i$ **in %**
Funktionen:			
Teilwert a) Funktion: Schallschutz	3	0	0,0
Teilwert b) Funktion: Wärmeschutz	3	0	0,0
Teilwert c) Funktion: Witterungsschutz Steinanteil: (Eindringen von Schnee und Regen sowie aufsteigender Feuchtigkeit)	20	0	0,0
Teilwert d) Funktion: Witterungsschutz Fugennetz: (Eindringen von Schnee und Regen sowie aufsteigender Feuchtigkeit)	15	0	0,0
Teilwert e) Gebrauch: Pflegeverhalten	5	0	0,0
Funktionswert: Gewichtung in % vom Gesamtwert	**46**		**0,0**
Geltung:			
Teilwert a) Farbe der Steine: Durchmischung, Einhaltung von Grenzwertmustern	14	20	2,8
Teilwert b) Farbe der Verfugung: Einheitlichkeit der Fugenfarbe	11	15	1,7
Teilwert c) Verblendsteine: Oberfläche, Beschädigungen, Maßhaltigkeit	6	0	0,0
Teilwert d) Fugennetz: Oberfläche, Übergänge	3	10	0,3
Teilwert e) Verband: Einhaltung der Verbandsregeln	5	0	0,0
Teilwert e) Maßhaltigkeit: Ebenheit der Aussenbauteile	5	0	0,0
Teilwert f) Maßhaltigkeit: Rechtwinkligkeit: lineare Kanten der Gebäudehülle	5	0	0,0
Teilwert g) optische Anmutung, Symmetrie: Lage und Ausrichtung der Hauptmerkmale des Gebäudes	5	0	0,0
Geltungswert: Gewichtung in % vom Gesamtwert	**54**		**4,8**
Summe Gewichtung in %	**100**		
Bauteilwert	**55.000,00 €**		
Gesamtminderung in % vom Bauteilwert $\Sigma m_i = M_{Bauteil}$**:**			**4,8**
Minderung:			**2.612,50 €**

Abb. 3.13: Tabellarische Ermittlung der Minderung nach dem Zielbaumverfahren

Der Bauteilwert ergibt sich in der Regel aus dem Leistungsverzeichnis oder dem Vertrag. Stehen keine Angaben zur Verfügung, weil ein Bauträgervertrag für eine schlüsselfertige Leistung abgeschlossen worden ist, muss der Bauteilwert hilfsweise aus den üblichen Wertanteilen der Gewerke am Gesamtbauwerk zurückgerechnet werden. Nützlich sind bei der Berechnung Baukostentabellenbücher (z. B. „Baukosten 2014/15" [Schmitz/Gerlach/Meisel, 2015]). Dort werden Kostenwerte veröffentlicht, die aus abgerechneten Bauprojekten ermittelt worden sind. Im praktischen Gebrauch haben sich die angegebenen Kostenwerte als sehr zuverlässig erwiesen.

Beispiel 3

Rechnet man die in den Baukostentabellen veröffentlichten Kostenangaben für ein unterkellertes Einfamilienhaus mit ausgebautem Dachgeschoss in prozentuale Wertanteile für die Einzelgewerke um, kommt man zu der in Tabelle 3.5 dargestellten Verteilung.

Tabelle 3.5: Wertanteile der Gewerke am Bauwerk (Zahlen entnommen aus: Schmitz/Gerlach/Meisel, 2015)

Gewerk	Einfamilienhaus (EFH) mit Keller und Dachgeschoss (DG)-Ausbau Anteil in %	Mehrfamilienhaus (MFH) Anteil in %
Erd-Maurer-Beton-Gerüst	31	38
Putz/Trockenbau	10	7
Zimmerer	6	4
Dachdecker/Klempner	5	4
Fassadensystem (Wärmedämm-Verbundsystem/Klinker)	11	7
Sanitär	6	6
Heizung/Lüftung	6	6
Elektro	4	5
Fenster	5	6
Tischler	3	3
Estrich	2	2
Bodenbeläge	2	2
Fliesen	3	4
Maler	3	3
Treppen/Schlosser	3	2
Sonstiges	1	1
Summe Baukosten	100	100

Mit den hier ermittelten Wertanteilen lässt sich nun wiederum nach dem Zielbaumverfahren eine Minderung für ein mangelhaftes Gewerk ermitteln.

3.7 Rücktritt

Der Rücktritt ist die vollständige Rückabwicklung des abgeschlossenen Vertrages. Da sich bei üblichen Bauverträgen das bebaute Grundstück im Eigentum des Bestellers befindet, würde ein Rücktritt zu einer Rückbauverpflichtung des Auftragnehmers führen. In der Praxis kommt ein Rücktritt daher in der Regel nur beim Bauträgervertrag in Betracht. Die Schadensersatzhöhe richtet sich dann nach den zusätzlichen Kosten, die trotz erfolgter Rückerstattung der Zahlungsraten beim Erwerber verbleiben würden (Finanzierungsgebühren, Anwalts- und Gerichtskosten, Sachverständigenkosten, Notariatsgebühren usw.)

3.8 Mangelverfolgung

Der zeitliche Verlauf eines Bauvertrages gliedert sich nach dem „KO-KO-KO-Prinzip" in 3 Phasen, in denen sowohl die Techniker als auch die Juristen ihre jeweiligen Schwerpunkte setzen (siehe Abb. 3.14).

Soweit Mängel festgestellt worden sind, kann der Auftraggeber gemäß § 641 Abs. 3 BGB den zweifachen Wert der Mangelbeseitigungskosten von der Schlussrechnung bis zur erfolgten Nachbesserung einbehalten („Druckzuschlag").

§ 641 BGB „Fälligkeit der Vergütung":

„(3) Kann der Besteller die Beseitigung eines Mangels verlangen, so kann er nach der Fälligkeit die Zahlung eines angemessenen Teils der Vergütung verweigern; angemessen ist in der Regel das Doppelte der für die Beseitigung des Mangels erforderlichen Kosten."

Nach der Rechtsprechung des BGH muss der Unternehmer im Zweifel nachweisen, dass ein vom Auftraggeber vorgenommener Einbehalt mehr als das Doppelte der erforderlichen Mängelbeseitigungskosten ausmacht bzw. unverhältnismäßig hoch ist.

BGH, Urteil vom 04.07.1996 – VII ZR 125/95:

„Ein Besteller, der wegen eines Baumangels die Bezahlung des Werklohns verweigert, braucht nicht zur Höhe der Mangelbeseitigungskosten vorzutragen.

(...) Nach § 320 Abs. 1 BGB kann ein Besteller wegen eines Mangels die Zahlung des noch offenen Werklohns des Unternehmers verweigern; das Gesetz sieht eine Beschränkung des Leistungsverweigerungsrechtes auf einen dem noch ausstehenden Teil der geschuldeten Gegenleistung entsprechenden Teil grundsätzlich nicht vor. Es ist Sache des Unternehmers (Auftragnehmers), darzutun, dass der einbehaltene Betrag auch bei Berücksichtigung des Durchsetzungsinteresses des Bestellers (Auftraggebers) (sog. Druckzuschlag) unverhältnismäßig und deshalb unbillig hoch ist."

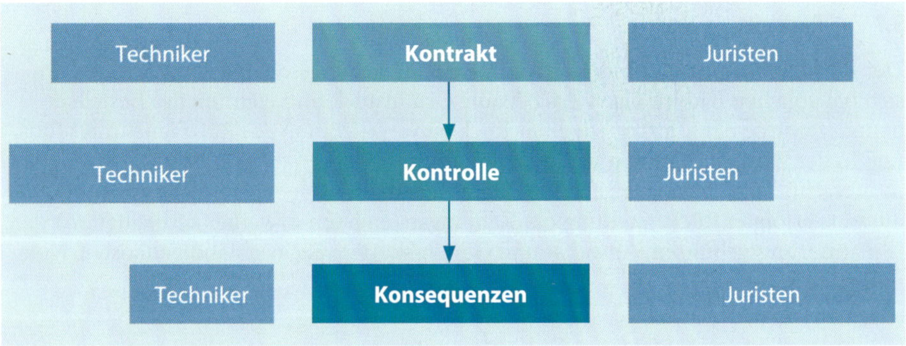

Abb. 3.14: Anteilige Mitwirkung von Technikern und Juristen an der Vertragsverfolgung

3.9 Symptomrechtsprechung

Nach der laufenden Rechtsprechung des BGH ist definiert, wie substanziiert ein Mangel vom Auftraggeber technisch dargelegt werden muss. Danach genügt es, wenn der Auftraggeber den „Mangel in seinem äußeren Erscheinungsbild" beschreibt. Er muss weder die Ursache erläutern noch eine Zuordnung treffen, ob der Mangel in den Ausführungsbereich fällt oder in die Planungsphase. Folgerichtig ist die Symptomtheorie auch bei der Inanspruchnahme des Architekten durch den Auftraggeber anwendbar.

4 Allgemeine Beanstandungen/Unregelmäßigkeiten

4.1 Geschuldete Präzision

In allen Fällen, bei denen die allgemeingültigen Kriterien für die Definition eines Mangels nicht zutreffend sind, kann es sich folglich nur um **Unregelmäßigkeiten** handeln, die grundsätzlich nach allgemein gültiger Rechtsauffassung hinzunehmen sind.

Dieser Umstand trifft beim Verbraucher nicht immer auf Verständnis. Während das Industriezeitalter es in den letzten Jahrzehnten ermöglicht hat, maschinell gefertigte Produkte mit immer größerer Präzision zu produzieren, haben sich die Herstellungsverfahren von Gebäuden im Vergleichszeitraum nicht in ähnlicher Weise entwickelt.

Der erzielbare Präzisionsgrad eines Bauteils hängt zunächst im Wesentlichen von den Optionen der im Gefüge zusammenwirkenden Materialien ab. Insbesondere bei traditionellen Bauweisen sind großformatige, grobkörnige und stark strukturierte Baustoffe nicht selten. Weiterhin erfolgen nahezu sämtliche Produktionsphasen unter labilen klimatischen Verhältnissen. Verarbeiter und Produktionsmittel sind oft unmittelbar der Witterung ausgesetzt.

Die unter Baubedingungen mit angemessenem Zeitaufwand erzielbaren Genauigkeiten sind in den Grenzabmaßen der **DIN 18202 „Toleranzen im Hochbau - Bauwerke"** für diejenigen Gewerke, denen diese Norm als Maßstab zugrunde liegt, verbindlich festgehalten. Die anerkannten Regeln der Technik für einzelne andere Gewerke bestimmen ggf. individuelle gewerkspezifische Toleranzen.

Abgesehen von Fertigbauweisen, bei denen industriell vorproduzierte Bauteile vor Ort lediglich noch zusammengefügt werden, entstehen nach wie vor konventionell errichtete Gebäude schwerpunktmäßig in Handarbeit.

Hierbei werden oft Naturprodukte direkt oder indirekt (Schalung usw.) verwendet. Die manuelle Verarbeitung dieser Baustoffe oder Bauhilfsstoffe erfolgt nicht selten unter großen körperlichen Anstrengungen. So werden z. B. Mauerziegel immer noch wie vor 100 Jahren durch Hammerbehau auf Länge gekürzt.

Gleichzeitig verfügen die Bauprodukte über völlig unterschiedliche physikalische und chemische Eigenschaften: Sie quellen und schwinden unter hygroskopischen und thermischen Belastungen bzw. bei der Erlangung ihrer zielgerichteten endgültigen Wesensform.

Die Kombination all dieser Umstände führt in der Konsequenz dazu, dass der Grad einer mit wirtschaftlich vertretbaren Mitteln erreichbaren Präzision eingeschränkt ist.

Auf dem Weg vom „Groben" zum „Feinen" besteht in eingeschränktem Umfang die Möglichkeit, bei allen weiteren Arbeitsgängen die wahrnehmbare äußere Anmutung immer weiter zu verbessern. In diesem Sinne lassen sich die unvermeidbar hohen Toleranzen des Rohbaus im Ausbau stufenweise verringern. Der hierbei betriebene

Aufwand entscheidet maßgeblich über die zu erzielende ästhetische Wirkung des Endproduktes.

Dieser Umstand wird von den zur Verfügung stehenden technischen Regeln ausreichend berücksichtigt. Die DIN 18202 „Toleranzen im Hochbau – Bauwerke" unterscheidet z. B. bei den zulässigen Ebenheitstoleranzen zwischen den grundsätzlichen Anforderungen und den sog. erhöhten Anforderungen.

4.2 Bedingungen für die Beurteilung von Bauteilen

Verschiedene Regelwerke, Richtlinien und Merkblätter geben Hinweise zu den Beleuchtungsverhältnissen bei einer Sichtbeurteilung und zu dem jeweiligen Betrachterabstand für die Sachverhaltsfeststellung. Gegen solche allgemeinen Festlegungen ist grundsätzlich nichts einzuwenden. Bei einer Ausführung handwerklicher Arbeiten, die nach dem Vertrag einer üblichen Beschaffenheit gleichartiger Werke entsprechen müssen, kann es nicht das Ziel sein, dass solche Beanstandungen zu Mängeln werden, die nur aus nächster Nähe, mit der Lupe und bei Streiflicht durch einen Halogenstrahler überhaupt bemerkbar sind. Die Regeln für die Beurteilungskriterien werden oft von den Herstellerverbänden bestimmter Bauproduktgruppen definiert. Insoweit dienen die in den Regelwerken festgelegten Beurteilungskriterien der Objektivierbarkeit bestimmter Sachverhalte, jedenfalls dann, wenn sie bei Vertragsabschluss als Grundlage vereinbart waren. In allen anderen Fällen muss im Zweifel durch einen Sachverständigen für den Einzelfall sehr sorgfältig geprüft werden, welcher Betrachterabstand und welche Lichtverhältnisse für eine objektive Beurteilung des Sachverhalts angemessen sind.

Der Verband Fenster + Fassade (VFF) erachtet einen Abstand von 5 m im Außenbereich und von 3 m im Innenbereich bei der Prüfung von organisch beschichteten Oberflächen als angemessen.

VFF Merkblatt AL.02 „Visuelle Beurteilung von organisch beschichteten (lackierten) Oberflächen auf Aluminium" (VFF, 2016):

„1. Geltungsbereich

Diese Richtlinie gilt für die visuelle Beurteilung einer organisch beschichteten Oberfläche auf Aluminium im einbaufertigen oder eingebauten Zustand sowie für objektbezogene Nachlieferungen und Mehrleistungen. Darin eingeschlossen sind ein- oder mehrschichtige Effekt-Lackaufbauten (z. B. Metalleffekt) und Dekorbeschichtung. Eine Beurteilung der Oberfläche im Anlieferungszustand (z. B. vom Beschichter zum Metallbauer) kann ggf. abweichende und/oder ergänzende Anforderungen erforderlich machen. (…)

2. Prüfung

Bei der Prüfung auf Merkmale ist die visuelle Draufsicht innerhalb von maximal 10 Sekunden auf die Sichtfläche maßgebend. Die Prüfung wird in der Regel bei Außenflächen im Abstand von mindestens 5 Metern, bei Innenflächen im Abstand von mindestens 3 Metern vorgenommen. Merkmale sind als auffällig anzusehen, wenn sie unter den definierten Betrachtungsbedingungen erkannt werden. Eine vorherige Markierung der Merkmale ist unzulässig.

Außenflächen sind bei diffusem Tageslicht, Innenflächen bei normaler (diffuser) Ausleuchtung unter einem Betrachtungswinkel senkrecht zur Oberfläche (Abweichung zur Senkrechten maximal ± 30°) zu prüfen. Im Schiedsfall ist die senkrechte Betrachtung maßgeblich.

Abb. 4.1: Haupteingangstür eines Gewerbeobjektes. Aus 5 m Betrachtungsabstand sind Kratzer nicht sichtbar.

Abb. 4.2: Aus der Nähe sind die Kratzer deutlich sichtbar und werden von Besuchern, die an die Eingangstür herantreten, als störend empfunden.

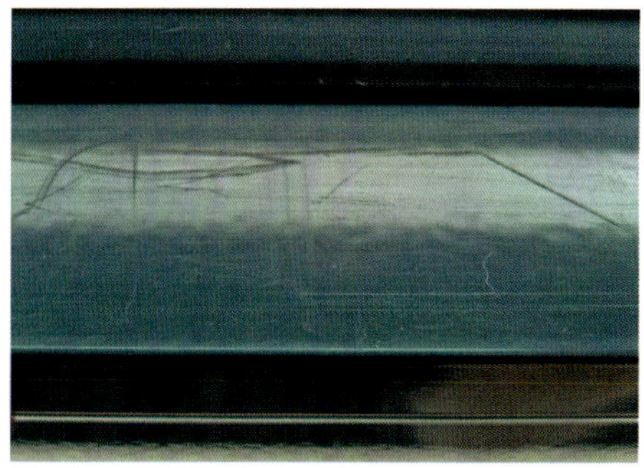

Abb. 4.3: Kratzer auf einer organisch beschichteten Aluminiumoberfläche auf der Oberseite des Brüstungsriegels einer Pfosten-Riegel-Fassade eines Hotels; aus 3 m Abstand bei diffuser Beleuchtung kaum noch wahrzunehmen, gleichwohl störend für den Hotelgast, der an das Fenster herantritt

Die Beurteilung ist nach fachgerechter Beseitigung von Gebrauchsspuren (Verwitterungserscheinungen, Schmutzablagerungen und reinigungsbedingten Erscheinungen) vorzunehmen. Bei einschichtigen Metalleffektlacken oder Mattlacken kann eine unsachgemäße Reinigung zu Farb- und Effektveränderungen führen (s. VFF-Merkblatt WP.05).“

In der Tabelle dieser Richtlinie liegt die Toleranzgrenze z. B. für Krater, Blasen und Einschlüsse an den lackierten Oberflächen bei ≤ 0,5 mm. Beanstandungen in dieser Größenordnung sind aus der zuvor empfohlenen Entfernung von 5 m nicht mehr mit bloßem Auge festzustellen. Sie können nur im Nahbereich erkannt werden. Wenn also die Zulässigkeit kleinerer Beanstandungen u. a. von deren Abmessungen abhängt, kann an dem im VFF-Merkblatt vorgeschlagenen Betrachterabstand von „in der Regel“ 5 m im Außenbereich nicht festgehalten werden. Wäre grundsätzlich an einem Betrachterabstand von 5 m festzuhalten, dann wären im Umkehrschluss alle in demselben Merkblatt ganz differenziert gemachten Angaben zur Zulässigkeit von Kratern, Blasen und Einschlüssen verzichtbar, da derartige Erscheinungen in der genannten Größenordnung von Ø < 0,5 mm bzw. von Ø ≥ 0,5 mm sich aus einer Entfernung von 5 m weder erkennen noch unterscheiden lassen (siehe Abb. 4.1).

Bei der Beurteilung der Oberfläche von fertigbehandelten Holzfenstern gilt nach dem VFF-Merkblatt HO.05 „Richtlinie zur visuellen Beurteilung einer fertigbehandelten Oberfläche bei Holzfenstern und -fenstertüren“ (VFF, 2009) ein üblicher Betrachterabstand von 5 m (Außenbereich) bzw. 3 m (Innenbereich):

„Diese Richtlinie wurde von den Technischen Ausschüssen der oben genannten Verbände erarbeitet.

1. Geltungsbereich

Diese Richtlinie gilt für die visuelle Beurteilung einer fertigbehandelten Oberfläche bei Holzfenstern und -Außentüren für deckende und nicht deckende Beschichtung.

Die fertigbehandelte Oberfläche stellt bei neuen Holzfenstern den Zustand nach der Schlussbeschichtung dar.

Der Beschichtungsaufbau hat nach Angabe des Herstellers zu erfolgen. Die erforderliche Schichtdicke muss durch die Schlussbeschichtung erreicht sein.

In der Richtlinie sind nicht erfasst:

- *Nach der Schlussbeschichtung erkannte mechanische und/oder chemische Schädigungen durch äußere Einwirkungen.*
- *Unverträglichkeit zwischen Beschichtungsträger und Beschichtung.*
- *Merkmale an Bauteilen, die durch unterlassene oder unsachgemäße Wartung/Pflege & Inspektion und Reinigung, auch während des Gewährleistungszeitraums, verursacht wurden. Solche Beschädigungen sind in der Verursachung zu klären.*

2. Prüfung

Bei der Prüfung auf Fehler ist die visuelle Draufsicht auf die Sichtfläche maßgebend.

Die Prüfung wird in der Regel bei Außenflächen im Abstand von 5 Metern, bei Innenflächen im Abstand von 3 Metern vorgenommen. Außenflächen sind bei diffusem Tageslicht, Innenflächen bei normaler (diffuser) Ausleuchtung unter einem Betrachtungswinkel senkrecht zur Oberfläche (Abweichung zur Senkrechten maximal ± 30°) zu prüfen. (…)

Geringere Betrachtungsabstände können bei höherem Qualitätsanspruch und/oder spezieller Einbausituation vereinbart werden.“

In der Vorgängerausgabe dieses Merkblatts von September 2000 war der angemessene Betrachterabstand noch mit 1 m festgelegt.

Die praktische Erfahrung zeigt, dass ein Betrachterabstand von 5 m im Außenbereich zwar für die Beurteilung des Gesamteindrucks einer Fassade angemessen ist, nicht jedoch für eine detaillierte Bewertung im Hinblick auf Kratzer und andere Kleinbeschädigungen. Auch wenn sich die zu beurteilenden Beanstandungen dem unvoreingenommenen Betrachter durch die bauliche Situation aufdrängen, z. B. in der Zone des Haupteinganges oder auf Balkonen (siehe Abb. 4.2 und 4.3), kann an dem Abstand von 5 m nicht dogmatisch festgehalten werden. Der beurteilende Sachverständige muss dann selbst einen angemessenen Betrachterabstand objektspezifisch festlegen.

Abweichend von dem VFF-Merkblatt und wesentlich differenzierter setzt sich der Arbeitskreis der Sachverständigen im bayerischen Maler- und Lackiererhandwerk mit den Prüfkriterien auseinander und kommt in der „Richtlinie zur visuellen Beurteilung beschichteter Oberflächen" (Richtlinie-Oberflächen – RiliOfl, 2013) zu dem Ergebnis, dass ein Abstand von 1 m nicht unterschritten werden sollte:

„4 Beurteilung

4.1 Grundsätze

Als Regelleistung muss nach den allgemein anerkannten Regeln der Technik die Oberfläche entsprechend der Art des Beschichtungsstoffes und des angewendeten Verfahrens gleichmäßig ohne Ansätze und Streifen erscheinen (siehe auch 3.1.4 der VOB Teil C, DIN 18363 Maler- und Lackierarbeiten).

- *Bei der Prüfung auf Fehler ist die Betrachtung möglichst im rechten Winkel auf die Oberfläche maßgebend.*
- *Die Prüfung ist in der Regel in dem Abstand durchzuführen, welcher der üblichen Nutzung entspricht.*
- *Die übliche Nutzung muss nicht immer der tatsächlichen Nutzung entsprechen. Wenn möglich, soll der Abstand von 1 m bei der Begutachtung nicht unterschritten werden.*
- *Beispielsweise sind Oberkanten von Türblättern oder Türstöcken und Unterseiten von Fensterbänken bei der üblichen Nutzung nicht direkt einsehbar. (…)*
- *Geprüft werden sollte unter diffusen Tageslichtverhältnissen.*
- *Optische Hilfsmittel in Form von Lupen sind nicht zugelassen.*
- *Unregelmäßigkeiten in Beschichtungen müssen mindestens aus zwei verschiedenen Blickrichtungen erkennbar sein. (…)*
- *Alle Bewertungen bleiben dem auf diesem Fachgebiet bestellten Sachverständigen vorbehalten.*
- *Die Bewertung der zu prüfenden Flächen muss unter Berücksichtigung der zuvor genannten Grundsätze immer auf den Einzelfall bezogen werden."*

Diesen Grundsätzen ist unbedingt zuzustimmen. Die Bewertung muss durch den hinzugezogenen Sachverständigen immer auf den Einzelfall bezogen vorgenommen werden. Dies kann bei sorgfältiger Berücksichtigung aller Einzelfallumstände auch dazu führen, dass ein Abstand von 1 m für die Prüfung zutreffend ist.

Auch Puche (2007) beschreibt geringere Betrachterabstände als in dem VFF-Merkblatt angegeben:

„7 Bewertung

7.1 Optische Mängel (…)

7.1.3 Betrachtungsabstand (…)

Bei Detailbewertungen der Sichtflächen sind folgende Kriterien zu beachten:

- *Die Betrachtung erfolgt in der Regel senkrecht zur Fläche.*
- *Festgestellte Unregelmäßigkeiten sollten aus zumindest 2 Betrachtungsrichtungen sichtbar sein.*
- *Die Abnahme erfolgt bei gewöhnlichem (diffusem) Tageslicht.*
- *Der Betrachtungsabstand sollte nicht unter 1 m liegen.*
- *Sollen Abnahmen und Bewertungen der Sichtflächen hinsichtlich des optischen Eindrucks vom Gerüst aus oder mit besonderer Beleuchtung durchgeführt werden, ist dies bereits in der Ausschreibung anzugeben."*

Der Deutsche Beton- und Bautechnikverein (DBV) weist im Merkblatt „Sichtbeton" (2015) darauf hin, dass der Gesamteindruck bei der Beurteilung der Sichtbetonflächen aus dem üblichen Betrachtungsabstand maßgebend ist:

„7 Beurteilung

7.1 Grundlagen

Der Gesamteindruck einer Ansichtsfläche ist das grundlegende Abnahmekriterium für die vereinbarte Sichtbetonklasse. Zu beachten ist, dass jedes Bauteil als Unikat (Wetter, Liefersituation etc.) zu beurteilen ist. Geringe Unregelmäßigkeiten, wie z. B. der Textur und des Farbtons, sind in allen Sichtbetonklassen charakteristisch.

Referenzflächen (siehe Abschnitte 2 und 5.2.4) sind, wenn sie vertraglich vereinbart wurden, in die Beurteilung mit einzubeziehen. Hierbei ist zu beachten, dass die Oberflächenbeschaffenheit von Ansichtsflächen nicht toleranzfrei reproduzierbar ist, da die Schwankungen der natürlichen Ausgangsstoffe, die zulässigen Abweichungen in der Betonzusammensetzung und die Auswirkungen von Schalhaut, Trennmittel und Witterungsbedingungen keine vollkommen gleichmäßigen Oberflächenergebnisse zulassen.

Bei der Beurteilung der Sichtbetonflächen ist der Gesamteindruck aus dem üblichen Betrachtungsabstand maßgebend. Einzelkriterien werden nur geprüft, wenn der Gesamteindruck der Ansichtsflächen den vereinbarten Anforderungen nicht entspricht.

7.2 Gesamteindruck

Der Gesamteindruck von Ansichtsflächen wird aus angemessenem Betrachtungsabstand und unter üblichen Lichtverhältnissen beurteilt.

Folgende Betrachtungsabstände haben sich in der Praxis bewährt:

Bauwerk: Die angemessene Entfernung entspricht dem Abstand, der erlaubt, das Bauwerk in seinen wesentlichen Teilen optisch zu erfassen. Dabei müssen die maßgebenden Gestaltungsmerkmale erkennbar sein.

Bauteile: Der angemessene Betrachtungsabstand ist derjenige, der bei üblicher Nutzung vom Betrachter eingenommen wird.

7.3 Einzelkriterien

Die Beurteilung von Einzelkriterien soll bauteilbezogen erfolgen. In begründeten Fällen können die beteiligten Parteien auch eine andere Einteilung der Beurteilungsbereiche vereinbaren (z. B. geschossweise zwischen einzelnen Fugenabschnitten, elementbezogen bei Fertigteilen)."

Gemäß der Fachpublikation „Strukturierte Putzoberflächen – visuelle Anforderungen" (Hauptverband Farbe, Gestaltung, Bautenschutz, Bundesinnungsverband des Deutschen Maler- und Lackiererhandwerks; Bundesverband Ausbau und Fassade im Zentralverband des Deutschen Baugewerbes, 2008) gilt hinsichtlich der Anforderungen an Putzoberflächen:

„4 Beurteilungsvoraussetzungen

Putzoberflächen sind unter gebrauchsüblichen Bedingungen (Blickposition. Abstand, Belichtung/Beleuchtung) zu beurteilen.

Nicht gebrauchsüblich zur Beurteilung von Putzoberflächen ist ein Abstand bzw. eine Blickposition, wenn hierfür z. B. eine benachbarte Dachfläche betreten, eine Leiter, ein Hebegerät benutzt oder wenn Hilfsmittel wie ein Vergrößerungs- oder Fernglas benutzt werden."

Im Anhang A der für die Ausführung von Innenputz einschlägigen DIN EN 13914-2:2016-09 „Planung, Zubereitung und Ausführung von Innen- und Außenputzen – Teil 2: Planung und wesentliche Grundsätze für Innenputz" sind ebenfalls Angaben zum Betrachterabstand enthalten:

„Anhang A (normativ) Planungsüberlegungen für die Ausführung und Abnahme von glatten Putzoberflächen unter Gesichtspunkten der Beleuchtung (...)

A.5 Betrachtungsbedingungen

Bei der Abnahmeinspektion von verputzten Flächen müssen die Oberflächen von den im umgebenden Bereich üblichen Positionen aus betrachtet werden.

ANMERKUNG: Im Allgemeinen bedeutet dies, dass die betreffenden Flächen in normalen Wohnhäusern von der Eingangstür und von der Mitte des Raumes aus und in größeren Räumen aus einer Entfernung von etwa 2 m betrachtet werden."

Für Dachziegel und Dachsteine beträgt der Betrachterabstand im Rahmen einer Wareneingangskontrolle 30 bis 40 cm. Das fertige Dach hingegen erfordert nach dem Regelwerk – Produktdatenblatt für Dachziegel (Fachverband Dach-, Wand- und Abdichtungstechnik e. V., 2020) einen Betrachterabstand von 6 bis 10 m:

„2 Begriffe

(...)

(8) Oberflächenbeurteilung

Die Beurteilung der Oberflächen mehrerer Dachziegel einer Zufallsstichprobe im Rahmen z. B. der Wareneingangskontrolle erfolgt mit bloßem Auge am einzelnen Dachziegel in einem Betrachtungsabstand von 30 bis 40 cm. Alle aufgeführten Beschaffenheiten schränken die Gebrauchsfähigkeit des Dachziegels nicht ein, soweit die normativen Toleranzen nach DIN EN 1304 sowie die weiteren Toleranzen gemäß Tabelle 1 eingehalten sind.

Eine umfassende Beurteilung der optischen Qualität des gesamten Daches bzw. einer einzelnen Dachfläche, d.h. das Zusammenspiel von mehreren Elementen wie Farbspiel, Textur, Relief, Gesamtraster, Bezug zu Gebäudekanten, Dachaufbauten und Öffnungen erfordert die Einhaltung eines gebrauchsüblichen Betrachtungsabstandes (6 bis 10 m außerhalb der Dachfläche)."

Tabelle 4.1 enthält verschiedene Beispiele von Vorschlägen für einen angemessenen Betrachterabstand und für die bei der Beurteilung vorherrschende Beleuchtung.

Tabelle 4.1: Betrachterabstand und Beleuchtung zur Mängelbeurteilung nach verschiedenen Regelwerken

Herausgeber/Regelwerke	Stand	Bauteil	Abstand in m	Beleuchtung
VFF: Richtlinie zur Beurteilung der visuellen Qualität von Glas für das Bauwesen V.06-1	März 2019	Verglasungen	1	diffuses Licht
VFF: Visuelle Beurteilung von organisch beschichteten (lackierten) Oberflächen auf Aluminium AL.02	August 2016	Pfosten-Riegel-Fassaden Außenseite	5	diffuses Tageslicht
VFF: Visuelle Beurteilung von organisch beschichteten (lackierten) Oberflächen auf Aluminium AL.02	August 2016	Pfosten-Riegel-Fassaden Innenseite	3	diffuse Ausleuchtung
VFF: Visuelle Beurteilung von anodisch oxidierten (eloxierten) Oberflächen auf Aluminium AL.03	August 2016	Pfosten-Riegel-Fassaden Außenseite	5	diffuses Tageslicht
VFF: Visuelle Beurteilung von anodisch oxidierten (eloxierten) Oberflächen auf Aluminium AL.03	August 2016	Pfosten-Riegel-Fassaden Innenseite	3	diffuse Ausleuchtung
VFF: Visuelle Beurteilung von organisch beschichteten (lackierten) Oberflächen auf Stahl St.02	August 2016	Pfosten-Riegel-Fassaden Außenseite	5	diffuses Tageslicht
VFF: Visuelle Beurteilung von organisch beschichteten (lackierten) Oberflächen auf Stahl St.02	August 2016	Pfosten-Riegel-Fassaden Innenseite	3	diffuse Ausleuchtung
VFF: Visuelle Beurteilung von Oberflächen aus Edelstahl Rostfrei St.03	August August 2016	Pfosten-Riegel-Fassaden Außenseite	5	diffuses Tageslicht
VFF: Visuelle Beurteilung von Oberflächen aus Edelstahl Rostfrei St.03	August 2016	Pfosten-Riegel-Fassaden Innenseite	3	diffuse Ausleuchtung
VFF: Visuelle Beurteilung von Oberflächen von Kunststofffenster- und -Türelementen KU.01	August 2016	Kunststofffenster- und -Türen Außenseite	5	diffuses Tageslicht
VFF: Visuelle Beurteilung von Oberflächen von Kunststofffenster- und -Türelementen KU.01	August 2016	Kunststofffenster- und -Türen Innenseite	3	diffuse Ausleuchtung
VFF: Richtlinie zur visuellen Beurteilung einer fertigbehandelten Oberfläche bei Holzfenstern und -Außentüren HO.05	Mai 2009	Holzfenster- und -Außentüren Außenseite	5	diffuses Tageslicht
VFF: Richtlinie zur visuellen Beurteilung einer fertigbehandelten Oberfläche bei Holzfenstern und -Außentüren HO.05	Mai 2009	Holzfenster- und -Außentüren Innenseite	3	diffuse Ausleuchtung

Fortsetzung Tabelle 4.1

Herausgeber/Regelwerke	**Stand**	**Bauteil**	**Abstand in m**	**Beleuchtung**
IVRSA: Richtlinie zur Beurteilung der Produkteigenschaften von Raffstoren/Außenjalousien	August 2017	Raffstoren/ Außenjalousien Außenbauteile	3	diffuses Tageslicht
IVRSA: Richtlinie zur Beurteilung der Produkteigenschaften von Raffstoren/Außenjalousien	August 2017	Raffstoren/ Außenjalousien Innenbauteile	2	normale, für die Nutzung der Räume vorgesehene Ausleuchtung
Ift-Richtlinie HO-11/2 Visuelle Beurteilung von Innentürelementen aus Holz und Holzwerkstoffen sowie anderen Materialien	November 2012	Innentüren	1,0–1,5	Tageslicht und übliche Raumbeleuchtung
KS Planungshandbuch, Abschnitt 5.4	Mai 2018	Sichtmauerwerk generell	5–10	
KS Planungshandbuch, Abschnitt 5.4	Mai 2018	Sichtmauerwerk im Bereich von Terrassen und Hauseingängen	< 5	
KS Planungshandbuch, Abschnitt 5.4	Mai 2018	Sichtmauerwerk in Wohnräumen	2–5	
DBV: Merkblatt Sichtbeton	August 2015	Sichtbeton Bauwerk	variabel	übliche Beleuchtung
DBV: Merkblatt Sichtbeton	August 2015	Sichtbeton Bauteile	variabel	übliche Beleuchtung
Deutsches Dachdeckerhandwerk – Regelwerk: Produktdatenblatt für Dachziegel	April 2020	Dachdeckung	6–10	
AK SV im bayerischen Maler- und Lackiererhandwerk: Rili-Ofl.	2013	handwerklich beschichtete Oberflächen	variabel, ≥ 1,0	diffuses Tageslicht
Mängel an Gebäude- und Bauteiloberflächen	2007	allgemein	variabel, ≥ 1,0	diffuses Tageslicht
Hauptverband Farbe, Gestaltung, Bautenschutz: Richtlinie Strukturierte Oberflächen – Visuelle Anforderungen	März 2008	strukturierte Putzoberflächen	gebrauchsüblich	
DIN EN 13914-2	September 2016	Innenputz	2 bzw. von der Tür aus	k. A.
BIV-Merkblatt 1.05 Überzähne bei Fliesen und Plattenbelägen	Juli 2019	Bodenfliesen	aufrechte, leicht gebeugte Haltung	
BIV-Merkblatt 1.05 Überzähne bei Fliesen und Plattenbelägen	Juli 2019	Wandfliesen	1,5–2,0	

Für die Detailbewertung von Fassaden und Fenstern ist im Einzelfall auch ein geringerer Abstand als 3 oder 5 m anzuwenden, z. B., wenn sich bei Hauseingängen, Terrassen oder Balkonen ein näheres Herantreten nicht vermeiden lässt.

Für die Detailbewertung ist im Einzelfall auch ein geringerer Abstand als 5 m anzuwenden. Ob den jeweiligen Prüfbedingungen, die sich aus den Merkblättern von Herstellerverbänden ergeben, Vorrang vor anderen Prüfbedingungen einzuräumen ist, richtet sich daher im Wesentlichen nach der vertraglich getroffenen Vereinbarung. Ohne eine konkrete Vereinbarung, die den Prüfkriterien von Herstellerverbänden Vorrang einräumen würde, müsste das Gericht durch Auslegung der Verträge als Anknüpfungstatsache festlegen, welche Prüfkriterien für den jeweils konkreten Einzelfall zugrunde gelegt werden müssen.

4.3 Mehrkosten durch erhöhte Anforderungen

Sofern die Zielvorgaben des Bauherrn von vornherein erkennbar auf ein hohes Maß an Präzision der handwerklichen Leistungen ausgerichtet sind, müssen die erhöhten Anforderungen primär definiert und vertraglich vereinbart werden. In der Konsequenz muss sich der Auftraggeber gleichwohl darüber im Klaren sein, dass diese erhöhten Anforderungen neben einem größeren Zeitaufwand oft auch einen Materialmehrbedarf zum Ausgleichen der Ungenauigkeiten des Vorgewerkes erfordern. Dieses führt in der Regel zu erhöhten Baukosten.

Hieraus ergibt es sich, dass die Baukosten für die Herstellung des Untergrundes von hochwertigen dekorativen Oberflächen höher sind als für die regelgerecht übliche Art der Ausführung. Dem Bauherrn muss insofern zunächst die wirtschaftliche Entscheidung hierüber ausdrücklich abverlangt werden. Gleichzeitig muss er ausführlich über den Grad der erreichbaren Genauigkeit informiert werden. Das übernimmt in der Regel der Architekt. Gerade diese Information sorgt dafür, dass auf der Empfängerseite eine angemessene Erwartungshaltung entsteht.

4.4 Unangemessene Erwartungshaltung

Die vor Gericht ausgetragenen Streitigkeiten zeigen immer wieder, dass die erforderlichen Informationen den Bauherrn als Empfänger angeblich oder tatsächlich nicht voll umfänglich oder nicht rechtzeitig erreicht haben.

In diesem Sinne kann den Architekten und den Bauleitern in den Unternehmen nur dringend die Schriftform empfohlen werden.

In Unkenntnis baulich bedingter Gesetzmäßigkeiten neigt der Verbraucher dazu, seine Qualitätsansprüche an Konsumgüter mit den in anderen Produktionsbereichen üblichen zu messen. Er ist es gewohnt, mit geringen Toleranzen, z. B. bei Produkten aus der Kraftfahrzeugindustrie, aus der Möbelindustrie oder aus dem Bereich der Unterhaltungselektronik, umzugehen. Die Passgenauigkeit derartiger industriell gefertigter Produkte liegt heutzutage außerhalb der Einflussgrößen von handwerklichen Ungenauigkeiten und ist demzufolge weitgehend perfektioniert.

Die „Kunst" des Architekten als Berater liegt also zweifelsfrei darin, dem Bauherrn sein handwerklich erstelltes Bauprodukt „schmackhaft" zu machen. Hierbei kann er sich den Umstand zunutze machen, dass der Begriff „Handarbeit" als „Label" bereits in anderen Bereichen zu einem geänderten Anspruchsdenken geführt hat. So zählen z. B. in Handarbeit hergestellte Schuhe, Anzüge, Uhren und Fahrzeuge zu den hochwertigen Dingen, mit denen man sich gern umgibt. Man akzeptiert und wünscht geradezu den individuellen Charakter einer Einzelanfertigung und ist bereit, gewisse Abweichungen von der Serie hinzunehmen.

Es ist also ganz deutlich die Aufgabe des Architekten, die Erwartungshaltung des Bauherrn so einzustellen, dass er den handwerklichen Charme seines fertigen Gebäudes anerkennt und die Leistungen „mit Augenmaß“ entgegennimmt.

Der Architekt wird in die späteren, oft langwierigen, Streitigkeiten zwischen dem Bauherrn und dem Handwerksbetrieb immer mit einbezogen. Er kann dabei nur als Zeuge, als „Streitverkünder“ oder gar gesamtschuldnerisch in den Prozess eingebunden werden. Insofern kann nur ausdrücklich davor gewarnt werden, dem Bauherrn in Fällen von falscher Erwartungshaltung aus Gründen falsch verstandener Solidarität beizupflichten und unhaltbare Positionen gegenüber den Handwerkern einzunehmen.

4.5 Hinnehmbare Unregelmäßigkeiten

Als hinnehmbare Unregelmäßigkeiten bezeichnet man Abweichungen von den Zielvorstellungen des Auftraggebers, die entweder in dem zulässigen Toleranzbereich geltender Normen liegen oder aber auch bei sorgfältiger Arbeitsweise nicht vermieden werden können.

Grenzbereiche zwischen hinnehmbaren Unregelmäßigkeiten und Mängeln

Überall dort, wo die Mangelhaftigkeit eines Werkes als Abweichung von der vertraglich geschuldeten Leistung definiert werden kann, ist die Lage eindeutig: Der Tatsachenfeststellung folgt eine juristische Würdigung.

Strittig werden Beanstandungen immer dann, wenn entweder keine eindeutige vertragliche Regelung existiert, wenn überhaupt keine technischen Regeln als Bewertungsmaßstab zur Verfügung stehen oder aber wenn diese auslegungsfähig sind.

In der Häufigkeit strittiger Beanstandungen liegen folgende Fallgruppen an der Spitze: Oberflächenbeschaffenheit (wie Farbgebung, Struktur und Ebenheit), Winkligkeit, Verschmutzungen, Beschädigungen.

In den Regelwerken ist keine eindeutige und allgemeingültige Grenze gezogen zwischen den Beanstandungsbegriffen „Mangel“ und „hinnehmbare Unregelmäßigkeit“.

Oswald/Abel haben mit ihrem Buch „Hinzunehmende Unregelmäßigkeiten bei Gebäuden“ (Oswald/Abel, 2000) einen lobenswerten Versuch unternommen, die Grenzzone zwischen diesen beiden Bereichen aktuell zu definieren. Für die Leistungsbereiche des Hochbaus haben sie Problemhäufigkeiten aufgenommen und Lösungsansätze sowie Literaturverweise zusammengestellt.

Für alle, die sich nicht täglich in gerichtlichem Auftrag mit den anerkannten Regeln der Technik beschäftigen müssen, liegt damit eine sehr anschauliche Grundlage für die Beurteilung von Beanstandungen vor. Das Buch gibt gute Verweise auf Regelwerke und Literatur. Es erspart aber bei individuellen Problemfällen nicht die eigenen Recherchen und die differenzierende Beurteilung, sondern vereinfacht die systematische Vorgehensweise und schärft den Blick für das Wesentliche.

Prüfkriterien für die Hinnehmbarkeit von Mängeln

Zur Abschätzung, ob eine Beanstandung hinnehmbar ist oder nicht, stehen 2 Matrixverfahren (Oswald/Abel, 2000) zur Verfügung (siehe Tabelle 4.2 und 4.3). Die Bewertung technischer Mängel kann analog zu dieser Matrix durchgeführt werden.

Tabelle 4.2: Matrix zur Bewertung der Hinnehmbarkeit optischer Mängel nach Oswald/Abel, 2000

		Gewichtung des optischen Erscheinungsbildes			
		sehr wichtig	**wichtig**	**eher unbedeutend**	**unwichtig**
Grad der optischen Beeinträchtigung	auffällig				
	gut sichtbar		nicht hinnehmbar		
	sichtbar			hinnehmbar	
	kaum erkennbar				Bagatelle

Tabelle 4.3: Matrix zur Bewertung von Mängeln auf Basis einer Prozentskala nach Oswald/Abel, 2000

Matrix zur Bewertung von Mängeln			**Bedeutung des Merkmals in %**										
			sehr wichtig			**wichtig**			**eher unbedeutend**			**unbedeutend**	
			100	90	80	70	60	50	40	30	20	10	5
Grad der Beeinträchtigung durch den Mangel	sehr stark	100	100	90	80	70	60	50	40	30	20	10	5
		90	90	81	72	63	54	45	36	27	18	9	4,5
		80	80	72	64	56	48	40	32	24	16	8	4
	deutlich	70	70	63	56	49	42	35	28	21	14	7	3,5
		60	60	54	48	42	36	30	24	18	12	6	3
		50	50	45	40	35	30	25	20	15	10	5	2,5
	mäßig	40	40	36	32	28	24	20	16	12	6	3	2
		30	30	27	24	21	18	15	12	9	6	3	1,5
		20	20	18	16	14	12	10	8	6	4	2	1
	geringfügig	10	10	9	8	7	6	5	4	3	2	1	0,5
		5	5	4,5	4	3,5	3	2,5	2	1,5	1	0,5	0,25
Nachbesserung i. d. R. erforderlich (über 15 %)			Minderung diskutabel (bis maximal 15 %)						Bagatellen (unter 2 %)				

5 Technische Regeln

5.1 Anerkannte Regeln der Technik

Der Begriff „anerkannte Regel der Technik" wird in der DIN EN 45020:2007-03 „Normung und damit zusammenhängende Tätigkeiten – Allgemeine Begriffe" bestimmt.

„1 Normung (…)

1.5 anerkannte Regel der Technik

Technische Festlegung, die von einer Mehrheit repräsentativer Fachleute als Wiedergabe des Standes der Technik angesehen wird.

ANMERKUNG: Ein normatives Dokument zu einem technischen Gegenstand wird zum Zeitpunkt seiner Annahme als der Ausdruck einer anerkannten Regel der Technik anzusehen sein, wenn es in Zusammenarbeit der betroffenen Interessen durch Umfrage- und Konsensverfahren erzielt wurde."

Der wesentliche Verständnisfehler liegt bei Planern und Ausführenden häufig darin, dass davon ausgegangen wird, eine Mangelfreiheit bestehe bereits dann, wenn durch handwerkliche Leistungen nicht ausdrücklich gegen die anerkannten Regeln der Technik verstoßen werde. Dabei wird aber ein unsachgemäßer Umkehrschluss als Auslegung des DIN-Selbstverständnisses gezogen, da die Normen Regelwerke für das richtige Verhalten darstellen sollen und damit keinen Verbotscharakter haben.

Der theoretische Umstand, dass die Regelwerke eine bestimmte Art der Ausführung nicht geradezu „verbieten", ist noch kein Indiz für den Umkehrschluss, dass ein Bauwerk bereits über die zugesicherten oder üblichen Eigenschaften verfügt, wenn es nicht gegen Regelwerke verstößt. Anerkannte Regeln der Technik sind keine Gebote oder Verbote im Sinne von Rechtsvorschriften. Sie beschreiben vielmehr regulativ technisch machbare Verfahrenswege, die nach wissenschaftlichen Erkenntnissen theoretisch richtig sind und sich darüber hinaus in der Praxis nach überwiegender Auffassung der Fachleute bewährt haben.

Ein Verstoß gegen die anerkannten Regeln der Technik setzt daher nicht voraus, dass ein Gebot missachtet oder gegen ein Verbot verstoßen werden muss. Es genügt bereits, wenn sich die Ausführung von Werkleistungen nicht nach den anerkannten Regeln der Technik richtet. Der Verstoß liegt vor, wenn von den anerkannten Regeln der Technik abgewichen wird.

Allerdings ist selbst die Einhaltung der anerkannten Regeln der Technik noch keine Garantie dafür, dass ein Werk mangelfrei ist. Ein Dach, das zwar einwandfrei den anerkannten Regeln der Technik entspricht, aber gleichwohl undicht ist, stellt einen Mangel dar, wie der BGH (Urteil vom 11.11.1999 – VII ZR 403/98) entschieden hat.

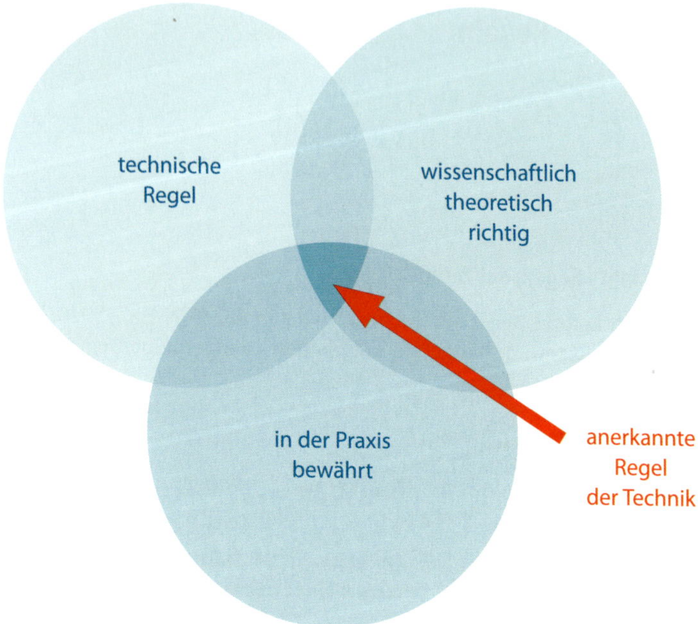

Abb. 5.1: Anerkannte Regel der Technik

Tatsächlich wird im Werkvertragsrecht ein mangelfreies Werk als Erfolg geschuldet. Die Einhaltung der anerkannten Regeln der Technik bildet jedoch nur eine von mehreren Komponenten, die im Ergebnis dazu führen können, dass dieses Ziel erreicht wird. Die anerkannten Regeln der Technik beschreiben einen bewährten Weg, wie dieses Ziel erreicht werden kann. Solange die anerkannten Regeln der Technik nicht bereits ohnehin aus der vertraglichen Situation geschuldet werden, kann das Ziel ggf. auch auf andere Weise erreicht werden. Die Einhaltung der anerkannten Regeln der Technik bietet insofern für den Ausführenden eine Sicherheit, dass der Weg zum Ziel fachlich richtig ist.

Eine Leistung, die zwar nicht gegen Regelwerke verstößt, aber trotzdem Mängel aufweist, kann daher nicht als fachgerecht gelten.

3 Voraussetzungen müssen erfüllt sein, damit eine anerkannte Regel der Technik vorliegen kann (siehe Abb. 5.1):

- Eine Regel muss existieren.
- Die Regel muss wissenschaftlich theoretisch richtig sein.
- Sie muss in der Praxis bewährt sein.

Nur die gemeinsame Schnittmenge dieser 3 einzelnen Voraussetzungen erfüllt die Anforderungen, die an die anerkannten Regeln der Technik gestellt werden. Die herangezogene Regel muss nicht schriftlich niedergelegt worden sein, die Existenz einer ungeschriebenen Regel genügt, wie der BGH entschieden hat.

BGH, Urteil vom 21.11. 2013 – VII ZR 275/12 (aus den Entscheidungsgründen):

„Das beantwortet nicht die Frage, ob es eine ungeschriebene anerkannte Regel der Technik gibt, die das Gefälle fordert. Diese wäre ebenso maßgeblich wie eine geschriebene Regel (vgl. BGH, Urteil vom 19.01.1995 – VII ZR 131/93, BauR 1995, 230, 231).“

BGH, Urteil vom 19.01.1995 – VII ZR 131/93 (aus den Entscheidungsgründen):

„Bei alledem ist zu berücksichtigen, dass nach der Rechtsprechung des Senats die anerkannten Regeln der Technik nicht ausschließlich in förmlich veröffentlichten Vorschriften niedergelegt und solche Bestimmungen nicht selten durch den neuesten Stand der Technik überholt sind (…). Deshalb wird das Berufungsgericht – gegebenenfalls sachverständig beraten – auch erwägen müssen, aus welchen Gründen die genannte DIN 4109 keine Trittschallschutzmaße bei Wohnungstrennwänden enthält; seine Schlussfolgerung, allein mangels einer Regelung der hier in Rede stehenden Frage des Schallschutzes in der genannten DIN 4109 könne kein Mangel vorliegen, ist jedenfalls fehlerhaft.“

Eine Leistung, die zwar den anerkannten Regeln der Technik entspricht, ohne jedoch funktionstauglich zu sein, ist mangelhaft, wie der BGH festgestellt hat.

BGH, Urteil vom 19.01.1995 – VII ZR 131/93 (aus den Leitsätzen):

„2. Der Unternehmer hat die Entstehung eines mangelfreien, zweckgerechten Werks zu gewährleisten. Entspricht seine Leistung nicht diesen Anforderungen, so ist sie fehlerhaft, und zwar unabhängig davon, ob die anerkannten Regeln der Technik eingehalten worden sind (ständige Senatsrechtsprechung).“

Die Regelwerke, insbesondere die DIN-Normen, verwenden zur Erklärung ihrer jeweiligen Sachverhalte sog. modale Hilfsverben, deren Aussagefähigkeit für ein eindeutiges Verständnis des Regelwerks von besonderer Bedeutung ist.

Tabelle 5.1 zeigt eine Auflistung dieser modalen Hilfsverben als Auszug aus der „Grundregel für Dachdeckungen, Abdichtungen und Außenwandbekleidungen“ (Zentralverband des Deutschen Dachdeckerhandwerks – Fachverband Dach-, Wand- und Abdichtungstechnik e. V. [ZVDH], 1997). Diese modalen Hilfsverben entstammen der DIN 820-2 „Normungsarbeit – Teil 2: Gestaltung von Dokumenten“ und gelten daher grundsätzlich auch für alle übrigen technischen Bereiche.

DIN 820-2 „Normungsarbeit – Teil 2: Gestaltung von Dokumenten“:

„3 Begriffe

3.2 Modale Hilfsverben

Modale Hilfsverben und deren Aussagefähigkeit sind für ein eindeutiges Verständnis des Regelwerks von besonderer Bedeutung. Die Auflistung in Tabelle 1 erfolgt in gewichteter Reihenfolge (…)“

Tabelle 5.1: Modale Hilfsverben nach Grundregel für Dachdeckungen, Abdichtungen und Außenwandbekleidungen (1997)

modale Hilfsverben	Bedeutung		Gründe, die zur Wahl des Hilfsverbums führen (Beispiele)
muss, müssen	Gebot	unbedingt, fordernd	äußerer Zwang, wie durch Rechtsvorschrift, sicherheitstechnische Forderung, Vertrag ohne inneren Zwang, wie Forderung der Einheitlichkeit oder der Folgerichtigkeit
darf nicht, dürfen nicht	Verbot		
soll, sollen	Regel	bedingt, fordernd	durch Verabredung oder Vereinbarung freiwillig übernommene Verpflichtung, von der nur in begründeten Fällen abgewichen werden darf
soll nicht, sollen nicht			
darf, dürfen	Erlaubnis	freistellend	In bestimmten Fällen darf von dem durch Gebot, Verbot oder Regel Gegebenen abgewichen, z. B. eine gleichwertige Lösung gewählt werden.
muss nicht, müssen nicht			
sollte, sollten	Empfehlung, Richtlinie	auswählend, anratend, empfehlend	Von mehreren Möglichkeiten wird eine als zweckmäßig empfohlen, ohne andere zu erwähnen oder auszuschließen. Eine bestimmte Angabe ist erwünscht, aber nicht als Forderung anzusehen. Eine bestimmte Lösung wird abgewehrt, ohne sie zu verbieten.
sollte nicht, sollten nicht			
kann, können	unverbindlich		Vorliegen einer physischen Fähigkeit (die Hand kann eine bestimmte Kraft ausüben), einer physikalischen Möglichkeit (ein Balken kann eine Belastung tragen), einer ideellen Möglichkeit (eine Voraussetzung kann bestimmte Folgen haben, eine Feststellung kann schon überholt sein, wenn …)
kann nicht, können nicht			

5.1.1 Allgemeine Regelungen für Bauarbeiten jeder Art (VOB/C ATV DIN 18299)

In der VOB/C sind die allgemeinen technischen Vertragsbedingungen für Bauleistungen (ATV) enthalten.

Die ATV sind für alle Gewerke gleich gegliedert. Hierbei werden von den „Hinweisen für das Aufstellen der Leistungsbeschreibung“ über die Geltungsbereiche „Stoffe, Bauteile“, „Ausführung“, „Nebenleistungen“, „Besondere Leistungen“ bis zur „Abrechnung“ die Bedingungen erläutert.

Für die Abnahme ist hierbei besonders der Abschnitt 2 „Stoffe, Bauteile“ von Bedeutung. In diesem Unterpunkt sind die ergänzend zu den ATV der VOB/C ATV DIN 18299:2019-09 „VOB Vergabe- und Vertragsordnung für Bauleistungen – Teil C: Allgemeine Technische Vertragsbedingungen für Bauleistungen (ATV) – Allgemeine Regelungen für Bauarbeiten jeder Art“ geltenden DIN-Normen aufgeführt.

In VOB/C ATV DIN 18353:2019-09 „Estricharbeiten" sind z. B. unter „2 Stoffe, Bauteile" die geltenden DIN-Normen für Bindemittel, Kunstharze, Gesteinskörnungen und Dämmstoffe aufgelistet.

5.1.2 Bedeutung der DIN-Normen

Ob die Einhaltung der DIN-Normen vertraglich geschuldet ist, hängt zunächst vom Vertrag ab. Ferner gilt der Verstoß gegen die anerkannten Regeln der Technik als Mangel im Sinne der VOB/B. Aber auch beim BGB-Werkvertrag kann die Einhaltung der DIN-Vorschriften ggf. stillschweigend vorausgesetzt werden, wie das OLG Frankfurt am Main entschieden hat.

OLG Frankfurt am Main, Urteil vom 10.01.2002 – 16 U 106/01 (aus den Entscheidungsgründen):

„Ein Fehler ist gegeben, wenn der tatsächliche Zustand des Werkes (Istbeschaffenheit) von demjenigen abweicht, den die Vertragspartner bei Abschluss des Vertrages vereinbart oder gemeinsam (auch stillschweigend) vorausgesetzt haben (Sollbeschaffenheit) und diese Abweichung den Wert oder die Gebrauchstauglichkeit des Werkes mindert.

(…) Aber selbst wenn man keine vertragliche Vereinbarung der DIN annehmen wollte, ist zumindest von einer stillschweigenden Vereinbarung dieser Norm auszugehen. Grundsätzlich verpflichtet sich, sofern nichts anderes vereinbart ist, der Unternehmer in der Regel stillschweigend zur Beachtung der anerkannten Regeln seines Fachs, wie sie u. a. in Regeln des Handwerks, DIN-Normen, europäischen Normen, VDE-Bestimmungen niedergelegt sein können. Ein Verstoß gegen diese Regeln ist auch ohne Schadenseintritt ein Fehler.
Die Beklagte schuldete also auch ohne ausdrückliche Vereinbarung der DIN-Norm eine Dachabdichtung, die den anerkannten Regeln, insbesondere den DIN-Normen, entspricht. Es kommt deshalb entgegen der Auffassung der Beklagten nicht darauf an, ob das Dach zurzeit undicht ist oder war. Entscheidend ist, dass das Tiefgaragendach den DIN-Normen entspricht und damit auf Dauer eine ordnungsgemäße Abdichtung gegeben ist."

Auch das Schleswig-Holsteinische OLG vertritt die Auffassung, dass die Einhaltung der anerkannten Regeln der Technik prinzipiell geschuldet wird.

Schleswig-Holsteinisches OLG, Urteil vom 12.08.2004 – 7 U 23/99 (aus der Entscheidungsbegründung):

„Eine Bauleistung ist schon dann mangelhaft, ohne dass überhaupt ein Fehler am Bauwerk entstanden sein muss, wenn sie den anerkannten Regeln der Technik nicht entspricht. Deshalb kommt es nicht darauf an, ob bereits Schäden wegen der gegen anerkannte Regeln der Technik verstoßenden Arbeiten eingetreten sind. Die Verpflichtung zur Beachtung der anerkannten Regeln der Bautechnik ist mithin unabhängig von den sonstigen Gewährleistungspflichten; (…)

Eine Werkleistung, die nicht den anerkannten Regeln der Technik entspricht, birgt das Risiko eines Schadens in sich; dabei reicht es für die Beurteilung der Schadenswahrscheinlichkeit aus, dass eine Verarbeitung entgegen den Herstellervorgaben den Verstoß gegen die anerkannten Regeln der Technik begründet; auch die Ungewissheit über die Risiken des Gebrauchs der Werkleistung begründet bereits einen Mangel des Werks (…); ein Verstoß gegen die Verarbeitungsvorschriften eines Herstellers führt mit Blick auf das vertraglich nicht übernommene Gebrauchsrisiko des Bestellers selbst dann zu einem Mangel, wenn das Werk ansonsten technisch nicht zu beanstanden ist."

Das Saarländische OLG sieht in den DIN-Normen die Festlegung der Normalausführung.

Saarländisches OLG, Urteil vom 27.06.2000 – 7 U 326/99 (aus den Entscheidungsgründen):

„Da die DIN-Normen allgemeingültig sind und da sie der gewerblichen Verkehrssitte entsprechen, sind sie grundsätzlich auch beim BGB-Bauvertrag heranzuziehen. Dies würde nur dann nicht gelten, wenn ihre Anwendung durch eine entsprechende Vereinbarung der Parteien ausdrücklich ausgeschlossen wäre. (…) Dass die DIN-Normen im Werkvertragsrecht der Üblichkeit entsprechen, folgt auch aus dem Gutachten des Sachverständigen Z. Denn dieser hat ausgeführt, die Regelungen in Teil C der VOB, ‚insbesondere die Abrechnungsbestimmungen 11', würden von den Handwerkern als Verkehrssitte angesehen.

Dies kann aber letztlich dahingestellt bleiben; denn auch wenn eine Abrechnung nach der DIN 18350 nicht der Üblichkeit entspräche, so wäre sie zumindest zur Feststellung der angemessenen Vergütung anzuwenden. Denn auch ohne entsprechende Vereinbarung der DIN-Normen im Bauvertrag sind sie insoweit zu beachten, als sie – bezüglich der Erfüllung und der Abrechnung – die Normalausführung festlegen."

Der BGH hat deutlich gemacht, dass die DIN-Normen nicht grundsätzlich die anerkannten Regeln der Technik widerspiegeln.

BGH, Urteil vom 14.05.1998 – VII ZR 184/97 (aus dem Leitsatz):

„BGB § 633

Welcher Luftschallschutz geschuldet ist, ist durch Auslegung des Vertrages zu ermitteln. Sind danach bestimmte Schalldämm-Maße ausdrücklich vereinbart oder jedenfalls mit der vertraglich geschuldeten Ausführung zu erreichen, ist die Werkleistung mangelhaft, wenn diese Werte nicht erreicht sind. Liegt eine derartige Vereinbarung nicht vor, ist die Werkleistung im Allgemeinen mangelhaft, wenn sie nicht den zur Zeit der Abnahme anerkannten Regeln der Technik als vertraglichem Mindeststandard entspricht.

Die DIN-Normen sind keine Rechtsnormen, sondern private technische Regelungen mit Empfehlungscharakter. Sie können die anerkannten Regeln der Technik wiedergeben oder hinter diesen zurückbleiben."

Eine Werkleistung ist mangelhaft, wenn sie von der vertraglich vereinbarten Beschaffenheit abweicht, auch wenn sie den zum Zeitpunkt der Ausführung geltenden anerkannten Regeln der Technik entspricht.

BGH, Urteil vom 10.11.2005 – VII ZR 147/04 (aus dem Leitsatz):

„Die von der vertraglich vereinbarten Beschaffenheit abweichende Leistung des Unternehmers ist auch dann mangelhaft, wenn ihn kein Verschulden trifft, etwa weil die Ausführung den für diese Zeit anerkannten Regeln der Technik entspricht oder weil er nach allgemeinem Fachwissen auf Herstellerangaben und sonstige Informationen vertrauen konnte."

BGH, Urteil vom 10.11.2005 – VII ZR 147/04 (aus den Entscheidungsgründen):

„Inwieweit ein Mangel des Werkes vorliegt, hängt nicht davon ab, ob der Unternehmer aufgrund der ihm zugänglichen fachlichen Informationen darauf vertrauen konnte, dass

die vertraglich vereinbarte Beschaffenheit durch seine Leistung erfüllt wird. Die davon abweichende Leistung des Unternehmers ist auch dann mangelhaft, wenn ihn kein Verschulden trifft, etwa weil die Ausführung den für diese Zeit anerkannten Regeln der Technik entspricht oder weil er nach allgemeinem Fachwissen auf Herstellerangaben und sonstige Informationen vertrauen konnte.“

In gleicher Weise hat der BGH auch im folgenden Fall entschieden.

BGH, Urteil vom 09.07.2002 – X ZR 242/99 (aus den Entscheidungsgründen):

„Die Leistung des Auftragnehmers ist nur vertragsgerecht, wenn sie die Beschaffenheit aufweist, die für den vertraglich vorausgesetzten oder gewöhnlichen Gebrauch erforderlich ist. Im Rahmen der getroffenen Vereinbarung schuldet der Auftragnehmer ein funktionstaugliches und zweckentsprechendes Werk. Haben die Parteien die Beschaffenheit des Werks nicht ausdrücklich vereinbart, ist ein für den vertraglich vorausgesetzten, d. h. den vom Besteller beabsichtigten und dem Unternehmer bekannten Gebrauch, hilfsweise ein für den gewöhnlichen, d. h. den nach Art des Werkes üblichen Gebrauch funktionstaugliches und zweckentsprechendes Werk geschuldet. Der Unternehmer kann dabei eine vom Besteller geforderte vertragsgemäße Beschaffenheit auch schlüssig akzeptieren. Eine Werkleistung kann sonach auch dann fehlerhaft sein, wenn bei der Errichtung des Werkes die für diese Zeit allgemein anerkannten Regeln der Technik beachtet wurden. Diese können bei der Beurteilung der Mangelfreiheit eines Werkes allenfalls dann Bedeutung gewinnen, wenn nach dem konkret abgeschlossenen Vertrag ein bestimmter Gebrauch des Werkes nicht vorausgesetzt wurde.“

5.2 Stand der Technik

Im Unterschied zu den anerkannten Regeln der Technik gibt der „Stand der Technik“ den jeweils gültigen Stand des technisch Möglichen zum Zeitpunkt der Ausführung wieder.

DIN EN 45020:2007-03 „Normung und damit zusammenhängende Tätigkeiten – Allgemeine Begriffe“:

„1 Normung

1.4 Stand der Technik

Entwickeltes Stadium der technischen Möglichkeiten zu einem bestimmten Zeitpunkt, soweit Produkte, Prozesse und Dienstleistungen betroffen sind, basierend auf entsprechenden gesicherten Erkenntnissen von Wissenschaft, Technik und Erfahrung.“

Wenn z. B. bestimmte Bauprodukte im Handel für ein spezielles Ausführungsverfahren angeboten werden, spiegelt dies den Stand der Technik wider. Die Praxiserfahrung und eine Aufnahme in Regelwerke werden hierbei nicht vorausgesetzt. Eine Werkleistung ist nicht schon mangelhaft, wenn sie nicht dem „Stand der Technik“ entspricht, sondern nur dann, wenn sie gegen die „anerkannten Regeln der Technik“ verstößt (OLG Düsseldorf, Urteil vom 13.05.98 – 22 U 245/96).

5.3 Bauregelliste des Deutschen Instituts für Bautechnik (DIBt)

Inhalt der VOB/C ATV DIN 18299

Wenn die VOB/C ATV DIN 18299:2019-09 „Allgemeine Regelungen für Bauarbeiten jeder Art" vereinbart ist, gilt folgende Regelung:

„2 Stoffe, Bauteile

2.1 Allgemeines (...)

2.1.3 Stoffe und Bauteile müssen für den jeweiligen Verwendungszweck geeignet und aufeinander abgestimmt sein. (...)

2.3 Liefern (...)

2.3.2 Stoffe und Bauteile, für die DIN-Normen bestehen, müssen den DIN-Güte- und DIN-Maßbestimmungen entsprechen.

2.3.3 Stoffe und Bauteile, die nach den behördlichen Vorschriften einer Zulassung bedürfen, müssen amtlich zugelassen sein und den Bestimmungen ihrer Zulassung entsprechen.

2.3.4 Stoffe und Bauteile, für die bestimmte technische Spezifikationen in der Leistungsbeschreibung nicht genannt sind, dürfen auch verwendet werden, wenn sie Normen, technischen Vorschriften oder sonstigen Bestimmungen anderer Staaten entsprechen, sofern das geforderte Schutzniveau in Bezug auf Sicherheit, Gesundheit und Gebrauchstauglichkeit gleichermaßen dauerhaft erreicht wird.

Sofern für Stoffe und Bauteile eine Überwachungs-, Prüfzeichenpflicht oder der Nachweis der Brauchbarkeit, z. B. durch allgemeine bauaufsichtliche Zulassung, allgemein vorgesehen ist, kann von einer Gleichwertigkeit nur ausgegangen werden, wenn die Stoffe und Bauteile ein Überwachungs- oder Prüfzeichen tragen oder für sie der genannte Brauchbarkeitsnachweis erbracht ist."

Bauaufsichtliche Anforderungen an bauliche Anlagen sind in der jeweiligen Landesbauordnung (LBauO) sowie den darauf beruhenden Vorschriften festgelegt. Zur Erfüllung dieser Anforderungen werden u. a. technische Regeln und Nachweiserfordernisse für bauaufsichtlich relevante Bauprodukte durch das Deutsche Institut für Bautechnik (DIBt) im Einvernehmen mit den obersten Bauaufsichtsbehörden der Länder in den Bauregellisten bekannt gemacht.

Im Geltungsbereich der zum 01.07.2013 in Kraft getretenen Bauproduktenverordnung (BauPVO) enthält die „Bauregelliste B – Teil 1 nationale Zusatzanforderungen" Anforderungen an Bauprodukte, die die CE-Kennzeichnung tragen.

Bisher erforderte die rechtskonforme Verwendung von Bauprodukten, die nicht in harmonisierten Normen geregelt sind, üblicherweise einen Verwendbarkeitsnachweis in Form einer allgemeinen bauaufsichtlichen Zulassung (abZ), eines allgemeinen bauaufsichtlichen Prüfzeugnisses (abP) oder einer Zustimmung im Einzelfall (ZiE) sowie der Kennzeichnung mit dem Übereinstimmungszeichen (Ü-Zeichen).

Entsprechend der bisher gängigen Praxis konnten sich die Baubeteiligten überwiegend darauf verlassen, dass mit einem für den jeweiligen Verwendungszweck zugelassenen und entsprechend mit dem Ü-Zeichen versehenen Produkt das bauaufsichtliche Anforderungsniveau an die jeweilige bauliche Anlage erfüllt wird. Die letztlich an den Produkthersteller gerichteten zusätzlichen nationalen Anforderungen mit der Folge der

Doppelkennzeichnung (CE und Ü) wurden unter Berücksichtigung des europäischen harmonisierten Normbestands als gerechtfertigt angesehen.

Mit seiner Entscheidung vom 16.10.2014 hat der Europäische Gerichtshof (EuGH) die bisher in Deutschland übliche Verwaltungspraxis für unzulässig erklärt. Die vereinbarte Frist zur Umsetzung betrug 2 Jahre und endete am 15.10.2016. Erforderliche Änderungen der LBauO sind in die Musterbauordnung (MBO) (Stand: 2016) eingeflossen, aber noch nicht in allen LBauO entsprechend umgesetzt worden.

§ 3 MBO „Allgemeine Anforderungen“:

„Anlagen sind so anzuordnen, zu errichten, zu ändern und instand zu halten, dass die öffentliche Sicherheit und Ordnung, insbesondere Leben, Gesundheit und die natürlichen Lebensgrundlagen, nicht gefährdet werden; dabei sind die Grundanforderungen an Bauwerke gemäß Anhang I der Verordnung (EU) Nr. 305/2011 zu berücksichtigen. Dies gilt auch für die Beseitigung von Anlagen und bei der Änderung ihrer Nutzung.“

§ 85a MBO „Technische Baubestimmungen“:

„(1) Die Anforderungen nach § 3 können durch Technische Baubestimmungen konkretisiert werden. Die Technischen Baubestimmungen sind zu beachten. Von den in den Technischen Baubestimmungen enthaltenen Planungs-, Bemessungs- und Ausführungsregelungen kann abgewichen werden, wenn mit einer anderen Lösung in gleichem Maße die Anforderungen erfüllt werden und in der Technischen Baubestimmung eine Abweichung nicht ausgeschlossen ist; §§ 16a Abs. 2, 17 Abs. 1 und 67 Abs. 1 bleiben unberührt.

(2) Die Konkretisierungen können durch Bezugnahmen auf technische Regeln und deren Fundstellen oder auf andere Weise erfolgen, insbesondere in Bezug auf:

1. *bestimmte bauliche Anlagen oder ihre Teile,*
2. *die Planung, Bemessung und Ausführung baulicher Anlagen und ihrer Teile,*
3. *die Leistung von Bauprodukten in bestimmten baulichen Anlagen oder ihren Teilen, insbesondere*
   a) *Planung, Bemessung und Ausführung baulicher Anlagen bei Einbau eines Bauprodukts,*
   b) *Merkmale von Bauprodukten, die sich für einen Verwendungszweck auf die Erfüllung der Anforderungen nach § 3 Satz 1 auswirken,*
   c) *Verfahren für die Feststellung der Leistung eines Bauproduktes im Hinblick auf Merkmale, die sich für einen Verwendungszweck auf die Erfüllung der Anforderungen nach § 3 Satz 1 auswirken,*
   d) *zulässige oder unzulässige besondere Verwendungszwecke,*
   e) *die Festlegung von Klassen und Stufen in Bezug auf bestimmte Verwendungszwecke,*
   f) *die für einen bestimmten Verwendungszweck anzugebende oder erforderliche und anzugebende Leistung in Bezug auf ein Merkmal, das sich für einen Verwendungszweck auf die Erfüllung der Anforderungen nach § 3 Satz 1 auswirkt, soweit vorgesehen in Klassen und Stufen,*
4. *die Bauarten und die Bauprodukte, die nur eines allgemeinen bauaufsichtlichen Prüfzeugnisses nach § 16a Absatz 3 oder nach § 19 Absatz 1 bedürfen,*
5. *Voraussetzungen zur Abgabe der Übereinstimmungserklärung für ein Bauprodukt nach § 22,*
6. *die Art, den Inhalt und die Form technischer Dokumentation*

(3) Die Technischen Baubestimmungen sollen nach den Grundanforderungen gemäß Anhang I der Verordnung (EU) Nr. 305/2011 gegliedert sein.

(4) Die Technischen Baubestimmungen enthalten die in § 17 Abs. 3 genannte Liste.

(5) Das Deutsche Institut für Bautechnik macht nach Anhörung der beteiligten Kreise im Einvernehmen mit der obersten Bauaufsichtsbehörde zur Durchführung dieses Gesetzes und der aufgrund dieses Gesetzes erlassenen Rechtsverordnungen die Technischen Baubestimmungen nach Abs. 1 als Verwaltungsvorschrift bekannt. Die nach Satz 1 bekannt gemachte Verwaltungsvorschrift gilt als Verwaltungsvorschrift des Landes, soweit die oberste Bauaufsichtsbehörde keine abweichende Verwaltungsvorschrift erlässt."

§ 85 Abs. 5 MBO sieht vor, dass an die Stelle der Bauregellisten und der Liste der Technischen Baubestimmungen zukünftig die normkonkretisierende Verwaltungsvorschrift „Technische Baubestimmungen" (VVTB) tritt.

Für bestimmte Bauprodukte entfällt damit die Pflicht, Verwendbarkeits- und Übereinstimmungsnachweise zu erbringen. Die Prüf- und Kontrollmöglichkeiten verlagern sich von den einzelnen Bauprodukten auf das fertige Bauwerk. Für die rechtskonforme Verwendung von Bauprodukten sind – wie bisher – die am Bau Beteiligten (Bauherr, Entwurfsverfasser und beauftragte Unternehmer) verantwortlich. Freiwillige Leistungsangaben in Form einer technischen Dokumentation sind regelmäßig anzuerkennen. Die Übergabe der Verwendbarkeitsnachweise für Bauprodukte kann zwischen Auftraggeber und Auftragnehmer vertraglich vereinbart werden.

Vom Auftraggeber vorgeschriebene Baustoffe

Schreibt der Auftraggeber die Verwendung bestimmter Baustoffe vor, haftet der Unternehmer ggf. nur eingeschränkt für hierin begründete Mängel. Anders verhält es sich, wenn der Auftragnehmer, z. B. aus Gründen einer Kostenersparnis, Alternativprodukte vorschlägt.

Der BGH hat hierzu entschieden.

BGH, Urteil vom 12.05. 2005 – VII ZR 45/04 (aus den Leitsätzen):

„VOB/B § 13 Nr. 1 A

Die Übernahme des Risikos einer mangelhaften Leistung des Auftragnehmers durch den Auftraggeber setzt eine rechtsgeschäftliche Vereinbarung voraus.

VOB/B § 13 Nr. 3 A

Ein Baustoff wird durch den Auftraggeber nicht vorgeschrieben, wenn seine Verwendung auf Drängen des Auftragnehmers vertraglich vereinbart wird."

BGH, Urteil vom 12.05. 2005 – VII ZR 45/04 (aus den Entscheidungsgründen):

„aa) Die Befreiung von der Gewährleistungspflicht nach § 13 Nr. 3 VOB/B setzt eine eindeutige Anordnung oder ein entsprechendes Vorschreiben durch den Auftraggeber voraus, das dem Auftragnehmer keine Wahl lässt, sondern unbedingt befolgt werden muss (BGH, Urteil vom 17.05.1984 – VII ZR 169/82, BGHZ 91, 206, 214; st. Rspr.). Eine derartige bindende Anweisung liegt nicht vor, wenn der Auftraggeber einen bestimmten Baustoff nur vorschlägt (BGH, Urteil vom 17.05.1984 – VII ZR 169/82, a. a. O.) oder mit der Verwen-

dung durch den Auftragnehmer lediglich einverstanden ist (BGH, Urteil vom 22.05.1975 – VII ZR 204/74, BauR 1975, 421). Baustoffe, die auf Vorschlag des Auftragnehmers in das Leistungsverzeichnis aufgenommen worden sind, sind nicht in diesem Sinne vorgeschrieben (Hdb. priv. BauR (Merl), 3. Aufl., § 12 Rn. 123). Gleiches gilt, wenn es sich bei der Leistungsbeschreibung, die dem Auftrag des Auftraggebers beiliegt, um eine bloße Abschrift des Angebots des Auftragnehmers handelt; der Auftragnehmer führt dann nur das aus, was er selbst vorgeschlagen bzw. angeboten hat (BGH, Urteil vom 15.03.1971 – VII ZR 153/69, in Juris dokumentiert).“

5.4 Maßtoleranzen (DIN 18202)

Die DIN 18202:2019-07 „Toleranzen im Hochbau – Bauwerke“ legt die zulässigen Maßtoleranzen im Hochbau fest:

„4 Grundsätze

4.1 Toleranzen dienen zur Begrenzung der Abweichungen von den Nennmaßen der Größe, Gestalt und der Lage von Bauteilen und Bauwerken.

4.2 Die Einhaltung von Toleranzen ist erforderlich, um trotz unvermeidlicher Ungenauigkeiten beim Messen, bei der Fertigung und bei der Montage die vorgesehene Funktion zu erfüllen und das funktionsgerechte Zusammenfügen von Bauwerken und Bauteilen des Roh- und Ausbaus ohne Anpass- und Nacharbeiten zu ermöglichen.

4.3 Die in dieser Norm angegebenen Toleranzen sind anzuwenden, soweit nicht andere Genauigkeiten vereinbart werden. Sie stellen die für Standardleistungen bzw. Bauteile oder Bauwerke durchschnittlich übliche Ausführungsart und Abmessungen im Rahmen üblicher Sorgfalt zu erreichende Genauigkeit dar. Sind jedoch für Bauteile oder Bauwerke andere Genauigkeiten erforderlich, so sollen sie nach wirtschaftlichen Maßstäben vereinbart werden. Die dazu erforderlichen Maßnahmen und die Kontrollmöglichkeiten während der Ausführung sind rechtzeitig festzulegen.

ANMERKUNG: Die in dieser Norm angegebenen Toleranzen sind nicht abschließend. Sind weitergehende Anforderungen, z. B. bezüglich des optischen Erscheinungsbildes, erforderlich, sind diese im Einzelfall festzulegen.

4.4 Werte für zeit- und lastabhängige Verformungen, auch aus Temperatur, sind gesondert zu berücksichtigen.

4.5 Toleranzen nach dieser Norm stellen die Grundlagen für Passungsberechnungen im Bauwesen dar. In die Passungsberechnung müssen zeit- und lastabhängige Verformungen, auch aus Temperatur, und funktionsbezogene Anforderungen, z. B. Grenzwerte für die zulässige Dehnung einer Fugendichtung, einbezogen und berücksichtigt werden.

4.6 Die Lage von Bauwerken, Bauteilen oder Räumen wird mit einer festgelegten Bezugsart dem Koordinierungssystem zugeordnet. Bezugsarten sind Grenzbezug, Achsbezug, Mittellage und Randlage (…). Notwendige Bezugspunkte sind vor der Bauausführung festzulegen. Bei der Ausführung und bei der Prüfung von Maßen soll von dem gleichen Messbezug ausgegangen werden, um bezugsbedingte Messdifferenzen zu vermeiden.

5 Maßtoleranzen [siehe Tabelle 5.2 bis 5.5]

5.1 Allgemeines“

Tabelle 5.2: Grenzabweichungen für Maße nach DIN 18202:2019-07, Tabelle 1

Spalte	1	2	3	4	5	6	7
Zeile	**Bezug**	**Grenzabweichungen in mm bei Nennmaßen in m**					
		bis 1	**über 1 bis 3**	**über 3 bis 6**	**über 6 bis 15**	**über 15 bis 30**	**über 30**[1]
1	Maße im Grundriss, z. B. Längen, Breiten, Achs- und Rastermaße	± 10	± 12	± 16	± 20	± 24	± 30
2	Maße im Aufriss, z. B. Geschosshöhen, Podesthöhen, Abstände von Aufstandsflächen und Konsolen	± 10	± 16	± 16	± 20	± 30	± 30
3	lichte Maße im Grundriss, z. B. Maße zwischen Stützen, Pfeilern usw.	± 12	± 16	± 20	± 24	± 30	–
4	lichte Maße im Aufriss, z. B. unter Decken und Unterzügen	± 16	± 20	± 20	± 30	–	–
5	Öffnungen, z. B. für Fenster, Außentüren[2], Einbauelemente	± 10	± 12	± 16	–	–	–
6	Öffnungen wie vor, jedoch mit oberflächenfertigen Leibungen	± 8	± 10	± 12	–	–	–

[1] Diese Grenzabweichungen können bei Nennmaßen bis etwa 60 m angewendet werden. Bei größeren Abmessungen sind besondere Überlegungen erforderlich.
[2] Innentüren siehe DIN 18100

Tabelle 5.3: Grenzwerte für Winkelabweichungen nach DIN 18202:2019-07, Tabelle 2

Spalte	1	2	3	4	5	6	7	8
Zeile	**Bezug**	**Stichmaße als Grenzwerte in mm bei Nennmaßen in m**						
		bis 0,5	**über 0,5 bis 1**	**über 1 bis 3**	**über 3 bis 6**	**über 6 bis 15**	**über 15 bis 30**	**über 30**[1]
1	vertikale, horizontale und geneigte Flächen	3	6	8	12	16	20	30

[1] Diese Grenzabweichungen können bei Nennmaßen bis etwa 60 m angewendet werden. Bei größeren Abmessungen sind besondere Überlegungen erforderlich.

Tabelle 5.4: Grenzwerte für Ebenheitsabweichungen nach DIN 18202:2019-07, Tabelle 3

Spalte	**1**	**2**	**3**	**4**	**5**	**6**
Zeile	**Bezug**	**Stichmaße als Grenzwerte in mm bei Messpunktabständen in m bis**				
		0,1	**1[1)]**	**4[1)]**	**10[1)]**	**15[1), 2)]**
1	nicht flächenfertige Oberseiten von Decken, Unterbeton und Unterböden	10	15	20	25	30
2a	nicht flächenfertige Oberseiten von Decken oder Bodenplatten zur Aufnahme von Bodenaufbauten, z. B. Estriche im Verbund oder auf Trennlage, schwimmende Estriche, Industrieböden, Fliesen- und Plattenbeläge im Mörtelbett	5	8	12	15	20
2b	flächenfertige Oberseiten von Decken oder Bodenplatten für untergeordnete Zwecke, z. B. in Lagerräumen, Kellern, monolithische Betonböden	5	8	12	15	20
3	flächenfertige Böden, z. B. Estriche als Nutzestriche, Estriche zur Aufnahme von Bodenbelägen Bodenbeläge, Fliesenbeläge, gespachtelte und geklebte Beläge	2	4	10	12	15
4	wie Zeile 3, jedoch mit erhöhten Anforderungen, z. B. selbst verlaufende Massen	1	3	9	12	15
5	nicht flächenfertige Wände und Unterseiten von Rohdecken	5	10	15	25	30
6	flächenfertige Wände und Unterseiten von Decken, z. B. geputzte Wände, Wandbekleidungen, untergehängte Decken	3	5	10	20	25
7	wie Zeile 6, jedoch mit erhöhten Anforderungen	2	3	8	15	20

1) Zwischenwerte sind den Bildern 4 und 5 zu entnehmen und auf ganze mm zu runden.
2) Die Grenzwerte für Ebenheitsabweichungen der Spalte 6 gelten auch für Messpunktabstände über 15 m.

Tabelle 5.5: Grenzwerte für Fluchtabweichungen bei Stützen nach DIN 18202:2019-07, Tabelle 4

Spalte	1	2	3	4	5	6
Zeile	**Bezug**	**Stichmaße als Grenzwerte in mm bei Nennmaßen in m als Messpunktabstand**				
		bis 3 m	**von 3 m bis 6 m**	**über 6 m bis 15 m**	**über 15 m bis 30 m**	**über 30 m**
1	zulässige Abweichungen von der Flucht	8	12	16	20	30

6 Praktische Hinweise für die Abnahme der Gewerke

6.1 Erdarbeiten (VOB/C ATV DIN 18300)

Verdichtung der Arbeitsraumverfüllung

Bei der Abnahme ist im Hinblick auf die Erdarbeiten insbesondere interessant, ob die Hinterfüllung der ehemaligen Arbeitsräume unter fachgerechter Verdichtung erfolgt ist.

Gelingt die Verdichtung nicht, kommt es in der Folgezeit zu starken Absackungen entlang der Außenkanten des Gebäudes. Es entstehen Stolperstellen im Oberbelag mit Unfallgefahr (siehe Abb. 6.1).

Auch die erdverlegten Rohrleitungen werden von Absackungen beeinträchtigt. Insbesondere bei Entwässerungsleitungen ist anschließend häufig eine Durchbiegung in der Zone des ehemaligen Arbeitsraumes entlang der Gebäudeaußenkanten zu beobachten. In der Folge entstehen in verstärktem Maße Ablagerungen und Verstopfungen im Rohr.

Entsorgungsnachweise für kontaminierte Stoffe

Nach den Abfallgesetzen der Länder gilt der Grundeigentümer als Abfallerzeuger, wenn kontaminiertes Bodengut aus dem Aushub der Baugrube anfällt. Bei einer unerlaubten Entsorgung haftet insofern nicht der Entsorger, sondern der Grundeigentümer für entstehende Schäden. Vor diesem Hintergrund muss der Auftragnehmer bei der Abnahme die lückenlosen Entsorgungsnachweise für alle kontaminierten Stoffe übergeben. Dies gilt auch für Erdtanks und deren Inhalte.

Höhenlage

Bei der Abnahme von Erdarbeiten muss insbesondere die Höhenlage der erbrachten Aushub- oder Hinterfüllungsleistungen auf Übereinstimmung mit den Planvorgaben kontrolliert werden.

Abb. 6.1: Abgesackter Plattenbelag an der Gebäudeaußenkante

Füllboden

Angelieferte Füllböden dürfen nicht kontaminiert sein und müssen den vertraglichen Vereinbarungen hinsichtlich der Güte (Verdichtungsfähigkeit, Sieblinie, Mutterbodeneigenschaften) entsprechen. Hierüber ist ggf. vom Auftragnehmer per Lieferschein der Nachweis zu erbringen.

6.2 Dränarbeiten (VOB/C ATV DIN 18308)

Bemessungswasserstand

Sofern innerhalb des natürlichen Bodenaufbaus nicht sandige und damit versickerungsfähige Schichten oberhalb von bindigen, undurchlässigen Böden anstehen, kommt es hier regelmäßig zum Anstau von versickerndem Niederschlagswasser. Im Gegensatz zum jahreszeitlich schwankenden Pegel des **Permanent-Grundwassers** wird das niederschlagsabhängige Sickerwasser beim Auftreffen auf bindige Schichten als **Schichtenwasser** bezeichnet. Sofern die bindige Bodenschicht im Untergrund geneigt liegt, wird sie zum Schichtenwasserleiter, auf dem Sickerwasser, der Gefällerichtung folgend, unterirdisch in seitlicher Richtung abfließt. In diesem Fall können auch von benachbarten Grundstücken Wassermengen zufließen.

Wenn ein Kellerbaukörper in eine bindige Schicht einbindet, entsteht eine Behinderung des unterirdischen Wassertransports mit der Folge, dass vorübergehend Stauwasser anfällt. Unter dieser Voraussetzung liegt hier gemäß DIN 18533-1:2017-07 „Abdichtung von erdberührten Bauteilen – Teil 1: Anforderungen, Planungs- und Ausführungsgrundsätze", Tabelle 1, die Wassereinwirkungsklasse W2-E vor. Ein Gebäude mit planmäßigem Grund- oder Schichtenwasserkontakt muss dem Stand der Technik entsprechend abgedichtet werden. Der Architekt muss den Unterschied zwischen Grundwasser, Schichtenwasser und Bemessungswasserstand kennen, wie der BGH entschieden hat (BGH Urteil vom 10.07.2003 – VII ZR 329/02).

Durch ein hydrogeologisches Gutachten wird der „Bemessungswasserstand" bestimmt, der entsprechend der DIN 18533-1:2017-07 „Abdichtung von erdberührten Bauteilen – Teil 1: Anforderungen, Planungs- und Ausführungsgrundsätze" ermittelt wird. Ohne eine konkrete Ermittlung ist von einem Bemessungswasserstand auszugehen, der auf dem Niveau der Geländeoberkante (GOK) liegt bzw. in Hochwassergebieten auch oberhalb davon:

„5 Einwirkungen und Nutzungsklassen

5.1 Wassereinwirkung

5.1.1 Allgemeines

Im Anwendungsbereich dieser Norm kann auf die Abdichtungsschicht tropfbar flüssiges Wasser in unterschiedlicher Intensität sowie Bodenfeuchte einwirken.

Zur Festlegung der erdseitigen Wassereinwirkung auf die Abdichtungsschicht ist für den geplanten Bauwerksstandort der Bemessungswasserstand zu ermitteln. Dieser hängt nicht nur von den natürlichen witterungsbedingten Schwankungen des Grundwasserstandes ab, sondern auch von anderen wasserwirtschaftlichen Einflussgrößen. Der Bemessungswasserstand ist der Bemessungsgrundwasserstand (HGW), der sich witterungsbedingt und aufgrund hydrogeologischer Beschaffenheit im Baugrund einstellen kann, oder der Bemessungshochwasserstand (HHW), wobei der höhere Wert maßgebend ist. Bei der Ermittlung des Bemessungsgrundwasserstandes sind die dauerhaft verbindlich festgeschriebenen und die nicht dauerhaft verbindlich festgeschriebenen wasserwirtschaftlichen Einflussfaktoren und deren Andauer zu unterscheiden und mit ihren Auswirkungen auf den Grundwasserstand zu berücksichtigen.

Der HGW kann nach den Hinweisen im Merkblatt BWK-M8 objektbezogen ermittelt werden. Ohne objektbezogene konkrete Feststellungen muss der HGW auf Geländeoberkante oder bei örtlichen Hochwasserrisiken auf Höhe des höchsten anzunehmenden HHW angesetzt werden.

Für die Festlegung der Wassereinwirkungsklasse auf die erdseitige Abdichtung des Bauwerks ist ggf. der Wasserdurchlässigkeitsbeiwert (k-Wert) nach DIN 18130-1 zur Unterscheidung von stark wasserdurchlässigem Baugrund ($k > 10^{-4}$ m/s) oder wenig wasserdurchlässigem Baugrund ($k \leq 10^{-4}$ m/s) zu ermitteln oder durch geotechnische Zuordnung anzugeben.“

Auch die Definition der Richtlinie „Wasserundurchlässige Bauwerke aus Beton (WU-Richtlinie)“ (2017) des Deutschen Ausschusses für Stahlbeton (DAfStb) setzt die langjährige Beobachtung voraus, fordert aber auch noch deutlicher, als DIN 18533 dies definiert, eine Prognose hinsichtlich des zukünftig zu erwartenden Wasserstandes:

„3 Begriffe (…)

3.3 Bemessungswasserstand: Der höchste innerhalb der planmäßigen Nutzungsdauer zu erwartende Grundwasser-, Schichtenwasser- oder Hochwasserstand unter Berücksichtigung langjähriger Beobachtungen und zu erwartender zukünftiger Gegebenheiten: der höchste planmäßige Wasserstand.

ANMERKUNG: Detaillierte Ausführungen zum Bemessungswasserstand siehe Erläuterungen in DAfStb-Heft 555.“

Der Baugrundgutachter hat bei seiner Beurteilung folgende Einflussfaktoren zu berücksichtigen:

- örtlich ermittelte Langzeitgrundwasserstände,
- Versickerungsfähigkeit der einzelnen Bodenschichten im Baugrund,
- Lage und Neigung bindiger Bodenschichten, die als Schichtenwasserleiter dienen können,
- Beschaffenheit der Geländeoberfläche und Anteil des Oberflächenwasserzuflusses.

Unter Berücksichtigung dieser Einflussfaktoren legt der Baugrundgutachter den Bemessungswasserstand fest, der sich aus Grund- oder Schichtenwasser ergibt. An diesem orientiert sich der Architekt bei der Planung der mindestens erforderlichen Höhenlage des oberen Abdichtungsrandes, unter Berücksichtigung eines „Vorhaltemaßes“ von 300 mm. Dieses ergibt sich aus DIN 18533-1:2017-07 „Abdichtung von erdberührten Bauteilen – Teil 1: Anforderungen, Planungs- und Ausführungsgrundsätze“. Danach dürfen bei der Wassereinwirkungsklasse W2-E alle Unterkanten von Türen, Fenstern in Lichtschächten usw. nicht weniger als 30 cm oberhalb des Bemessungswasserstandes angeordnet werden:

„12 Abdichtung von Lichtschächten und Gebäudeaußentreppen

12.1 Allgemeines

Die Entwässerung des Lichtschachtbodens bzw. des Treppenpodests ist so zu planen und auszuführen und die Höhenlage der Fensterbank über der Lichtschachtsohle sowie der Türschwelle am Treppenpodest zum Gebäude ist so zu wählen, dass ein Überstauen der Fensterbank bzw. Türschwelle sicher vermieden wird. Das Gelände darf nicht in den Lichtschacht bzw. den Treppenlauf entwässern.

12.2 W1-E

Die vorgefertigten Lichtschächte und Außentreppenbauteile sollten erst nach Fertigstellung der Abdichtung der erdberührten Wände (und ggf. nach der äußeren Perimeterdämmung) eingebaut werden.

12.3 W2-E

Die Unterkante der Bauwerksöffnungen sollte mindestens 30 cm oberhalb des Bemessungswasserstandes angeordnet werden. Tiefer liegende Bauwerksöffnungen, wie Kellerfenster oder -zugänge, sind durch vorgesetzte druckwasserdichte bauliche Maßnahmen zu schützen."

In Kenntnis dieses Bemessungswasserstandes wird der Planer auch das erforderliche Abdichtungskonzept definieren. Gegebenenfalls ergibt sich aus der Planung auch das Erfordernis einer Absenkung des Grund- oder Schichtenwasserpegels. Sofern diese Absenkung des Pegels sichergestellt ist, kann die Höhenlage des oberen Abdichtungsrandes in der Planung ggf. reduziert werden. Die Nichtbeachtung der einschlägigen anerkannten Regeln der Technik kann zu gravierenden Feuchtigkeitsschäden an Gebäuden führen. Durchfeuchtungen wiederum sind regelmäßig eine der Hauptursachen für die Ansiedlung von Schimmelpilzen und Bakterien.

Bei der Planung und Ausführung von Abdichtungs- und Dränarbeiten ist nicht nur die Vermeidung von Regelverstößen ausschlaggebend, sondern vorrangig auch dass im Ergebnis ein funktionstaugliches Werk entsteht. Maßgeblich ist dabei der geschuldete Erfolg in Form einer mangelfreien und funktionstüchtigen Werkleistung. Eine Leistung, die zwar nicht gegen Regelwerke verstößt, aber trotzdem Mängel aufweist, kann daher nicht als fachgerecht gelten (BGH, Urteil vom 11.11.1999 – VII ZR 403/98: „Ein Dach muss dicht sein,", vgl. Kapitel 6.8).

Daraus kann gefolgert werden: Auch ein Keller trocken muss trocken sein, wie das OLG Rostock entschieden hat.

OLG Rostock, Urteil vom 30.10.2003 – 7 U 251/00 (aus den Entscheidungsgründen):

„Im Rahmen der getroffenen Vereinbarungen schuldet der Auftragnehmer ein funktionstaugliches und zweckentsprechendes Werk. An dieser Funktionshaftung ändert sich auch nichts, wenn die Parteien etwa eine bestimmte Ausführungsart vereinbart haben sollten, mit der die geschuldete Funktionstauglichkeit des Werkes nicht erreicht werden kann. Ein Keller mit fortwährenden Feuchtigkeitseinbrüchen entspricht der geschuldeten Funktionstauglichkeit offensichtlich nicht. (…)

Die Beklagte zu 2 hatte als Architektin, der die Planung eines Bauvorhabens übertragen war, dafür Sorge zu tragen, dass ihre Planung geeignet war, die Entstehung eines mangelfreien Bauwerks zu gewährleisten, § 633 Abs. 1 BGB (…)

Die Planung der Abdichtung eines Bauwerkes muss bei einwandfreier handwerklicher Ausführung zu einer fachlich richtigen, vollständigen und dauerhaften Abdichtung führen.“

Für die Ausführung von durch Druckwasser beanspruchter Bauteile kommt sowohl eine Weiße Wanne aus WU-Beton (wasserundurchlässiger Beton), infrage, deren Kriterien in der WU-Richtlinie (2017) geregelt sind, als auch eine sog. Schwarze Wanne, bei der die Abdichtung für die Wassereinwirkungsklasse W2.2-E mit bituminösen Materialien gemäß DIN 18533-1, Tabelle 6, Zeile 1 mit Bitumenbahnen oder Polymerbitumenbahnen oder gemäß Zeile 2 mit Kunststoff- oder Elastomerbahnen erfolgt.

Bei wenig durchlässigen Böden (mit $k \leq 10^{-4}$ m/s gemäß DIN 18130-1) kann die Einwirkung von drückendem Wasser dadurch verhindert werden, dass eine auf Dauer funktionsfähige Dränung gemäß DIN 4095:1990-06 „Baugrund; Dränung zum Schutz baulicher Anlagen; Planung, Bemessung und Ausführung“ einem Aufstau innerhalb der ehemaligen Baugrube entgegenwirkt. Voraussetzung hierfür ist jedoch eine fachgerechte Dränageplanung, die auch Angaben über die mögliche Ableitung des anfallenden Dränwassers enthält. Allerdings ist die Herstellung einer Dränage unter der Voraussetzung des Lastfalls „drückendes Wasser“ entsprechend der damaligen DIN 18195-6, Abschnitt 8 (der Lastfall entspricht der Wassereinwirkungsklasse W2.2-E gemäß DIN 18533-1 „Abdichtung von erdberührten Bauteilen – Teil 1: Anforderungen, Planungs- und Ausführungsgrundsätze“), nicht gleichwertig mit der Ausführung einer Weißen Wanne aus WU-Beton, wie das OLG Hamm entschieden hat. In diesem Fall ist die nachträgliche Herstellung einer Weißen Wanne aus WU-Beton selbst dann nicht als unverhältnismäßig zu beurteilen, wenn die dafür aufzuwendenden Kosten bei mehr als 300.000,00 € für beide Hälften eines Doppelhauses liegen.

OLG Hamm, Urteil vom 14.03.2006 – 21 U 115/05 (Revision nicht zugelassen) (aus den Gründen):

„Die Beklagte schuldet eine Abdichtung der Keller gegen von außen drückendes Wasser im Sinne der DIN 18195 Teil 6. Dass die Baubeschreibung, die den Bauträgerverträgen vom 3.7.1997 zugrunde lag, lediglich ‚außen Schutz gegen Erdfeuchtigkeit‘ vorsieht, spielt keine Rolle. Der Unternehmer ist verpflichtet, sein Werk zweckgerecht zu erbringen; ein Mangel liegt deshalb auch vor, wenn eine bestimmte Ausführung der Werkleistung vereinbart ist, sich jedoch als für die beabsichtigte Verwendung untauglich erweist (BGH, BauR 2003, 236/238). So verhält es sich hier. Denn die Häuser der Kläger werden nicht nur durch Erdfeuchtigkeit, sondern dauerhaft durch von außen drückendes Wasser beansprucht. (…)

Den Anforderungen, die an eine Abdichtung gegen von außen drückendes Wasser zu stellen sind, werden die Sanierungsmaßnahmen der Beklagten nicht gerecht. Aufgrund der Ausführungen der Sachverständigen Dipl.-Ing. X und Dipl.-Ing. G steht zur Überzeugung des Senats fest, dass es sich bei der von der Beklagten im Zuge der Sanierungsmaßnahmen ausgeführten Konstruktion um eine bloße Behelfsmaßnahme handelt, die gegenüber den üblichen Ausführungen technische Nachteile aufweist und zudem in der Unterhaltung teuer ist.

Nach den Ausführungen der beiden Sachverständigen hätte die Lage der Keller in unmittelbarer Nähe des Grundwasserspiegels nach den Regeln der Technik entweder eine wannenartige Herstellung der betroffenen Bauteile aus WU-Beton (‚Weiße Wanne‘) oder eine wasserdruckhaltende Dichtung z. B. auf Bitumenbasis (‚Schwarze Wanne‘) erfordert. Danach widerspricht die von der Beklagten ausgeführte Konstruktion dem Vertragssoll bereits deshalb, weil sie nicht der Abdichtung entspricht, die ein Bauherr im Allgemeinen erwarten darf (vgl. Werner/Pastor, Der Bauprozess, 11. Aufl. 2005, Rn. 1454). Vor allem der Sachverständige Dipl.-Ing. X hat darauf verwiesen, dass es sich bei den Sanierungsmaßnahmen der Beklagten um eine Konstruktion handelt, die sich mit einer Abdichtung durch eine ‚Weiße Wanne' oder eine ‚Schwarze Wanne' selbst dann nicht vergleichen ließe, wenn die Sohle den Anforderungen an WU-Beton entsprechen, die Dickbeschichtung fehlerfrei ausgeführt worden sein sollte und die Pumpen sicher funktionieren sollten.

Die jetzige Konstruktion ist einer ‚Weißen Wanne' oder einer ‚Schwarzen Wanne' auch nicht etwa gleichwertig. Sie ist mit den Sachverständigen vielmehr als bloße Behelfsmaßnahme einzustufen, die gegenüber den üblichen Ausführungen technische Nachteile aufweist und zudem Unterhaltungskosten – insbesondere durch die notwendige regelmäßige Wartung und Erneuerung der Pumpen – verursacht. (...)

Die Beklagte ist auch nicht berechtigt, die Beseitigung des Mangels zu verweigern. Denn die Mängelbeseitigung erfordert keinen unverhältnismäßigen Aufwand (§ 633 Abs. 2 S. 3 BGB a. F.). Zwar bedeutet die nachträgliche Ausführung ‚Weißer Wannen', für die nach dem unwidersprochenen Vortrag der Kläger voraussichtlich 142.509,13 € (Haus D3. 38) bzw. 159.223,84 € (Haus D-Str.) aufzuwenden sind, einen erheblichen Kostenaufwand. Allerdings steht dem Aufwand das Interesse der Kläger an dauerhaft dichten Kellern gegenüber. Ein solches objektiv berechtigtes und nicht nur geringes Interesse an der vertragsgemäßen Erfüllung steht dem Einwand der Unverhältnismäßigkeit auch dann entgegen, wenn die Nachbesserung hohe Kosten verursacht (vgl. BGH, BauR 2002, 613/616).“

Einleitungsverbot

Bereits bei der Planung einer Dränanlage muss zunächst verbindlich geklärt werden, ob das Dränwasser abgeleitet werden kann.

Gemäß DIN 4095:1990-06 „Baugrund; Dränung zum Schutz baulicher Anlagen – Planung, Bemessung und Ausführung“ gilt:

„3 Untersuchungen (...)

3.4 Vorfluter

Es ist zu prüfen, wohin das Wasser abgeleitet werden kann, und zwar in baulicher und wasserrechtlicher Hinsicht.“

Fallrohre und ähnliche Entwässerungseinrichtungen dürfen nicht an eine Dränage angeschlossen werden, weil es dann bei Starkregenfällen zu einem Rückstau mit der Folge einer Überflutung kommen kann (siehe Abb. 6.2).

DIN 4095:1990-06 „Baugrund; Dränung zum Schutz baulicher Anlagen; Planung, Bemessung und Ausführung“ führt hierzu aus:

„4 Anforderungen

4.1 Allgemeines

Der Drän muss filterfest sein. Die anfallende Abflussspende q' in l/(s · m) muss in der Dränschicht drucklos abgeführt und vom Dränrohr bei einem Aufstau von höchstens 0,2 m bezogen auf die Dränrohrsohle aufgenommen werden. (...)

4.2 Regelausführung

Abb. 6.2: Unzulässiger Anschluss der Dränage an die Regenentwässerung

Der Regelfall liegt vor, wenn die nach Abschnitt 3 erforderlichen Untersuchungen die in den Tabellen 1 bis 3 [1 2 3] gestellten Anforderungen erfüllen. Die Dränanlage ist dann nach Abschnitt 5 zu planen; besondere Nachweise sind nicht erforderlich.

Direkte Einleitung von Oberflächenwasser (z. B. Regenfallleitungen, Hofsenkkästen, Speier) oder dem aus angrenzenden steilen Hanglagen abfließenden Wasser ist unzulässig.“

Wenn eine Dränage wegen bindiger Bodenschichten im Untergrund erforderlich wird, besteht häufig gleichzeitig keine Möglichkeit, das Dränwasser auf dem Grundstück selbst versickern zu lassen, z. B. durch einen Sickerschacht. Eine Einleitung von Grundwasser über Dränleitungen in die öffentliche Regenentwässerung wird nicht grundsätzlich gestattet. Dies regeln die Abwassersatzungen der jeweiligen Gemeinden.

Die Freie und Hansestadt Hamburg beispielsweise erlaubt die Einleitung von Grundwasser prinzipiell nicht.

Hamburgisches Abwassergesetz (HmbAbwG), i. d. F. vom 24.07.2001, zuletzt geändert am 23.01.2018:

„§ 11 Einleitungsverbote

(1) In die öffentlichen Abwasseranlagen dürfen nicht eingeleitet werden (…)

8. *Grundwasser, soweit es nicht aus Grundwasserabsenkungen im Zusammenhang mit Bauarbeiten oder aus Grundwasserförderungen im Zusammenhang mit Maßnahmen der Altlastensanierung oder aus Absenkungsmaßnahmen zur Verhinderung von Bauschäden infolge wesentlich erhöhter Grundwasserstände stammt, (…)*

(2) Die in Absatz 1 genannten Stoffe dürfen im Abwasser enthalten sein, wenn

1. *für die Einleitung des Abwassers eine Genehmigung nach § 11a besteht und die in der Genehmigung festgesetzten Anforderungen eingehalten werden,*
2. *die Einleitung des Abwassers von der Genehmigungsbedürftigkeit nach § 11a Absatz 3 freigestellt ist und die ‚Allgemeinen Einleitungsbedingungen‘ eingehalten werden oder*
3. *die Einleitung des Abwassers nach § 12 Absatz 2 angezeigt wurde und die ‚Allgemeinen Einleitungsbedingungen‘ eingehalten werden oder bei einer vorübergehenden Änderung der Abwassermenge einer genehmigten Einleitung die in der Genehmigung festgesetzten Anforderungen eingehalten werden.“*

Unzulässig ist die Einleitung von Grundwasser und Dränwasser auch in Düsseldorf. In der Satzung über die Abwasserbeseitigung der Grundstücke im Stadtgebiet Düsseldorf (Abwassersatzung) vom 19.04.2021, redaktioneller Stand Juni 2021, ist geregelt:

„§ 7 Begrenzung des Benutzungsrechts (…)

(10) Die Einleitung von Grundwasser, Dränagewasser oder Drängewasser in die öffentliche Abwasseranlage ist grundsätzlich nicht zulässig.

*Ausnahmen können nach den näheren Bestimmungen dieser Satzung und unter Beachtung der wasserrechtlichen Bestimmungen zur Wasserhaltung bei Baumaßnahmen sowie bei Grundwassersanierungsmaßnahmen, wenn eine unmittelbare Rückführung in das Grundwasser oder ein Oberflächengewässer rechtlich und tatsächlich nicht möglich ist, auf schriftlichen Antrag des Anschlussnehmers/der Anschlussnehmer*in von der Stadt erlaubt werden. Die Erlaubnis erfolgt befristet und unter dem Vorbehalt des jederzeitigen Widerrufs."*

Ein generelles Einleitungsverbot von Grundwasser in die öffentlichen Abwasseranlagen ist in DIN 1986-100:2016-12 „Entwässerungsanlagen für Gebäude und Grundstücke – Teil 100: Bestimmungen in Verbindung mit DIN EN 752 und DIN EN 12056" festgelegt:

„5 Planung von Grundstücksentwässerungsanlagen (…)

5.5 Dränagewasserableitung

Grundwasser darf grundsätzlich nicht in die öffentlichen Abwasseranlagen eingeleitet werden. Für den Fall, dass die Dränage eines Gebäudes an die Entwässerungsanlage angeschlossen werden soll, ist vor Baubeginn mit der Wasserbehörde bzw. dem Kanalnetzbetreiber die Zulässigkeit der Einleitung abzustimmen. Die Dränageleitung ist in diesem Fall in einen besteigbaren Schacht mit mindestens 0,5 m tiefem Sandfang außerhalb des Gebäudes einzuführen und rückstaufrei an die Entwässerungsanlage anzuschließen. Bei der Dränung des Untergrundes zum Schutz von baulichen Anlagen ist DIN 4095 zu beachten."

Es kommt in DIN 1986-100 klar zum Ausdruck, dass eine Grundwasserabsenkung über eine Dränage mit Einleitung in das öffentliche Abwassernetz nicht gestattet ist. DIN 1986-100 lässt aber dabei zunächst die Auslegungsfrage offen, ob hier Grundwasser nach herkömmlichem Verständnis gemeint ist oder jegliches Wasser im Untergrund, also auch Sickerwasser. Dann wäre der Anschluss einer Dränage an das öffentliche Abwassernetz grundsätzlich nicht erlaubt. Die Definition des Begriffes „Grundwasser" ist in den verschiedenen Normen unterschiedlich geregelt. In DIN 4049-3:1994-10 „Hydrologie – Teil 3: Begriffe zur quantitativen Hydrologie" ist dazu gesagt:

„Verzeichnis der Begriffe

3 Unterirdisches Wasser

3.1 Erscheinungsformen des unterirdischen Wassers

3.1.2 Grundwasser

Unterirdische Wasser, das Hohlräume der Lithosphäre zusammenhängend ausfüllt und dessen Bewegungsmöglichkeit ausschließlich durch die Schwerkraft bestimmt wird. (…)

3.1.3 Sickerwasser

Unterirdisches Wasser, das sich durch Überwiegen der Schwerkraft im Sickerraum abwärts bewegt."

Der Eigentümer eines Grundstücks ist nicht dazu berechtigt, das Grundwasser zu benutzen. Als Benutzung gilt auch das Ableiten von Grundwasser, wie das Gesetz zur Ordnung des Wasserhaushalts (Wasserhaushaltsgesetz [WHG]), Ausfertigungsdatum 31.07.2009, zuletzt geändert am 18.08.2021, regelt:

„§ 3 Begriffsbestimmungen

Für dieses Gesetz gelten folgende Begriffsbestimmungen: (...)

3. Grundwasser

das unterirdische Wasser in der Sättigungszone, das in unmittelbarer Berührung mit dem Boden oder dem Untergrund steht; (...)

§ 4 Gewässereigentum, Schranken des Grundeigentums (...)

(2) Wasser eines fließenden oberirdischen Gewässers und Grundwasser sind nicht eigentumsfähig.

(3) Das Grundeigentum berechtigt nicht

1. *zu einer Gewässerbenutzung, die einer behördlichen Zulassung bedarf,*
2. *zum Ausbau eines Gewässers. (...)*

§ 9 Benutzungen

(1) Benutzungen im Sinne dieses Gesetzes sind

1. *das Entnehmen und Ableiten von Wasser aus oberirdischen Gewässern,*
2. *das Aufstauen und Absenken von oberirdischen Gewässern,*
3. *das Entnehmen fester Stoffe aus oberirdischen Gewässern, soweit sich dies auf die Gewässereigenschaften auswirkt,*
4. *das Einbringen und Einleiten von Stoffen in Gewässer,*
5. *das Entnehmen, Zutagefördern, Zutageleiten und Ableiten von Grundwasser.*

(2) Soweit nicht bereits eine Benutzung nach Absatz 1 vorliegt, gelten als Benutzungen auch

1. *das Aufstauen, Absenken und Umleiten von Grundwasser durch Anlagen, die hierfür bestimmt oder geeignet sind, (...)*

(3) Keine Benutzungen sind Maßnahmen, die dem Ausbau eines Gewässers im Sinne des § 67 Absatz 2 dienen. Das Gleiche gilt für Maßnahmen der Unterhaltung eines Gewässers, soweit hierbei keine chemischen Mittel verwendet werden."

Nach den Festlegungen der Abwassergesetze, des WHG und der DIN 1986-100 darf Grundwasser überhaupt nicht oder jedenfalls nicht ohne ausdrückliche behördliche Erlaubnis aus dem unterirdischen Bereich entnommen und in das öffentliche Abwassernetz eingeleitet werden. Nach der in DIN 4021:1990-10 „Baugrund; Aufschluss durch Schürfe und Bohrungen sowie Entnahme von Proben" enthaltenen Definition des Begriffes Grundwasser darf damit auch keine Einleitung von vorübergehend aufstauendem Sickerwasser in das öffentliche Abwassernetz erfolgen. Damit die perforierte Dränleitung jedoch überhaupt Wasser führt, muss es zumindest vorübergehend zu einem Sickerwasseranstau im Niveau der Dränleitung kommen. Das Einleitungsverbot hat das Verwaltungsgericht (VG) München unter Bezug auf die Entwässerungssatzung (EWS) der Stadt München in Verbindung mit § 54 WHG bestätigt:

VG München, Urteil vom 20.09.2012 – M 10 K 11.5366 (openJur 2013, 2825) (aus den Gründen):

„Gründe

Die zulässige Klage hat in der Sache keinen Erfolg, da der Kläger keinen Anspruch auf Anschluss seiner Hausdränage an den Niederschlagswasserkanal der öffentlichen Entwässerungseinrichtung der Beklagten hat (§ 113 Abs. 5 Satz 1 VwGO).

1. Der Kläger hat kein Recht gemäß § 4 Abs. 1 Satz 1 EWS, die auf seinem Grundstück befindliche Hausdränage an den Niederschlagswasserkanal anzuschließen, da es sich bei dem in der Dränage gesammelten Wasser nicht um Abwasser im Sinne der EWS handelt. Nach § 4 Abs. 1 Satz 1 EWS kann jeder Grundstückseigentümer verlangen, dass sein Grundstück nach Maßgabe der Satzung an die öffentliche Entwässerungsanlage angeschlossen wird. Er ist berechtigt, nach Maßgabe der §§ 14 bis 17 alles Abwasser in die öffentliche Entwässerungsanlage einzuleiten. Der Begriff des Abwassers wird in § 3 EWS als Wasser definiert, das durch häuslichen, gewerblichen, landwirtschaftlichen oder sonstigen Gebrauch verunreinigt oder sonst in seinen Eigenschaften verändert ist oder das von Niederschlägen aus dem Bereich von bebauten oder befestigten Flächen abfließt. Dies entspricht im Wesentlichen der gesetzlichen Definition in § 54 Abs. 1 Wasserhaushaltsgesetz (WHG). Das Anschluss- und Benutzungsrecht für die von der Beklagten betriebene öffentliche Einrichtung der Abwasserbeseitigung, die im Trennsystem auch eine Niederschlagswasserkanalisation umfasst, erfasst nur begrenzt Niederschlagswasser, soweit es von bebauten oder befestigten Flächen abfließt. Niederschlagswasser kann nur dann Abwasser sein, wenn es im Bereich von bebauten oder befestigten Flächen abfließt. Das durch die Dränage gesammelte Wasser ist jedenfalls kein Niederschlagswasser im Sinne der EWS, da das Wasser im Boden von der Dränage gefasst wird und nicht aus dem Bereich von bebauten oder befestigten Flächen abfließt. Daher hat die Beklagte schon aus diesem Grund zu Recht den Anschluss abgelehnt.

Es kommt nicht darauf an, ob es sich bei dem Dränagewasser ausschließlich um Grundwasser handelt oder nicht. Dränagewasser kann im weiteren Sinne als ‚Fremdwasser' bezeichnet werden, das die Entwässerungsanlage belastet. Nach der Begriffsbestimmung im technischen Regelwerk DIN 4045 ist unter Fremdwasser ‚in die Kanalisation eindringendes Grundwasser (Undichtigkeiten), unerlaubt über Fehlanschlüsse eingeleitetes Wasser (z. B. Dränagewasser, Schichtwasser) sowie einem Schmutzwasserkanal zufließendes Oberflächenwasser (z. B. Schachtabdeckungen) zu verstehen' (zitiert aus Wuttig/Thimet, Gemeindliches Satzungsrecht und Unternehmensrecht, Teil VI Frage 3 Ziffer 6). Zu Recht hat sich die Beklagte daher auch auf das Einleitungsverbot in § 15 EWS berufen. Die ‚insbesondere'-Aufzählung in § 15 Abs. 2 EWS erlaubt es, die Einleitung von sämtlichem Fremdwasser zu verbieten, wobei Fremdwasser Grund- oder Quellwasser, aber auch Dränagewasser sein kann."

Bereits bei der Planung einer Dränage muss daher geklärt werden, ob das Dränwasser ordnungsgemäß entsorgt werden kann. Wird eine Genehmigung zur Einleitung von Dränwasser von der Gemeinde nicht erteilt, bleibt bei ansonsten fehlenden Versickerungsmöglichkeiten auf dem eigenen Grundstück nur die Herstellung einer Weißen oder Schwarzen Wanne.

Die Einleitung von Dränagewasser in das öffentliche Abwassernetz der Gemeinden ist mindestens genehmigungspflichtig, aber in der überwiegenden Anzahl aller Gemeinden unzulässig. Spätestens bei der Abnahme sollte von dem hierfür verantwortlichen Planer die Vorlage der schriftlichen Einleitungsgenehmigung abverlangt werden.

Die übrigen Anforderungen an Dränanlagen sind in DIN 4095 festgelegt. Diese Norm bedarf keiner Erläuterungen. Anhand der auszugsweise nachfolgend aufgeführten Punkte kann untersucht werden, ob die Anlage insbesondere hinsichtlich der Höhenlage und des Gefälles sowie der Kontrollschächte den Anforderungen entspricht.

Gemäß DIN 4095:1990-06 „Baugrund; Dränung zum Schutz baulicher Anlagen – Planung, Bemessung und Ausführung“ gilt:

„3 Untersuchungen

3.4 Vorfluter

Es ist zu prüfen, wohin das Wasser abgeleitet werden kann, und zwar in baulicher und wasserrechtlicher Hinsicht.

3.5 Wasseranfall und Grundwasserstände

(...) Der Wasseranfall ist von der Dränschicht und der Dränleitung aufzunehmen. Die von der Dränung aufzunehmende Abflussspende ist abzuschätzen. Vor erdberührten Wänden wird die Abflussspende q' in l/(s · m) auf die Länge der Wand bezogen. Auf Decken und unter Bodenplatten wird die Abflussspende (...) auf die zu dränende Fläche bezogen. (...)

4 Anforderungen

4.1 Allgemeines

Der Drän muss filterfest sein. Die anfallende Abflussspende q' in l/(s · m) muss in der Dränschicht drucklos abgeführt und vom Dränrohr bei einem Aufstau von höchstens 0,2 m bezogen auf die Dränrohrsohle aufgenommen werden. (...)

5.2.2 Dränleitung

(...) Die Rohrsohle ist am Hochpunkt mindestens 0,2 m unter Oberfläche der Rohbodenplatte anzuordnen. In keinem Fall darf der Rohrscheitel die Oberfläche der Rohbodenplatte überschreiten. (...)

Spülrohre (mindestens DN 300) sollen bei Richtungswechsel der Dränleitung angeordnet werden. Der Abstand der Spülrohre soll höchstens 50 m betragen. (...)

5.3.3 Dränleitungen

(...) Sammelleitungen sollen ein Gefälle von mindestens 0,5 % besitzen. Zuleitungen zu ihnen dürfen gefällelos verlegt werden. (...)

8 Bauausführung

8.1 Dränleitungen

Vor dem Verlegen von Dränleitungen ist ein stabiles Rohrleitungsplanum im vorgesehenen Gefälle herzustellen. Für Rinnensteine ist ein Betonauflager notwendig. Die Dränleitun-

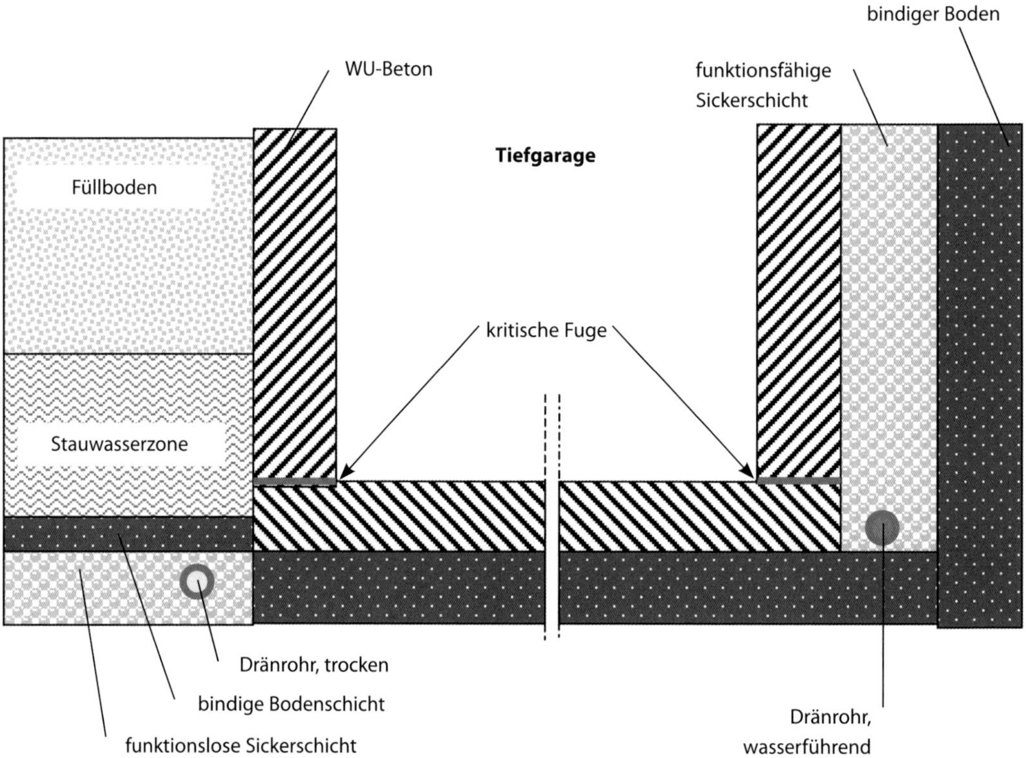

Abb. 6.3: Geometrische Situation der Tiefgarage mit möglichem Stauwasserstand oberhalb bindiger Bodenschichten

gen werden in der Regel, am Tiefpunkt beginnend, geradlinig zwischen den Kontrolleinrichtungen verlegt. Auf Decken beginnt die Verlegung in den Tiefpunkten unmittelbar auf der Abdichtung oder deren Schutzschicht. Die Überwachung und Reinigung der gesamten Dränleitung muss möglich sein. Daher sind bei stumpfen Stößen und Einmündungen Muffen oder Kupplungen zu verwenden. Die Dränleitungen sind gegen Lageveränderung zu sichern, z. B. durch gleichzeitigen beidseitigen Einbau der Sickerschicht. Die erste Lage bis 0,15 m über Rohrscheitel ist von Hand leicht zu verdichten. Darüber darf ein Verdichtungsgerät eingesetzt werden.

8.2 Sickerschicht

8.2.1 Allgemeines

Der Einbau der Sickerschicht ist vollflächig mit staufreiem Anschluss an die Dränleitung durchzuführen. Die Abdichtung darf nicht beschädigt werden.“

Sichergestellt werden muss vor allen Dingen, dass die kritischen Bauteilfugen entweder abdichtend vor dem Eindringen von Wasser geschützt werden oder aus dem Einflussbereich drückenden Wassers herausgenommen werden. Nicht selten werden vorhandene Dränageleitungen beim Verfüllen des Arbeitsraumes mit bindigen Bodenmaterialien überdeckt. Zu beobachten ist dann, dass drückendes Wasser auf die Wände einwirkt, obwohl die Dränageleitung kein Wasser führt (siehe Abb. 6.3).

Dränrohre

Einschlägig für die Herstellung einer Dränage ist DIN 4095. Dort ist für die verwendeten Baustoffe ein Eignungsnachweis gefordert.

DIN 4095:1990-06 „Baugrund; Dränung zum Schutz baulicher Anlagen; Planung, Bemessung und Ausführung“:

„*7 Baustoffe*

Die Eignung der Baustoffe muss nachgewiesen werden. Soweit DIN-Normen und Güterichtlinien vorhanden sind, müssen die Baustoffe diesen entsprechen.“

Der Nachweis der Eignung kann z. B. durch ein Prüfzeugnis erfolgen.

Dränrohre, die als Rollenware im Handel erhältlich sind und DIN 1187 entsprechen, erfüllen den Eignungsnachweis für den Einsatz bei der Regelung des Bodenwasserhaushalts innerhalb von landwirtschaftlich genutzten Flächen, nicht aber für den Einsatz im Zusammenhang mit der Sickerwasserableitung im umgebenden Erdreich von Gebäuden.

Für den Einsatz im Zusammenhang mit der unterirdischen Entwässerung von Ingenieurbauten hingegen eignen sich Dränrohre, die als Stangenware geliefert werden und den Anforderungen der DIN 4262-1:2009-10 „Rohre und Formstücke für die unterirdische Entwässerung im Verkehrswege- und Tiefbau – Teil 1: Rohre, Formstücke und deren Verbindungen aus PVC-U, PP und PE“ entsprechen:

„*1 Anwendungsbereich*

Diese Norm gilt für erdüberdeckte Rohre und Formstücke aus thermoplastischen Kunststoffen und deren Verbindungen, die im Verkehrswege- und Tiefbau zum Sammeln, Ableiten und Versickern von Oberflächen- und Sickerwasser durch Schwerkraft verwendet werden.

ANMERKUNG: Rohre und Formstücke nach dieser Norm können z. B. für Straßen- und Gleiskörper, erdberührte Bauteile von Ingenieur- und Hochbauten, Tunnelbau, Erd- und Wasserbau sowie Sportplätze verwendet werden.

Diese Norm gilt nicht für Rohre und Formstücke aus thermoplastischen Kunststoffen für

– die Basisentwässerungen in Deponien und
– das Ableiten von Schmutzwasser und Regenwasser in Abwasserleitungen und -kanäle.“

Ingenieurbauten sind z. B. Anlagen der Wasserversorgung, der Abwasserentsorgung, Anlagen des Straßen-, Schienen- und Flugverkehrs. Gebäude zählen nach gültiger Definition nicht zu den Ingenieurbauten. Gleichwohl erfüllen die nach DIN 4262-1 definierten Rohre in der Regel deutlich auch die Anforderungen, die sich aus DIN 4095 ergeben.

Schlitzfläche der Dränrohre

Ein weiteres Kriterium zur Beurteilung der Eignung von Dränrohren ist die Schlitzfläche (vgl. Tabelle 6.1). Die Mindestanforderung ist in DIN 4095 festgelegt mit 20 cm^2/m.

Tabelle 6.1: Beurteilung der Dränrohre nach ihrer Schlitzfläche

Regelwerk	Fundstelle	Wert	Einheit
DIN 4095:1990-06	Abschnitt 5.2.2	≥ 20	cm^2/m
DIN 1187:1982-11	Abschnitt 4.3.1	≥ 8	cm^2/m
DIN 4262-1:2009-10	Abschnitt 6.2.2.2	≥ 50	cm^2/m

Rohre, die nach DIN 1187 geprüft sind, müssen nur über eine Schlitzfläche von 8 cm^2/m verfügen. Dies entspricht nicht der mindestens erforderlichen Schlitzfläche für den Einsatz innerhalb einer Dränageanlage für Gebäude.

Kokosummantelung von Dränrohren

Marktführende Hersteller für die in Deutschland verwendeten Dränrohre produzieren sowohl Stangenware als auch Rollenware. Die Hersteller produzieren sowohl Kunststoffrohre mit Kokosummantelung als auch Kunststoffrohre ohne Kokosummantelung (siehe Abb. 6.4 bis 6.6).

Im Merkblatt ATV-DVWK-M 902 „Dränfilter aus Kokosfasern für gütegesicherte Dränrohre“ (2003) ist festgelegt:

„1 Anwendungsbereich (…)

Dränfilter aus Kokosfasern werden zur Umhüllung gütegesicherter (RAL RG 713/2) Dränrohre verwendet, z. B. gewellter (flexibler) Dränrohre aus weichmacherfreiem Polyvinylchlorid (DIN 1187 Form A). Die mit Filtern aus Kokosfasern versehenen Dränrohre werden zur Regelung des Bodenwasserhaushaltes eingesetzt und finden zum Schutz baulicher Anlagen Anwendung. (…)

Das Abbauverhalten des imprägnierten Kokosfilters im Boden und damit mögliche Stoffausträge sind nicht Thema des Merkblatts.“

Ungeachtet des Abbauverhaltens sehen die Verfasser des Merkblatts den Anwendungsbereich von Dränrohren mit Kokosfasern auch im Schutz baulicher Anlagen, was im Hinblick auf die Anforderungen der allgemeinen anerkannten Regeln der Technik nicht unkritisch hingenommen werden kann.

Nach DIN 4095:1990-06 „Baugrund; Dränung zum Schutz baulicher Anlagen; Planung, Bemessung und Ausführung“ muss die Dränleitung „filterfest“ sein:

„2 Begriffe

Im Sinne dieser Norm gilt: (…)

2.3 Drän

Drän ist der Sammelbegriff für Dränleitung und Dränschicht. (…)

Abb. 6.4: Dränrohre aus PVC-U oder PP, geschlitzt oder ungeschlitzt (Quelle: Firma Rehau AG + Co., Copyright bei Rehau)

Abb. 6.5: Dränrohre aus PVC-U oder PE mit Kokosummantelung (Quelle: Firma Rehau AG + Co., Copyright bei Rehau)

Abb. 6.6: Dränrohre aus PVC-U oder PE mit Vliesummantelung (Quelle: Firma Rehau AG + Co., Copyright bei Rehau)

4 Anforderungen

4.1 Allgemeines

Der Drän muss filterfest sein.“

Das Einspülen von Feinkornbestandteilen aus der Umgebung des Dränrohrs soll dadurch verhindert werden. Ihrem Einsatzzweck entsprechend, werden die Dränrohre einschließlich der Kokosummantelung durch Feuchtigkeit beansprucht. Da es sich bei der Kokosummantelung um ein Geflecht aus einem organischen Produkt handelt, werden grundsätzlich unter Feuchtigkeitseinwirkung allmähliche Zersetzungsprozesse eintreten.

Nach Angabe der Hersteller und der Literatur zersetzen sich Kokosummantelungen allmählich durch Verwitterung in einem Zeitraum von etwa 5 bis 10 Jahren.

Retschek führt in „Naturnahe Böschungssicherungsmethoden mit Geotextilien aus Kokos-Naturfasern (Retschek, 1989) aus:

„Allgemeines zu Kokosfasern

Kokos gilt als eine der härtesten Holzfasern überhaupt. Der Ligninanteil, der die Härte einer Holzfaser bestimmt, ist bei Kokosfasern mit 46 % sehr hoch. Im Vergleich dazu liegt der Ligninanteil von Jute oder Baumwolle bei ca. 10 %. Daraus resultiert auch eine erhöhte Lebenserwartung der Kokosfaser. Der Zeitraum bis zur Verrottung des Kokosgewebes ist je nach Einbauart unterschiedlich und kann mit ca. 5 bis 10 Jahren angegeben werden.“

Abb. 6.7: Dränrohr, bei dem von der ehemaligen Kokosfaserummantelung nach 10 Jahren im Erdreich nur noch das Drahtgeflecht vorhanden ist. Die Fasern sind vollständig verrottet.

Abb. 6.8: Dränrohr ohne Filter, die ehemalige Kokosfaserummantelung hat sich nach 10 Jahren aufgelöst. Erhalten geblieben ist die Drahtummantelung.

Die Praxis zeigt, dass unterirdisch eingebaute Produkte, die aus Kokosfasern hergestellt werden, tatsächlich nach 5 bis 10 Jahren verrottet sind (siehe Abb. 6.7 und 6.8). Eine Filterwirkung ist dann nicht mehr gegeben.

Das würde erfordern, dass die Rohre jeweils nach einer Lebensdauer von 5 bis 10 Jahren immer wieder ausgetauscht werden müssten, weil dann wegen der fehlenden filterfesten Ummantelung die Gefahr des Versandens oder des Verschlammens besteht. Ferner können sich die Abbauprodukte der Kokosfasern selbst im Rohr ablagern. Es ist daher DIN 4095:1990-06 „Baugrund; Dränung zum Schutz baulicher Anlagen – Planung, Bemessung und Ausführung" zu beachten:

„2 Begriffe

„Im Sinne dieser Norm gilt: (...)

2.8 Dränelement

Dränelement ist das Einzelteil für die Herstellung eines Dräns; z. B. Dränrohr, Dränmatte, Dränplatte, Dränstein. (...)

6 Bemessung

6.1 Allgemeines

(...) Bei verformbaren Dränschichten sind für den Nachweis des Abflusses und der Wasseraufnahme die Dicke und der Durchlässigkeitsbeiwert des Dränelementes zugrunde zu legen, die sich unter Beachtung des Zeitstandverhaltens für eine Belastungszeit von 50 Jahren ergeben wird."

Das in DIN 4095 geforderte Zeitstandsverhalten innerhalb von 50 Jahren wird durch die nach 5 bis 10 Jahren hinfällige Kokosummantelung nicht annähernd erreicht, weil die Dränrohre nach dem Versagen der Kokosummantelung nicht mehr filterfest sind.

Ferner werden mit Kokos ummantelte Rohre nach Auskunft der Hersteller nahezu ausschließlich in Form von Rollenware, also als flexible Rohre angeboten. Flexible Rohre

Abb. 6.9: Nicht geradlinig verlegtes Dränrohr mit Ummantelung aus Kokosfaser. Ein einheitliches Gefälle liegt nicht vor, da das Rohr nach oben durchgebogen ist.

erfüllen jedoch für die Gebäudedränage nicht die Anforderungen der DIN 4095 hinsichtlich einer erforderlichen geradlinigen Verlegung, da sie aufgrund ihrer fehlenden Formstabilität nicht linienförmig verlegt werden können. Die Folge ist ein wellenförmiger Rohrverlauf mit dem Risiko von Rohrdurchbiegungen und der lokalen Gefällelosigkeit (siehe Abb. 6.9).

Deshalb legt DIN 4095:1990-06 „Baugrund; Dränung zum Schutz baulicher Anlagen – Planung, Bemessung und Ausführung" fest:

„8 Bauausführung

8.1 Dränleitungen

Vor dem Verlegen von Dränleitungen ist ein stabiles Rohrleitungsplanum im vorgesehenen Gefälle herzustellen. Die Dränleitungen werden in der Regel, am Tiefpunkt beginnend, geradlinig zwischen den Kontrolleinrichtungen verlegt (...). Die Überwachung und Reinigung der gesamten Dränleitung muss möglich sein."

Unabhängig vom anstehenden Boden und von der Einbettung in Kies oder Filtervliese ist Dränrohr als Rollenware gemäß DIN 1187 daher für die Gebäudedränage nicht zu verwenden. Diese Leitungen werden vielmehr im Bereich der Landwirtschaft oder als vorübergehende Baustellendränage verwendet.

Hierauf hatte Muth schon in der Fassung des Werks „Schäden an Dränanlagen" von 1997 hingewiesen:

„8 Dränleitung (...)

8.5 Dränrohre

(...) Gewellte flexible Dränrohre aus Kunststoff nach DIN 1187, die in der landwirtschaftlichen Dränung verwendet werden, sollten bei der Bauwerksdränung möglichst nicht mehr eingesetzt werden. Da diese als Rolle gelieferten, im Fachjargon gerne als Schläuche bezeichneten Rohre nach dem Auslegen sich nur schlecht in die erforderliche Lage bringen lassen, sind sie meist weder nach Lage noch nach Höhe ordnungsgemäß im Gefälle verlegbar."

Für die dauerhafte Gebäudedränage wird stattdessen von den Herstellern Stangenware angeboten, die aufgrund ihrer Formstabilität geradlinig verlegbar ist (siehe Abb. 6.15). Dieses Material ist in DIN 4262-1 geregelt.

Unterschieden werden dort die Rohrtypen und die Art der Perforation. Vorzugsweise sollten bei der Gebäudedränage Rohrtypen mit Fließsohle entsprechend Typ C1 und C2 nach DIN 4262-1 eingesetzt werden, die sich optimal spülen lassen.

DIN 4262-1:2009-10 „Rohre und Formstücke für die unterirdische Entwässerung im Verkehrswege- und Tiefbau – Teil 1: Rohre, Formstücke und deren Verbindungen aus PVC-U, PP und PE“:

„1 Anwendungsbereich

Diese Norm gilt für erdüberdeckte Rohre und Formstücke aus thermoplastischen Kunststoffen und deren Verbindungen, die im Verkehrswege- und Tiefbau zum Sammeln, Ableiten und Versickern von Oberflächen- und Sickerwasser durch Schwerkraft verwendet werden.

ANMERKUNG: Rohre und Formstücke nach dieser Norm können z. B. für Straßen- und Gleiskörper, erdberührte Bauteile von Ingenieur- und Hochbauten, Tunnelbau, Erd- und Wasserbau sowie Sportplätze verwendet werden.

Diese Norm gilt nicht für Rohre und Formstücke aus thermoplastischen Kunststoffen für

- *die Basisentwässerungen in Deponien und*
- *das Ableiten von Schmutzwasser und Regenwasser in Abwasserleitungen und -kanäle.*

(…)

6.2 Geometrische Eigenschaften

6.2.1 Rohrquerschnitt und Wandaufbau

Rohre nach dieser Norm sind entsprechend ihres Querschnitts und Wandaufbaus in folgende Typen einzuteilen:

- *in kreisrunde Rohre (R);*
- *in tunnelförmige Rohre (C).*

Kreisrunde Rohre sind nach ihrem Wandaufbau in folgende Typen zu unterteilen:

- *Typ R1, kreisrunde Rohre mit profilierter Innen- und Außenfläche und Maßen nach DIN 1187 (Beispiel, siehe Bild 1* [Abb. 6.10]*);*
- *Typ R2, kreisrunde Rohre mit glatter Innenfläche und profilierter Außenfläche und Maßen nach Tabelle 2 (Beispiel, siehe Bild 2* [Abb. 6.11]*);*
- *Typ R3, kreisrunde Vollwandrohre mit homogenem Wandaufbau und glatter Innen- und Außenfläche und Maßen nach Tabelle 3 (Beispiel, siehe Bild 3* [Abb. 6.10]*):*

Tunnelförmige Rohre sind in folgende Rohrtypen zu unterteilen:

- *Typ C1, tunnelförmige Rohre mit profilierter Innen- und Außenfläche und glatter, flacher Fließsohle mit Maßen nach Tabelle 4 (Beispiel, siehe Bild 4* [Abb. 6.12]*);*
- *Typ C2, tunnelförmige Rohre mit glatter Innenfläche, flacher Fließsohle und Maßen nach Tabelle 5 (Beispiel siehe Bild 5* [Abb. 6.13]*);*

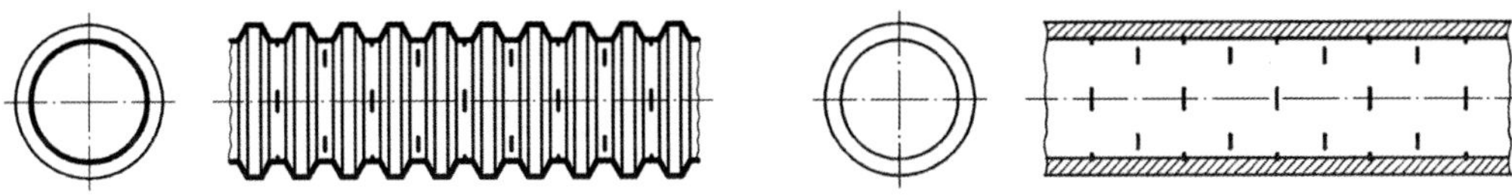

Abb. 6.10: Rohr Typ R1 und Rohr Typ R3 (Quelle: DIN 4262-1:2009-10)

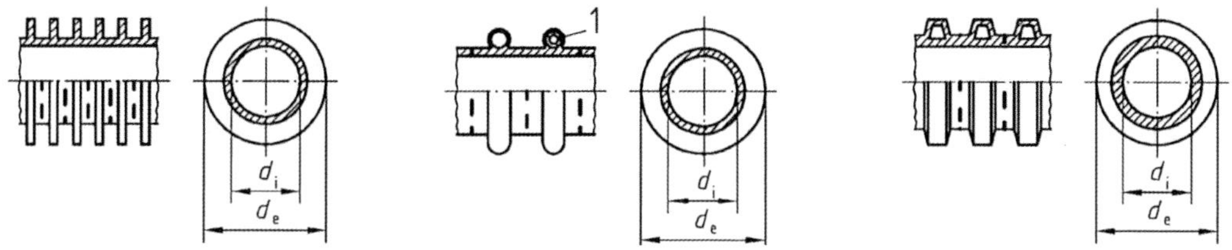

Abb. 6.11: Rohr Typ R2 (Quelle: DIN 4262-1:2009-10)

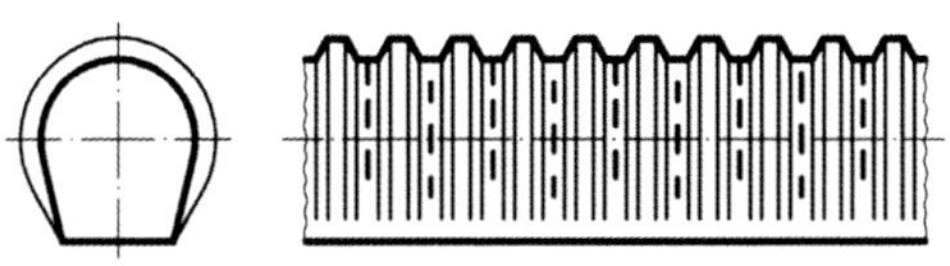

Abb. 6.12: Rohr Typ C1 (Quelle: DIN 4262-1:2009-10)

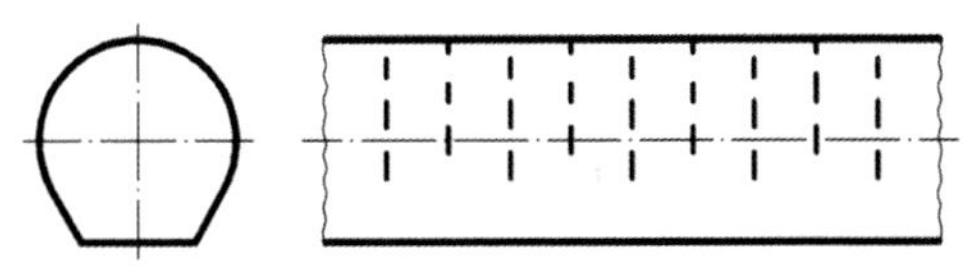

Abb. 6.13: Rohr Typ C2 (Quelle: DIN 4262-1:2009-10)

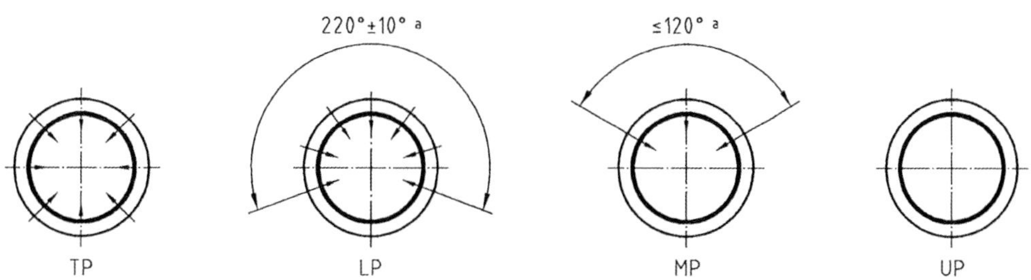

[a] Andere Schlitzwinkel dürfen zwischen Auftraggeber und Hersteller vereinbart werden.

Abb. 6.14: Schlitzbilder (Quelle: DIN 4262-1:2009-10)

6.2.2 Perforation für Rohre bis einschließlich DN 400

6.2.2.1 Ausführungen

Rohre nach dieser Norm sind nach ihrer Anordnung der Schlitze entsprechend Bild 6 [Abb. 6.14] *in folgende Arten einzuteilen:*

a) Vollsickerrohre (TP), bei denen die Wassereintrittsöffnungen gleichmäßig über den gesamten Umfang angeordnet sind und mindestens vier Schlitzreihen aufweisen. Sie dürfen in allen Nennweiten eingesetzt werden. Rohre der Typen C1 und C2 werden nicht als Vollsickerrohre hergestellt.

b) Teilsickerrohre (LP), bei denen die Wassereintrittsöffnungen am Rohrscheitel symmetrisch zur vertikalen Rohrachse gleichmäßig über einen Bereich von etwa 220° ± 10° angeordnet sind und die Sohle ungeschlitzt ist. Sie müssen mindestens drei Schlitzreihen aufweisen. Üblicherweise werden sie in den Nennweiten DN 100 bis DN 200 eingesetzt.

Abb. 6.15: Mit Dränrohren als Stangenware lässt sich die Forderung nach geradliniger Verlegung zielsicher erreichen.

Abb. 6.16: Ob eine kokosummantelte Rollenware als Dränleitung verwendet wurde, kann durch Einsichtnahme in den Pumpenschacht erkannt werden.

c) Mehrzweckrohre (MP), bei denen die Wassereintrittsöffnungen am Rohrscheitel symmetrisch zur vertikalen Rohrachse gleichmäßig über einen Bereich von maximal 120° angeordnet sind, mindestens zwei Schlitzreihen aufweisen und die eine wasserdichte Verbindung haben. Der untere Teil des MP-Rohres kann als Transportrohr für das gesammelte Wasser dienen. Sie werden in den Nennweiten ab DN 200 eingesetzt.

d) Ungeschlitzte Transportrohre (UP).

Die Einbaulage der Teilsickerrohre und Mehrzweckrohre muss entweder durch die Form des Rohres oder durch eine Scheitelmarkierung eindeutig erkennbar sein.“

Auch der Einsatz eines Spülwagens bietet hier nicht immer die Lösung, weil der Spülschlauch nur senkrecht in den Spülschacht eingeführt werden kann und damit keinen gezielten Wasserstrahl in den waagerechten Abgang des Dränrohres ermöglicht. Das Spülwasser wird vom Spülschacht aus sowohl in den Abgang als auch in den Zulaufstrang eingetragen. Verschmutzungen können daher auch gegen das Gefälle in den Strang eingespült werden.

Prinzipiell liegt in der Verwendung von mit Kokos ummantelter Rollenware im Einsatz als Dauerlösung für eine Gebäudedränage ein Verstoß gegen die anerkannten Regeln der Technik vor, weil dieses Material nicht die erforderlichen Eigenschaften besitzt, um für einen in DIN 4095 geforderten Zeitraum von 50 Jahren verrottungsbeständig und damit funktionsfähig zu sein, und weil mit diesem Material die Forderung der DIN 4095 nach geradliniger Verlegung unter üblichen handwerklichen Voraussetzungen in der Praxis nicht einzuhalten ist. Planer sollten daher bereits bei der Planung und Ausschreibung auf Stangenware hinweisen, die die Anforderungen nach DIN 4095 erfüllt. Ausführende sollten ihrer Bedenken- und Hinweispflicht nachkommen, wenn flexible, mit Kokosfasern ummantelte Dränrohre für eine Gebäudedränage ausgeschrieben werden. Bei der Abnahme müssen Architekten und Ingenieure das eingesetzte Produkt auf Eignung für den Verwendungszweck prüfen (siehe Abb. 6.16).

6.3 Verkehrswegebauarbeiten – Pflasterdecken und Plattenbeläge ungebundener Ausführung, Einfassungen (VOB/C ATV DIN 18318)

Detaillierte Hinweise auf den Leistungsbereich der Verkehrswegebauarbeiten enthält das Werk „Abnahme von Bauarbeiten – Tiefbau" (Hankammer et al., 2006).

Fugenbreiten von ungebundenen Pflasterdecken und Plattenbelägen

Bei der Abnahme von Pflasterarbeiten werden der Verband und die Fugen kontrolliert.

Gemäß VOB/C ATV DIN 18318:2019-09 „Verkehrswegbauarbeiten – Pflasterdecken und Plattenbeläge in ungebundener Ausführung, Einfassungen" gilt:

„3 Ausführung

Ergänzend zur ATV DIN 18299, Abschnitt 3, gilt: (…)

3.2 (…)

3.2.3 Fugen

3.2.3.1 Die Fugen von Pflasterdecken und Plattenbelägen sind

- *mit einer Breite von 4 mm ± 2 mm, bei Verwendung von Pflastersteinen oder Platten ≤ 100 mm Nenndicke,*
- *mit einer Breite von 6 mm ± 3 mm, bei Verwendung von Pflastersteinen oder Platten > 100 mm Nenndicke,*

herzustellen.

3.2.3.2 Die Fugen von Pflasterdecken und Plattenbelägen aus Naturstein mit nicht gesägten Seitenflächen sind

- *mit einer Breite von 10 mm ± 5 mm, bei Verwendung von Pflastersteinen oder Platten ≤ 120 mm Nenndicke,*
- *mit einer Breite von 15 mm ± 5 mm, bei Verwendung von Pflastersteinen oder Platten > 120 mm Nenndicke,*

herzustellen.

Bei spaltrauen Natursteinen sind einzelne punktuelle Kontaktstellen zulässig."

Der für die Fugenbreite mindestens erforderliche Wert darf nicht unterschritten werden, damit eine vollständige Füllung der Fugen erreicht werden kann. Der maximal zulässige Wert sollte nicht überschritten werden, damit sich das Fugenmaterial gut verfestigen kann. Loses Fugenmaterial wird bei maschineller Reinigung der Fläche leicht ausgetragen. Zudem kann oberflächlich abfließendes Wasser zur Ausspülung des losen Fugenmaterials führen.

Eine vollständig gefüllte Fuge ist der beste Garant für das Abstützen der Steine untereinander, also für die Aufnahme von Horizontalkräften aus Bremsen, Beschleunigen und Kurvenfahrten. Außerdem können die Fugen die unvermeidbaren Maßtoleranzen bezüglich Steinlängen und -breiten ausgleichen.

Betonpflastersteine werden heute bereits überwiegend mit Abstandshilfen von etwa 1 bis 1,5 mm (sog. Nocken) geliefert. Diese garantieren eine gewisse Mindestfugenbreite. Der Kontakt „Beton auf Beton" muss vermieden werden, um die nötige Elastizität der Fläche, die nur durch die Fugenfüllung gegeben ist, herzustellen.

Als Fugenmaterial ist Sand 0/2 oder 0/4 mm, Splitt 1/3 oder ein kornabgestuftes Brechsand-Splitt-Gemisch 0/5 mm, also praktisch die gleichen Materialien wie für die Bettung, geeignet. In jedem Fall müssen Bettungs- und Fugenmaterial aufeinander abgestimmt, d. h. gegeneinander filterstabil sein. Somit wird sichergestellt, dass in die Fugen eindringendes Wasser nicht zum Ausspülen von Feinanteilen, zur Kornumlagerung und letztlich zum Abwandern des Fugenmaterials führt. Beste Voraussetzungen für eine dauerhafte Funktion der Pflasterdecke werden geschaffen, indem für die Bettung und die Fuge das gleiche Mineralstoffgemisch verwendet wird. Die Fugen werden kontinuierlich mit dem Fortschreiten der Verlegearbeiten gefüllt, indem das Fugenmaterial eingefegt wird. Auf jeden Fall muss das Fugenmaterial trocken und sauber sein, d. h., es darf keine färbenden Feinstanteile enthalten, die sich in die Poren der Oberflächen setzen können und für eine gewisse Zeit eine Farbveränderung verursachen. Auf keinen Fall ist lehmhaltiger Sand oder Mörtel zu verwenden, um eine farbliche Beeinträchtigung der Steinoberfläche zu vermeiden. Vor dem Abrütteln ist überschüssiges Fugenmaterial vollständig abzukehren. Die Pflasterfläche wird danach bis zur Standfestigkeit gerüttelt. Nach dem Rütteln sind die Fugen erneut zu schließen. Hierzu wird das Fugenmaterial eingefegt und abschließend eingeschlämmt. Nach dem letztmaligen Einschlämmen sollte mit der Verkehrsfreigabe gewartet werden, bis das Wasser die Tragschichten passiert hat und in den Untergrund abgewandert ist. Bei durchnässten Tragschichten und gleichzeitiger Beanspruchung durch Fahrzeugverkehr drohen Tragfähigkeitsverlust und Verformung der Pflasterkonstruktion.

Fugenbreiten von gebundenen Pflasterdecken und Plattenbelägen

Die Sollfugenbreiten ergeben sich aus der VOB/C ATV DIN 18318:2019-09 „Pflasterdecken und Plattenbeläge, Einfassungen“:

„3 Ausführung

Ergänzend zur ATV DIN 18299, Abschnitt 3, gilt: (…)

3.3.4 Fugen

Die Fugenbreite muss 10 mm ± 5 mm, bei spaltrauem Kleinpflaster aus Naturstein sowie bei Belägen mit Plattenlängen ≥ 600 mm 15 mm ± 5 mm betragen.

Bei spaltrauem Großpflaster aus Naturstein und bei spaltrauen Natursteinplatten sind in Abhängigkeit von deren Maßtoleranzen Fugenbreiten bis 30 mm zulässig.“

Die Unterscheidung von Mosaikpflastersteinen, Kleinpflastersteinen und Großpflastersteinen erfolgt gemäß Mentlein (2008) anhand ihrer Abmessungen:

„1 Pflastersteine

Materialien, Formen, Abmessungen, Anforderungen

1.1 Natursteine (…)

1.1.4 Traditionelle Bezeichnungen für Pflastersteine (…)

Hinsichtlich der Größe unterscheidet man Groß-, Klein- und Mosaikpflastersteine.

Tabelle 1.3 [vgl. Tabelle 6.2]: *Pflastersteine aus Naturstein“*

Abb. 6.17: Überschreitung der maximal zulässigen Fugenbreite für Kleinpflaster um 100 % bei gebundenem Pflaster

Abb. 6.18: Unterschreitung der minimal erforderlichen Fugenbreite bei ungebundenem Pflaster durch Knirschverlegung

Tabelle 6.2: Pflastersteine aus Naturstein nach Mentlein, 2009

Bezeichnung herkömmlich	Breite in mm	Länge in mm	Dicke in mm
Großpflasterstein	120 ... 160	120 ... 300	120 ... 160
Kleinpflasterstein	80 ... 100	80 ... 100	60 ... 100
Mosaikpflasterstein	40 ... 60	40 ... 60	40 ... 60

Die Abbildungen 6.17 und 6.18 zeigen Beispiele für die Über- und die Unterschreitung der maximal zulässigen Fugenbreite.

Das Merkblatt „Plattenbeläge aus Beton" (Betonverband Straße, Landschaft, Garten e. V. [SLG], 2021) definiert die Anforderungen an die Fugenbreite:

„6 Baugrundsätze und Planungshinweise (...)

6.8 Verbände (...)

6.8.2 Rastermaße, Fugenbreiten

Der obere Teil des Plattenbelages besteht aus den eigentlichen Platten und den Fugen. Dies gilt für alle Arten derartiger Beläge gleichermaßen. Dabei ist das Rastermaß, zum Beispiel einer Platte oder eines Plattensystems, immer der Abstand von Achse Fuge bis Achse Fuge.

(...)

Ein weiteres Gestaltungselement bei Plattenbelägen ist die Fuge oder, genauer gesagt, die Fugenbreite. Neben den technischen Aufgaben (...) fällt der Fuge somit auch eine optische Aufgabe zu.

(...)

Abb. 6.19: Ungleichmäßiger Fugenverlauf mit Versatz der Kantenflucht von ca. 7 mm bei einer Messtrecke von 2 m × 1 m

Abweichungen vom Verlauf der Fugenachse oder der Fugenflucht in einer Größenordnung von ± 3 mm bis ± 5 mm – bezogen auf eine 4 m lange Messstrecke – können je nach gestalterischem Anspruch der Flächenbefestigung als technisch und optisch unkritisch angesehen werden.

Bei der Beurteilung des Fugenverlaufs sind unter anderem Einflüsse aus der Flächengröße, der vorhandenen bzw. zu messenden Fugenlänge und der Größe der verwendeten Platten zu berücksichtigen. Daher kann es zweckmäßig sein, in bestimmten Fällen andere Messlängen oder Abweichungen als die vorgenannten zugrunde zu legen."

Abb. 6.19 zeigt einen nach dem Merkblatt „Plattenbeläge aus Beton" (Betonverband Straße, Landschaft, Garten e. V. [SLG], 2021) nicht akzeptablen Fugenverlauf.

Tragfähigkeit von Pflasterflächen

Die erforderliche Tragfähigkeit von Pflasterflächen ist nach Bauklassen aufgeteilt. Für die Anforderungen an die Bauklasse gelten die nachfolgend aufgeführten Zuordnungen. Um die erforderliche Bauklasse zu erreichen, muss der Fahrbahnaufbau in seiner Schichtenfolge abgestimmt und ordnungsgemäß verdichtet sein. Hierbei ist die typische Schichtenfolge:

- Pflasterdecke,
- Bettungslager,
- Tragschicht,
- Frostschutzschicht.

Gefälle von Pflasterflächen und Natursteinflächen

Bei der Abnahme ist die Konturierung von befestigten Oberflächen daraufhin zu überprüfen, ob die planmäßig vorgesehenen Mindest- und Maximalgefälle eingehalten worden sind.

Das **Mindestgefälle** soll für einen ordnungsgemäßen Abfluss von Oberflächenwasser auf den Oberbelägen sorgen.

Gemäß VOB/C ATV DIN 18318:2019-09 „Pflasterdecken und Plattenbeläge, Einfassungen" gilt:

„3 Ausführung

Ergänzend zur ATV DIN 18299, Abschnitt 3, gilt: (…)

3.1 Allgemeines (…)

3.1.10 Bei begehbaren Flächen beträgt die Mindestneigung

- *1,5 %, wenn Pflastersteine aus Beton, Platten aus Beton, Pflasterklinker, Pflasterziegel oder bearbeitete Pflastersteine oder Platten aus Naturstein und*
- *2 %, wenn unbearbeitete oder spaltraue Pflastersteine aus Natursteinen verwendet werden.*

3.1.11 Bei befahrbaren Flächen beträgt die Mindestneigung

- *2 %, wenn Pflastersteine aus Beton, Platten aus Beton, Pflasterklinker, Pflasterziegel, bearbeitete Pflastersteine oder Platten aus Naturstein und*
- *3 %, wenn unbearbeitete oder spaltraue Pflastersteine aus Naturstein verwendet werden.*

3.1.12 Werden Neigungen vorgegeben, sind Abweichungen von ± 0,4% zulässig; die im Abschnitt 3.1.10 und 3.1.11 angegebenen Mindestneigungen dürfen nicht unterschritten werden."

Das **Maximalgefälle** von Oberbelägen wird in verschiedenen Regelwerken beispielhaft für die jeweiligen objektspezifischen Anforderungen behandelt.

Gemäß „EAR 05 – Empfehlungen für Anlagen des ruhenden Verkehrs" (2005) gilt:

„4 Parkflächenentwurf (…)

4.5 Parkbauten (…)

4.5.4 Parkbauten mit Rampen (…)

4.5.4.3 Rampenneigung

(…) Die Rampenneigung soll im Allgemeinen 15 %, bei Parkrampen 6 %, nicht überschreiten. Rampen im Freien sollten eine Neigung von höchstens 10 % aufweisen. Die sichere Befahrbarkeit muss auch bei ungünstiger Witterung gewährleistet sein. Dies kann z. B. erreicht werden durch geriffelte Oberfläche, Heizung oder Überdachung."

Eine weitere Regelung findet sich in DIN 18225:1988-06 „Industriebau; Verkehrswege in Industriebauten":

„3 Anforderungen an Verkehrswege (…)

3.2 Rampen

3.2.1 Die Neigungen von Rampen für den Fahrverkehr richten sich nach den verschiedenen Fahrzeugarten und deren Einsatz. Im Regelfall beträgt die Neigung 1 : 12,5 (8 %); eine Neigung von 1 : 8 (12,5 %) sollte nicht überschritten werden."

Für die Gehwege und Verkehrsflächen in barrierefreien Bereichen öffentlicher Gebäude gelten die Festlegungen in DIN 18040-1:2010-10 „Barrierefreies Bauen – Planungsgrundlagen – Teil 1: Öffentlich zugängliche Gebäude":

„4 *Infrastruktur*

4.2 *Äußere Erschließung auf dem Grundstück*

4.2.1 *Gehwege, Verkehrsflächen*

Gehwege müssen ausreichend breit für die Nutzung mit dem Rollstuhl oder mit Gehhilfen, auch im Begegnungsfall, sein.

Ausreichend ist eine Breite von mindestens 150 cm und nach höchstens 15 m Länge eine Fläche von mindestens 180 cm × 180 cm zur Begegnung von Personen mit Rollstühlen oder Gehhilfen, siehe Bild 2. Für Gehwege bis 6 m ohne Richtungsänderung ist auch die Wegbreite von 120 cm möglich, soweit am Anfang und am Ende eine Wendemöglichkeit gegeben ist.

Zur gefahrlosen Nutzung müssen Gehwege und Verkehrsflächen eine feste und ebene Oberfläche aufweisen, die z. B. auch Rollstuhl- und Rollatornutzer leicht und erschütterungsarm befahren können. Ist aus topografischen Gründen oder zur Abführung von Oberflächenwasser ein Gefälle erforderlich, dürfen sie keine größere Querneigung als 2,5 cm haben. Die Längsneigung darf grundsätzlich 3 % nicht überschreiten. Sie darf bis zu 6 % betragen, wenn in Abständen von höchstens 10 m Zwischenpodeste mit einem Längsgefälle von höchstens 3 % angeordnet werden.

Gehwegbegrenzungen sind so zu gestalten, dass sie mit dem Blindenstock leicht und sicher wahrgenommen werden können (z. B. mit Rasenkantensteinen von mindestens 3 cm Höhe oder mit Bordsteinen von mindestens 3 cm Höhe, die eine deutliche Kante aufweisen).“

Ebenheit von Pflasterdecken und Plattenbelägen

Die DIN 18202 gilt nicht für Leistungen aus dem Bereich Pflasterdecken und Plattenbeläge in ungebundener Ausführung. Die Ebenheitsanforderungen an Pflasterdecken und Plattenbelägen sind in DIN 18318, Tabelle 5 (siehe Tabelle 6.3) geregelt. Die Messung des Stichmaßes erfolgt mit einem Messkeil unter einer Richtlatte, deren Länge 1 m, 2 m oder 4 m beträgt.

Gemäß VOB/C ATV DIN 18318:2019-09 „Pflasterdecken und Plattenbeläge, Einfassungen“ gilt:

„3 *Ausführung*

Ergänzend zur ATV DIN 18299, Abschnitt 3, gilt: (…)

3.1 *Allgemeines (…)*

3.1.17 *Die Ebenheitsanforderungen für Pflasterdecken und Plattenbeläge nach Tabelle 5* [Tabelle 6.3] *sind einzuhalten: (…)*“

Tabelle 6.3: Ebenheitsanforderungen nach ATV DIN 18318, Tabelle 5 (2019)

Nutzungsabgrenzung nach der größten Verkehrsbelastung	Pflasterdecken, Platenbelägen aus	Neigung in %	Ebenheitsanforderungen[1] Stichmaß in mm unter der		
			1-m-Latte	2-m-Latte	4-m-Latte
begehbar	Pflastersteinen, Platten aus Beton, Pflasterklinkern, Pflasterziegel, bearbeitetem Naturstein	≥ 1,5 < 2,0	≤ 3	≤ 5	≤ 8
		≥ 2,0 < 2,5	≤ 4	≤ 6	≤ 10
		≥ 2,5	≤ 8	≤ 10	≤ 12
	unbearbeitetem und spaltrauem Naturstein	≥ 2,0 < 2,5	≤ 5	≤ 7	≤ 10
		≥ 2,5	≤ 10	≤ 12	≤ 20
befahrbar	Pflastersteinen, Platten aus Beton, Klinkern, Ziegel, bearbeitetem Naturstein	≥ 2,0 < 2,5	≤ 3	≤ 5	≤ 8
		≥ 2,5	≤ 4	≤ 6	≤ 10
	unbearbeitetem und spaltrauem Naturstein	≥ 3,0	≤ 10	≤ 12	≤ 15

[1] Abweichungen von der Ebenheit werden nach TP Eben – Berührende Messungen, Technische Prüfvorschriften für Ebenheitsmessungen auf Fahrbahnoberflächen in Längs- und Querrichtung, Teil: Berührende Messungen (Autor: FGSV Forschungsgesellschaft für Straßen- und Verkehrswesen e.V., An Lyskirchen 14, 50676 Köln, www.fgsv.de. Zu beziehen durch: FGSV Verlag GmbH, Verlag der Forschungsgesellschaft für Straßen- und Verkehrswesen e.V., Wesselinger Straße 15–17, 50999 Köln, www.fgsv-verlag.de) mit der Richtlatte und einem 30-cm-Messkeil gemessen.

Randeinfassung von Pflaster- und Plattenbelägen

Damit Pflaster- und Plattenbeläge sich bei Beanspruchung durch Verkehr im Randbereich nicht verformen, werden in der Regel Einfassungen hergestellt, die aus Bordsteinen, Rasenbordsteinen oder Pflastersteinen bestehen können. Die Lagesicherheit dieser Randeinfassungen wird durch eine ausreichend dimensionierte Rückenstütze aus Ortbeton sichergestellt.

Abb. 6.20: Der Spritzschutzstreifen liegt tiefer als die angrenzende Parkplatzfläche. Hierdurch entsteht eine Grabensituation, bei der die Sohlbänke der Fensteröffnungen von dem Staupegel bei aufstauendem Niederschlagswasser erreicht werden können.

Wird die Randeinfassung aus Spritzschutzstreifen hergestellt, ist darauf zu achten, dass der Betonrücken unterhalb des Grobkiesstreifens nicht bis an die Gebäudegründung heranreicht, da hierdurch ein Graben entsteht, der zu einer unplanmäßigen Beanspruchung der Abdichtung durch die Wassereinwirkungsklasse W 2.2-E entsprechend DIN 18533-1 führen kann (siehe Abb. 6.20).

Die Sollfugenbreite bei Bord- und Einfassungssteinen beträgt 2 bis 6 mm (siehe Abb. 6.21). Die Fugen müssen nicht verfüllt werden. Einfassungen in Bögen mit einem Radius von weniger als 12 m sind mit Bogensteinen herzustellen (siehe Abb. 6.22). Bei Bögen mit einem Radius über 12 m und weniger als 19 m können gerade Steine mit einer Länge von 50 cm, bei einem Radius ab 20 m können gerade Steine mit einer Länge von 1 m verwendet werden, wie die VOB/C ATV DIN 18318:2019-09 „Pflasterdecken und Plattenbeläge, Einfassungen" ausführt:

„3 *Ausführung*

Ergänzend zur ATV DIN 18299, Abschnitt 3, gilt: (…)

3.6 *Einfassungen, Entwässerungsrinnen (…)*

3.6.2 *Einfassungen*

Bord- und Einfassungssteine sind mit 4 mm ± 2 mm breiten Fugen zu versetzen, die nicht verfugt werden.

Bordsteineinfassungen mit Radien < 12 m sind aus Kurvensteinen herzustellen.

Bei Radien ≥ 12 m und < 20 m sind gerade Bordsteine mit einer Länge von 0,50 m, bei Radien ≥ 20 m sind gerade Bordsteine mit einer Länge von 1 m zu verwenden.

3.6.3 *Entwässerungsrinnen*

Das Längsgefälle von Entwässerungsrinnen muss ≥ 0,5 % betragen. Die Abweichung der Ebenheit von Entwässerungsrinnen darf bei Messung nach TP Eben – Berührende Messungen (…) mit der 4-m-Richtlatte nicht mehr als 5 mm betragen.

Entwässerungsrinnen, z. B. aus Pflastersteinen, Platten, Muldensteinen, Bordrinnensteinen, sind mit Fugenbreiten von 10 mm ± 5 mm, bei Verwendung von spaltrauem Pflaster aus Naturstein von 15 mm ± 5 mm, herzustellen."

Abb. 6.23 und 6.24 zeigen die Anforderungen an das Schließen von Fugen bei ungebundenen Pflasterdecken und Plattenbelägen.

Abb. 6.21: Die Fugen von Bordsteinen müssen entsprechend DIN 18318 nicht verschlossen werden. Die Sollfugenbreite beträgt 2 mm bis 6 mm.

Abb. 6.22: Kurven mit einem Radius von weniger als 12 m müssen mit Bogensteinen hergestellt werden.

Abb. 6.23: Die Fugen müssen bei ungebundenen Pflasterdecken und Plattenbelägen bis zum oberen Rand bzw. bis zur unteren Kante etwaig vorhandener Fasen, Rundungen usw. geschlossen werden. Bei gebundenen Pflasterdecken und Plattenbelägen müssen die Fugen mindestens 5 mm und höchstens 1 mm unter den oberen Rändern der Pflastersteine und Platten bzw. bis zur unteren Kante etwaig vorhandener Fasen, Rundungen usw. gefüllt sein.

Abb. 6.24: Bei gebundenen Pflasterdecken und Plattenbelägen müssen die Fugen mindestens 5 mm und höchstens 1 mm unter den oberen Rändern der Pflastersteine und Platten gefüllt sein.

Bodeneinläufe in Pflasterdecken und Plattenbelägen

Bodeneinläufe müssen leicht vertieft in dem Oberbelag eingesetzt werden, wenn sie ihre Funktion zweckentsprechend erfüllen sollen.

Dazu regelt VOB/C ATV DIN 18318:2019-09 „Pflasterdecken und Plattenbeläge, Einfassungen“:

„3 Ausführung

Ergänzend zur ATV DIN 18299, Abschnitt 3, gilt: (…)

3.1 Allgemeines (…)

3.1.15 Pflasterdecken und Plattenbeläge sind höhengleich herzustellen, zwischen benachbarten Steinen oder Platten sind Absätze und Höhenversprünge bis 2 mm, bei unbearbeiteten, spaltrauen und grob bearbeiteten Steinen oder Platten bis 5 mm zulässig.

Abb. 6.25: Ein Höhenunterschied von 10 mm ist noch zulässig, wenn Abläufe 7 ± 3 mm tiefer liegen als die Pflasterdecke.

Abb. 6.26: Der um 50 mm tief eingelassene Einlauf stellt eine Stolperstelle dar.

Abb. 6.27: Der um 20 mm aus der Fahrbahn herausragende Einlauf stellt eine Stolperstelle dar.

Abb. 6.28: Der um 30 mm aus der Fahrbahn herausragende Schachtdeckel stellt eine Stolperstelle dar.

3.1.16 Pflasterdecken und Plattenbeläge müssen 7 mm ±3 mm [siehe Abb. 6.25] *über der Oberfläche von angrenzenden Einbauten, Randeinfassungen, Abläufen und Entwässerungsrinnen liegen."*

Zu tief in die Verkehrswege eingelassene und erhaben aus ihnen hervorstehende Einläufe bilden als Stolperstellen Unfallgefahren (siehe Abb. 6.26 bis 6.28).

Verband von Pflasterdecken

Hinsichtlich der Verlegung von Pflasterbelägen in gleichmäßigem Verband sind die Verarbeitungsregeln der Produkthersteller einzuhalten:

So dürfen gemäß Auskunft eines Herstellers von Betonsteinpflastern z. B. bei dem Verlegemuster „Fischgrät 90°" nur Fugen über 1,5 Steinlängen entstehen. Bei der Verlegung mit einer Verlegemaschine müssen die sog. „Lagen" (Größe: knapp 1 m^2) miteinander verzahnt werden, um längere durchgehende Fugen zu vermeiden. Hierbei sollte darauf geachtet werden, dass keine halben Steine nebeneinanderliegen, da dann länger durchlaufende Fugen entstehen, die zu einem ungeordneten Erscheinungsbild des Verlegemusters führen (siehe Abb. 6.29). Die langen Fugen stellen jedoch eher einen optischen Mangel dar. Eine technische Beeinträchtigung durch aufklaffende Fugen darf sich bei ansonsten fachgerechter Verlegung (insbesondere fachgerechte Randeinfassung) hierdurch nicht ergeben.

Abb. 6.29: Verlegemuster nicht eingehalten. Die Längsfugen verlaufen bereichsweise über 3,5 Steinlängen.

Abb. 6.30: Unzulässige Kantenabplatzung mit einer Länge von 30 mm

Kantenabplatzungen

Kantenabplatzungen von Betonplatten bis zu 2 mm sind zulässig, wie das Merkblatt „Plattenbeläge aus Beton" (Betonverband Straße, Landschaft, Garten e. V. [SLG], 2021) regelt (siehe Abb. 6.30):

„9 *Beurteilung von Plattenbelägen (...)*

9.4 Einzelkriterien (...)

9.4.2 Kantenabplatzungen

Kantenabplatzungen können planungs-, ausführungs-,nutzungs- und/oder materialbedingte Ursachen haben.

Scharfkantige Produkte haben unabhängig von ihren Festigkeitseigenschaften eine höhere Kantenempfindlichkeit als Produkte mit gefasten oder ähnlich ausgebildeten Kanten.

Kantenabplatzungen oder -ausbrüche, die ein horizontales und vertikales Maß von 2 mm nicht überschreiten (Ausfransen der Kanten), sind aufgrund von mechanischen Einwirkungen beim Transport, Abladen, Einbau und durch Nutzung während der Bauphase im Allgemeinen nicht zu vermeiden."

Rampenausrundung

Rampenanfang und Rampenende dürfen nicht übergangslos an die angrenzenden Fahrbahnflächen angeschlossen werden, sondern müssen angemessen ausgerundet werden, damit Fahrzeuge beim Befahren nicht aufsetzen.

Gemäß „EAR 05 – Empfehlungen für Anlagen des ruhenden Verkehrs" (2005) gilt:

„4 *Parkflächenentwurf (...)*

4.5 Parkbauten (...)

4.5.4 Parkbauten mit Rampen (...)

4.5.4.3 Rampenneigung

(...) Bei Neigungswechseln sind Neigungsdifferenzen über 8 % auszurunden oder abzuflachen, um ein Aufsetzen der Fahrzeuge zu vermeiden. Kuppenausrundungen sind mit

Abb. 6.31 und 6.32: Schwallwasser von der Rampe läuft über die Stege der Dränrinnenroste hinweg.

Abb. 6.33: Wegebeleuchtung in einer Außenanlage zum Zeitpunkt der Abnahme

Abb. 6.34: Wegebeleuchtung in einer Außenanlage nach Überquerung durch den Aufsitzrasenmäher

einem Halbmesser $H_k \geq 15$ m und Wannenausrundungen mit $H_w \geq 20$ m auszuführen. Bei Neigungsdifferenzen bis zu 15 % genügt eine Abflachung mit halber Rampenneigung auf 1,5 m Länge bei Kuppen und 2,5 m bei Wannen."

Rampenentwässerung

Dränrinnen, die am Ende einer bewitterten und geneigten Rampenfläche z. B. vor Tiefgarageneinfahrten angeordnet sind, können bei Starkregenfällen vom Schwallwasser überlaufen werden. Das mit hoher Fließgeschwindigkeit von der Fahrbahn herablaufende Wasser gelangt über die Stege der Abdeckroste mit einem Anteil von 40 bis 50 % über die Rinne hinweg und in den Innenraum (siehe Abb. 6.31 und 6.32). Sofern dort keine weitere Entwässerungsmöglichkeit besteht, muss eine Zweitrinne angeordnet werden oder eine Rostabdeckung ohne Stege.

Eignung von Bauteilen für den Verwendungszweck im Außenbereich

Ob sich Bauteile für den Verwendungszweck eignen, muss im Vorfeld in Abstimmung mit dem Auftraggeber geprüft werden. Die in Abb. 6.33 dargestellte Wegebeleuchtung einer Außenanlage war für ihren Verwendungszweck nicht geeignet (siehe Abb. 6.34).

6.4 Mauerarbeiten (VOB/C ATV DIN 18330)

6.4.1 Allgemeines zum Verblendmauerwerk

Im Wesentlichen werden Beanstandungen beim äußeren Sichtmauerwerk geltend gemacht. Verblendmauerwerk ist das sichtbar verbleibende Mauerwerk.

Verblendmauerwerk hat als Außenmauerwerk stets 2 wesentliche Funktionen zu erfüllen:

- Schutz vor Witterungseinflüssen, vor allem als Schlagregenschutz und Schutz vor Durchfeuchtung,
- optische Gestaltung von Gebäuden.

Bei der Planung und Konstruktion müssen insbesondere der Schlagregenschutz und der Schutz vor Durchfeuchtung berücksichtigt werden. Beide Funktionen machen es erforderlich, Verblendmauerwerk besonders sorgfältig auszuführen. Im Verblendmauerwerk muss der Mörtel vergleichbare Funktionen erfüllen wie die Mauersteine.

6.4.2 Farbspiel

Aufgrund des natürlichen Baustoffes Ton sind Farbabweichungen vor allem auch wegen der Herstellungsvorgänge und des natürlichen Wechsels in der Zusammensetzung nicht gänzlich zu vermeiden. Zur Erzielung eines rustikalen Gesamteindrucks sind bei einigen Steinsorten Farbunterschiede sogar gewünscht. Die jeweiligen Grenzwert-Mustersteine sollten vor Ausführung vereinbart und hinterlegt werden. Besonders auffällige Abweichungen bestehen zwischen unterschiedlichen Produktions- bzw. Lieferzeiträumen (unterschiedliche Brände).

Im Allgemeinen kann davon ausgegangen werden, dass die Steine aus verschiedenen Lieferungen vor der Verwendung durchmischt werden, um ein befriedigendes Bild zu erhalten.

Das Ziegel Zentrum Süd e. V. empfiehlt hierzu im „Ziegel Lexikon Mauerwerk 2020“:

„(…) Zweischalige Ziegelaußenwände

8. Verarbeitungshinweise

Bestellung und Lagerung

- *Vermeidung von Farbunterschieden: Gesamtmenge bestellen, zumindest jedoch für einen Bauabschnitt.*
- *Bodenfrei lagern, vor Schmutz/Witterung schützen*

Mauern (…)

- *Klinker für natürliches Farbspiel quermischen, d. h. aus mindestens 4 verschiedenen Paketen gleichzeitig verarbeiten. Saugfähige Klinker vornässen!“*

Das sorgfältige Durchmischen der angelieferten Steine ist eine Nebenleistung des Unternehmers, die ohne Erwähnung im Vertrag zur vertraglichen Leistung des jeweiligen Gewerks gehört. Auch die Verpackungsfolien enthalten häufig Hinweise, wie z. B. „… um Farbunterschiede zu vermeiden, aus mehreren Paletten vermauern“.

Wichtig ist jedoch auch, dass die für das gesamte Bauvorhaben benötigten Steine aus einem Brand oder einer Lieferung stammen.

Abb. 6.35: Markante Farbzonen aufgrund mangelnder Durchmischung der palettenweise angelieferten Verblendsteine

Abb. 6.36: Prominentes Beispiel einer vorsätzlichen Farbabweichung ist der Haupteingang des Hamburger Hanseviertels: Oberhalb des goldenen Schriftzuges ist im Verblendmauerwerk von den polnischen Subunternehmern der Schriftzug „Polen" mit dunklen Steinen eingemauert worden.

Unterbleibt das erforderliche Vermischen von verschiedenen Lieferungen, kann es zu Farbabweichungen in Form von auffälliger „wolken-, schachbrett- oder zebrastreifenartiger" Verteilung der Farbnuancen kommen (siehe Abb. 6.35 und 6.36).

Insgesamt ist nicht die Beschaffenheit der einzelnen Steine entscheidend, sondern die ästhetische Gesamtwirkung der Fläche. Die Beurteilung erfolgt aus üblichem Betrachterabstand.

Während der Bauzeit bleiben Fassaden oft durch Gerüste verdeckt, sodass die Abnahme der Fassade unbedingt bei ausreichendem Tageslicht erfolgen sollte.

6.4.3 Steinbeschädigungen

Beschädigte Verblendsteine sollen bereits beim Mauern aussortiert werden. Die aktuelle Fassung der VOB/C ATV DIN 18330:2019-09 enthält keine Angaben über zulässige Toleranzen in Form von Fehlstellen oder Kantenbeschädigungen. Die Urfassung der VOB/C von 1925 empfahl demgegenüber, dass möglichst vollkantige Steine in einer Verblendung verarbeitet werden müssen; diese Formulierung wurde in der Fassung von 1958 nicht mehr verwendet.

VOB/C Technische Vorschriften für Bauleistungen II Maurerarbeiten DIN 1963:1925-08:

„B Ausführung (...)

19. Ziegelverblendung

Gewöhnliche Verblendung muss mit ausgesuchten, möglichst vollkantigen Steinen in gutem, regelrechtem Verbande hergestellt werden."

Bei der Abnahme erfolgt die Sichtprüfung aus einem üblichen Betrachterabstand von 3 bis 5 m, in aufrecht stehender Haltung und bei Tageslicht. Hierbei sollen Auffälligkeiten mit Augenmaß überprüft werden, weil sich Kantenabplatzungen bei glatten Steinoberflächen erheblich intensiver markieren als bei Handstrichziegeln (siehe Abb. 6.37). Die Zulässigkeit von Beschädigungen ist in den Regelwerken nicht festgeschrieben. Der Bundesverband der Deutschen Ziegelindustrie empfiehlt in dem Buch „Ziegel-Baubera-

Abb. 6.37: Verblendsteine mit Kantenbeschädigungen wirken störend und müssen beim Vermauern aussortiert werden.

tung“ (1999), über die Oberflächenbeschaffenheit von Verblendsteinen eindeutig definierte Abmachungen zu treffen.

„2 Baustoffe

2.1 Ziegel

(...) Verblender mit größeren Rissen und solchen, die bei Hochlochziegeln bis zur Lochung reichen, oder Verblender mit größeren Beschädigungen der Sichtfläche dürfen nicht so vermauert werden, dass die Fehlstellen in der Fassade erscheinen.

Die bei Herstellung, Bündelung, Transport, Lagern und Verarbeiten von grobkeramischen Erzeugnissen unvermeidbar auftretenden Minimalschäden können unberücksichtigt bleiben, da sie weder die Funktionsfähigkeit des Materials im Mauerwerk (Verwendbarkeit) noch die gestalterische Wirkung einer Fassade herabsetzen.

Es empfiehlt sich, über die Oberflächenbeschaffenheit und Farbe von Verblendern eindeutig definierte Abmachungen zu treffen.“

Die Einhaltung dieser Empfehlung kann dazu beitragen, spätere Streitigkeiten bei der Abnahme zu vermeiden.

Die DIN EN 771-1:2015-11 „Festlegungen für Mauersteine – Teil 1: Mauerziegel“ weist darauf hin, dass Beschädigungen an Mauerziegeln besonders zu beachten sind, ohne jedoch darauf einzugehen, wie der Auftraggeber sich bei der Abnahme verhalten soll, wenn beschädigte Ecken und Kanten festgestellt werden:

„Anhang B (informativ) Zusätzliche Angaben

B.6 Allgemeine Hinweise zum Erscheinungsbild von Verblendziegeln

Das Erscheinungsbild von Mauersteinen und dessen Beurteilung sollten Gegenstand des Kaufvertrages sein. Die Anforderungen an die Mauerziegel unterscheiden sich voneinander in Abhängigkeit von deren vorgesehenem Verwendungszweck und Eigenschaften, z. B. sollten übliche Vormauersteine und Handstrichziegel berücksichtigt werden. Besondere Beachtung sollte tiefen oder ausgedehnten Rissen, beschädigten Ecken und Kanten, Kieseln und treibenden Kalkeinschlüssen geschenkt werden.“

Eine DIN-Norm für die maximal zulässigen Maße von Eck- oder Kantenabplatzungen bei Verblendsteinen im fertig vermauerten Zustand gibt es nicht. Hilfsweise werden daher die Festlegungen der DIN 105 für Einschlüsse herangezogen. Unter den dort genannten Kriterien sind nur kleinere Beschädigungen und Kantenverletzungen hin-

Abb. 6.38: Als Grenzwert gelten Kantenbeschädigungen von mehr als 10 mm.

Abb. 6.39: Unzulässige Anhäufung von mechanischen Kantenverletzungen mit $d > 10$ mm

nehmbar, während solche, deren Durchmesser mehr als 10 mm beträgt bzw. deren Fläche größer als 1 cm² ist, nicht mehr akzeptabel sind (siehe Abb. 6.38 und 6.39).

Gemäß DIN 105-100:2012-01 „Mauerziegel – Teil 100: Mauerziegel mit besonderen Eigenschaften" gilt:

„4 Anforderungen (...)

4.9 Gehalt an schädlichen, treibenden Einschlüssen (...)

4.9.2 Vormauerziegel und Klinker (...)

Kleine Absprengungen mit einem Durchmesser bis zu 2 mm sind zulässig.

Die Prüfung gilt auch als bestanden, wenn an höchstens 2 Ziegeln jeweils bis zu 2 leichte Absprengungen mit einem Durchmesser zwischen 2 mm und 5 mm und wenn an höchstens einem Ziegel bis zu 2 Absprengungen mit einem Durchmesser zwischen 5 mm und 10 mm aufgetreten sind.

Die Prüfung gilt als nicht bestanden bei Überschreitung der obigen Grenzwerte oder wenn Absprengungen mit einem Durchmesser von mehr als 10 mm oder mit einer Fläche größer als 1 cm² aufgetreten sind."

6.4.4 Sichtmauerwerk

Der Begriff Sichtmauerwerk ist hinsichtlich konkreter Anforderungen normativ ebenso wenig geregelt wie der Begriff Sichtbeton. Ob z. B. das sichtbar verbleibende Kellermauerwerk mit Fugenglattstrich als „Sichtmauerwerk" vertraglich geschuldet wird, ist zwischen den Parteien häufig strittig.

Der Bundesverband Kalksandsteinindustrie e. V. empfiehlt im „Kalksandstein-Planungshandbuch" (2018) zur Abnahme und Beurteilung von Sichtmauerwerk:

„Kapitel 4 Sichtmauerwerk

5. Abnahme und Beurteilung von KS-Sichtmauerwerk

5.1 Eindeutige Beschreibung

Um Sichtmauerwerk eindeutig zu definieren, sind die Anforderungen, die an das Erscheinungsbild des Sichtmauerwerks gestellt werden, im Voraus vom Planer eindeutig zu be-

Abb. 6.40: Fugenabriss mit einer Rissbreite von 0,2 mm

schreiben. So kann die ausgeschriebene Leistung vom Bauunternehmer sicher kalkuliert und ausgeführt werden. Danach kann die erbrachte Leistung nach Fertigstellung vom Planer und vom Bauherrn weitgehend objektiv beurteilt und abgenommen werden.

Sichtmauerwerk ist im wahrsten Sinne des Wortes ‚Ansichtssache'. Ein einfacher Hinweis in der Leistungsbeschreibung auf Sichtmauerwerk reicht nicht aus, wie sich immer wieder in der Praxis herausstellt. (…)

5.4 Betrachtungsabstand

Bei großflächigem Außensichtmauerwerk ist ein Betrachtungsabstand von ca. 5 m bis 10 m als angemessen anzunehmen. Das gilt insbesondere auch dann, wenn sich zwischen Betrachter und Gebäude ein Garten oder Vorgarten befindet. Kleinere Unregelmäßigkeiten an den Steinen oder an den Fugen sind in solchen Fällen aus diesem Abstand nicht zu erkennen, beeinträchtigen das Erscheinungsbild des Gebäudes nicht und sind daher nicht zu beanstanden. Bei Sichtmauerwerk im Bereich von Hauseingängen und Terrassen ist der Betrachtungsabstand geringer anzunehmen, weil der Betrachter hier üblicherweise dichter an das Gebäude herantritt. Gleiches gilt auch für Sichtmauerwerk in Räumen, insbesondere in Wohnräumen. Hier sollte ein Betrachtungsabstand je nach Größe der zu beurteilenden Wandfläche von 2 m bis 5 m angenommen werden."

6.4.5 Risse im Außenmauerwerk

Risse bis zu einer Breite von 0,2 mm (siehe Abb. 6.40) gelten nach allgemeiner technischer Auffassung als unschädlich, da die Netzkraft des Schlagregentropfens dem Eindringen in den Riss entgegenwirkt. Die geringen Mengen an Feuchtigkeit, die in den Mauerwerksquerschnitt gelangen, können anschließend in der Trocknungsphase über die Kapillarwirkung wieder aus dem Mauerwerk heraustrocknen. Inwieweit sich derartige Risse optisch störend auswirken, muss sorgfältig geprüft werden.

6.4.6 Feuchteschutz

Schlagregensicherheit von zweischaligem Verblendmauerwerk

Mauerwerksfassaden früherer Epochen aus einschaligem Mauerwerk werden als Wasser aufnehmende Fassadenkonstruktionen bezeichnet. Bei Schlagregen dringt Feuchtigkeit bis zu einer bestimmten Tiefe in den Mauerwerksquerschnitt vor. In der Austrocknungsphase tritt diese Feuchtigkeit wieder aus dem Mauerwerk aus. Solange die eingedrungene Feuchtigkeit die Innenoberfläche der Außenwand nicht erreicht und die

Wärmedämmeigenschaften der Konstruktion nicht erheblich herabsetzt, funktioniert dieses Prinzip. Da es auf die Schlagregenbeständigkeit in erheblichem Umfang ankommt, müssen derartige Fassaden regelmäßig gewartet und in bestimmten Intervallen insbesondere im Fugennetz instand gesetzt werden. Die Anforderungen an die Schlagregensicherheit von monolithischem Sichtmauerwerk sind daher hoch. Das von Prof. Karstens in den 1960er-Jahren vorgestellte Verfahren der Wassereindringprüfung mit den Karsten'schen Prüfröhrchen sieht daher Grenzwerte von 0,5 cm^3/min als Mittelwert von 10 Einzelprüfungen und 2 cm^3/min als Maximaleinzelwert vor (Karsten, 1966).

Bei heute gängigem zweischaligem Mauerwerk wird die Schlagregenpenetration der Außenschale grundsätzlich billigend in Kauf genommen, weil diese keine Verbindung zu der hinteren, tragenden Schale aufnimmt. Die konsequente Trennung beider Schalen erfolgt heute über die Wärmedämmung zwischen den beiden Schalen und/oder eine Luftschicht bzw. einen Griffspalt. Das von außen eingedrungene Niederschlagswasser kann auf der Rückseite der Verblendmauerwerksschale nach unten hin abtropfen. Am Fußpunkt des zweischaligen Mauerwerks muss das in den Schalenzwischenraum eingedrungene Niederschlagswasser ausgeleitet werden. In DIN 1053-1:1990-02 „Mauerwerk, Rezeptmauerwerk, Berechnung und Ausführung", Abschnitt 8.4.3.2 b), und in der nachfolgenden DIN 1053-1:1996-11 „Mauerwerk – Teil 1: Berechnung und Ausführung", Abschnitt 8.4.3.2 b), waren zu diesem Zweck die Anzahl und der Querschnitt von offen belassenen Entwässerungsfugen am Fußpunkt des zweischaligen Außenmauerwerks festgelegt. Zuvor waren in DIN 1053-1:1974-11 „Mauerwerk – Teil 1: Berechnung und Ausführung", Abschnitt 5.2.1 h), für zweischaliges Mauerwerk offene Stoßfugen als Lüftungsöffnungen vorgesehen; der Begriff „Entwässerungsöffnungen" wurde hier noch nicht verwendet. Bei einem intakten zweischaligen Mauerwerk mit einem schlagregensicheren Fugennetz dringt nur eine begrenzte Menge an Niederschlagswasser in den Schalenzwischenraum ein und kann am Fußpunkt auf der Oberfläche der Querschnittsabdichtung wieder zur Außenseite hin austreten. Offen gelassene Stoßfugen direkt oberhalb der Abdichtung haben sich für eine rasche, unbehinderte Ausleitung des Wassers aus dem Schalenzwischenraum in der Praxis bewährt.

In DIN-Normen und einschlägigen Regelwerken werden keine speziellen Anforderungen an das Wasseraufnahmeverhalten von zweischaligen Verblendmauerwerksschalen mit Luftschicht gestellt. Die oben zitierten Wassereindringwerte für das Verfahren nach Prof. Karsten können schon deshalb für zweischaliges Mauerwerk nicht als absolute Grenzwerte herangezogen werden, weil es zum Zeitpunkt seiner Veröffentlichung (Karsten, 1963) in der damaligen Fassung der Mauerwerksnorm DIN 1053 von November 1962 zweischaliges Mauerwerk mit einer Fußpunktentwässerung noch nicht gab. Zweischaliges Mauerwerk entsprechend der auch heute noch gängigen Bauart wurde in DIN 1053 erstmals in der Fassung von November 1974 aufgeführt.

Neuere Veröffentlichungen z. B. von Brüning (1989) gehen davon aus, dass im Einzelfall für die Verfugung von zweischaligem Mauerwerk Orientierungswerte von 6 cm^3 in der ersten Minute und im Durchschnitt aller Messungen von 4 cm^3 in der ersten Minute gelten dürften.

Deutlich höhere Werte, z. B. in einer in der Praxis vorkommenden Größenordnung von 12 bis 22 cm^3 in der ersten Minute, weichen daher so gravierend von der Üblichkeit ab, dass alle Anzeichen für ein nicht fachgerechtes Fugennetz vorliegen.

Gründe hierfür können sein:

- falsches Zuschlagsgemisch,
- falscher Wasserzementgehalt,
- Überschreitung der maximalen Verarbeitungszeit des Frischmörtels,
- unzureichende Vollfugigkeit des Fugennetzes,
- unzureichende Verdichtung des Fugennetzes,
- „verbrannter" Mörtel, dem durch nicht vorgenässte Steine frühzeitig Wasser entzogen wurde.

Da verbindliche Grenzwerte für das Wasseraufnahmevermögen des Fugennetzes von zweischaligem Mauerwerk mit Luftschicht in den Regelwerken nicht vorliegen, besteht die Möglichkeit, qualitative Anforderungen in den Verdingungsunterlagen zu definieren. Dies setzt voraus, dass entsprechende Orientierungswerte festgeschrieben werden, die als Parameter unter üblichen Randbedingungen und bei fachgerechter Ausführung erzielbar sind.

Die VOB/C ATV DIN 18330:2019-09 „Mauerarbeiten" bezieht sich hinsichtlich der Ausführung von Mauerwerk auf die Ausführungsnorm DIN EN 1996:

„*3 Ausführung*

Ergänzend zur ATV DIN 18299, Abschnitt 3, gilt: (…)

3.2 Mauerwerk

3.2.1 Mauerwerk jeder Art aus natürlichen und künstlichen Steinen, z. B. Verblendmauerwerk, Sohlbänke, Gesimse, Mauerabdeckungen sowie Wärmedämmstoffschichten in zweischaligem Mauerwerk, sind nach DIN EN 1996-2 in Verbindung mit DIN EN 1996-2/NA auszuführen. Die ergänzenden Regelungen zur baulichen Durchbildung und Ausführung, z. B. Wandanschlüsse, Mauerwerksverband, Überbindemaße nach DIN EN 1996-1-1 in Verbindung mit DIN EN 1996-1-1/NA sind zu beachten.

3.2.2 Für Natursteinmauerwerk sind zusätzlich DIN EN 1996-1-1:2013-02, Abschnitt 8.1.4.2 ‚Maßgerechte Natursteine' und DIN EN 1996-1-1/NA:2012-05, Anhang NA.L zu beachten."

Im Rahmen des Eurocodes 6 gelten DIN EN 1996-1-1 und DIN EN 1996-2 für die Bemessung und die Konstruktion von Mauerwerksbauten jeweils mit den Nationalen Anhängen. Bei der Anwendung der Eurocode-Normen ist zu beachten, dass diese sich nur insoweit mit der Ausführung befassen, wie dies zur Erfüllung der Annahmen bei der Tragwerksplanung erforderlich ist.

Sofern Anforderungen an die Schlagregensicherheit bestehen, sind die Stoßfugen nach DIN EN 1996-1-1/NA:2012-05 „Nationaler Anhang — National festgelegte Parameter – Eurocode 6: Bemessung und Konstruktion von Mauerwerksbauten – Teil 1-1: Allgemeine Regeln für bewehrtes und unbewehrtes Mauerwerk" mindestens in halber Steinbreite und in voller Steinhöhe zu vermörteln:

„*NCI zu 8.1.5 ‚Mörtelfugen' (…)*

(NA.6) Vermauern mit Stoßfugenvermörtelung: (…)

- *Als vermörtelt gilt eine Stoßfuge, wenn mindestens die halbe Steinbreite auf der gesamten Steinhöhe vermörtelt ist.*
- *Sofern Anforderungen an die Schlagregensicherheit bestehen und diese nicht durch die Außenverkleidung oder durch einen Putz erfüllt werden, sind die Stoßfugen zu vermörteln.*"

Abdichtung und Entwässerung des zweischaligen Mauerwerks am Fußpunkt

Bei zweischaligem Mauerwerk, bestehend aus Hintermauerwerk, Wärmedämmung, Luftschicht und Verblendmauerwerk, wird der Eintritt von Schlagregen in die Außenschale nach den Regeln der DIN EN 1996 grundsätzlich billigend in Kauf genommen. Eingedrungenes Wasser kann an der Rückseite der Verblendmauerwerkschale nach unten hin ablaufen, um sodann am Fußpunkt über eine hier eingebaute Horizontalsperre (Z-Folie) und Entwässerungsöffnungen in den hierfür freigehaltenen Stoßfugen der Verblendmauerwerkschale aus dem Schalenzwischenraum wieder herausausgeleitet zu werden. Das Hintermauerwerk wird dabei planmäßig von der Feuchtigkeit nicht erreicht.

Das zweischalige Konstruktionsprinzip wird in der für die Ausführung von Mauerarbeiten einschlägigen DIN EN 1996-2/NA:2012-01 geregelt. Die Norm für Planung, Entwurf und Berechnung von Mauerwerk, DIN EN 1996-2/NA:2012-01 „Nationaler Anhang – National festgelegte Parameter – Eurocode 6: Bemessung und Konstruktion von Mauerwerksbauten – Teil 2: Planung, Auswahl der Baustoffe und Ausführung von Mauerwerk“, enthält im nationalen Anhang ähnliche informative Hinweise:

„NCI Anhang NA.D (informativ) Zweischaliges Mauerwerk (…)

NA.D.1 Allgemeine Bestimmungen für die Ausführung (…)

(4) Bei Anordnung einer nichttragenden Außenschale (Verblendschale oder geputzte Vormauerschale) vor einer tragenden Innenschale (Hintermauerschale) ist Folgendes zu beachten: (…)

h) Die Innenschalen und die Geschossdecken sind an den Fußpunkten des Schalenzwischenraums gegen Feuchte zu schützen. DIN 18195-4 ist zu beachten. Dieses gilt auch bei Fenster- und Türstürzen sowie im Bereich von Sohlbänken. Die Mauerwerksschalen sind an ihren Berührungspunkten (z. B. Fenster- und Türanschlägen) gegen Feuchtigkeit abzudichten.

Die Aufstandsfläche muss so beschaffen sein, dass ein Abrutschen der Außenschale auf ihr nicht eintritt. Die erste Ankerlage ist so tief wie möglich anzuordnen. Die Querschnittsabdichtung und deren Lage müssen DIN 18195-4 entsprechen. Andere Querschnittsabdichtungen sind zulässig, wenn deren Eignung nach den bauaufsichtlichen Vorschriften nachgewiesen ist, z. B. durch eine allgemeine bauaufsichtliche Zulassung. (…)

NA.D.2 Luftschicht

(1) Folgendes ist zu beachten: (…)

c) Die Außenschale darf oberhalb von Abdichtungen mit Entwässerungsöffnungen oder Lüftungsöffnungen (z. B. offene Stoßfugen) versehen werden. Dies gilt auch für die Brüstungsbereiche der Außenschale.“

Der Verweis der DIN EN 1996-2/NA/A1:2021-06 „Nationaler Anhang – National festgelegte Parameter – Eurocode 6: Bemessung und Konstruktion von Mauerwerksbauten – Teil 2: Planung, Auswahl der Baustoffe und Ausführung von Mauerwerk; Änderung 1“ auf die DIN 18195-4:2011-12 „Bauwerksabdichtungen – Teil 4: Abdichtungen gegen Bodenfeuchte (Kapillarwasser, Haftwasser) und nichtstauendes Sickerwasser an Bodenplatten und Wänden, Bemessung und Ausführung“ wurde durch die Änderung A1 im Juni 2021 aufgehoben:

Abb. 6.41: Hindernis vor der Entwässerungsöffnung durch Mörtelschwelle

Abb. 6.42: Hindernis vor der Entwässerungsöffnung durch elastische Dichtstofffuge des Klemmstreifens

„3 Änderung zu NA.D.1 ‚Allgemeine Bestimmungen für die Ausführung' (…)

h) ist wie folgt zu ändern:

Die normative Verweisung auf DIN 18195-4 ist durch DIN 18533-1 zu ersetzen."

Die Praxis zeigt, dass die Fugen von heute hergestelltem zweischaligem Verblendmauerwerk eine größere Wasseraufnahmefähigkeit aufweisen als bei früheren einschaligen Konstruktionen. Im Gegensatz zu der eindeutigen Regelung in DIN 1053, dass Entwässerungsöffnungen oberhalb der waagerechten Querschnittsabdichtung angeordnet werden sollen, ist dies jetzt in der für die Planung, die Bemessung und die Konstruktion vorgesehenen DIN EN 1996-2/NA nicht mehr vorgeschrieben. Entwässerungsöffnungen „dürfen" nach dem Wortlaut dieser Norm hergestellt werden. Die Erfahrung zeigt allerdings, dass Entwässerungsöffnungen – jedenfalls bei der heute gängigen Qualität der Verblendverfugung – eine Voraussetzung für die einwandfreie Funktionsfähigkeit einer zweischaligen Fassadenkonstruktion darstellen, damit das eingedrungene Schlagregenwasser wieder aus dem Schalenzwischenraum ausgeleitet wird, ohne Bereiche mit Mauermörtel zu durchwandern und sich dabei mit Kalk zu Kalklauge anzureichern. Kalklauge, die aus der Verblendschale unkontrolliert austritt, führt zu unschönen Spuren von hartnäckigem Calciumcarbonat. Der Verzicht auf Entwässerungsöffnungen schränkt die Fehlertoleranz ein und würde voraussetzen, dass die Fugen des Verblendmauerwerks so schlagregensicher hergestellt werden, dass der Eintritt von Niederschlägen praktisch weitgehend verhindert wird.

Die Änderung der DIN EN 1996-2/NA/A1:2021-06 „Nationaler Anhang – National festgelegte Parameter – Eurocode 6: Bemessung und Konstruktion von Mauerwerksbauten – Teil 2: Planung, Auswahl der Baustoffe und Ausführung von Mauerwerk; Änderung 1" nimmt Bezug auf die novellierte Abdichtungsnormenreihe DIN 18533-1 „Abdichtung von erdberührten Bauteilen – Teil 1: Anforderungen, Planungs- und Ausführungsgrundsätze" von Juli 2017, die an die Stelle der vorherigen Abdichtungsnormenreihe DIN 18195 getreten ist.

Werden Entwässerungsöffnungen hergestellt, müssen die dafür vorgesehenen Stoßfugen des Verblendmauerwerks bis zur Oberfläche der Z-Folie vollständig frei sein, damit das eingedrungene Wasser sich nicht hinter Hindernissen wie Mörtelschwellen oder Dichtstoffbarrieren aufstaut (siehe Abb. 6.41 und 6.42).

Abb. 6.43 und 6.44: Die Verblendschale seitlich des Kellerniedergangs ist am Fußpunkt nicht entwässert. Dort staut sich das Wasser hinter der Schale auf und drückt seitlich aus der Fuge heraus. Die Stahlzarge ist bereits stark korrodiert.

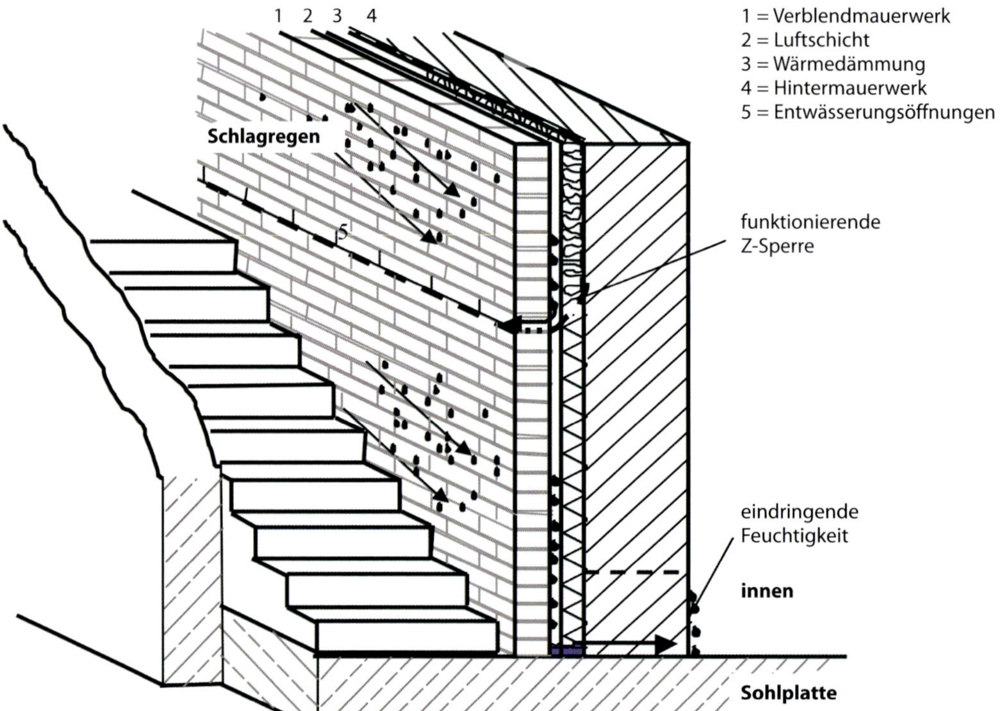

Abb. 6.45: Dreidimensionale Darstellung Außenkellertreppe/Mauerwerk

Abb. 6.46: Der seitliche Abdichtungsanschluss an die Erkerwange liegt auf der Außenseite des Verblendmauerwerks auf. Eine Fußpunktentwässerung der Luftschicht ist oberhalb der Dachfläche nicht vorhanden (Außenaufnahme).

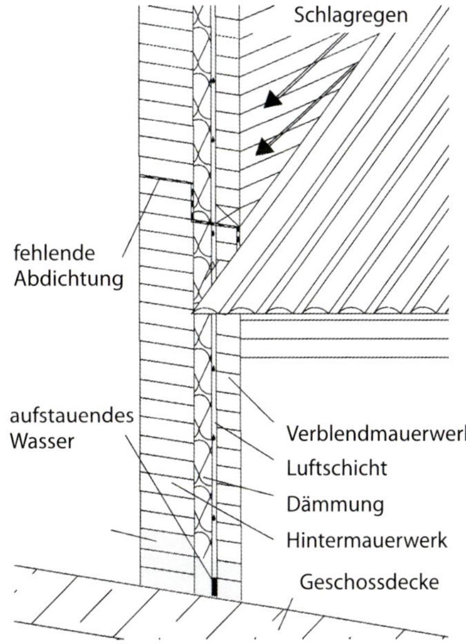

Abb. 6.47: Prinzipdetail

Die waagerechte Dichtstofffuge in Abb. 6.42 liegt in der Tasche des Klemmstreifens, der die waagerechte Flächenabdichtung der Dachterrasse an das aufgehende Bauteil Wand anschließt. Der obere Abschluss des Klemmstreifens soll regensicher sein. Diese Forderung wird zwar durch das Bauteil Klemmstreifen erfüllt, der Klemmstreifen ist jedoch um etwa 10 bis 20 mm zu hoch an der Verblendaußenschale angebracht worden, sodass sich im Istzustand eine Silikonbarriere entlang der Außenseite der Verblendschale bildet, die eine freie Entwässerung aus den offenen Stoßfugen heraus verhindert.

Innerhalb normaler Wandflächen oberhalb des Terrains funktioniert die Ausleitung des eingedrungenen Niederschlagswassers über Entwässerungsöffnungen auch regelmäßig. Anders verhält es sich mit Sonderbauteilen, wie Kellerniedergängen, Erkern, Wintergärten und Gauben, wenn die Entwässerung am Fußpunkt nicht sichergestellt ist. Es kommt dann zu einem Aufstau am unteren Ende der Luftschicht und zum ungezielten Feuchtigkeitsaustritt an beliebiger Stelle.

Im abgebildeten Kellerniedergang (siehe Abb. 6.43 bis 6.45) fehlen entsprechende Entwässerungsöffnungen in der Verblendschale am jeweils unteren Fußpunkt. Hier eintretendes Wasser, das an der Rückseite der Verblendschale zulässig abläuft, staut sich am Fußpunkt innerhalb der Schale an und drückt dann über die Fugen des Verblendmauerwerks sowohl nach außen als auch nach innen. Häufig bildet sich auch im Treppenhohlraum ein Anstau.

Das Funktionsprinzip des zweischaligen Mauerwerks gilt auch für den seitlichen Anschluss von Dachflächen an Erkerwangen entsprechend Abb. 6.46. Auch hier läuft die eingedrungene Feuchtigkeit planmäßig an der Rückseite der Verblendschale ungehindert nach unten ab und soll am Verblendfußpunkt wieder aus dem Konstruktionsquerschnitt herausgeleitet werden. Im abgebildeten Fall hätten derartige Öffnungen in der Verblendschale oberhalb der Dachfläche im Außenbereich sichtbar sein müssen. Tatsächlich kam es jedoch zum Aufstau des Wassers auf der Geschossdecke und anschließend zu Wanddurchfeuchtungen in dieser Höhe (siehe Abb. 6.47).

Mauerwerksquerschnittsabdichtungen

Vor der Abnahme müssen die Existenz und die Qualität der Mauerwerksquerschnittsabdichtungen überprüft werden.

Nach der aktuellen Fassung der Mauerwerksnorm DIN EN 1996-1-1/NA:2019-12 „Nationaler Anhang – National festgelegte Parameter – Eurocode 6: Bemessung und Konstruktion von Mauerwerksbauten – Teil 1-1: Allgemeine Regeln für bewehrtes und unbewehrtes Mauerwerk“ wird der Schutz des Mauerwerks vor Durchfeuchtungen durch eine Mauerwerksquerschnittsabdichtung sichergestellt, die der DIN 18533 in allen Teilen entsprechen muss:

„NCI zu 3.8.1 ‚Feuchtesperrschichten‘

(NA.2) Die Abdichtung ist nach DIN 18533 (alle Teile) auszuführen. Die waagerechte Abdichtung (Querschnittsabdichtung) muss aus besandeter Bitumendachbahn (R500 nach DIN EN 14967 in Verbindung mit DIN SPEC 20000-202), mineralischen Dichtungsschlämmen nach DIN 18533-3 oder Material mit gleichwertigem Reibungsverhalten bestehen, für das die jeweiligen Bestimmungen der Zulassungen gelten. (…)

NCI zu 8.7 ‚Feuchtesperrschichten‘

Absatz (1)P ist wie folgt zu ergänzen:

‚Dies kann bei Verwendung von besandeten Bitumendachbahnen (z. B. R500 nach DIN EN 14967 in Verbindung mit DIN SPEC 20000-202) oder mineralischen Dichtungsschlämmen nach DIN 18533-3 ohne weiteren Nachweis vorausgesetzt werden.‘“

DIN 1053-1:1996-11 „Mauerwerk – Teil 1: Berechnung und Ausführung“ als Vorgängerin der aktuell gültigen Normenreihe DIN EN 1996 enthielt noch die Angabe, dass die Querschnittsabdichtung bis zur vertikalen Oberfläche der Verblendschale heranzuführen ist:

„8 Bauteile und Konstruktionsdetails (…)

8.4. Außenwände (…)

8.4.3 Zweischalige Außenwände

8.4.3.1 Konstruktionsarten und allgemeine Bestimmungen für die Ausführung (…)

f) (…)

Die Dichtungsbahn für die untere Sperrschicht muss DIN 18195-4 entsprechen. Sie ist bis zur Vorderkante der Außenschale zu verlegen, an der Innenschale hochzuführen und zu befestigen.“

Die aktuelle DIN EN 1996 enthält diese Angabe nicht mehr in dieser konkreten Form, verweist aber mit der Änderung A1 auf Abbildungen 20 und 21 (siehe Abb. 6.48 und 6.49) der DIN 18533-1:2017-07 „Abdichtung von erdberührten Bauteilen – Teil 1: Anforderungen, Planungs- und Ausführungsgrundsätze“. Dort ist erkennbar, dass der äußere Rand der Querschnittsabdichtung aus der Verblendschale herausragt.

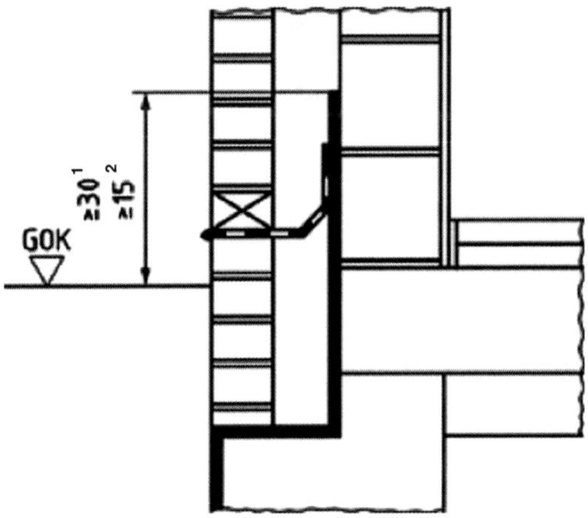

Maße in Zentimeter

1) Planmaß
2) Fertigmaß

Abb. 6.48: Beispiel Sockel, Gebäude unterkellert; Verblendschale, Entwässerung über GOK nach DIN 18533-1:2017-07, Bild 20

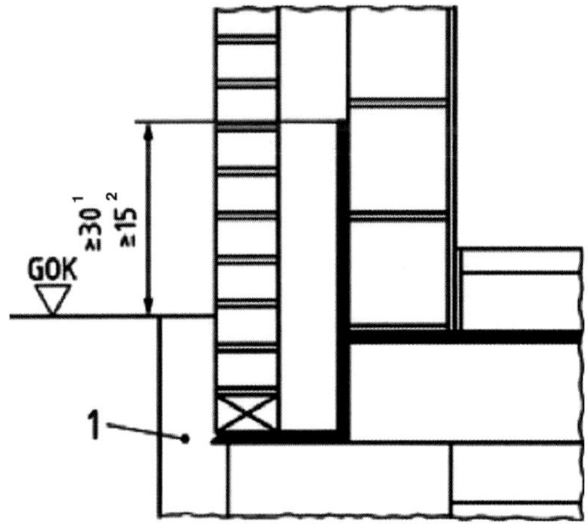

1 Dränschicht

Maße in Zentimeter

1) Planmaß
2) Fertigmaß

Abb. 6.49: Beispiel Sockel, Gebäude nicht unterkellert; Verblendschale, Entwässerung unter GOK nach DIN 18533-1:2017-07, Bild 21

DIN 18533-1:2017-07 „Abdichtung von erdberührten Bauteilen – Teil 1: Anforderungen, Planungs- und Ausführungsgrundsätze“:

„8 Planungsgrundsätze

8.8 Abdichtung an Wandsockeln sowie in und unter Wänden bei W4-E (...)

8.8.3 Abdichtung in und unter Wänden (Querschnittsabdichtung)

8.8.3.1 Allgemeines

Außenwände im Sockelbereich und Innenwände aus kapillar leitfähigen Baustoffen oder aus Baustoffen, die durch kapillar transportiertes Wasser geschädigt werden können, sind durch mindestens eine waagerechte Abdichtung (Querschnittsabdichtung) gegen aufsteigende Feuchte zu schützen, wenn sie auf kapillar leitfähigen Bauteilen gegründet sind (z. B. Streifenfundament oder nicht wasserundurchlässige Bodenplatte).

8.8.3.2 Verhalten unter Last

Die Querschnittsabdichtung ist so zu wählen, anzuordnen und auszuführen, dass die auf das Wandbauteil einwirkenden Lasten schadensfrei abgetragen werden. Bei seitlich durch Erddruck und ggf. durch hydrostatischen Druck beanspruchten Mauerwerkswandscheiben darf die Scherfestigkeit der mit der Querschnittsabdichtung versehenen Lagerfuge durch die Abdichtungslage nicht so weit vermindert werden, dass die Wand auf der Abdichtungslage gleitet. Es müssen Abdichtungsstoffe nach Tabelle 8, Zeile 1 bis 3 verwendet werden, deren ausreichende Scherfestigkeit durch langfristige Erfahrung oder labortechnische Prüfung belegt ist (siehe DIN EN 1996-1-1/NA). Bei nicht querschubbeanspruchten Wänden können auch Querschnittsabdichtungen nach Tabelle 8, Zeile 4 verwendet werden.

Abb. 6.50: Die Mauerwerksquerschnittsabdichtung endet 3 cm hinter der Außenoberfläche des Verblendmauerwerks. Sie bildet daher keine durchgehende Abdichtungslage.

Da die Scherfestigkeit der Lagerfuge wesentlich von der Auflast abhängig ist, sollte die Baugrubenverfüllung erst erfolgen, wenn die Wand ausreichend belastet ist und aussteifende Bauglieder (Decke, Querwände, Erdgeschosswände) eingebaut sind.

Ist es konstruktiv notwendig, zur Aufnahme von Horizontallasten Widerlager einzubauen, darf die Querschnittsabdichtung mit stufenförmigem Verlauf angeordnet werden.“

Entsprechend der DIN 18533-2:2017-07 „Abdichtung von erdberührten Bauteilen – Teil 2: Abdichtung mit bahnenförmigen Abdichtungsstoffen“ müssen bahnenförmige Abdichtungsstoffe eine durchgehende Abdichtungslage bilden. Dies gilt in Längsrichtung für die Stöße, aber auch in Querrichtung, d. h., die Bahn darf nicht mehrere Zentimeter von der Außenoberfläche des Mauerwerksquerschnitts entfernt enden (siehe Abb. 6.50):

„8 Planungsgrundsätze (...)

8.2 Abdichtung mit Bitumen- und Polymerbitumenbahnen und mit Metallbändern (...)

8.2.5 Wandsockel und Abdichtung in und unter Wänden bei W4-E (...)

8.2.5.2 Abdichtung in und unter Wänden (Querschnittsabdichtung) — MSB (...)

Die Auflagerflächen für die Bahn sind, falls erforderlich, mit dem jeweils verwendeten Mauermörtel so dick abzugleichen, dass Oberflächen ohne für die Bahn schädliche Unebenheiten entstehen.

Die Bahn muss eine durchgehende Abdichtungslage bilden. Die Bahnen müssen sich mindestens 20 cm überdecken. Bei zweischaligem Mauerwerk und Entwässerung unterhalb der Geländeoberfläche müssen die Stöße verklebt werden. (...)

8.3 Abdichtung mit Kunststoff- oder Elastomerbahnen (...)

8.3.5 Wandsockel und Abdichtung in und unter Wänden bei W4-E (...)

8.3.5.2 Abdichtung in und unter Wänden (Querschnittsabdichtung) — MSB (...)

Die Auflagerflächen für die Bahn sind, falls erforderlich, mit dem jeweils verwendeten Mauermörtel so dick abzugleichen, dass waagerechte Oberflächen ohne für die Bahn schädliche Unebenheiten entstehen.

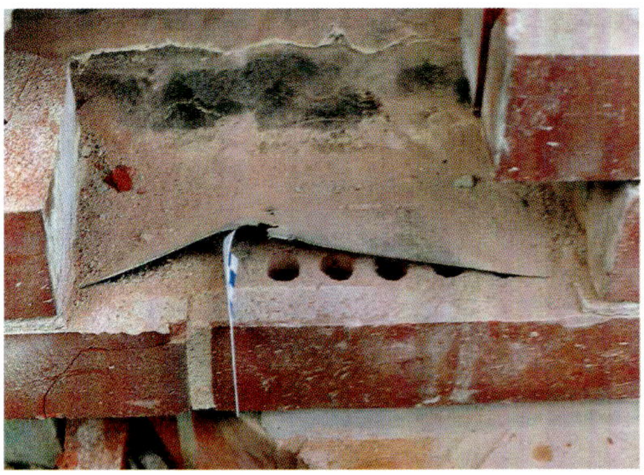

Abb. 6.51 bis 6.53: Trocken aufgelegte Z-Folie, die in die Lochung der Verblendsteine entwässert

Abb. 6.54 und 6.55: Trocken aufgelegte Z-Folie, die in die Lochung der Verblendsteine entwässert. In der Lochung ist stehendes Wasser anzutreffen.

Die Bahn muss eine durchgehende Abdichtungslage bilden. Die Bahnen müssen sich mindestens 20 cm überdecken. Bei zweischaligem Mauerwerk und Entwässerung unterhalb der Geländeoberfläche müssen die Stöße verklebt werden."

Danach sind die Abdichtungsbahnen auf einen Mörtelabgleich aufzulegen, damit keine Perforationen der Bahn unter der Belastung des oben aufstehenden Mauerwerks im Bereich von Kanten, Graten und Kieselspitzen des Zuschlagsstoffes entstehen können.

Abb. 6.56: Z-Folie als Mauerwerksquerschnittsabdichtung, die trocken auf dem darunterliegenden Verblendstein ohne Mörtelabgleich aufgelegt worden ist

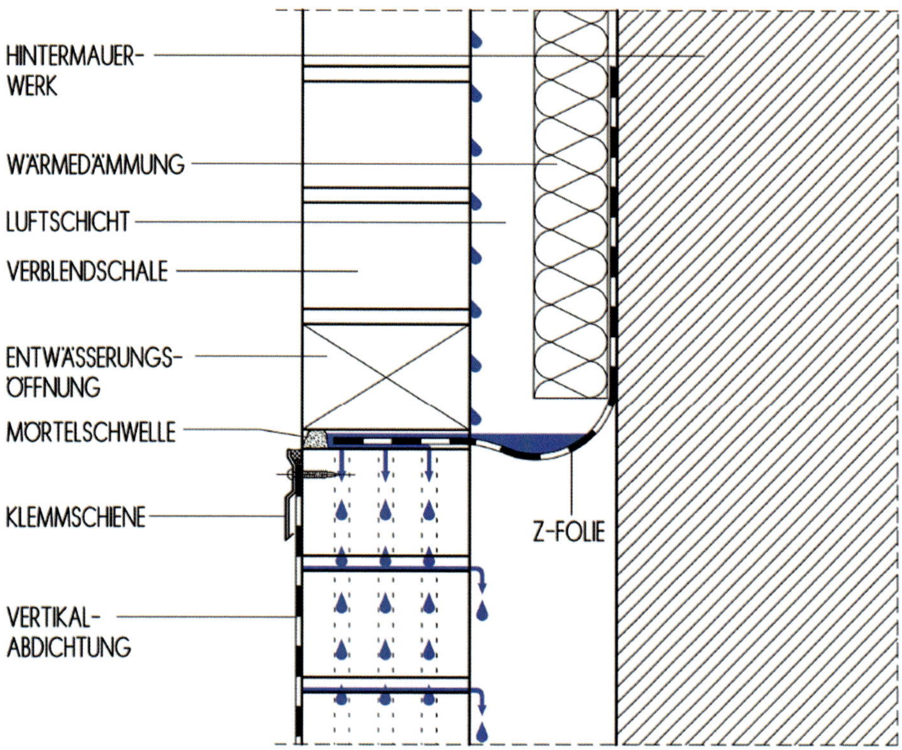

Abb. 6.57: Mörtelschwellen in den Stoßfugen, die als Entwässerungsöffnungen vorgesehen waren, in Verbindung mit einer Z-Folie, die nicht bis zur Außenseite des Verblendmauerwerks durchläuft, führen zu einem Aufstau des in den Schalenzwischenraum eingetretenen Wassers, das um den vorderen Folienrand herum unter die Abdichtungsebene gelangt.

Abb. 6.58: Zurückliegende Verfugung

Ohne einen Mörtelabgleich unterhalb der Mauerwerksquerschnittsabdichtung besteht das Risiko von Perforationen, weil sich spitze Scherben der Verblendsteine oder kleine Kiessteine unter der späteren Auflast der Wand durchstanzen können. Eine Mauerwerksquerschnittsabdichtung, die „trocken", ohne einen Mörtelabgleich, auf die darunterliegende Mauerwerksschicht aufgelegt worden ist, entspricht insoweit nicht den anerkannten Regeln der Technik (siehe Abb. 6.51 bis 6.57).

Verblendverfugung

Anlass zu Beanstandungen ist häufig auch die Qualität der nachträglichen Verblendverfugung. Bei nachträglicher Verfugung müssen die Fugen der Sichtflächen mindestens 15 mm tief flankensauber ausgekratzt und anschließend handwerksgerecht ausgefugt werden. Das beste Ergebnis wird erzielt, wenn der Fugenmörtel bei vorgenässtem Mauerwerk in einem etwas mehr als erdfeuchten Zustand mit der Fugenkelle unter festem Anpressdruck in die Fuge eingebügelt wird. So entsteht eine optimale Verdichtung an der Fugenoberfläche und damit eine möglichst geringe Porosität. Eine von der Steinoberfläche zurückspringende Fugenoberfläche führt verstärkt zu Ablagerungen von Staub und damit zu Verunreinigungen. Auch die Beanspruchung durch Schlagregen erhöht sich hierdurch. Günstig sind daher Fugen, die mit der Verblendsteinoberfläche bündig abschließen.

Ungünstig ist die um 10 mm zurückliegende Verfugung, weil sich auf der hervorstehenden Steinkante Niederschlagswasser ansammeln kann und zu einer Überbeanspruchung der Fuge sowie zur Moos- und Algenbildung führen kann. Bei der Verwendung von Lochsteinen liegen unmittelbar hinter der Fuge die Lochungen oben offen, sodass hier Wasser eindringen kann (siehe Abb. 6.58).

Abb. 6.59: Stark gegliederte Zierfassade

Abb. 6.60: Unsauber ausgeführte Fugenkanten bewirken in der Gesamtansicht eine unansehnliche Konturenwiedergabe.

Abb. 6.61: Unpräzise hergestellte Lagerfugen mit unsauberer Konturenführung

Abb. 6.62: Unebene Oberfläche des Fugennetzes

Auch durch die Detailplanung muss sichergestellt sein, dass eine handwerksgerechte Verfugung möglich ist. Stark gegliederte Fassaden bilden hierbei ein besonderes Ausführungsrisiko (siehe Abb. 6.59 bis 6.62).

6.4.7 Ausblühungen/Auslaugungen

Salzausblühungen

Sowohl in den Steinen als auch im Mörtel können Salze enthalten sein. Ausblühungen lassen sich in der Regel darauf zurückführen, dass das Mauerwerk während der Ausführung durchfeuchtet war und eingelagerte Salze dann in gelöster Form in den Kapillarporen auftreten. In der Austrocknungsphase kommt es zu einer Konzentration der Salze an der Grenzfläche zwischen dem Kapillarporensystem der Steine und/oder des Mörtels sowie der Luft mit der Folge, dass das Salz von der gelösten in die kristalline Phase übergeht und die sichtbaren und oft störenden weißen Erscheinungen auftreten.

DIN EN 771-1:2011-07 „Festlegungen für Mauersteine – Teil 1: Mauerziegel" sagt hierzu:

Abb. 6.63: Ausblühungen im Sockelmauerwerk

„Anhang B (informativ) Zusätzliche Angaben (…)

B.5 Ausblühungen und Verfärbungen

Ausblühungen an einem Bauwerk, die während des Austrocknens von feuchtem Mauerwerk auftreten, sind auf eine übermäßige Durchfeuchtung während der Herstellung oder auf ungenügenden Schutz und Konstruktionsfehler, die das Eindringen von Wasser in die fertige Konstruktion ermöglichen, zurückzuführen. Zusätzlich können lösliche Stoffe aus Mörtel oder angrenzendem Beton zu Ausblühungen und Verfärbungen beitragen.“

Der Schutz des Bauwerks und seiner Bauteile gegen Niederschlagswasser (früher: Tagewasser) ist seit jeher eine der Nebenvertragspflichten des Unternehmers und wird z. B. in der VOB/C ATV DIN 18299:2019-09 „Allgemeine Regelungen für Bauarbeiten jeder Art“ geregelt:

„0 Hinweise für das Aufstellen der Leistungsbeschreibung (…)

4 Nebenleistungen, Besondere Leistungen

4.1. Nebenleistungen

Nebenleistungen sind Leistungen, die auch ohne Erwähnung im Vertrag zur vertraglichen Leistung gehören (§ 2 Absatz 1 VOB/B).

Nebenleistungen sind demnach insbesondere:

4.1.10. Sichern der Arbeiten gegen Niederschlagswasser, mit dem normalerweise gerechnet werden muss, und seine etwa erforderliche Beseitigung.“

Diese war bereits in der Urausgabe der VOB/C von 1925 (VOB/C „Technische Vorschriften für Bauleistungen II Maurerarbeiten DIN 1963:1925-08“) enthalten:

„C Nebenleistungen

22. Durch die Preise des Angebotes sind folgende Nebenleitungen abgegolten: (…)

d) die Sicherung der Arbeiten gegen Tagewasser und dessen Beseitigung; (…)“

Sofern kurz nach Beendigung der Bauzeit Ausblühungen aus leicht löslichen Salzen entstehen (siehe Abb. 6.63), sind diese daher nur in begrenztem Umfang hinzunehmen. Sie lassen sich in der Regel mit einer Messingdrahtbürste abbürsten und erscheinen gewöhnlich nach der zweiten Witterungsperiode nicht mehr.

Abb. 6.64: Intensive Ausblühungen unmittelbar unterhalb der Entwässerungsöffnungen

Abb. 6.65: Die Z-Folie entwässert in die Lochkammern des Verblenders (Detailaufnahme).

Kalkauslaugungen, Gipsausblühungen

Hartnäckige gipshaltige Ausblühungen und kalkhaltige Ausschwemmungen aus den Mörtelfugen haben oft ihre Ursache in einem konstruktiv fehlenden oberen oder rückwärtigen Durchfeuchtungsschutz. Sie müssen nicht hingenommen werden.

Auch die falsche Lage der Entwässerungsöffnungen in Bezug auf die Sperrfolie innerhalb der Verblendschale führt zu einem Anstau von Wasser in der Kerndämm- oder Luftschicht. Das drückende Wasser gelangt dann durch die Fugen nach außen und transportiert dabei flüssige Kalkbestandteile bis zur Steinoberfläche. In Verbindung mit dem Kohlendioxid der Umgebungsluft bildet sich Calciumcarbonat, das zu festen Krusten verhärtet (siehe Abb. 6.64 und 6.65):

Calciumhydroxit + Kohlendioxid → Calciumcarbonat + Wasser

$Ca(OH)_2 + CO_2 \rightarrow CaCO_3 + H_2O$

6.4.8 Maßtoleranzen im Fugennetz

Das Wechselspiel zwischen Steinen und Fugen soll so beschaffen sein, dass Betrachter es als gleichmäßig und ansehnlich empfinden. Das trifft zu, wenn auch bautechnische Laien eine Regelmäßigkeit des Mauerwerksverbandes erkennen. Über die Zulässigkeit von Fugendicken oder -breiten wird nicht selten gestritten (siehe Abb. 6.66 bis 6.69).

Beispiel 1

Vom Auftraggeber wird beanstandet, dass die Stoßfugen überwiegend bis zu etwa 2 cm breit sind (siehe Abb. 6.70).

Wenn vertraglich nichts anderes vereinbart ist, gilt bei Mauerwerk mit Normalmauermörtel zunächst grundsätzlich der Inhalt der Bemessungsnorm DIN EN 1996-1-1:2013-02 „Eurocode 6: Bemessung und Konstruktion von Mauerwerksbauten – Teil 1-1: Allgemeine Regeln für bewehrtes und unbewehrtes Mauerwerk“, einschließlich des Nationalen Anhangs:

Abb. 6.66 und 6.67: Übergroße Stoß- und Lagerfugen bei Verblendmauerwerk durch handwerkliche Ungenauigkeiten

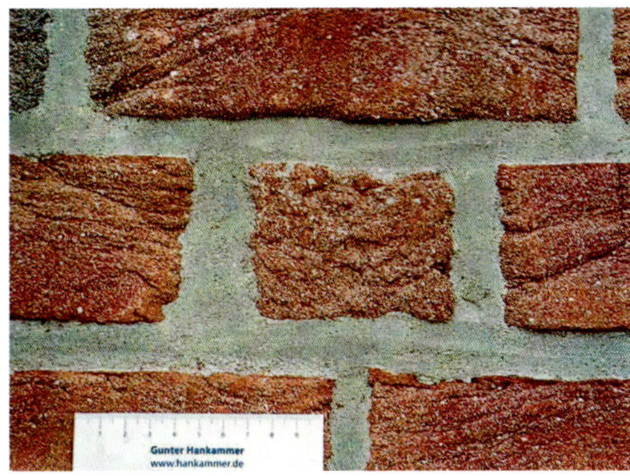

Abb. 6.68 und 6.69: Übergroße Stoß- und Lagerfugen bei Verblendmauerwerk mit ungenormten Steinabmessungen

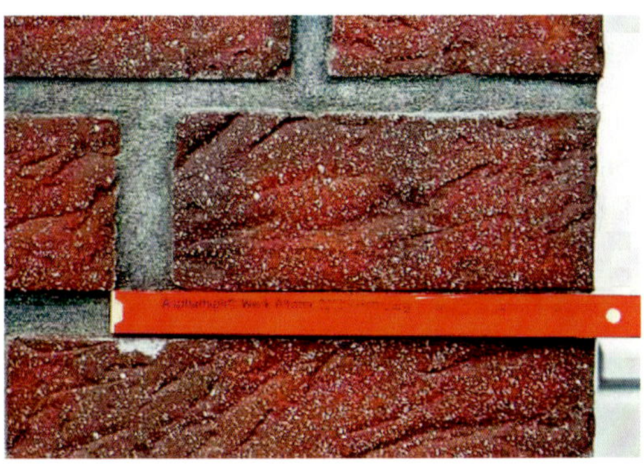

Abb. 6.70: Stoßfugen mit einer Breite von 2 cm

„8 Bauliche Durchbildung

8.1 Ausbildung von Mauerwerk (…)

8.1.5 Mörtelfugen

(1) Lager- und Stoßfugen aus Normalmörtel und Leichtmörtel sollten mindestens eine Istdicke von 6 mm, aber nicht mehr als 15 mm haben. Lager- und Stoßfugen aus Dünnbettmörtel sollten mindestens eine Istdicke von 0,5 mm aufweisen, aber nicht dicker als 3 mm sein.

ANMERKUNG: Fugen mit einer Dicke zwischen 3 mm und 6 mm dürfen aus speziell entwickeltem Mörtel im Einzelfall ausgebildet werden, wenn die Bemessung unter der Annahme von Normalmörtel erfolgte.

(2) Lagerfugen sollten stets horizontal ausgebildet werden, sofern vom Planer nichts anderes vorgegeben ist.

(3) Wenn Steine mit Mörteltaschen verwendet werden, muss beachtet werden, dass Mörtel auf der ganzen Steinhöhe und mindestens auf 40 % der Steinbreite vorhanden ist. Die Stoßfugen von auf Biegung und Schub beanspruchtem bewehrtem Mauerwerk sollten voll vermörtelt werden.“

DIN EN 1996-1-1/NA:2019-12 „Nationaler Anhang — National festgelegte Parameter – Eurocode 6: Bemessung und Konstruktion von Mauerwerksbauten – Teil 1-1: Allgemeine Regeln für bewehrtes und unbewehrtes Mauerwerk“:

„NCI zu 8.1.5 ‚Mörtelfugen‘

(NA.4) In der Regel sollten bei Verwendung von Normalmauermörtel oder Leichtmauermörtel die Lagerfugen 12 mm und die Stoßfugen (bei vermörtelten Stoßfugen) 10 mm dick sein. Bei Vermauerung der Steine mit Dünnbettmörtel muss die Dicke der Lagerfugen und der Stoßfugen (bei vermörtelten Stoßfugen) 1 mm bis 3 mm betragen.“

Die Bemessungsregeln der DIN EN 1996-1-1 führen unter konstruktiven Gesichtspunkten zu den in Tabelle 6.4 dargestellten Fugenabmessungen.

Tabelle 6.4: Soll-, Mindest- und Maximalmaße für Fugen nach DIN EN 1996-1-1:2013-02 und DIN EN 1996-1-1/NA:2019-12

Fuge	Quelle			
	DIN EN 1996-1-1/NA2019-12 NCI zu 8.1.5		DIN EN 1996-1-1:2013-02 Abschnitt 8.1.5	
	Sollmaß in mm		Mindestmaß in mm	Maximalmaß in mm
	Höhe	Breite		
Lagerfuge	12	–	6	15
Stoßfuge	–	10	6	15

Da die Fugen des Mauerwerks auch die Toleranzen der Steine ausgleichen müssen, kann sich bei der Beurteilung der Anmutung einer Verblendmauerwerkfassade eine abweichende Betrachtungsweise ergeben. Zu jedem Mauerstein gehört ein Koordinierungsmaß, das im Rahmen der Planung als festes Rastermaß für Mauerwerksbauten dient. Die Maßketten in den Ausführungszeichnungen müssen sich auf dieses Koordinierungsmaß als Teiler beziehen. Ansonsten würden bei Einhaltung der regulären Fugenbreiten und -höhen gestückelte Steine in Wänden erforderlich; damit würde die Einhaltung der Verbandsregeln unmöglich werden. Dem klassischen Mauerwerksbau liegt zum Beispiel das Oktametermaß zugrunde, bei dem sich das Achtelmeterraster mit 12,5 cm z. B. aus der Addition der regulären Steinbreite von 11,5 cm und der regulären einseitigen Fugenbreite von 1,0 cm ergibt.

Den Begriff des Koordinierungsmaßes regelt DIN EN 771-1:2015-08 „Festlegungen für Mauersteine – Teil 1: Mauerziegel“:

„3 Begriffe

Für die Anwendung dieses Dokuments gelten die folgenden Begriffe. (...)

3.7 Koordinierungsmaß

einem Mauerstein zugehörendes Maß einschließlich des Fugenmaßes und der Abmaße (...)“

Nennmaße ergeben sich bei Bauteilen mit Fugen aus dem Baurichtmaß abzüglich der Fugen gemäß DIN 4172:2015-09 „Maßordnung im Hochbau“:

„Vorbemerkung

Die Entwicklung des Bauwesens, besonders im Hochbau, erfordert eine Maßordnung als Bemessungsgrundlage für die gesamte Bauordnung. Durch sie wird die Anzahl der Größen von Baustoffen und Bauteilen verringert. Wenn nicht besondere Gründe die Wahl anderer Abmessungen erfordern, sind die Baunormzahlen der Maßordnung anzuwenden.

Maßordnung im Hochbau

3 Begriffe

Für die Anwendung dieses Dokuments gelten die folgenden Begriffe.

3.1 Baunormzahl

Zahl für Baurichtmaße und die daraus abgeleiteten Nennmaße für Einzel-, Rohbau- und Ausbaumaße

3.2 Baurichtmaß

zunächst theoretisches Maß und die Grundlage für die in der Praxis vorkommenden Baumaße

Anmerkung 1: zum Begriff: Baurichtmaße sind nötig, um alle Bauteile planmäßig zu verbinden.

3.3 Nennmaß

Maß, das zur Kennzeichnung von Größe, Gestalt und Lage eines Bauteils oder Bauwerks angegeben und/oder in Zeichnungen eingetragen wird

Anmerkung 1: zum Begriff: Nennmaße entsprechen bei Bauarten ohne Fugen den Baurichtmaßen (siehe Bild 1). Bei Bauarten mit Fugen ergeben sich die Nennmaße aus den Baurichtmaßen abzüglich der Fugen (siehe Bild 2).“

Das klassische Koordinierungsmaß der Steinbreite von 11,5 cm bzw. der Steinlänge von 24,0 cm wird aus der Fassung der DIN 4172:1955-07 „Maßordnung im Hochbau“ abgeleitet (vgl. Tabelle 6.5):

„Vorbemerkung

Die Entwicklung des Bauwesens, besonders im Hochbau, erfordert eine Maßordnung als Bemessungsgrundlage für die gesamte Bauordnung. Durch sie wird die Anzahl der Größen von Baustoffen und Bauteilen verringert. Wenn nicht besondere Gründe die Wahl anderer Abmessungen erfordern, sind die Baunormzahlen der Maßordnung anzuwenden.

Maßordnung im Hochbau

1 Begriffe

1.1 Baunormzahl

Baunormzahlen sind die Zahlen für Baurichtmaße und die daraus abgeleiteten Einzel-, Rohbau- und Ausbaumaße.

1.2 Baurichtmaß

Baurichtmaße sind zunächst theoretische Maße; sie sind aber die Grundlage für die in der Praxis vorkommenden Baumaße. Sie sind nötig, um alle Bauteile planmäßig zu verbinden.

1.3 Nennmaß

Nennmaß ist das Maß, das die Bauten haben sollen. Es wird in der Regel in die Bauzeichnungen eingetragen. Nennmaße entsprechen bei Bauarten ohne Fugen den Baurichtmaßen. Bei Bauarten mit Fugen ergeben sich die Nennmaße aus den Baurichtmaßen abzüglich der Fugen. (…)

5 Fugen und Verband

Bauteile (Mauersteine, Bauplatten usw.) sind so zu bemessen, dass ihre Baurichtmaße im Verband Baunormzahlen sind. Verbandsregeln, Verarbeitungsfugen und Toleranzen sind dabei zu beachten (…).“

Tabelle 6.5: Baurichtmaße nach DIN 4172:1955-07

Beispiel	Baurichtmaß in cm	Fuge in cm	Nennmaß in cm
Steinlänge	25	1,00	24,0
Steinbreite	25/2	1,00	11,5
Steinhöhe	25/3 und 25/4	1,23 und 1,05	7,1 und 5,2

Bei sonstiger Einhaltung der oktametrischen Baurichtmaße gemäß DIN 4172:1955-07 „Maßanordnung im Hochbau" wären damit die zulässigen Maßtoleranzen der Verblendziegelsteine maßgebend für die zulässigen Fugenbreiten.

In DIN 105-4:2019-01 „Mauerziegel – Teil 4: Keramikklinker" sind die zulässigen Abweichungen von den Soll-Maßen von Keramikklinkern angegeben:

„4 Anforderungen (...)

4.3 Maße

Die Soll-, Mindest- und Höchstmaße von Keramikklinkern sind in Tabelle 2 [vgl. Tabelle 6.6] *angegeben. Innerhalb der Lieferungen für ein Bauwerk dürfen sich die Maße der größten und kleinsten Keramikklinker höchstens um die in Tabelle 2 angegebene Maßspanne t unterscheiden."*

Tabelle. 6.6: Sollmaße, Grenzabmaße und zulässige Maßspanne nach DIN 105-4:2019-01, Tabelle 2

Abmessung[1)]	**Sollmaß in mm**	**Grenzabmaße in mm**	**zulässige Maßspanne *t* in mm**
Länge *l*	240	+5; −7	10
Breite *b*	115	±3	6
Höhe *h*	52	±2	3
	71		
	113	±3	4

[1)] Bei Keramikklinkern, die für nicht tragende Verblendschalen verwendet werden sollen und die nicht im Verband mit anderem Mauerwerk gemauert werden, dürfen hiervon abweichende Werkmaße, die jedoch in folgenden Bereichen liegen müssen, gewählt werden:
- Länge 190 mm ≤ l ≤ 490 mm;
- Breite 90 mm ≤ b ≤ 120 mm;
- Höhe 40 mm ≤ h ≤ 240 mm.

Bei Abweichung von den in der Tabelle angegebenen Sollmaßen sind die Grenzabmaße und Maßspannen sinngemäß einzuhalten (wie DIN 20000-301:2017-01, Tabelle 3).

Die zulässige Toleranzbreite ist also abhängig von dem sog. Nennmaß der Steine (geplantes Steinformat). Die Maßspanne bezeichnet den maximal zulässigen Unterschied zwischen dem größten und dem kleinsten Stein einer Lieferung. Die zulässigen Maßabweichungen für das Verblendmauerwerk NF haben z. B. folgende Werte:

Das Sollmaß beträgt: 240 mm × 115 mm × 71 mm,
das Kleinstmaß beträgt: 230 mm × 110 mm × 69 mm,
das Größtmaß beträgt: 245 mm × 120 mm × 73 mm.

Diese Werte werden in der Regel von allen gemessenen Steinen eingehalten. Als Folge wirtschaftlicher Erwägungen der Steinindustrie hat man in der Praxis überwiegend mit untermassigen Steinen zu rechnen.

Abb. 6.71: Ein Maueranschlagsmaß von 27 cm führt zu überbreiten Stoßfugen.

Abb. 6.72: Handwerklich unpräzise ausgeführte Gehrung einer diagonalen Erkerwange

Berücksichtigt man die zulässigen Maßabweichungen der Steine, ergeben sich daraus die in optischer Hinsicht zulässigen Toleranzen für die maximalen Stoßfugenbreiten wie folgt:

Koordinierungsmaß:	250 mm
abzüglich Sollstoßfugenbreite:	- 10 mm
= oktametrische Sollsteinlänge:	240 mm

Koordinierungsmaß:	250 mm
abzüglich Mindest-Steinlänge gemäß DIN EN 1996-1-1:	- 233 mm
= optisch zulässige Maximal-Stoßfugenbreite:	17 mm

Hieraus ergibt sich für das **Beispiel 1**, dass 1,7 cm breite Stoßfugen dann aus optischen Gründen keinen Regelverstoß darstellen, wenn das Steinmaß 23,3 cm beträgt und gleichzeitig planmäßig ein Oktameter-Rastermaß gefordert ist.

Für die **Lagerfugenhöhen** ergeben sich im Beispielfall die zulässigen Toleranzen wie folgt:

Koordinierungsmaß:	83,33 mm
abzüglich Soll Lagerfugenhöhe:	- 12,00 mm
= oktametrische Sollsteinhöhe:	71,33 mm

Koordinierungsmaß:	83,33 mm
abzüglich Mindeststeinhöhe:	- 69,00 mm
= optisch zulässige Maximalfugenhöhe:	14,33 mm

Beispiel 2

Die Mauerwerksabmessungen müssen vom Architekten nach dem Oktametermaß so gewählt werden, dass die Sollfugenbreite eingehalten werden kann. Das bedeutet, dass Wandvorlagen in Sichtmauerwerk nicht mit einem Maß von 27 cm geplant werden dürfen, weil dann bei sonstiger Einhaltung der Verbandsregeln und Verwendung von 24 cm langen Steinen in jeder zweiten Schicht eine überbreite Stoßfuge entsteht mit einer Breite von 27 cm – 24 cm = 3 cm (siehe Abb. 6.71 und 6.72).

6.4.9 Dehnungsfugen

Senkrechte Dehnungsfugen, insbesondere in Verblendschalen, die durch Sonneneinstrahlung größeren Temperaturschwankungen ausgesetzt sind, aber auch einer differierenden Feuchtebeanspruchung, reduzieren das Risiko unkontrollierter Risse. DIN EN 1996-2:2010-12-01 „Eurocode 6: Bemessung und Konstruktion von Mauerwerksbauten – Teil 2: Planung, Auswahl der Baustoffe und Ausführung von Mauerwerk" enthält zu den erforderlichen horizontalen Abständen vertikaler Dehnungsfugen folgende Angaben:

„2 Planungsgrundsätze (…)

2.3 Mauerwerk (…)

2.3.4 Dehnungsfugen

2.3.4.1 Allgemeines

(1) Um den Auswirkungen von Wärme- und Feuchtedehnung, Kriechen und Durchbiegung und den möglichen Auswirkungen von durch senkrechte oder seitliche Belastung verursachten internen Spannungen Rechnung zu tragen, sollten senkrechte und waagerechte Dehnungsfugen vorgesehen werden, damit das Mauerwerk nicht beschädigt wird.

(2) Bei der Anordnung der Dehnungsfugen sollte berücksichtigt werden, dass die Tragfähigkeit und Stabilität der Wand erhalten bleiben muss.

(3) Dehnungsfugen sollten unter Berücksichtigung folgender Punkte bemessen und angeordnet werden:

- *Art der Mauersteine unter Berücksichtigung ihrer charakteristischen Feuchtedehnung;*
- *Geometrie der Gebäudestruktur unter Berücksichtigung der Öffnungen, falls vorhanden, das Verhältnis der Ausfachungsflächen;*
- *Größenordnung der Verformungsbehinderungen;*
- *Verhalten des Mauerwerks unter Kurzzeit- oder Dauerbelastungen;*
- *Verhalten des Mauerwerks unter dem Einfluss von Wärme- und Klimabedingungen;*
- *Anforderungen an den Feuerwiderstand;*
- *Anforderungen an die Schall- und Wärmedämmung;*
- *Vorhandensein oder Nichtvorhandensein von Bewehrung.*

(4) Die Ausbildung der Dehnungsfugen sollte ermöglichen, dass sowohl umkehrbare als auch nicht umkehrbare Formänderungen aufgenommen werden können, ohne Schäden am Mauerwerk zu verursachen.

(5) Alle Dehnungsfugen sollten über die gesamte Dicke der Wand oder im Falle von zweischaligen Wänden durch die gesamte Dicke der Außenschale einschließlich aller Oberflächenbehandlungen verlaufen, sofern diese die Formänderung nicht aufnehmen können.

(6) Gleitebenen sollten so geplant werden, dass sich Teile der Konstruktion gegeneinander bewegen können, um Zug- und Scherspannungen in den benachbarten Bauteilen zu reduzieren.

(7) In Außenwänden sollten die Dehnungsfugen so geplant werden, dass gegebenenfalls vorhandenes Wasser ablaufen kann, ohne das Mauerwerk zu beschädigen oder in das Bauwerk einzudringen.

2.3.4.2 Abstände zwischen Dehnungsfugen

(1) Bei der Festlegung der horizontalen Abstände zwischen senkrechten Dehnungsfugen im Mauerwerk sollten die Art des Mauerwerks, der Mauersteine und des Mörtels sowie die besonderen Konstruktionsdetails berücksichtigt werden.

(2) Der horizontale Abstand zwischen den senkrechten Dehnungsfugen in nicht tragenden Außenwänden sollte nicht größer als lm sein.

ANMERKUNG: 1 Der am Ort der Verwendung geltende Wert für lm ist dem entsprechenden nationalen Anhang zu entnehmen. Die (…) Tabelle [vgl. Tabelle 6.7] *enthält empfohlene lm-Werte für unbewehrte nichttragende Wände. (…)*

ANMERKUNG: 2 Bei Wänden mit Lagerfugenbewehrung nach EN 845-3 darf ein größerer maximaler horizontaler Abstand zwischen den senkrechten Dehnungsfugen gewählt werden. Hinweise dazu können von den Herstellern der Lagerfugenbewehrung erhalten werden.

(3) Der Abstand der ersten senkrechten Fuge zu einer verformungsbehinderten Wandecke sollte nicht größer als lm/2 sein.

(4) Die Notwendigkeit von senkrechten Dehnungsfugen in unbewehrten tragenden Wänden sollte berücksichtigt werden.

ANMERKUNG: Für die Abstände werden keine empfohlenen Werte angegeben, da diese von den örtlichen Bautraditionen, der Deckenart und anderen Konstruktionsdetails abhängig sind.

(5) Die Anordnung der Dehnungsfugen sollte auf die Tragfähigkeit und Stabilität des tragenden Hintermauerwerks abgestimmt werden.

(6) Für die Festlegung der Abstände zwischen den waagerechten Dehnungsfugen in unbewehrten Verblendschalen oder in der unbewehrten, nichttragenden Außenschale einer zweischaligen Wand sind die Art und die Anordnung des Verankerungssystems zu berücksichtigen.“

Tabelle 6.7: Empfohlene maximale horizontale Abstände lm zwischen senkrechten Dehnungsfugen in unbewehrten nichttragenden Wänden nach DIN EN 1996-2:2010-12-01; EN 1996-2/AC:2009-09

Art des Mauerwerks	l_m in m
Ziegelmauerwerk	12
Kalksandsteinmauerwerk	8
Mauerwerk aus Beton (mit Zuschlägen) und Betonwerksteinen	6
Porenbetonmauerwerk	6
Natursteinmauerwerk	12

6.4.10 Verband

Häufig bei der Abnahme zu beanstanden und nicht hinnehmbar sind Abweichungen von den Verbandsregeln, wie DIN EN 1996-1-1:2013-02 „Eurocode 6: Bemessung und Konstruktion von Mauerwerksbauten – Teil 1-1: Allgemeine Regeln für bewehrtes und unbewehrtes Mauerwerk“ festlegt:

„8 Bauliche Durchbildung

8.1 Ausbildung von Mauerwerk

8.1.1 Mauerwerksbaustoffe

(1) P Mauersteine müssen für die Mauerwerksart, deren örtliche Lage und hinsichtlich der an das Mauerwerk gestellten Anforderungen an die Dauerhaftigkeit geeignet sein. Mörtel, Füllbeton und Bewehrung müssen auf die Steinart und die Anforderungen an die Dauerhaftigkeit abgestimmt sein.

(2) Mauermörtel für bewehrtes Mauerwerk sollte, wenn sich die Bewehrung in den Lagerfugen befindet, eine Druckfestigkeit f_m von mindestens 2 N/mm², anderenfalls von mindestens 4 N/mm² besitzen. (…)

8.1.4 Mauerwerksverband

8.1.4.1 Künstliche Steine

(1) P Mauersteine müssen im Verband mit Mörtel nach bewährten Regeln vermauert werden.

(2) P Mauersteine in einer unbewehrten Mauerwerkswand müssen schichtweise überbinden, sodass sich die Wand wie ein einziges Bauelement verhält.

(3) Bei unbewehrtem Mauerwerk aus Mauersteinen mit einer Höhe ≤ 250 mm sollte das Überbindemaß der Mauersteine mindestens das 0,4-Fache der Mauersteinhöhe oder mindestens 40 mm betragen. Der größere der beiden Werte ist maßgebend, siehe Bild 8.1

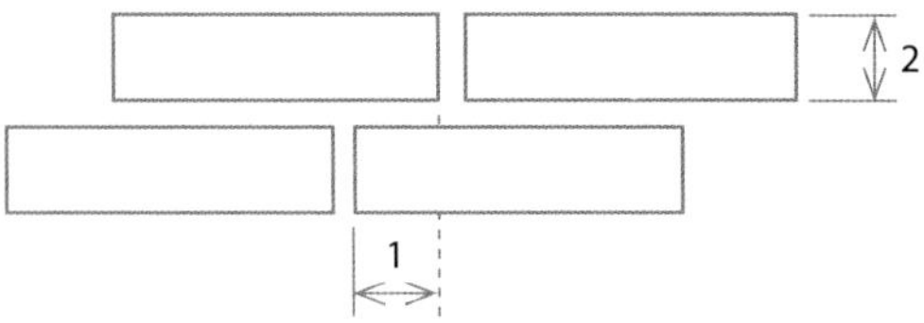

1 Überbindemaß
2 Steinhöhe h_u
- $h_u \leq 250$ mm: Überbindemaß $\geq 0{,}4\ h_u$ oder 40 mm; der größere Wert ist maßgebend
- $h_u < 250$ mm: Überbindemaß $\geq 0{,}2\ h_u$ oder 100 mm; der größere Wert ist maßgebend

Abb. 6.73: Überbindemaß von Mauersteinen nach DIN EN 1996-1-1:2013-02; EN 1996-1-1/AC 2009-07, Bild 8.1

[siehe Abb. 6.73]. *Für Mauersteine mit einer Steinhöhe > 250 mm sollte das Überbindemaß mindestens das 0,2-Fache der Mauersteinhöhe oder mindestens 100 mm betragen. An Ecken oder Wandeinbindungen sollte das Überbindemaß der Mauersteine nicht kleiner als die Steinbreite sein. Andernfalls sollten gekürzte Mauersteine verwendet werden, um das erforderliche Überbindemaß in der übrigen Wand zu erreichen.*

ANMERKUNG: Die Länge von Wänden und Pfeilern sowie die Größe von Öffnungen und Pfeilervorlagen sollten möglichst den Maßen der Mauersteine entsprechen, um übermäßiges Kürzen von Mauersteinen zu vermeiden.

4) Verbände, welche die Anforderungen an das Überbindemaß nicht erfüllen, dürfen bei bewehrtem Mauerwerk oder bei entsprechender Erfahrung bzw. aufgrund von Versuchsergebnissen angewendet werden.

ANMERKUNG: Bei bewehrtem Mauerwerk kann das Überbindemaß mit der Bemessung der Bewehrung bestimmt werden.

(5) Wenn nichttragende und tragende Wände aneinanderstoßen, sollten unterschiedliche Verformungen infolge Kriechen und Schwinden beachtet werden. Nicht im Verband gestoßene Wände sollten durch geeignete Verbindungsmittel, die unterschiedliche Verformungen ermöglichen, verbunden werden.

(6) Bei der starren Verbindung verschiedener Materialien sollte das unterschiedliche Verformungsverhalten der Materialien beachtet werden."

Wird die erforderliche Mindestüberbindelänge an einer Vielzahl von Stellen nicht eingehalten, liegt eine Abweichung von den anerkannten Regeln der Technik vor, da die notwendige Verzahnung fehlt, um der Wand in statischer Hinsicht eine „Scheibenwirkung" zu verleihen.

Ist vertraglich ein wilder Verband als optische Soll-Beschaffenheit vereinbart, müssen die Köpfe unregelmäßig in der Verblendfläche vermauert werden. Die Verbandsregeln für den wilden Verband sind in den für Mauerarbeiten einschlägigen Normen nicht aufgeführt. Sie zählen zu den nicht niedergeschriebenen anerkannten Regeln der Technik. Es handelt sich um die in Tabelle 6.8 aufgelisteten Einzelregeln.

Auf diese Weise ergibt sich nach Reichert (1994) die in Abb. 6.74 dargestellte Anmutung.

Das vollständige Fehlen dieser Köpfe führt zu einem ungewollt teilregelmäßigen Verband und stellt damit einen Mangel dar (siehe Abb. 6.75).

Tabelle 6.8: 11 goldene Verbandsregeln für den wilden Verband

Nr.	Kriterium	Regel
1	Anmutung des Verbands	unregelmäßig
2	Anmutung der Anordnung von Köpfen	willkürlich
3	übliche Anzahl von Köpfen	8 Köpfe/m²
4	nach Vereinbarung wahlweise Anzahl von Köpfen	4–16 Köpfe/m²
5	Versatz von Schicht zu Schicht	Viertelstein
6	maximale Anzahl von Abtreppungen in Schichtenfolge	5 Stück
7	maximale Anzahl von Läufern nebeneinander	5 Stück
8	Lage der Köpfe	nur auf Läufern
9	Mindestversatz der Köpfe in 2 Schichten	1½ Köpfe
10	Blockverbandstrukturen	nicht zulässig
11	Mindestabstand der Köpfe vertikal übereinander	5 Schichten

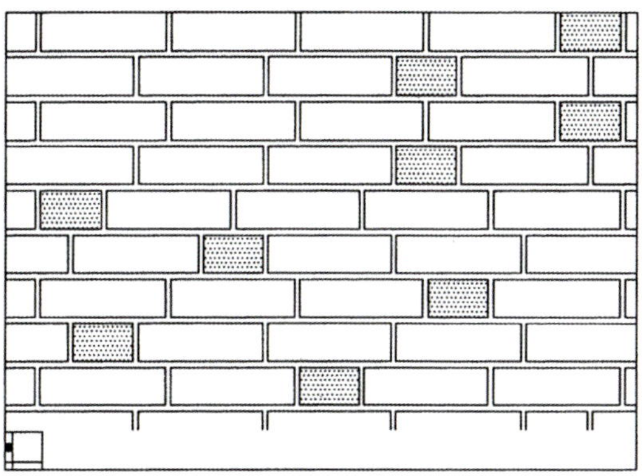

Abb. 6.74: Wilder Verband (Quelle: Reichert, 1994)

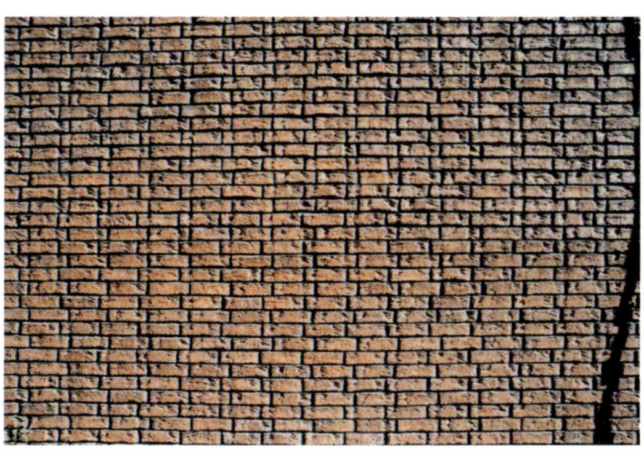

Abb. 6.75: Regelmäßiger Verband. Beauftragt war ein wilder Verband; es fehlen die Köpfe.

6.4.11 Drahtanker

Gemäß DIN EN 1996-1-1/NA:2019-12 „Nationaler Anhang – National festgelegte Parameter – Eurocode 6: Bemessung und Konstruktion von Mauerwerksbauten – Teil 1-1: Allgemeine Regeln für bewehrtes und unbewehrtes Mauerwerk" beträgt der Abstand der Drahtanker von der Innenkante der Außenschale mindestens 50 mm und von der Außenkante der Außenschale mindestens 30 mm:

„NCI zu 3.8.1 ‚Feuchtesperrschichten'

(NA.2) Die Abdichtung ist nach DIN 18533 (alle Teile) auszuführen. Die waagerechte Abdichtung (Querschnittsabdichtung) muss aus besandeter Bitumendachbahn (R500 nach DIN EN 14967 in Verbindung mit DIN SPEC 20000-202), mineralischen Dichtungsschlämmen nach DIN 18533-3 oder Material mit gleichwertigem Reibungsverhalten bestehen, für das die jeweiligen Bestimmungen der Zulassungen gelten.

(…)

NCI zu 7.2 ‚Unbewehrte Mauerwerkswände'

(NA.6) Die Gebrauchstauglichkeit gilt als erfüllt, wenn der Nachweis im Grenzzustand der Tragfähigkeit geführt wurde und wenn die Absätze (NA.7) bis (NA.10) unter Annahme eines linear-elastischen Werkstoffgesetzes eingehalten sind. Wurde der entsprechende Nachweis im Grenzzustand der Tragfähigkeit mit den vereinfachten Berechnungsmethoden nach DIN EN 1996-3 geführt, darf die Gebrauchstauglichkeit ohne weiteren Nachweis als erfüllt angesehen werden.

(…)

Zu 8 ‚Bauliche Durchbildung'

(…)

NCI zu 8.5.1.1 ‚Allgemeines'

(NA.5) Nicht tragende Wände müssen auf ihre Fläche wirkende Lasten auf tragende Bauteile, z. B. Wand- oder Deckenscheiben, abtragen.

(NA.6) Bei der Dachdecke ist möglicher Rissbildung im Mauerwerk und Putz durch geeignete Maßnahmen, z. B. Fugenausbildung, konstruktive Zentrierung durch weichen Randstreifen, Kantennut, Kellenschnitt, o. Ä. mit entsprechender Ausbildung der Außenhaut, entgegenzuwirken.

(NA.7) Die Auflagertiefe der Decken muss mindestens t/3 + 40 mm der Wanddicke t und darf nicht weniger als 100 mm betragen.

(…)

NDP zu 8.5.2.2 (2) ‚Zweischalige Wände mit Luftschicht und zweischalige Wände mit Vorsatzschale'

Die Mauerwerksschalen sind durch Anker nach allgemeiner bauaufsichtlicher Zulassung aus nicht rostendem Stahl oder durch Anker nach DIN EN 845-1 aus nicht rostendem Stahl, deren Verwendung in einer allgemeinen bauaufsichtlichen Zulassung geregelt ist, zu verbinden. Für Drahtanker, die in Form und Maßen Bild NA.9 [siehe Abb. 6.77] *entsprechen, gilt:*

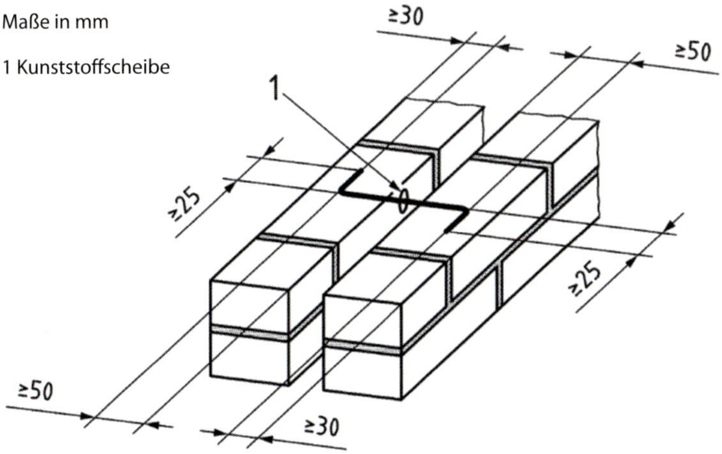

Abb. 6.76: Drahtanker für zweischalige Außenwände nach DIN EN 1996-1-1/NA:2019-12, Bild NA.9

Abb. 6.77: Der Drahtanker ist an der Fugenoberfläche sichtbar.

- *vertikaler Abstand höchstens 500 mm;*
- *horizontaler Abstand höchstens 750 mm;*
- *lichter Abstand der Mauerwerksschalen höchstens 150 mm;*
- *Durchmesser: 4 mm;*
- *Normalmauermörtel mindestens der Mörtelklasse M5;*
- *Mindestanzahl: siehe Tabelle NA.19;*

sofern in der Zulassung für die Drahtanker nichts anderes festgelegt ist.

(...)

Die Ausführungsbestimmungen nach DIN EN 1996-2:2010-12, 3.5.1, sind besonders zu beachten.

Die Drahtanker sind unter Beachtung ihrer statischen Wirksamkeit so auszuführen, dass sie keine Feuchte von der Außen- zur Innenschale leiten können (z. B. Aufschieben einer Kunststoffscheibe, siehe Bild NA.9 [siehe Abb. 6.76]*).*"

Sichtbar verbleibende Drahtanker stellen einen Mangel dar, weil die Druckkräfte von der Schale nicht aufgenommen werden können (siehe Abb. 6.77).

Abb. 6.78: Wärmebrücke unterhalb des Fensters durch horizontale Lücke der Wärmedämmung

6.4.12 Wärmebrücken

Wärmebrücken in dem Außenwandquerschnitt entstehen bauablaufbedingt oft an den Schnittstellen mehrerer Gewerke (siehe Abb. 6.78). Die Wärmedämmung wird beim Aufmauern der Verblendschale hergestellt. Die Fensteröffnungen bleiben ausgespart bis zum Einbau der Fensterelemente. Ist der Einbau erfolgt, verbleibt eine klaffende Fuge zwischen der Blendrahmenunterkante und dem oberen Ende der Dämmschicht im Brüstungsbereich. Selten erfolgt hier eine Nachbesserung vor oder während der Fensterbankmontage. Regelmäßig entsteht dann im Zusammenwirken der Nachfolgegewerke ein Kontakt zwischen der Außenfensterbank und der Innenfensterbank über das jeweilige Mörtelbett. Mit Beginn der Nutzung entsteht dann ein Tauwasserausfall am Untergurt des Blendrahmens und im Bereich des Fensterbankleibungsanschlusses.

6.4.13 Stürze

Verblendstürze

Verblendstürze können bei kurzen Spannweiten als scheitrechte Bögen gemauert werden. Aus optischen Gründen und zur Verbesserung der Gewölbewirkung sollten handwerklich gemauerte Grenadierstürze einen Stich (Aufwölbung nach oben) und geneigte Leibungsanschlüsse erhalten. Werden Veblendfertigteilstürze verwendet, muss ein statischer Nachweis vorliegen. Insbesondere muss hieraus oder aus der Typenzulassung erkennbar sein, welche Auflagerreaktionen zu erwarten sind und ob die Anschlussfuge im Auflagerbereich elastisch ausgebildet werden muss. Besteht eine kraftschlüssige Verankerung mit der tragenden Schale, folgt der Verblendsturz in „Solidargemeinschaft“ der Durchbiegungsverformung des Hintermauerwerksturzes. Sofern es dann gleichzeitig in der Verblendschale oberhalb zu einer selbstständigen Gewölbewirkung kommt oder dort Abfangkonsolen vorhanden sind, entsteht bei starrer Verfugung ein Horizontalriss oberhalb des Sturzes. Vorbeugend muss bei diesen Konstruktionen eine elastische Fuge vorgesehen werden, die unauffällig besandet werden kann.

Vorgespannte Flachstürze

Die Verwendung von handelsüblichen vorgespannten Flachstürzen im Hintermauerwerk bedingt die Einhaltung der Herstellervorschriften hinsichtlich der Auflagerlänge. Die statisch wirksame Druckzone wird erst vor Ort durch die Übermauerung gebildet. Daher muss an dieser Stelle auf druckfestes Mauerwerk z. B. durch Verfüllen der Stoß-

Abb. 6.79: Die mindestens erforderliche Auflagertiefe von 11,5 cm wird deutlich unterschritten.

Abb. 6.80: Fertigsturz ohne wirksame Druckzone, weil die Stoßfugen in der Sturzübermauerung fehlen

Abb. 6.81: Unzulässige Auflage von Flachstürzen auf Winkelverbindern

fugen geachtet werden. Versagt die Druckzone, ist der Flachsturz allein statisch nicht mehr tragfähig (siehe Abb. 6.79 bis 6.81).

Gemäß „Richtlinie für die Bemessung und Ausführung von Flachstürzen" (berichtigte Fassung Juli 1979) gilt:

„*5. Herstellung der Druckzone*

5.1 Die Druckzone ist aus Mauerwerk im Verband mit vollständig gefüllten Stoß- und Lagerfugen oder aus Beton einer Festigkeitsklasse von mindestens B 15 bzw. LB 15 oder aus Mauerwerk und Beton herzustellen.

5.2 Für die Druckzone aus Mauerwerk dürfen Voll- oder Hochlochziegel A nach DIN 105, Kalksand-, Voll- und Lochsteine nach DIN 106 und Vollsteine aus Leichtbeton nach DIN 18152 mit einer Druckfestigkeit von mindestens 15 N/mm² verwendet werden.

Hochlochziegel mit versetzten oder diagonal verlaufenden Stegen dürfen nur verwendet werden, wenn ihre Druckfestigkeit mindestens 25 N/mm² beträgt und der Querschnitt keine Griffschlitze aufweist. Der Mauermörtel muss mindestens eine Druckfestigkeit von 2,5 N/mm² (entspr. Mörtelgruppe II nach DIN 1053, Teil 1) aufweisen. (…)

7. Einbau der Flachstürze (…)

7.2 Die Zuggurte sind am Auflager in ein Mörtelbett zu verlegen. Die Tiefe des Auflagers muss mindestens 11,5 cm betragen."

6.4.14 Rollschichten als Fenstersohlbänke

Rollschichten sind als Fenstersohlbänke nur bedingt geeignet. Rollschichten haben einen hohen Fugenanteil und der Fugenmörtel ist vielfach wasserdurchlässig. Die Folge ist das Eindringen von Wasser, das nach DIN EN 1996-2/NA:2012-01 „Nationaler Anhang – National festgelegte Parameter – Eurocode 6: Bemessung und Konstruktion von Mauerwerksbauten –Teil 2: Planung, Auswahl der Baustoffe und Ausführung von Mauerwerk“ zu verhindern ist:

„NCI zu 2.3.1 ‚Konstruktionsdetails‘ (…)

(NA.2) Unmittelbar der Witterung ausgesetzte, waagerechte und leicht geneigte Mauerwerksflächen, wie z. B. Mauerkronen, Schornsteinköpfe, Brüstungen, sind durch geeignete Maßnahmen (z. B. Abdeckung, Tropfkante) so auszubilden, dass Wasser nicht eindringen kann.“

Eine normative Festlegung für die Neigung von Fensterbänken besteht nicht.

6.4.15 Mörtelfugen

Linear verlaufende Risse im Putz markieren oft die Lager- und Stoßfugen des Mauerwerks aus großformatigen Steinen. Häufig wären die Risse vermeidbar gewesen, wenn die Lagerfugen des Mauerwerks in ausreichender Dicke und in gesamter Steinbreite hergestellt worden wären. Der Auftrag des Lagerfugenmörtels bei Dünnbettmörtel muss mit geeignetem Gerät erfolgen, die Dicke der fertigen Lagerfuge soll 1 bis 3 mm (siehe Abb. 6.82 bis 6.84) betragen. Eine Ausnahme bilden gemäß den „Praxistipps für die Ausführung von Mauerwerk“ (Zentralverband des Deutschen Baugewerbes [ZDB] und Deutsche Gesellschaft für Mauerwerksbau [DGfM], 2013) die Lagerfugen der Ausgleichsschicht (Kimmschicht), deren Dicke bis zu 3 cm, vereinzelt höchstens 5 cm betragen darf (siehe Abb. 6.85):

„6 Mauerwerk mit Dünnbettmörtel (Dünnbettmauerwerk)

6.1 Vorbehandeln und Verlegen der Mauersteine

Die Steinflächen sollen vor dem Mörtelauftrag gereinigt (abgekehrt) werden, um eine vollständige Mörtelhaftung zu erreichen. Ansonsten gelten die Ausführungen in Abschnitt 5.1 sinngemäß.

6.2 Anlegen der Ausgleichsschicht bzw. Kimmschicht

Bei Dünnbettmauerwerk müssen die unvermeidlichen Unebenheiten des Wandauflagers (Betondecke, Betonfundament) durch eine gesonderte Mörtelschicht ausgeglichen werden, da die Dünnbettfuge dafür nicht dick genug ist. Für diese Ausgleichsschicht ist Normalmörtel der Gruppe III zu verwenden.

Die Ausgleichsschicht soll im Mittel nicht dicker als 3 cm, an einzelnen Stellen höchstens 5 cm dick, sein.

Vor dem Aufmauern muss der Mörtel der Ausgleichsschicht ausreichend erhärtet sein; dies ist in der Regel nach einem Tag der Fall. Ggf. sind zum Höhenausgleich sogenannte Kimmsteine (Kimmschicht) erforderlich. Beim Verlegen der Kimmsteine und der Folgeschichten ist auf ein ausreichendes Überbindemaß zu achten, s. Bilder 6.2-1 bis 6.2-5.

6.3 Mörtelherstellung, Mörtelauftrag, Lagerfugen, Stoßfugen (…)

Abb. 6.82 und 6.83: Die mindestens erforderliche Lagerfugendicke von 1 mm wird unterschritten.

Abb. 6.84: Zwischen den einzelnen Mauerschichten besteht kein Kontaktschluss durch die Lagerfuge des Mauerwerks. Ein Zollstock lässt sich von beiden Seiten bis zu 11,5 cm in die Fuge einschieben.

Abb. 6.85: Die maximal zulässige Dicke der Lagerfuge einer Kimmschicht von 5 cm wird stellenweise überschritten.

Der Mörtel ist so auf die Lagerfläche – ggf. auch auf die Stoßfläche – der Mauersteine aufzutragen, dass nach dem Aufsetzen der Mauersteine die gesamte Stein-Lagerfläche (bei Lochsteinen die Stegfläche) mit Mörtel bedeckt ist. Der Mörtel ist so dick aufzutragen, dass sich nach dem Verlegen der Mauersteine die vorgeschriebene Dicke der Lagerfläche und ggf. der Stoßfläche von 1 mm bis 3 mm ergibt.

Hinweis: Wegen der unvermeidbaren Maßtoleranzen der Plansteine und möglicher Verlegeungenauigkeiten sind vereinzelte Fugendicken im Bereich von 0,5 mm bis 3,5 mm tolerierbar, wenn die vorgeschriebenen Fugendicken von 1 mm bis 3 mm im Mittel eingehalten werden.

Der Mörtelauftrag erfolgt mit dem Mörtelschlitten oder der Zahnkelle. Bei Planziegel-Mauerwerk kann der Mörtelauftrag

- *durch Tauchen der Ziegel in Dünnbettmörtel,*
- *aus einem Behälter über eine Rolle,*
- *mit Mörtelschlitten, und zwar mit Gewebeeinlage (regional), oder*
- *mit einem besonderen Dünnbettmörtel, der eine vollflächige Mörtelschicht (‚Mörteldeckel') bildet,*

erfolgen."

6.4.16 Schlitze und Aussparungen

Schlitze und Aussparungen können die Tragfähigkeit von Mauerwerkswänden erheblich beeinträchtigen. In der Regel ist hierfür ein Tragfähigkeitsnachweis erforderlich. Für Schlitze und Aussparungen ohne statischen Nachweis sind enge Grenzen gesetzt. Einschlägig hierfür ist das DGfM-Merkblatt „Schlitze und Aussparungen" (Deutsche Gesellschaft für Mauerwerks- und Wohnungsbau e. V. [DGfM], Zentralverband Deutsches Baugewerbe [ZDB], 2015):

„*3 Tragende Wände*

3.1 Ohne Nachweis zulässige Schlitze und Aussparungen

3.1.1 Horizontale und schräge Schlitze

Durch horizontale und schräge Schlitze treten in der Wand erhebliche Exzentrizitäten (Ausmittigkeiten) auf. Ohne rechnerischen Nachweis sind horizontale und schräge Schlitze bereits ab einer Wanddicke von 175 mm zulässig. Die Schlitze dürfen nach Tabelle 1 [vgl. Tabelle 6.9], *Fußnote a* [vgl. Fußnote 1)] *nur einseitig in einem Bereich von ≤ 0,4 m ober- oder unterhalb der Rohdecke angeordnet werden (Bilder 2 und 3).*"

Tabelle 6.9: Zulässige Tiefe horizontaler und schräger Schlitze im Mauerwerk ohne statischen Nachweis nach Merkblatt „Schlitze und Aussparungen" (Deutsche Gesellschaft für Mauerwerks- und Wohnungsbau e. V. [DGfM], Zentralverband Deutsches Baugewerbe [ZDB], 2015)

Wanddicke in mm	maximale Schlitztiefe $t_{ch,ha}$ in mm	
	unbegrenzte Länge	Länge ≤ 1.250 mm[2)]
115–149	–	–
150–174	–	0[3)]
175–239	0[3)]	25
240–299	15[3)]	25
> 300	20[3)]	30

1) Horizontale und schräge Schlitze sind nur zulässig in einem Bereich ≤ 0,4 m ober- oder unterhalb der Rohdecke sowie jeweils an einer Wandseite. Sie sind nicht zulässig bei Lochziegeln.

2) Mindestabstand in Längsrichtung von Öffnungen ≥ 490 mm, vom nächsten Horizontalschlitz zweifache Schlitzlänge

3) Die Tiefe darf um 10 mm erhöht werden, wenn Werkzeuge verwendet werden, mit denen die Tiefe eingehalten werden kann. Bei der Verwendung solcher Werkzeuge dürfen auch in Wänden ≥ 240 mm gegenüberliegende Schlitze mit jeweils 10 mm Tiefe ausgeführt werden.

Auch die DAfM-Richtlinie Nr. 2 „Schlitze und Aussparungen in Mauerwerk" (Deutscher Ausschuss für Mauerwerk e. V. [DAfM], 2020) beschreibt zulässige Schlitze:

„*3 Tragende Wände aus Mauerwerk*

3.1 Ohne Nachweis zulässige Schlitze und Aussparungen in Mauerwerk

3.1.1 Allgemeines

Der Standsicherheitsnachweis eines Gebäudes wird in der Regel zu einem Zeitpunkt geführt, an dem der Verlauf der zur Erstellung von haustechnischen Anlagen erforderlichen

Leitungen noch nicht festgelegt ist. In DIN EN 1996-1-1/NA [1l], Tabellen NA.20 [vgl. Tabelle 6.11] *und NA.21* [vgl. Tabelle 6.10] *sind Grenzwerte für Schlitze und Aussparungen in Mauerwerk angegeben, bei deren Einhaltung ein gesonderter Nachweis der Standsicherheit der geschlitzten Wände entfallen kann. Bei Überschreiten dieser Grenzwerte sind die Schlitze beim statischen Nachweis nach DIN EN 1996-1-1/NA [11] zu berücksichtigen.*

Die Tabellen der Norm mit den angegebenen Grenzwerten und Bedingungen sind nicht in allen Fällen leicht verständlich, sodass diese nachfolgend anhand von Skizzen und Diagrammen erläutert werden. (…)

Bei horizontalen und schrägen Schlitzen in Mauerwerk wird in Tabelle 1 [vgl. Tabelle 6.10] *davon ausgegangen, dass diese nachträglich hergestellt werden. Es wird zwischen Schlitzen mit Schlitzlänge ≤ 1.250 mm (Tabelle 1* [vgl. Tabelle 6.10], *Spalte 2: vgl. Bild 2) und Schlitzen mit Schlitzlänge > 1250 mm (Tabelle 1* [vgl. Tabelle 6.10], *Spalte 3: vgl. Bild 3) unterschieden. Für beide Fälle sind unterschiedliche Schlitztiefen zulässig. Bei einer Begrenzung der Schlitzlänge auf 1.250 mm dürfen größere Schlitztiefen ausgeführt werden. Diesen Festlegungen liegt – unter Einbeziehung der Fußnote 2) in Tabelle 1* [vgl. Tabelle 6.10] *– folgendes Tragmodell zugrunde:*

Zwischen den Schlitzen mit begrenzter Schlitzlänge (Mindestabstand: zweifache Schlitzlänge) und in Bereichen zwischen Horizontalschlitzen und Öffnungen (Breite > 490 mm) bilden sich Pfeiler mit ungeschwächtem Querschnitt aus, dazwischen sind geschwächte Wandquerschnitte mit Restwanddicken von 150 mm (bei t = 175 mm) bis 335 mm (bei t = 365 mm) vorhanden. Die Querschnittsschwächung im Schlitzbereich liegt – in Abhängigkeit von der Wanddicke – zwischen 15 % (t = 175 mm) und 8 % (t = 365 mm). Durch Überlagerung von geschwächten und ungeschwächten Wandabschnitten darf der nur sehr

Tabelle 6.10: Zulässige Tiefe horizontaler und schräger Schlitze in Mauerwerk ohne statischen Nachweis nach DIN EN 1996-1-1/NA, Tabelle NA.21

Wanddicke *t* in mm	**maximale Tiefe t_{ch} horizontaler und schräger Schlitze in mm**[1]	
	Schlitzlänge ≤ 1.250 mm[2]	**Schlitzlänge > 1.250 mm**
115–149	–	–
150–174	0[3]	–
175–239	25	0[3]
240–299	25	15[3),4]
≥ 300	30	20[3),4]

[1] Bezogen auf die Rohdecke dürfen horizontale und schräge Schlitze in Mauerwerk nur in einem Bereich ≤ 400 mm oberhalb und unterhalb (der Rohdecke) und nur auf einer Wandseite angeordnet werden.

[2] Zu Öffnungen muss ein Mindestabstand in Längsrichtung von 490 mm eingehalten werden. Zueinander müssen die Schlitze in Mauerwerk einen Mindestabstand in Längsrichtung in Höhe der zweifachen Schlitzlänge einhalten.

[3] Werden die Schlitze in Mauerwerk mit „Präzisionswerkzeug" hergestellt (exakte Einhaltung der Schlitztiefe), so kann die Schlitztiefe 10 mm tiefer ausgeführt werden.

[4] Werden die Schlitze in Mauerwerk mit „Präzisionswerkzeug" hergestellt (exakte Einhaltung der Schlitztiefe), dürfen auf beiden Seiten der Wand sich gegenüberliegende Schlitze mit einer Schlitztiefe ≤ 10 mm ausgeführt werden.

Tabelle 6.11: Zulässige vertikale Schlitze und Aussparungen in Mauerwerk ohne statischen Nachweis nach DIN EN R96-1 -1/NA, Tabelle NA.20

Wanddicke t in mm	**vertikale Schlitze und Aussparungen in Mauerwerk ...**					
	... hergestellt bei der Erstellung des gemauerten Verbands				**... nachträglich hergestellt[1]**	
	verbleibende Mindestwanddicke in mm	**maximale Breite bzw. Gesamtbreite[2] in mm**	**Mindestabstand der vertikalen Schlitze und Aussparungen ...**		**maximale Tiefe[3] t_{ch} in mm**	**maximale Breite[3] in mm**
			... zu Öffnungen	**... zueinander**		
115–149	–	–			10	100
150–174	–	–			20	100
175–199	115	260			30	100
200–239	115	300	≥ zweifache Schlitzbreite bzw. ≥ 240 mm	≥ Schlitzbreite	30	125
240–299	115	385			30	150
300–364	175	385			30	200
≥ 365	240	385			30	200

[1] Der Abstand von Schlitzen und Aussparungen zu Öffnungen muss mindestens 115 mm betragen bzw. z. B. bei Öffnungen für Fenster mindestens die Dübel-Setztiefe.

[2] Die „maximale Breite" gemäß den Spalten 3 und 7 gilt für einzelne vertikale Schlitze und Aussparungen. Die „Gesamtbreite" gemäß Spalte 3 darf – je 2 m Wandlänge – die Summe der Schlitzbreiten von mehreren (schmaleren) vertikalen Schlitzen und Aussparungen gemäß den Spalten 3 und 7 nicht überschreiten.
Bei geringeren Wandlängen als 2 m sind die Werte in Spalte 3 proportional zur Wandlänge zu verringern.

[3] Vertikale Schlitze und Aussparungen, die maximal 1 m über den Fußboden reichen, dürfen bei Wanddicken ≥ 240 mm bis 80 mm Tiefe und 120 mm Breite ausgeführt werden.

geringe Einfluss auf die Gesamttragfähigkeit der Wand vernachlässigt werden. Dies wird – abgesichert durch die durchgeführten Versuche [17] – in den Werten der Tabelle 1 [vgl. Tabelle 6.10] *berücksichtigt.*

Horizontale Schlitze mit Schlitzlänge > 1.250 mm sind ohne Nachweis erst ab einer Wanddicke von 175 mm bei Verwendung von ‚Präzisionswerkzeug', z. B. Mauernutfräsen, zulässig (siehe auch Abschnitt 5). Schlitze ohne Nachweis sind grundsätzlich jeweils nur an einer Wandseite erlaubt – mit einer Ausnahme: Bei Verwendung von ‚Präzisionswerkzeug' dürfen in Wänden mit Wanddicke > 240 mm auch gegenüberliegende Schlitze mit jeweils 10 mm Tiefe ausgeführt werden. (...)

Abb. 6.86 und 6.87: Unzulässige horizontale Schlitze beim Bauen im Bestand in einer 9,5 cm dicken Wand aus Leichtbetonsteinen

3.1.3 Vertikale Schlitze und Aussparungen in Mauerwerk

Bei vertikalen Schlitzen und Aussparungen in Mauerwerk gemäß Tabelle 2 [vgl. Tabelle 6.11] *wird unterschieden nach der Art der Herstellung, wobei die Schlitz- und Aussparungsbreite sowie -tiefe bei der im Verband gemauerten Ausführung der Schlitze und Aussparungen deutlich größer sind als bei horizontalen und schrägen Schlitzen. Hierbei wird berücksichtigt, dass das Mauerwerk bei einer gemauerten Aussparung ungestört bleibt. In Bild 6 sind die Tabellenwerte grafisch dargestellt. Die Mindestabstände vertikaler Schlitze und Aussparungen zu Öffnungen sind bei nachträglicher Schlitzherstellung mit 115 mm und 240 mm bzw. mit der zweifachen Schlitzbreite festgelegt. Die Mindestabstände der Schlitze und Aussparungen im gemauerten Verband betragen zueinander die einfache Schlitzbreite.*

Die ‚maximalen Breiten' für einzelne vertikale Schlitze und Aussparungen in Mauerwerk sind in den Spalten 3 und 7 der Tabelle 2 [vgl. Tabelle 6.11] *angegeben und im Diagramm Bild 7 aufgetragen.*

In Tabelle 2 [vgl. Tabelle 6.11], *Spalte 3 sind sowohl die ‚maximale Breite' als auch die ‚Gesamtbreite' bei mehreren (schmaleren) Schlitzen angegeben. Die ‚Gesamtbreite' darf – je 2 m Wandlänge – die Summe der Schlitzbreiten von mehreren (schmaleren) vertikalen Schlitzen und Aussparungen nach den Spalten 3 und 7 der Tabelle 2* [vgl. Tabelle 6.11] *nicht überschreiten. Das bedeutet, dass bei Ausnutzung der vollen zulässigen Breiten in der Spalte 3 auf 2 m Wandlänge nur ein Schlitz angeordnet werden darf, ansonsten mehrere schmalere Schlitze. Ist eine Wand kürzer als 2 m, so darf die ‚Gesamtbreite' von Schlitzen, z. B. bei einer 1,50 m langen und 240 mm dicken Wand, den Wert von 385 × 1,5/2 = 289 mm nicht überschreiten."*

Abb. 6.86 und 6.87 zeigen Beispiele unzulässiger horizontaler Schlitze.

6.5 Betonarbeiten (VOB/C ATV DIN 18331)

6.5.1 Sichtbeton

Da der Begriff „Sichtbeton" häufig in Ausschreibungen selbstständig als vermeintliche Definition eines Qualitätsmerkmals verwendet wird, kommt es regelmäßig bei der Abnahme zu Beanstandungen an der Ausführung. Entgegen vielfacher Meinung ist aber allein mit dem Begriff „Sichtbeton" keine übliche Beschaffenheit als Qualitätskriterium angesprochen. Vielmehr bedarf es immer einer individuellen Vereinbarung z. B. über die in der VOB/C ATV DIN 18331:2019-09 „Betonarbeiten" festgelegten Kriterien:

„*0 Hinweise für das Aufstellen der Leistungsbeschreibung*

(…) In der Leistungsbeschreibung sind nach den Erfordernissen des Einzelfalls insbesondere anzugeben: (…)

0.2 Angaben zur Ausführung (…)

0.2.4 Bei sichtbar bleibenden Betonflächen u. a.

- *Klassifizierung der Ansichtsflächen,*
- *Oberflächentextur, erforderlichenfalls Beschreibung des Schalungs- und Schalhautsystems, Oberflächenausbildung nicht geschalter Teilflächen,*
- *Farbtönung,*
- *Flächengliederung,*
- *Ausbildung von Fugen, Kanten, Ankern und Ankerlöchern sowie Schalungsstößen,*
- *Anzahl der Erprobungsflächen, Auswahl der Referenzfläche.*"

Bewährt hat sich der konkrete Bezug auf Referenzobjekte, mit der Einschränkung, dass projektspezifische Produktionsmethoden nicht vollständig reproduzierbar sind, da Witterungsbedingungen und Zuschläge Schwankungen unterliegen.

Eine aus praktischer Sicht gute Festlegung der Sichtbetonmerkmale liegt mit dem Merkblatt „Sichtbeton" (2015) vor:

„*5 Planung und Ausschreibung*

5.1 Grundlagen der Gestaltung (…)

5.1.2 Ausführbarkeit

Beschreibungen des geforderten Aussehens von Sichtbetonflächen, welche als bauvertragliche Forderungen die Merkmale der vereinbarten Sichtbetonklasse gemäß Tabelle 1 [vgl. Tabelle 6.12] *ergänzen, sind den technischen Möglichkeiten der Bauweise anzupassen und sollten mit einem für die vereinbarte Sichtbetonklasse vertretbaren Aufwand herstellbar sein.*

Die folgenden Merkmale repräsentieren Eigenschaften bzw. Forderungen, die, ungeachtet der vereinbarten Sichtbetonklasse, technisch nicht oder nicht zielsicher herstellbar und deshalb nach der Art der Leistung nicht unbedingt zu erwarten sind (vgl. auch § 13 VOB/B [R6]):

- *gleichmäßiger Farbton der Sichtbetonflächen im Bauwerk,*
- *Oberflächen frei von Dunkelverfärbungen bei niedrigen Temperaturen und hohen relativen Luftfeuchten (siehe Anhang F3),*
- *porenfreie Sichtbetonflächen,*
- *gleichmäßige Porenstruktur (Porengröße und -verteilung) in einer Einzelfläche sowie in allen Sichtbetonflächen im Bauwerk,*
- *ausblühungsfreie Sichtbetonflächen,*
- *rostfleckenfreie Bauteiluntersichten,*
- *ungefaste, scharfe Kanten ohne kleinere Abbrüche und Ausblutungen,*
- *Farbton- und Texturgleichheit im Bereich von Arbeitsfugen, Ankerlöchern,*
- *Schalungs- und Schalungshautstößen.*

Folgende Abweichungen können nur eingeschränkt vermieden werden:

- *leichte Farbunterschiede zwischen aufeinanderfolgenden Schüttlagen,*
- *Porenanhäufung im oberen Teil vertikaler Bauteile,*
- *Abzeichnung der Bewehrung und des Grobkorns,*
- *geringfügige Ausblutungen an Arbeitsfugen, Schalungs- und Schalungshautstößen, Ankerlöchern u. Ä.,*
- *Schleppwassereffekte in geringer Anzahl und geringer Ausprägung,*
- *Wolkenbildungen und Marmorierungen,*
- *einzelne Kalk- und Rostfahnen an vertikalen Bauteilen.*

Die folgenden Abweichungen sind bei fachgerechter Ausführung und angemessener Sorgfalt im Allgemeinen vermeidbar:

- *Fehler beim Einbringen und Verdichten des Betons (‚Kiesnester', stark sichtbare Schüttlagen u. Ä.),*
- *Rostflecken an den Untersichten horizontaler Bauteile durch zurückgelassene Bewehrungsreste*
- *heruntergelaufene Mörtelreste (‚Nasen') durch undichte Arbeitsfugen an vertikalen Bauteilen,*
- *willkürliche, ungeordnete Anordnung von Schalungsankern,*
- *unsaubere Kantenausbildung durch beschädigte, verrutschte oder ungeeignete Dreikant- bzw. Trapezleisten,*
- *starke Ausblutungen an Arbeitsfugen, Schalungs- und Schalungshautstößen sowie an Bauteilanschlüssen und Ankerlöchern (z. B. freiliegende Korntextur nach Austreten von Zementleim),*
- *stark ausgepraägte Schleppwassereffekte,*
- *unterschiedliche Oberflächenqualitäten (Farbton/Textur) durch unsachgemäß gelagerte oder unsachgemäß vorbereitete Schalung,*
- *unsauberer oder uneinheitlicher Verschluss von Ankerlöchern (falls gefordert).*"

Tabelle 6.12: Sichtbetonklassen und zugehörige Anforderungsklassen nach Merkblatt „Sichtbeton" (2015), Tabelle 1

Spalte			1	2	3	4	5	6	7	8	9	10	11
Zeile	Sicht-beton-klasse		Beispiel	Anforderung an geschalte Sichtbetonflächen[2) 3)] nach Klassen bezüglich							weitere Anfor-derungen		Herstellkosten
				Textur	Porig-keit[1)]		Farbton-gleich-mäßig-keit[1) 2)]		Ebenheit	Arbeitsfugen und Schalungsstöße	Erprobungen[3)]	Schalhaut[4)]	
					s	ns	s	ns					
1	Sichtbeton mit geringen Anforderungen	SB 1	Betonflächen mit geringen gestalterischen Anforderungen, z. B. Kellerwände oder Bereiche mit vorwiegend gewerblicher Nutzung	T1	P1		FT1		E1	AF1	freige-stellt	SHK1	niedrig
2	Sichtbeton mit normalen Anforderungen	SB 2	Betonflächen mit normalen gestalterischen Anforderungen, z. B. Treppenhausräume; Stützwände	T2	P2	P1	FT2	FT2	E1	AF2	emp-fohlen	SHK2	mittel
3	Sichtbeton mit besonderen Anforderungen	SB 3	Betonflächen mit hohen gestalterischen Anforderungen, z. B. Fassaden	T2	P3	P2	FT2	FT2	E2	AF3	drin-gend emp-fohlen	SHK2	hoch
4	Sichtbeton mit besonderen Anforderungen	SB 4	Betonflächen mit besonders hoher gestalterischer Bedeutung, repräsentative Bauteile	T3	P4	P3	FT3	FT2	E3	AF4	erfor-derlich	SHK3	sehr hoch

Fortsetzung Tabelle 6.11

1) s = saugend bzw. ns = nicht saugende Schalhaut; siehe Tabelle 4
2) Der Gesamteindruck einer Sichtbetonfläche ist in der Regel erst nach längerer Standzeit (unter Umständen nach mehreren Wochen) beurteilbar. Die Farbtongleichmäßigkeit ist aus dem üblichen Betrachtungsabstand gemäß Abschnitt 7 zu beurteilen.
3) Anforderungen an Erprobungen siehe auch Tabelle A.6
4) Anforderungen an Schalungshaut siehe Tabelle 3

Die Abbildungen 6.88 bis 6.99 zeigen Beispiele für vermeidbare und nicht zielsicher vermeidbaren Abweichungen im Aussehen von Sichtbetonflächen.

Bei sichtbar verbleibenden Betonoberflächen müssen Korrosionsspuren durch Flächenschliff entfernt werden. Bei Flächen, die für eine weitere Beschichtung vorgesehen sind, müssen lösungsmittelhaltige Grundierungen und Beschichtungsstoffe aus einem gemeinsamen System zur Passivierung der Korrosionsprodukte verwendet werden, da wasserhaltige Anstrichsysteme den Korrosionsvorgang weiter fördern.

Abb. 6.88: Vermeidbare unruhige Oberfläche durch starke Marmorierung und Kalkfahnen

Abb. 6.89: Vermeidbare unruhige Oberfläche durch starke Wolkenbildung

Abb. 6.90: Teilweise gespachtelte und anschließend gestrahlte Oberfläche einer Tiefgaragenrampenwand

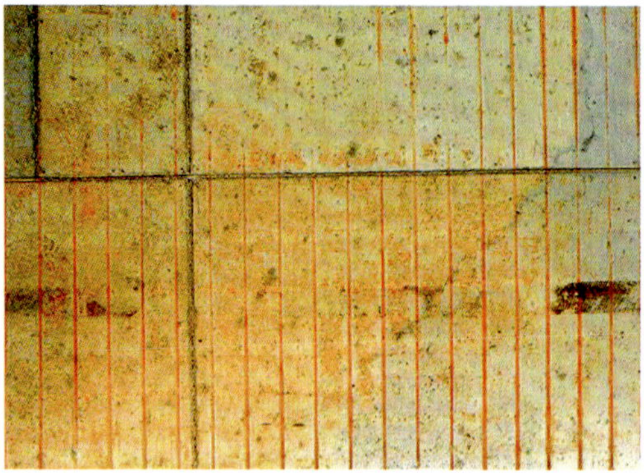

Abb. 6.91 und 6.92: Vermeidbare Häufung von Rostspuren an einer Deckenuntersicht

Abb. 6.93: Abfälle von Bewehrungseisen, die nach dem Ausschalen nicht entfernt werden, führen zu Korrosionserscheinungen.

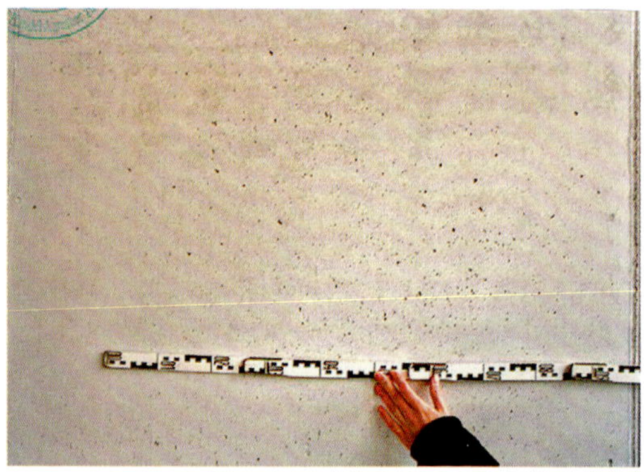

Abb. 6.94: Nicht zielsicher erfüllbare Forderung: Vermeidung einer Anhäufung und ungleichmäßigen Verteilung von Poren und Lunkern

Abb. 6.95: Soll-Beschaffenheit einer Sichtbetonfläche mit Bossenstruktur

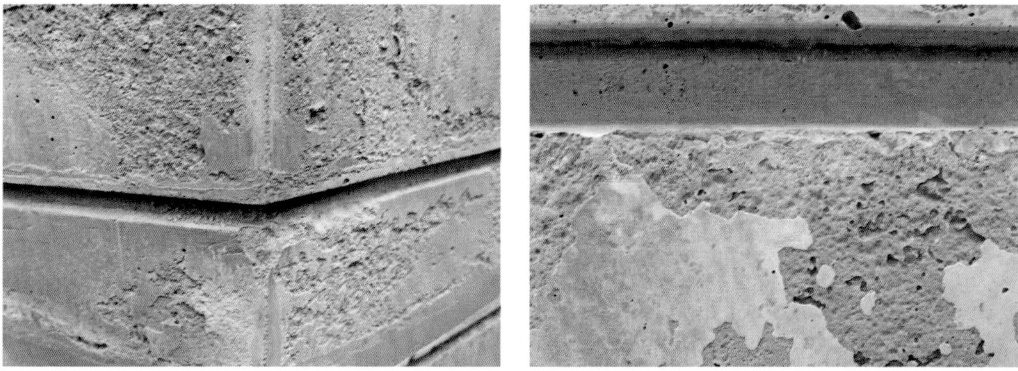

Abb. 6.96 und 6.97: Ist-Beschaffenheit: Oberflächenablösungen

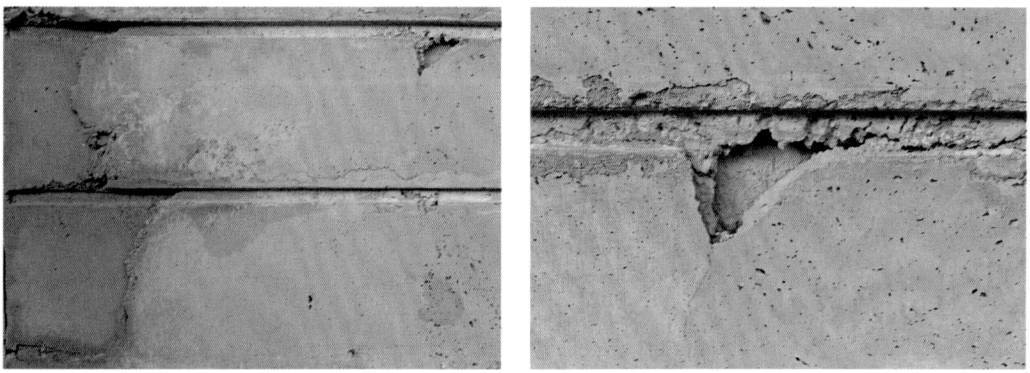

Abb. 6.98 und 6.99: Ist-Beschaffenheit: Oberflächenversätze

6.5.2 Weiße Wannen/WU-Beton

Sofern ein Baukörper mit seinem Kellergeschoss in bindige und schlecht durchlässige Bodenschichten einbindet, entsteht zunächst durch die Baugrube eine trichterförmige Mulde im Gelände, in der sich Schichtenwasser sammeln kann. Der eigentliche Grundwasserstand kann hierbei erheblich tiefer liegen. Nach Fertigstellung des Baukörpers erfolgt die Wiederverfüllung der verbliebenen äußeren Arbeitsräume mit verdichtungsfähigem Bodenmaterial. In der Regel handelt es sich um Grubenkies oder sandige Böden, die gut versickerungsfähig sind. Die prinzipielle Trichterwirkung der ehemaligen Baugrube bleibt daher erhalten (siehe Abb. 6.100). Bei der Versickerung des anfallenden Regenwassers entsteht über die bindigen Bodenschichten des Umfelds ein Zulauf zu den durchlässigen Füllmaterialien. Hier kann das anfallende Wasser zunächst rasch nach unten hin bis zur ehemaligen Baugrubensohle absickern. Da unterhalb der Baugrubensohle jedoch wiederum bindiges Bodenmaterial ansteht, kommt es ohne eine Dränageanlage regelmäßig zu einem vorübergehenden Stauwasseranfall.

Die Höhe des kurzfristig auftretenden Stauwassers steht in Abhängigkeit von Einflussfaktoren wie:

- Intensität des Regenereignisses,
- Lage und Neigung der bindigen Bodenschichten im Umfeld,
- Oberflächengestaltung und -wasserführung,
- Sickerfähigkeit des anstehenden Bodens.

Alle – auch nur vorübergehend – durch das Stauwasser beanspruchten Bauteile müssen daher entsprechend der DIN 18533-1:2017-07 „Abdichtung von erdberührten Bauteilen – Teil 1: Anforderungen, Planungs- und Ausführungsgrundsätze“ für die Wassereinwirkungsklasse W2-E bemessen sein.

Unterirdische Baukörper wie Tiefgaragen und Gebäudekeller, die im Einflussbereich von Grund- oder Schichtenwasser liegen, müssen nach den Regeln der DIN 18533-1 entsprechend der Wassereinwirkungsklasse W2-E geschützt werden. Steht infolge einer funktionsfähigen Dränageanlage gemäß DIN 4095 oder auch aufgrund hinreichender Versickerungsfähigkeit des anstehenden Bodens kein drückendes Wasser und kein aufstauendes Sickerwasser an, kann die Abdichtung der unterirdischen Bauteile für die Wassereinwirkungsklasse W1-E ausgelegt werden (siehe auch Kapitel 6.2 und 6.7).

Die Regelungen der DIN 18533 beschränken sich auf Außenhautabdichtungen, bei denen die feuchtigkeitsbeanspruchte Außenseite durch bituminöse Abdichtungsbahnen, Kunststoffabdichtungsbahnen, kunststoffmodifizierte Bitumendickbeschichtungen oder anderweitige Alternativbeschichtungen geschützt wird. Die Bauteile selbst (Sohle, Wände und Decke) übernehmen hierbei keine abdichtende Funktion.

Dem Stand der Technik entsprechend kann die Abdichtungswirkung jedoch auch alternativ durch Sperrbeton oder WU-Beton (wasserundurchlässiger Beton) sichergestellt werden. Werden hierbei mehrere Bauteile aus WU-Beton und nach geeigneten Herstellungsverfahren zu Gebäudeteilen mit einer Wannenwirkung zusammengefügt, spricht man von **Weißen Wannen**.

Das einschlägige Regelwerk für Bauteile aus WU-Beton ist die Richtlinie „Wasserundurchlässige Bauwerke aus Beton (WU-Richtlinie)“ in der aktuellen Fassung von 2017.

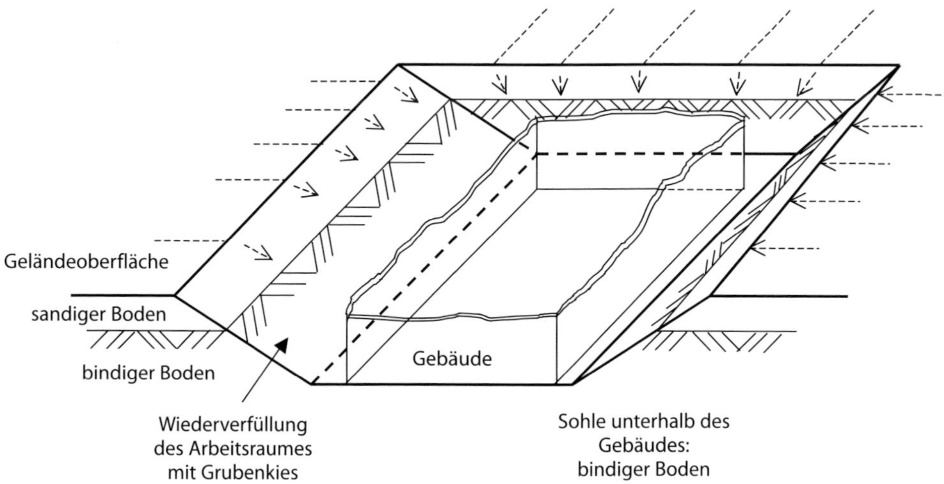

Abb. 6.100: Prinzipskizze; trichterförmige Mulde

Hiernach gilt:

„1 Anwendungsbereich

(1) Diese Richtlinie gilt für teilweise oder vollständig ins Erdreich eingebettete WU-Betonbauwerke und -bauteile (WU-Wanne) sowie Decken und Dächer des allgemeinen Hoch- und Wirtschaftsbaus (WU-Dächer), die nach DIN EN 1992-1-1 in Verbindung mit DIN EN 1992-1-1/NA, DIN EN 206-1 in Verbindung mit DIN 1045-2, DIN EN 13670 in Verbindung mit DIN 1045-3 und gegebenenfalls DIN 1045-4 geplant und ausgeführt werden.

Wasserundurchlässige Betonkonstruktionen übernehmen dabei sowohl die lastabtragende und in Kombination mit einer Fugen- und Rissabdichtung auch allein die abdichtende Funktion, auch ohne zusätzliche Abdichtungsmaßnahmen. Die Richtlinie enthält Regelungen und Anforderungen zur Begrenzung des Feuchtetransportes über die Bauteildicken (durch den Beton, durch Fugen, Einbauteile und Risse) bei ständig oder zeitweise drückendem Wasser oder bei Bodenfeuchtigkeit und an der Wand außen ablaufendem Wasser.“

Der „Bemessungswasserstand“ ist in der WU-Richtlinie (2017) der zu erwartende höchste planmäßige Wasserstand. Die Definition geht damit im Wortlaut noch deutlicher als DIN 18533 darauf ein, dass eine sichere Prognose des zukünftig zu erwartenden höchsten Wasserstandes erwartet wird. Festgelegt ist in der WU-Richtlinie (2017):

„3 Begriffe (…)

3.3 Bemessungswasserstand: Der höchste innerhalb der planmäßigen Nutzungsdauer zu erwartende Grundwasser-, Schichtenwasser- oder Hochwasserstand unter Berücksichtigung langjähriger Beobachtungen und zu erwartender zukünftiger Gegebenheiten: der höchste planmäßige Wasserstand.

ANMERKUNG: Detaillierte Ausführungen zum Bemessungswasserstand siehe Erläuterungen in DAfStb-Heft 555.“

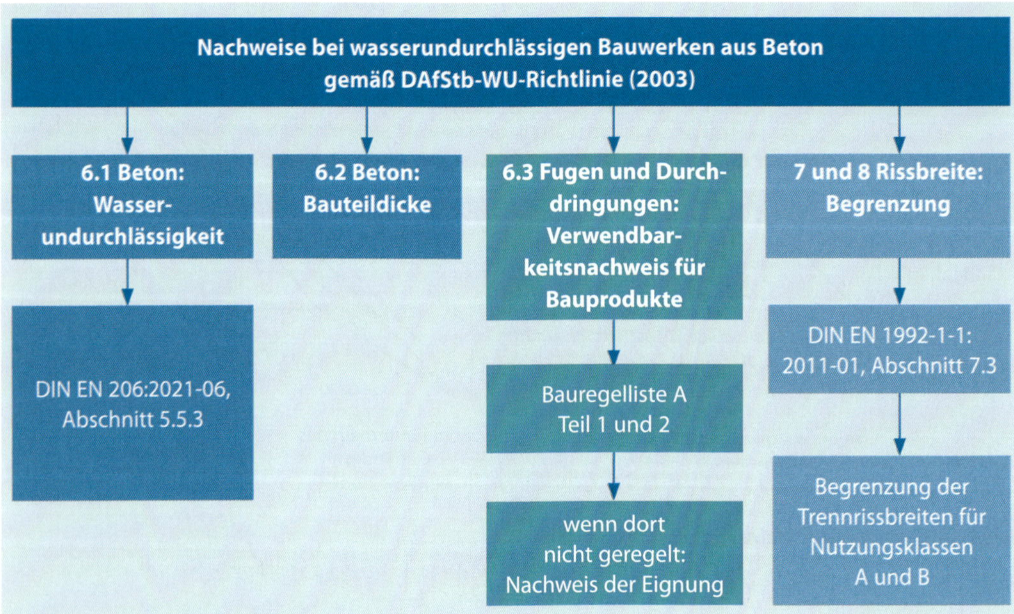

Abb. 6.101: Nachweise bei wasserundurchlässigen Bauwerken

In der WU-Richtlinie (2017) sind für die Konstruktion von Weißen Wannen für folgende Bereiche Festlegungen getroffen worden (siehe Abb. 6.101):

- Betonqualität,
- Rissbeschränkung,
- Fugen- und Anschlussausbildung,
- Mindestdicke von Bauteilen.

Im Einzelnen sind die entsprechenden Anforderungen nach den im Folgenden genannten Regelwerken zu erfüllen.

Wasserundurchlässiger Beton

Die Anforderungen an den Beton und die Konstruktion sind in der WU-Richtlinie (2017) wie folgt geregelt:

„*7 Anforderungen an Beton und Konstruktion*

7.1 Beton

(1) Neben den Anforderungen, die sich aus den für das Bauteil zutreffenden Expositionsklassen nach DIN EN 1992-1-1/NA ergeben, sind die Anforderungen an Beton mit hohem Wassereindringwiderstand (WU-Beton) nach DIN EN 206-1 und DIN 1045-2 einzuhalten.

(2) Bei Ausnutzung der Mindestbauteildicken nach Abschnitt 7.2, Tabelle 1 [vgl. Tabelle 6.13], *ist bei Beanspruchungsklasse 1 ein WU-Beton mit einem* $(w/z)_{eq} \leq 0{,}55$ *und bei Wänden zusätzlich ein Größtkorn der Gesteinskörnung* $D_{max} \leq 16$ *mm zu verwenden. Diese zusätzlichen Anforderungen sind in die Ausschreibung und in die Ausführungsunterlagen aufzunehmen. (…)*

7.2 Bauteildicke

(1) Mindestdicke und Konstruktion der WU-Betonbauteile sind so zu wählen, dass die Bauteile unter Beachtung der Betondeckung, der erforderlichen Bewehrungslagen, Fugenabdichtungen und Einbauteile fachgerecht betoniert werden können und dass die tragende und die dichtende Funktion zusätzlich zu allen anderen geforderten Eigenschaften erfüllt werden können.

ANMERKUNG: Weitere Hinweise siehe DBV-Merkblatt ‚Betonierbarkeit von Bauteilen aus Beton und Stahlbeton'.

(2) Empfohlene Mindestbauteildicken für WU-Betonbauteile für alle Nutzungsklassen sind in Tabelle 1 [vgl. Tabelle 6.13] *in Abhängigkeit von der Beanspruchungsklasse angegeben. Sie gelten für Beton mit den Anforderungen gemäß dieser Richtlinie (siehe Abschnitt 7.1 [2]).“*

Tabelle 6.13: Empfohlene Mindestgesamtdicken von WU-Betonbauteilen nach WU-Richtlinie, Tabelle 1 (Deutscher Ausschuss für Stahlbeton, 2017)

Bauteil	Beanspruchungsklasse	Ausführungsart		
		Ortbeton	Elementwände oder Elementdecken mit Ortbetonergänzung	Fertigteile
		Mindestgesamtdicke in mm		
Wände	1	240	240 (120[2)])	200
	2	200	240[1)] (120[2)])	100
Bodenplatte	1	250	–	200
	2	150	–	100
Dächer ohne Wärmedämmung	1	200	240 (180[2)])	180
Dächer mit Wärmedämmung	1	180	220 (160[2)])	160

[1)] Unter Beachtung besonderer betontechnischer und ausführungstechnischer Maßnahmen ist eine Abminderung auf 200 mm möglich.

[2)] Mindestwerte für die Ortbetonergänzung. Für den WU-Beton gilt Abschnitt 7.1 (2). Bei Zulagenbewehrung und innen liegenden Fugenabdichtungen sind gegebenenfalls auch zusätzliche Anforderungen an die lichten Innenmaße gemäß Abschnitt 7.2 (3) zu beachten.

Rissbewehrung

Da Stahlbetonbauteile trotz der ordnungsgemäßen Verwendung von wasserundurchlässigem Rezeptbeton ihre abdichtende Wirkung durch Risse einbüßen, ist in DIN EN 1992-1-1:2011-01 „Eurocode 2: Bemessung und Konstruktion von Stahlbeton- und Spannbetontragwerken – Teil 1-1: Allgemeine Bemessungsregeln und Regeln für den Hochbau“, Abschnitt 7.3, definiert, welche Mindestbewehrung zur Beschränkung der Rissbreite bei wasserundurchlässigen Bauteilen erforderlich ist.

Feinrisse können auftreten durch:

- Schwinden,
- Hydratation des Zements,
- Bauwerksverformungen.

Zu den konstruktiven Maßnahmen für Bauteile im Grundwasser hingegen gehört die Beurteilung der rechnerischen Rissbreite im Hinblick auf das sog. **Druckgefälle**.

Das Druckgefälle ist das Verhältnis der Druckwasserhöhe h_w zur Bauteildicke h_b.

Die WU-Richtlinie (2017) enthält hierzu die Tabelle 2 (vgl. Tabelle 6.14) und besagt:

„8 Berechnung und Bemessung (...)

8.5 Nachweise

8.5.1 Grundsätzliches

(1) Der Nachweis der Wasserundurchlässigkeit ist ein zusätzlicher Gebrauchstauglichkeitsnachweis zu DIN EN 1992-1-1, Abschnitt 7.1 (1). Für die Nachweise zur Begrenzung der Rissbreite nach dieser Richtlinie ist in der Regel von der häufigen Einwirkungskombination auszugehen.

(2) Für die rechnerischen Nachweise zur Begrenzung der Rissbreite gilt DIN EN 1992-1-1 in Verbindung mit DIN EN 1992-1-1/NA, Abschnitt 7.3. (...)

8.5.2 Nachweise in Abhängigkeit vom Entwurfsgrundsatz

8.5.2.1 Nachweis der Wasserundurchlässigkeit bei Biegerissen für alle Entwurfsgrundsätze

(1) Bei Biegerissen infolge von Lasten und/oder Zwang muss für Nutzungsklasse A (keine Feuchtstellen auf der Bauteiloberfläche zulässig) unter Beanspruchungsklasse 1 unter der charakteristischen Einwirkungskombination nachgewiesen werden, dass die Druckzonenhöhe x die Bedingung erfüllt:

$x \geq 30$ *mm und* $> 1{,}5\ D_{max}$

mit D_{max} *– Durchmesser des Größtkorns der Gesteinskörnung*

(2) Alternativ kann der Nachweis der Druckzonenhöhe durch eine Begrenzung der Breite der Biegerisse unter häufiger Einwirkungskombination auf die in Tabelle 2 [vgl. Tabelle 6.14] *angegebenen Werte ersetzt werden.“*

Tabelle 6.14: Rechenwerte der Trennrissbreiten gemäß DIN EN 1992-1-1/NA, Abschnitt 7.3, in Abhängigkeit von Druckgefälle und maximaler Druckhöhe, wenn der Wasserdurchtritt durch Selbstheilung der Risse begrenzt werden soll, nach WU-Richtlinie (Deutscher Ausschuss für Stahlbeton, 2017)

Spalte	**1**	**2**	**3**
Zeile	**Druckgefälle h_w/h_b[1)]**	**maximale Druckhöhe h_w[1)] in m**	**zulässige Rissbreite w_k[2)] in mm**
1	≤ 10	3,0	0,20
2	> 10 bis ≤ 15	6,0	0,15
3	> 15 bis ≤ 25	10,0	0,10

[1)] h_w = Druckhöhe des Wassers in m; h_b = Bauteildicke in m

[2)] Für angreifende Wässer mit > 40 mg/l CO_2 (kalklösende Kohlensäure) oder mit pH-Wert < 5,5 darf die Selbstheilung der Risse nicht in Ansatz gebracht werden.

Konstruktive Ausbildung von Arbeitsfugen und Anschlüssen

Beton und Stahlbetonbauteile lassen sich in der Regel nicht in einem Arbeitsgang, sondern in zeitlich getrennten Betonierabschnitten herstellen. Frischbeton trifft hierbei auf bereits abgebundenen oder erhärteten Beton. Auf diese Weise entstehen unvermeidbare Arbeitsfugen zwischen den Betonierabschnitten. Innerhalb von **Weißen Wannen** bilden derartige Arbeitsfugen naturgemäß einen Risikobereich.

Für die Fugenabdichtungen dürfen nur Bauprodukte verwendet werden, für die ein Verwendbarkeitsnachweis verfügbar ist.

Gemäß WU-Richtlinie (2017) ist geregelt:

„10 Fugenabdichtungen

10.1 Anwendungsregeln

(1) Als Fugenabdichtung dürfen nur Bauprodukte verwendet werden, für die durch einen Verwendbarkeitsnachweis nachgewiesen ist, dass die für den Verwendungszweck maßgebenden Anforderungen erfüllt sind.

Dies gilt als erfüllt, wenn ein Eignungsnachweis auf der Grundlage der DIBt-Prüfgrundsätze ‚Erteilung von allgemeinen bauaufsichtlichen Prüfzeugnissen für Fugenabdichtungen in Bauteilen' vorliegt.

ANMERKUNG: Auf fugenabdichtungen.de werden gültige allgemeine bauaufsichtliche Prüfzeugnisse gelistet.

(2) Fugenbänder gemäß DIN 7865 und DIN 18541 dürfen entsprechend den Verwendungsregeln von DIN 18197 eingesetzt werden.

(3) Die Regelungen des Abschnitts 10.2 für unbeschichtete Fugenbleche ersetzen einen Verwendbarkeitsnachweis gemäß Absatz (1).“

Es entspricht dem Stand der Technik, dass die Arbeitsfuge zwischen der Fundament- bzw. Sohlplatte und der aufgehenden Wand entweder mit einem innen liegenden senkrecht stehenden Fugenblech, einem innen liegenden senkrecht stehenden Elastomerfugenband oder einem außen liegenden Fugenband gegen das Eindringen von Druckwasser gesichert wird. Auch die Verwendung von Injektionsschläuchen ist seit Herausgabe des DBV-Merkblatts „Verpresste Injektionsschläuche für Arbeitsfugen“ (DBV, 1996) dem Stand der Technik zuzurechnen.

Sofern es sich hinterher unter Druckwasserbelastung herausstellt, dass die planmäßig vorausgesetzte Dichtigkeit in der Praxis partiell nicht erreicht wird, kann von der Raumseite her über eine Druckinjektion flüssiges Abdichtungsmaterial in die Fuge eingepresst werden. Diese Nachverpressung kann entweder über nachträglich in die Fuge eingebohrte „Packer“ (Injektionsdüsen) erfolgen oder über sog. Injektions- oder Verpressschläuche, die bereits vor dem Betonieren der aufgehenden Wände als prophylaktische Sicherheitsmaßnahme in die Arbeitsfuge fest eingesetzt worden sind.

Die Verpressschläuche verfügen über seitliche Austrittschlitze, über die der Füllstoff unter Druck in den Arbeitsfugenraum gelangt und dort in der Lage ist, etwaige Hohlräume oder Betonnester zu verfüllen und abzudichten. Der Füllstoff wird mit geeignetem Gerät unter Druck in die Schlauchenden eingebracht, die zu diesem Zweck an einer definierten Stelle im Wandbereich befestigt sind. Unterschieden wird zwischen Systemen mit Einfachinjektion, bei denen die Schläuche ihre Durchlässigkeit durch das Injektionsmaterial einbüßen, und Produkten die eine Mehrfachverpressung gestatten. Es muss darauf geachtet werden, dass die Schlauchenden derjenigen Injektionsschläuche, die für eine spätere Injektion erhalten bleiben müssen, nicht während der Bauzeit durch Folgegewerke oder nach der Abnahme durch die Nutzer abgeschnitten werden (siehe Abb. 6.102).

Die Verarbeitungsvorschriften der handelsüblichen Fabrikate sehen für die lagemäßige Fixierung der Schlauchenden die Verwendung von sog. „Verwahrdosen“ vor. Diese Dosen ähneln den bekannten Elektro-Unterputzdosen. Sie schließen flächenbündig mit der Oberfläche der Stahlbetonwand ab und beherbergen die Verpressschlauchenden dauerhaft, damit diese im Bedarfsfall ständig zugänglich sind. Die Höhe der Verwahrdosen sollte bei mindestens 150 cm über Oberkante Rohbetondecke liegen und mit den Folgegewerken abgestimmt sein.

Der DBV führt im DBV-Merkblatt „Injektionsschlauchsysteme und quellfähige Einlagen für Arbeitsfugen“ (2020) dazu aus:

„2 Injektionsschlauchsysteme im Hochbau

2.3 Planung

Bereits für die Leistungsbeschreibung müssen Fugen mit planmäßig verpressten Injektionsschlauchsystemen wie andere Fugeneinlagen nach grundsätzlichen bauablauftechnischen und geometrischen Gesichtspunkten geplant und ausgeschrieben werden.

Abb. 6.102: Die Enden der Injektionsschläuche ragen ungesichert aus der Boden-Wand-Aufstandsfuge heraus. Es ist zu erwarten, dass sie während der Bauzeit durch ein Nachfolgegewerk, im Rahmen der Abnahme bei der Endreinigung oder nach der Abnahme durch die Nutzer abgeschnitten und entsorgt werden.

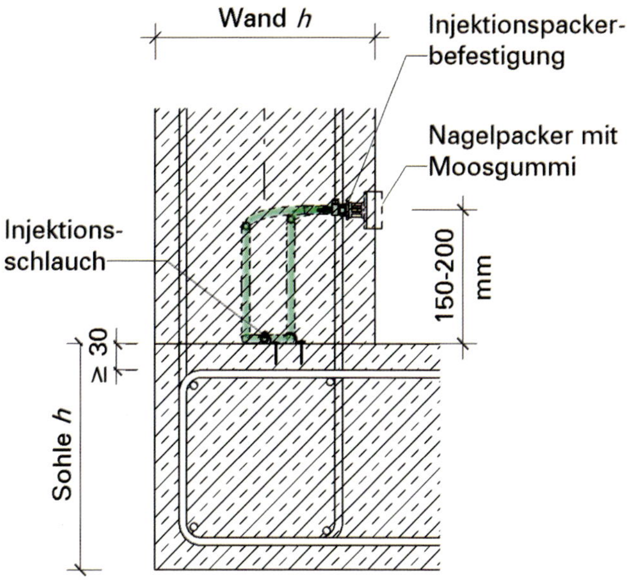

Abb. 6.103: Verlauf von Injektionsschlauchsystemen nach Deutscher Beton- und Bautechnik-Verein e. V., 2020 (Quelle: Georg Napravnik, [NIK]® Ing-SV-Büro GmbH, Süßen, www.weisse-wanne.eu)

Arbeitsfugen für wasserundurchlässige Betonbauwerke sind vorab zu planen und in den Ausführungszeichnungen (z. B. für Schalung bzw. Bewehrung) anzugeben. Die Pläne müssen eindeutig den Verlauf der Injektionsschlauchsysteme zeigen (bauteilbezogene Anordnung im Grundriss und Schnitt) [siehe Abb. 6.103]. *Die Zugänglichkeit der Arbeitsfugen und der Injektionsanschlüsse muss auf der wasserabgewandten Seite mindestens bis zum abschließenden Injizieren sichergestellt werden, um den Injektionserfolg überprüfen und ggf. erforderliche Nachinjektionen oder Zweitinjektionen durchführen zu können.“*

Die präzise Position der Dosen wird durch den Verarbeiter in einem reproduzierbaren Protokoll festgehalten, damit die Schlauchenden auch dann noch verfügbar sind, wenn die Dosen selbst später durch den Wandputz verdeckt sein sollten.

Gemäß DBV-Merkblatt „Injektionssysteme und quellfähige Einlagen für Arbeitsfugen" (2020) gilt:

„*2 Injektionsschlauchsysteme im Hochbau (…)*

2.5 Dokumentation

Der Auftragnehmer muss im Rahmen seiner Eigenüberwachung die Ausführung der Arbeiten dokumentieren. Bei Ausführung der Injektionsarbeiten muss ein tägliches Protokoll angefertigt werden (Muster im Anhang A).

Nach Abschluss der Arbeiten sollte die Gesamtdokumentation folgende Unterlagen enthalten:

a) technische Angaben der Materialhersteller für das Injektionsschlauchsystem und den Schlauchfüllstoff (abP, Datenblätter des Schlauchfüllstoffs, Übereinstimmungserklärung, ggf. CE-Leistungserklärung),
b) Lage der Injektionsschläuche und der Injektionsanschlüsse (as-built-Plan),
c) Injektionsprotokolle mit Angaben zu Material- und Bauteiltemperatur, Art, Verbrauch und Chargennummer des Injektionsmaterials,
d) Ergebnis der Erhärtungsprüfung."

Dehnungsfugen

Dehnungsfugen werden mit Fugenbändern in gleicher Weise ausgebildet wie Arbeitsfugen, mit dem Unterschied, dass hier in Bandmitte eine Hohlkammer angeordnet ist, um die Verformungen aus den angrenzenden Bauteilanschlüssen aufzunehmen. Die Profile bestehen aus

- **Dehnteilen** zur Aufnahme der Verformungen,
- **Dichtteilen** zur Verhinderung der Wasserumläufigkeit von einbetonierten Fugenbandschenkeln.

Kellerlichtschächte

Kellerfenster sind grundsätzlich nicht druckwasserdicht. Kellerlichtschächte müssen daher so geplant und ausgeführt werden, dass ein Anstau von Regen- oder Sickerwasser vor den Kellerfenstern nicht stattfinden kann.

Beanspruchungsart 1: von oben her einfallendes Niederschlagswasser

Ein Wassereintritt über die Kellerlichtschächte kann mit an Sicherheit grenzender Wahrscheinlichkeit nicht allein durch von oben her eingefallenen Regen ausgelöst worden sein. Die Lichtschächte verfügen jeweils über eine Öffnung in ihrer Sohle, damit anfallendes Regenwasser in den Füllboden der ehemaligen Baugrube hinein versickern kann. Prinzipiell muss diese Öffnung frei gehalten werden von Unrat, Bauschutt oder Laub. Aber auch bei einer Ablaufbehinderung kann es nicht unmittelbar während eines einzelnen Regenereignisses zum Wassereintritt in das Gebäude hinein kommen, da

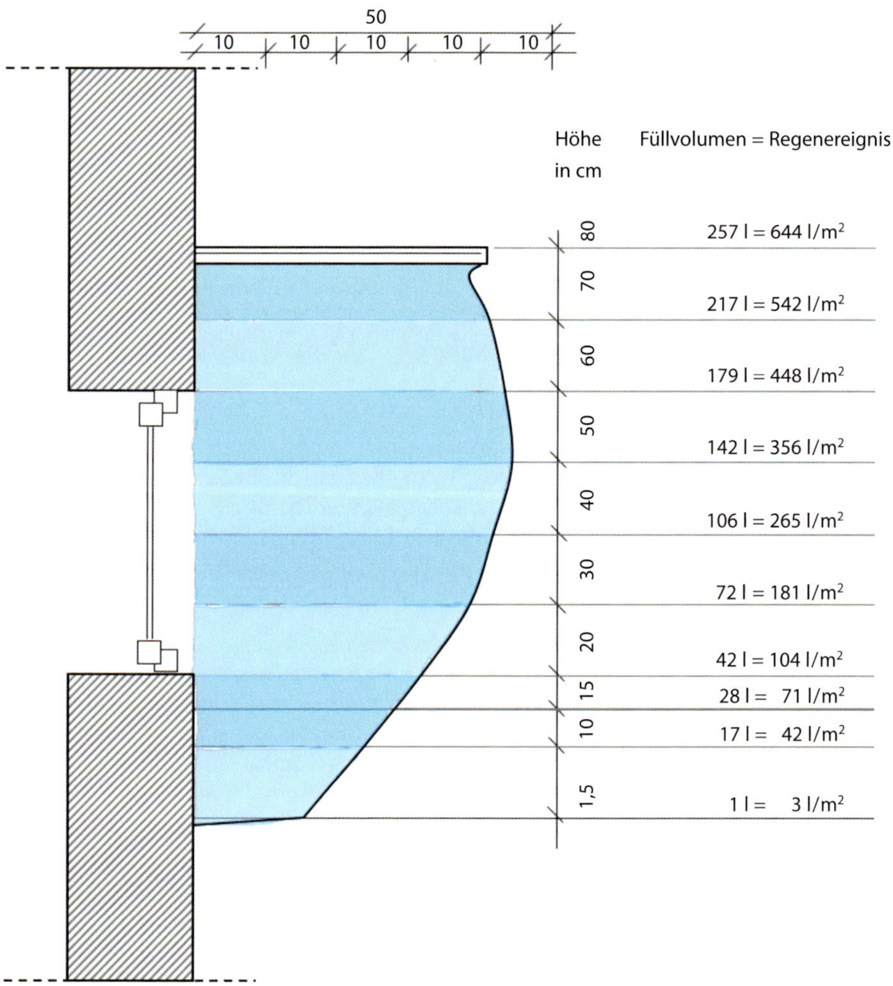

Abb. 6.104: Abhängigkeit von Regenereignis, Füllvolumen und Pegelstand im Lichtschacht bei verschlossenem Ablauf

- ein vollständig dichter Verschluss der Versickerungsöffnung in der Praxis nicht eintritt,
- die umlaufende Anschlussfuge des Lichtschachtes am Gebäude wasserdurchlässig ist und
- bei ordnungsgemäßer Anordnung des Lichtschachtes mit einer Schwellenhöhe von 15 cm zur Brüstung des Kellerfensters hin ein Stauvolumen am Boden für Regenereignisse bis ca. 71 l/m² verfügbar ist.

Abb. 6.104 zeigt die Wasserstände, die sich bei Beregnung unter der theoretischen Voraussetzung eines völlig fehlenden Wasserabflusses einstellen. Hierzu sind am rechten Bildrand die erforderlichen Wassermengen angegeben, die als Regen von oben her über den Lichtrost einfallen müssen. Da die Oberfläche des Lichtschachtes nur eine waagerechte Fläche von ca. 0,4 m² aufweist, ist außerdem korrespondierend zu jedem möglichen Wasserstand das erforderliche Regenereignis in l/m² angegeben.

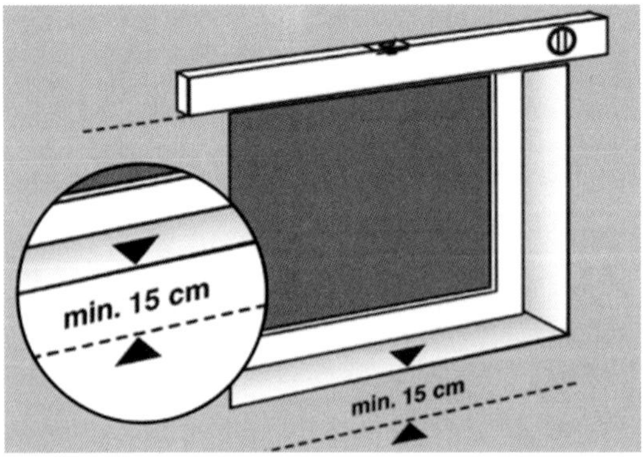

Abb. 6.105: Mindestabstand zwischen Fensterunterkante und Lichtschachtboden (Quelle: MEA Bautechnik GmbH, Geschäftsbereich MEA Bausysteme)

Im Fall von drückendem Wasser mit der Wassereinwirkungsklasse W2-E muss die Unterkante der Bauwerksöffnung mindestens 30 cm oberhalb des Bemessungswasserstandes liegen, wie DIN 18533-1:2017-07 „Abdichtung von erdberührten Bauteilen – Teil 1: Anforderungen, Planungs- und Ausführungsgrundsätze" regelt:

„12 Abdichtung von Lichtschächten und Gebäudeaußentreppen

12.1 Allgemeines

Die Entwässerung des Lichtschachtbodens bzw. des Treppenpodests ist so zu planen und auszuführen und die Höhenlage der Fensterbank über der Lichtschachtsohle sowie der Türschwelle am Treppenpodest zum Gebäude ist so zu wählen, dass ein Überstauen der Fensterbank bzw. Türschwelle sicher vermieden wird. Das Gelände darf nicht in den Lichtschacht bzw. den Treppenlauf entwässern.

12.2 W1-E

Die vorgefertigten Lichtschächte und Außentreppenbauteile sollten erst nach Fertigstellung der Abdichtung der erdberührten Wände (und ggf. nach der äußeren Perimeterdämmung) eingebaut werden.

12.3 W2-E

Die Unterkante der Bauwerksöffnungen sollte mindestens 30 cm oberhalb des Bemessungswasserstandes angeordnet werden. Tiefer liegende Bauwerksöffnungen, wie Kellerfenster oder -zugänge, sind durch vorgesetzte druckwasserdichte bauliche Maßnahmen zu schützen."

Für die Wassereinwirkklasse W1-E enthält DIN 18533-1 keine Angabe für ein Mindestmaß zwischen Fensterunterkante und Lichtschachtsohle. Ein Überstauen der Fensterbank muss vermieden werden. Zu der Schwellenhöhe zwischen Brüstungsoberkante des Kellerfensters und Lichtschachtsohle wird von den Herstellern wie in der „Montageanleitung MEA Multinorm" (MEA Bausysteme, 2018) mit Bezug auf die Abdichtungsnormen ein Maß von 15 cm angegeben:

„2. Geländer-Oberkante markieren.

> Hinweis: Mind. 15 cm Abstand zwischen Fensterunterkante und (...) Lichtschachtboden [siehe Abb. 6.105]."

Bei Einhaltung des Schwellenmaßes von 15 cm muss nach Abb. 6.104 ein Regenereignis mit einer Regenmenge von mindestens **71 l/m²** eintreten, bevor die Brüstung überhaupt durch Stauwasser im Lichtschacht erreicht werden kann.

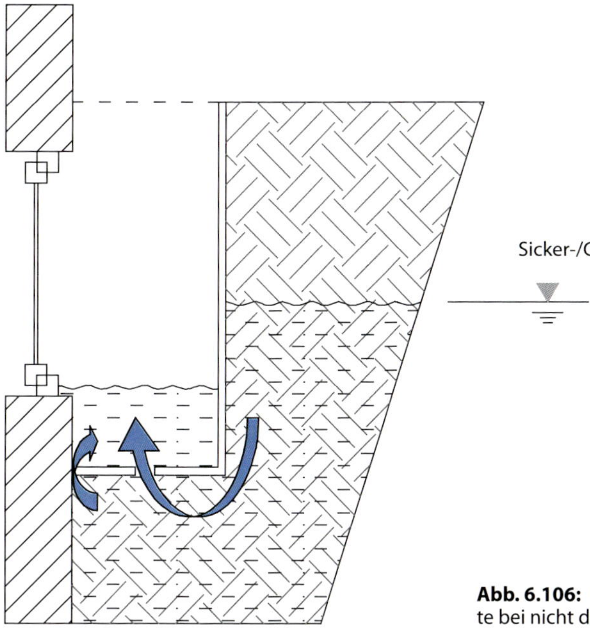

Abb. 6.106: Eindringendes Wasser in die Kasematte bei nicht druckwasserdichter Ausführung

Typische Regenereignisse liegen deutlich unterhalb dieses Wertes. Als Starkregen werden Regenereignisse innerhalb kurzer Zeiträume mit einem Niederschlag von mehr als **20 l/m²** bezeichnet.

Starkregen steht häufig im Zusammenhang mit Gewittern. Dabei sind in wenigen Stunden Regenmengen von mehr als **100 l/m²** möglich.

Ob derartige Niederschlagsmengen zum Zeitpunkt des jeweiligen Schadenseintritts örtlich aufgetreten sind, muss ggf. durch ein Gutachten des Deutschen Wetterdienstes (DWD) nachgewiesen werden.

Beanspruchungsart 2: von unten her rückstauendes Wasser

Sofern die Brüstungen von Kellerfenstern planmäßig unterhalb des Bemessungswasserstandes angeordnet werden, muss die außen liegende Kellerkasematte integrativer Bestandteil des Wannenbaukörpers werden. In diesem Fall muss die Kasematte selbst entweder ebenfalls aus WU-Beton hergestellt werden und die Anschlussfugen zum Baukörper müssen nach dem Stand der Technik gegen Druckwasser abgedichtet werden oder es werden alternativ Fertigteillichtschachtelemente verwendet, die für die Wassereinwirkungsklasse W2-E nach DIN 18533-1 geeignet sind. Auch diese Fertigteilelemente verfügen über Dichtungsflansche zum Baukörper hin, die druckwasserdicht ausgerüstet sind.

In beiden Fällen darf die Entwässerung des von oben zulässig eindringenden Regenwassers nicht über Versickerungsöffnungen am Boden der Kasematte erfolgen, weil über eine solche Öffnung nach dem Prinzip kommunizierender Röhren bei außen ansteigendem Pegel auch Wasser in das Innere der Lichtschächte gelangen und dann über die Fenster in den Keller eindringen kann (siehe Abb. 6.106).

Bei einer Beanspruchung durch drückendes Wasser entsprechend der Wassereinwirkungsklasse W2-E müssen die Lichtschächte nicht nur druckwasserdicht sein, sondern

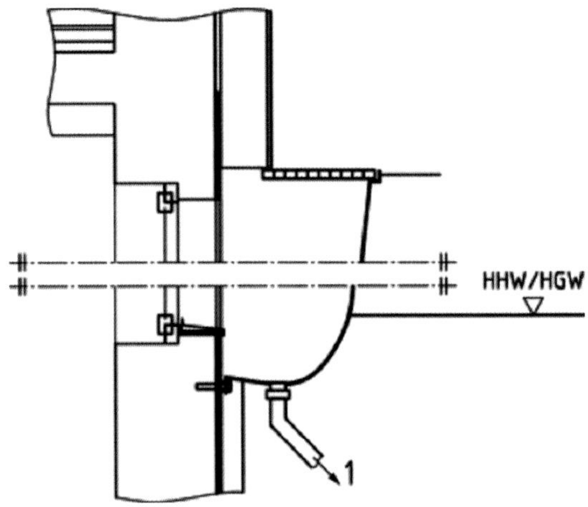

1 druckwasserdichtes Rohrsystem

Abb. 6.107: Beispiel für die Anordnung eines druckwasserdichten Lichtschachteinbauteils bei W2.1-E nach DIN 18533-1:2017-07, Bild 31

auch durch ein druckwasserdichtes Rohrsystem an die Entwässerung angeschlossen sein, wie DIN 18533-1:2017-07 „Abdichtung von erdberührten Bauteilen – Teil 1: Anforderungen, Planungs- und Ausführungsgrundsätze" regelt:

„*12 Abdichtung von Lichtschächten und Gebäudeaußentreppen (…)*

12.3 W2-E

Druckwasserdichte Lichtschächte und bewitterte Kelleraußentreppen sind mit einer rückstausicheren Entwässerung durch ein druckwasserdichtes Rohrsystem auszustatten es sei denn, durch die Geländegestaltung, die Schachtabdeckung und die Gebäudegestaltung (z. B. Überdachung) ist das Eindringen von Niederschlägen in den Lichtschacht bzw. Bereich der Kelleraußentreppen ausgeschlossen.

Ein Beispiel für die Anordnung eines Lichtschachteinbauteils bei W2.1-E ist in Bild 31 [siehe Abb. 6.107] *dargestellt.*"

Die verschiedenen Produkthersteller bieten druckwasserdichte Lichtschächte zum Anbau an weiße Wannen aus WU-Beton an (siehe Abb. 6.108).

Die Folgen eines bei der Planung der Lichtschächte nicht berücksichtigten Bemessungswasserstands sind Wassereintritte über die Lichtschächte. Der Einsatz einer Tauchpumpe, wie in Abb. 6.109 und 6.110 zu sehen, kann nur eine temporäre Notlösung darstellen.

Beanspruchungsart 3: Kellerlichtschächte als Oberflächenentwässerung für das angrenzende Terrain

Wie sich schon aus den bisherigen Ausführungen ergibt, eignen sich Kellerlichtschächte nicht als Entwässerungseinheiten innerhalb versiegelter Umgebungsflächen. Entsprechend DIN 18533-1:2017-07 „Abdichtung von erdberührten Bauteilen – Teil 1: Anforderungen, Planungs- und Ausführungsgrundsätze", Abschnitt 12.1, darf das Gelände nicht in den Lichtschacht hinein entwässern. Die Geländeprofilierung muss daher mit Gefälle von den Lichtschächten weg geplant und ausgeführt werden. Liegen die Lichtschächte innerhalb einer befestigten Fläche (siehe Abb. 6.111 und 6.112), sollten sie, wenn möglich, um 1 bis 2 cm aus der Oberfläche erhaben hervorstehen. Ist dies nicht

Abb. 6.108: Funktionsprinzip druckwasserdichte Ausführung: Die druckwasserdichte und wärmebrückenfreie Montage des Lichtschachtes erfolgt unter Verwendung der Montagedämmplatte MEAFIX und einem geeigneten Befestigungsset. Dabei wird die Montagedämmplatte mithilfe eines Klebers auf der Wand abgedichtet. Anfallendes Wasser fließt über eine optionale Öffnung im Lichtschachtboden ab. Mit ergänzenden Bauteilen ergibt sich daraus der MEASTOP PRO, eine Rückstausicherung für Lichtschächte mit bauaufsichtlicher Zulassung des DIBt (Quelle: MEA Bautechnik GmbH, Geschäftsbereich MEA Bausysteme).

Abb. 6.109 und 6.110: Hilfskonstruktion bei versäumter druckwasserdichter Ausführung des Kellerlichtschachtes

Abb. 6.111: Kellerlichtschacht innerhalb einer umlaufend eingefassten Plattenfläche, die in den Schacht hinein entwässert

Abb. 6.112: Die eingetragene Wassermenge ist 24-mal höher als bei ausschließlicher Niederschlagsbeanspruchung von oben.

möglich, z. B. bei Lichtschächten innerhalb von Verkehrsflächen, muss für deren unabhängige Oberflächenentwässerung über Bodeneinläufe oder Dränrinnen gesorgt werden.

6.5.3 Expositionsklassen nach DIN EN 1992-1-1:2011-01

Gemäß DIN EN 1992-1-1:2011-01 „Eurocode 2: Bemessung und Konstruktion von Stahlbeton- und Spannbetontragwerken – Teil 1-1: Allgemeine Bemessungsregeln und Regeln für den Hochbau“ wird zwischen den Expositionsklassen nach Betonangriff und Bewehrungsangriff unterschieden (vgl. Tabelle 6.15).

Tabelle 6.15: Definition der Expositionsklassen nach DIN EN 1992-1-1:2011-01

Bewehrungsangriff	**Betonangriff**
Karbonatisierung: XC (Carbonation)	Frost: XF (Freezing)
Chloride: XD (Deicing)	chemischer Angriff: XA (Aggressive)
Meerwasser: XS (Seawater)	Verschleiß: XM (Mechanical)

Bei der Abnahme muss anhand der Expositionsklassen geprüft werden, ob die Zuordnung zum betreffenden Bauteil zutreffend vorgenommen worden ist. Hier gilt die Tabelle 4.1 (vgl. Tabelle 6.16) aus DIN EN 1992-1-1:2011-01 „Eurocode 2: Bemessung und Konstruktion von Stahlbeton- und Spannbetontragwerken – Teil 1-1: Allgemeine Bemessungsregeln und Regeln für den Hochbau“, die wie folgt regelt:

„Teil 1-1: Allgemeine Bemessungsregeln und Regeln für den Hochbau:

4 Dauerhaftigkeit und Betondeckung (…)

4.2 Umgebungsbedingungen

(1) P Die Umgebungsbedingungen sind durch chemische und physikalische Einflüsse gekennzeichnet, denen ein Tragwerk als Ganzes, einzelne Bauteile, der Spann- und Betonstahl und der Beton selbst ausgesetzt sind und die bei den Nachweisen in den Grenzzuständen der Tragfähigkeit und der Gebrauchstauglichkeit nicht direkt berücksichtigt werden.

(2) Umgebungsbedingungen werden nach der auf EN 206-1 basierenden Tabelle 4.1 eingeteilt.

(3) Zusätzlich zu den Bedingungen in Tabelle 4.1 sind in der Regel bestimmte aggressive oder indirekte Einwirkungen zu berücksichtigen. Zu ihnen gehören:

chemischer Angriff, z. B. hervorgerufen durch

– die Nutzung des Gebäudes oder des Tragwerks (Lagerung von Flüssigkeiten usw.);
– saure Lösungen oder Lösungen von Sulfatsalzen (EN 206-1, ISO 9690);

– im Beton enthaltene Chloride (EN 206-1);
– Alkali-Kieselsäure-Reaktionen (EN 206-1, nationale Normen);

physikalischer Angriff, z. B. hervorgerufen durch

– Temperaturschwankungen;
– Abrieb (siehe 4.4.1.2 Absatz 13);
– Eindringen von Wasser (EN 206-1).

ANMERKUNG: Die Zusammensetzung des Betons wirkt sich sowohl auf den Schutz der Bewehrung als auch auf den Widerstand des Betons gegen Angriffe aus. Anhang E enthält indikative Mindestfestigkeitsklassen für bestimmte Umgebungsbedingungen. Das kann dazu führen, dass für einen Beton eine höhere Druckfestigkeitsklasse verwendet werden muss, als aus der Bemessung erforderlich ist. In solchen Fällen ist in der Regel der Wert fctm der höheren Druckfestigkeitsklasse für die Berechnung der Mindestbewehrung und der Begrenzung der Rissbreite (siehe 7.3.2 bis 7.3.4 [7.3.2 7.3.3 7.3.4]) zu übernehmen.“

Tabelle 6.16: Expositionsklassen in Übereinstimmung mit EN 206-1 nach DIN EN 1992-1-1:2011-01

Klasse	Beschreibung der Umgebung	Beispiele für die Zuordnung von Expositionsklassen (informativ)
1 kein Korrosions- oder Angriffsrisiko		
X0	für Beton ohne Bewehrung oder eingebettetes Metall: alle Expositionsklassen, ausgenommen Frostangriff mit und ohne Taumittel, Abrieb oder chemischer Angriff für Beton mit Bewehrung oder eingebettetem Metall; sehr trocken	Beton in Gebäuden mit sehr geringer Luftfeuchte
2 Korrosion, ausgelöst durch Karbonatisierung		
XC1	trocken oder ständig nass	Beton in Gebäuden mit geringer Luftfeuchte; Beton, der ständig in Wasser getaucht ist
XC2	nass, selten trocken	langzeitig wasserbenetzte Oberflächen; vielfach bei Gründungen
XC3	mäßige Feuchte	Beton in Gebäuden mit mäßiger oder hoher Luftfeuchte; vor Regen geschützter Beton im Freien
XC4	wechselnd nass und trocken	wasserbenetzte Oberflächen, die nicht der Klasse XC2 zuzuordnen sind
3 Bewehrungskorrosion, ausgelöst durch Chloride, ausgenommen Meerwasser		
XD1	mäßige Feuchte	Betonoberflächen, die chloridhaltigem Sprühnebel ausgesetzt sind
XD2	nass, selten trocken	Schwimmbäder Beton, der chloridhaltigen Industrieabwässern ausgesetzt ist

Fortsetzung Tabelle 6.16

Klasse	Beschreibung der Umgebung	Beispiele für die Zuordnung von Expositionsklassen (informativ)
XD3	wechselnd nass und trocken	Teile von Brücken, die chlorhaltigem Spritzwasser ausgesetzt sind Fahrbahndecken Parkdecks
5 Betonangriff durch Frost mit und ohne Taumittel		
XF1	mäßige Wassersättigung ohne Taumittel	senkrechte Betonoberflächen, die Regen und Frost ausgestzt sind
XF2	mäßige Wassersättigung mit Taumittel oder Meerwasser	senkrechte Betonoberflächen von Straßenbauwerken, die taumittelhaltigem Sprühnebel ausgesetzt sind
XF3	hohe Wassersättigung ohne Taumittel	waagerechte Betonoberflächen, die Regen und Frost ausgesetzt sind
XF4	hohe Wassersättigung mit Taumittel oder Meerwasser	Straßendecken und Brückenplatten, die Taumitteln ausgesetzt sind; senkrechte Betonoberflächen, die taumittelhaltigen Sprühnebeln und Frost ausgesetzt sind Spritzwasserbereich von Meeresbauwerken, die Frost ausgesetzt sind
6 Betonangriff durch chemischen Angriff der Umgebung		
XA1	chemisch schwach angreifende Umgebung nach EN 206-1, Tabelle 2	natürliche Böden und Grundwasser
XA2	chemisch mäßig angreifende Umgebung und Meeresbauwerke nach EN 206-1, Tabelle 2	natürliche Böden und Grundwasser
XA3	chemisch stark angreifende Umgebung nach EN 206-1, Tabelle 2	natürliche Böden und Grundwasser

Für die unterschiedlichen Bauteile liegt der „Bauteilkatalog – Planungshilfe für dauerhafte Betonbauteile“ (2016) vor. Anhand des Bauteilkatalogs können für jedes Bauteil im Tiefbau in tabellarischer Form die zutreffende Klassenbezeichnung, die Mindestdruckfestigkeitsklasse und die erforderliche Betondeckung ermittelt werden.

6.5.4 Filigranelement-Deckenplatten

6.5.4.1 Filigranelement-Deckenplatten aus Beton

Filigranelement-Deckenplatten aus Beton sind als Konstruktionsprinzip „Nachträglich mit Ortbeton ergänzte Deckenplatten“, aufgeführt und bedürfen daher selbst keiner Zulassung. Die Fertigteile sind in der Regel etwa 50 bis 60 mm hoch und enthalten die untere Lage der Gesamtbewehrung und, in Form von oben aus der Oberseite herausragenden Gitterträgern, einen Teil der Oberbewehrung (siehe Abb. 6.113). Die restliche Oberlage der Bewehrung wird nach der Plattenmontage vor Ort verlegt, bevor der Auf-

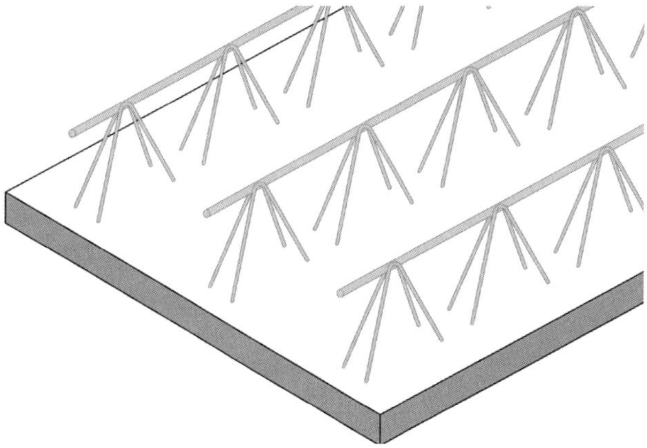

Abb. 6.113: Prinzipaufbau Filigrandecke (Quelle: www.filigran.de)

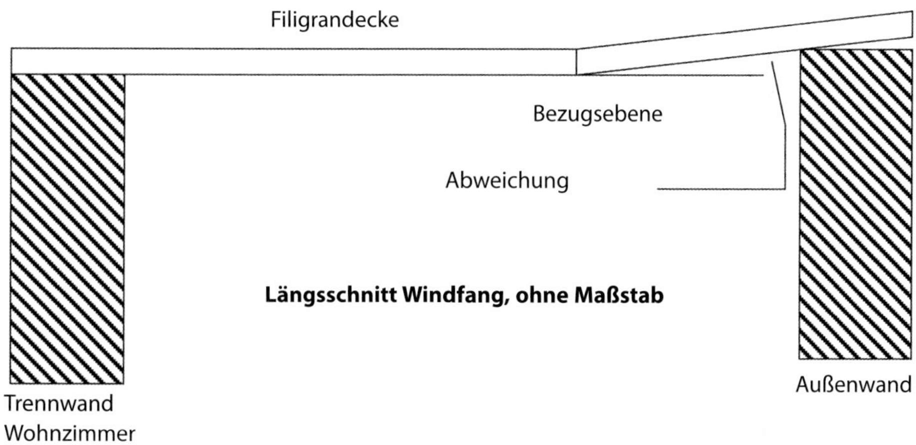

Abb. 6.114: Schematische Darstellung: Verlegung der Filigranelement-Deckenplatte

beton als Frischbeton auf die, in diesem Fall als „verlorene Schalung" funktionierenden, Filigranplatten gegossen wird. Für die endgültige Tragfähigkeit der Deckenkonstruktion ist insoweit der Gesamtquerschnitt nach dem Erhärten des Aufbetons verantwortlich.

6.5.4.2 Verlegung der Filigranelement-Deckenplatten aus Beton

Bei der Verlegung von Filigranplatten (siehe Abb. 6.114) werden diese im Montagezustand vorübergehend durch Trägerjoche unterstützt, damit sich die Filigranplatten nicht unter der Last des Frischbetons durchbiegend verformen. Diese Joche werden bei geringen Auflagerbreiten auch im Randbereich entlang der Begrenzungswände aufgestellt. Wenn auf Randunterstützungen verzichtet wird, müssen die Fertigteilplatten so auf einem Mörtelpolster ausgerichtet werden, dass die Unterseite insbesondere im Stoßbereich zwischen einzelnen Elementen waagerecht und ohne Höhenversatz entsteht, da in der Regel wegen der glatten Fertigteiluntersicht auf einen Deckenputz verzichtet wird. Bei fachgerechter Ausnivellierung der Unterkonstruktion ist eine planebene Unterseite

Tabelle. 6.17: Grenzwerte für Ebenheitsabweichungen nach DIN 18202, Tabelle 3

Zeile	Bezug	Stichmaße als Grenzwerte in mm bei Messpunktabständen in m				
		bis 0,1	1[1)]	4[1)]	10[1)]	15[1), 2)]
1	nicht flächenfertige Oberseiten von Decken, Unterbeton und Unterböden	10	15	20	25	30
2a	nicht flächenfertige Oberseiten von Decken oder Bodenplatten zur Aufnahme von Bodenaufbauten, z. B. Estriche im Verbund oder auf Trennlage, schwimmende Estriche, Industrieböden, Fliesen- und Plattenbeläge im Mörtelbett	5	8	12	15	20
2b	flächenfertige Oberseiten von Decken oder Bodenplatten für untergeordnete Zwecke, z. B. in Lagerräumen, Kellern	5	8	12	15	20
3	flächenfertige Böden, z. B. Estriche als Nutzestriche, Estriche zur Aufnahme von Bodenbelägen, Bodenbeläge, Fliesenbeläge, gespachtelte und geklebte Beläge	2	4	10	12	15
4	wie Zeile 3, jedoch mit erhöhten Anforderungen	1	3	9	12	15
5	nicht flächenfertige Wände und Unterseiten von Rohdecken	5	10	15	25	30
6	flächenfertige Wände und Unterseiten von Decken, z. B. geputzte Wände, Wandbekleidungen, untergehängte Decken	3	5	10	20	25
7	wie Zeile 6, jedoch mit erhöhten Anforderungen	2	3	8	15	20

[1)] Zwischenwerte sind Bild 6 und 7 (siehe Abb. 6.115 und 6.116) zu entnehmen und auf ganze Millimeter zu runden.

[2)] Die Grenzwerte für Ebenheitsabweichungen der Spalte 6 gelten auch für Messpunktabstände über 15 m.

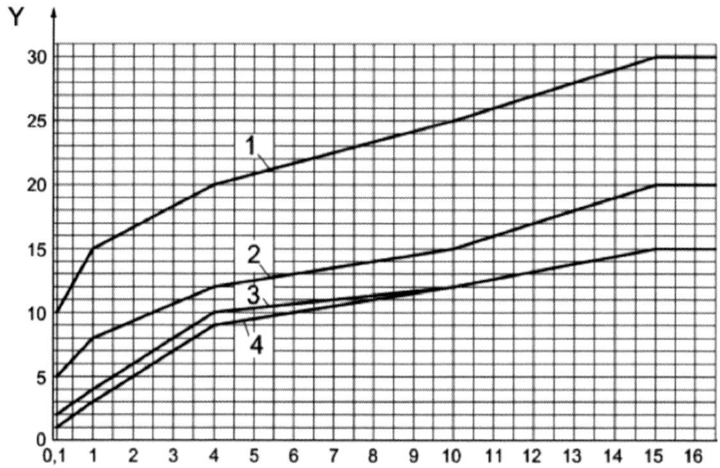

1 Zeile 1
2 Zeile 2a und 2b
3 Zeile 3
4 Zeile 4
X Abstand der Messpunkte in m
Y Grenzwerte für Ebenheitsabweichungen in mm

Abb. 6.115: Grenzwerte für Ebenheitsabweichungen von Oberseiten von Decken, Estrichen und Fußböden nach DIN 18202, Tabelle 3, Bild 6 (Angabe der Zeilen nach Tabelle 3 [vgl. Tabelle 6.17])

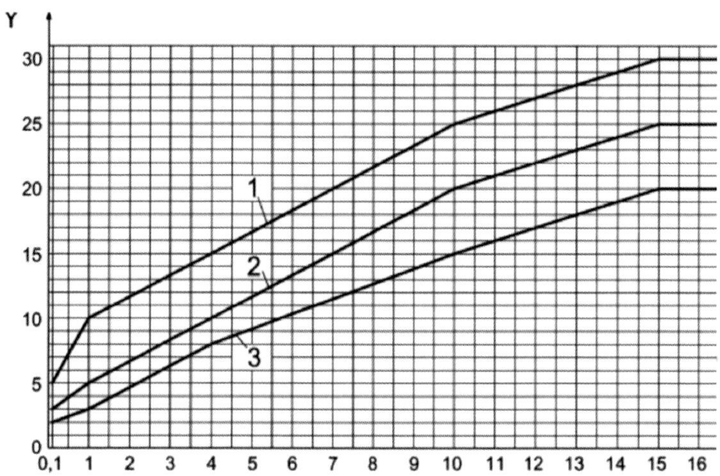

1 Zeile 5
2 Zeile 6
3 Zeile 7
X Abstand der Messpunkte in m
Y Grenzwerte für Ebenheitsabweichungen in mm

Abb. 6.116: Grenzwerte für Ebenheitsabweichungen von Wandflächen und Unterseiten von Decken nach DIN 18202, Tabelle 3, Bild 7 (Angabe der Zeilen nach Tabelle 3 [vgl. Tabelle 6.17])

der Decke erzielbar. Wenn die Platten im Randbereich während der Montage nicht auf die ausnivellierten Joche aufgelagert werden, sondern stattdessen auf den oberen Rand des Mauerwerks, werden die dortigen Ungenauigkeiten der Konturen des Mauerwerks von der Plattenunterseite übernommen. Dies führt dazu, dass z. B. eine Randplatte gekippt, mit einer Seite höher liegt als die seitlich anschließenden Platten.

Regelmäßig kommt es zu Beanstandungen wegen sich abzeichnender Plattenstöße innerhalb der Deckenuntersicht. Begünstigt wird dieser Effekt durch natürliches Streiflicht der Fensteröffnungen oder durch seitlich abstrahlendes Kunstlicht. Sofern nicht die „erhöhten Anforderungen" an die Ebenheit gemäß DIN 18202:2019-07 „Toleranzen im Hochbau", Tabelle 3, Zeile 7, vereinbart worden ist, gelten die Toleranzen gemäß Zeile 6 (vgl. Tabelle 6.17):

„5 Maßtoleranzen (…)

5.4 Grenzwerte für Ebenheitsabweichungen

In Tabelle 3 sind Stichmaße als Grenzwerte für Ebenheitsabweichungen festgelegt und in Bild 6 [siehe Abb. 6.115] *und Bild 7* [siehe Abb. 6.116] *dargestellt; diese gelten für Flächen von*

- Decken (Ober- und Unterseite),
- Estrichen,
- Bodenbelägen und
- Wänden,

unabhängig von ihrer Lage.

Sie gelten nicht für spritzrau belassene Spritzbetonoberflächen.

Werden nach Tabelle 3, Zeile 4 oder Zeile 7, ‚erhöhte Anforderungen' an die Ebenheit von Flächen gestellt, so ist dies gesondert zu vereinbaren. (…)

Die bei Bauprodukten zulässigen Maßabweichungen sind in den Grenzwerten für Ebenheitsabweichungen nicht enthalten und daher zusätzlich zu berücksichtigen.

Bei flächenfertigen Wänden, Decken, Estrichen und Bodenbelägen sollten Sprünge und Absätze vermieden werden. Hierunter ist aber nicht die durch Flächengestaltung bedingte Struktur zu verstehen.

Tabelle 3 [vgl. Tabelle 6.17] *findet für Höhenversätze zwischen benachbarten Bauteilen keine Anwendung."*

Schwindrisse entlang der Plattenstöße sind unvermeidbar. Sie werden in der Regel durch die nachfolgende Tapezierung überdeckt. Bei bauherrenseitigem Verzicht auf die Tapezierung muss daher ein Malervlies flächig verarbeitet werden, um die Risse zu überbrücken.

Haarrisse an den Unterseiten der Filigranplatten können durch verfrühten Transport der Elemente oder infolge von Verladefehlern entstanden sein. Im Einzelfall muss geprüft werden, ob sie in Feldmitte liegen und damit ggf. von statischer Relevanz sind oder innerhalb der Druckzone in Auflagernähe möglicherweise völlig unschädlich sind, weil hier der Aufbeton die wesentliche Funktion übernimmt.

Abb. 6.117: Zufallsvegetation aufgrund unzureichenden Fliesengefälles

Abb. 6.118: Unzureichendes Balkongefälle

6.5.5 Balkonplatten

Balkonkragplatten werden in der Regel als Fertigteilplatten aus Stahlbeton hergestellt. Die Fertigteile werden „über Kopf" in der Sichtschalung produziert, damit die Oberfläche als Sichtbeton glatt wird und außerdem ein planmäßiges Gefälle zum Einlauf hin entsteht. Die Montage erfolgt im Hinblick auf die zulässige Durchbiegung mit einer Überhöhung am Kragarmende. Im Einbauzustand hat die Fertigteilplatte dann theoretisch ihr planmäßig vorausgesetztes Oberflächengefälle. Wird die Überhöhung bei wandseitiger Ablaufposition vernachlässigt oder tritt die vorausgesetzte Durchbiegung bei außenseitigem Abfluss nicht ein, wird das werkseitige Oberflächengefälle im Montagezustand aufgehoben. Es kommt dann zu einem vorübergehenden Anstau von Niederschlagswasser nach jedem Regenereignis. Obwohl die Nutzung der Balkone während der Regenfälle nicht vorausgesetzt werden muss, bildet das auf den Balkonen anschließend verbleibende Wasser immer ein Ärgernis. Es kommt zu Sedimentationsablagerungen und gelegentlich zur Zufallsvegetation (siehe Abb. 6.117).

Grundsätzlich wird ein Balkongefälle nach den Regelwerken nicht allgemein verbindlich vorausgesetzt (siehe Abb. 6.118).

Gemäß „Fachregel für Dächer mit Abdichtungen – Flachdachrichtlinie" (2016, zuletzt geändert März 2020) gilt:

„1 Allgemeine Regeln

1.1 Geltungsbereich

(1) Diese Regel gilt für die Planung und Ausführung von Abdichtungen

- *nicht genutzter Dachflächen, einschließlich extensiv begrünter Dachflächen,*
- *genutzter Dach- und Deckenflächen, z. B. intensiv begrünter Flächen, Terrassen, Dächer mit Solaranlagen, Balkonen, Loggien und Laubengänge,*
- *erdüberschütteter Deckenflächen,*
- *befahrener Dach- und Deckenflächen aus Stahlbeton mit Abdichtungsbahnen und Flüssigkunststoffen sowie allen für die Funktionsfähigkeit des Dachaufbaus/ Bauteilaufbaus erforderlichen Schichten.*

(2) Die Fachregel gilt nicht für Abdichtungen

- *bei Unterdächern,*
- *erdberührter Wände und Bodenplatten nach DIN 18533,*
- *in und unter Wänden nach DIN 18533,*
- *von Innenräumen nach DIN 18534,*
- *von Behältern und Becken nach DIN 18535,*
- *von befahrenen Flächen, die nicht Bestandteil eines Gebäudes sind, z. B. Brücken (siehe DIN 18532),*
- *von Deponien, Erdbauwerken und bergmännisch erstellten Tunneln,*
- *mit mineralischen und flexiblen Dichtungsschlämmen,*
- *im Verbund mit Fliesenbelägen,*
- *mit kunststoffmodifizierter Bitumendickbeschichtung (KMB). (…)*

1.4 Gestaltungs- und Planungshinweise (…)

(3) Gefälle und Entwässerung sind nach Abschnitt 2.2 und Abschnitt 2.5 zu planen.

(4) Bei der Planung von Gefälle sind Durchdringungen, Einbauteile, aufgehende Bauteile und Anlagen zu berücksichtigen. Beim nachträglichen Einbau von Einbauteilen (z. B. Lichtkuppeln) sowie beim nachträglichen Aufstellen/Auflegen von Anlagen, insbesondere Solaranlagen, muss dieser Einfluss auf die Entwässerung aller Flächen bei der Planung berücksichtigt werden.

(5) Werden besondere Anforderungen an die Verringerung von stehendem Wasser auf der Abdichtung oder der Nutzschicht gestellt, sind in der Planung die zulässigen Toleranzen und Verformungen der Unterkonstruktion sowie der Bauprodukte zu berücksichtigen. Insbesondere im Gebäudebestand können in diesen Fällen umfangreiche Maßnahmen erforderlich werden, die durch den Planer vorzugeben sind. (…)

2 Beanspruchungen und Anforderungen (…)

2.2 Dachneigung, Gefälle

(1) Die Unterlage der Abdichtung soll für die Ableitung des Niederschlagswassers mit einem Gefälle von mindestens 2 % in der Fläche geplant werden.

(2) Gefällelose Flächen können in begründeten Fällen, z. B.

- *infolge reduzierter Anschlusshöhen an Türen,*
- *konstruktiv vorgegebene Lage der Entwässerungseinrichtungen, die eine Gefällegebung nicht ermöglichen,*

geplant und ausgeführt werden. Die besonderen Anforderungen von Abschnitt 2.3.4 und Abschnitt 3.6 sind zu berücksichtigen.“

Damit liegt eine Regel für die Gefälleausbildung von Balkonen nur für abgedichtete Flächen vor. Gleichwohl kann aus praktischer Sicht auch ein Gefälle bei Betonplatten aus WU-Beton und bei kunststoffbeschichteten Platten vorausgesetzt werden.

Wenn mit einem unzureichenden Balkongefälle kein absehbares Risiko verbunden ist, besteht unter Würdigung der Umstände ggf. kein Mangel, obwohl ein Regelverstoß vorliegt, wie das OLG Nürnberg, Urteil vom 25.07.2002 – 13 U 979/02 (aus der Entscheidungsbegründung), entschieden hat:

„(…) Weil die VOB/B vereinbart ist, ist eine Werkleistung gemäß § 13 Nr. 1 VOB/B auch dann mangelhaft, wenn sie zwar keine Fehler in diesem Sinne aufweist, aber nicht den

anerkannten Regeln der Technik entspricht. Insoweit enthält § 13 Nr. 1 VOB/B gegenüber § 633 BGB einen zusätzlichen Gewährleistungstatbestand. (...)

Ein Mangel liegt nicht vor, soweit mit dem Verstoß gegen die ‚anerkannten Regeln' der Technik ein auch tatsächlich nachweisbares Risiko nicht verbunden ist, mithin irgendwelche Gebrauchsnachteile nicht erkennbar sind. Gewährleistungsansprüche sind somit sachlich nur legitimiert, wenn mindestens technische Risiken bestehen, die konkret aus der Nichteinhaltung der ‚anerkannten Regeln' folgen. Es kann unterstellt werden, dass der Auftraggeber mehr als ein ‚völlig einwandfreies' Bauwerk nicht haben will. Die Einhaltung der ‚anerkannten Regeln' ist kein Selbstzweck. Den Beweis einer auch langfristig ungefährdeten Gebrauchstauglichkeit hat bei einem Verstoß gegen die anerkannten Regeln allerdings der Auftragnehmer, hier die Klägerin, zu führen (...)

Weil hier jedes Risiko jetzt und in ferner Zukunft nach den Feststellungen des Sachverständigen ausgeschlossen werden kann, begründet der etwaige folgenlose Verstoß gegen die anerkannten Regeln der Technik keinen die Gewährleistungspflicht auslösenden Mangel.

Folgerichtig liegt auch kein Fehler vor, der den Wert oder die Tauglichkeit zu dem gewöhnlichen Gebrauch mindert oder gar aufhebt."

Das OLG München hat entschieden, dass im Falle einer Balkonsanierung, bei der die Balkonplatten demontiert und gegen neue Balkonplatten an gleicher Stelle ersetzt worden sind, auf die nach den Flachdachrichtlinien erforderliche Anschlusshöhe von 15 cm verzichtet werden durfte, wenn die Balkone senkrecht übereinander liegen.

OLG München, Endurteil vom 16.09.1998 – 27 U 663/97 (aus den Entscheidungsgründen):

„Mit dem Sachverständigen N. geht der Senat davon aus, dass im Falle kleiner Balkone mit ausreichender Abflussmöglichkeit eine Andichtungshöhe von 15 cm über Oberkante Balkonbelag bei den Türen jedenfalls dann nicht erforderlich ist, wenn die Balkone jeweils durch einen darüber liegenden Balkon gegen unmittelbare Wettereinflüsse geschützt sind. Es entspricht allgemeiner Üblichkeit am Bau, diese aus den Flachdachrichtlinien abgeleitete Andichtungshöhe dann nicht vorzusehen, wenn eine unmittelbare Bewitterung nicht vorliegt. Hier muss abgewogen werden zwischen den – geringen – Vorteilen einer höher gezogenen Abdichtung und der – erheblichen – Unfallgefahr durch die Anbringung hoher Stolperschwellen beim Ausgang auf einen Balkon. Der Senat sieht deshalb grundsätzlich keine Mangelhaftigkeit der Balkone und damit auch keinen Planungsfehler des Beklagten.

Entsprechend den Sachverständigenausführungen des Sachverständigen N. liegt ein Mangel lediglich bei den beiden obersten Balkonen vor, die unmittelbar der Witterung ausgesetzt sind."

Das Urteil kann jedoch nicht unkritisch auf andere Fälle übertragen werden, weil der Regen in einigen Regionen Deutschlands nicht nur senkrecht fällt, sondern unter Windeinwirkung auch in der Lage ist, erhebliche Wassermengen in schräger Fallrichtung auf Balkonplatten zu befördern, die von den Konturen eines senkrecht darüber liegenden Balkons überdeckt werden. Auch das Argument der drohenden Stolpergefahr überzeugt hier nicht, weil im Geschosswohnungsbau in der Regel bereits auf dem Weg in die Wohnung ohnehin zahlreiche Stufen zu überwinden sind, ohne dass hiervon eine besondere Unfallgefahr ausgeht. Im Falle eines besonderen Gefahrenpotenzials wären Veröffentlichungen bekannt über eine statistisch dominante Anzahl von Unfällen in Wohnungen mit fachgerechter Schwellenausbildung.

Abb. 6.119 und 6.120: Bei dem Einbau des Dachflächenfensters war das Windrispenband im Weg und wurde abgetrennt.

Abb. 6.121: Wegen des Einbaus eines Dachfensters wurden die über Kreuz verspannten Windrispenbänder nachträglich aufgetrennt und sind damit vollständig wirkungslos.

6.6 Zimmer- und Holzbauarbeiten (VOB/C ATV DIN 18334)

6.6.1 Windrispenband

Windrispenbänder übernehmen insbesondere bei zeitgenössischen Dachtragwerken aus Holz den Diagonalverband, der die Längenaussteifung des Dachstuhles sicherstellt.

Die Windrispenbänder werden als Stahlblechbandware in den Abmessungen *b*/*d*: 40 mm/2 mm und 40 mm/3 mm auf Rollen angeliefert und vor Ort nach Längenzuschnitt auf der Sparrenoberseite angebracht. Entsprechend der statischen Ausweisung werden sie in der Regel kreuzweise diagonal auf der Schrägdachoberseite angebracht. Damit der Dachstuhl in Firstlängsrichtung (also quer zur Sparrenrichtung) eine ordnungsgemäße Aussteifung erhält, wird das Lochband zunächst einseitig am Firstende kraftschlüssig mit dem Sparren vernagelt und anschließend, dank der Hebelwirkung eines speziellen Spanngerätes, unter Zugspannung am anderen Ende traufseitig mit dem äußeren Sparrengebinde ebenfalls mit Nägeln verbunden. Kraftschluss wird hierbei nach Herstellerangabe dadurch erzeugt, dass das Lochband am Fußpunktende um 90° abgekröpft und mit der Sparrenseitenflanken vernagelt wird.

Die längenaussteifende Wirkung wird erreicht, wenn jeder einzelne Sparren von der Oberseite her mit dem Windrispenband kraftschlüssig durch Vernagelung verbunden ist. Es reicht insofern nicht aus, wenn nur einzelne Sparrenverbindungen hergestellt werden.

Werden Windrispenbänder abgetrennt, verlieren sie ihre Wirkung (siehe Abb. 6.19 bis 6.121).

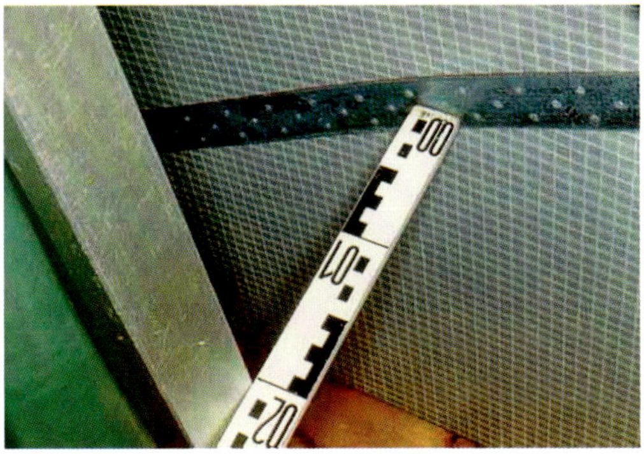

Abb. 6.122: Windrispenband nach außen bis an die Lattenebene durchbiegbar

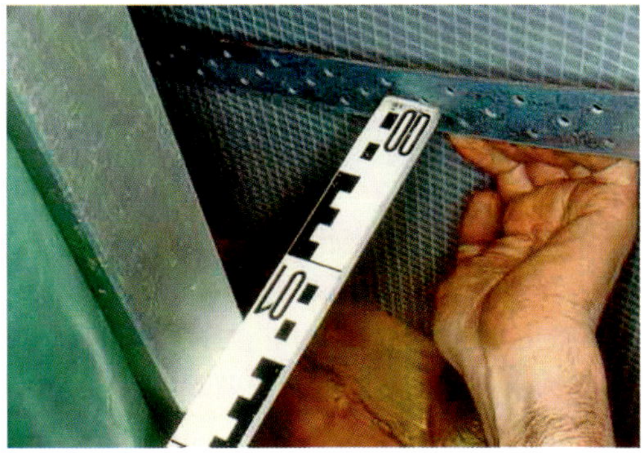

Abb. 6.123: Windrispenband nach innen durchgebogen, 6 cm Spiel im Sparrenfeld

Unterbleibt die ordnungsgemäße Verspannung während der Montage, sind die Windrispenbänder anschließend in der Praxis schlaff durchhängend anzutreffen (siehe Abb. 6.122 und 6.123).

Das Maß der rechtwinkligen Auslenkung lässt sich umrechnen in die hieraus resultierende mögliche Längenverschiebung des Dachtragwerks.

Beispiel

Sparrendach, Firstlänge:	6,38 m
Sparrenlänge:	4,67 m
Sparrenabstand:	1.200 mm
örtlich ermittelte Maximalauslenkung des schlaffen Windrispenbandes:	60 mm
Windrispenband-Länge (= Solllänge): $L = = \sqrt{(4{,}67\ \text{m})^2 + (6{,}38\ \text{m})^2}$	7,91 m
Windrispenband-Länge (= Sollänge) je Sparrenfeld: 1,2 m · 7,91 m : 6,38 m =	1,49 m
tatsächliche Windrispenbandlänge unter Berücksichtigung der Auslenkung (= Istlänge):	
Auslenkung auf halber Windrispenbandlänge in Feldmitte:	60 mm
halber Sparrenabstand:	600 mm
halbe Windrispenband-Solllänge = 1.490 mm · 0,5 =	745 mm
$L = 2 \cdot\ = \sqrt{(745\ \text{mm})^2 + (60\ \text{mm})^2}$	1.495 mm
Längendifferenz = Diagonallängenänderungsmöglichkeit des Windrispenbandes je Sparrenfeld:	4,8 mm
bei 5 Sparrenfeldern pro Haus ergibt sich auf diese Weise eine diagonale Längenänderungsmöglichkeit des Windrispenbandes von 5 · 4,8 mm =	24 mm
umgeändert in die Längenverschieblichkeit des Dachstuhles in Firstebene ergibt dies pro Reihenhaus einen Wert von 24 mm · 6,38 m : 7,91 m =	19,36 mm
bei 4 zusammenhängend ausgeführten Reihenhäusern ergibt dies eine seitliche Verschiebung von 4 · 19,36 mm =	77,4 mm

Die nachträgliche Verspannung der Windrispenbänder ist möglich. Hierzu sind im Handel spezielle Spannschlösser erhältlich, die aufgrund der oberseitigen Vernagelung in jedes Sparrenfeld eingesetzt werden müssen. Die Kosten für derartige Spannschlösser betragen ca. 33 €/Stück.

6.6.2 Riffelholzdielen

Eine häufig bei der Abnahme auftretende Beanstandung ist die Fugenbreite bei Riffelholzdielenbelägen. Einerseits ist ein bestimmter Abstand der Dielen untereinander erforderlich, damit die unvermeidbaren Quell- und Schwindvorgänge nicht zu Schäden führen. Andererseits führen übergroße Spaltmaße (siehe Abb. 6.124) dazu, dass die Verkehrssicherheit nicht mehr gegeben ist, weil die Füße des Mobiliars und Absätze in die Spalten eindringen können.

Der Gesamtverband Deutscher Holzhandel e. V. (GDHolz) geht in der Broschüre „Terrassen- und Balkonbeläge, Produktstandards und Anwendungsempfehlungen“ (2020) davon aus, dass ein Fugenmaß von 5 mm ausreicht:

„8. Grundlagen der Dielenverlegung (…)

8.2. Abstände und Toleranzen

8.2.1. Fugen

Vor Verlegung der Terrassendielen ist die Holz- bzw. Materialfeuchte (vgl. 8.1.1.) zu prüfen und die Fugenbreite zwischen den Dielen entsprechend dem zu erwartenden Quell-/Schwindverhalten zu bestimmen. Grundsätzlich ist eine Festlegung der Fugenbreite ohne Kenntnis der Holzfeuchte nicht möglich.

Um eine ausreichende Belüftung der Terrassenkonstruktion nach langen Feuchtperioden (bei max. gequollenen Dielen) sicherzustellen, ist bei Vollholzdielen eine Fuge von min. 4 mm im Gebrauchszustand zu gewährleisten. Zum Zeitpunkt des Einbaus muss die Fugenbreite materialabhängig 6–10 mm betragen (FR 02) (Bild 8. 1). (…)

8.2.2. Fugen bei Längsstößen (Dielenende)

Werden Terrassendielen in der Länge gestoßen, sind die Dielenenden rechtwinklig zu kappen und mit 6–10 mm Fugenbreite zu verlegen (FR 02). Empfohlen werden 6 mm Fuge. Längsstöße müssen offen (zwischen zwei Auflagern, siehe Bild 7.3, S. 52) ausgeführt werden, da sonst die Gefahr von Staunässe, Verschmutzung und Fäulnis in diesem Bereich besteht. Die Ausführung von Längsstößen bei Verlegesystemen, Nut- und Feder-Endlosprofilen oder Systemlängen kann von den vorangehenden Angaben abweichen und ist nach Herstellerangaben (Dielen und Befestigungsmittel) auszuführen.

Bei Vollholzdielen sind Längenänderungen durch Quellen und Schwinden bei Längsstößen vernachlässigbar. Bei NFC-Produkten sind diese unbedingt zu beachten (siehe Kapitel 4).“

Der Informationsdienst Holz geht in „Holz im Außenbereich“ (2000) davon aus, dass ein Fugenmaß von 3 mm die Fugenbreite auch bei intensiver trocknungsbedingter Schwindverformung auf ein hinnehmbares Maß reduziert:

Abb. 6.124: Übergroße Fugenbreite von 1,8 cm bei Riffelholzdielen-Terrassenbelag

„8 Begehbare Konstruktionen (…)

8.2 Holzroste (…)

Die Fugen zwischen den Brettern werden jahreszeitlich bedingt unterschiedlich breit sein. Die Wahl schmaler Fugen (= 3 mm) bei der Herstellung begrenzt die Fugenbreite auch bei intensiver trocknungsbedingter Schwindverformung der Bretter im Sommer auf ein hinnehmbares Maß. Es wird empfohlen, die Bretter jeweils mit nicht rostenden Schrauben auf den Lagerhölzern zu befestigen. Bei Brettbreiten bis 60 mm reicht eine Schraube, alle anderen sollten zwei Schrauben erhalten mit einer Länge der 2,5-fachen Brettdicke. Dabei reduziert eine Vorbohrung der Bretter die Spaltgefahr."

Wird im Hinblick auf das hinnehmbare Maß der Fugenbreite eine hier empfohlene Fugenbreite von 3 mm bei der Herstellung angenommen, hängt das im Sommer zu erwartende Fugenmaß von der Differenzfeuchte zwischen dem Einbauzeitpunkt und dem Beobachtungszeitpunkt im Sommer sowie von der Dielenbreite und dem materialspezifischen Quell- und Schwindverhalten ab.

Der GDHolz sagt in „Fachwissen Holz" (2013) zum Schwindmaß:

„1 Wie Holz quillt und schwindet

Das differenzielle Schwindmaß gibt an, um wie viel Prozent das Holz in seinen Hauptrichtungen jeweils schwindet, wenn sich die Holzfeuchte um 1 Prozent ändert (Bild 4-3). Die Werte in Bild 4-3 und Bild 4-4 [vgl. Tabelle 6.18] *zeigen deutlich, dass die longitudinalen Abmessungsänderungen des Holzes beim Schwinden (als auch Quellen) sehr gering, die tangentialen am stärksten sind.*

Bei europäischen Nadelhölzern wird in der Praxis mit einem einheitlichen spezifischen Schwindmaß von 0,24 % als Mittelwert aus tangentialer und radialer Schwindung gerechnet, da der tatsächliche Jahrringverlauf in späteren Holzquerschnitten meist nicht vorhersehbar ist. (…)

4. Das differenzielle Schwindmaß (…)

Holzart differentielles Schwindmaß V in % je % Holzfeuchteänderung (…)

Lärche	*radial*	*tangential*
	0,14	*0,30"*

Tabelle 6.18: Differentielle Schwindmaße[1] für verschiedene Holzarten nach „Fachwissen Holz" (2013)

Holzart	tangential	radial	longitudinal
Fichte	0,33	0,16	0,01
Kiefer	0,29	0,17	0,01
Eiche	0,35	0,20	0,01
Buche	0,45	0,22	0,013

[1] in Prozent je 1 Prozent Holzfeuchteänderung

Der GDHolz gibt folgende Werte für das Schwind- und Quellmaß von Lärchenholz an:

differenzielles Schwindmaß tangential:	0,30 %/%
Dielenbreite z. B.:	135 mm
zulässige Einbaufeuchte:	18 %
Holzfeuchte im Sommer:	10 %

Die maximal zu erwartende Vergrößerung der Fugenbreite bei unbehindertem Schwindverhalten kann daher für Lärchenholz angesetzt werden mit:

135 mm · (18 % – 10 %) · 0,30 %/% = 3,2 mm.

Bei einer empfohlenen Anfangsfugenbreite von 3 mm ergibt sich eine hinnehmbare Fugenbreite bei ausgetrocknetem Holz als Soll-Beschaffenheit zu:

3 mm + 3,2 mm ≈ 6 mm.

Es existiert also keine Norm, nach der ein maximal zulässiger Fugenabstand als Sollwert festgelegt wird. Die technische Auslegung nach Auswertung der vorliegenden Merkblätter zeigt, dass das Problem übergroßer Fugenabstände bei Riffelholzdielen speziell aus Bangkirai-Holz im Außenbereich einerseits bekannt und andererseits nicht unvermeidbar ist. Ferner kann die übliche Beschaffenheit gleichartiger Werke, die der Besteller nach der Art der Leistung erwarten kann, bei einer Sollfugenbreite liegen, die jahreszeitlich bedingt in einem Bereich von ≈ 3 bis 10 mm schwanken kann.

Das Brandenburgische OLG hat entschieden, dass Fugenbreiten von 1,6 bis 1,9 cm auch dann einen Mangel bei einem Balkon- oder Terrassenboden aus Holzdielen darstellen, wenn keine DIN-Vorschriften über die Verlegeabstände bei Holzböden existieren.

Brandenburgisches OLG, Urteil vom 26.10.2011 – 13 U 137/06 (Revision nicht zugelassen) (aus den Gründen):

„Der Holzboden ist mangelhaft im Sinne des § 633 BGB a. F. Er weist mit Zwischenräumen von 1,6 bis 1,9 cm zu große Abstände zwischen den einzelnen Holzbohlen auf. Allerdings ist unstreitig, dass weder im Zeitpunkt der Fertigstellung von Balkon- und Terrassenboden noch bis heute DIN-Vorschriften über die Verlegeabstände bei Holzböden existieren, wohl aber Empfehlungen und insbesondere technische Gründe, die einerseits eine Mindestfugenbreite erfordern, andererseits aber zu breite Fugen nicht erlauben. Insbesondere dürfen Böden nicht so hergestellt werden, dass sie den allgemeinen Erwartungen an die Sicherheit einerseits und den Verformungseigenschaften der Belagshölzer nicht entsprechen.

Abb. 6.125: Die Schnittkanten der Riffelholzdielen liegen nicht in einer gemeinsamen Flucht.

Bei den vorgefundenen Fugen in einer Breite von 1,6 bis 1,9 cm zwischen den einzelnen Bohlen ist die gefahrlose Nutzung von Balkon und Terrasse nicht möglich, weil Fußbeine von Gartenmöbeln, aber auch Absätze, darin hängen bleiben können. Das erschließt sich bereits einem technischen Laien ohne Weiteres.

Andererseits dürfen Holzböden wegen der witterungsabhängigen Auswirkungen auf die Breite der Fugen nicht fugenlos verlegt werden. Auch das leuchtet ohne entsprechende Fachkunde unmittelbar ein. Soweit der Sachverständige auf der Grundlage der vg. Anforderungen und Erwartungen an Holzböden festgestellt hat, dass eine Fugenbreite von 3 mm ausreichend und den Anforderungen an die Verkehrssicherheit entsprechend gewesen wäre, ist das plausibel und nachvollziehbar. Er hat die Mindestbreite unter Berücksichtigung der örtlichen Gegebenheiten (Überdachung von Terrasse und Balkon) und der Verformungseigenschaften der verwendeten Belagshölzer, der Brettbreiten von 110 mm, der maximalen witterungsbedingten Feuchtigkeitsänderung und des Quell- und Schwindmaßes für Holz quer zur Faser plausibel aufgezeigt. Zugleich hat er dargelegt, dass ihm kein hiesiges Holz bekannt sei, das bei Feuchtigkeitsänderungen seine Querschnittsabmessung quer zur Faser um 30 % verändere. Dem ist die Klägerin nicht mehr entgegengetreten."

Das Fugenmaß sollte unter Berücksichtigung der tatsächlichen Einbaufeuchte der Dielen und der Art der Feuchtigkeitsbeanspruchung so festgelegt werden, dass – je nach Wetterlage – ein späteres Spaltmaß von 3 mm nicht unter- und ein Spaltmaß von 10 mm nicht überschritten wird. Die Köpfe der Riffelholzdielen sollen entlang der Schnittkante fluchten. In Abb. 6.125 ist dies nicht der Fall.

Die mindestens erforderliche Brettdicke von Riffelholzdielenbelägen richtet sich nach den „Fachregeln des Zimmerhandwerks 02: Balkone und Terrassen (Bund Deutscher Zimmermeister [BDZ] im Zentralverband des Deutschen Baugewerbes e. V., 2015) nach der Brettbreite und dem Auflagerabstand:

„9 Bauteilanforderungen

9.5 Holzbeläge (…)

9.5.2 Beschaffenheit der Belaghölzer (…)

(3) Die Dicke der Belagbretter und -bohlen ist abhängig vom Abstand der Unterkonstruktion. Die Maße der Tabelle 8 [vgl. Tabelle 6.19] *haben sich in der Praxis bewährt und dürfen ohne weiteren statischen Nachweis verwendet werden."*

Tabelle 6.19: Erforderliche Mindestdicken der Bretter inkl. Riffelung von tragenden Belägen aus Nadel- und Laubholz in Abhängigkeit von der Brettdicke und dem Auflagerabstand nach den „Fachregeln des Zimmerhandwerks 02: Balkone und Terrassen" (Bund Deutscher Zimmermeister [BDZ] im Zentralverband des Deutschen Baugewerbes e. V., 2015)

Brettbreite in mm	**Auflagerabstand in mm**			
	500	**600**	**800**	**1.000**
	Mindestbrettdicke in mm			
100	30	32	37	42
120	27	30	34	38
140	25	27	32	35
160	23	26	30	33

Riffeldielen sollten gemäß der Broschüre „Terrassen- und Balkonbeläge, Produktstandards und Anwendungsempfehlungen" (Gesamtverband Deutscher Holzhandel e. V. [GD Holz], 2020) mit einem Längsgefälle verlegt werden, damit Niederschlagswasser möglichst rasch abgeführt wird:

„6. Planung (…)

6.3 Planungsdetails (…)

6.3.2. Gefälle

Die Frage des Gefälles muss mit dem Kunden besprochen werden. Ein Gefälle von 1–2 % in der Gesamtkonstruktion trägt dazu bei, dass Wasser auf dem Belag schnell abfließen kann. Auch bei einem Gefälle können sich z. B. durch Verformung von Dielen begrenzt Pfützen bilden. Im Winter kann ein Gefälle bei Vereisung die Unfallgefahr erhöhen.

- *Für die Wasserableitung unterhalb des Belags ist das Gefälle der sog. wasserführenden Schicht, der Abdichtung von Dach-, Balkon- oder Terrassenflächen, entscheidend.*
- *Bei profilierten Dielen sollte die Dielenlängsrichtung in Richtung des Gefälles ausgerichtet sein, um stehendes Wasser auf den Dielen zu vermeiden.*
- *Bei Vollholzdielen der Dauerhaftigkeitsklassen 1 oder 2 führt ein fehlendes Gefälle in der Regel nicht zu kürzeren Gebrauchsdauern."*

Eine weitere Beanstandung liegt bei der Abnahme oft darin, dass Riffelholzdielen teilweise zur Splitterbildung neigen und damit eine Verletzungsgefahr beim Barfußbegehen darstellen können (siehe Abb. 6.126 und 6.127).

Der GD Holz hat in der Broschüre „Terrassen- und Balkonbeläge, Produktstandards und Anwendungsempfehlungen" (2020) folgende Regeln zur Befestigung von Holzdielen im Außenbereich veröffentlicht:

Abb. 6.126 und 6.127: Absplitterungen führen zu einer Verletzungsgefahr beim Barfußbegehen.

„9. Dielenbefestigung

9.1. Sichtbare Befestigung (Verschraubung) (…)

9.1.2. Ausführungshinweise zur sichtbaren Verschraubung

Falls durch Hersteller keine anderslautenden Angaben gemacht werden, ist ein Vorbohren der Dielen erforderlich. Außerdem wird ein Vorsenken der Diele empfohlen (…). Das Vorbohren erleichtert das Eindrehen der Schrauben und reduziert die Rissbildung in der Diele.

Verschraubungen sind oberflächenbündig auszuführen. Versenkungen sind bis 2 mm, bzw. 1 mm bei oberflächenbehandelten Bauteilen (vgl. FR 02), zulässig.

Dielen müssen mit zwei Schrauben je Auflager befestigt werden. Der Randabstand zur Längsseite sollte ca. 20 mm betragen, um ein Schüsseln der Dielen zu minimieren. Die Anordnung der Schrauben ist in einer Flucht auszuführen, um ein einheitliches Schraubenbild zu erhalten. Die Schraubenköpfe dürfen von einer gedachten Mittellinie auf einer Länge von 2 m nicht mehr als +5 mm und bei zwei benachbarten Schraubenköpfen nicht mehr als 5 mm voneinander abweichen (…).

Um die Gefahr einer Endrissbildung bzw. des Aufspaltens an den Dielenenden zu reduzieren, ist ein Abstand der Verschraubung zum Dielenende von ca. 50 mm einzuhalten. Dies ist auch bei der Ausführung von Dielen-Längsstößen (…) zu beachten.

Verschraubungen sind grundsätzlich in der Nut und auf der Oberfläche möglich; die Ausführung ist zu vereinbaren. Bei stark frequentierten Terrassenflächen (mit erhöhter Abnutzung) sollte in der Nut verschraubt werden (…). Für eine Verschraubung auf der Oberfläche kann ein verbesserter konstruktiver Holzschutz sprechen.“

Das Vorbohren beim Verschrauben der Dielen reduziert das Risiko von Absplitterungen. Die Edelstahlschrauben müssen dabei in die Rillen gesetzt und versenkt werden. Im Handel sind dafür spezielle Terrassenschrauben erhältlich, deren Spitze mit einer Schneidevorrichtung ausgerüstet ist und die unter dem Kopf über Fräsrippen verfügen, die die Versenkung des Kopfes ermöglichen (siehe Abb. 6.128).

Abb. 6.128: Terrassenschraube mit Bohrspitze und Fräsrippen an der Unterseite des Kopfes

Abb. 6.129: Verschraubung mit einer Torx-Edelstahlschraube. Das Bohrloch wurde nicht vorgebohrt, die Schraube nicht vollständig versenkt.

Abb. 6.130: Damit der Bautenschutzmattenstreifen seine Schutzfunktion erfüllt, muss er direkt auf der Schweißbahnabdichtung aufgelegt werden und nicht zwischen 2 übereinanderliegenden Lagerhölzern.

Ohne Vorbohrung und ohne Versenkung der Schrauben treten die Schraubenköpfe auffällig hervor (siehe Abb. 6.129).

Die Lagerhölzer müssen witterungsbeständig sein und dürfen die Abdichtung der Terrassenoberfläche nicht beschädigen. Hierfür werden in der Regel Bautenschutzmattenstreifen unter die Auflager der Lagerhölzer verlegt (siehe Abb. 6.130). Die Broschüre „Terrassen- und Balkonbeläge, Produktstandards und Anwendungsempfehlungen" (GD Holz, 2020) empfiehlt:

„7. Untergründe und Unterkonstruktion (…)

7.4. Dachterrassen

7.4.1. Funktionsbereiche abgedichteter Flächen

7.4.1.1. Abdichtung (…)

Für genutzte abgedichtete Flächen muss für die Errichtung von Terrassen Folgendes berücksichtigt werden:

a) Mechanische Einwirkungen: Unter der Unterkonstruktion der Terrasse ist zum Schutz der Abdichtung i. d. R. eine Schutzlage, z. B. Bautenschutzmatten, Bahnen mit nachgewiesenem Durchwurzelungsschutz (nicht Wurzelschutzfolien), oder eine Schutzschicht, z. B. Betonplatten, anzuordnen.

Abb. 6.131 und 6.132: Das Einstopfen von Dämmstofffetzen in Fassadenfelder birgt das Risiko von lokalen Fehlstellen und einem Feuchtigkeitseintritt von außen, weil die Wasser abweisende Vlieskaschierung nicht durchgängig vorhanden ist.

Die Eignung von Schutzlagen und -schichten ist auf die Terrassenunterkonstruktion und auf die Abdichtungsschicht abzustimmen, da z. B. Kunststoff-Abdichtungsbahnen, wenn sie Inhaltsstoffen aus der Terrassenunterkonstruktion oder dem Terrassenbelag ausgesetzt sind, verspröden können.

b) Begrünungen/Pflanzungen: Sind Begrünungen oder Pflanzungen vorgesehen, muss geprüft werden, ob ein Wurzelschutz für die Abdichtungsschicht erforderlich ist.

c) Feuchteschutz (Verschattung): Um den Feuchteschutz innerhalb der Konstruktion sicherzustellen, sind Anforderungen an die Sonneneinstrahlung von abgedichteten Flächen gestellt. Wird die Sonneneinstrahlung durch einen Terrassenbelag eingeschränkt, kann dies zu Feuchteschäden in der Konstruktion unterhalb des Terrassenbelags führen. (…)

8. Grundlagen der Dielenverlegung (…)

8.2. Abstände und Toleranzen (…)

8.2.3. Höhenunterschiede

Der Höhenunterschied zwischen benachbarten Dielen darf zum Zeitpunkt der Verlegung max. 2 mm betragen (FR 02). Im Gebrauchszustand liegt ab einem Höhenunterschied von ca. 5 mm eine unzulässige Stolperstelle vor.“

6.6.3 Wärmeschutz

Einzubauende Dämmstoffe, z. B. in mehrschaligen Fassadenkonstruktionen, verfügen oft über eine Wasser abweisende Vlieskaschierung. Diese muss dann zur Witterungsseite der Fassade zeigen (siehe Abb. 6.131 und 6.132).

6.6.4 Balkenauflager in Außenwänden und anderen Mauerwerkswänden

Die Auflagersituation von Holzbindern auf Mauerwerk wurde in der Vergangenheit unter Fachleuten unterschiedlich beurteilt. Einerseits soll verhindert werden, dass eine Übertragung von Feuchtigkeit aus dem Mauerwerk heraus in das Holz hinein erfolgt, andererseits soll Feuchtigkeit aus dem Holz ausdiffundieren können. Balkenauflager in Folientaschen sind inzwischen von der Fachwelt eindeutig als nicht fachgerecht eingestuft worden. Zum Auflagerpunkt von Holzbalken auf Mauerwerk heißt es in den einschlägigen Regelwerken:

VOB/C ATV DIN 18330:2019-09 „Mauerarbeiten“:

„3 Ausführung

Ergänzend zur ATV DIN 18299, Abschnitt 3, gilt: (…)

3.2 Mauerwerk (…)

3.2.4 Bauteile aus Holz, z. B. Balkenköpfe, die in Mauerwerk einbinden, sind zum Schutz gegen Feuchtigkeit trocken – ohne Mörtel – zu ummauern.“

Als weitere Informationsquelle kann DIN 68800-2:2012-02 „Holzschutz – Teil 2: vorbeugende bauliche Maßnahmen im Hochbau“ herangezogen werden:

„5 Grundsätzliche bauliche Maßnahmen (…)

5.2 Feuchte im Gebrauchszustand (…)

5.2.3 Feuchte aus angrenzenden Stoffen oder Bauteilen

Ein andauernder Feuchteeintrag in Holzbauteile aus angrenzenden Bau- und Dämmstoffen ist zu verhindern. Die Regelungen der DIN 18195-4 sind zu beachten. (…)

9 Weitere Holzbauteile, bei denen die Bedingungen der Gebrauchsklasse GK 0 erfüllt sind (…)

9.2 Auflagerung der Balkenköpfe von Holzbalkendecken in Außenwänden aus Mauerwerk oder Stahlbeton

Balkenköpfe von Holzbalkendecken in Außenwänden aus Mauerwerk oder Stahlbeton sind der Gebrauchsklasse GK 0 zuzuordnen, wenn durch bauliche Maßnahmen dafür gesorgt wird, dass im Bereich der Balkenköpfe keine unzuträgliche Erhöhung des Feuchtegehaltes durch Tauwasserbildung oder andere Einflussfaktoren auftreten kann, z. B. durch zusätzliche außen liegende Wärmedämmschicht.“

DIN 4108-3:2014-11 „Wärmeschutz und Energie-Einsparung in Gebäuden – Teil 3: Klimabedingter Feuchteschutz – Anforderungen, Berechnungsverfahren und Hinweise für Planung und Ausführung“ enthält Angaben zum Tauwasserschutz:

„5 Vermeidung kritischer Luftfeuchten an Bauteiloberflächen und von Tauwasserbildung im Inneren von Bauteilen (…)

5.2 Tauwasserbildung im Inneren von Bauteilen

Durch das im Winter vorherrschende Dampfdruckgefälle zwischen dem Innenraum von beheizten Gebäuden und der Außenluft kann es in dampfdurchlässigen Bauteilen zur Feuchteerhöhung bis hin zur Tauwasserbildung kommen. Allerdings entsteht sichtbares Tauwasser in der Praxis nur auf oder in Bauteilschichten, die den ankommenden Diffusionsstrom weder durch Sorption noch durch kapillares Saugen aufnehmen können. Die folgenden Anforderungen beziehen sich deshalb ausschließlich auf das hier beschriebene stationäre Verfahren und können nicht auf Modelle, die das reale Temperatur- und Feuchteverhalten von Bauteilen abbilden (siehe Anhang D), übertragen werden.

5.2.1 Anforderungen

Tauwasserbildung im Inneren von Bauteilen, die durch Erhöhung der Stoff-Feuchte von Bau- und Wärmedämmstoffen zu Materialschädigungen oder zu Beeinträchtigungen der Funktionssicherheit führt, ist zu vermeiden. Sie gilt als unschädlich, wenn die wesentlichen Anforderungen, z. B. Wärmeschutz, Standsicherheit, sichergestellt sind. Dies wird in der Regel erreicht, wenn die in a) bis d) aufgeführten Bedingungen erfüllt sind:

a) die Baustoffe, die mit dem Tauwasser in Berührung kommen, dürfen nicht geschädigt werden (z. B. durch Korrosion, Pilzbefall);
b) das während der Tauperiode im Innern des Bauteils anfallende Wasser muss während der Verdunstungsperiode wieder an die Umgebung abgegeben werden können, d. h. $M_c \leq M_{ev}$;
c) bei Dächern und Wänden gegen Außenluft sowie bei Decken unter nicht ausgebauten Dachräumen darf im Bauteilquerschnitt eine maximale flächenbezogene Tauwassermasse M_c von insgesamt 1,0 kg/m² (allgemein) bzw. 0,5 kg/m² (an Berührungsflächen von Schichten, von denen mindestens eine nicht kapillar wasseraufnahmefähig ist) nicht überschritten werden. Festlegungen für Holzbauteile siehe DIN 68800-2;

ANMERKUNG: Kapillar nicht wasseraufnahmefähige Schichten sind z. B. Metalle, Folien und Normalbeton nach DIN 1045-2, die überwiegende Zahl der Dämmstoffe aus Schaumkunststoffen oder Mineralwolle oder Stoffe mit $W_w < 0{,}5$ kg/(m²h^{0,5}).

d) bei Holz ist eine Erhöhung des massebezogenen Feuchtegehaltes um mehr als 5 %, bei Holzwerkstoffen um mehr als 3 % unzulässig. Diese Grenzen gelten nicht für Holzwolle-Leichtbauplatten und Mehrschicht-Leichtbauplatten nach DIN EN 13168.

Bei Nichterfüllen der Anforderungen darf mithilfe weiterführender Berechnungsmethoden nach Anhang D die Funktionsfähigkeit nachgewiesen werden.“

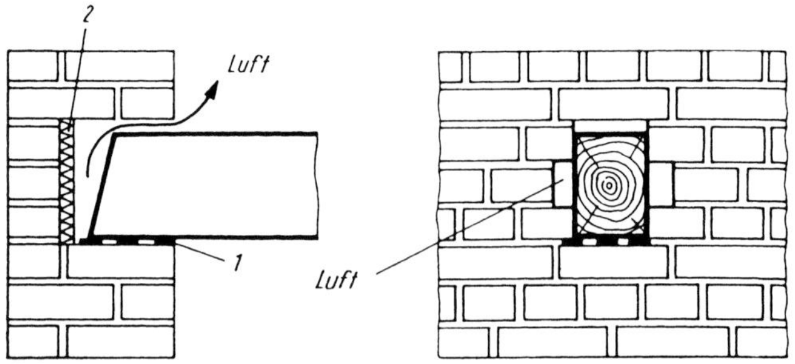

1 Sperrlage (Bitumenpappe für Ausnahmefälle); *2* Wärmedämmung, z. B. HWL-Platte

Abb. 6.133: Balkenauflager (Quelle: Mönck/Rug, 1998)

Auf eine erforderliche Luftumspülung der Balkenköpfe weisen auch Mönck/Rug (1998) hin:

„*6 Holzbalkendecken (...)*

6.6. Konstruktive Einzelheiten

Auflager (...)

Balken sind so auf Mauerwerk zu lagern und einzubauen, dass sie allseitig von Luft umspült sind (Bild 6.7 [siehe Abb. 6.133]*). Vor der Balkenstirn muss eine ausreichende Wärmedämmung vorhanden sein.*"

6.6.5 Lüftungsgitter

Die Begriffe Insektengitter und Fliegengitter sind nicht normativ festgeschrieben. Nach der allgemeinen Definition der DIN 4108 „Wärmeschutz und Energie-Einsparung in Gebäuden" handelt es sich bei dem Abschluss eines belüfteten Querschnitts um ein Lüftungsgitter. Handelsübliche Produkte für Lüftungsgitter als Abschluss eines belüfteten Querschnitts nach DIN 4108 werden im Allgemeinen durch die Hersteller als Vogelschutzgitter bezeichnet. Diese Lüftungsgitter weisen runde Lochgrößen von z. B. 5 mm Durchmesser oder ovale von z. B. 4 mm × 7 mm auf und sind damit nicht klein genug, um als insektenundurchlässig gelten zu können (siehe Abb. 6.134). Für Holz zerstörende Insekten sind sie kein Hindernis. Der NABU Bundesverband – Naturschutz Deutschland e. V. (2006) empfiehlt folgende maximale Maschenweite von Insektengittern gegen Wespeneinflug:

„*(...) Mit Wespen Frieden schließen (...)*

Konflikte mit Wespen können vermieden werden, wenn folgende Verhaltensregeln beachtet werden: (...)

– Fliegengitter mit einer Maschenweite kleiner als 3 mm anbringen."

Abb. 6.134: Kleintierschutzgitter mit einem Lochdurchmesser von 5 mm stellen kein Hindernis für Wespen dar.

Eine allgemeine Anforderung an die maximal zulässigen Spaltmaße zwischen Lüftungsgittern und den angrenzenden Bauteilen gibt es nicht. Beispielsweise müssen Belüftungsöffnungen im Sockelbereich von vorgehängten hinterlüfteten Fassaden nach der VOB/C ATV DIN 18351 „VOB Vergabe- und Vertragsordnung für Bauleistungen – Teil C: Allgemeine Technische Vertragsbedingungen für Bauleistungen (ATV) – Vorgehängte hinterlüftete Fassaden“ durch Lüftungsgitter gesichert werden:

„3 Ausführung (...)

3.6 Konstruktive Anforderungen (...)

3.6.3 Im Sockelbereich müssen Belüftungsöffnungen größer 20 mm zur Hinterlüftung von Außenbekleidungen durch Lüftungsgitter gesichert werden. Dabei ist ein freier Querschnitt von mindestens 50 cm² je 1m Wandlänge einzuhalten.“

Die VOB/C ATV DIN 18351 bezieht sich im Übrigen auf DIN 18516-1:2010-06 „Außenwandbekleidungen, hinterlüftet – Teil 1: Anforderungen, Prüfgrundsätze“. Diese Norm sieht unter der Ziffer 4.2.3 Be- und Entlüftungsöffnungen am Gebäudefußpunkt und am Dachrand vor, von denen die Öffnungen am Sockel mit einem Lüftungsgitter zu sichern sind:

„4 Anforderungen (...)

4.2 Bauphysikalische Anforderungen (...)

4.2.3 Für hinterlüftete Außenwandbekleidungen sind Be- und Entlüftungsöffnungen zumindest am Gebäudefußpunkt und am Dachrand mit Querschnitten von mindestens 50 cm² je 1 m Wandlänge vorzusehen.

Im Sockelbereich müssen Öffnungen zur Hinterlüftung der Außenwandbekleidung mit einer Breite über 20 mm durch Lüftungsgitter gesichert werden.“

Abb. 6.135 bis 6.138: Außenwand mit einer Fassadendämmung aus Stroh. Der Kleintierschutz am unteren Rand der belüfteten Fassade bietet keinen Schutz vor dem Eindringen von Mäusen und Ratten, die von hier aus die Funktionsschichten durchdrungen haben.

Lüftungsgitter sind gemäß den „Fachregeln des Zimmerhandwerks 01: Außenwandbekleidungen aus Holz" (Bund Deutscher Zimmermeister, 2020) bei hinterlüfteten Fassaden aus Holz- und Holzwerkstoffen außerdem als Kleintierschutz erforderlich, der Schäden wie in Abb. 6.135 bis 6.138 verhindert:

„8 Konstruktionsprinzipien

8.1 Allgemeines (...)

(2) Bei geschlossenen Bekleidungen ist an Belüftungs- und Entlüftungsöffnungen mit einer Spaltbreite > 10 mm ein Kleintierschutz zum Abhalten von Mäusen o. Ä. notwendig. Der Lochanteil ist bei der Berechnung der Be- und Entlüftungsöffnungen zu berücksichtigen. Bewährt haben sich Lochdurchmesser von mindestens 5 mm oder Profile mit entsprechend ausgebildeten Lüftungsschlitzen. Auf den Kleintierschutz kann verzichtet werden, wenn Dämmstoffe nicht für Kleintiere zugänglich sind. Ein Kleintierschutz dient grundsätzlich nicht zum Fernhalten von Insekten. Ein Insektenschutz ist bei Außenwandbekleidungen nicht erforderlich."

DIN 68800-2:2012-02 „Holzschutz – Teil 2: Vorbeugende bauliche Maßnahmen im Hochbau" regelt vorbeugende bauliche Maßnahmen, die die Holzzerstörung durch Pilze oder Insekten verhindern sollen. Hierzu zählt auch die Verhinderung des Zutritts von Holz zerstörenden Insekten:

„3 Begriffe

Für die Anwendung dieses Dokuments gelten die Begriffe nach DIN 68800-1 und die folgenden Begriffe.

ANMERKUNG: Zur besseren Übersicht sind die Begriffe nicht alphabetisch, sondern nach inhaltlichen Zusammenhängen geordnet.

3.1 bauliche Maßnahme

planerische, konstruktive, bauphysikalische und organisatorische Maßnahme, die eine Minderung der Funktionstüchtigkeit von Holz und Holzwerkstoffen besonders durch Pilze, Insekten oder Meerestiere während der Gebrauchsdauer verhindert oder einschränkt und darüber hinaus Schäden durch übermäßiges Quellen und Schwinden des Holzes und der Holzwerkstoffe verhindert (…)"

Sofern verdeckt angeordnetes Holz vorhanden ist, besteht eine besondere bauliche Maßnahme darin, dass der Zutritt von Insekten verhindert wird, wie DIN 68800-2:2012-02 „Holzschutz – Teil 2: Vorbeugende bauliche Maßnahmen im Hochbau" weiter regelt:

„6 Bauliche Maßnahmen (…)

6.3 Bauliche Maßnahmen zur Vermeidung eines Bauschadens durch Insekten

Jede der folgenden Maßnahmen reicht alleine aus, um einen Bauschaden durch Insekten zu vermeiden:

a) Einsatz von Holz in Räumen mit üblichem Wohnklima oder vergleichbaren Räumen oder Einsatz unter entsprechenden Bedingungen;
b) Einsatz von Brettschichtholz, Brettsperrholz, technisch getrocknetem Bauholz oder Holzwerkstoffen mit einer Holzfeuchte $u \leq 20$ % im Gebrauchszustand;
c) eine allseitige insektenundurchlässige Abdeckung des zu schützenden Holzes;
d) offene Anordnung des Holzes, sodass es kontrollierbar ist und an sichtbar bleibender Stelle dauerhaft ein Hinweis auf die Notwendigkeit einer regelmäßigen Kontrolle angebracht wird;
e) Verwendung von Farbkernhölzern, die einen Splintholzanteil ≤ 10 % aufweisen."

Welche Bauteile als insektenundurchlässig gelten, ergibt sich aus „Hinweise Holz und Holzwerkstoffe" (2017) des ZVDH:

„4 Holzschutz (…)

4.3 Besondere bauliche Maßnahmen

(1) Besondere bauliche Maßnahmen beziehen sich auf die Vermeidung von Bauschäden durch Holz zerstörende Pilze und Insekten. Sie sind anzuwenden, wenn die Gebrauchsklasse GK 0 (d. h., die Anwendung von Holzschutzmitteln ist nicht erforderlich) erreicht werden soll und die grundsätzlichen baulichen Maßnahmen alleine eine Zuordnung zu GK 0 nicht erlauben. (…)

(4) Durch

– den Einsatz von Holz in Aufenthaltsräumen (z. B. sichtbarer Dachstuhl) oder vergleichbar oder
– den Einsatz von technisch getrocknetem Holz oder Holzwerkstoffen mit einer Holzfeuchte von ≤ 20 % im Gebrauchszustand
– oder eine allseitige insektenundurchlässige Abdeckung des Holzes

oder

- *offene Anordnung des Holzes, sodass es ohne bauliche Veränderung kontrolliert werden kann und ein sichtbar bleibender Hinweis auf die Notwendigkeit der regelmäßigen Kontrolle vorhanden ist,*

oder

- *Verwendung von Farbkernhölzern mit einem Splintholzanteil von ≤ 10 % kann ein Bauschaden durch Holz zerstörende Insekten vermieden werden.*

(5) Als insektenunzugänglich sind Bauteile zu betrachten, die innen- und außenseitig z. B.

- *Holzwerkstoffplatten mit Nut-Feder-Verbindung,*
- *Profilbrettschalung,*
- *Rauspund,*
- *Gipsbauplatten mit Fugenverspachtelung,*
- *Folien mit luftdicht geschlossenen Überlappungen,*
- *Unterdeckungen aus Bahnen, die an Nähten und Stößen verklebt sind und Schnittkanten an Grat und First abdecken,*
- *Unterdeckungen aus Platten*

aufweisen."

Die Lochdurchmesser handelsüblicher Lüftungsgitter sind zu groß, um den Insekteneinflug völlig zu verhindern. Sie können keine insektenundurchlässige Abdeckung nach DIN 68800-2 gewährleisten. Daher ist die Holzkonstruktion im Sinne der DIN 68800-2 nicht in die Gefährdungsklasse 0 einzustufen, wenn ein Lüftungsquerschnitt vorhanden ist, der das Eindringen von Insekten ermöglicht.

6.6.6 Feuchteschutz während der Bauzeit und im Gebrauchszustand

Holz ist grundsätzlich vor Feuchtigkeit zu schützen, um einer frühzeitigen Zerstörung durch Fäulnisbildung entgegenzuwirken. Diese Anforderung gilt sowohl für die Bauzeit als auch für den Gebrauchszustand. DIN 68800 unterscheidet zwischen dem chemischen und dem baulichen Holzschutz. Baulicher Holzschutz sind die konstruktiven Maßnahmen, die Feuchtigkeit vom Holz fernhalten sollen, z. B. Witterungsschutz und Abdeckungen. Gegen Holz zerstörende Insekten ist er jedoch im Allgemeinen wirkungslos. Der konstruktive Holzschutz hat Vorrang vor dem chemischen Holzschutz, weil er einen nachhaltigeren Schutz bietet und geringere Risiken von Verarbeitungsfehlern birgt.

Während des Transports, der Lagerung und der Ausführung sind Holzwerkstoffe vor Niederschlägen zu schützen. Das ergibt sich aus dem Regelwerk „Hinweise Holz und Holzwerkstoffe" (2017):

„4 Holzschutz (...)

4.2 Grundsätzliche bauliche Maßnahmen

(1) Grundsätzliche bauliche Maßnahmen beziehen sich auf die Holzfeuchte

- *während des Transports, der Lagerung und des Einbaus,*
- *im Gebrauchszustand.*

(2) Während des Transports und der Lagerung sind Holz und Holzwerkstoffe durch Abdecken vor Niederschlägen zu schützen, ein vollständiges Verpacken mit diffusionshemmenden Folien sollte vermieden werden. Bei der Lagerung sollte Bodenkontakt vermieden werden.

Abb. 6.139 und 6.140: OSB-Platten (OSB = oriented strand board), die während der Bauphase unzulässigerweise ungeschützt den Niederschlägen ausgesetzt sind

(3) Beim Einbau von Holz als

- *Dachlatten,*
- *Schalungen als Unterlage von Dachdeckungen, Dachabdichtungen, Unterdächern, Unterdeckungen und Außenwandbekleidungen,*
- *Bohlen und Kanthölzern,*
- *Sparren und Pfetten,*
- *Wechsel für Dachfenster*

darf deren Holzfeuchte maximal 20 % betragen.

(4) Wird Holz während der Bauphase auf mehr als 20 % aufgefeuchtet (z. B. infolge von Niederschlägen), so muss sichergestellt sein, dass innerhalb von maximal 3 Monaten nach Abschluss der Arbeiten eine Holzfeuchte von maximal 20 % vorliegt. Bauteile nach Abschnitt (3), die direkt an eine belüftete Luftschicht grenzen, trocknen innerhalb dieses Zeitraums auf eine Holzfeuchte ≤ 20 % ab. Dies gilt auch für Schalungen, die oberseitig diffusionsoffen abgedeckt sind und unterseitig an eine belüftete Luftschicht grenzen.

(5) Während der Bauphase sind Holzwerkstoffe, mit Ausnahme von Unterdeckplatten (gemäß ‚Produktdatenblatt für Unterdeckplatten aus Holzfasern'), vor Niederschlägen zu schützen."

Auch DIN 68800-2:2012-02 „Holzschutz – Teil 2: Vorbeugende bauliche Maßnahmen im Hochbau" verlangt während der Bauphase einen Schutz der Holzwerkstoffe vor Niederschlägen:

„5 Grundsätzliche bauliche Maßnahmen

5.1 Feuchte während Transport, Lagerung, Montage und Einbau (…)

5.1.2 Einbau (…)

5.1.2.4 Während der Bauphase sind Holzwerkstoffe vor Niederschlägen zu schützen. Ausgenommen sind Holzwerkstoffplatten, die als überlappende oder verfalzte, nicht tragende Bekleidung eingesetzt werden und deren Eignung für eine befristete Freibewitterung nachgewiesen wurde."

Der Schutz der Leistungen gegen Niederschlagswasser (siehe Abb. 6.139 und 6.140) zählt entsprechend der VOB/C ATV DIN 18299:2019-09 „Allgemeine Regelungen für

Abb. 6.141 und 6.142: Pfettenkopf und Sparren sowie die senkrechte Holzverkleidung am First sind im Gebrauchszustand ungeschützt den Niederschlägen ausgesetzt.

Bauarbeiten jeder Art" zu den Nebenleistungen, die auch ohne Erwähnung im Vertrag zur vertraglichen Leistung gehören:

„4 Nebenleistungen, Besondere Leistungen

4.1. Nebenleistungen

Nebenleistungen sind Leistungen, die auch ohne Erwähnung im Vertrag zur vertraglichen Leistung gehören (§ 2 Absatz 1 VOB / B).

Nebenleistungen sind demnach insbesondere: (...)

4.1.10. Sichern der Arbeiten gegen Niederschlagswasser, mit dem normalerweise gerechnet werden muss, und seine etwa erforderliche Beseitigung."

Im Gebrauchszustand müssen Holz und Holzwerkstoffe mit einem wirksamen Wetterschutz versehen werden (siehe Abb. 6.141 und 6.142). Dies ergibt sich aus der für die vorbeugenden baulichen Maßnahmen des Holzschutzes einschlägigen DIN 68800-2:2012-02 „Holzschutz – Teil 2: vorbeugende bauliche Maßnahmen im Hochbau":

„5 Grundsätzliche bauliche Maßnahmen (...)

5.2 Feuchte im Gebrauchszustand

5.2.1 Niederschläge

5.2.1.1 Allgemeines

Niederschläge sind vom Holz und den Anschlussbereichen durch einen dauerhaft wirksamen Wetterschutz fernzuhalten oder sie sind so schnell abzuleiten, dass keine unzuträgliche Veränderung des Feuchtegehaltes eintritt. Bei Anschlüssen und Stößen ist darauf zu achten, dass auch im Bereich der Verbindungsmittel eine Anreicherung von Wasser im Holz ausgeschlossen ist.

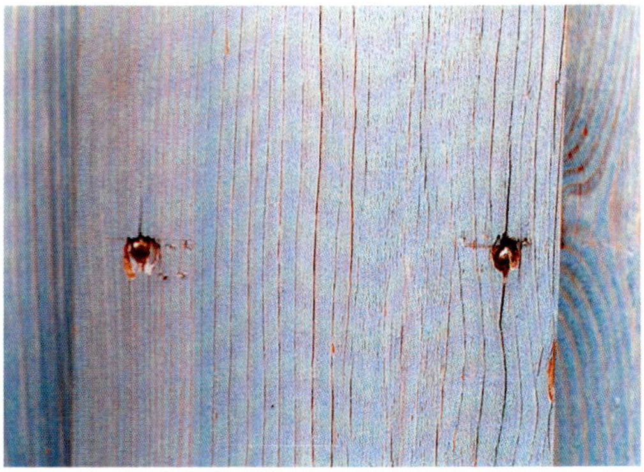

Abb. 6.143 und 6.144: Zu tief in das Holz versenkte Nägel

Niederschlägen ausgesetzte Holzwerkstoffe sind mit einem dauerhaft wirksamen Wetterschutz zu versehen. Ausnahmen bilden hinterlüftete Fassadenbekleidungen, z. B. aus Furnierschichtholz, Sperrholz, Massivholzplatten oder zementgebundenen Spanplatten als Fassadenplatten, bei Erfüllung der Kriterien für tragende Bauteile nur mit bauaufsichtlichem Verwendbarkeitsnachweis für den vorgesehenen Verwendungszweck. Bei Außenbauteilen ist auch im Bereich von Anschlüssen an andere Bauteile (z. B. Fenster und Außentüren, Durchdringungen wie Schornsteine und Entlüftungsrohre) ein dauerhaft wirksamer Wetterschutz sicherzustellen. (…)

5.2.3 Feuchte aus angrenzenden Stoffen oder Bauteilen

Ein andauernder Feuchteeintrag in Holzbauteile aus angrenzenden Bau- und Dämmstoffen ist zu verhindern. Die Regelungen der DIN 18195-4 sind zu beachten.“

6.6.7 Holzschalung im Außenbereich

Bei der Vernagelung von Holzschalungen im Außenbereich muss darauf geachtet werden, dass die Nägel nicht zu tief versenkt werden, weil dies ggf. zu einer Abminderung des statisch wirksamen Querschnittes führt und weil Schlagregen durch die Lochleibungen in das Holz eindringen kann (siehe Abb. 6.143 und 6.144). DIN EN 1995-1-1:2010-12 „Eurocode 5: Bemessung und Konstruktion von Holzbauten – Teil 1-1: Allgemeines, Allgemeine Regeln und Regeln für den Hochbau“ regelt:

„10 Ausführung und Überwachung (…)

10.4 Verbindungen mit mechanischen Verbindungsmitteln (…)

10.4.2 Nägel

(1) Wenn nicht anders geregelt, sollten Nägel rechtwinklig zur Faserrichtung des Holzes eingetrieben werden. Dabei sollten die Nagelköpfe bündig mit der Holzoberfläche abschließen.“

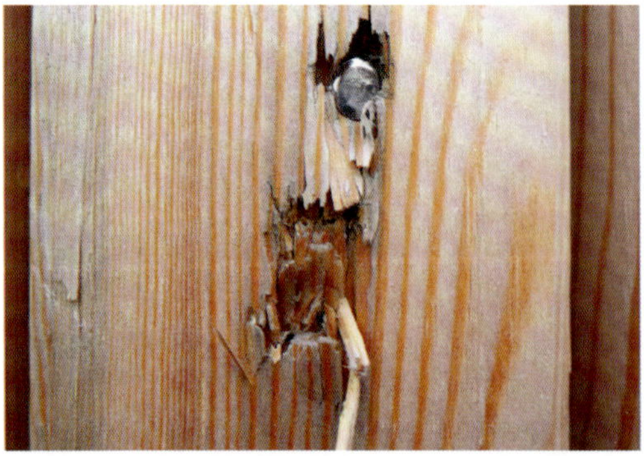

Abb. 6.145 und 6.146: Befestigung der Boden-Deckel-Schalung mit Nägeln anstatt mit Schrauben. Die Nagelköpfe schließen nicht bündig mit der Holzoberfläche ab und befinden sich größtenteils mehr als 0,5 cm außerhalb der gedachten Mittellinie.

Die sichtbaren Befestigungen einer Holzschalung müssen sich an einer gedachten Mittellinie orientieren, von der sie nicht mehr als ± 0,5 cm abweichen dürfen (siehe Abb. 6.145 und 6.146). Untereinander dürfen sie gemäß den „Fachregeln des Zimmererhandwerks 01: Außenwandbekleidungen aus Holz" (BDZ, 2020) nicht mehr als 0,5 cm abweichen:

„8 Konstruktionsprinzipien (…)

8.6 Befestigung der Bekleidungselemente (…)

8.6.2 Befestigung von Bekleidungen aus Vollholz (…)

(2) Befestigungen von Brettbekleidungen sind wie folgt auszuführen

Um ein regelmäßiges Erscheinungsbild der Bekleidung sicherzustellen, darf bei einer Befestigung mit Nägeln und Schrauben die Abweichung der überwiegenden Anzahl der Befestigungsmittel von einer gedachten Mittellinie auf eine Länge von 2 m nicht mehr als ± 0,5 cm und zweier benachbarter Befestigungsmittel nicht mehr als 0,5 cm voneinander betragen. Vereinzelte Abweichungen sind zulässig."

Zum Spritzwasserschutz von Holzfassaden enthalten die „Fachregeln des Zimmerhandwerks 01: Außenwandbekleidungen aus Holz" (BDZ, 2020) folgende Hinweise:

„8 Konstruktionsprinzipien (…)

8.8 Details für untere Abschlüsse bei Wänden und Gauben

(1) Im Sockelbereich kann Spritzwasser auftreten. Zur Verminderung von Spritzwasser sind folgende konstruktive Hinweise zu beachten:

Abb. 6.147 und 6.148: Der für den Spritzwasserschutz der Stülpfassade erforderliche Bodenabstand von 300 mm wird nicht eingehalten; die im Spritzwasserbereich angebrachten Bretter der Fassadenbekleidung sind nicht als Verschleißbretter demontierbar (siehe Abb. 6.148).

- *Die Sockelhöhe ist abhängig vom Untergrund. Üblicherweise ist zwischen der Außenwandbekleidung aus Holz oder Holzwerkstoffen und Oberkante Gelände ein Abstand von 300 mm einzuhalten (Abb. 25).*
- *Der Abschluss der Außenwandbekleidung aus Holz oder Holzwerkstoffen kann auf 150 mm über Oberkante Gelände reduziert werden, wenn gemessen ab Außenkante der Außenwandbekleidung eine mindestens 150 mm breite Kiesschüttung (Korngröße 16/32) vorhanden ist (Abb. 26).*
- *Für den spritzwasserbeanspruchten Sockelbereich zwischen Außenwandbekleidung aus Holz oder Holzwerkstoffen und dem unteren angrenzenden Gelände sollten spritzwasserunempfindliche Materialien verwendet werden, wie beispielsweise Putze, Beton- oder Faserzementplatten.*
- *Soll der untere Abschluss der Außenwandbekleidung aus Holz und Holzwerkstoffen auf bis zu 50 mm über Oberkante Gelände in den spritzwasserbeanspruchten Sockelbereich reduziert werden, sollen diese aufgrund der geringeren Lebensdauer als leicht austauschbare Verschleißbauteile ausgeführt werden (Abb. 27).*
- *Bei Metallrosten über einer Ablaufrinne kann der untere Abschluss der Außenwandbekleidung aus Holz und Holzwerkstoffen über Oberkante Rost auf bis zu 20 mm reduziert werden, wenn der Abstand vom Rinnengrund zur Unterkante der Bekleidung mindesten 150 mm beträgt und das Metallrost ab Außenkante der Bekleidung mindestens 150 mm breit ist. Es ist darauf zu achten, dass die Roste entnehmbar sind, um eine regelmäßige Reinigung der Rinne gewährleisten zu können (Abb. 28).“*

In den Beispielen in Abb. 6.147 und 6.148 wurde der für den Spritzwasserschutz notwendige Bodenabstand der Fassadenbekleidung nicht eingehalten.

6.6.8 Imprägnierung, Beschichtung

Häufig zu beanstanden und nicht hinnehmbar sind örtlich hergestellte Schnittkanten von tauchimprägnierten Hölzern, die nicht nachbehandelt wurden. In DIN 68800-3:2020-03 „Holzschutz – Teil 3: Vorbeugender Schutz von Holz mit Holzschutzmitteln" ist dazu ausgeführt:

„*5 Mit Holzschutzmitteln behandeltes Holz und Holzprodukte (…)*

5.2 Vorbedingungen für die Schutzbehandlung

5.2.1 Bearbeitung des Holzes

5.2.1.1 Das zu behandelnde Holz muss von Borke und Bast frei sein.

5.2.1.2 Holz sollte erst nach der letzten Bearbeitung (Abbund, Kürzen, Bohren, Hobeln, Fräsen usw.) mit Holzschutzmitteln behandelt werden. Ist dies nicht sicherzustellen, so sind die nach der Tränkung durch Bearbeitung freigelegten ungeschützten Flächen nach 5.9.4 nachzubehandeln.

5.2.1.3 Gefrorenes Holz muss vor der Schutzbehandlung aufgetaut werden. (…)

5.9 Nachbehandlung

5.9.1 Werden durch nachträglich auftretende Trockenrisse ungeschützte Holzteile freigelegt, müssen diese nach 5.9.5 nachbehandelt werden, es sei denn, 5.9.2 trifft zu. 5.9.3 ist zu beachten. (…)

5.9.4 Ist bei geschützten Hölzern eine nachträgliche Bearbeitung unumgänglich (siehe 5.2.1.2), so sind die neuen Bearbeitungsflächen nach 5.9.5 nachzubehandeln.

5.9.5 Für eine Nachbehandlung dürfen nur Holzschutzmittel angewendet werden, deren Eignung für diesen Anwendungsbereich nach 5.3.1 nachgewiesen ist.

Das verwendete Produkt muss mit dem Produkt, mit denen das Holz behandelt wurde, verträglich sein.

Die Nachbehandlung erfolgt in der Regel durch Oberflächenverfahren nach Herstellerangabe (z. B. mehrfach streichen).

Für die Nachbehandlung von mit wässrigen Holzschutzmitteln behandelten Hölzern empfiehlt sich die Verwendung adäquater, wässriger Schutzmittellösungen (Lösungskonzentration nach Herstellerangabe).

Lösemittelhaltige Produkte werden anwendungsfertig ausgeliefert und können direkt verarbeitet werden.

Die für die Gebrauchsklasse erforderlichen Einbringmengen bzw. Aufbringmengen sind einzuhalten.

Für eine Nachbehandlung von Hölzern, die der Witterung ausgesetzt sind, müssen fixierende Schutzmittel eingesetzt werden. Bis zum Abschluss der Fixierung ist eine Auswaschbeanspruchung zu verhindern.

Für die Durchführung gilt 5.3.2 sinngemäß."

Besonderes Augenmerk ist daher erfahrungsgemäß den werkseitig beschichteten und örtlich zugeschnittenen Holzbauteilen zu widmen. Sowohl im Bereich des Dachstuhls,

Abb. 6.149: Untere Schnittkante einer äußeren Vertikalverbretterung unmittelbar im Spritzbereich der Fensterbank im Spiegel

insbesondere bei Grat- und Shiftersparren, als auch im Bereich von Dachunterschlägen und Außenverbretterungen werden die Schnittkanten oft nicht gebührend nachbehandelt.

> **Beispiel**
>
> Außenbekleidung eines Fensters mit einer unterseitigen Schnittkante, die 2 cm oberhalb der Fensterbank und damit im unmittelbaren Spritzbereich liegt (siehe Abb. 6.149).

Schichtdicken von Anstrichen

Das VFF-Merkblatt HO.03 „Anforderungen an Beschichtungssysteme für die werksseitige Beschichtung von Holz- und Holz-Metall-Fenstern, -Haustüren und -Fassaden" (Verband Fenster und Fassade e. V. [VFF], 2020) empfiehlt für Holz und Holzwerkstoffe im Außenbereich in Abhängigkeit von der Beschichtungsart und der Bauteilkategorie Trockenschichtdicken (vgl. Tabelle 6.20):

„3 Anforderungen an die Applikation

3.1 Allgemeine Verarbeitungsgrundlagen (…)

Trockenschichtdicken

Die empfohlenen Trockenschichtdicken sind in Tabelle 1 [vgl. Tabelle 6.20] *angegeben, sofern vom Beschichtungshersteller nichts anderes vorgeschrieben ist. Die Vorgaben des Beschichtungsherstellers können von diesen Empfehlungen abweichen.*

Überschreitung der empfohlenen Trockenschichtdicken

Die vom Beschichtungshersteller empfohlenen Schichtdicken sollten jedoch nicht wesentlich überschritten werden. Hierunter versteht man üblicherweise eine Überschreitung der empfohlenen Schichtdicken um mehr als 50 %.

Messung der Trockenschichtdicke

Zur Kontrolle der Schichtdicken wird bei einer Regelprüfung eine Probe von ca. 10 mm × 10 mm × 5 mm unter der Griffabdeckung entnommen, sodass das geprüfte Fenster anschließend weiterverwendet werden kann. Aus der Probe wird ein Querschnitt oder Querschliff hergestellt. An 10 zufällig ausgewählten Punkten wird die Schichtdicke mikroskopisch mit einer Genauigkeit von ± 5µm bestimmt und als Mittelwert angegeben."

Tabelle 6.20: Empfohlene Trockenschichtdicken nach VFF-Merkblatt HO.03 „Anforderungen an Beschichtungssysteme für die werksseitige Beschichtung von Holz- und Holz-Metall-Fenstern, -Haustüren und -Fassaden", Tabelle 1 (Verband Fenster und Fassade e. V. [VFF], 2020)

Fläche	Anforderung			
	Holzfenster, -haustüren, -fassaden und -wintergärten		Holz-Metall-Fenster, -Haustüren, -Fassaden und -Wintergärten	
	Art der Beschichtung in µm			
	lasierend	deckend[2)]	lasierend	deckend[2)]
Sichtflächen außen[1)]	80	100	60	80
Sichtflächen innen[1)]	80	100	60	80
Blendrahmenanschluss zum Mauerwerk und Glasfalz	50	50	50[3)]	50[3)]
nicht sichtbar/verdeckt/ nicht zugänglich[4)]	30	30	30	30

[1)] Die Definition der Sichtflächen ist in der VFF-Richtlinie HO.05 angegeben.

[2)] Aufgrund von Applikations- und fertigungstechnischen Toleranzen ist teilweise eine Unterschreitung möglich.

[3)] gilt auch für Flächen unter den Metallprofilen, die konstruktionsbedingt nicht als wasserführende Ebene ausgeführt sind

[4)] In den Funktionsnuten, wie für Dichtung, Beschlag usw., ist konstruktionsbedingt eine Unterschreitung gegeben und zulässig.

Wartung

Die zu erwartende Nutzungsdauer von Beschichtungen auf Holz und Holzwerkstoffen im Außenbereich hängt von der Qualität der Wartung und von dem zeitlichen Abstand der Wartungsintervalle ab (siehe Abb. 6.150).

In „Anstriche für Holz und Holzwerkstoffe im Außenbereich" (1999) heißt es:

„7 Wartung und Instandsetzung

Wie alle dem Wetter oder anderen beanspruchenden Bauteile ausgesetzten Konstruktionen sind auch mit Beschichtungen versehene Holzkonstruktionen nicht wartungsfrei. Zur Sicherung der lang anhaltenden Gebrauchstauglichkeit ist eine regelmäßige Wartung und Instandsetzung der Bauteile unabdingbar. Wartung ist nach geltender Rechtssprechung Voraussetzung für die Inanspruchnahme von Gewährleistungen. Unter Wartung sind alle Maßnahmen zur Wiederherstellung dieses Zustandes zu verstehen. Neben der Inspektion der Beschichtung gehört zur Wartung auch die Kontrolle von Beschlägen und Dichtungen.

Abb. 6.150: Diagonalverbretterung aus Profilbrettern mit Vertikalmittelstoß führt zu einer starken Feuchtigkeitsbeanspruchung der Schnittkanten im Kontaktbereich durch profilorientiert ablaufendes Schlagregenwasser.

Bei regelmäßiger Wartung (jährlich) sind die in Tabelle 3 [vgl. Tabelle 6.21] *zusammengestellten Instandsetzungsintervalle von Beschichtungen in Abhängigkeit von der Intensität der Bewitterung zu erwarten.“*

Tabelle 6.21: Instandsetzungsintervalle von Beschichtungssystemen in Abhängigkeit vom Klima bei regelmäßiger Wartung nach „Anstriche für Holz und Holzwerkstoffe im Außenbereich“ (1999), Tabelle 3

Beschichtungssystem	**Außenraumklima**	**Freiluftklima I (indirekt bewittert)**	**Freiluftklima II (direkt bewittert)**
farblose und gering pigmentierte Systeme	5 Jahre	1 Jahr	< 1 Jahr
Dünnschichtlasuren mit ausreichender Pigmentierung	8–10 Jahre	2–3 Jahre	1–2 Jahre
Dickschichtlasuren mit ausreichender Pigmentierung	10–12 Jahre	4–5 Jahre	2–3 Jahre
deckende Lacke ohne fungizide Grundierung	12–15 Jahre	3–4 Jahre	2–3 Jahre
deckende Lacke mit fungizider Grundierung	12–15 Jahre	5–8 Jahre	4–5 Jahre

6.6.9 Einbaufeuchte

Holz ist ein Zellprodukt. Feuchtigkeitszufuhr und Feuchtigkeitsentnahme bedingen eine Volumenvergrößerung bzw. Volumenverkleinerung des Bauteils. Diese Volumenveränderungen finden in unterschiedlicher Intensität in Abhängigkeit von der Faserrichtung statt.

Die Definitionen für die Feuchtigkeit von Schnittholz sind in DIN 4074-1:2012-06 „Sortierung von Holz nach der Tragfähigkeit – Teil 1: Nadelschnittholz“ festgelegt:

„3. Begriffe (…)

3.3 trockensortiertes Holz

TS

Schnittholz, das bei einer mittleren Holzfeuchte von höchstens 20 % sortiert wurde (…)“

Die zulässige Einbaufeuchte von Holz soll dem zu erwartenden Feuchtegehalt im Gebrauch entsprechen.

Gemäß DIN 68800-2:2012-02 „Holzschutz – Teil 2: vorbeugende bauliche Maßnahmen im Hochbau“ gilt:

„5 Grundsätzliche bauliche Maßnahmen

5.1 Feuchte während Transport, Lagerung, Montage und Einbau (…)

5.1.2 Einbau

5.1.2.1 Die Einbaufeuchte der Hölzer darf in den Gebrauchsklassen GK 0, GK 1, GK 2, GK 3.1 nicht höher als 20 % liegen.

5.1.2.2 Holz und Holzwerkstoffe sind zur Vermeidung von unzuträglichem Quellen und Schwinden möglichst mit dem Feuchtegehalt einzubauen, der während der Nutzung zu erwarten ist. In Abhängigkeit vom Umgebungsklima sollte von folgenden Richtwerten der Feuchte (z. B. Messung nach DIN EN 13183-2) im eingebauten Zustand ausgegangen werden:

a) in Nutzungsklasse 1 nach DIN EN 1995-1-1: (5 bis 15) %
b) in Nutzungsklasse 2 nach DIN EN 1995-1-1: (10 bis 20) %
c) in Nutzungsklasse 3 nach DIN EN 1995-1-1: (12 bis 24) %

Die Werte bei Holzwerkstoffen, außer mit Phenolharzen gebundenen, liegen um etwa 3 %-Punkte niedriger (…).

5.1.2.3 Andere Bau- und Dämmstoffe innerhalb des Bauteilquerschnittes sind so einzubauen, dass sie nicht zu einer unzuträglichen Feuchteerhöhung der angrenzenden Hölzer oder Holzwerkstoffe führen.

5.1.2.4 Während der Bauphase sind Holzwerkstoffe vor Niederschlägen zu schützen. Ausgenommen sind Holzwerkstoffplatten, die als überlappende oder verfalzte, nicht tragende Bekleidung eingesetzt werden und deren Eignung für eine befristete Freibewitterung nachgewiesen wurde.

5.1.2.5 Eine unzuträgliche Feuchteerhöhung von Holz und Holzwerkstoffen als Folge hoher Baufeuchte (direkte Feuchteeinwirkung oder indirekte aus hoher relativer Luftfeuchte) ist zu verhindern. Aus diesem Grund sind Räume mit hoher Baufeuchte und daraus resultierender hoher Raumluftfeuchte so lange intensiv zu lüften, erforderlichenfalls zu beheizen oder technisch zu trocknen, bis die höhere Baufeuchte abgeklungen ist.

5.1.2.6 Wird Holz in den Nutzungsklassen 1 und 2 nach DIN EN 1995-1-1 während der Bauphase auf eine Holzfeuchte $u > 20$ % aufgefeuchtet, muss nachgewiesen werden, dass die Holzfeuchte $u \leq 20$ % innerhalb einer Zeitspanne von höchstens 3 Monaten ohne Beeinträchtigung der gesamten Konstruktion erreicht wird."

Rechenwerte für die Ausgleichsfeuchte von Holz und Holzwerkstoffen können DIN EN 1995-1-1/NA:2013-08 Nationaler Anhang – National festgelegte Parameter – Eurocode 5 „Bemessung und Konstruktion von Holzbauten – Teil 1-1: Allgemeines – Allgemeine Regeln und Regeln für den Hochbau" entnommen werden:

„NA.2 Nationale Festlegungen zur Anwendung von DIN EN 1995-1-1:2010-12 (…)

NA.2.2 Nationale Festlegungen

Die nachfolgende Nummerierung entspricht der Nummerierung in DIN EN 1995-1-1: 2010-12 bzw. schließt an diese an.

Zu Abschnitt 1 ‚Allgemeines'

NCI NA.3.1.5 Gleichsgewichtsfeuchten

(NA.1) Als Gleichsgewichtsfeuchte im Gebrauchszustand gilt die sich im Jahresmittel einstellende Feuchte im Bauwerk.

(NA.2) Als Anhaltswerte für die Gleichsgewichtsfeuchten der Holzbaustoffe können die in Tabelle NA.6 [vgl. Tabelle 6.22] *angegebenen Werte angenommen werden."*

Tabelle 6.22: Gleichgewichtsfeuchten von Holzbaustoffen nach DIN EN 1995-1-1/NA:2010-12, Tabelle NA.6

Nutzungsklasse	**1**	**2**	**3**
Geichgewichtsfeuchte	5–15 %[1)]	10–20 %[2)]	12–24 %[3)]

1) In den meisten Nadelhölzern wird in der Nutzungsklasse 1 eine mittlere Ausgleichsfeuchte von 12 % nicht überschritten.

2) In den meisten Nadelhölzern wird in der Nutzungsklasse 2 eine mittlere Ausgleichsfeuchte von 20 % nicht überschritten.

3) Die Nutzungsklasse 3 schließt auch Bauwerke ein, in denen sich höhere Gleichgewichtsfeuchten einstellen können.

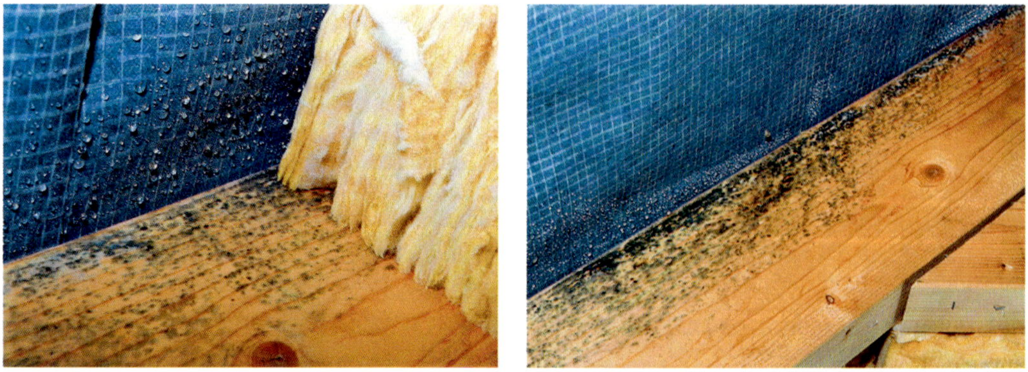

Abb. 6.151 und 6.152: Gefrorenes Kondensatwasser an der Unterseite der Unterspannbahn und starker Schimmelpilzbefall an den Sparrenflanken. Die Vollsparrendämmung war ohne Dampfsperre eingebaut worden, als die Estrich- und Putzarbeiten im Winterhalbjahr ausgeführt wurden.

Aus den zitierten Regelwerken ergibt sich, dass die Holzfeuchte im Hinblick auf die spätere Nutzung vor dem Einbau geprüft werden muss. Bei der Abnahme muss daher vom Unternehmer das entsprechende Messprotokoll über die Einbaufeuchte abverlangt werden. Hierbei genügt nicht der Lieferantennachweis über die erfolgreiche Kammertrocknung des Holzes, da eine anschließende Lagerung im Milieu mit hoher Luftfeuchtigkeit eine Auffeuchtung des Holzes herbeiführen kann.

Besonders problematisch ist in dieser Hinsicht der Einbau von Estrich und Innenwandputzen im Winterhalbjahr, wenn die Dampfsperre der Dachkonstruktion noch nicht oder nur unvollständig vorhanden ist. Das beim Austrocknen entweichende Anmachwasser führt zu einer hohen relativen Luftfeuchtigkeit im Gebäude, die sowohl den Feuchtegehalt in den Hölzern der Dachkonstruktion erhöht als auch bereits eingebaute Dämmstoffe durchfeuchten kann. In der Folge kommt es regelmäßig zu Schimmelpilzschäden (siehe Abb. 6.151 und 6.152).

Der BGH hat in einem Fall, bei dem die Dachsparren eines neu errichteten Wohnhauses mit Schimmelpilzen befallen waren, entschieden, dass keine Mangelfreiheit der Werkleistung vorliegt, selbst dann nicht, wenn von den nachträglich behandelten Dachsparren keine Gesundheitsgefahren ausgehen sollten:

BGH, Urteil vom 29.06.2006 – VII ZR 274/04 (aus dem Leitsatz):

„Eine ordnungsgemäße Mangelbeseitigung eines mit Schimmelpilz befallenen Dachstuhls liegt nicht vor, wenn dessen Holzgebälk nach Vornahme der Arbeiten weiterhin mit Schimmelpilzsporen behaftet ist. Dies gilt auch dann, wenn von diesen keine Gesundheitsgefahren für die Bewohner des Gebäudes ausgehen.“

Beispiel 1

Untersuchung, ob die zulässige Einbaufeuchte der Bauhölzer zu einer überhöhten relativen Luftfeuchtigkeit in den Sparrenzwischenräumen führt

Grundlagen: unbelüftetes Flachdach mit Dampfsperre, Vollsparrendämmung, Vollholzschalung, Kunststoffabdichtungsbahn und einer Dachbegrünung

Sparrenhöhe: 200 mm

Sparrenbreite: 80 mm

lichter Sparrenabstand: 600 mm

Sparrenanteil im Querschnitt:
1,00 m : 0,68 m = 1,47 Sparren/m

Flächenanteil der Sparren im Querschnitt:
1,47 Sparren/m · 0,08 m · 0,20 m : 0,20 m · 1,0 m = 11,76 %

Der Volumenanteil der Sparrenzwischenräume beträgt somit:
100 % – 11,76 % = 88,24 %.

Das Luftvolumen der Sparrenzwischenräume beträgt, ohne Berücksichtigung des Dämmstoffes:
0,2 m · 1,0 m^2 · 88,24 % = 0,1765 m^3.

Der Hohlraum zwischen den Sparren ist mit einer Mineralfaserdämmung als Vollsparrendämmung aufgefüllt worden und wird nicht durch eine Luftschicht be- und entlüftet. Eingeschlossene Feuchtigkeit verharrt innerhalb der Ebene zwischen der oberen Dacheindichtung und der unteren Dampfsperrfolie.

Nadelholz hat eine mittlere Rohdichte von: 500 kg/m^3.

Aus der VOB/C ATV DIN 18334:2016-09 „Zimmer- und Holzbauarbeiten" ergibt sich eine maximal zulässige Einbaufeuchtigkeit für Bauschnitthölzer von: 20 %.

Der Ausgleichsfeuchtegehalt liegt bei etwa: 15 %.

Der Differenzfeuchtegehalt liegt daher bei: 5 %.

1 m^3 Schalholz kann insofern an überschüssigem Wasser aufnehmen:
500 kg/m^3 · 0,05 = 25 kg.

1 m^2 Schalholz kann insofern an überschüssigem Wasser aufnehmen:
0,024 m^3/m^2 · 1,0 m^2 · 25 kg/m^3 = 0,6 kg.

Die Feuchtigkeit kann bei der gegebenen Konstruktion aus dem Schalholz nicht nach oben entweichen. Die bituminöse Dachabdichtung verhindert dies. Eine Diffusion nach unten hin wird durch die eingebaute Dampfsperre verhindert.

Abb. 6.153: Schimmelpilzbefall an der Unterseite der Dachschalung eines Neubauvorhabens nach Ausbau der Vollsparrendämmung. In den gedämmten Hohlräumen der Dachkonstruktion war es nach Einbau der Dampfsperre zu einer erhöhten relativen Luftfeuchtigkeit gekommen, die im Winterhalbjahr zur Kondensatbildung an der Unterseite der Holzschalung geführt und den Schimmelpilzbefall hervorgerufen hat.

Der mögliche Absolutfeuchtegehalt, der sich beim Ausdiffundieren der Feuchtigkeit aus dem Holzquerschnitt in den verschlossenen Sparrenzwischenräumen einstellen kann, beträgt:
600 g: 0,1765 m^3 = 3.400 g/m^3 Luft.

Zum Vergleich: Der Sättigungsgehalt der Luft liegt bei einer Lufttemperatur von 20 °C bei: 17,3g/m^3 Luft.

Schimmelpilzwachstum findet gemäß DIN 4108-2:2013-02 „Wärmeschutz und Energie-Einsparung in Gebäuden – Teil 2: Mindestanforderungen an den Wärmeschutz“ und DIN EN ISO 13788:2001-11 „Wärme- und feuchtetechnisches Verhalten von Bauteilen und Bauelementen – Raumseitige Oberflächentemperatur zur Vermeidung kritischer Oberflächenfeuchte und Tauwasserbildung im Bauteilinnern – Berechnungsverfahren“ bei einer relativen Luftfeuchtigkeit oberhalb des Substrates von $\geq$ 80 % statt (siehe Abb. 6.153).

Das wäre bei einer Lufttemperatur von 20 °C: 17,3 g/m^3 Luft · 80 % = 13,84 g/m^3 Luft.

Also selbst bei Einbau der Schalung mit einem nach VOB/C ATV DIN 18334 zulässigen Feuchtegehalt von 20 % kann es beim Ausdiffundieren der überschüssigen Feuchtigkeit in den Hohlraum der Sparrenzwischenräume hinein zu einer relativen Luftfeuchtigkeit kommen, die ein Schimmelpilzwachstum begünstigt. Der Grund hierfür liegt in einer relativ großen Absolutmenge an Feuchtigkeit im Verhältnis zu einem verhältnismäßig geringen Hohlraumvolumen der Sparrenzwischenräume.

Vermeidbar wäre die für den Befall notwendige relative Luftfeuchtigkeit insofern nur durch eine planmäßigen Be- und Entlüftung der Dachkonstruktion in der Ebene oberhalb der Wärmedämmung gewesen. Das Prinzip der Vollsparrendämmung konnte hier nur mit vollständig (technisch) getrocknetem Holz funktionieren.

Schwind- und Quellmaße für Hölzer

Die Rechenwerte für die Schwind- und Quellmaße von Hölzern können DIN EN 1995-1-1/NA:2013-08 „Nationaler Anhang – National festgelegte Parameter – Eurocode 5: Bemessung und Konstruktion von Holzbauten – Teil 1: Allgemeines – Allgemeine Regeln und Regeln für den Hochbau“ entnommen werden:

„NA.2 Nationale Festlegungen zur Anwendung von DIN EN 1995-1-1:2010-12 (…)

NA.2.2 Nationale Festlegungen

Die nachfolgende Nummerierung entspricht der Nummerierung in DIN EN 1995-1-1:2010-12 bzw. schließt an diese an. (...)

NCI NA.3.1.6 Schwind- und Quellmaße

(NA.1) Für die jeweiligen Holzbaustoffe sind die Rechenwerte für die Schwind- und Quellmaße je Prozent Feuchteänderung in Tabelle NA.7 [vgl. Tabelle 6.23] *angegeben. Sie gelten für unbehindertes Schwinden und Quellen.*

(NA.2) Bei behindertem Quellen können infolge von Zwang geringere Quellmaße als die angegebenen wirksam werden. Das gilt bei Holzwerkstoffen auch für behindertes Schwinden."

Tabelle 6.23: Rechenwerte für das Schwind- und Quellmaß rechtwinklig zur Faserrichtung des Holzes bzw. in Plattenebene[1), 2)] bei unbehindertem Quellen und Schwinden nach DIN EN 1995-1-1/NA:2013-08, Tabelle NA.7

Baustoff	**Schwind- und Quellmaß in % für Änderung der Materialfeuchte um 1 % unterhalb der Fasersättigung**
Nadelholz[3)]	0,25
Laubholz	0,35
Sperrholz in Plattenebene	0,02
Sperrholz rechtwinklig zur Plattenebene	0,32
Brettsperrholz, Massivholzplatten in Plattenebene	0,02
Brettsperrholz, Massivholzplatten rechtwinklig zur Plattenebene	0,25
Furnierschichtholz ohne Querfurniere • in Faserrichtung der Deckfurniere • rechtwinklig zur Faserrichtung der Deckfurniere (in Plattenebene)	 0,01 0,03
Furnierschichtholz mit Querfurnieren • in Faserrichtung der Deckfurniere • rechtwinklig zur Faserrichtung der Deckfurniere (in Plattenebene)	 0,01 0,03
kunstharzgebundene Spanplatten, Faserplatten	0,035
zementgebundene Spanplatten	0,03
OSB-Platten, Typen OSB/2 und OSB/3	0,03
OSB-Platten, Typ OSB/4	0,015

1) Die Werte gelten für etwa gleichförmige Feuchteänderung über den Querschnitt.

2) Für Hölzer nach den Zeilen 1 und 2 gilt in Faserrichtung des Holzes ein Rechenwert von 0,01 %/%.

3) Die Werte gelten auch für Balken- und Brettschichtholz aus diesen Holzarten.

Abb. 6.154: Abgesenkter Fußboden infolge Schwindens der Holzbalkendecke

Der obere Grenzwert des Quell- und Schwindverhaltens von Holz liegt jedoch in der Größenordnung der Fasersättigungsfeuchte. Bei Nadelhölzern beträgt diese nach Bosshard (Bosshard, 1984):

U_F = 30–34 % Nadelhölzer ohne Farbkern:
Tanne, Fichte, Splint von Farbkernhölzern

U_F = 26–28 % Nadelhölzer mit Farbkern:
Föhre, Lärche, Douglasie

Beispiel 2

Eine Holzbalkendecke aus Fichtenholz mit 24 cm hohen Balkenquerschnitten wurde im Zuge einer Sanierung nachträglich in ein historisches Gebäude eingebaut. Nach Bezug wurden klaffende Fugen zwischen dem Bodenbelag und den umlaufend angrenzenden Bauteilen wie Sockelleisten und Türzargen beanstandet (siehe Abb. 6.154).

Bei einer aus der Praxis als nicht unüblich angenommenen Holzeinbaufeuchte von: 25 %
und einer zu erwartenden Wohnraumgleichgewichtsfeuchte von: 9 %
ergibt sich für die Balkenlage eine Feuchtedifferenz von: 16 %.

Das Quell- und Schwindmaß für Fichtenholz kann Tabelle 6.23 entnommen werden mit 0,25 % pro Prozent Feuchteveränderung. Aus dem Differenzfeuchtegehalt ergibt sich für das Schwindmaß für eine 240 mm hohe Holztragkonstruktion eine Volumenänderung von:
0,25 % pro 1 % · 16 % = 4 %.

Dies ergibt ein Absolutmaß von:
4 % · 240 mm = 9,6 mm.

Da die Sockelleisten und die Innentüren fest verbunden mit den Massivwänden sind, folgen sie dieser Verformung nicht, sondern verharren in ihrer Einbaulage. Hieraus ergibt sich eine klaffende Fugenbildung zum Bodenbelag.

6.6.10 Handwerkliche Holztreppen

Häufige Beanstandungen bei der Abnahme von Holztreppen sind:

- Abweichungen der Stufenabmessungen von den Planvorgaben,
- Abweichungen der Stufenabmessungen untereinander,
- zu geringe Auftrittsbreite von gewendelten Stufen,
- unzureichende Durchgangsbreite,
- unzureichende Durchgangshöhe (Kopffreiheit),
- unzureichende Absturzsicherungen, Handläufe und Geländer,
- Überschreitung der Mindestabstände im Geländerbereich,
- Schwingungen der Treppe,
- Knarren der Stufen.

Die Abnahme erfolgt nach DIN 18065:2020-08 „Gebäudetreppen – Begriffe Messregeln, Hauptmaße“, der jeweiligen LBauO und ggf. der Arbeitsstättenrichtlinie.

Nutzbare Laufbreite, Steigung und Auftritt

DIN 18065:2020-08 „Gebäudetreppen – Begriffe Messregeln, Hauptmaße“ definiert die Sollabmessungen für die nutzbare Laufbreite, die Steigung und den Auftritt sowie die hierbei zulässigen Toleranzen:

„*7 Toleranzen*

Toleranzen für Gebäude im Allgemeinen und Wohngebäude mit bis zu 2 Wohnungen und innerhalb von Wohnungen sind ab hier in zweispaltiger Tabellenform geschrieben, linke Spalte zu ‚Gebäuden im Allgemeinen‘ und rechte Spalte zu ‚Wohngebäuden mit bis zu 2 Wohnungen und innerhalb von Wohnungen‘ dargestellt, siehe Tabelle 2 [vgl. Tabelle 6.24].“

Tabelle 6.24: Toleranzen in und an Gebäuden und Wohngebäuden nach DIN 18065:2020-08, Tabelle 2

Nr.	Gebäude im Allgemeinen	Wohngebäude mit bis zu 2 Wohnungen und innerhalb von Wohnungen
7.1	Die maximale Treppensteigung und der kleinste Treppenauftritt (siehe 6.1.2) müssen in jedem Fall eingehalten werden; d. h., auf die Mindest- und Höchstmaße für Steigung und Auftritt dürfen die Toleranzen nicht angewendet werden.	
7.2	Das Istmaß von Treppensteigung *s* und Treppenauftritt *a* innerhalb eines (fertigen) Treppenlaufes darf gegenüber dem Nennmaß (Sollmaß) um nicht mehr als 5 mm abweichen (siehe Bild A.19a).	Das Istmaß von Treppensteigung *s* und Treppenauftritt *a* innerhalb eines (fertigen) Treppenlaufes darf gegenüber dem Nennmaß (Sollmaß) um nicht mehr als 5 mm abweichen (siehe Bild A.19b). Das gilt nicht für die Steigung der Antrittstufe (siehe 7.4).
7.3	Von einer Stufe zur jeweils benachbarten Stufe darf die Abweichung der Istmaße untereinander dabei jedoch nicht mehr als 5 mm betragen.	Von einer Stufe zur jeweils benachbarten Stufe darf die Abweichung der Istmaße untereinander dabei jedoch nicht mehr als 5 mm betragen. Das gilt nicht für die Steigung der Antrittstufe (siehe 7.4).
7.4	Das Istmaß der Steigung der Antrittstufe darf höchstens 5 mm vom Nennmaß (Sollmaß) abweichen (siehe Bild A.19a).	Das Istmaß der Steigung der Antrittstufe darf höchstens 15 mm vom Nennmaß (Sollmaß) abweichen (siehe Bild A.19b).

Fortsetzung Tabelle 6.24

Nr.	Gebäude im Allgemeinen	Wohngebäude mit bis zu 2 Wohnungen und innerhalb von Wohnungen
7.5	Bei gewendelten Treppen darf in der Wendelung der Treppenauftritt bis zu 15 mm über das Nennmaß vergrößert werden, wenn dadurch ein stetiges Stufenbild erreicht wird.	
7.6	Im gebrauchsfertigen Zustand dürfen die Auftrittsflächen der Stufen von der Nennlage (Solllage) maximal abweichen: • in der Treppenlaufbreite ±0,5 % • in der Auftritt-Tiefe ±1,0 %. Der in 6.3.5 genannte Grenzwert für das Funktionsgefälle ist ein Grenzmaß und darf nicht überschritten werden.	
7.7	Gegenläufige Neigungen zwischen 2 Auftritten sind zulässig, wenn sie innerhalb der Toleranzen nach 7.6 liegen.	
7.8	Die Neigungstoleranzen von 7.6 und 7.7 müssen innerhalb der Toleranzen nach 7.2 und 7.3 liegen.	
7.9	Im gebrauchsfertigen Zustand (Istlage) dürfen die Auftrittsflächen der Zwischenpodeste von der Nennlage (Solllage) in jede Richtung maximal ±0,5 %, jedoch nicht mehr als 1 cm, abweichen. Der in 6.3.5 genannte Grenzwert für das Funktionsgefälle ist ein Grenzmaß und darf nicht überschritten werden.	
7.10	Steigung und Auftritt einzelner Geschosstreppen dürfen voneinander abweichen, müssen innerhalb einer Geschosstreppe jedoch gleich sein.	Steigung und Auftritt einzelner Treppenläufe dürfen voneinander abweichen, müssen innerhalb eines Treppenlaufes jedoch gleich sein.
7.11	Die Trittflächen von Stufen und Podesten dürfen durch Bauteile in ihrer Fläche Höhendifferenzen von höchstens 2 mm aufweisen durch z. B. Stufenkantenzusätze.	

Abb. 6.155: Überprüfung von Stufen-Istmaßen mithilfe einer Schablone

Die Überprüfung der Istmaße von Steigungshöhen und Auftrittsbreiten lässt sich vereinfachen durch die Anfertigung einer Schablone für die objektspezifischen Sollabmessungen (siehe Abb. 6.155).

Beispiel

Tabelle 6.25 enthält ein Beispiel für ein Messprotokoll mit Darstellung einer Beurteilung der zulässigen Toleranzen nach DIN 18065:2020-08 „Gebäudetreppen – Begriffe Messregeln, Hauptmaße“:

Tabelle 6.25: Steigungsmaße eines Hauses, Treppenlauf Kellergeschoss bis Erdgeschoss

Stufe Nr.	Sollmaß in cm	Istmaß in cm	Abweichung A: Soll – Ist in cm	Abweichung B: zur vorherigen Stufe in cm	unzulässige Abweichung A oder B > 0,5 cm (Antrittsstufe > 1,5 cm)
1	17,7	17,7	0,0		keine
2	17,7	16,5	1,2	1,2	A und B
3	17,7	17,0	0,7	0,5	A
4	17,7	16,9	0,8	0,1	A
5	17,7	17,0	0,7	0,1	A
6	17,7	17,6	0,1	0,6	B
7	17,7	17,2	0,5	0,4	keine
8	17,7	17,5	0,2	0,3	keine
9	17,7	17,5	0,2	0,0	keine
10	17,7	17,3	0,4	0,2	keine
11	17,7	19,0	1,3	1,7	A und B
12	17,7	17,1	0,6	1,9	A und B
13	17,7	17,2	0,5	0,1	A
14	17,7	18,6	0,9	1,4	A und B
15	17,7	19,0	1,3	0,4	A

Lichter senkrechter Abstand zwischen den Trittstufen bei offenen Treppen

Der lichte Abstand zwischen den Trittstufen bei Treppen ohne Setzstufen ist in DIN 18065:2020-08 „Gebäudetreppen – Begriffe Messregeln, Hauptmaße“ nur für Gebäude im Allgemeinen auf maximal 12 cm festgelegt. Für Wohngebäude mit bis zu 2 Wohnungen und innerhalb von Wohnungen existieren nach dieser Norm keine Anforderungen:

„6 Hauptmaße

Die Hauptmaße sind ab hier in zweispaltiger Tabellenform, linke Spalte zu „Gebäude im Allgemeinen" und rechte Spalte zu „Wohngebäuden mit bis zu zwei Wohnungen und innerhalb von Wohnungen" dargestellt, siehe Tabelle 1 [vgl. Tabelle 6.26]."

Tabelle 6.26: Hauptmaße in Gebäuden und Wohngebäuden nach DIN 18065:2020-08, Tabelle 1

Nr.	Gebäude im Allgemeinen	Wohngebäude mit bis zu 2 Wohnungen und innerhalb von Wohnungen
8.6	lichter Stufenabstand	
	Das Maß von Öffnungen zwischen Stufen darf in einer Richtung nicht größer als 12 cm sein und muss den Vorgaben von Bild A.3 entsprechen.	Es existieren keine Anforderungen zum lichten Stufenabstand nach dieser Norm.

Hiervon abweichend kann die LBauO festlegen, dass auch in Wohngebäuden mit bis zu 2 Wohnungen der Abstand zwischen den Trittstufen nicht größer als 12 cm sein darf, wenn in diesen Gebäuden mit der Anwesenheit von Kindern gerechnet werden muss. Fraglich ist, ob es überhaupt Wohngebäude gibt, bei denen bereits bei der Planung die Anwesenheit von Kindern gänzlich ausgeschlossen werden kann.

LBauO für das Land Schleswig-Holstein vom 22.01.2009, zuletzt geändert am 14.06.2016:

„§ 35

Treppen (…)

(8) In und an Gebäuden, in denen mit der Anwesenheit von Kindern gerechnet werden muss, darf bei Treppen ohne Setzstufen oder ohne geschlossene Unterseiten das lichte Maß der Öffnung zwischen den Trittstufen 12 cm nicht übersteigen."

Lichte Höhe

Grundsätzlich muss bei allen Treppen eine lichte Höhe von 200 cm eingehalten werden, gemessen über der Diagonalen, die sich über die Stufenvorderkanten der Trittstufen ergibt, wie DIN 18065:2020-08 „Gebäudetreppen – Begriffe Messregeln, Hauptmaße" regelt:

„4 Messregeln

4.1 Allgemeines

Dieser Abschnitt legt fest, wie Maße, die für die Planung und Ausführung von besonderer Bedeutung sind, an verschiedenen Stellen einer Treppe zu messen sind. Alle Maße sind im gebrauchsfertigen Zustand zu messen.

4.6 Lichte Treppendurchgangshöhe

Die lichte Treppendurchgangshöhe als lotrechtes Fertigmaß wird gemessen über einer gedachten geneigten Ebene, die durch die Vorderkanten der Stufen gebildet wird. Von dieser

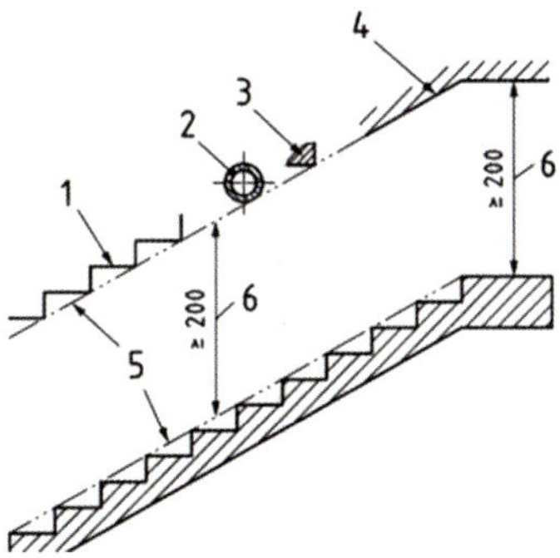

Begrenzung der lichten Treppendurchgangshöhe z. B. durch:
1 Unterseite eines darüberliegenden Treppenlaufes
2 Rohr, Leuchte
3 Balken
4 Dachschräge, Deckenunterseite
5 Messebenen für die lichte Treppendurchgangshöhe
6 lichte Treppendurchgangshöhe

Maße in cm

Abb. 6.156: Lichte Treppendurchgangshöhe nach DIN 18065:2020-08, Bild A.6

Abb. 6.157: Treppenlauf folgt unzulässig unmittelbar auf die Türöffnung

Ebene bzw. über den Podesten von deren waagerechter Oberfläche wird bis zu den Unterseiten darüber liegender Bauteile gemessen (siehe Bild A.6 [siehe Abb. 6.156]*).*

Anhang A (normativ) Bilder

ANMERKUNG: Siehe 4.6, 6.5, Bild A.8.“

Treppenpodeste

Treppenpodeste müssen einen ausreichenden Abstand von Türen einhalten (siehe Abb. 6.157), wie DIN 18065:2020-08 „Gebäudetreppen – Begriffe, Messregeln, Hauptmaße“ in Tabelle 1 (vgl. Tabelle 6.27) regelt.

Tabelle 6.27: Hauptmaße in Gebäuden und Wohngebäuden nach DIN 18065:2020-08, Tabelle 1

Nr.	Gebäude im Allgemeinen	Wohngebäude mit bis zu 2 Wohnungen und innerhalb von Wohnungen
6.3	Podeste (Treppen- und Zwischenpodeste) und Trittstufen	
6.3.4	Absätze von Türen	
	Eine Treppe darf nicht unmittelbar vor einer Tür enden, die in Richtung der Treppe aufschlägt. In diesem Fall ist zwischen Treppe und Tür ein Treppenabsatz anzuordnen, der mindestens so tief sein muss, wie die Tür breit ist.	

Geländerhöhe

Bei der Abnahme muss geprüft werden, ob die mindestens erforderliche Geländerhöhe bei Treppen eingehalten worden ist. Die Sollhöhen ergeben sich aus DIN 18065:2020-08 „Gebäudetreppen – Begriffe, Messregeln, Hauptmaße“:

„*6 Hauptmaße (…)*

Tabelle 1 [vgl. Tabelle 6.28].“

Tabelle 6.28: Hauptmaße in Gebäuden und Wohngebäuden nach DIN 18065:2020-08, Tabelle 1

Nr.	Gebäude im Allgemeinen	Wohngebäude mit bis zu 2 Wohnungen und innerhalb von Wohnungen
6.9	Geländer	
6.9.1	Allgemeines	
	Bei Treppenläufen und Podesten sind die freien Seiten – soweit vorhanden – als Sicherung gegen Absturz mit Geländern zu versehen, wenn sie an mehr als 100 cm tiefer liegende Flächen angrenzen. In 6.9.2 sind die Mindestmaße bezogen auf Absturzhöhen und Gebäudearten zusammengefasst. Die Mindestmaße entsprechen den Anforderungen der Landesbauordnungen bzw. dem Arbeitsschutzrecht.	
6.9.2	Geländerhöhen	

Gebäude im Allgemeinen:

	1 Absturzhöhen in m	2 Gebäudeart	3 Geländerhöhe in cm min.
1a	≤ 12	Gebäude, die nicht der Arbeitsstättenverordnung unterliegen	90
1b		Gebäude, die der Arbeitsstättenverordnung unterliegen	100
2	> 12[1)]	alle Gebäudearten	110

Wohngebäude mit bis zu 2 Wohnungen und innerhalb von Wohnungen:

	1 Absturzhöhen in m	2 Geländerhöhe in cm min.
1	≤ 12	90
2	> 12[1)]	110

1) Bei Treppenaugenbreiten ≤ 20 cm gelten die Anforderungen nach Zeile 1a bei Gebäuden im Allgemeinen und nach Zeile 1 bei Wohngebäuden mit bis zu 2 Wohnungen und innerhalb von Wohnungen.

Die Technischen Regeln für Arbeitsstätten (Ausschuss für Arbeitsstätten, 2022), früher Arbeitsstättenrichtlinien (ASR), geben den Stand der Technik wieder und dienen der Umsetzung der Arbeitsstättenverordnung:

„Die Technischen Regeln für Arbeitsstätten (ASR) geben den Stand der Technik, Arbeitsmedizin und Hygiene sowie sonstige gesicherte wissenschaftliche Erkenntnisse für die Sicherheit und Gesundheit beim Einrichten und Betreiben von Arbeitsstätten wieder.

Sie werden vom Ausschuss für Arbeitsstätten ermittelt bzw. angepasst und vom Bundesministerium für Arbeit und Soziales im Gemeinsamen Ministerialblatt bekannt gemacht.

Diese ASR A2.1 konkretisiert im Rahmen ihres Anwendungsbereichs Anforderungen der Verordnung über Arbeitsstätten. Bei Einhaltung dieser Technischen Regel kann der Arbeitgeber davon ausgehen, dass die entsprechenden Anforderungen der Verordnung erfüllt sind. Wählt der Arbeitgeber eine andere Lösung, muss er damit mindestens die gleiche Sicherheit und den gleichen Schutz für die Beschäftigten erreichen.

(…)

5 Maßnahmen zum Schutz vor Absturz

5.1 Sicherung an Absturzkanten

(1) Umwehrungen müssen entsprechend der Nutzung so gestaltet sein, dass sie den zu erwartenden Belastungen standhalten und ein Hinüber- oder Hindurchfallen von Beschäftigten verhindern. Bewegliche Teile der Umwehrungen dürfen nur aus der Schutzstellung gebracht werden, wenn dieses betrieblich erforderlich ist und andere Schutzmaßnahmen getroffen sind. Sie müssen in der Schutzstellung gesichert werden können und dürfen sich nicht in Richtung des Absturzbereiches öffnen lassen.

(2) Die Umwehrungen müssen mindestens 1,00 m hoch sein. Die Höhe der Umwehrungen darf bei Brüstungen bis auf 0,80 m verringert werden, wenn die Tiefe der Umwehrung mindestens 0,20 m beträgt und durch die Tiefe der Brüstung ein gleichwertiger Schutz gegen Absturz gegeben ist.

Beträgt die Absturzhöhe mehr als 12 m, muss die Höhe der Umwehrung mindestens 1,10 m betragen.“

Seitenabstand

DIN 18065-2020-08 „Gebäudetreppen – Begriffe, Messregeln, Hauptmaße“ definiert in Tabelle 1 (vgl. Tabelle 6.29) auch den maximal zulässigen Seitenabstand von Treppenläufen und Podesten zu Wänden und/oder Geländern.

Tabelle 6.29: Maximal zulässiger Seitenabstand von Treppenläufen und Podesten nach DIN 18065:2020-08, Tabelle 1

Nr.	Gebäude im Allgemeinen	Wohngebäude mit bis zu 2 Wohnungen und innerhalb von Wohnungen
6.6	Seitenabstand	
	Der Seitenabstand von Treppenläufen und Podesten zu Wänden und/oder Geländern darf nicht mehr als 6 cm (siehe Bild A.9) betragen.	

Abb. 6.158 und 6.159 zeigen Beispiele für unzulässige Abstände von Treppenpodesten.

Öffnungen in Geländern dürfen im Allgemeinen nicht größer als 12 cm sein (siehe Abb. 6.160 und 6.161); ausgenommen sind Geländer bei Treppen in Wohngebäuden mit bis zu 2 Wohnungen und innerhalb von Wohnungen, wie DIN 18065:2020-08 „Gebäudetreppen – Begriffe, Messregeln, Hauptmaße“ in Tabelle 1 (vgl. Tabelle 6.30) regelt.

Tabelle 6.30: Maximal zulässige Öffnungen in Geländern nach DIN 18065-2020-08, Tabelle 1

Nr.	Gebäude im Allgemeinen	Wohngebäude mit bis zu 2 Wohnungen und innerhalb von Wohnungen
6.9.3	Öffnungen in Geländern	
	In Gebäuden, in denen mit der Anwesenheit von unbeaufsichtigten Kleinkindern zu rechnen ist, darf der lichte Abstand von Geländerteilen in einer Richtung nicht mehr als 12 cm betragen und die Geländer sind so zu gestalten, dass ein Überklettern des Treppengeländers erschwert wird, z. B. durch Anordnung senkrechter Stäbe oder einer Scheibe im unteren Bereich bis zu einer Höhe von 70 cm oder einem um mindestens 15 cm nach innen gezogenen Handlauf (siehe Bild A.10).	keine Anforderungen zu Öffnungen in Geländern nach dieser Norm

Abb. 6.158: Der Abstand zwischen Podestbelag und Treppengeländer übersteigt mit 7 cm das zulässige Maß von 6 cm.

Abb. 6.159: Blick von oben: Mit über 20 cm liegt ein unzulässiger Abstand des Treppenpodestes von der Fassade vor.

Abb. 6.160 und 6.161: Der Abstand von Geländerteilen ist zu groß, wenn eine Kugel mit einem Durchmesser von 120 mm durch die Öffnung passt.

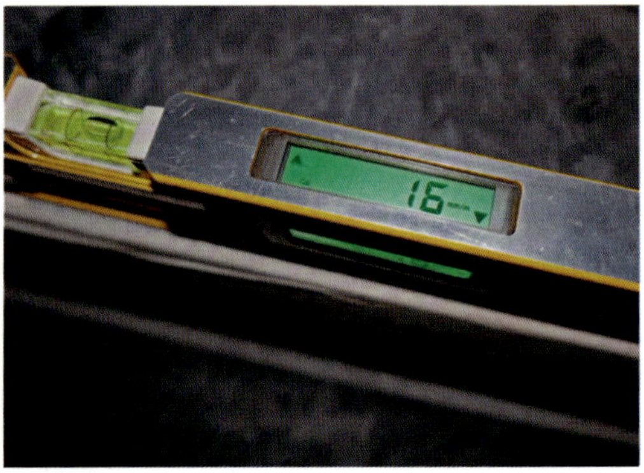

Abb. 6.162 und 6.163: Die Treppenstufen sind um 16 mm/m geneigt. Dies entspricht einer Neigung von 1,6 % und überschreitet das zulässige Maß von ±0,5 %.

Neigung von Treppenstufen

Die zulässige Neigung von Treppenstufen ist in DIN 18065:2020-08 „Gebäudetreppen – Begriffe, Messregeln, Hauptmaße" geregelt:

„7 Toleranzen

Die Toleranzen sind ab hier in zweispaltiger Tabellenform dargestellt, linke Spalte zu ‚Gebäuden im Allgemeinen' und rechte Spalte zu ‚Wohngebäuden mit bis zu zwei Wohnungen und innerhalb von Wohnungen' dargestellt, siehe Tabelle 2 [vgl. Tabelle 6.31]."

Tabelle 6.31: Toleranzen in und an Gebäuden und Wohngebäuden nach DIN 18065-2020-08, Tabelle 2

Nr.	Gebäude im Allgemeinen	Wohngebäude mit bis zu 2 Wohnungen und innerhalb von Wohnungen
7.6	Im gebrauchsfertigen Zustand dürfen die Auftrittsflächen der Stufen von der Nennlage (Solllage) maximal abweichen: • in der Treppenlaufbreite ± 0,5 %, • in der Auftritttiefe ± 1,0 %. Der in 6.3.5 genannte Grenzwert für das Funktionsgefälle ist ein Grenzmaß und darf nicht überschritten werden.	

Abb. 6.162 und 6.163 zeigen das Beispiel einer unzulässigen Treppenstufenneigung.

6.7 Abdichtungsarbeiten (VOB/C ATV DIN 18336)

Beurteilung der Beanspruchungsart durch Feuchtigkeit

Bisher ist die DIN 18195 „Bauwerksabdichtungen" das einschlägige Regelwerk für die Abdichtung von Gebäuden. Unabhängig hiervon sind Gebäude, die zu Wohnzwecken dienen, grundsätzlich abzudichten, wie das Brandenburgische OLG entschieden hat.

Brandenburgisches OLG, Urteil vom 13.03.2008 – 12 U 180/07 (aus den Gründen):

„Eine nicht den DIN-Vorschriften (DIN 18195) entsprechende Abdichtung ist mangelhaft, da der Schaden bereits darin liegt. Es muss nicht bereits zu einem Feuchtigkeitseintritt gekommen sein (OLG Köln Urteil vom 30.04.2003 – 13 U 207/01). Unabhängig von einer einschlägigen DIN ist für Wohnräume eine wirksame Abdichtung gegen Bodenfeuchtigkeit erforderlich."

Der mit einer Gebäudesanierung beauftragte Architekt kann sich auch nicht darauf berufen, dass es zuvor nicht zu Feuchtigkeitseintritten gekommen sei, wie das OLG Düsseldorf entschieden hat.

OLG Düsseldorf, Urteil vom 05.03.2005 – 22 U 121/03 (aus den Entscheidungsgründen):

„Unabhängig von einer einschlägigen DIN war für die Wohnräume eine wirksame Abdichtung gegen Bodenfeuchtigkeit erforderlich. Jedenfalls bei einem, wie der Beklagte selbst vorträgt, 100 Jahre alten Haus musste damit gerechnet werden, dass die Isolierung nicht vorhanden oder nicht mehr einwandfrei war. Der Beklagte war deshalb verpflichtet, das Vorhandensein und die Wirksamkeit der Isolierung zu untersuchen, gegebenenfalls Abdichtungsmaßnahmen zu empfehlen und ihren ordnungsgemäßen Einbau zu beaufsichtigen."

Grundlage für die Bemessung einer Abdichtungsmaßnahme ist zunächst die durchzuführende Bodenerkundung durch ein hydrogeologisches Gutachten, dessen Einholung in den Verantwortungsbereich des Architekten fällt, der wiederum den Bauherrn über das Erfordernis informieren muss.

In Kenntnis der Bodenbeschaffenheiten, des Grundwasserstandes sowie der zu erwartenden Sickerwasserverhältnisse erfolgen die Festlegung des Bemessungswasserstandes und eine Einstufung in die Lastfälle der DIN 18195 entsprechend Tabelle 6.32.

Klassifizierungen für die Dimensionierung einer Außenwandabdichtung

DIN 18195:2017-07 „Abdichtung von Bauwerken – Begriffe" enthält die Zuordnung der Normen zu den verschiedenen Abdichtungssituationen:

- DIN 18532:2017-07 „Abdichtung von befahrenen Verkehrsflächen aus Beton",
- DIN 18533:2017-07 „Abdichtung von erdberührten Bauteilen",
- DIN 18534:2017-07 „Abdichtung von Innenräumen",
- DIN 18535:2017-07 „Abdichtung von Behältern und Becken".

DIN 18195:2017-07 „Abdichtung von Bauwerken – Begriffe" regelt:

„Einleitung

Im Jahr 2010 wurde die Aufteilung der DIN 18195 in Einzelnormen mit Bezug zu verschiedenen Anwendungsbereichen beschlossen. Dazu wurden die Bauwerksabdichtungen

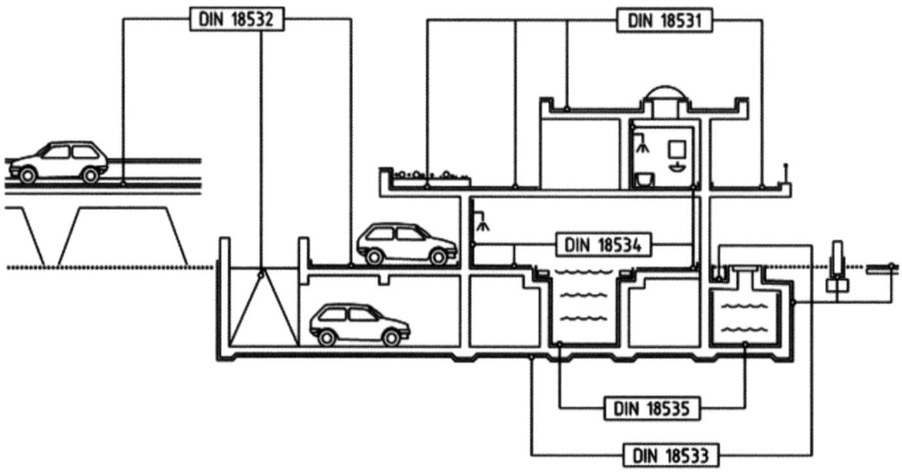

Abb. 6.164: Übersicht zu den Anwendungsbereichen der Normen für die Abdichtung von Bauwerken (Quelle: DIN 18195:2017-07, Bild 1)

in fünf Anwendungsbereiche aufgeteilt und in eine Reihe mit der bestehenden Norm für Dachabdichtungen gestellt.

Auf der Basis der bisherigen Regelungen der Normenreihe DIN 18195 sind in DIN 18531 (Abdichtung von Dächern) die Regelungen für die Abdichtung genutzter Dächer aufgenommen worden und

- *DIN 18195, Abdichtung von Bauwerken – Begriffe,*
- *DIN 18532, Abdichtung von befahrbaren Verkehrsflächen aus Beton,*
- *DIN 18533, Abdichtung von erdberührten Bauteilen,*
- *DIN 18534, Abdichtung von Innenräumen und*
- *DIN 18535, Abdichtung von Behältern und Becken*

neu erarbeitet worden (siehe Bild 1) [siehe Abb. 6.164]."

Einschlägig für die Abdichtung erdberührter Bauteile wird die DIN 18533 mit allen Teilen. Teil 1 regelt die Anforderungen sowie die Planungs- und Ausführungsgrundsätze.

Die unterschiedlichen Wassereinwirkungsklassen ergeben sich gemäß DIN 18533-1, Tabelle 1 (vgl. Tabelle 6.32), aus der jeweils zutreffenden Beanspruchungsart entsprechend den vom Bodengutachter festgestellten Grund- und Schichtenwasserverhältnissen. Danach wird zunächst grundsätzlich beurteilt, ob eine Beanspruchung durch Bodenfeuchte und nicht drückendes Wasser vorliegt, weil der anstehende Boden das Niederschlagswasser schnell versickern lässt oder weil eine Dränage existiert, die den Regeln der DIN 4095:1990-06 „Baugrund; Dränung zum Schutz baulicher Anlagen; Planung, Bemessung und Ausführung" entsprechen muss. Dann erfolgt die Einstufung der vertikalen Abdichtung in die Wassereinwirkungsklasse W1.2-E entsprechend DIN 18533-1. Wird die Abdichtung erdberührter Wände hingegen durch aufstauendes Wasser beansprucht, muss sie den Anforderungen an die Wassereinwirkungsklasse W2.1-E genügen, die bis zu einer Eintauchtiefe des Gebäudes von 3 m zutrifft. Wird die Abdichtung erdberührter Wände hingegen durch drückendes Wasser beansprucht, muss sie den Anforderungen der Wassereinwirkungsklasse W2.2-E entsprechen, die bei Eintauchtiefen des Gebäudes von mehr als 3 m gilt.

DIN 18533-1:2017-07 „Abdichtung von erdberührten Bauteilen – Teil 1: Anforderungen, Planungs- und Ausführungsgrundsätze“:

„5 Einwirkungen und Nutzungsklassen

5.1 Wassereinwirkung

5.1.1 Allgemeines

Im Anwendungsbereich dieser Norm kann auf die Abdichtungsschicht tropfbar flüssiges Wasser in unterschiedlicher Intensität sowie Bodenfeuchte einwirken.

Zur Festlegung der erdseitigen Wassereinwirkung auf die Abdichtungsschicht ist für den geplanten Bauwerksstandort der Bemessungswasserstand zu ermitteln. Dieser hängt nicht nur von den natürlichen witterungsbedingten Schwankungen des Grundwasserstandes ab, sondern auch von anderen wasserwirtschaftlichen Einflussgrößen. Der Bemessungswasserstand ist der Bemessungsgrundwasserstand (HGW), der sich witterungsbedingt und aufgrund hydrogeologischer Beschaffenheit im Baugrund einstellen kann, oder der Bemessungshochwasserstand (HHW), wobei der höhere Wert maßgebend ist. Bei der Ermittlung des Bemessungsgrundwasserstandes sind die dauerhaft verbindlich festgeschriebenen und die nicht dauerhaft verbindlich festgeschriebenen wasserwirtschaftlichen Einflussfaktoren und deren Andauer zu unterscheiden und mit ihren Auswirkungen auf den Grundwasserstand zu berücksichtigen.

Der HGW kann nach den Hinweisen im Merkblatt BWK-M8 objektbezogen ermittelt werden. Ohne objektbezogene konkrete Feststellungen muss der HGW auf Geländeoberkante oder bei örtlichen Hochwasserrisiken auf Höhe des höchsten anzunehmenden HHW angesetzt werden.

Für die Festlegung der Wassereinwirkungsklasse auf die erdseitige Abdichtung des Bauwerks ist ggf. der Wasserdurchlässigkeitsbeiwert (k-Wert) nach DIN 18130-1 zur Unterscheidung von stark wasserdurchlässigem Baugrund ($k > 10^{-4}$ m/s) oder wenig wasserdurchlässigem Baugrund ($k \leq 10^{-4}$ m/s) zu ermitteln oder durch geotechnische Zuordnung anzugeben.

Es werden die folgenden Wassereinwirkungsklassen nach Tabelle 1 [vgl. Tabelle 6.32] *unterschieden. Diese Klassen haben grundsätzlichen Charakter. Für die Zuordnung der abzudichtenden Bauwerksbereiche zu den Klassen sind im Rahmen der Planung immer die örtlichen Bedingungen und ggf. Nutzungserfordernisse maßgebend. Die Bilder 2 bis 10 stellen beispielhaft typische Situationen dar.“*

Tabelle 6.32: Wassereinwirkungsklassen nach DIN 18533-1:2017-07, Tabelle 1

Nr.	**1**	**2**	**3**	**4**
	Klasse	**Art der Einwirkung**	**Beschreibung**	**Abdichtung nach**
1	**W1-E**	**Bodenfeuchte und nicht drückendes Wasser**	5.1.2.1	8.5
2	W1.1-E	Bodenfeuchte und nicht drückendes Wasser bei Bodenplatten und erdberührten Wänden	5.1.2.2	8.5.1

Fortsetzung Tabelle 6.32

Nr.	1	2	3	4
	Klasse	**Art der Einwirkung**	**Beschreibung**	**Abdichtung nach**
3	W1.2-E	Bodenfeuchte und nicht drückendes Wasser bei Bodenplatten und erdberührten Wänden mit Dränung	5.1.2.3	8.5.1
4	**W2-E**	**drückendes Wasser**	5.1.3.1	8.6
5	W2.1-E	mäßige Einwirkung von drückendem Wasser ≤ 3 m Eintauchtiefe	5.1.3.2	8.6.1
6	W2.2-E	hohe Einwirkung von drückendem Wasser ≤ 3 m Eintauchtiefe	5.1.3.3	8.6.2
7	**W3-E**	**nicht drückendes Wasser auf erdüberschütteten Decken**	5.1.4	8.7
8	**W4-E**	**Spritzwasser und Bodenfeuchte am Wandsockel sowie Kapillarwasser in und unter Wänden**	5.1.5	8.8

Zur Beurteilung, ob der örtlich anstehende Boden hinreichend versickerungsfähig ist, sollte ein Bodengutachten eingeholt werden.

Es gelten die Anhaltswerte für die typische Versickerungsfähigkeit von Bodenarten in Tabelle 6.33:

Tabelle 6.33: *k*-Werte von Böden

Bodenart	**Kurzzeichen**	***k* in m/s**	***k* in cm/s**
grober Sand	gs	0,5 bis 1,0 × 0,01	0,5 bis 1,0
feiner Sand	fs	0,1 bis 0,3 × 0,01	0,1 bis 0,3
sehr feiner Sand	fs	0,1 bis 0,2 × 0,001	0,01 bis 0,02
Schluff	U	1,0 bis 0,01 × 0,0001	0,01 bis 0,0001
Lehm	L	0,1 bis 1,0 × 0,000001	0,00001 bis 0,0001
Ton	T	0,02 bis 20,0 × 0,000000001	0,000000002 bis 0,000002

Tabelle 6.34 zeigt die Klassifizierung von Böden anhand des Anteils an abschlämmbaren Teilchen, Tabelle 6.35 die Grobbestimmung der Kornfraktionen mithilfe der Fingerprobe.

Abb. 6.165: Straßenname als Hinweis auf nicht sickerfähigen Untergrund

Abb. 6.166: Straßenname als Hinweis auf Sand als gewachsenen Untergrund

Abb. 6.167: Straßenname als Hinweis auf problematische Wasserverhältnisse

Hinweise auf die Beschaffenheit des anstehenden Bodens ergeben oft schon die Straßennamen. So wird man im „Sumpfweg“ oder im „Moorgrund“ seltener mit gut versickerungsfähigen Böden rechnen dürfen als im „Kiesgrund“ oder in der „Sandgrube“ (siehe Abb. 6.165 bis 6.167).

Tabelle 6.34: Klassifizierung von Böden anhand des Anteils an schlämmbaren Teilchen

Gew.-%	Bodenart
< 10	Sand (S)
10 bis 13	anlehmiger Sand (Sl)
14 bis 18	lehmiger Sand (lS)
19 bis 23	stark sandiger Lehm (SL)
24 bis 29	sandiger Lehm (sL)
30 bis 44	Lehm (L)
45 bis 60	lehmiger Ton (lT)
> 60	Ton (T)

Tabelle 6.35: Grobbestimmung der Kornfraktionen mithilfe der Fingerprobe

Sand (S)	Schluff (U)	Ton (T)
Körnung gut sichtbar und fühlbar, knirschend	Körnung nicht oder wenig sichtbar und fühlbar (samtartig-mehlig)	Körnung nicht sicht- und fühlbar
haftet nicht an den Händen	haftet deutlich in den Handlinien	bindig (klebrig)
nicht formbar	wenig formbar (zerbröckelt)	gut form- und ausrollbar
nicht bindig	raue Gleitfläche	glatte und glänzende Gleitfläche

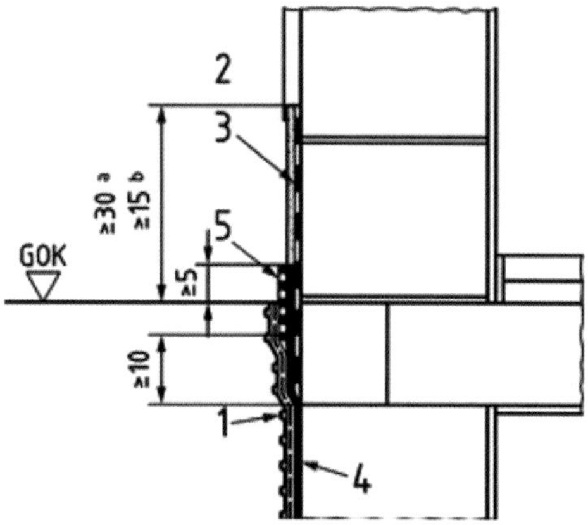

Maße in Zentimeter

1 Schutzschicht
2 wasserabweisender Sockelputz
3 mineralische Dichtungsschlämme (MDS)
4 Abdichtungsschicht (PMBC)
5 Feuchtschutz Wandsockel
a Planmaß
b Fertigmaß

Abb. 6.168: Beispiel der Anordnung der Abdichtung im Sockelbereich eines verputzen Mauerwerks (Quelle: DIN 18533-1:2017-07, Bild 18)

Abdichtungshöhe und Anschlüsse an aufgehende Bauteile

Grundsätzlich müssen alle vertikalen Komponenten des Abdichtungskonzeptes nach der Planung bis zu einer regulären Höhe von 300 mm über die Oberfläche des Geländes geführt werden. Im fertigen Endzustand, nach der Verfüllung der Arbeitsräume und der Geländeangleichung, darf keine Unterschreitung der mindestens erforderlichen Abdichtungshöhe von 150 mm vorliegen.

DIN 18533-1:2017-07 „Abdichtung von erdberührten Bauteilen – Teil 1: Anforderungen, Planungs- und Ausführungsgrundsätze" regelt:

„8 Planungsgrundsätze (…)

8.8 Abdichtung an Wandsockeln sowie in und unter Wänden bei W4-E (…)

8.8.2 Wandsockel

8.8.2.1 Allgemeines

Im Sockelbereich erdberührter Wände sollte der auch im erdberührten Wandbereich eingesetzte Abdichtungsstoff verwendet werden. Je nach Bauart der aufgehenden Außenwand können auch andere Abdichtungsstoffe oder Feuchteschutzmaßnahmen eingesetzt werden.

Im Sockelbereich ist die Abdichtungsschicht im Bauzustand bis 30 cm über GOK hochzuführen, um ausreichende Anpassungsmöglichkeiten der Geländeoberfläche sicherzustellen (siehe Bild 18) [siehe Abb. 6.168]. *Im Endzustand sollte dieser Wert 15 cm nicht unterschreiten (zu Ausnahmen bei niveaugleichen Schwellen siehe 9.3). Auf das Hochführen der Abdichtungsschicht über der Oberkante des angrenzenden Geländes kann verzichtet werden, wenn im Sockelbereich ausreichend wasserabweisende Stoffe verwendet werden und die Abdichtungsschicht nicht hinterlaufen werden kann. (…)*

8.8.2.4 Sockel ohne Bekleidung

Bei Sockelwänden ohne Bekleidung sollten die Abdichtungsschicht und die Randverwahrung oberhalb des Geländes bzw. der Beläge enden (≥ 30 cm GOK, im Endzustand dürfen 15 cm nicht unterschritten werden).

Bei erdüberschütteten Decken muss der Abdichtungsrand mindestens 15 cm über Oberkante Belag/Erdsubstrat liegen (zu Ausnahmen bei niveaugleichen Schwellen siehe 9.3)."

Abb. 6.169: Unzureichende Andichtungshöhe, kein Kontakt zur Horizontalsperre unterhalb der Entwässerungsöffnungen

Abb. 6.170: Fehlende Horizontalsperre unter der Rollschicht, fehlende Vertikalsperre

Die vertikale Abdichtung von Balkonflächen muss unmittelbar an die Horizontalsperre des Mauerwerks anschließen. Verbleibt zwischen der Horizontalsperre des Mauerwerks und dem oberen Rand des Abdichtungsanschlusses ein Zwischenraum, so ist diese Zone hinterläufig (siehe Abb. 6.169).

Die Horizontalsperre des Mauerwerks muss durchgängig sein und darf nicht wie in Abb. 6.170 im Bereich unterhalb der Rollschicht von Terrassentüröffnungen fehlen. Eine Vertikalsperre fehlt hier völlig.

Abdichtungen an Türen

Besondere Beachtung ist dem Türschwellenbereich zu widmen. Da der Einbau der Hauseingangstür den Abdichtungsarbeiten oft mit wesentlichem Zeitabstand folgt, wird der Abdichtungsanschluss an die Türschwelle regelmäßig vernachlässigt. Kurz vor Bezug wird das Außenpodest hergestellt, ohne dass zuvor in der Türnische eine dreidimensional schlüssige Abdichtungsführung entsteht. Die hieraus entstehenden Schadensfolgen sind oft verheerend.

Bei einer zweischaligen Außenwandkonstruktion mit einer tragenden hinteren Schale und einer Verblendmauerwerk-Vorsatzschale wird billigend in Kauf genommen, dass Schlagregenwasser über das Fugennetz und über die Steine selbst in den Fassadenquerschnitt eindringt. Dieses Wasser soll planmäßig an der Rückseite der Verblendschale nach unten abtropfen. Jeweils am Fußpunkt der Schale oder am unteren Ende einer Wandscheibe (dies kann auch der Fenstersturz einer Mauerwerksöffnung sein) soll das Wasser wieder aus der Fassade ausgeleitet werden, ohne zu Schäden zu führen. Hierfür wird in der Regel eine sog. Z-Folie eingebaut, die am Hintermauerwerk senkrecht nach oben aufgekantet und dort befestigt wird. Sie überbrückt den Zwischenraum zwischen den beiden Schalen mit einer Außenneigung und endet an der Verblendmauerwerkaußenoberfläche in einer waagerechten Lagerfuge der Verblendschale. Damit das Wasser nach außen abtropfen kann, sollen unmittelbar oberhalb der Z-Folie die senkrechten Stoßfugen des Mauerwerks ohne Fugenmörtel teilweise offen gelassen werden.

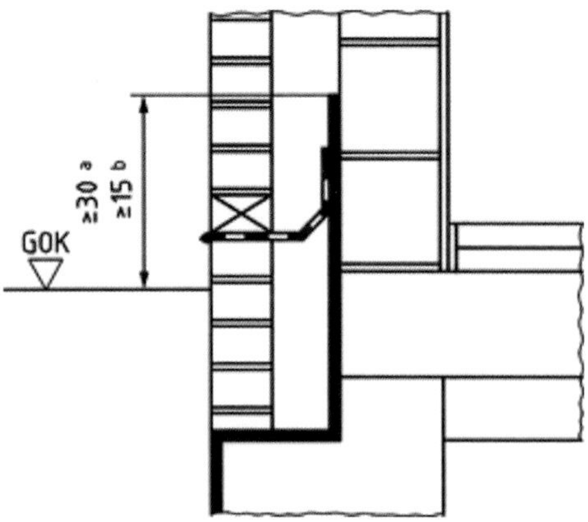

Maße in Zentimeter

a Planmaß
b Fertigmaß

Abb. 6.171: Beispiel Sockel, Gebäude unterkellert; Verblendschale, Entwässerung über GOK (Quelle: DIN 18533-1:2017-07, Bild 20)

Auch bei Fenster- und Türstürzen ist eine Fußpunktausbildung am unteren Ende der Verblendschale herzustellen. Fehlt am Fußpunkt eines zweischaligen Mauerwerks eine geregelte Entwässerung, kann sich das eingedrungene Wasser hinter der Verblendmauerwerksschale aufstauen und muss durch die Kapillarfugen des Fugenmörtels und der Steine nach außen abwandern. Wenn die Z-Folie trocken auf der darunter liegenden Mauerwerksschicht aufliegt, ggf. noch hinter der Vorderkante der Verblendschale zurücksteht, und wenn die waagerechte Lagerfuge das zügige Ablaufen des Wassers behindert, kommt es zum unkontrollierten Eindringen des Wassers in die darunterliegenden Schichten, sodass die Abdichtungsebene unter- und hinterwandert wird.

Aus den normativen Regelungen ergibt sich, dass die vertikale Abdichtung der erdberührten Wände an die waagerechte Querschnittsabdichtung herangeführt oder mit ihr verklebt werden muss, sodass keine Feuchtigkeitsbrücken entstehen können. DIN 18533-1:2017-07 „Abdichtungen von erdberührten Bauteilen – Teil 1: Anforderungen, Planungs- und Ausführungsgrundsätze“ zeigt eine solche Abdichtungsführung ohne Feuchtebrücken zweidimensional im Schnitt:

„8 Planungsgrundsätze (...)

8.8 Abdichtung an Wandsockeln sowie in und unter Wänden bei W4-E (...)

8.8.2 Wandsockel (...)

8.8.2.3 Wandsockel mit Bekleidungen

Bei Wandsockeln mit Bekleidungen (z. B. Verblendmauerwerk, Wärmedämmverbundsystem [WDVS]) sollte die Abdichtungsschicht hinter der Bekleidung auf der Wand angeordnet werden (...)

Bei unverputzt bleibendem, zweischaligem Mauerwerk am Gebäudesockel ist die Abdichtungsschicht unter dem Verblendmauerwerk und auf der Außenseite der Innenschale hochzuführen (siehe Bilder 20 [siehe Abb. 6.171] *und 21). (...)*

8.8.3 Abdichtung in und unter Wänden (Querschnittsabdichtung) (...)

8.8.3.3 Anschlüsse

Ist die Bodenplatte oberseitig abgedichtet (W1-E), muss die Abdichtungsschicht der Bodenplatte an die Querschnittsabdichtung so herangeführt, überlappt oder verklebt werden, dass am Anschluss kein kapillarer Wassertransport (z. B. über Putzbrücken) in schädigendem Umfang möglich ist.“

Der Sollzustand einer wirksamen Abdichtung liegt in einer Abdichtung ohne Feuchtigkeitsbrücken. Eine nach den anerkannten Regeln der Technik mindestens erforderliche Bauwerksabdichtung setzt sich im Sollzustand aus 3 Komponenten als einzelnen Funktionsebenen (siehe Tabelle 6.36) zusammen:

- waagerechte Abdichtung in oder unter Wänden als Querschnittsabdichtung innerhalb oder unterhalb der Außenwand entsprechend Abschnitt 8.8.3 der DIN 18533-1,
- Abdichtung des Wandsockels als Vertikalabdichtung auf der Außenseite der erdberührten Außenwand entsprechend Abschnitt 8.8.2 der DIN 18533-1,
- Abdichtung der Bodenplatte als Horizontalabdichtung auf der Oberfläche der Betonsohle entsprechend Abschnitt 8.5.4 der DIN 18533-1.

Tabelle 6.36: Abdichtungskomponenten nach DIN 18533-1:2017-07

Nr.	Abdichtungskomponente	DIN 18533-1, Abschnitt
1	Querschnittsabdichtung	8.8.3
2	Wandsockel	8.8.2
3	Bodenplatte	8.5.4

Nur wenn diese 3 Funktionsebenen im Istzustand formschlüssig und lückenlos aufeinandertreffen, d. h., dreidimensional dichtschlüssig hergestellt worden sind, entsteht eine das Gebäude im Beanspruchungsbereich umschließende wannenartige Abdichtung. Diese muss im Sollzustand entsprechend den anerkannten Regeln der Technik in der Planung bis 300 mm und im fertigen Zustand, nach Geländeprofilierung, bis mindestens 150 mm über die Oberfläche des Geländes reichen.

Dieser Grundsatz gilt auch für den Anschluss der Abdichtung an bodentiefe Fenster und Terrassentüren, wenn diese im Bereich der Abdichtung liegen.

Die DIN 18533-1:2017-07 „Abdichtung von erdberührten Bauteilen – Teil 1: Anforderungen, Planungs- und Ausführungsgrundsätze“ regelt:

„9 Übergang zwischen Boden- und Wandabdichtung (...)

9.3 Niveaugleiche Schwellen

Sind die unter 8.8.2.1 genannten Aufkantungshöhen im Einzelfall nicht herstellbar (z. B. barrierefreie Hauseingänge, Terrassentür), sind besondere Maßnahmen gegen das Eindringen von Wasser oder das Hinterlaufen der Abdichtung einzuplanen.

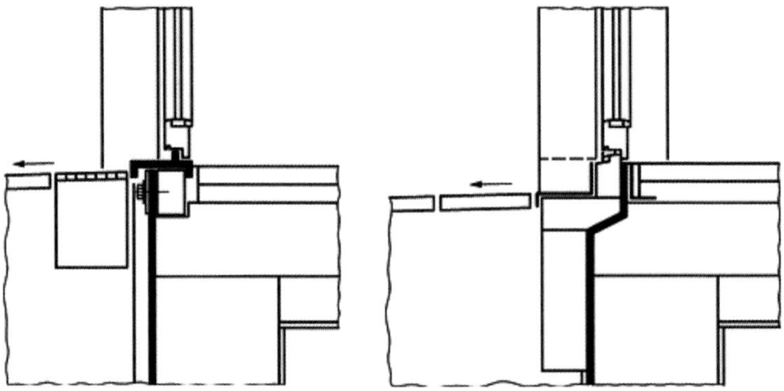

Abb. 6.172 und Abb. 6.173: Beispiele für die Anordnung der Abdichtung bei Türschwellen (Quelle: DIN 18533-1: 2017-07, Bild 27)

Es sind z. B. Türschwellen, Türpfosten und Rollladenführungsschienen von der Abdichtungsschicht zu hinterfahren oder an ihrer Außenoberfläche so zu gestalten, dass die Abdichtung z. B. mit Klemmprofilen wasserdicht angeschlossen werden kann (siehe Bild 27 [siehe Abb. 6.172 und Abb. 6.173]*).*

Planerisch ist darauf zu achten, dass bei der Verwendung von werkseitigen Anschlussstreifen an Türen oder Schwellen die Verträglichkeit mit der Abdichtungsschicht und die Dichtheit des Anschlusses gewährleistet sind.

Schwellenabschlüsse mit geringer oder ohne Aufkantung sind zusätzlich, z. B. durch ausreichend große Vordächer, Fassadenrücksprünge und/oder unmittelbar entwässerte Rinnen mit Gitterrosten, vor starker Wassereinwirkung zu schützen. Das Oberflächengefälle darf nicht zur Tür hin gerichtet sein.“

Hier ergeben sich dreidimensional anspruchsvolle Detaillösungen, insbesondere weil die Funktionsebene der Vertikalabdichtung im Mauerwerksbereich auf der Außenseite des Hintermauerwerks liegt, während sie sich im Bereich der Schwellen von bodentiefen Fenstern und Terrassentüren an der Außenseite der Zarge befindet. Die Tiefe dieses Ebenenversatzes ist abhängig von der Dicke der Wärmedämmschicht. Bei zweischaligem Mauerwerk mit einer Verblendschale ist daher die Koordination der fachtechnisch richtig aufeinanderfolgenden Arbeitsschritte wichtig, um einen lückenlosen Anschluss der vertikalen Außenwandabdichtung an bodentiefe Fenster und Terrassentüren sicherzustellen.

Werden die im Bereich der Abdichtung nach DIN 18533-1 liegenden bodentiefen Fenster und Terrassentüren erst dann eingebaut, wenn die Verblendschale vollständig fertiggestellt worden ist, dann werden die Blendrahmen (Zargen) von innen an den Verblendmauerwerksanschlag gesetzt. Die verbleibenden Konstruktionsfugen oben und seitlich werden in der Regel von außen mit einem selbst expandierenden vorkomprimierten Fugenband abgedichtet. Im Schwellenbereich müsste die von unten und von den Seiten her ankommende Vertikalabdichtung nach der Montage der bodentiefen Fenster oder Terrassentüren an die Außenseite des Fensterblendrahmens (Zarge) angeschlossen und entsprechend DIN 18533-1, Abschnitt 9.3, wasserdicht und gegen Hinterlaufen gesichert werden. Der Blendrahmen schließt aber in der Regel nicht bündig mit der Außenoberfläche des Hintermauerwerks ab, sondern mit der Außenoberfläche der Funktionsebene der Wärmedämmung. Dort ist seine Lage zur Vermeidung einer Wärmebrückenwirkung am sinnvollsten. Dies erfordert einen Oberflächenversatz der Funktionsebene der Abdichtung. Es entstehen 2 vertikale Abdichtungsebenen:

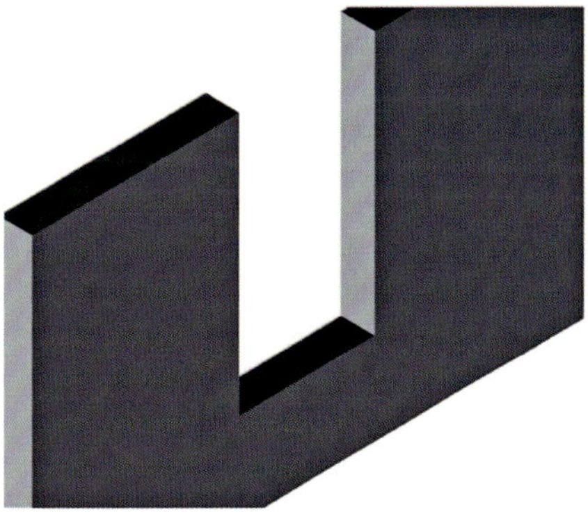

Abb. 6.174: Ausführungsphase 3: Erstellung des Hintermauerwerks

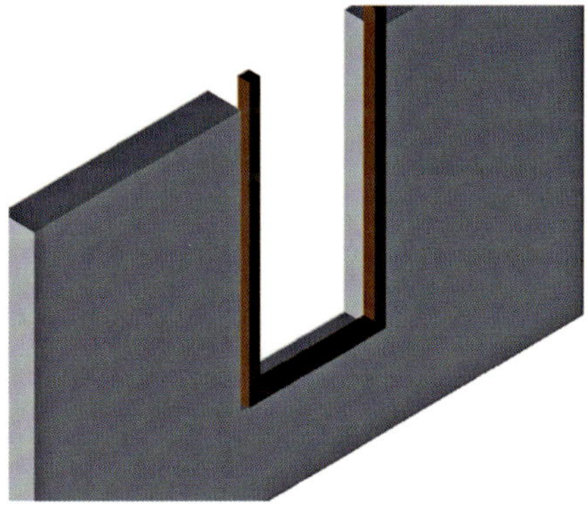

Abb. 6.175: Ausführungsphase 4: Einbau der bodentiefen Fenster

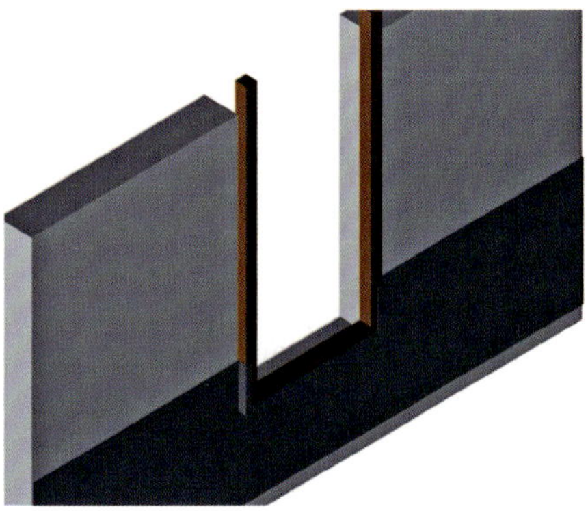

Abb. 6.176: Ausführungsphase 5: Herstellung der Vertikalabdichtung einschließlich Einbeziehung der bodentiefen Fenster bis zur Höhe von ≥ 300 mm über Geländeoberfläche (im fertigen Zustand ≥ 150 mm)

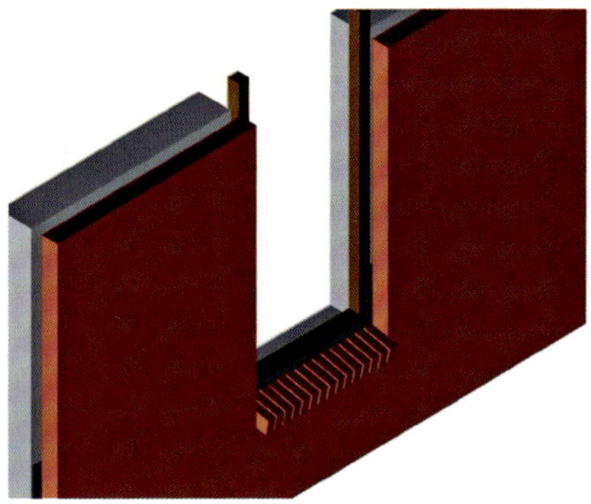

Abb. 6.177: Ausführungsphase 6/7: Herstellung der Verblendmauerwerksschale

- erste Ebene an der Außenoberfläche des Hintermauerwerks,
- zweite Ebene an der Außenoberfläche des Fensterblendrahmens.

Diese Abdichtungsebenen müssen im Bereich der Konstruktionsfuge zwischen dem Fensterblendrahmen und dem seitlich anschließenden Funktionsbereich der Wärmedämmung miteinander verbunden werden. Der Herstellung eines fachgerechten Anschlusses steht bei der oben dargestellten Reihenfolge der Arbeitsschritte in praktischer Hinsicht räumlich das bereits fertiggestellte Verblendmauerwerk entgegen. Bei dieser (nicht unüblichen) Reihenfolge der Arbeiten kommt es zwangsläufig zu Abdichtungslücken im Schwellenbereich und im unteren seitlichen Anschlussbereich.

Eine richtige Reihenfolge ist beispielsweise:

- Herstellung der Sohlplatte (bzw. der Kellerdecke),
- Herstellung der waagerechten Abdichtung in oder unter Wänden als Querschnittsabdichtung innerhalb oder unterhalb der Außenwand entsprechend Abschnitt 8.8.3 der DIN 18533-1,
- Herstellung des Hintermauerwerks (siehe Abb. 6.174),
- Einbau der bodentiefen Fenster (siehe Abb. 6.175),

- Herstellung der Vertikalabdichtung auf der Außenseite der erdberührten Außenwand entsprechend Abschnitt 8.8.2.1 der DIN 18533-1 auf dem Hintermauerwerk bis zu einer Höhe von 15 bis 30 cm über Oberfläche des geplanten Geländes (siehe Abb. 6.176),
- Aufmauern des Verblendsockels bis zur planmäßigen Lage des äußeren waagerechten Schenkels der zweiten Abdichtungsebene (Z-Folie im Verblendmauerwerk) respektive bis zur planmäßigen Lage der Sohlbankabdichtung, Anschluss der Z-Folie/Sohlbankabdichtung an die Vertikalabdichtung und, sofern ein Höhenversatz zwischen Z-Folie und Sohlbankabdichtung vorliegt, Verbindung dieser Abdichtungslagen (siehe Abb. 6.177),
- Aufmauern der Sohlbank/der Verblendschale und Verschluss der Bauteilfuge zwischen Fenster und Verblendmauerwerk im oberen Bereich, oberhalb der Abdichtung nach DIN 18533-1, beispielsweise mit selbst expandierendem vorkomprimiertem Fugendichtband (siehe Abb. 6.177).

Wird die Reihenfolge der Arbeitsschritte dahin gehend geändert, dass erst die Verblendschale hergestellt wird und dann die bodentiefen Fenster und Terrassentüren eingebaut werden, dann muss das Verblendmauerwerk im Schwellenbereich so weiträumig als Aussparung freigelassen werden, dass der Anschluss der Vertikalabdichtung des Gebäudes an den unteren Schwellenbereich des Fensters/der Terrassentür und an die seitlichen senkrechten Blendrahmen/Zargen bis zu der dortigen regulären Höhe von 300 mm (im Fertigzustand des Geländes 150 mm) über Oberfläche des geplanten Geländes handwerklich fachgerecht ausgeführt werden kann (siehe Abb. 6.178).

Eine weitere Möglichkeit besteht darin, nach Fertigstellung des Hintermauerwerks im Schwellenbereich ein Vorabsockelstück (siehe Abb. 6.179) einzubauen und dieses gemeinsam mit der Vertikalabdichtung des Hintermauerwerks dreidimensional schlüssig abzudichten. Anschließend wird das Verblendmauerwerk hergestellt, danach das bodentiefe Fenster/die Terrassentür in die Vorabzarge eingesetzt. Die Fuge zwischen den beiden Bauteilen muss ebenfalls wasserdicht hergestellt werden, wie die Gütegemeinschaft Fenster, Fassaden und Haustüren e. V. im „Leitfaden zur Planung und Ausführung der Montage von Fenstern und Haustüren für Neubau und Renovierung“ (2020) ausführt:

„*3 Aufgaben der Planung*

3.1 Ausführungsplanung (…)

3.1.3 Beispiel Bodenanschluss und Schwellenausbildung (…)

Regelwerke für angrenzende Gewerke und die Bauwerksabdichtung, welche die Abdichtung des unteren Anschlusses betreffen, haben nicht die (Fenster-)Tür im Fokus. Diese fordern Maßnahmen zum Schutz gegen eindringendes Wasser zur Vermeidung von Schäden in der Außenwand. Sofern keine baulichen Kompensationsmaßnahmen erfolgen, wird eine Abdichtungshöhe über der Oberfläche der Schutzschicht, des Belages oder der Überschüttung von 150 mm als ausreichend angesehen. Gleichzeitig wird auf das Erfordernis von Ausnahmen bei den Abdichtungshöhen bei Außen- und Fenstertüren hingewiesen (Bild 3.4 [siehe Abb. 6.182]*). Wird die Abdichtungshöhe unterschritten, so müssen ggf. bauseitig zusätzliche konstruktive Maßnahmen ergriffen werden, um mögliche Beeinträchtigungen durch Feuchteeinwirkungen an bodentiefen Fensterelementen zu kompensieren. Diese sind durch den Gebäudeplaner objektspezifisch zu planen.*

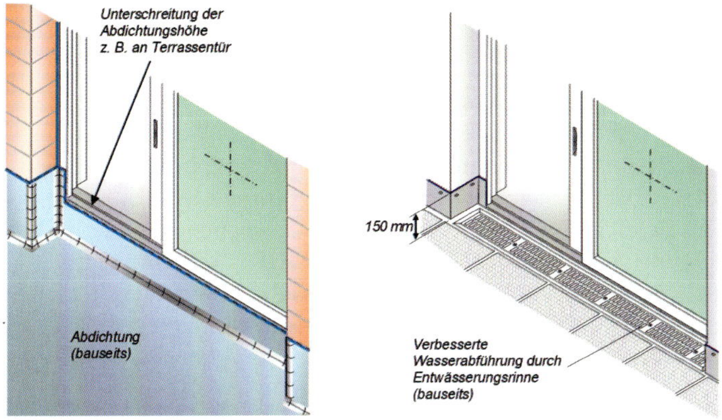

Abb. 6.178: Unterschreitung der Abdichtungshöhe im Bereich von bodentiefen Fenstern, Türen und Festverglasungen und ggf. erforderliche zusätzliche flankierende Maßnahmen, hier in Form einer Entwässerungsrinne, linke Abbildung vor, rechte Abbildung nach fertigem Bodenaufbau auf der Außenseite (Quelle: Leitfaden zur Planung und Ausführung der Montage von Fenstern und Haustüren für Neubau und Renovierung, 2020, Bild 3.4)

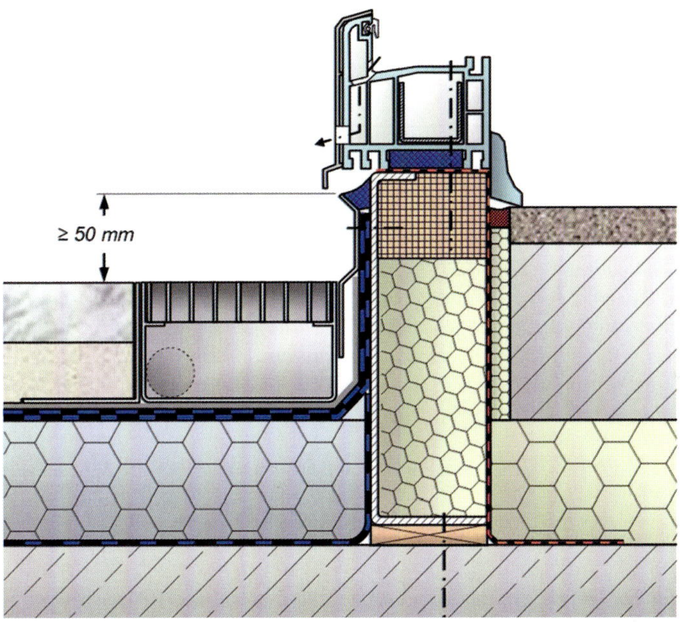

Abb. 6.179: Beispiel eines Randabschlusses einer Bauwerksabdichtung unter Berücksichtigung der Flachdachrichtlinie mit einem vorab montierten Sockelprofil im Schwellenbereich. Die Schwellenausbildung ist stets objektspezifisch unter Berücksichtigung der Anforderungen aus Nutzung, Witterungsbelastung und baulichen Kompensationsmaßnahmen zu planen. (Quelle: Leitfaden zur Planung und Ausführung der Montage von Fenstern und Haustüren für Neubau und Renovierung, 2020, Bild 3.6)

Aus nachfolgenden Gründen kann bei Anschlüssen von Bauwerksabdichtungen nach DIN 18531/18533 oder nach Flachdachrichtlinie auch der Einsatz einer vorab zu montierenden Zarge oder zumindest einer Sockelkonstruktion im Schwellenbereich sinnvoll sein:

- *Schutz der Bauteile vor Beschädigungen während der Bauphase durch angrenzende Gewerke.*
- *Bessere Durchführbarkeit und Überprüfungsmöglichkeit der Anschlussarbeiten.*

- *Entflechtung der angrenzenden Gewerke und damit günstigere Termingestaltung für den Bauablauf.*
- *Spätere Austauschbarkeit der Bauelemente ohne Eingriff in die angrenzende, teilwese verdeckt liegende Bauwerksabdichtung.“*

Die „BWA-Richtlinien für Bauwerksabdichtungen, Band 1: Technische Regeln für die Planung und Ausführung von Abdichtungen erdberührter Bauwerksflächen oberhalb des Grundwasserspiegels“ (Bundesfachabteilung Bauwerksabdichtung im Hauptverband der Deutschen Bauindustrie e. V., 2021) gehen hinsichtlich der mindestens erforderlichen Abdichtungshöhe im Bereich niveaugleicher Schwellen abweichend von der DIN 18533-3:2017-07 „Abdichtung von erdberührten Bauteilen – Teil 3: Abdichtung mit flüssig zu verarbeitenden Abdichtungsstoffen“ davon aus, dass die Abdichtungshöhe bei Flüssigkunststoffabdichtungen (FLK) – in Abstimmung mit den Produktherstellern – ggf. auf 35 mm reduziert werden kann:

„5 Abdichtung von Bodenplatten und erdberührten Wänden gegen Bodenfeuchte und nicht drückendes Wasser; Abdichtungen gegen Spritzwasser und Bodenfeuchte am Wandsockel sowie Kapillarwasser in und unter Wänden (Wassereinwirkungsklassen W1.1-E und W1.2-E sowie W4-E)

(...)

5.4 Niveaugleiche Schwellen und niedrige Türaustritte

Ist ein Hochführen der Abdichtungsschicht von 15 cm über GOK (Endzustand nach endgültiger Geländeanpassung) nicht möglich (z. B. bei entsprechend niedrigen Türaustritten, niveaugleichen Türschwellen oder auch bei bodentiefen Fenstern), sind besondere Vorkehrungen gegen das Eindringen von Wasser und das Hinterlaufen der Abdichtung vorzusehen. Die DIN 18533, Ausgabe Juli 2017, benennt dazu lediglich einige zu beachtende Grundsätze. (...) Da es über diese allgemein gehaltenen Grundregeln hinaus keine normativen Vorgaben gibt, sind die Bausituationen letztlich als Sonderkonstruktionen auszuführen. Der rechtzeitigen Koordination zwischen Planern, Abdichtungsunternehmen und Tür- bzw. Fensterherstellern kommt besondere Bedeutung zu.

Aufgrund eines in der Praxis immer wieder anzutreffenden Fehlers sei an dieser Stelle vorab angemerkt:

Nur bei Wassereinwirkung durch Bodenfeuchte und nicht drückendes Wasser ist die Ausführung von Schwellen auf Geländeniveau möglich. Bei Vorliegen drückenden Wassers, z. B. in Form aufstauenden Sickerwassers mit dabei anzunehmendem Bemessungswasserstand Oberkante Gelände (...) und damit gegebener Wassereinwirkungsklasse W2-E auch im Sockelbereich (...), verbietet sich eine Anordnung niveaugleicher Schwellen. Steht Stauwasser bis Oberkante Gelände an, kann dieses Wasser unter Umständen auch ungehindert ins Gebäudeinnere gelangen.

Kann bei Wassereinwirkungsklasse W4-E im Sockelbereich die Aufkantungshöhe von 15 cm über Geländeoberfläche nicht eingehalten werden, sind Türschwellen sowie Türpfosten etc. an ihrer Außenfläche so zu gestalten, dass die Abdichtungsschicht – z. B. mit Klemmprofilen – wasserdicht angeschlossen werden kann. Alternativ sind sie von der Abdichtungsschicht zu ‚hinterfahren‘, um dann rückseitig an der Schwellenkonstruktion befestigt werden zu können. Der kritische Abdichtungsanschluss wird dabei in den trockenen Innenbereich verlagert. Unmittelbar unterhalb der Schwellenprofile sollten sich nach Möglichkeit keine Versätze befinden. Die Abdichtungsschicht wird an den Schwellen im-

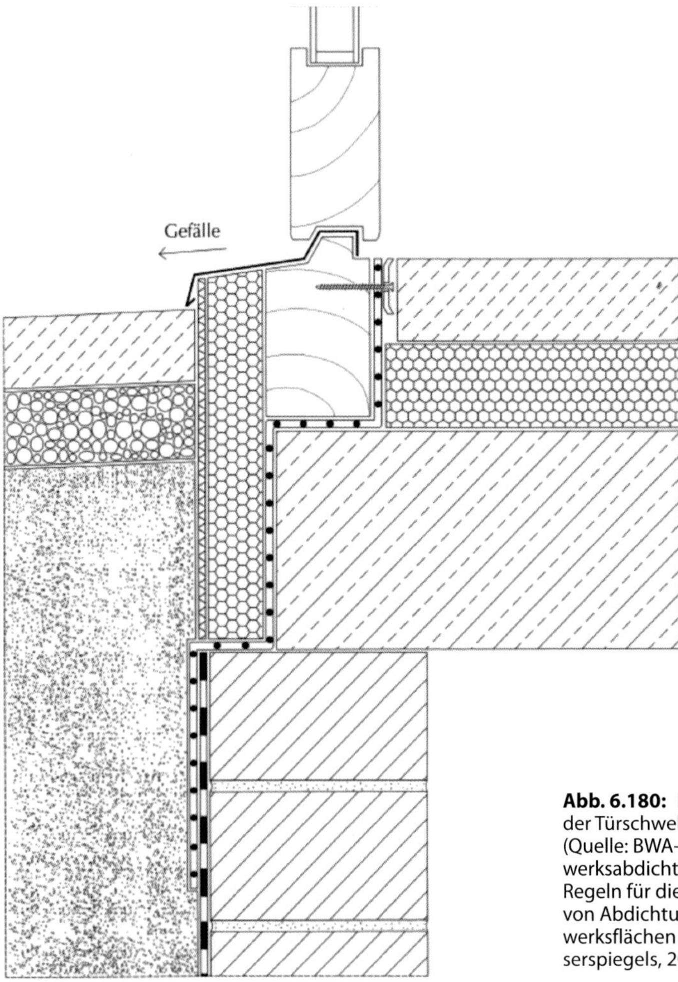

Abb. 6.180: Beispiel für Hinterfahren der Türschwelle mit der Abdichtung (Quelle: BWA-Richtlinien für Bauwerksabdichtungen, Band 1 Technische Regeln für die Planung und Ausführung von Abdichtungen erdberührter Bauwerksflächen oberhalb des Grundwasserspiegels, 2021, Bild 18)

mer so hoch wie möglich geführt, wenn machbar zumindest bis Oberkante Belag (vgl. Abb. 18, 19 und 20 [vgl. Abb. 6.180 bis 6.182]*).*

Bei ‚Null-Schwellen' (der Name erklärt sich selbst!) endet die Abdichtung in der Regel unterhalb der Belagoberkante. In diesen Fällen müssen die Türschwellen selbst wasserdicht ausgebildet sein. Bei Anschlüssen mit FLK muss die Klebefläche im Schwellenbereich mindestens 50 mm breit sein und das Schwellenprofil darf in diesem Bereich nicht gestoßen sein. Auf den seitlichen Tür- und Fensterrahmen wie auch auf den sogenannten Elementstößen zwischen Tür- bzw. Fensterrahmen ist die Abdichtungsschicht – der eigentlichen Norm-Anschlusshöhe entsprechend – 15 cm hochzuführen. Das ausgewählte Abdichtungssystem muss dazu geeignet sein; verwendet werden können z. B. Flüssigkunststoffe. Für das Hochführen der Abdichtungsschicht am Türrahmen darf oberhalb des Belages bis zur erforderlichen Aufkantungshöhe von 15 cm bei der FLK-Bauweise die Anschlussbreite von 50 mm (vgl. dazu DIN 18533-3, Ausgabe Juli 2017, Abschnitt 11.3.1, Absatz 5) auf 35 mm reduziert werden. Diese Reduzierung muss mit den Flüssigkunststoffherstellern abgestimmt sein.“

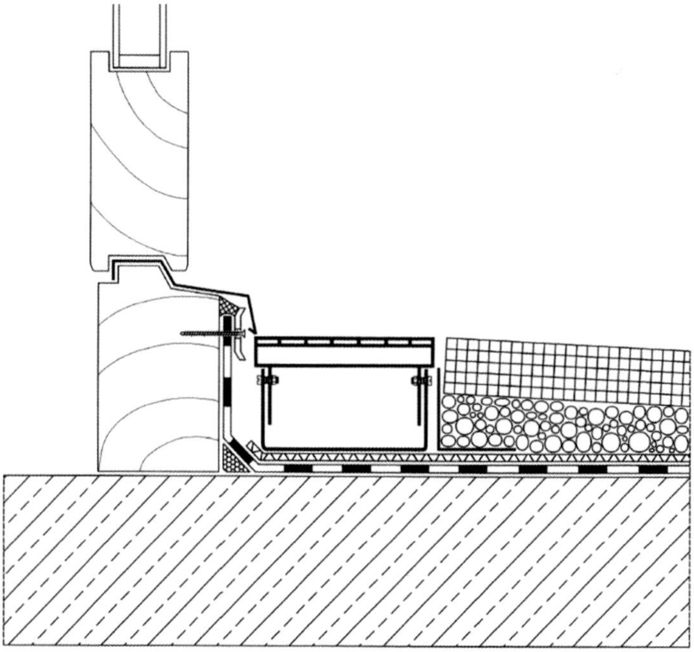

Abb. 6.181: Beispiel für Rinne mit Gitterrost vor einer Tür mit niedrigem Türaustritt (Quelle: BWA-Richtlinien für Bauwerksabdichtungen, Band 1 Technische Regeln für die Planung und Ausführung von Abdichtungen erdberührter Bauwerksflächen oberhalb des Grundwasserspiegels, 2021, Bild 19)

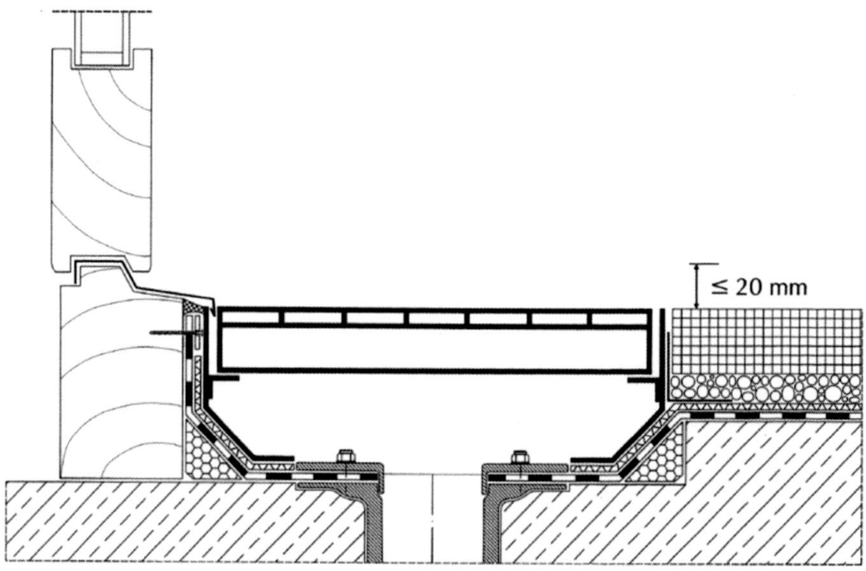

Abb. 6.182: Beispiel für Rinne mit Gitterrost vor Schwelle ≤ 20 mm (Quelle: BWA-Richtlinien für Bauwerksabdichtungen, Band 1 Technische Regeln für die Planung und Ausführung von Abdichtungen erdberührter Bauwerksflächen oberhalb des Grundwasserspiegels, 2021, Bild 20)

Abb. 6.183: Fehlende Andichtung an die Türschwelle, falsche Lage der Rinne

Abb. 6.184: Fehlende Andichtung an die Türschwelle, Detail

Abb. 6.185 und 6.186: Fehlende Abdichtung unterhalb der Außentürschwelle, auch eine Rinne fehlt

Abb. 6.187: Fehlende seitliche Versiegelung der Sohlbank

Abb. 6.182 zeigt ein Beispiel für eine Unterschreitung der regelkonformen Mindestschwellenhöhe von 20 mm für den Ausnahmefall, dass die Schwelle barrierefrei entsprechend DIN 18040 „Barrierefreies Bauen" ausgeführt werden muss. In einem solchen Fall muss dem Auftraggeber aufgrund des Zielkonflikts, der sich aus den widersprüchlichen Angaben aus Abdichtungsregeln einerseits und der Barrierefreiheit andererseits ergibt, eine Entscheidung abverlangt werden.

Die Abbildungen 6.183 bis 6.186 zeigen Beispiele für fehlende Ab- und Andichtungen.

Werden Terrassentüren oder Kelleraußentüren mit Sohlbänken ausgerüstet, muss der seitliche Abschluss an das Leibungsmauerwerk ordnungsgemäß angedichtet werden (siehe Kapitel 6.9).

Durch klaffend offene Anschlussfugen wird die Abdichtungsebene hinterlaufen (siehe Abb. 6.187). Die Vertikalabdichtung von Außenwänden muss bei Türlaibungen über die

Konstruktionsfuge hinweggeführt werden, da ansonsten Feuchtigkeit in die Fuge eindringen kann.

Trockenschichtdicke von kunststoffmodifizierten Bitumendickbeschichtungen

Anforderungen an die Ausführung von Abdichtungen mit kunststoffmodifizierten Bitumendickbeschichtungen sind sowohl in DIN 18533 als auch in der PMBC-Richtlinie geregelt.

„Teil A Grundlagen für die Planung und Ausführung (...)

3 Definition der Einwirkung und Nutzung

3.1 Wassereinwirkungsklassen [vgl. Tabelle 6.37] *(...)*

Teil B Ausführung der Abdichtung mit PMBC

PMBC sind grundsätzlich zur Abdichtung erdberührter Bauteile senkrecht, waagerecht und geneigt einsetzbar. Die Verarbeitung erfolgt je nach Konsistenz im Spachtel- oder Spritzverfahren.

PMBC sind in mindestens zwei Arbeitsgängen, abhängig von der Wassereinwirkungsklasse, mit oder ohne Verstärkungseinlage auszuführen. Der Auftrag muss vollflächig deckend und gleichmäßig dick erfolgen. Grobe Kellenschläge sind zu vermeiden. Ein Mehrverbrauch durch die Rauigkeit des Untergrundes ist zu berücksichtigen, es sei denn, es wurde eine Kratzspachtelung vorgenommen. Handwerklich bedingt sind Schwankungen der Schichtdicke beim Auftragen des Materials nicht auszuschließen. Diese sind ebenfalls zu berücksichtigen. Die vorgegebene Nassschichtdicke zum Erreichen der notwendigen Mindesttrockenschichtdicke sollte an keiner Stelle um mehr als 100 % in der Fläche überschritten werden.

Die in Abhängigkeit von der Wassereinwirkungsklasse vorgeschriebene Mindesttrockenschichtdicke darf nicht unterschritten werden (s. Tabelle 7 [vgl. Tabelle 6.38]*). Dazu ist die erforderliche Nassschichtdicke vom Hersteller anzugeben. Ein Schichtdickenzuschlag ist zu berücksichtigen. Der erforderliche Zuschlagswert kann nach Teil C, Kapitel 1.2 ermittelt werden.*

Für die Wassereinwirkungsklassen W1-E und W4-E können die Arbeitsgänge frisch in frisch erfolgen. Bei den Wassereinwirkungsklassen W2.1-E und W3-E ist eine Verstärkungseinlage in die erste Abdichtungslage einzuarbeiten. Vor Ausführung der zweiten Abdichtungslage muss die erste Abdichtungslage soweit getrocknet sein, dass sie durch den darauf folgenden Auftrag nicht beschädigt wird. Die Verstärkungseinlage muss vollflächig überdeckt werden und darf in der fertigen PMBC-Oberfläche nicht mehr sichtbar sein.“

Tabelle 6.37: Wassereinwirkungsklassen nach PCMB-Richtlinie (Deutsche Bauchemie e. V., 2018)

Wassereinwirkungsklasse	Art der Wassereinwirkung	Bemessungswasserstand (HGW bzw. HHW)/hydrostatischer Druck	Einbindetiefe	Wasserdurchlässigkeitsbeiwert des Baugrunds	Dränung nach DIN 4095	Abb.
W1-E – Bodenfeuchte und nicht drückendes Wasser						
W1.1-E – Bodenfeuchte und nicht drückendes Wasser bei Bodenplatten und erdberührten Wänden						
W1.1-E, Situation 1 Bodenfeuchte bei Bodenplatten	Bodenfeuchte	Unterkante Abdichtungsebene ≥ 50 cm oberhalb HGW/HHW	keine Anforderung	$k > 10^{-4}$ m/s	nein	1
W1.1-E, Situation 2 Bodenfeuchte und nicht drückendes Wasser bei erdberührten Wänden und Bodenplatten	Bodenfeuchte und nicht drückendes Wasser	Unterkante Abdichtungsebene ≥ 50 cm oberhalb HGW/HHW	beliebig	$k > 10^{-4}$ m/s	nein	2
W2-E – drückendes Wasser (von außen drückendes Wasser: Grundwasser, Hochwasser, Stauwasser) bei erdberührten Wänden und Bodenplatten						
W2.1-E – mäßige Einwirkung von drückendem Wasser						
W2.1-E, Situation 1 mäßige Einwirkung von drückendem Wasser	Stauwasser	hydrostatischer Druck ≤ 3 m	max. 3 m ins Erdreich	$k \leq 10^{-4}$ m/s	nein	4
W2.1-E, Situation 2 mäßige Einwirkung von drückendem Wasser	Grundwasser	hydrostatischer Druck ≤ 3 m	beliebig	–	nein	5
W2.1-E, Situation 3 mäßige Einwirkung von drückendem Wasser	Hochwasser	hydrostatischer Druck ≤ 3 m	max. 3 m ins Erdreich	beliebig	nein	6
W2.2-E – hohe Einwirkung von drückendem Wasser						
W2.2-E, Situation 1 hohe Einwirkung von drückendem Wasser	Stauwasser	hydrostatischer Druck > 3 m	beliebig	$k \leq 10^{-4}$ m/s	nein	–
W2.2-E, Situation 2 hohe Einwirkung von drückendem Wasser	Grund- und Hochwasser	hydrostatischer Druck > 3 m	beliebig	beliebig	nein	–
W3-E – nicht drückendes Wasser auf erdüberschütteten Deckenflächen						
W3-E nicht drückendes Wasser auf erdüberschütteten Deckenflächen	Niederschlagswasser, Stauwasser ≤ 10 cm	Abdichtungsebene ≥ 30 cm oberhalb HGW/HHW		–	objektbezogen	7

Fortsetzung Tabelle 6.37

Wassereinwirkungsklasse	Art der Wassereinwirkung	Bemessungswasserstand (HGW bzw. HHW)/hydrostatischer Druck	Einbindetiefe	Wasserdurchlässigkeitsbeiwert des Baugrunds	Dränung nach DIN 4095	Abb.
W4-E – Spritzwasser am Wandsockel sowie Kapillarwasser in und unter erdberührten Wänden						
W4-E Wasser am Wandsockel sowie in und unter Wänden	Spritz-, Oberflächen- und Sickerwasser, kapillar aufsteigendes Wasser	Wandsockel: bei ca. 20 cm unter bis ca. 30 cm über OK Gelände, wenn nicht Bedingungen von W2-E vorliegen		$k > 10^{-4}$ m/s	nein	8 9
				$k \leq 10^{-4}$ m/s	ja	10

Tabelle 6.38: Mindesttrockenschichtdicken für PMBC und notwendige Verstärkungseinlagen in Abhängigkeit von der Wassereinwirkungsklasse (gemäß DIN 18533-3, Tabelle 4) nach PCMB-Richtlinie, Tabelle 7 (Deutsche Bauchemie e.V., 2018)

Wassereinwirkungsklasse	W1-E	W2.1-E	W3-E	W4-E[1)]
Mindesttrockenschichtdicke[2), 3)]	3 mm	4 mm	4 mm	3 mm
Verstärkungseinlage	–	ja	ja	–

1) nicht als Querschnittsabdichtung
2) Die Mindesttrockenschichtdicke bezieht sich auf die Dicke vor einer Erddruckbelastung.
3) Gibt der Hersteller einen höheren Wert an, gilt dieser.

Die DIN 18533-3:2017-07 „Abdichtung von erdberührten Bauteilen – Teil 3: Abdichtung mit flüssig zu verarbeitenden Abdichtungsstoffen" besagt:

„*9 Abdichtung mit kunststoffmodifizierter Bitumendickbeschichtung (PMBC)*

9.1 Stoffe

9.2 Ausführung

9.2.1 Anwendungsbereich

PMBC dürfen nach den Tabellen 1 und 4 [vgl. Tabelle 6.39] *angewendet werden.*"

Tabelle 6.39: Anwendungsbereiche für PMBC nach DIN 18533-3:2017-07, Tabelle 4

Nr.	1	2	3	4	5	6
	Wassereinwirkungsklasse	**W1-E**	**W2.1-E**	**W2.2-E**	**W3-E**	**W4-E[1)]**
1	**PMBC**	X	X	–	X	X
2	Rissüberbrückungsklasse	RÜ3-E	RÜ3-E	–	RÜ3-E	RÜ3-E
3	Mindesttrockenschichtdicke nach 4.1.2[2)]	3 mm	4 mm	–	4 mm	3 mm

Fortsetzung Tabelle 6.39

Nr.	1 **Wassereinwirkungsklasse**	2 **W1-E**	3 **W2.1-E**	4 **W2.2-E**	5 **W3-E**	6 **W4-E**[1)]
4	Nassschichtdicke und Auftragsmenge nach 4.1.3.2	X[3)]	X[3)]	–	X[3)]	X[3)]
5	Verstärkungseinlage	–	ja	–	ja	–
6	Schutzschicht nach DIN 18533-1	ja	ja	–	ja	ja

[1)] nicht als Querschnittsabdichtung
[2)] Ist im abP ein höherer Wert angegeben, gilt dieser.
[3)] ist vom Produkthersteller festzulegen

Tabelle 6.40 gibt eine Übersicht über die von der DIN 18533-1 geforderten Mindesttrockenschichtdicken der PMBC.

Tabelle 6.40: Mindesttrockenschichtdicken der PMBC nach DIN 18533-1:2017-07

Nr.	1		2
	Wassereinwirkungsklasse nach DIN 18533-1		**Mindestrockenschichtdicke in mm**
1	W1-E	Bodenfeuchte und nicht drückendes Wasser	3
2	W2.1-E	mäßige Einwirkung von drückendem Wasser ≤ 3 m Eintauchtiefe	4
3	W3-E	nicht drückendes Wasser auf erdüberschütteten Decken	4
4	W4-E	Spritzwasser und Bodenfeuchte am Wandsockel sowie Kapillarwasser in und unter Wänden	3

Entsprechend DIN 18533-3:2017-07 „Abdichtung von erdberührten Bauteilen – Teil 3: Abdichtung mit flüssig zu verarbeitenden Abdichtungsstoffen“ sind die Schichtdicken zu messen und im Falle der Wassereinwirkungsklasse W2.1E zu dokumentieren:

„9 Abdichtung mit kunststoffmodifizierter Bitumendickbeschichtung (PMBC)

9.1 Stoffe

9.2 Ausführung (…)

9.2.5 Sicherstellung der Mindesttrockenschichtdicke und des Durchtrocknungsgrads

Es gilt 4.1.3 und Folgendes.

9.2.5.1 Mindesttrocken- und Nassschichtdicke

Die nach Tabelle 3 einzuhaltende Mindesttrockenschichtdicke darf vor der Belastung durch Erddruck an keiner Stelle unterschritten werden. Dazu hat der Hersteller die erforderliche Nassschichtdicke und die zugehörige Auftragsmenge nach 4.1.3.2 anzugeben. Die Trocken-

Abb. 6.188: Noppenfolie auf Bitumendickbeschichtung. Die Noppen zeigen im oberen Bereich zum Erdreich, im unteren Bereich zum Dickbeschichtungsmaterial hin.

Abb. 6.189: Die Noppenbahn hat sich tief in das Dickbeschichtungsmaterial eingepresst.

Abb. 6.190: Probe mit Noppeneindruck

schichtdicke darf an keiner Stelle der Fläche um das Doppelte der Summe aus Mindesttrockenschichtdicke und dem Dickenzuschlag nach 4.1.3.1 betragen.

Wird die Schichtdickenmessung als Bestätigungsprüfung nach 4.1.3.3 an einer Abdichtungsschicht vorgenommen, auf die bereits Erddruck eingewirkt hat, dürfen die nach Tabelle 4 geforderten Trockenschichtdicken um 25 % reduziert werden.

9.2.5.2 Nassschichtdickenkontrolle

Die Schichtdickenkontrolle hat im frischen Zustand durch das Messen der Nassschichtdicke und der je Flächeneinheit verarbeiteten Auftragsmenge nach 4.1.3.2 zu erfolgen. Die Verteilung der Messpunkte sollte diagonal erfolgen (mindestens 20 Messungen je Ausführungsobjekt bzw. mindestens 20 Messungen je 100 m²). Je nach baulichen Gegebenheiten ist die Messpunktdichte, z. B. im Bereich von Durchdringungen, Übergängen, Anschlüssen, zu erhöhen. Bei mehreren Aufträgen sind die Schichtdicken gesondert zu kontrollieren. Ebenso ist der Materialverbrauch für die Bezugsflächen zu kontrollieren.

9.2.5.3 Durchtrocknungsprüfung

Die Prüfung der Durchtrocknung muss an einer Referenzprobe zerstörend, z. B. durch Einschneiden, erfolgen. Die Referenzprobe muss auf einen Untergrund aufgetragen werden, der dem Objektuntergrund entspricht (z. B. Mauerstein) und unter vergleichbaren Trocknungsbedingungen gelagert wird.

Abb. 6.191: Probe mit Kieselstein, der in die Dickbeschichtung eingedrungen ist

Abb. 6.192: Probe mit Kieselstein, der in die Dickbeschichtung eingedrungen ist und diese durchstanzt hat

Abb. 6.193: Vegetation, die aus der Beschichtung herauswächst

9.2.5.4 Dokumentation

Bei W2.1-E sind die Schichtdickenkontrollen (Anzahl, Lage, Ergebnis) und der Materialverbrauch je Bezugsfläche sowie die Ergebnisse der Durchtrocknungsprüfung zu dokumentieren."

Vermeidung mechanischer Beschädigungen der Abdichtung

Bei der Verfüllung des Arbeitsraumes muss darauf geachtet werden, dass keine mechanische Beschädigung der Abdichtung durch Arbeitsgeräte oder durch den Einbau von Bauschutt und Geröll erfolgt.

Dränplatten aus Kunststoffnoppenbahnen müssen nach Herstellervorschrift für den Verwendungszweck geeignet sein. Auf keinen Fall dürfen die Noppen ungeschützt zum Bitumendickbeschichtungsmaterial hinweisend eingesetzt werden, da sie sich in das noch plastische Material eindrücken können (siehe Abb. 6.188 bis 6.190). Im Bereich der Druckstellen wird die mindestens erforderliche Trockenschichtstärke von 3 bzw. 4 mm dann erheblich unterschritten.

Auch auf eine sorgfältige Trennung von Bitumendickbeschichtung und dem Dränagekies muss geachtet werden, da sich ansonsten einzelne Steine in das plastische Bitumendickbeschichtungsmaterial einpressen. Nicht selten finden sich im Schadensfall nach erfolgter Aufgrabung tief greifende Einschlüsse insbesondere in der Hohlkehle wieder (siehe Abb. 6.191 bis 6.193). Die perforierte Abdichtung kann ihren bestimmungsgemäßen Zweck dann nicht mehr erfüllen.

6.8 Dachdeckungs- und Dachabdichtungsarbeiten (VOB/C ATV DIN 18338)

Dachdeckungen müssen regensicher sein, Dachabdichtungen hingegen wasserdicht. Dies ergibt sich aus technischer Sicht bereits aus der „Grundregel für Dachdeckungen, Abdichtungen und Außenwandbekleidungen“ des Zentralverbands des Deutschen Dachdeckerhandwerks (ZVDH), (1997):

„*5 Anforderungen (…)*

5.8 Anforderungen an Dachdeckungen

(1) Dachdeckungen müssen regensicher sein. Das wird im Normalfall erreicht, wenn die in den Fachregeln angegebenen werkstoffabhängigen Regeldachneigungen und Werkstoffüberdeckungen eingehalten werden. Bei Unterschreitung der Regeldachneigung müssen zusätzliche Maßnahmen, z. B. Unterdächer, Unterdeckungen, Unterspannungen, geplant und ausgeführt werden.

(2) Durch extreme Witterungseinwirkungen, wie z. B. Treibregen, Flugschnee, Vereisungen und Schneeablagerungen, örtliche Gegebenheiten, klimatische Verhältnisse, steile oder flache Dächer, lange Sparren, Dachverschneidungen etc., kann kurzfristig bzw. vorübergehend Niederschlagsfeuchte unter die Dachdeckung gelangen und zu Durchfeuchtungen der darunterliegenden Räume führen. Derartige Einwirkungen können nur ausgeschlossen werden, wenn zusätzliche Maßnahmen, wie z. B. Unterdächer, Unterdeckungen Unterspannungen, geplant und ausgeführt werden.

5.9 Anforderungen an Abdichtungen

(1) Abdichtungen müssen wasserdicht sein. Aufgrund unterschiedlicher Anforderungen sind Dachabdichtungen und Bauwerksabdichtungen zu unterscheiden.

(2) Dachabdichtungen müssen bis zur Oberkante der An- und Abschlüsse wasserdicht sein. Dies erfordert auch wasserdichte Anschlüsse an Dachdurchdringungen sowie die Einhaltung bestimmter Anschlusshöhen.

(3) (…)

5.10 Anforderungen an Außenwandbekleidungen

Außenwandbekleidungen müssen das Außenbauteil Wand vor Witterungseinwirkungen schützen und Durchfeuchtungen innerer Schichten vermindern oder vermeiden.“

Die Einschränkung der erforderlichen Regensicherheit einer Dachdeckung hinsichtlich extremer Witterungseinwirkungen wird durch die rechtliche Beurteilung nicht geteilt; der BGH hat entschieden, dass ein Dach dicht sein muss, weil es ansonsten nicht funktionstauglich und zweckentsprechend ist.

BGH, Urteil vom 11.11.1999 – VII ZR 403/98 (aus den Leitsätzen):

„*a) Im Rahmen der getroffenen Vereinbarungen schuldet der Auftragnehmer ein funktionstaugliches und zweckentsprechendes Werk.*

b) Ergibt sich aus den getroffenen Vereinbarungen nichts anderes, muss ein für eine Lager- und Produktionshalle errichtetes Dach auch ohne entsprechenden Hinweis des Auftraggebers so dicht sein, dass es nach heftigem Regen nicht zu Wassereinbrüchen kommt.“

Abb. 6.194: Dachziegel sperren

Abb. 6.195: Die Firstdachsteine liegen nicht in einer gemeinsamen Flucht.

Abb. 6.196: Die Traufreihe der Dachsteine ist nicht auf den richtigen Rinneneinstand hin ausgerichtet. Der Rinnenboden wurde an die Traufsteine angepasst.

6.8.1 Dachdeckungsarbeiten

Hauptfunktionsmerkmale von Steildachkonstruktionen sind Regenschutz, Windschutz Luftdichtheit und Wärmeschutz. Dafür müssen die Funktionsebenen und Funktionsbereiche bereits bei der Planung optimal aufeinander abgestimmt sein und anschließend sorgfältig ausgeführt werden. Als Geltungsmerkmal prägt die Dacheindeckung das Erscheinungsbild des gesamten Gebäudes. Zu den wichtigsten Bedachungsmaterialien des Steildaches gehören Dachziegel und Dachsteine.

Eindeckung

Bei ordnungsgemäßer Einhaltung der Lattenabstände und der Aussortierung von ggf. nicht maßhaltigen Dachziegeln oder Dachsteinen dürfen diese nicht „sperren" (siehe Abb. 6.194).

Die Firstlinie soll zumindest durch Ausschnüren linear ausgerichtet sein. In Abb. 6.195 ist das nicht der Fall.

Abb. 6.196 zeigt das Beispiel einer falsch ausgerichteten Traufreihe.

Abb. 6.197 und 6.198: Zu geringe Kehlbreite führt zu Laubansammlungen und Funktionsstörungen.

Kehlen

Kehlen müssen so ausreichend breit bemessen werden, dass eine ordnungsgemäße Entwässerung sichergestellt ist. Das ist nicht der Fall, wenn bereits geringe Mengen an Laub zu einer Behinderung des freien Wasserabflusses führen und die in die Kehle einstehenden Dachziegel eine Reinigung erschweren oder unmöglich machen (siehe Abb. 6.197 und 6.198).

Die übliche Zuschnittsbreite von Kehlen sollte ein Maß von 400 mm nicht unterschreiten. Das erforderliche Maß der Überdeckung der Kehlränder durch die Dachdeckung ist abhängig von der Kehlneigung und beträgt mindestens 100 mm.

Gemäß „Fachregel für Metallarbeiten im Dachdeckerhandwerk“ (2017) gilt:

„7 Kehlen

7.1 Allgemeines

(1) Kehlen aus Metall richten sich nach dem Deckwerkstoff, der Deckungsart, der Kehlneigung und der Größe der Dachfläche. (...)

7.2 Kehlneigungen

(1) Ab Kehlneigung > 15° können einfache Überdeckungen mit angereiften Kanten erstellt werden (siehe Abb. III.22).

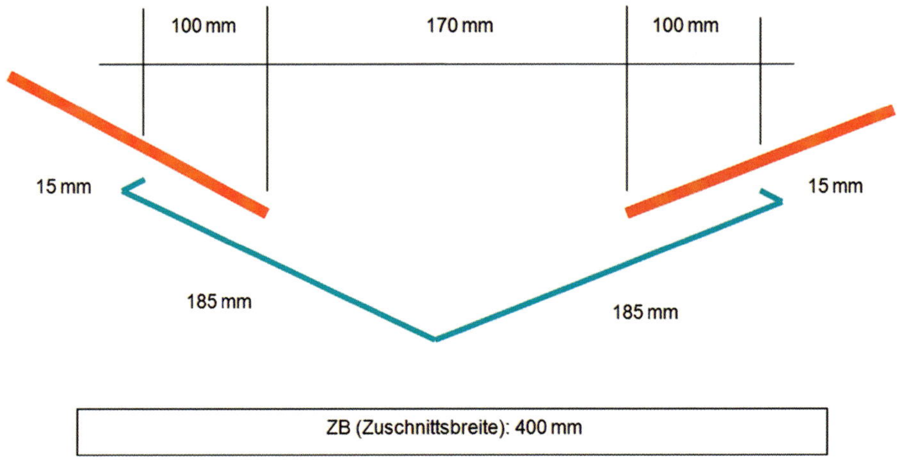

Abb. 6.199: Ermittlung der lichten Kehlbreite anhand der Zuschnittsbreite und der beidseitigen Überdeckung

Die Überdeckungen der Kehlbleche untereinander betragen:

- *bei Kehlneigung > 22° mindestens 100 mm,*
- *bei Kehlneigung ≥ 15° bis ≤ 22° mindestens 150 mm,*
- *bei Kehlneigung < 15° wasserdichte Verbindung. (Tabelle I.6 und I.7 sind zu beachten.)*

(2) Kehlen mit ebenem Wasserlauf kommen bei Kehlneigungen > 15° zur Anwendung.

7.3 Kehlausbildungen bei Deckungen (…)

(4) Die Zuschnittsbreite der Kehle richtet sich nach der zu entwässernden Dachfläche und der Dachneigung. Sie sollte jedoch eine Zuschnittsbreite von 400 mm nicht unterschreiten. (…)

(6) Überdeckungen von Deckwerkstoffen über die untergelegten Bleche werden in den jeweiligen zutreffenden Fachregeln geregelt. Finden dort keine spezifischen Regelungen statt, gilt nachstehende Regelung:

Die Überdeckung der Deckwerkstoffe über die untergelegten Bleche beträgt rechtwinklig zum Kehlverlauf gemessen bei Dachneigungen

- *> 22° mindestens 100 mm,*
- *≥ 15° bis < 22° mindestens 150 mm,*
- *< 15° mindestens 200 mm.*

Bei profilierten Deckwerkstoffen ist die Überdeckung im Bereich des Wasserlaufs vom Deckwerkstoff ausschlaggebend."

Bei einer beidseitigen Überdeckung der Kehle durch die Dachziegel von 100 mm und einem beidseitigen Wasserfalz von 15 mm ergibt sich eine lichte Breite der Kehle von ca. 400 mm – 2 · 100 mm – 2 · 15 mm = ca. 170 mm (siehe Abb. 6.199).

Abb. 6.200: Auffällige Kantenbeschädigung an einem engobierten Dachziegel

6.8.2 Beschädigungen an engobierten Dachziegeln

Ein häufiger Grund für Beanstandungen sind auffällige Beschädigungen (siehe Abb. 6.200), insbesondere bei dunkel engobierten Dachziegeln. Diese Beschädigungen können bei der Herstellung, dem Transport, der Zwischenlagerung oder bei der Verlegung entstanden sein.

Gemäß dem „Produktdatenblatt Dachziegel“ (2020) gelten folgende Anforderungen an Dachziegel (vgl. Tabelle 6.41):

„2 Begriffe (…)

(8) Oberflächenbeurteilung

Die Beurteilung der Oberflächen mehrerer Dachziegel einer Zufallsstichprobe im Rahmen z. B. der Wareneingangskontrolle erfolgt mit bloßem Auge am einzelnen Dachziegel in einem Betrachtungsabstand von 30–40 cm. Alle aufgeführten Beschaffenheiten schränken die Gebrauchsfähigkeit des Dachziegels nicht ein, soweit die normativen Toleranzen nach DIN EN 1304 sowie die weiteren Toleranzen gemäß Tabelle 1 eingehalten sind.

Eine umfassende Beurteilung der optischen Qualität des gesamten Daches bzw. einer einzelnen Dachfläche, d. h. das Zusammenspiel von mehreren Elementen wie Farbspiel, Textur, Relief, Gesamtraster, Bezug zu Gebäudekanten, Dachaufbauten und Öffnungen, erfordert die Einhaltung eines gebrauchsüblichen Betrachtungsabstandes (6 bis 10 m außerhalb der Dachfläche).

Zur Beurteilung von Oberflächen ist nachfolgende Tabelle [vgl. Tabelle 6.41] *zugrunde zu legen (…)“*

Tabelle 6.41: Zulässige Dachziegeltoleranzen nach „Produktdatenblatt Dachziegel“ (2020)

Oberflächenbeschaffenheit	zulässige Toleranzen
Haarrisse	Risse, die nur die im Einbauzustand sichtbare Oberfläche bei engobierten und glasierten Dachziegeln betreffen und die Haftung von Engoben und Glasuren am Scherben nicht beeinträchtigen

Fortsetzung Tabelle 6.41

Blasen	maximal eine örtliche, oberflächliche Erhebung des Werkstoffes, die bei der Fertigung entsteht und einen mittleren Durchmesser bis 10 mm und eine Maximalhöhe von 2 mm auf der Ziegeloberseite aufweist
Krater	Verlust an Werkstoff, oftmals wegen der Ausdehnung eines Korns (z. B. aus Kalk oder Pyrit), mit einem mittleren Durchmesser bis 7 mm auf dem im Einbauzustand sichtbaren Bereich des Dachziegels; die Kratertiefe darf 20 % der Scherbendicke nicht überschreiten
Absplitterung	Ablösung eines Teils des Werkstoffs vom Scherben mit einem mittleren Durchmesser bis 7 mm auf dem im Einbauzustand sichtbaren Bereich des Dachziegels; zu unterscheiden sind: • Eckabsplitterung: Absplitterung an einer Ecke des Ziegels, • Längssplitter: Splitter, die entweder die Falzrillen oder andere reliefartige Bereiche des Dachziegels betreffen
Farbdifferenzen	Im Einbauzustand sichtbare Farbunterschiede eines Dachziegels oder einer zusammenhängenden Fläche. In der Keramik und vor allem beim Dachziegel sind Farbkennungssysteme nur als Grundorientierung anwendbar. Farbharmonie und Farbwirkung können bei grobkeramischen Ziegeln nicht auf eine Farblinie vergleichbar einer normierten RAL-Farbe präzisiert werden. Bei einfarbigen Dachziegeln und naturbelassenen Dachziegeln sind auf der Sichtfläche nur Nuancen zulässig, die sich aus dem keramischen Verfahren bei der Produktion einer Charge ergeben. Außer den vorab genannten Einflüssen dürfen beim Einzelziegel keine augenscheinlichen Farbdifferenzen auftreten. Farbunterschiede bei mehreren nebeneinanderliegenden Dachziegeln dürfen sich beim gebrauchsüblichen Betrachtungsabstand und bei der im Tagesverlauf üblichen Belichtung nicht störend auf den optischen Gesamteindruck auswirken.
Farbänderung während der Nutzungsdauer	Farbänderung durch Umwelteinflüsse oder aus dem Standort begründete physikalische und chemische Einflüsse. Umwelteinflüsse und chemische Einflüsse auf die Farbe sind nicht vorhersehbar.
Schleierbildung	vorübergehende Erscheinungen auf der im Einbauzustand sichtbaren Oberfläche, die allmählich durch Niederschlag entfernt werden
Kratzer, Reibespuren	herstellungs- bzw. transportbedingte sowie verarbeitungsbedingte Kratzer und Reibespuren (sog. Druck- und Scheuerstellen)
Falten	herstellungsbedingte, für Grobkeramik prozessbegründete Falten
Kerbe	spitz zulaufende bzw. keilförmige Einschnitte in Steg, Nut oder Aufkantung
Oberflächenbeschaffenheit	**nicht zulässig**
Sprung	sichtbarer Riss durch die gesamte Dicke des Dachziegels
Riss	sichtbarer Riss auf der Oberfläche des Dachziegels; ausgeprägter als Haarrisse

6.8.3 Traufe

Bei Dächern, die mit Dachziegeln oder Dachsteinen eingedeckt werden, wird im Regelfall ein Traufblech/Traufstreifen hergestellt, wie die VOB/C ATV DIN 18338:2019-09 „Dachdeckungs- und Dachabdichtungsarbeiten“ regelt:

„3 Ausführung

Ergänzend zur ATV DIN 18299, Abschnitt 3, gilt:

3.2 Dachdeckungen (…)

3.2.2 Dachdeckungen mit Dachziegeln oder Dachsteinen (…)

3.2.2.8 Die Deckung an der Traufe ist ohne Überstand und mit Traufblech herzustellen.“

Hiervon abweichend kann entsprechend den „Fachregeln für Metallarbeiten im Dachdeckerhandwerk“ (2017) die Traufe mit oder – unter bestimmten Voraussetzungen – ohne Traufblech hergestellt werden:

„6 Abschlüsse (…)

6.2 Traufen

6.2.1 Traufausbildungen bei Deckungen

6.2.1.1 Anforderungen an Traufausbildungen bei Deckungen

(1) Die Dachdeckung kann mit oder ohne Traufblech beginnen. Für die Traufausbildung bei Abdichtungen siehe Abschnitt 5.5.

(2) Das Traufblech hat die Funktion als Rinneneinlauf- oder Tropfblech (siehe Abb. III.12 bis III.15).

(3) Bei der Traufausbildung mit Dachrinne, aber ohne Rinneneinlaufblech soll der Überstand der Deckung (Abtropfpunkt), von der hinteren Aufkantung der Rinne waagerecht gemessen, 1/3 der oberen Öffnungsbreite der Dachrinne betragen. Ist dieser Überstand < 50 mm, so ist ein Rinneneinlaufblech anzuordnen. (…)

(5) Bei Dachdeckungen > 22° Dachneigung werden die Traufbleche in Abhängigkeit von der Einbausituation und den klimatischen Verhältnissen mindestens wie folgt untereinander verbunden:

- *Dachdeckungen bis Vorderkante Traufblech: mindestens einfache Überdeckung > 50 mm,*
- *Dachdeckungen bis 50 mm zurückspringend: mindestens einfache Überdeckung > 100 mm,*
- *Dachdeckungen bis 400 mm zurückspringend: mindestens einfacher Liegefalz,*
- *Dachdeckungen über 400 mm zurückspringend: mit Stehfalz (siehe Abb. III.4.1 bis III.4.3 und Abb. III.33).*

Bei Dachneigungen ≤ 22° können zusätzliche Maßnahmen erforderlich werden. Das ‚Merkblatt für Unterdächer, Unterdeckungen und Unterspannungen‘ ist zu beachten. (…)

(7) Die Überdeckungen der Deckwerkstoffe auf das Traufblech betragen in Abhängigkeit von der Dachneigung:

Abb. 6.201 bis 6.203: Das Traufblech fehlt, die – nicht UV-beständige – Unterspannbahn ist infolge von UV-Bestrahlung perforiert.

Bei Traufblechen unmittelbar unter der Dachdeckung und bei Unterdeckungen und Unterspannungen

- *> 22° mindestens 100 mm,*
- *≥ 15° bis ≤ 22° mindestens 150 mm,*
- *< 15° mindestens 200 mm.*

Der Überstand der Deckung kann bei der Überdeckung angerechnet werden."

Der Einstand der Traufpfannen in die vorgehängten Rinnen muss so festgelegt werden, dass diese das anfallende Wasser sicher aufnehmen können. Ist der Einstand am Abtropfpunkt größer als 50 mm, kann auf ein Traufblech verzichtet werden. Da jedoch der Einstand gleichzeitig maximal 1/3 der lichten Rinnenbreite betragen darf, ergibt sich aus der Kombination beider Regeln folgerichtig, dass erst ab einer Rinnenbreite von **über 150 mm** (3 mm × 50 mm) auf ein Traufblech verzichtet werden darf. Bei kleineren Rinnendurchmessern wird ansonsten immer gegen eine der beiden oben genannten Regeln verstoßen.

Bei der Verlegung von Unterspannbahnen ist jedoch zu beachten, dass hier in jedem Fall die Anordnung eines Traufblechs erforderlich ist, insbesondere da Unterspannbahnen in der Regel nicht UV-beständig und nicht dauerhaft witterungsbeständig sind (siehe Abb. 6.201 bis 6.203).

Gemäß dem „Merkblatt für Unterdächer, Unterdeckungen und Unterspannungen" (2010) gilt:

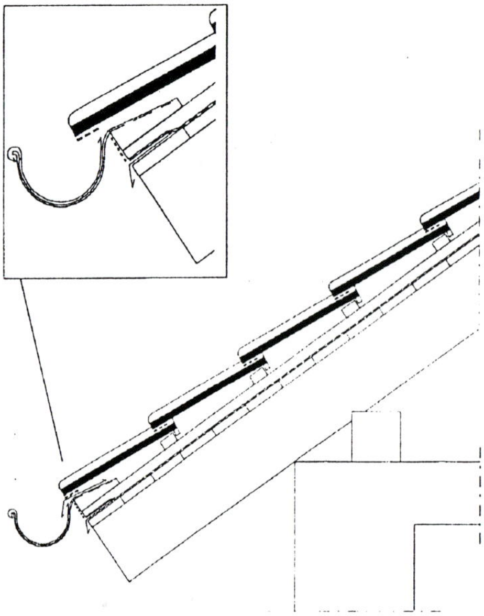

Abb. 6.204: Traufe bei hoch gehängter Rinne (Quelle: Fachregel für Dachdeckungen mit Dachziegeln und Dachsteinen, 2012, Abb. 4.1a)

Abb. 6.205: Das Maß des freien Rinnenquerschnitts, am Abtropfpunkt gemessen, darf nicht kleiner sein als $^2/_3$ der lichten Rinnenbreite.

„4 *Details (…)*

4.2 Traufe

(2) Die Verwendung von Traufblechen oder anderen geeigneten Zubehörteilen zur Wasserableitung ist erforderlich.

(3) Die Traufbleche können als Rinneneinlauf- oder Tropfblech ausgebildet werden.

(4) Traufbleche sind grundsätzlich unter der Zusatzmaßnahme einzubauen.“

Ist der Abstand zwischen Pfannenvorderkante an der Ablaufstelle und dem äußeren Rinnenrand zu klein, kann es zum Überschießen des Wassers über den Rinnenrand hinweg kommen. Die Möglichkeiten der Rinnenreinigung werden außerdem eingeschränkt. Der Einstand der Deckung in die Rinne hinein soll nicht mehr als $^1/_3$ der lichten Rinnenbreite betragen.

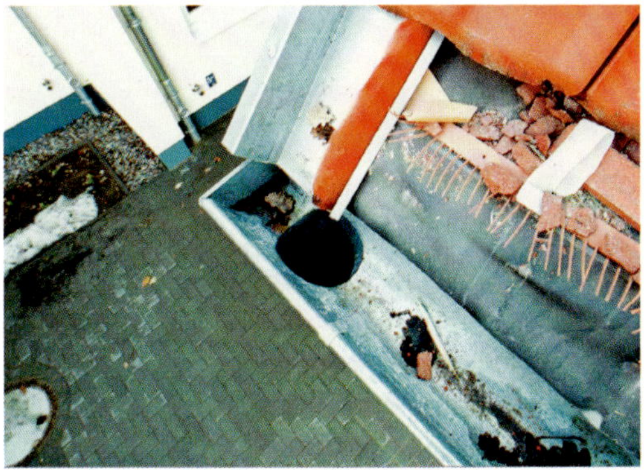

Abb. 6.206 und 6.207: Pfannenschutt im Traufbereich. Es bildet sich ein unzulässiger Wassersack.

Gemäß der „Fachregel für Dachdeckungen mit Dachziegeln und Dachsteinen“ (2012) gilt:

„*4. Dachdetails*

4.1 Traufe (…)

(3) Die Vorderkante der Dachdeckung ist so festzulegen, dass die Entwässerung in die Rinne sichergestellt ist. Bei hoch hängenden Rinnen soll die Deckung nicht mehr als 1/3 der Rinnenbreite, waagerecht gemessen, in die Dachrinne ragen [siehe Abb. 6.204 und 6.205]. *Bei tief hängenden Rinnen ist die Deckung i. d. R. zurückzusetzen (siehe Abb. 4.1a, 4.1b). (…)*

Anhang 4 Details (…)“

Da die Pfannenverlegung von der Traufe aus erfolgt, rutscht der Pfannenschutt, insbesondere unterhalb von Gaubenanschlüssen und Kehlen, auf der glatten Unterspannbahn nach unten hin ab und fängt sich auf der Kammleiste im Traufbereich. Häufig kommt es hier unter dem Gewicht des Pfannenschutts zu einer Wassersackbildung (siehe Abb. 6.206 und 6.207) und zu Perforationen der Unterspannbahn. In der Folge tritt Wasser in die Konstruktion ein. Da es sich meistens um nicht einsehbare Abseiten handelt, ist der Schaden erst mit Zeitverzögerung zu erkennen. Die Traufpfannen sollten daher bei der Abnahme nach oben geschoben werden, um die Reinigung des Traufbereichs von Pfannenschutt zu kontrollieren.

Gemäß dem „Merkblatt für Unterdächer, Unterdeckungen und Unterspannungen“ (2010) gilt:

„*4 Details (…)*

4.2 Traufe (…)

(7) Bei Unterspannungen ist darauf zu achten, dass sich im Traufbereich keine Wassersäcke bilden. Hierfür sind Keilbohlen oder andere Maßnahmen erforderlich.“

Die Unterspannbahn oder Unterdeckung muss auf dem Traufblech münden, ohne durchzuhängen. In der Regel sind hierfür entsprechende Keilbohlen notwendig. Nur so wird gewährleistet, dass eine ordnungsgemäße Entwässerung der Unterspannung oder Unterdeckung in die Rinne stattfindet, ohne dass der Traufbereich unzulässig bewässert wird.

Abb. 6.208 und 6.209: Die Unterspannbahn des Steildachs entwässert hinter und unter die bituminöse Abdichtung des angeschlossenen Gaubendachs.

Abb. 6.210: Fehlende Andichtung der Unterspannbahn an das Dachflächenfenster

6.8.4 Unterspannbahn

Unterer Anschluss

Bei einem Anschluss des Schrägdachs an eine Flachdachfläche ist darauf zu achten, dass die Unterspannbahn aus der Hauptdachfläche nicht hinter die Blechverkleidung des Gaubendachs entwässert, da das Wasser sonst in die Konstruktion gelangt.

Im Beispiel (siehe Abb. 6.208 und 6.209) fehlen im Traufbereich die Keilbohle sowie die Folienführung, die das Wasser aus der Unterspannbahnebene nach außen auf die Dachoberfläche ableitet.

Durchdringungen

Sämtliche Durchgänge durch Unterspannbahnen und Unterdächer sind dicht herzustellen, vor allem staub- und feuchtigkeitssicher (siehe Abb. 6.210).

Der Einbau von Einbauteilen ist in dem „Merkblatt Einbauteile bei Dachabdeckungen“ (2013) geregelt:

„3 Ausführung (...)

3.2 Dachflächenfenster (...)

3.2.4 Anschluss an die Wärmedämmung

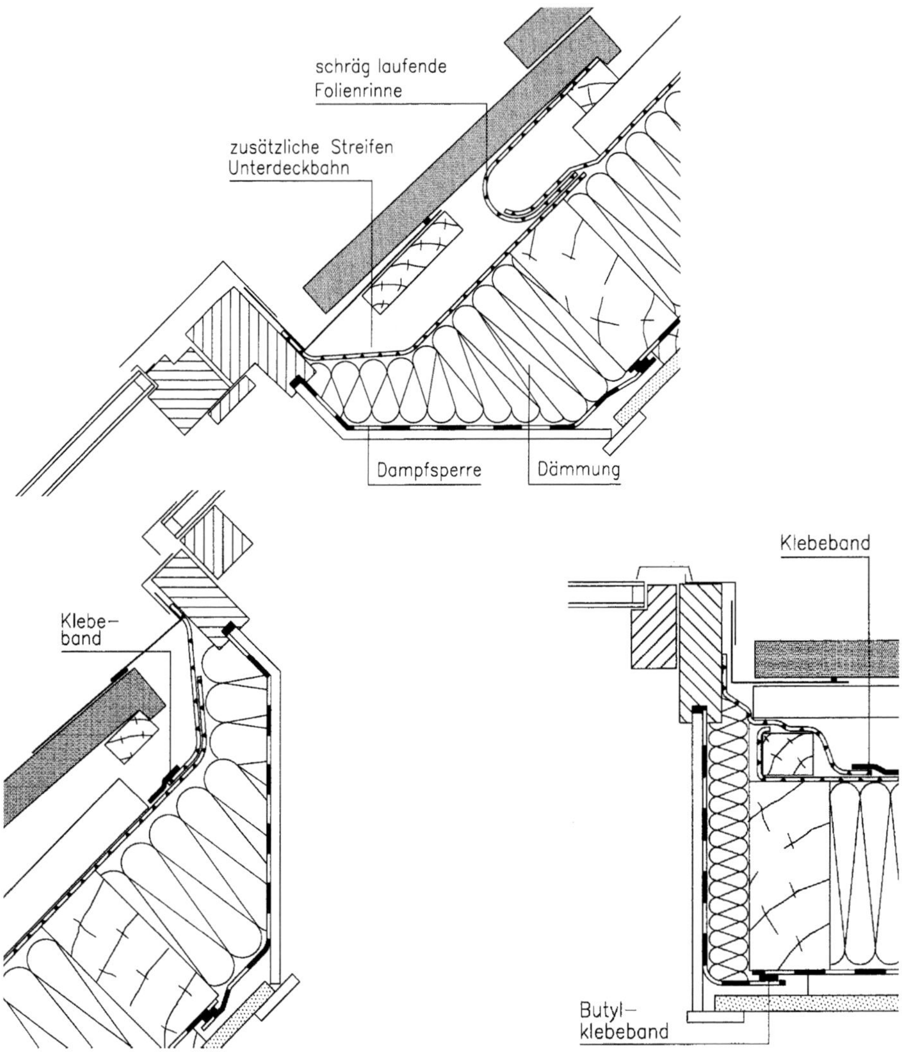

Abb. 6.211: Anschluss von Dachflächenfenstern mit separaten Eindeckrahmen an eine Unterdeckbahn in einem Dach mit Zwischensparrendämmung mit Führung der Bahnen unter die Dachlatten (Quelle: Merkblatt Einbauteile bei Dachdeckungen, 2013, Abb. 7)

(1) Wärmedämmungen müssen an das Dachflächenfenster dicht gestoßen verlegt werden, damit keine schädlichen Wärmebrücken entstehen.

(2) Die Wärmedämmung muss an jeder Stelle so bemessen sein, dass der Mindestwärmeschutz an jeder Stelle erreicht wird. Dies bedeutet bei Wärmedämmung zwischen den Sparren, dass die Aussparung entsprechend größer hergestellt werden muss. Die Ausführung muss handwerklich oder mit vorgefertigten Dämmrahmen erfolgen.

3.2.5 Anschluss an eine Unterspannung (…)

(4) Firstseitig des Dachflächenfensters muss eine schräg verlaufende Rinne hergestellt werden, die eventuell auf der Unterspannung über dem Fenster herablaufende Feuchtigkeit am Fenster vorbei in ein benachbartes Sparrenfeld leitet [siehe Abb. 6.211]. *Die Rinne kann*

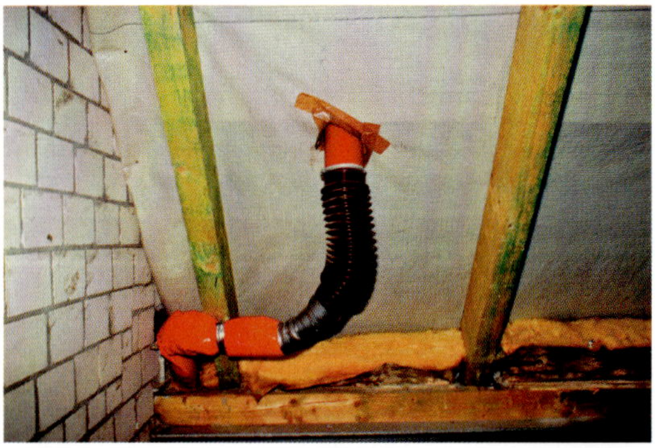

Abb. 6.212 und 6.213: Falsch ausgeführter Anschluss der Durchdringung an die Unterspannbahn

aus dem Werkstoff der Unterspannung, aus Metall oder einem anderen geeigneten Werkstoff hergestellt werden.“

Durchführungen, wie in Abb. 6.212 und 6.213 zu sehen, werden oft als „Flickwerk“ hergestellt. Das hat zur Folge, dass von oben her auf der Unterspannbahn ablaufendes Wasser im Bereich der Durchdringung nach unten auf den Dachboden abtropft. Die korrekte Ausführung erfolgt durch einen Folieneinschnitt, der einem H entspricht, bei dem die senkrechten Schenkel sich nach unten hin verjüngen. Beide Folienlappen werden umgeschlagen, sodass nach oben hin eine Folienrinne entsteht, in der das von der Firstseite her ankommende Wasser nach beiden Seiten hin an der Öffnung vorbeigeleitet wird.

In dem „Merkblatt für Unterdächer, Unterdeckungen und Unterspannungen“ (2012) heißt es:

„4 Details (…)

4.7 Durchdringungen

(1) Unterdächer und Unterdeckungen sind an Durchdringungen systemgerecht hochzuführen, anzuschließen und ausreichend zu befestigen.

Abb. 6.214: Unzulässiger Kontaktschluss zwischen Dämmung und Unterspannbahn

(2) Bei Unterdächern oder Unterdeckungen muss der Anschluss an die Durchdringung wasserdicht erfolgen, oder die Anschlusshöhe beträgt mindestens 5 cm über Oberfläche Dachdeckung.

(3) Bei Unterspannungen kann der Anschluss an Durchdringungen wie in (1) und (2) ausgeführt werden, oder es muss sichergestellt sein, dass Feuchtigkeit aus dem Sparrenfeld oberhalb der Durchdringung seitlich abgeleitet wird. Die Höhen- und Seitenüberdeckungen sind einzuhalten. Stöße dürfen nur auf den Unterkonstruktionen angebracht werden."

Vollsparrendämmung

Häufig ist erkennbar, dass die Mineralwolldämmung der Dachschrägen des ausgebauten Dachgeschosses direkt an die Unterspannbahn aus Gitterfolie stößt (siehe Abb. 6.214). Die verarbeitete Unterspannbahn ist als Gitterfolie nicht diffusionsoffen. Nur besonders ausgewiesene Produkte sind als Vollsparrendämmung geeignet.

Die Hinterlüftung der Dachkonstruktion zwischen der Dämmung und der Unterspannbahn ist nicht gewährleistet, sodass es zum Anfall von Feuchtigkeit in Form von Tauwasser kommen kann. Ein ausreichender Abstand zwischen der Oberseite der Wärmedämmung und der Unterseite der Unterspannbahn ist bei dieser Produktart zur Gewährleistung einer ausreichenden Hinterlüftung und damit Trockenhaltung der Wärmedämmung erforderlich.

Ohne einen rechnerischen Tauwassernachweis und bei einer Dachneigung unter 5° muss die Höhe des freien Lüftungsquerschnitts oberhalb der Wärmedämmung 2 permil der angeschlossenen Dachfläche betragen, mindestens jedoch 5 cm. Die Mindestlüftungsquerschnitte an mindestens 2 gegenüberliegenden Dachrändern müssen jeweils mindestens 2 permil der zugehörigen geneigten Dachfläche betragen, mindestens jedoch 200 cm^2/m.

Bei Dachneigungen von 5° oder darüber reicht eine Höhe des Lüftungsquerschnitts von 2 cm oberhalb der Wärmedämmung aus. Gleichzeitig muss der freie Lüftungsquerschnitt an den Traufen bzw. an Traufe und Pultdach mindestens 2 permil der angeschlossenen Dachfläche betragen, mindestens jedoch 200 cm^2/m. An den Firsten und Graten muss der freie Lüftungsquerschnitt mindestens 0,5 permil der angeschlossenen Dachfläche betragen, mindestens jedoch 50 cm^2/m (vgl. Tabelle 6.42).

Tabelle 6.42: Ohne rechnerischen Tauwassernachweis mindestens erforderliche Lüftungsquerschnitte

Bereich	**Dachneigung**			
	< 5°		**≥ 5°**	
	mindestens jedoch		**mindestens jedoch**	
oberhalb der Wärmedämmung	2 permil	≥ 5 cm		≥ 2 cm
Dachrand – Dachrand	2 permil	≥ 200 cm²/m		
Traufe – Traufe			2 permil	≥ 200 cm²/m
Traufe – Pultdachabschluss			2 permil	≥ 200 cm²/m
Firste und Grate			0,5 permil	≥ 50 cm²/m

In DIN 4108-3:2018-10 „Wärmeschutz und Energie-Einsparung in Gebäuden – Teil 3: Klimabedingter Feuchteschutz – Anforderungen, Berechnungsverfahren und Hinweise für Planung und Ausführung" heißt es:

„5 Vermeidung kritischer Luftfeuchten an Bauteiloberflächen und von Tauwasserbildung im Inneren von Bauteilen (…)

5.3 Bauteile, für die kein rechnerischer Tauwasser-Nachweis erforderlich ist (…)

5.3.3 Dächer (…)

5.3.3.3 Belüftete Dächer

Folgende belüftete Dächer bedürfen keines rechnerischen Nachweises:

a) belüftete Dächer mit einer Dachneigung < 5° und einer Luftraumlänge (Sparrenlänge) von maximal 10 m nach Bild 9 [siehe Abb. 6.215]
- *Der Wert $s_{d,i}$ muss mindestens 100 m betragen.*
- *Der Wärmedurchlasswiderstand raumseitig der Schicht 5 nach Bild 9* [siehe Abb. 6.219] *darf maximal 20 % des Gesamtwärmedurchlasswiderstandes betragen.*

b) belüftete Dächer mit einer Dachneigung ≥ 5° nach Bild 10 [siehe Abb. 6.216 und 6.217]
- *Der Wert $s_{d,i}$ muss mindestens 2 m betragen."*

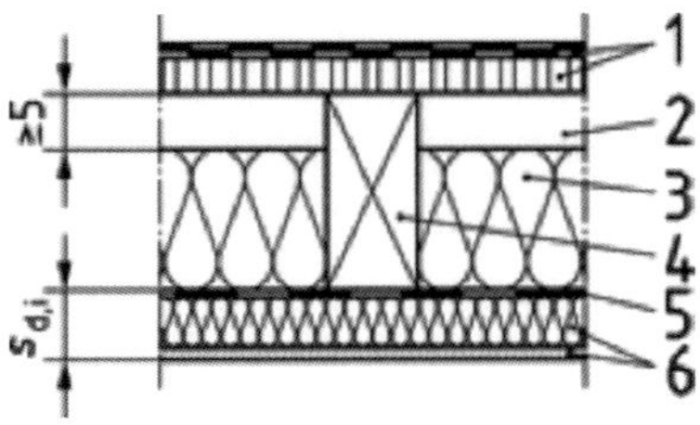

Maße in Zentimeter

1 Dachabdichtung auf Schalung
2 belüftete Luftschicht nach 5.3.3.1
3 Zwischensparrendämmung
4 Sparren
5 Schicht zur Begrenzung des Diffusionsstroms
6 raumseitige Bekleidung mit Unterkonstruktion, ggf. inkl. Dämmung

Abb. 6.215: Belüftete Dächer mit einer Dachneigung < 5° (Quelle: DIN 4108-3:2018-10, Bild 9)

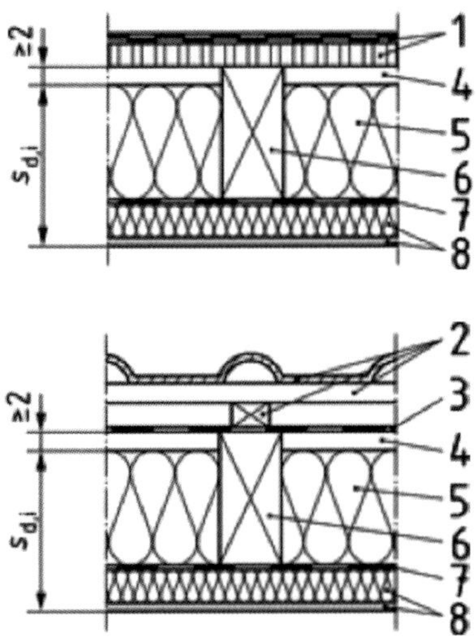

Maße in Zentimeter

1 nicht belüftete Dachdeckung (Dachdeckung auf Schalung und Vordeckung) oder Dachabdichtung (Dachabdichtung auf Schalung)
2 belüftete Dachdeckung (Dachdeckung auf Trag- und Konterlattung)
3 Unterspannung
4 Belüftungsebene
5 Zwischensparrendämmung
6 Sparren
7 Schicht zur Begrenzung des Diffusionsstroms
8 raumseitige Bekleidung mit Unterkonstruktion, ggf. inkl. Dämmung

Abb. 6.216 und 6.217: Belüftete Dächer mit einer Dachneigung ≥ 5° (Quelle: DIN 4108-3:2018-10, Bild 10)

Regensicherheit

Dachdeckungen müssen nach der Grundregel für Dachdeckungen immer regensicher, aber nicht grundsätzlich wasserdicht sein. Höhere Anforderungen liegen vor, wenn die Dachgeschosse, z. B. zu Wohnzwecken, ausgebaut sind. Dann muss sichergestellt sein, dass keine Feuchtigkeit in den Bauteilquerschnitt eindringt.

Gemäß der „Grundregel für Dachdeckungen, Abdichtungen und Außenwandbekleidungen" (1997) gilt:

„5 Anforderungen (…)

5.8 Anforderungen an Dachdeckungen

(1) Dachdeckungen müssen regensicher sein. Das wird im Normalfall erreicht, wenn die in den Fachregeln angegebenen werkstoffabhängigen Regeldachneigungen und Werkstoffüberdeckungen eingehalten werden. Bei Unterschreitung der Regeldachneigung müssen zusätzliche Maßnahmen, z. B. Unterdächer, Unterdeckungen, Unterspannungen, geplant und ausgeführt werden.

Abb. 6.218 und 6.219: Dachgeschossausbau, bei dem die Mineralfaserwärmedämmung bis an die Lattenebene herangeführt wurde. Eine Überlüftung der Wärmedämmschicht findet nicht statt. Das Betonsteindach ist wegen der fehlenden Unterspannung/Unterdeckung nicht wasserdicht; es kann bei Treibregen und Schneetreiben zur Durchfeuchtung der Dämmung kommen.

(2) Durch extreme Witterungseinwirkungen, wie z. B. Treibregen, Flugschnee, Vereisungen und Schneeablagerungen, örtliche Gegebenheiten, klimatische Verhältnisse, steile oder flache Dächer, lange Sparren, Dachverschneidungen etc. kann kurzfristig bzw. vorübergehend Niederschlagsfeuchte unter die Dachdeckung gelangen und zu Durchfeuchtungen der darunter liegenden Räume führen [siehe Abb. 6.218 und 6.219]. *Derartige Einwirkungen können nur ausgeschlossen werden, wenn zusätzliche Maßnahmen, wie z. B. Unterdächer, Unterdeckungen, Unterspannungen, geplant und ausgeführt werden.*

5.11 Anforderungen an ausgebaute Dachgeschosse (…)

(2) Den höheren Nutzungsanforderungen entsprechend soll keine Feuchtigkeit infolge Treibregen, Flugschnee, Vereisungen oder Schneeablagerungen eindringen, sodass Unterdächer, Unterdeckungen, Unterspannungen als zusätzliche Maßnahme geplant und ausgeführt werden müssen. Wasserdichtigkeit kann nur durch Abdichtungen oder durch Unterdächer mit eingebundener Konterlattung erreicht werden."

Wann welche Zusatzmaßnahmen zur Regensicherheit in Abhängigkeit u. a. von dem Grad der Unterschreitung der Regeldachneigung und von der Nutzung erforderlich werden, ergibt sich aus der „Fachregel für Dachdeckungen mit Dachziegeln und Dachsteinen" (2012) (vgl. Tabelle 6.43):

„1 Allgemeine Regeln (…)

1.3 Zusatzmaßnahmen zur Regensicherheit

1.3.1 Allgemeines

(1) Der Bedarf für Zusatzmaßnahmen ist bereits in der Planung zu ermitteln.

(2) Außer bei untergeordneten Gebäuden sind Zusatzmaßnahmen grundsätzlich vorzusehen.

(3) Als regensichernde Zusatzmaßnahmen gelten in Abhängigkeit vom Werkstoff und von der Deckungsart:

Tabelle 6.43: Regeldachneigung gemäß „Fachregel für Dachdeckungen mit Dachziegeln und Dachsteinen" (2012), Tabelle 2.1

Regeldachneigung	Dachziegel/Merkmal	Deckungsart	Beispiel
22°	Dachziegel mit Ringfalz gemäß Abschnitt 2.2.2.2	Einfachdeckung	Flachdachziegel romanische Dachziegel
25°	Dachziegel mit Kopffalz oder Kopfrippe und Fußrippe und Seitenverfalzung gemäß Abschnitt 2.2.2.3		Doppelmuldenfalzziegel mit besonderen Merkmalen oder Deckung im Verband Reformziegel mit besonderen Merkmalen Glattziegel bei Deckung im Verband Verschiebeziegel mit besonderen Merkmalen
30°	Dachziegel mit Kopffalz oder Kopfrippe und Fußrippe und Seitenfalz gemäß Abschnitt 2.2.2.4		Doppelmuldenfalzziegel Reformziegel Glattziegel Verschiebeziegel
35°	Dachziegel mit seitlich eingreifender Überdeckung gemäß Abschnitt 2.2.2.5		Stangfalzziegel
	Dachziegel mit seitlich übergreifender Überdeckung gemäß Abschnitt 2.2.2.6		Krempziegel
35°	gewölbte Dachziegel gemäß Abschnitt 2.2.2.7	Aufschnittdeckung	Hohlpfanne
40°		Vorschnittdeckung	Hohlpfanne
40°		Einfachdeckung	Mönch und Nonne
30°	ebene Dachziegel gemäß Abschnitt 2.2.2.8	Doppel- und Kronendeckung	Biberschanzziegel
40°		Einfachdeckung mit Spließen	

- *Unterdach,*
- *Unterdeckung,*
- *Unterspannung.*

(4) Für die Ausführung von Unterdach, Unterdeckung und Unterspannung ist das ‚Merkblatt für Unterdächer, Unterdeckungen und Unterspannungen' zu beachten."

Abb. 6.220: Pappdocken als Unterdeckung in einem zu Wohnzwecken ausgebauten Dachgeschoss; entlang der Traufbohle bildet sich eine Rinne, die in die Nähte entwässert.

Abb. 6.221: Lückenhafter Anschluss eines Gaubenortgangs an das Hauptdach mit Einflugmöglichkeiten für Insekten und Vögel

Die im Norden Deutschlands früher oft verwendeten Pappdocken (siehe Abb. 6.220) aus Bitumenpappen sind bei zu Wohnzwecken genutzten Dachgeschossen nicht als Zusatzmaßnahme geeignet. Sie werden nach der „Fachregel für Dachabdeckungen mit Dachziegeln und Dachsteinen" (2012) heute allenfalls im Rahmen der Denkmalpflege genutzt:

„1 Allgemeine Regeln (…)

1.3 Zusatzmaßnahmen zur Regensicherheit (…)

1.3.2 Zuordnung von Zusatzmaßnahmen (…)

(12) Im Rahmen der Denkmalpflege können Docken, Vermörtelung oder Innenverstrich eingesetzt werden.

- *Docken sollen nicht unter 25° Dachneigung eingesetzt werden. Docken bei Dachdeckungen dienen der Minderung des Eintriebs von Regen, Schnee und Staub.*
- *Vermörtelung und Innenverstrich von Dachdeckungen dienen der Minderung des Eintriebs von Regen, Schnee und Staub."*

Der BGH hat in einem Leitsatzurteil entschieden, dass ein Dach so dicht sein muss, dass es nach heftigem Regen nicht zu Wassereinbrüchen kommt.

BGH, Urteil vom 11.11.1999 – VII ZR 403/98 (aus den Leitsätzen):

„a) Im Rahmen der getroffenen Vereinbarungen schuldet der Auftragnehmer ein funktionstaugliches und zweckentsprechendes Werk.
b) Ergibt sich aus den getroffenen Vereinbarungen nichts anderes, muss ein für eine Lager- und Produktionshalle errichtetes Dach auch ohne entsprechenden Hinweis des Auftraggebers so dicht sein, dass es nach heftigem Regen nicht zu Wassereinbrüchen kommt."

BGH, Urteil vom 11.11.1999 – VII ZR 403/98 (aus der Entscheidungsbegründung):

„aa) Das Berufungsgericht hat sich nur unzureichend damit auseinandergesetzt, welche Eigenschaften das von der Klägerin zu errichtende Dach nach der vertraglichen Vereinbarung haben musste. Sofern das Berufungsgericht ein Dach als vertraglich geschuldete Leistung ausreichen lassen möchte, das bei Regen mit starkem Windeinfall undicht sein könne, findet diese Auslegung in den bisherigen Feststellungen keine Stütze. Die Halle

Abb. 6.222: Die Trittsteine enden nicht am Schornstein, ein Standstein fehlt.

ist als Produktions- und Lagerhalle beschrieben worden. Die Nutzung als Lager oder zur Produktion fordert in der Regel einen sicheren Schutz auch bei stärkerem Regen mit Windeinfall. Wassereinbrüche bei Platzregen, wie sie der Sachverständige festgestellt hat, stehen einer zweckentsprechenden Nutzung entgegen."

Anschlüsse

Insbesondere bei Anschlüssen von Dacheindeckungen an benachbarte Bauteile muss überprüft werden, ob hier die Funktionsebenen sicher geschlossen worden sind und Schutz vor dem Einflug von Insekten und Vögeln bieten (siehe Abb. 6.221).

Einbauteile

Auf der Dachfläche müssen Standsteine und ggf. Trittsteine für Schornsteinfegerarbeiten angebracht werden. Diese müssen an der Schornsteinmündung enden und nicht willkürlich an einem beliebigen Punkt innerhalb der Dachfläche, wie in Abb. 6.222 zu sehen ist. Die einschlägige Norm für die Planung und Ausführung von Verkehrswegen und Standflächen für Abgasanlagen ist DIN 18160-5:2016-04 „Abgasanlagen – Teil 5: Einrichtungen für Schornsteinfegerarbeiten – Anforderungen, Planung und Ausführung":

„*1 Anwendungsbereich*

Diese Norm gilt für Anforderungen für Planung und Ausführung von Einrichtungen (Verkehrswege und Standflächen), die zur Durchführung der Schornsteinfegerarbeiten (Reinigungs-, Überprüfungs- und Inspektionsarbeiten) an Abgasanlagen von baulichen Anlagen erforderlich sind. Die Einrichtungen gehören zur baulichen Anlage.

Diese Norm gilt für Einrichtungen (Verkehrswege und Standflächen), die zur Durchführung der Schornsteinfegerarbeiten (Reinigungs-, Überprüfungs- und Inspektionsarbeiten) an Abgasanlagen der baulichen Anlagen erforderlich sind, für die mit der Planung der Ausführung nach Inkrafttreten dieser Norm begonnen wurde.

Begriffe

Für die Anwendung dieses Dokuments gelten die Begriffe nach DIN V 18160-1 und die folgenden Begriffe.

3.1 Verkehrsweg

Zugang zur Standfläche an der Abgasanlage

3.2 Standfläche

Arbeitsplatz an der Abgasanlage für Schornsteinfegerarbeiten

3.3 Durchsteigöffnung

Öffnung in Geschossdecken, Zwischendecken und Dachflächen sowie Bühnen

3.4 betretbare Fläche

Fläche, die nur zur Inspektion und Wartung benutzt wird (...)

3.5 Dachneigung

Neigung der Dachkonstruktion

4 Klassifizierung

Standflächen für Schornsteinfegerarbeiten werden wie folgt klassifiziert:

- *Standfläche A an der Mündung der Abgasanlage;*
- *Standfläche B an einer Reinigungsöffnung bis 5 m unterhalb der Mündung der Abgasanlage;*
- *Standfläche C an einer Reinigungsöffnung bis 15 m unterhalb der Mündung der Abgasanlage;*
- *Standfläche D an der unteren Reinigungsöffnung der Abgasanlage;*
- *Standfläche E an der Mündung von Abgasanlagen, die mit Steigschutz erreicht werden.*

6 Konstruktive Anforderungen (...)

6.3 Standflächen

6.3.1 Standfläche A an der Mündung der Abgasanlage

Standflächen an der Mündung der Abgasanlage dürfen nicht tiefer als 1,10 m unterhalb der Mündung liegen. Sie müssen mindestens die Maße von 25 cm × 40 cm aufweisen, siehe Bild 1. Liegt die Standfläche auf der Mündung der Abgasanlage, müssen mindestens zwei Einzelstandflächen von 13 cm × 40 cm vorhanden sein. Standflächen dürfen nicht mehr als 3° gegenüber der Waagerechten geneigt sein; dieses gilt nicht für betretbare Dachflächen bis 20° Neigung.

Folgende waagerechte Abstände müssen eingehalten werden:

- *zwischen Abgasanlage und Außenkante der Standfläche: mindestens 40 cm (siehe Bilder 1 c)* [siehe Abb. 6.223] *und d));*
- *zwischen Innenkante der Standfläche und Außenkante der Abgasanlage: höchstens 30 cm (siehe Bilder 1 c)* [siehe Abb. 6.226] *und d)) oder, wenn zwischen Standfläche und Abgasanlage der First angeordnet ist, höchstens 60 cm (siehe Bilder 1 a) und b));*
- *zwischen Innenkante der Standfläche und der Mitte eines jeden Zuges der Abgasanlage: höchstens 1,0 m (siehe Bilder 1 a) bis d)).“*

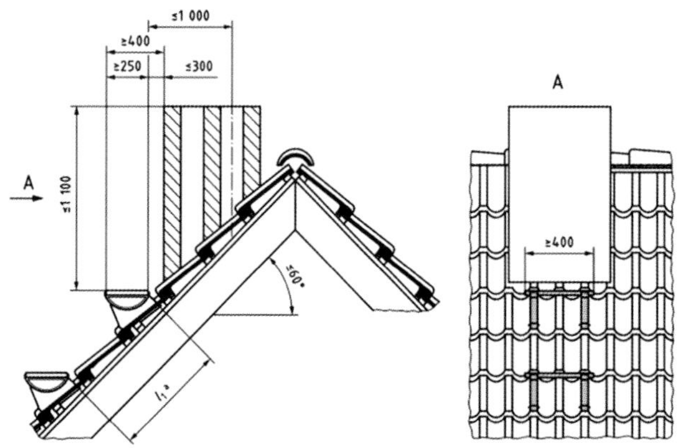

[a] Dachneigung ≤ 45° : l_1 ≤ 0,75 m; Dachneigung > 45 ° : l_1 ≤ 0,50 m

Maße in Millimeter

Abb. 6.223: Standfläche A mit Trittflächen (Quelle: DIN 18160-5:2016-04, Bild 1c)

Abb. 6.224: Die Kehle an der Gaubenwange wird durch die Dachsteine überdeckt. Ein freier Wasserlauf von 40 mm Breite verbleibt nicht.

Seitliche Anschlüsse bei Deckungen müssen einen freien Wasserlauf von mindestens 40 mm sicherstellen. Das Heranführen der Deckung bis an das seitlich aufgehende Blech, wie in Abb. 6.224 zu sehen, ist gemäß der „Fachregel für Metallarbeiten im Dachdeckerhandwerk“ (2017) nur bei geringer Niederschlagsbelastung zulässig:

„5 Anschlüsse (…)

5.3 Seitliche Anschlüsse

5.3.1 Seitliche Anschlüsse bei Deckungen

5.3.1.1 Unterliegende Metallanschlüsse (…)

(3) Anschlüsse aus Blei erfordern immer eine vollflächige Unterlage.

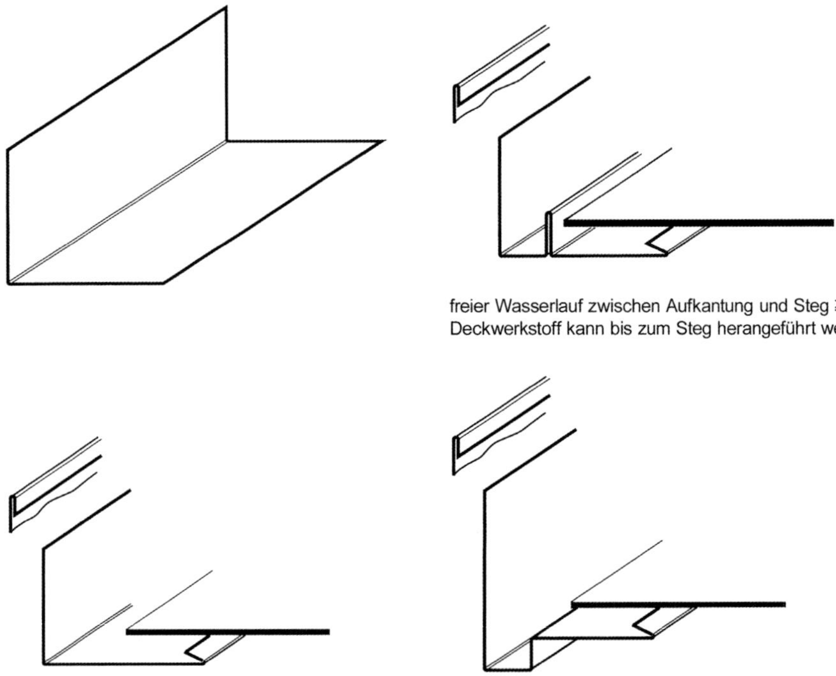

freier Wasserlauf zwischen Aufkantung und Steg ≥ 40 mm
Deckwerkstoff kann bis zum Steg herangeführt werden.

Überdeckung des Deckwerkstoffes über unterliegendem Metallanschluss ≥ 100 mm
freier Wasserlauf ≥ 40 mm.
Bei geringer Niederschlagsbelastung kann bis an das aufgehende Blech gedeckt werden.

Mindesttiefe der Vertiefung ≥ 20 mm
Mindestbreite der Vertiefung ≥ 40 mm

Abb. 6.225 bis 6.228: Unterliegende seitliche Anschlüsse (Quelle: Fachregel für Metallarbeiten im Dachdeckerhandwerk, 2017, Abb. III.17)

(4) Unterliegende Metallanschlüsse können mit Schichtstücken (Nocken) oder als durchgehende unterliegende Metallbleche ausgeführt werden (siehe Abb. III.17) [siehe Abb. 6.225 bis 6.228].

(5) Anschlüsse mit durchgehend unterliegenden Blechen können ausgeführt werden als:

- *einfache Anschlüsse mit Wasserfalz (nur bei geringer Wasserbelastung anzuwenden),*
- *vertiefte Anschlüsse,*
- *Sonderkonstruktionen (z. B. mit Steg). (Abb. III.17)* [siehe Abb. 6.225 bis 6.228]

Die untergelegten Bleche werden im oberen Bereich der Höhenüberdeckung genagelt und an der Längsseite mit Haften befestigt. Die dachseitige Längsseite ist mit einem mindestens 15 mm breiten Wasserfalz zu versehen.

Der freie Wasserlauf zwischen wandseitiger Aufkantung und Deckwerkstoff oder Steg soll mindestens 40 mm betragen.

Bei geringer Niederschlagsbelastung kann bis an das aufgehende Blech gedeckt werden.

Bei Ausführungen der Anschlüsse mit Steg kann die Deckung bis zum Steg herangeführt werden. Beim unterliegend vertieften Anschluss muss die Vertiefung eine Mindesttiefe von 20 mm und eine Mindestbreite von 40 mm aufweisen. (…)

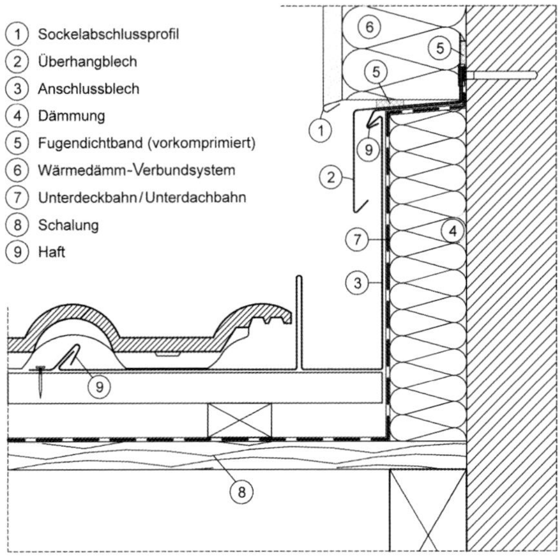

Abb. 6.229: Seitlicher Wandanschluss im Steildach bei Putz/WDVS (Quelle: Fachregel für Metallarbeiten im Dachdeckerhandwerk, 2017, Abb. AIII.17.1)

Anhang III Abbildungen (...)"

Das Heranführen der Deckung bis an das seitlich aufgehende Blech, wie in Abb. 6.229 zu sehen, ist entsprechend der „Fachregel für Metallarbeiten im Dachdeckerhandwerk" (2017) nur bei geringer Niederschlagsbelastung zulässig.

6.8.5 Flachdach

Beanspruchungsklassen

Im Unterschied zum Steildach steht bei Flachdachkonstruktionen in erster Linie die technische Funktion im Vordergrund. Häufige Beanstandungen sind überwiegend Pfützenbildungen, Wellen, Falten und Blasen, aber auch Aufkantungshöhen der Abdichtung in den Dachrändern also Attiken.

Die einschlägige Ausführungsnorm für die Abdichtung von Dächern ist neben der Flachdachrichtlinie die DIN 18531-1:2017-07 „Abdichtungen von Dächern sowie von Balkonen, Loggien und Laubengängen – Teil 1: Nicht genutzte und genutzte Dächer – Begriffe, Anforderungen, Planungs- und Ausführungsgrundsätze", die die Einwirkungsklassen festlegt (vgl. Tabelle 6.44):

„5 Einwirkungen auf die Abdichtung von Dächern – Arten, Stufen und Klassen (...)

5.7 Einwirkungsklassen

Durch die Kombination der vorgenannten mechanischen und thermischen Einwirkungsstufen werden vier Einwirkungsklassen gebildet (siehe Tabelle 1) [vgl. Tabelle 6.44]. *Sie sind als Planungsvorgabe anzusehen, auf die im Einzelfall die jeweilige Abdichtung abzustimmen ist (siehe Abschnitt 6)."*

Tabelle 6.44: Einwirkungsklassen für Abdichtungen nach DIN 18531-1:2017-07, Tabelle 1

Nr.	1	2	3
	Einwirkungsstufen	**hohe mechanische Einwirkung Stufe I**	**mäßige mechanische Einwirkung Stufe II**
1	hohe thermische Einwirkung, Stufe A	IA	IIA
2	mäßige thermische Einwirkung, Stufe B	IB	IIB

Anwendungsklassen

In DIN 18531-1:2017-07 „Abdichtungen von Dächern sowie von Balkonen, Loggien und Laubengängen – Teil 1: Nicht genutzte und genutzte Dächer – Begriffe, Anforderungen, Planungs- und Ausführungsgrundsätze“ werden im Abschnitt 6 ferner die Anwendungsklassen festgelegt:

„6 Planungs- und Ausführungsgrundsätze (…)

6.2 Anwendungsklassen für die Abdichtung von Dächern

6.2.1 Allgemeines

Für die Abdichtung nicht genutzter und genutzter Dächer werden nach 6.2.2 und 6.2.3 zwei Anwendungsklassen unterschieden.

Neben der Standardausführung Anwendungsklasse K1 wird eine höherwertige Ausführung Anwendungsklasse K2 definiert.

Eine Abdichtung der Anwendungsklasse K2 erfüllt ggf. höhere Anforderungen an die zu verwendenden Stoffe und die Abdichtungsbauart sowie erhöhte Anforderungen an die Planung des Gefälles, an den Untergrund, z. B. die Tragschale aus Stahltrapezprofilen, und die Detailgestaltung.

Die Anwendungsklasse ist bei der Planung festzulegen und sollte mit dem Bauherrn abgestimmt werden.

Die Auswahl der Abdichtung für die Anwendungsklassen muss nach DIN 18531-3 erfolgen.

Die Ausführung der Dachdetails muss mindestens der Anwendungsklasse des Daches entsprechen.

6.2.2 Anwendungsklasse K1 (Standardausführung)

Die Abdichtung ist mindestens der Anwendungsklasse K1 zuzuordnen.

6.2.3 Anwendungsklasse K2 (höherwertige Ausführung)

Die Abdichtung kann der Anwendungsklasse K2 zugeordnet werden. Bei K2 sind eine erhöhte Zuverlässigkeit, eine längere Nutzungsdauer und/oder ein geringerer Instandhaltungsaufwand zu erwarten. Dies kann zum Beispiel bei höherwertiger Gebäudenutzung, Hochhäusern, Dächern und Dachflächen mit Solaranlagen oder mit haustechnischen Anlagen sinnvoll sein. (…)

6.3.2 Anforderungen an das Gefälle in Abhängigkeit von der Anwendungsklasse

6.3.2.1 Anwendungsklasse K1

Dächer der Anwendungsklasse K1 können auch ohne Gefälle geplant werden, wenn die Auswahl der Abdichtung die Anforderungen der Anwendungsklasse K2 erfüllt.

6.3.2.2 Anwendungsklasse K2

Dächer der Anwendungsklasse K2 sind in der Fläche mit einem Gefälle von ≥ 2 % zu planen. Im Bereich von Kehlen sollte ein Gefälle von 1 % geplant werden.“

Untergrund

Bei mechanischer Befestigung muss die Holzschalung eine Mindestdicke von 24 mm aufweisen, die Einzelbretter sollten dabei nicht breiter als 16 cm sein. Schalungen aus Holzwerkstoffen müssen eine Mindestdicke von 22 mm besitzen, die Kantenlänge der Platten sollte mehr als 2,05 m betragen, wie DIN 18531-1:2017-07 „Abdichtungen von Dächern sowie von Balkonen, Loggien und Laubengängen – Teil 1: Nicht genutzte und genutzte Dächer – Begriffe, Anforderungen, Planungs- und Ausführungsgrundsätze“ festlegt:

„7 Anforderungen an den Untergrund (…)

7.4 Schalung aus Vollholz/Holzwerkstoffen

7.4.1 Allgemeines

Für Dachschalungen aus Vollholz/Holzwerkstoffen in vollsparrengedämmter, nicht belüfteter Bauweise sind zur Vermeidung von schweren Holzschäden gesonderte bauphysikalische Nachweise zur Trocknungsreserve, verschärfte Anforderungen an die Trockenheit der verbauten Holzbauteile, Regenschutzmaßnahmen während des Einbaus sowie besondere Anforderungen an die Oberflächenfarbe der Abdichtung und die Verschattung der Dachfläche zu beachten. DIN 68800-2 und DIN 4108-3 sind zu berücksichtigen.

7.4.2 Schalung aus Vollholz

Für die Schalung aus Vollholz gilt DIN EN 1995-1-1 einschließlich DIN EN 1995-1-1/NA.

Die Holzschalung ist grundsätzlich aus trockensortierten Brettern herzustellen. Die Nenndicke der Schalung darf 24 mm nicht unterschreiten. Die Schalung muss der Sortierklasse S10 nach DIN 4074-1 entsprechen. Die Bretter sollten höchstens 0,16 m breit sein. Für den Holzschutz sind die Normen der Reihe DIN 68800 zu beachten. Falls chemischer Holzschutz nach DIN 68800-3 vorgesehen ist, darf das verwendete Holzschutzmittel die Abdichtung nicht schädlich beeinflussen. Andernfalls sind Trennlagen anzuordnen.

7.4.3 Schalung aus Holzwerkstoffen

Für Schalungen aus Holzwerkstoffen sind hinsichtlich der Verwendung DIN EN 13986 und DIN 20000-1 zu berücksichtigen. Der Nachweis der Tragfähigkeit einschließlich der Befestigung muss nach den technischen Baubestimmungen, hier insbesondere DIN EN 1995-1-1 einschließlich DIN EN 1995-1-1/NA sowie DIN EN 1991 (alle Teile), erfolgen. Die Mindestnenndicke darf 22 mm nicht unterschreiten.“

Dachneigung und Pfützenbildung

Die Ebenmäßigkeit bzw. das gleichmäßige Gefälle eines Flachdaches lässt sich am besten unmittelbar nach Regenfällen beurteilen.

Hilfsweise kann das Dach auch mit einem Gartenschlauch o. Ä. ausreichend bewässert werden.

Sind diese Möglichkeiten nicht gegeben, kann per Nivellement überprüft werden, in welchen Bereichen sich das Gefälle befindet und ob das Gefälle zu den Bodeneinläufen hin verläuft. Nach der „Fachregel für Dächer mit Abdichtungen – Flachdachrichtlinie" (2016) beträgt das reguläre Mindestgefälle von Dachabdichtungen 2 %; bei Dachneigungen unterhalb von 5 % ist eine Pfützenbildung in der Regel nicht zu vermeiden:

„1 Allgemeine Regeln (...)

1.4 Gestaltungs- und Planungshinweise (...)

(4) Bei der Planung von Gefälle sind Durchdringungen, Einbauteile, aufgehende Bauteile und Anlagen zu berücksichtigen. Beim nachträglichen Einbau von Einbauteilen (z. B. Lichtkuppeln) sowie beim nachträglichen Aufstellen/Auflegen von Anlagen, insbesondere Solaranlagen, muss dieser Einfluss auf die Entwässerung aller Flächen bei der Planung berücksichtigt werden. (...)

2 Beanspruchungen und Anforderungen (...)

2.2 Dachneigung, Gefälle

(1) Die Unterlage der Abdichtung soll für die Ableitung des Niederschlagswassers mit einem Gefälle von mindestens 2 % in der Fläche geplant werden.

(2) Gefällelose Flächen können in begründeten Fällen geplant und ausgeführt werden. Beispielhaft gelten als begründete Fälle:

- *reduzierte Anschlusshöhen an Türen,*
- *konstruktiv vorgegebene Lage der Entwässerungseinrichtungen, die eine Gefällegebung nicht ermöglichen,*
- *Bestandsgebäude mit vorgegebener Lage der Entwässerungseinrichtungen,*
- *Intensivbegrünung oder erdüberschüttete Flächen mit Anstaubewässerung,*
- *baurechtliche Anforderungen, die eine Gefällegebung nicht ermöglichen,*

sowie vergleichbare Fälle. Die besonderen Anforderungen von Abschnitt 2.3.4 und Abschnitt 3.6 sind zu berücksichtigen. (...)

(6) Besteht die Gefahr, dass sich geringfügige, aber länger einwirkende Mengen stehenden Wassers schädigend auf Schutz- und Belagsschichten auswirken (z. B. bei Plattenbelägen im Mörtelbett), soll durch eine planmäßige Gefällegebung oder andere Maßnahmen für eine Wasserableitung gesorgt werden."

Zulässige Toleranzen sind bereits in der Planung als Vorhaltemaße zu berücksichtigen, damit das tatsächliche Gefälle im Ergebnis nicht das Mindestgefälle unterschreitet.

Neben der Flachdachrichtlinie setzt auch die DIN 18531-1:2017-07 „Abdichtungen von Dächern sowie von Balkonen, Loggien und Laubengängen – Teil 1: Nicht genutzte und genutzte Dächer – Begriffe, Anforderungen, Planungs- und Ausführungsgrundsätze" ein erforderliches Mindestgefälle der Dachabdichtung von 2 % voraus. Bei Dachneigungen unterhalb von 2 %, die in den früheren Fassungen der Flachdachrichtlinie als „Sonderkonstruktionen" definiert waren, werden besondere Maßnahmen erforderlich:

„6 Planungs- und Ausführungsgrundsätze (…)

6.3 Dachneigung/Gefälle

6.3.1 Allgemeines

Die Abdichtung sollte, außer bei intensiv begrünten Dächern mit Anstaubewässerung, so geplant und ausgeführt werden, dass Niederschlagswasser nicht lang anhaltend auf der Abdichtungsschicht stehen kann. Dazu sollte ein Mindestgefälle von 2 % geplant werden.

Bei Dachflächen mit einer Neigung bis ungefähr 5 % (3°) ist aufgrund zulässiger Ebenheitstoleranzen, der Durchbiegung des Tragwerks, vorhandenen Gegengefälles und aufgrund von Unebenheiten an Bahnenüberlappungen und -verstärkungen eine Pfützenbildung möglich. Soll Pfützenfreiheit erreicht werden, ist eine Neigung von mehr als 5 % zu planen."

Diese inhaltlich miteinander übereinstimmenden Regeln aus der DIN 18531 und der Flachdachrichtlinie bieten dem Unternehmer keine Wahlmöglichkeit, sondern legen fest, dass ein Mindestgefälle von 2 % erforderlich ist. Das Mindestgefälle darf nur aus konstruktiven Zwängen unterschritten werden. Dann sind Zusatzmaßnahmen erforderlich. Das OLG Düsseldorf hat entschieden, dass ein Dach selbst dann mangelhaft ist, wenn Zusatzmaßnahmen getroffen worden sind, aber eine Dachneigung von 2 % möglich gewesen wäre.

OLG Düsseldorf, Urteil vom 06.02.2009 – I-21 U 63/07 (aus den Gründen):

„(…) Der Dachterrassenaufbau ist mangelhaft. Denn unstreitig weisen die Dachterrassen kein Gefälle von mindestens 2 % auf.

aa. Die Flachdachabdichtungen der Terrassendächer sind nicht nach den anerkannten Regeln der Technik ausgeführt worden. Gemäß Ziff. 2.1 Abs. 1 der ‚Fachregeln für Dächer mit Abdichtungen' soll ein Gefälle von mind. 2 % geplant werden. Diese ‚Sollvorschrift' ist als bedingt fordernde Regel zu bewerten, die eine durch Verabredung oder Vereinbarung freiwillig übernommene Verpflichtung formuliert, von der nur in begründeten Fällen abgewichen werden darf. Der Sachverständige A vermochte keine technisch fachliche Begründung zu erkennen, weshalb im vorliegenden Fall kein Gefälle erstellt worden ist. Alle Wandanschlüsse an Wänden, Brüstungen, Fenstern und Türen seien hoch genug, um ein Gefälle einzubauen.

Da eine spezielle Beschaffenheit der Abdichtung der Dachterrassendächer nicht vereinbart war, waren die Beklagten sowohl nach altem als auch nach neuem Recht verpflichtet, das Werk so herzustellen, dass es nicht mit Fehlern behaftet war, die den Wert oder die Tauglichkeit zu dem gewöhnlichen oder nach dem Vertrag vorausgesetzten Gebrauch aufheben oder mindern. Das Werk muss für eine gewöhnliche Verwendung geeignet sein und eine Beschaffenheit aufweisen, die üblich ist und von dem Besteller nach der Art des Werkes erwartet werden kann (vgl. BGH BauR 2003, 533; Werner/Pastor, Der Bauprozess, 12. Auflage, Rn. 1457). Der Unternehmer schuldet ein funktionsgerechtes Werk, das den anerkannten Regeln der Technik entspricht (vgl. BGH NJW 2006, 3413, 3414).

Unstreitig zählt die Flachdachrichtlinie zu den anerkannten Regeln der Technik.

Gemäß Ziff. 4.6.1.1 Abs. 7 der Flachdachrichtlinien sollen Abdichtungen mit einer Neigung unter 2 % nur in Ausnahmefällen vorgesehen werden. Dieses sind dann Sonderkonstruktionen, die eine höhere Beanspruchung in Verbindung mit stehendem Wasser auszugleichen vermögen. Hiervon wird nach den Ausführungen des gerichtlich beauftragten Sach-

verständigen A in der Regel bei Sanierungen im Bestand (keine ausreichenden Tür- oder Wandanschlusshöhen; lange schmale Balkone/Terrassen) Gebrauch gemacht. Der für die Sonderkonstruktionen beschriebene Abdichtungsmodus trägt dem Umstand Rechnung, dass die bevorzugte Gefällekonstruktion nicht realisierbar ist. Dass die hier ausgeführten zweilagigen Polymerbitumenbahnen den Anforderungen an diese Sonderkonstruktion genügen, entlastet die Beklagten nicht. Denn auf diese Sonderkonstruktionen wird nur zurückgegriffen, wenn eine andere Herstellung nicht möglich oder nicht praktikabel erscheint. Hier lagen für die Beklagten aber keine Sonderbedingungen vor, sie hätten bei der Errichtung des Neubaus das allgemeine technische Regelwerk einhalten können. Wie das Schreiben der Dachdeckerfirma vom 19.10.2001 (Anlage A 7) zeigt, war die Beklagte über die Flachdachrichtlinien informiert. Diese sehen unter Ziff. 2.4. Abs. 1 ausdrücklich vor, die Dachentwässerung so zu konstruieren, dass Niederschläge auf kurzem Weg abgeleitet werden. Gleichwohl ordneten die Beklagten kein ausreichendes Gefälle an.

Entgegen der Auffassung der Beklagten bot ihnen das technische Regelwerk nicht die Wahl zwischen mehreren gleich zweckmäßigen und zulässigen Lösungen. Die Flachdachrichtlinien geben eine klare Reihenfolge vor: Nur dann, wenn kein hinreichendes Gefälle konstruiert werden kann, ist eine Sonderlösung mit einer verstärkten Abdichtung zulässig. Diese ist der Ausnahmefall und keine Alternative zu dem beschriebenen Gefälle. Die Bestimmungen der DIN 18195 ‚Bauwerksabdichtungen' gehen den Flachdachrichtlinien bei genutzten Dächern nicht vor, sondern sie ergänzen sie bzw. grenzen diese gemäß Ziff. 1.1. Abs. 2 der Flachdachrichtlinien ab. Soweit also nach den Flachdachrichtlinien für Abdichtungen Bitumenbahnen notwendig sind, bestimmt die DIN 18195-1 unter Punkt 8.3.2., wie diese im Einzelnen herzustellen sind. Hierbei wird auch in der DIN 18195 zwischen einem Gefälle unter und über 2 % differenziert. Dass dort keiner Konstruktion der Vorrang eingeräumt wird, ist ohne Belang. Denn die DIN 18195 betrifft nur die Qualität und Beschaffenheit der Abdichtung; die Dachkonstruktion wird als vorgegeben hingenommen. Für diese gelten als Spezialnormen die Flachdachrichtlinien."

Zur Vermeidung von Pfützenbildung sollten die Abläufe innen liegender Dachentwässerungen an den Tiefpunkten angeordnet werden und die Flansche der Dachabläufe sollten in die Dachfläche eingelassen werden, damit der Wasserablauf nicht durch einen hochstehenden Wulst behindert wird.

Gemäß „Fachregel für Dächer mit Abdichtungen – Flachdachrichtlinie" (2016) gilt:

„1 Allgemeine Regeln (…)

1.4 Gestaltungs- und Planungshinweise

(10) Die Abläufe von innen liegenden Dachentwässerungen sollen an Tiefpunkten der Dachfläche angeordnet werden und so ausgebildet sein, dass die Abdichtung wasserdicht angeschlossen werden kann. Flächenabläufe sollen einen Abstand von mindestens 0,30 m von Dachaufbauten, Fugen oder anderen Durchdringungen der Abdichtung haben. Maßgebend ist dabei die äußere Begrenzung des Flansches. Dies gilt nicht für Attikaabläufe. (…)

4 Details (…)

4.8 Entwässerung

4.8.1 Abläufe/Notab- und Notüberläufe (…)

(3) Flansche in der Abdichtungsebene sollen in der Unterlage eingelassen werden."

Abb. 6.230 und 6.231: Vermeidbare Pfützenbildung: Die Dachabläufe sind nicht ausreichend tief in den Dämmstoff eingelassen worden.

Abb. 6.232: Geöffnete Blasenbildung mit Wassertropfen zwischen der ersten und zweiten Lage des Flachdachs

Abb. 6.233: Unzureichender Verbund zwischen Ablaufklebeflansch und der Dachbahn: Unter Kompression tritt am Rand des Elements Blasenschaum aus.

Häufig werden dennoch auch bei flach geneigten Dächern planmäßig die Einläufe an den Außenkanten der Dächer oder im Bereich von innen liegenden Stützen angeordnet. Bei unvermeidbarer statischer Durchbiegung der Dachdecke und der konstruktiven Träger liegt der Tiefpunkt innerhalb der Dachfläche dann in Feldmitte und damit deutlich abseits der Einläufe. Es kommt zu unvermeidbaren Pfützenbildungen (siehe Abb. 6.230 und 6.231).

Faltenwurf und Blasenbildung

Siehe Abb. 6.232.

Nahtverbindungen

Zur Überprüfung der kontaktschlüssigen Verschweißung sollte in der Ausschreibung gefordert werden, dass an jeder Naht ein deutlicher Schweißraupenaustritt sichtbar sein muss. Bei mit Schiefersplitt bestreuten Bahnen können die Schweißraupen aus optischen Gründen unmittelbar bei der Verarbeitung „frisch in frisch" mit Schiefersplitt abgestreut werden. Die Nähte können mit einem Spachtel oder einem speziellen Nahtprüfer auf guten Haftverbund mit dem Untergrund geprüft werden. Nach Niederschlägen kann durch Betreten der Nähte geprüft werden, ob Schaum oder Bläschen austreten, was auf Undichtigkeiten hinweist, wie in Abb. 6.233 zu sehen ist.

Abb. 6.234: Die mit Schiefersplitt bestreute Dachdichtungsbahn ist im Überlappungsbereich nicht verschweißt.

Abb. 6.235: Die Abziehfolie im Kantenbereich der Dachdichtungsbahn ist im Überlappungsbereich nicht geschmolzen, weil nicht verschweißt wurde.

Dachdichtungsbahnen haben zum Teil im Kantenbereich einen Streifen, auf den werkseitig eine Schutzfolie aufkaschiert wurde. Wenn die Schutzfolie im fertig verlegten und verschweißten Zustand noch vorhanden ist, kann hier nicht die beim Verschweißen entstehende Temperatur eingewirkt haben. Die Schutzfolie ist damit neben den fehlenden Schweißraupen ein deutlicher Indikator für die nicht ordnungsgemäß durchgeführte Verschweißung (siehe Abb. 6.234 und 6.235).

Gemäß DIN 18533-3:2017-07 „Abdichtung von erdberührten Bauteilen – Teil 3: Abdichtung mit flüssig zu verarbeitenden Abdichtungsstoffen" gilt:

„5 Ausführung (...)

5.7 Abdichtung (...)

5.7.2 Abdichtung mit Bitumen- und Polymerbitumenbahnen (...)

5.7.2.2 Überlappung und Nahtverbindung

Bitumen- und Polymerbitumenbahnen müssen an den Längs- und Quernähten bei einer mehrlagigen Abdichtung mindestens 80 mm, bei einer einlagigen Abdichtung mindestens 100 mm überlappt werden. Die Überlappung der Bahnen sollte mit dem Wasserlauf geführt werden.

Kreuzstöße sind durch versetzt angeordnete Bahnen zu vermeiden.

Die Nahtverbindungen müssen verklebt werden.

Abb. 6.236: Unter Druck treten Blasen aus dem Nahtbereich aus; hier tritt Kapillarwasser in den Stoß ein.

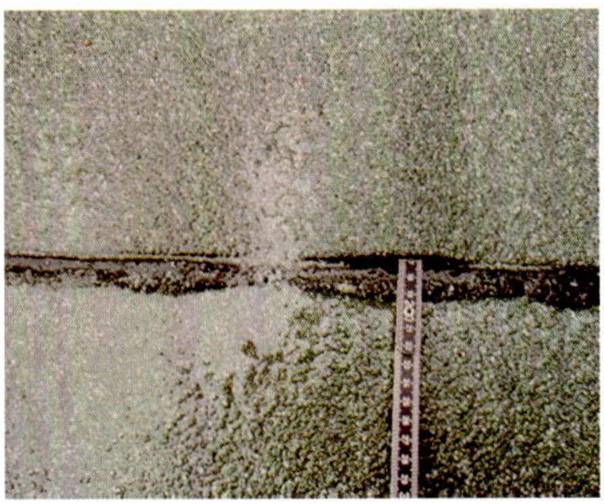

Abb. 6.237: Ein Zollstock kann quer zur Naht in den geringen Faltenwurf in der Schweißbahn bis zu 32 cm eingeschoben werden.

Abb. 6.238: Nach der Öffnung wird stehendes Wasser zwischen der ersten und der zweiten Lage angetroffen.

Bei einer einlagigen Abdichtungsschicht mit Polymerbitumenbahnen nach DIN 18531-2:2017-07, Tabelle 2, Zeile 6 sind die Nahtverbindungen im Schweißverfahren mit Flamme oder mit Warmgas herzustellen. Die Mindestfügebreite im Längsnahtbereich muss beim Schweißverfahren mit Flamme 80 mm, beim Warmgasschweißen 60 mm, im Quernahtbereich und bei allen Nahtverbindungen auf beschieferten Bahnen 100 mm betragen.“

Bei dem Betreten der Naht dürfen im Nachgang zu Niederschlägen keine Blasen aus der Naht austreten (siehe Abb. 6.236).

Klaffend offene Faltenwürfe im Nahtbereich sind nicht zulässig (siehe Abb. 6.237 und 6.238).

Anschlüsse an Durchdringungen

Bei der Abnahme sind insbesondere die Dilatationsausgleiche von Blechbauteilen zu überprüfen. Unzureichende Dehnungsmöglichkeiten führen zu Abrissen von Lötverbindungen und zu Verformungen. Auch die Anschlussverbindungen zwischen Blechbauteilen und Bahnenabdichtungen müssen über Dilatationsausgleiche verfügen, da das unterschiedliche Längenänderungsbestreben der Materialien ansonsten zu einem Abriss

Abb. 6.239 bis 6.242: Der Mindestabstand von 30 cm zu benachbarten Bauteilen ist weit unterschritten worden.

an der Fügungsstelle führen kann. Hinsichtlich der zulässigen Abstände von Dehnungsausgleichern siehe Kapitel 6.9 unter „Längenausgleich".

Einbauten und Durchdringungen bergen immer die Gefahr von Leckagen. Es ist also vor allem bei Installationsdurchgängen von Lüftungsrohren, Kontrollschächten und auch bei Lichtkuppelkränzen besondere Aufmerksamkeit notwendig. Nach der Flachdachrichtlinie soll der Abstand von Durchdringungen mindestens 0,30 m betragen, nach der DIN 18531 muss er es (siehe Abb. 6.239 bis 6.242).

Gemäß „Fachregel für Dächer mit Abdichtungen – Flachdachrichtlinie“ (2016) gilt:

„*4 Details (…)*

4.5 Anschlüsse an Durchdringungen

4.5.1 Allgemeines (…)

(2) Der Abstand von Durchdringungen untereinander und zu anderen Bauteilen, z. B. Wandanschlüssen, Bewegungsfugen oder Dachrändern, soll mindestens 0,30 m betragen, damit die jeweiligen Anschlüsse fachgerecht und dauerhaft hergestellt werden können. Maßgebend ist dabei die äußere Begrenzung des Flansches.“

In DIN 18531-1:2017-07 „Abdichtungen von Dächern sowie von Balkonen, Loggien und Laubengängen – Teil 1: Nicht genutzte und genutzte Dächer – Begriffe, Anforderungen, Planungs- und Ausführungsgrundsätze“ ist geregelt:

„*6 Planungs- und Ausführungsgrundsätze (…)*

6.9 Durchdringungen

Der Abstand von Durchdringungen wie Rohrleitungen, Dunstrohren, Abläufen, Verankerungen, Stützen untereinander und zu anderen Bauteilen, z. B. Bewegungsfugen, An- und Abschlüssen, sollte bei bahnenförmigen Abdichtungsstoffen mit mindestens 0,30 m (gemessen ab Flanschaußenkante) geplant werden. Bei flüssig zu verarbeitenden Abdichtungsstoffen sollte dieser Abstand mit mindestens 0,10 m geplant werden.“

Anschlüsse an aufgehende Bauteile

Die mindestens erforderlichen Anschlusshöhen von Dachabdichtungen sind in der DIN 18531-1:2017-07 „Abdichtungen von Dächern sowie von Balkonen, Loggien und Laubengängen – Teil 1: Nicht genutzte und genutzte Dächer – Begriffe, Anforderungen, Planungs- und Ausführungsgrundsätze“ geregelt:

„*6 Planungs- und Ausführungsgrundsätze (…)*

6.7 An- und Abschlüsse

Die Anschlüsse an aufgehenden Bauteilen sind

- *bei genutzten Dächer ≥ 0,15 m und*
- *bei nicht genutzten Dächern*
- *mit einer Dachneigung bis 5° (8,8 %) ≥ 0,15 m sowie*
- *mit einer Dachneigung über 5° (8,8 %) ≥ 0,10 m*

über die Abdichtungsschicht hochzuführen. Bei einer Abdichtung mit Schutzschicht, Bekiesung, Belag oder Begrünung gilt das oben angegebene Maß ab Oberkante dieser Schichten.

In schneereichen Gebieten und bei besonderen konstruktiven Situationen (z. B. Scheddachrinnen) kann eine größere Anschlusshöhe erforderlich sein.

Die Höhe der Abschlüsse am Dachrand ist

- *bei genutzten Dächer ≥ 0,10 m und*
- *bei nicht genutzten Dächern*
- *bei einer Dachneigung bis 5° (8,8 %) ≥ 0,10 m sowie*
- *bei einer Dachneigung über 5° (8,8 %) ≥ 0,05 m*

über Oberfläche Belag oder Kiesschüttung zu planen.

Die Höhen der An- und Abschlüsse sind gegebenenfalls zu erhöhen (z. B. in schneereichen Gebieten, bei Anstaugefahr in Scheddachrinnen).“

Danach beträgt die reguläre Anschlusshöhe der Dachabdichtung an aufgehende Bauteile grundsätzlich 15 cm. Diese Maße entsprechen auch der „Fachregel für Dächer mit Abdichtungen – Flachdachrichtlinie“ (2016):

„4 Details (…)

4.3 Anschlüsse an aufgehende Bauteile

4.3.1 Anschlusshöhen

(1) Die Höhe der Abdichtung soll im Hinblick auf Spritzwasser- und Überflutungsschutz

- *bei Neigungen bis 5° (ca. 9 %) mindestens 0,15 m und*
- *bei Neigungen über 5° (ca. 9 %) mindestens 0,10 m*

über Oberfläche Belag, z. B. Kiesschüttung oder Vegetationsschicht, betragen. In schneereichen Gebieten ist ggf. eine größere Anschlusshöhe erforderlich.

(2) Bei der mechanischen Fixierung von Anschlüssen mit Klemmschienen, Klemmprofilen oder Verbundblechen an aufgehende Bauteile bleiben Befestigungsmittel für die Anschlusshöhe unberücksichtigt.“

Im Bereich von Terrassentüren beträgt die reguläre Anschlusshöhe ebenfalls 15 cm. Ausnahmen sind unter bestimmten Voraussetzungen möglich, wie die „Fachregel für Dächer mit Abdichtungen – Flachdachrichtlinie“ (2016) regelt:

„4 Details (…)

4.4 Anschlüsse an Türen

(1) Die Anschlusshöhe soll mindestens 0,15 m über der Oberfläche des Belags, der Kiesschüttung oder der Begrünung betragen. Bei Abdichtungen ohne Beläge, Kiesschüttung oder Begrünung bezieht sich die Anschlusshöhe auf die Abdichtungsoberfläche. Dadurch soll verhindert werden, dass bei Schneematschbildung, Wasserstau durch verstopfte Abläufe, Schlagregen, Winddruck oder bei Vereisung Niederschlagswasser über die Türschwelle eindringt.

(2) Eine Verringerung der Anschlusshöhe ist möglich, wenn bedingt durch die örtlichen Verhältnisse zu jeder Zeit ein einwandfreier Wasserablauf im Tür-/Fensterelementbereich sichergestellt ist und die Spritzwasserbelastung minimiert wird. Dies ist dann der Fall, wenn im unmittelbaren Türbereich z. B.

- *ein rinnenförmiger Entwässerungsrost oder eine vergleichbare Konstruktion jeweils mit unmittelbarem Anschluss an die Entwässerung oder*
- *ein rinnenförmiger Entwässerungsrost oder eine vergleichbare Konstruktion bei Belägen auf Stelzlagern eingebaut wird. In solchen Fällen soll die Anschlusshöhe jedoch mindestens 0,05 m betragen (oberes Ende der Abdichtung oder von Anschlussblechen unter dem Wetterschenkel/Sockelprofil). Wenn die Spritzwasserbelastung nicht durch eine Überdachung minimiert wird, sollten Gitterroste mit einer Breite von mindestens 150 mm verwendet werden.*

(3) Barrierefreie Übergänge erfordern abdichtungstechnische Sonderlösungen, die zwischen Planer, Türhersteller und Ausführendem abzustimmen sind.

Die Abdichtung allein kann die Dichtigkeit am Türanschluss nicht sicherstellen.

Deshalb sind zusätzliche Maßnahmen, z. B.:

- *rinnenförmiger Entwässerungsrost oder eine vergleichbare Konstruktion ggf. beheizbar mit unmittelbarem Anschluss an die Entwässerung,*
- *Gefälle der wasserführenden Ebenen vom Übergang zur Fläche,*
- *Schlagregen- und Spritzwasserschutz durch Überdachung,*
- *Türen mit spezieller Abdichtungsfunktion*
- *zusätzliche Abdichtung im Innenraum mit gesonderter Entwässerung, ggf. auch in Kombination, erforderlich."*

Danach beträgt die Mindestbreite der Entwässerungsrinne im Falle einer reduzierten Anschlusshöhe 150 mm. Ähnlich beschreibt die DIN 185311:2017-07 „Abdichtungen von Dächern sowie von Balkonen, Loggien und Laubengängen – Teil 1: Nicht genutzte und genutzte Dächer – Begriffe, Anforderungen, Planungs- und Ausführungsgrundsätze" die Anschlusssituation bei Türen:

„6 Planungs- und Ausführungsgrundsätze (...)

6.8 Türanschlüsse

Die Anschlusshöhe der Abdichtung im Türbereich sollte nach 6.7 mindestens 0,15 m über der Oberfläche des Belags betragen. Dadurch wird verhindert, dass neben der üblichen Spritzwasserbeanspruchung durch Schlagregen, auch bei Schneematschbildung, Wasserstau durch verstopfte Abläufe oder bei Vereisung Niederschlagswasser über die Türschwelle eindringt.

Eine Verringerung der Anschlusshöhe ist nur möglich, wenn im Belag unmittelbar vor der gesamten Türbreite durch Einbau einer Entwässerung die Wasserbelastung minimiert wird. Außerdem muss zu jeder Zeit ein einwandfreier Wasserablauf im Türbereich sichergestellt sein. Dazu kann im unmittelbaren Türbereich eine wannenbildende Entwässerungsrinne mit unmittelbarem Anschluss an die Entwässerung eingebaut werden. In solchen Fällen kann die Anschlusshöhe vom oberen Ende der Abdichtung bis zum Belag mindestens 0,05 m betragen.

Türen müssen so konstruiert sein, dass die Abdichtung hinter Rollladenschienen und Deckleisten durchgeführt werden kann. Entwässerungsöffnungen in Türrahmen oder von Schlagregenschienen oder Ähnlichem müssen zur Außenseite des Anschlusses entwässern. Der Abdichtungsanschluss bei Bahnen ist am Türrahmen gegen Abrutschen entsprechend zu sichern.

Das Oberflächengefälle des Belags sollte nicht zur Tür hin gerichtet sein. Bei Dachterrassen mit geschlossener Brüstung sind Notüberläufe so tief anzuordnen, dass bei Verstopfung des Ablaufs die Schwelle nicht überstaut werden kann.

Barrierefreie, niveaugleiche Übergänge oder Übergänge mit einer zulässigen Schwellenhöhe von ≤ 0,02 m sind abdichtungstechnische Sonderkonstruktionen. Sie erfordern eine auf den Einzelfall abgestimmte Ausführungsart. Für diese niveaugleichen Übergänge muss berücksichtigt werden, dass die Abdichtung allein die Funktion der Dichtigkeit am Türanschluss nicht sicherstellen kann. Durch planerische Vorgaben ist das Eindringen von Wasser und das Hinterlaufen der Abdichtung zu verhindern."

Abb. 6.243: Die Entwässerungsrinne verläuft nicht kontaktschlüssig entlang der Dachterrassentür. Die Rinnenbreite beträgt weniger als 150 mm.

Abb. 6.244: Abdichtungslücke in der Flüssigkunststoffabdichtung, die auch durch die Blechformation nicht abgedeckt wird

Abb. 6.245: Beschädigung der Abdichtung durch Geländerfuß

Abb. 6.246: Durchdringung der Abdichtungsebene durch Geländerfußverschraubung

Abb. 6.247: Zufallsvegetation hat sich hinter der Wurzelschutzbahn etabliert.

Somit ist eine unmittelbar an die Tür angrenzende Entwässerungsrinne mit unmittelbar angeschlossener Entwässerung erforderlich. In dem in Abb. 6.243 dargestellten Beispiel ist dies nicht der Fall.

Abdichtungen müssen lückenlos und ohne Abdichtungslücken über die Attika hinweggeführt werden (siehe Abb. 6.244).

Balkongeländerstützen

Balkongeländerstützen, die ohne Gleitschicht und ohne Lastverteilungsplatte direkt auf die Abdichtung montiert und obendrein durch sie hindurch verschraubt werden, entsprechen nicht dem Stand der Technik. In der Folge thermischer Beanspruchung wird es hier zwangsläufig im Laufe der Zeit zu einer Undichtigkeit im Bereich der Verschraubung kommen (siehe Abb. 6.245 und 6.246).

Wurzelschutzbahnen bei Dachbegrünungen

Der obere Rand von Wurzelschutzbahnen muss an aufgehenden Bauteilen gegen Abrutschen gesichert werden, weil ansonsten Substrat hinter die Bahn geraten und zur Neuansiedlung von Zufallsvegetation führen kann (siehe Abb. 6.247).

Sicherheitseinrichtungen

Für die späteren Wartungsarbeiten, die von begehbaren Dächern aus vorgenommen werden, müssen nach der „Fachregel für Dächer mit Abdichtungen –Flachdachrichtlinie“ (2016) Anschlagpunkte (Sekuranten) geplant und ausgeführt werden.

„1 Allgemeines (…)

1.4 Gestaltungs- und Planungshinweise (…)

(22) Um Pflege, Wartung und Instandsetzungsarbeiten vornehmen zu können, sollen bei Dächern mit Abdichtung bereits bei der Planung Maßnahmen zur Absturzsicherung, z. B. Anschlagpunkte, vorgesehen werden. Dabei sind die bauaufsichtlichen Anforderungen der Länder zu berücksichtigen.“

Die DGUV-Information 201-056 „Planungsgrundlagen von Anschlageinrichtungen auf Dächern“ (2015) enthält folgende Planungshinweise zur Positionierung von Anschlageinrichtungen (Sekuranten):

„1 Erläuterungen

1.1 Absturzgefahren

Als Absturzgefahren werden

- *der Sturz vom Dachrand,*
- *das Durchbrechen durch Dachflächen und*
- *der Sturz durch eine Dachöffnung betrachtet.*

Bei nicht durchbruchsicheren Dachelementen sind zusätzlich Sicherungsmaßnahmen gegen Durchbruch anzuordnen.

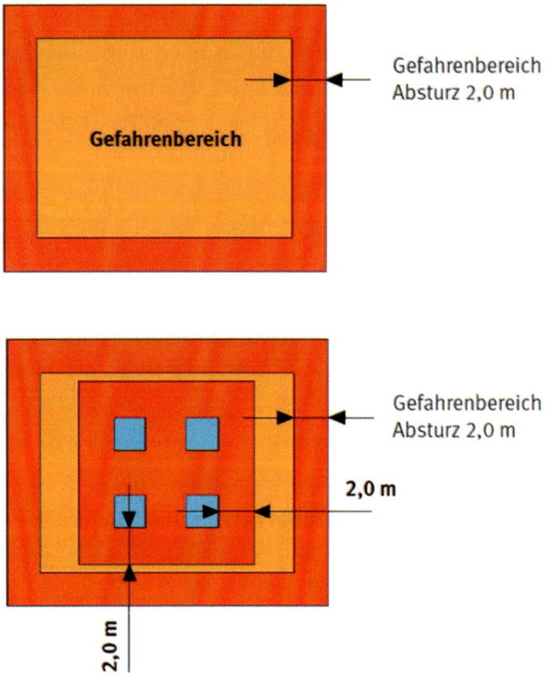

Abb. 6.248: Beispiele für Gefahrenbereiche mit Absturzgefahr (Quelle: DGUV-Information 201-056, 2015)

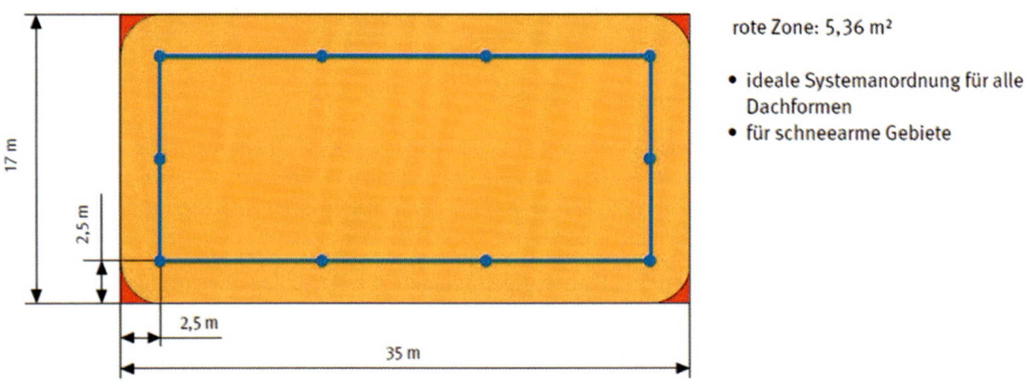

Abb. 6.249: Empfohlene Ausführung von Absturzsicherungen für Flachdächer und und flach geneigte Dächer (Quelle: DGUV-Information 201-056, 2015)

1.2 Gefahrenbereiche

Die gesamte Dachfläche gilt als Gefahrenbereich. In der Regel wird von einer besonderen Absturzgefahr ausgegangen, wenn sich die Person in einem Bereich von bis zu 2,0 m Abstand zu einer Absturzkante aufhält. Für diese Bereiche mit Absturzgefahr sind entsprechende Schutzmaßnahmen zu treffen. Ist ein Aufenthalt in diesen Bereichen bei den anstehenden Arbeiten nicht erforderlich, sind diese Bereiche in geeigneter Weise abzugrenzen.

Beispiele für Bereiche mit Absturzgefahr [siehe Abb. 6.248]:

2 Planung

2.1 Allgemeines (…)

Der Abstand der Anschlageinrichtung von 2,50 m zur Absturzkante wird gewählt, um den Bereich der weiterhin bestehenden Absturzgefahren in den Ecken so gering wie möglich zu halten. (…)

2.2 Empfohlene Ausführung für Flachdächer und flachgeneigte Dächer [siehe Abb. 6.249]“

6.9 Klempnerarbeiten (VOB/C ATV DIN 18339)

Neben der Verwendung von Blechen als Dacheindeckung werden Bleche auch als Fassadenbekleidungen sowie in sehr großem Umfang für die Herstellung von Abdeckungen bei Fensterbänken und Mauerkronen sowie Anschlussblechen in geneigten und flachen Dächern verwendet. In der Regel handelt es sich dabei um Bleche aus Zink oder Kupfer.

Ortganganschluss

Der Ortganganschluss muss so üppig auskragend ausgebildet werden, dass keine Tropfwasserspurenbildung zu einer Fassadenverunreinigung mit z. B. kupfersulfathaltigem Wasser stattfinden kann. Der vertikale Überhang des Dachrandabschlusses muss so groß sein, dass – abhängig von der Gebäudehöhe – bei starker Windeinwirkung kein aufgetriebenes Wasser in die Konstruktion eindringen kann.

Gemäß „Fachregel für Metallarbeiten im Dachdeckerhandwerk“ (2017) gilt:

„*6 Abschlüsse (…)*

6.3 Ortgang

6.3.1 Ortgangausbildungen bei Deckungen und Abdichtungen

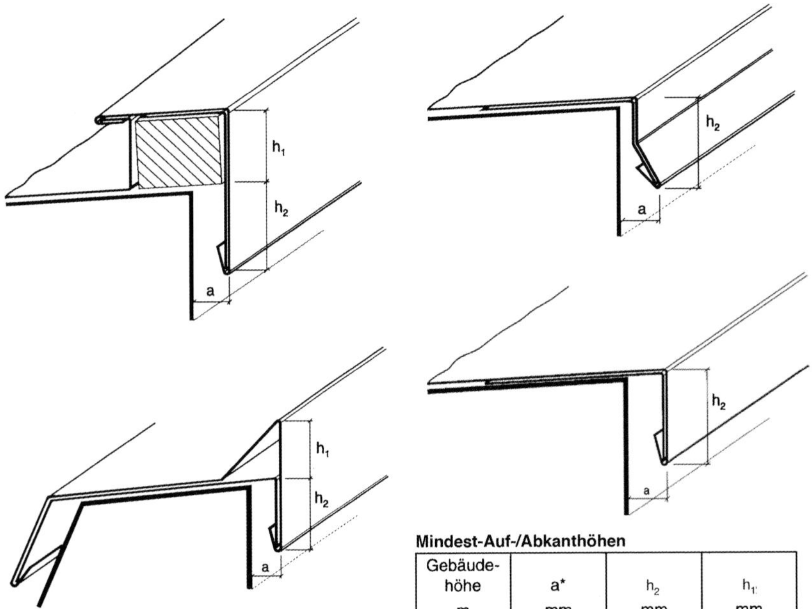

h_1 = Aufkantung
h_2 = Abkantung
a = Tropfabstand

Mindest-Auf-/Abkanthöhen

Gebäudehöhe m	a* mm	h_2 mm	h_1 mm
< 8	20	50	mind. 25
8 – 20	20	80	
> 20	20	100	

* Bei der Verwendung von Kupfer wird empfohlen, einen größeren Tropfkantenabstand auszuführen. Verunreinigungen durch abtropfendes Wasser sind nicht gänzlich zu vermeiden.
Bei Metalldeckung: $h_1 \geq 25$ mm über Oberkante wasserführende Ebene

Abb. 6.250: Dachrandabschlüsse (Quelle: Fachregel für Metallarbeitern im Dachdeckerhandwerk, 2017, Abb. III.16)

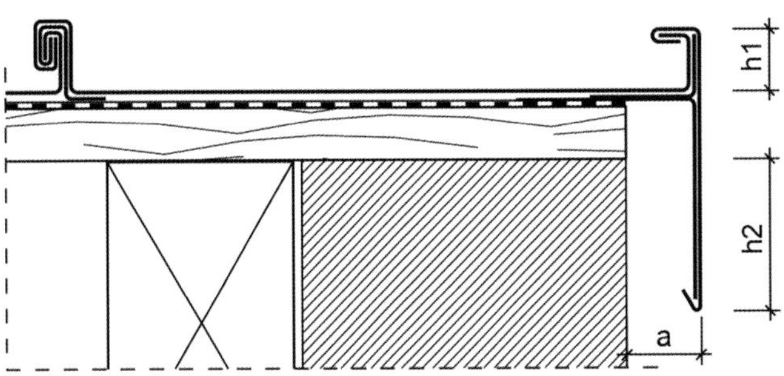

Abb. 6.251: Ortgang Metalldach Blende winkelgerecht eingefalzt (Quelle: Fachregel für Metallarbeiten im Dachdeckerhandwerk, 2017, Abb. III.16.1)

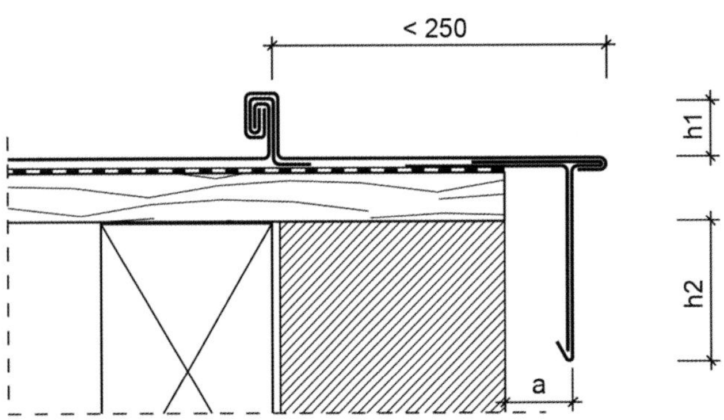

Abb. 6.252: Ortgang Metalldach waagerecht mit Einhängeblech (Quelle: Fachregel für Metallarbeiten im Dachdeckerhandwerk, 2017, Abb. III.16.2)

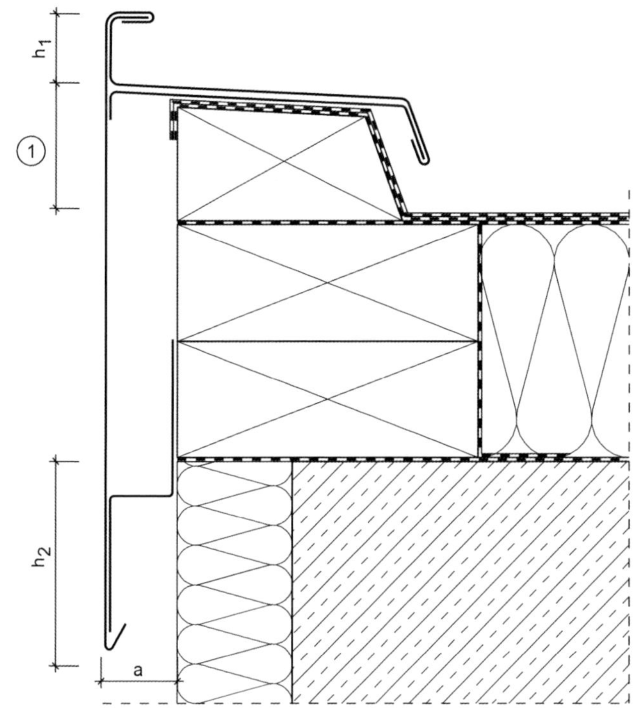

①
Bei Abdichtungen: Die Höhe der Abdichtung an Dachrandabschüssen soll
- bei Dachneigungen bis 5° mindestens 0,10 m,
- bei Dachneigungen über 5° mindestens 0,05 m

über Oberfläche Belag betragen.

Abb. 6.253: Ortgang Flachdach mit hoch geführter Dachabdichtung und Metallabdeckung (Quelle: Fachregel für Metallarbeiten im Dachdeckerhandwerk, 2017, Abb. III.16.3)

(1) Detaillösungen am Ortgang aus Metall bestehen dachseitig aus einem seitlichen Metallanschluss (siehe Abschnitt 5.3.1). Die Ortgangausbildung kann mehrteilig, mit Abkantung oder mit Auf- und Abkantung ausgeführt werden (siehe Abb. lll.16 bis lll.16.3 [siehe Abb. 6.250 bis 6.253]*):*

- *bei Metalldachdeckung: h_1 > 25 mm über Oberkante wasserführende Ebene,*
- *bei Abdichtungen: h_1 bei DN > 5° mindestens 50 mm, bei DN < 5° mindestens 100 mm über Oberkante Belag oder Kiesschüttung.*

Die Größe h_2 bezieht sich auf die unterste durch auftreibende Niederschläge gefährdete Fuge in der Fassade, senkrecht zur Fuge gemessen.

(2) Die Metalldicke der handwerklich gekanteten Ausführung ist der Tabelle 1.2 zu entnehmen. Die Befestigung erfolgt nach Abschnitt 3.4. Werden selbsttragende industriell vorgefertigte Strangprofile verwendet, soll die Mindestdicke 1,5 mm betragen. (…)

Anhang III Abbildungen (…)"

Seitliche Anschlüsse an aufgehende Bauteile mit Blei

Bleianschlüsse müssen in ausreichender Breite auf den Pfannen aufliegen, damit keine Hinterläufigkeit entsteht. Als Regel gilt, dass der Bleianschluss bis über den nächsten Hochpunkt der Pfanne hinweg geführt wird.

Gemäß „Fachregel für Metallarbeiten im Dachdeckerhandwerk" (2017) gilt:

„5 Anschlüsse (…)

5.3 Seitliche Anschlüsse

Abb. 6.254: Kupferdachdeckung ohne Beschichtung

Abb. 6.255: Kupferdachdeckung ohne Beschichtung, was zu einer erheblichen Verunreinigung der Fassade mit Oxidationsprodukten geführt hat (Detail zu Abb. 6.207)

5.3.1 Seitliche Anschlüsse bei Deckungen (...)

5.3.1.2 Aufliegende und überdeckende Metallanschlüsse (...)

(7) Überdeckende und durchgehende aufliegende Metallanschlüsse müssen ebene Deckwerkstoffe mindestens 120 mm seitlich überdecken. (...) Bei profilierten Deckwerkstoffen muss das Blech den nächsten Hochpunkt ausreichend überdecken, um zu gewährleisten, dass das Wasser vom Anschluss weggeleitet wird. (...)

(9) Bei Dachneigung < 15° erfolgt die Verbindung von Blei durch eine Überdeckung von mindestens 250 mm (mit Umschlag).“

Attikaabdeckungen

Das Gefälle der Attikaabdeckungen muss so ausgebildet werden, dass beaufschlagtes Regenwasser zur Rückseite geführt wird.

Gemäß „Fachregel für Metallarbeiten im Dachdeckerhandwerk“ (2017) gilt:

„8 Abdeckungen

8.1 Allgemeines

(1) Abdeckungen nach Abschnitt 8 sind nicht als Dachdeckungen zu betrachten.

Abdeckungen werden eingesetzt als

- *Mauerabdeckungen*
- *Attikaabdeckungen*
- *Dachrandabdeckungen*
- *Gesimsabdeckungen*
- *Schornsteinkopfabdeckungen*
- *Fensterbankabdeckungen u. a.*

Abb. 6.256: Unzulängliche Attikaabdeckung nach der Demontage. Die Strichmarkierung entspricht der Unterkante.

(2) Zur Anwendung kommen vorgefertigte oder handwerklich hergestellte Profile. Abdeckungen sollten ein ausreichendes Gefälle zur Dachseite aufweisen. Es wird empfohlen, die dachabgewandte Seite mit einer Aufkantung zu versehen. Die Überstände ergeben sich aus Abschnitt 6.3.1. Die Abdeckungen erhalten an den Enden Kopfstücke oder Maueranschlussstücke. Verunreinigungen durch abtropfendes Wasser sind nicht gänzlich zu vermeiden [siehe Abb. 6.254 und 6.255]."

Abb. 6.256 zeigt eine nachträglich aufgedoppelte Attikaunterkonstruktion. Die unverändert beibehaltene Ansichtshöhe der Attikableche hat zu einer Unterschreitung der mindestens erforderlichen Höhe h_2 geführt. Die Strichmarkierung entspricht der Lage der Tropfkante vor Demontage des Blechs.

Zum Tropfkantenabstand sowie zum Überhang gelten die gleichen Regeln wie für den Ortganganschluss.

Mauerabdeckungen

Bei der Ausführung von Mauerabdeckungen im Bewegungsbereich von Personen dürfen keine scharfkantigen Blechteile zur Verletzungsgefahr werden.

(Fensterbankabdeckungen werden in Band 2, Kapitel 1.3 beschrieben.)

Es existiert keine konkrete anerkannte Regel der Technik, die sich auf diesen Punkt an der Schnittkante einer Abdeckung bezieht. Hilfsweise kann aber aus dem Regelwerk für die Ausführung von Klempnerarbeiten auf die VOB/C ATV DIN 18339:2019-09 „Klempnerarbeiten", Abschnitt 3.5 „Metall-Wandbekleidungen", zurückgegriffen werden, da bei Wandbekleidungen ebenfalls dafür gesorgt werden muss, dass für die Nutzer bei der Berührung der Bauteile keine Verletzungsgefahr entsteht:

„3 Ausführung

Ergänzend zur ATV DIN 18299, Abschnitt 3 gilt: (...)

3.3 Metall-Wandbekleidungen (...)

3.3.5 Bleche unter 1 mm Dicke sind umzukanten bzw. umzubördeln."

Abb. 6.257: Verletzungsgefahr durch scharfkantiges Ende einer Mauerabdeckung auf einem Balkon

Abb. 6.258: Spenglerschraube

Abb. 6.259: Wasserdicht verlöteter Hauerbuckel aus Zinkblech

Nach den anerkannten Regeln der Technik stehen im Sollzustand keine dünnen, scharfkantigen Bleche so hervor, dass sie eine Verletzungsgefahr darstellen (siehe Abb. 6.257).

Die direkte Befestigung von waagerechten Abdeckungen mit Spenglerschrauben entspricht nicht den anerkannten Regeln der Technik. Spenglerschrauben sind dreiteilige Schrauben, bei denen sich beim Festziehen ein Metallklemmring auf einen Dichtring presst, der den Zwischenraum zwischen der Schraube und dem Schraubloch dann abdichtend ausfüllt (siehe Abb. 6.258).

Der Einsatz derartiger Spenglerschrauben ohne eine zusätzliche Abdichtung mit Hauerbuckeln ist daher nur an wandseitigen, also senkrechten Flächen zulässig, wie die „Fachregel für Metallarbeiten im Dachdeckerhandwerk" (2017) festlegt:

„3 *Verbindungs- und Befestigungstechniken (…)*

3.4 *Ausführungen der Befestigung*

3.4.1 *Direkte Befestigungen*

(1) Bei der direkten Befestigung wird das Metall unmittelbar mit der Unterlage verbunden. Sie ist bei Einzellängen mit einer Länge ≤ 3,00 m im geneigten Bereich möglich (für Bauteile aus Blei gilt Tabelle I.8). Dabei sind die Befestigungsmittel, die der direkten Witterung ausgesetzt sind, mit Hauerbuckeln abzudichten. Bohrlöcher sind mit Übermaß auszuführen.

Abb. 6.260: Fehlendes Klemmprofil bei einem Wandanschluss

(2) Schrauben mit Dichtscheiben und andere Befestigungselemente, die der Witterung ausgesetzt sind, müssen korrosionsbeständig sein und dürfen nur bei wandseitigen Anschlüssen zum Einsatz kommen."

Hauerbuckel sind vorgefertigte, gewölbte Metallplättchen, die zur Abdeckung einer direkten Befestigung dienen und die über den Schraubverbindungen von oben auf das abzudeckende Blech aufgelötet werden (siehe Abb. 6.259).

Klemmprofile

Die Ausführung der Klemmprofilabschlüsse von Abdichtungen an höher gehende Bauteile ist einer der bemerkenswerten Schwachpunkte innerhalb der Funktionsebene von abdichtenden Bauteilen (siehe Abb. 6.260). Hier überlagern sich gewöhnlich unterschiedliche Beanspruchungen, Lastfälle und Verformungsbestrebungen. Die Oberseite muss wirksam mit einer dauerelastischen Versiegelung vor Hinterläufigkeit geschützt werden, der Anschluss selbst muss an das aufgehende Bauteil nachhaltig angepresst werden.

Gemäß der „Fachregel für Dächer mit Abdichtungen – Flachdachrichtlinie" (2016) gilt:

„4 Details

4.3 Anschlüsse an aufgehende Bauteile (…)

4.3.2 Anschlüsse mit Abdichtungen

(1) Anschlussbahnen müssen dauerhaft gegen Abrutschen gesichert werden. Die Sicherung soll im oberen Randbereich mit mechanischer Befestigung erfolgen. Sind Anschlüsse an aufgehenden Bauteilen frei bewittert oder durch Spitzwasser unmittelbar belastet, so sind sie durch Klemmprofile, Klemmschienen oder angeschweißte Verbundbleche linienförmig an ausreichend eben hergestellten Untergründen im Regelfall im Abstand von 0,20 m zu fixieren. Nagelbänder dürfen nicht verwendet werden.

(2) Bei ausreichender Haftung mit dem Untergrund kann bei Flüssigkunststoffen auf eine mechanische Befestigung am oberen Rand verzichtet werden.

(3) Das obere Ende von Anschlüssen muss regensicher verwahrt werden. Dies kann durch folgende Maßnahmen erfolgen:

- *Verwahrung mit eingelassenen Überhangstreifen oder*
- *Überdeckung des oberen Endes durch die Bekleidung der Außenwand oder gleichwertig oder*

Abb. 6.261: Unzureichender Anpressdruck des Klemmprofils an der lose sitzenden Unterlegscheibe erkennbar

Abb. 6.262: Unzureichender Anpressdruck des Klemmprofils aufgrund nicht fachgerecht hergestellter Verschraubung

Abb. 6.263: Die Verschraubung des Klemmprofils greift nicht kraftschlüssig in den Dübel ein und lässt sich von Hand herausziehen.

Abb. 6.264: Die Verschraubung des Klemmprofils greift nicht kraftschlüssig das Wärmedämm-Verbundsystem ein und lässt sich von Hand herausziehen.

- *Anpressung der Abdichtung durch Klemmschienen auf den Untergrund oder*
- *Dichtstoffverfugungen.*

Bei nicht regensicheren vorgesetzten Außenwandbekleidungen muss der Anschluss hinter diesen an der Wand hochgeführt werden. Bei Vorsatzmauerwerk, Wärmedämm-Verbundsystemen, Sichtbeton oder Putzschichten muss die Hinterläufigkeit der Abdichtung vermieden werden. Hierfür sind z. B. z-förmige Feuchtigkeitssperren, eingelassene Überhangstreifen oder Z-Profile geeignet.

Dichtstoffverfugungen sind wegen ihrer begrenzten Nutzungsdauer regelmäßig instand zu setzen.

Die Ausführung mit Überhangstreifen oder vorgefertigten Metallprofilen erfolgt entsprechend den ‚Fachregeln für Metallarbeiten im Dachdeckerhandwerk'. Überhangstreifen und Klemmschienen, die der Witterung ausgesetzt sind, müssen mit korrosionsbeständigen Befestigungsmitteln angebracht werden.

(4) Flächen, an denen die Abdichtungsbahnen des Anschlusses hochgeführt, aufgeklebt oder befestigt werden, müssen eine glatte und ebene Oberfläche aufweisen. Betonflächen im Anschlussbereich dürfen keine Kiesnester, Risse oder ausgebrochenen Kanten aufweisen. Bei unebenem oder stark strukturiertem Mauerwerk muss der Anschlussbereich mit einer fest haftenden Putzschicht versehen sein.“

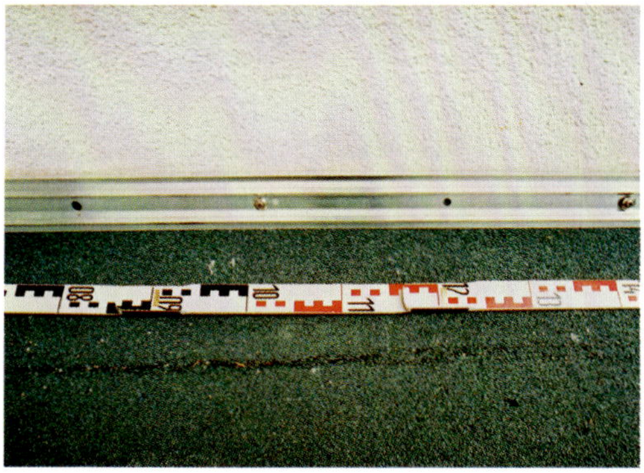

Abb. 6.265: Missachtung der werkseitigen Befestigungsbohrungen im Abstand von 20 cm

Abb. 6.266: Verwahrungsanschluss an eine Balkontür mit Verletzungsgefahr durch freie Schnittkante

Abb. 6.267: Unzureichender Abstand für die handwerkliche Ausbildung eines Klemmprofils

Die Befestigung des Klemmprofils am Untergrund muss kraftschlüssig erfolgen, da ohne einen Anpressdruck keine Dichtigkeit des Anschlusses erwartet werden kann (siehe Abb. 6.261 bis 6.264).

Die Befestigungsabstände sind in den oben genannten Fachregeln festgelegt. Bei Überschreitung des Maximalabstandes droht der Verlust des erforderlichen Anpressdrucks und es besteht die Gefahr der Hinterläufigkeit (siehe Abb. 6.265). Die Hersteller von Systemprofilen geben nicht willkürlich vorkonfektionierte Befestigungslöcher vor.

Die Enden von Klemmprofilen werden verkröpft und verlötet. Offene Schnittkanten im Fußbereich von Balkonen führen zu einem Verletzungsrisiko (siehe Abb. 6.266).

Die Klemmprofile müssen handwerklich herstellbar sein. Hierzu muss planungsseitig ein Freiraum bereitgestellt werden, der die handwerkliche Ausführung der Klemmprofile sicherstellt (siehe Abb. 6.267). Das Klemmprofil soll unmittelbar unterhalb der Z-Folie des Verblendmauerwerks sitzen, damit nicht in der Zone zwischen Klemmprofil und Z-Folie Wasser in das Mauerwerk eindringt und die Andichtungsebene hinter- und unterläuft. Bei Tonnendächern ist diese ordnungsgemäße Anbindung der Dachfläche an das Verblendmauerwerk nicht möglich, da die Z-Folie innerhalb des Verblendmauerwerks nicht an die Rundung des Tonnendachs angeformt werden kann. Hier muss planungsseitig für eine andere Lösung gesorgt werden.

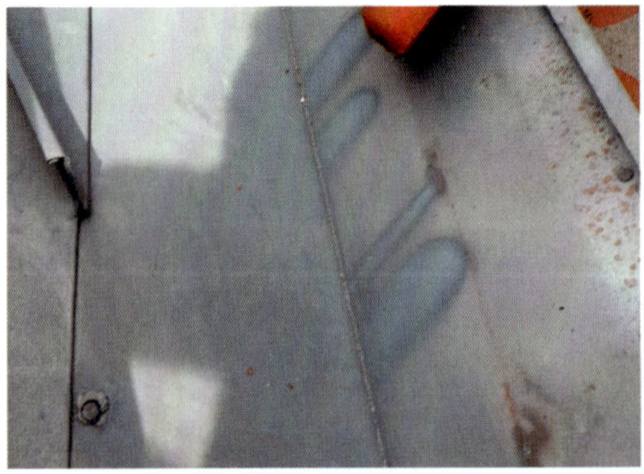

Abb. 6.268 und 6.269: Unzulässige Nagelbefestigungen innerhalb des Wasserlaufs eines Kehlblechs

Kehlen

Im Bereich des Wasserlaufs darf in den Kehlblechen keine Vernagelung erfolgen (siehe Abb. 6.268 und 6.269).

Längenausdehnung

Teilweise der Sonnenstrahlung ausgesetzte Bauteile und Baustoffe sind erheblichen Temperaturschwankungen ausgesetzt. Die Dimension zur Bemessung der erforderlichen Ausdehnungselemente ist in der „Fachregel für Metallarbeiten im Dachdeckerhandwerk“ (ZVDH, 2017) geregelt. Tabelle 6.45 enthält Richtwerte für die maximalen Abstände von Dehnungsausgleichern.

Tabelle 6.45: Richtwerte für die maximalen Abstände von Dehnungsausgleichern für Bleche, Bänder und Metallprofile aus Cu, Zn, Al, S.S und VSt nach „Fachregel für Metallarbeiten im Dachdeckerhandwerk“ (2017), Tabelle I.7:

Metall **Ausdehnungskoeffizient in mm/(K · m)**	**Cu** **0,017**	**Zn** **0,022**	**Al** **0,024**	**S.S** **0,016**	**VSt** **0,012**	**Pb** **0,029**

Formteil	**maximaler Abstand**
eingeklebte Einfassungen; Winkelanschlüsse; Traufbleche; Dachrandeinfassungen und eingeklebte Shedrinnen in der Wasserebene	6 m
Mauerabdeckungen; Dachrandabschlüsse außerhalb der Wasserebene; innen liegende, nicht eingeklebte Dachrinnen mit Zuschnitt > 500 mm bei verzinktem Stahl und nicht rostendem Stahl	8 m 14 m
bei Scharen für Dachdeckungen und Außenwandbekleidungen • aus Cu, Al und Zn • aus S.S und VSt	 10 m 14 m

Fortsetzung Tabelle 6.45

Formteil		maximaler Abstand
innen liegende, nicht eingeklebte Rinnen vorgehängte Dachrinnen	≤ 500 mm Zuschnitt > 500 mm Zuschnitt	10 m
vorgehängte Dachrinnen	≤ 500 mm Zuschnitt	15 m

Diese Richtwerte gelten für die gestreckte Länge von Bauteilen.
Für die Abstände von Ecken oder Festpunkten gelten jeweils die halben Längen.
Die vorgegebenen Richtwerte können geringfügig überschritten werden.
Abkürzungen für Werkstoffe siehe Tabelle I.1.
Für eine ungehinderte Längenänderung durch Temperaturwechsel ist mit einer Temperaturdifferenz bis 100 K zu rechnen. Dabei geht man davon aus, dass im Winter –20 °C und im Sommer +80 °C erreicht werden. Für die Berechnung der Längenänderung im Sommer bzw. im Winter ist die Einbautemperatur des Werkstoffs zu berücksichtigen.

Die Änderung der Länge errechnet man nach der Formel:

$$\Delta L = L \cdot a \cdot \Delta t \quad \text{in mm}$$

Hierin ist:

ΔL = Längenänderung in mm
L = Bauteillänge in m
a = Ausdehnungskoeffizient in mm/(m · K)
Δt = Temperaturdifferenz in K (Kelvin) 100 K bzw. Temperaturdifferenz der Einbautemperatur und t_{Sommer} und t_{Winter}

Beispiel 1

Bei einer möglichen und rechnerisch zu berücksichtigenden Temperaturspreizung von 100 K ergibt dies beispielhaft bei einer Balkonlänge von 6,75 m eine mögliche Längenausdehnung von 0,017 mm/(K · m) · 100 K · 6,75 m = 11,5 mm.

Dabei ergibt sich an jedem Stoß eine wirksame Längenausdehnung von etwa 0,017 mm/(K · m) · 100 K · 2,0 m = 3,4 mm.

Der seitliche Aufkantungsanschluss der Fensterbänke an die Verblendleibungen wird häufig scharfkantig und kontaktschlüssig ausgeführt. Es wird kein Freiraum belassen für die Aufnahme einer elastischen Anschlussversiegelung mit einer notwendigen Versiegelungsstärke von 10 mm. Die von oben her eingetragene Versiegelung hat hier regelmäßig eine Breite von ca. 1 mm. Das Versiegelungsmaterial verfügt nicht über die erforderliche Flankenbreite, die eine angemessene Haftung sichert.

Beispiel 2

Das Längenänderungsverhalten einer 1,25 m langen Fensterbank aus Kupferblech beträgt 1,25 m · 100 K · 0,017 mm/(m · K) = 2,125 mm.

Hieraus ergibt sich an beiden Fensterbankenden ein Längenveränderungsverhalten von 2,125 mm : 2 = 1,06 mm.

Bei einer seitlich verbleibenden Fuge zwischen der Blechaufkantung und der Putzleibung von 1,0 mm und einer vorausgesetzten Dehnfähigkeit des Fugenmaterials von 25 % kann die Fuge beansprucht werden für ein Längenänderungsverhalten der Fensterbank bis maximal 25 % · 1,0 mm = 0,25 mm.

Das Längenänderungsbestreben der Fensterbank ist damit wesentlich größer als das Dehnungsvermögen der hierfür vorgesehenen Fuge. Der Faktor der Überbeanspruchung beträgt: 1,06 : 0,25 = 4-fach.

Die regelmäßige Kontrolle und Nachbearbeitung der Fugen verursachen hier einen erhöhten Wartungsaufwand, der wiederum als Abweichung von der vorausgesetzten Gebrauchstauglichkeit als Mangel behandelt wird.

Dachentwässerung

Dachflächen mit nach innen abgeführter Entwässerung müssen neben dem Dachablauf einen Notüberlauf erhalten. Für beide ist der rechnerische Nachweis zu führen.

Die „Fachregel für Dächer mit Abdichtungen – Flachdachrichtlinie“ (2016) regelt:

„2 Beanspruchungen und Anforderungen (…)

2.5 Entwässerung

(1) Die Entwässerung ist unter Beachtung der Bemessungsnormen so anzuordnen, dass die Niederschläge auf kurzem Wege abgeleitet werden können. Die Entwässerung kann mit Abläufen oder über vorgehängte Dachrinnen mit entsprechender Traufausbildung erfolgen (siehe ‚Fachregel für Metallarbeiten im Dachdeckerhandwerk‘).

(2) Dachflächen mit nach innen abgeführter Entwässerung müssen unabhängig von der Größe der Dachfläche mindestens einen Dachablauf und mindestens einen Notüber- oder Notablauf erhalten. Für die Bemessung der Dachabläufe und Notentwässerung ist das ‚Merkblatt zur Bemessung von Entwässerungen‘ zu beachten. Dachflächen ohne Gefälle erfordern besondere Maßnahmen, z. B. Anordnung der Abläufe an den Stellen maximaler Durchbiegung. (…)

(5) Die Abläufe von innen liegenden Dachentwässerungen sollen an Tiefpunkten der Dachfläche angeordnet werden und so ausgebildet sein, dass die Abdichtung wasserdicht angeschlossen werden kann. Flächenabläufe sollen einen Abstand von mindestens 0,30 m von Dachaufbauten, Fugen oder anderen Durchdringungen der Abdichtung haben. Maßgebend ist dabei die äußere Begrenzung des Flansches. Dies gilt nicht für Attikaabläufe.

(6) Dachabläufe müssen zu Wartungszwecken frei zugänglich sein.“

Abb. 6.270: Große Dachterrasse mit Platten auf Stelzlagern. Die Bodenabläufe sind überdeckt und nicht markiert.

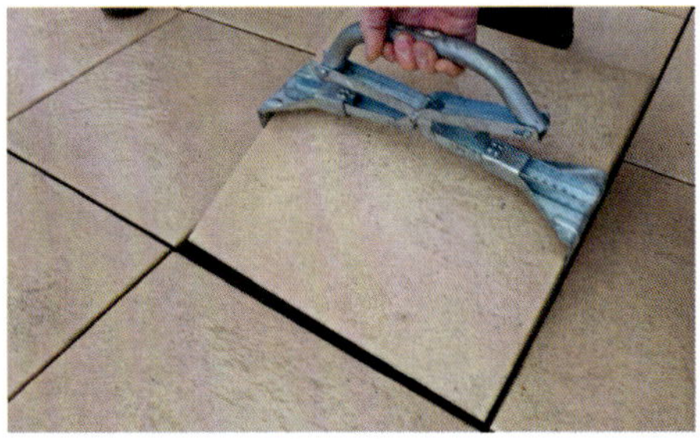

Abb. 6.271: Um die Dachabläufe zu finden, müssen die 15 kg schweren Platten mit einem Plattenheber aus der Fläche herausgenommen werden.

Abb. 6.272: Der Ablauf befindet sich nicht unter einer Einzelplatte, sondern im Fugenbereich zwischen 2 Platten.

Die Zugänglichkeit der Abläufe zu Wartungszwecken ist sicherzustellen (siehe Abb. 6.270 bis 6.272). In der Regel wird dies bei Terrassenflächen sichergestellt, indem über den Dachabläufen sowie den Notüber- und -abläufen Gitterroste eingebaut werden, wie die „Fachregel für Dächer mit Abdichtungen – Flachdachrichtlinie“ (2016) regelt:

„*4 Details (…)*

4.8 Entwässerung

4.8.1 Abläufe, Notab- und Notüberläufe (…)

(6) Abläufe sollen durch Kies-/Laubfangkörbe vor Verstopfung geschützt werden. Die Entwässerungselemente sind so abzudecken, dass ein Zusetzen des Ablaufs sicher vermieden wird. Dachabläufe müssen zu Wartungszwecken frei zugänglich sein und sind regelmäßig zu warten.

(7) Bei Terrassenflächen sind über Dachabläufen, Notab- und Notüberläufen herausnehmbare Gitterroste oder vergleichbare gelochte/geschlitzte Abdeckungen anzuordnen. Rahmen für Gitterroste, die im Terrassenbelag fest eingebunden sind, dürfen die Eigenbeweglichkeit des Terrassenbelages gegenüber dem Ablauf nicht beeinträchtigen.“

Die Dachentwässerung darf bei Dachterrassen mit umlaufend geschlossenen Brüstungen nicht über dieselben Fallrohre abgeleitet werden wie die Entwässerung von Loggien, da es bei einem Rückstau in der Entwässerung ansonsten zu der Gefahr einer Überflutung der Loggien kommen würde. Hierzu regelt die DIN 1986-100:2016-12 „Entwässe-

Abb. 6.273 und 6.274: Unzulässig: Das Dach wird über das unten offene Fallrohr auf die darunterliegende Dachterrassenfläche mit einer umlaufend geschlossenen Brüstung entwässert.

rungsanlagen für Gebäude und Grundstücke – Teil 100: Zusätzliche Bestimmungen zu DIN EN 752 und DIN EN 12056":

„5 Planung von Grundstücksentwässerungsanlagen

5.1 Allgemeine Festlegungen

5.1.1 Allgemeines (…)

5.10 Balkone und Loggien

Balkone und Loggien sollten einen Ablauf oder eine vorgehängte Rinne erhalten. Haben Balkone und Loggien eine geschlossene Brüstung, so muss zusätzlich zum Ablauf ein Notablauf oder ein Notüberlauf von mindestens 40 mm lichter Weite in der Brüstung vorhanden sein.

An Regenwasserfallleitungen von Dachentwässerungen dürfen zur Vermeidung von Überflutungen auf den darunterliegenden Etagen keine Abläufe von Balkonen oder Loggien mit geschlossener Brüstung angeschlossen werden, auch dann nicht, wenn Notentwässerungen in der Brüstung vorhanden sind. Dieses gilt auch für Terrassenabläufe.

Nur wenn Balkone oder Loggien keine geschlossene Brüstung haben, kann auf getrennte Fallleitungen für die Dach- und Balkonentwässerung verzichtet werden. Mindestens 50 % der Brüstung müssen als freier Ablauf verfügbar sein, damit das Wasser im Überflutungsfall ungehindert abfließen kann. Offene Brüstungen sind z. B. auch Begrenzungen durch Geländer mit Glasfassaden o. Ä., unter denen das Wasser im Überflutungsfall über die Balkonfußbodenfläche nach außen ungehindert frei abfließen kann. Abläufe von Balkonen oder Loggien im Erdgeschoss sollten getrennt an die Grundleitung angeschlossen werden, da das Risiko eines möglichen Rückstaus durch Überlastung der Regenwasserleitung besteht.

Abläufe im Terrassenbereich sollten möglichst wegen Überflutungsgefahr bei Starkregen erst nach dem Entspannungspunkt (Übergang der Dachentwässerung zur weiterführenden Grundleitung nach einem Hofablauf oder offenem Schacht mit Lüftungsöffnungen (siehe Bild 23) an die Regenwassergrundleitung angeschlossen werden. Terrassen sollten mit Gefälle so angelegt werden, dass ein schadloses Abfließen des Wassers in das umgebende Gelände möglich ist."

Abb. 6.273 und 6.274 zeigen ein Beispiel einer unzulässigen Dachentwässerung.

Notüberläufe

Bei Flachdächern muss sichergestellt werden, dass es nicht zu vorübergehendem Wasseranstau auf der Dachoberfläche und damit zu einer möglichen Überlastung der tragenden Dachkonstruktion kommt. Neben den regulär dimensionierten Dachabläufen müssen daher bei Flachdachkonstruktionen mit geschlossenen Brüstungen Notüberläufe vorgesehen werden. Gemäß DIN EN 12056-3:2001-01 „Schwerkraftentwässerungsanlagen innerhalb von Gebäuden – Teil 3: Dachentwässerung, Planung und Berechnung" gilt:

„5 Planung von Dachentwässerungsanlagen (…)

5.4. Flachdachabläufe

5.4.1 Bei der Entwässerung von Flachdächern ist die Tragfähigkeit und Konstruktion des Daches mit in Betracht zu ziehen.

5.4.2 Jegliche Ableitung und jeglicher Ablauf sollen so sein, dass sich kein Aufstau bilden kann, der die Belastbarkeit des Daches überschreitet, und so, dass kein Wasser in das Dach eindringen kann, z. B. durch Verbindungsstellen.

7.3. Dachrinnenauslässe

7.3.1 Bei Flachdächern mit Brüstungen sind mindestens 2 Dachrinnenabläufe (oder ein Dachrinnenablauf plus ein Notüberlauf) vorzusehen, und zwar für jede Teildachfläche. (…)

7.4. Notabläufe/Notüberläufe

Notabläufe oder Notüberläufe sollten für Flachdächer mit Brüstungen und bei nicht vorgehängten Dachrinnen vorgesehen sein, um das Risiko des Eindringens von Regenwasser in das Gebäude oder der Überlastung der Konstruktion zu verringern."

Rinnen und Fallrohre

Dimensionierung der Rinnen und Fallrohre

Zur Überprüfung der ausreichenden Dimensionierung der Regenwasseranschlussleitungen und Fallrohre ist zunächst die zu entwässernde Dachfläche zu berechnen.

Abweichend von dem alten Regelwerk DIN 1986-2:1995-03 „Entwässerungsanlagen für Gebäude und Grundstücke; Ermittlung der Nennweitern von Abwasser- und Lüftungsleitungen", bei dem für jeden Fallrohrdurchmesser eine anschließbare Niederschlagsfläche in tabellarischer Form ausgewiesen war, ist in der Nachfolgenorm DIN EN 12056-3:2001-01 „Schwerkraftentwässerungsanlagen innerhalb von Gebäuden – Teil 3: Dachentwässerung, Planung und Berechnung" der rechnerische Nachweis für die anfallenden Durchflussmengen zu führen. Damit wird die Ermittlung der Regenentwässerungsquerschnitte zu einer Fachplanung.

Lediglich als Anhaltswerte für den praktischen Kontrollgebrauch werden in Tabelle 6.46 die nicht mehr gültigen Tabellenwerte der DIN 1986-2:1995-03 aufgeführt.

Tabelle 6.46: Anschließbare Niederschlagsflächen nach der – nicht mehr gültigen – DIN 1986-2:1995-03, Tabelle 17

DIN 1986-2:1995-03 „Entwässerungsanlagen für Gebäude und Grundstücke; Ermittlung der Nennweiten von Abwasser- und Lüftungsleitungen" – ersetzt durch DIN EN 12056-3:2001-01 – Tabelle 17: Anschließbare Niederschlagsflächen an Regenfallleitungen und Regenwasseranschlussleitungen bei Mindestgefälle (I_{min} = 1,0 cm/m, h/d_i = 0,7)

	Höchstzul.		***r* = 300 l/(s · ha)**			***r* = 400 l/(s · ha)**		
	DN	V_r **in l/s**	ψ **= 1,0** ***A*** **in m²**	ψ **= 0,8** ***A*** **in m²**	ψ **= 0,5** ***A*** **in m²**	ψ **= 1,0** ***A*** **in m²**	ψ **= 0,8** ***A*** **in m²**	ψ **= 0,5** ***A*** **in m²**
1	50	0,7	24	30	48	18	23	36
2	60[1)]	1,2	40	49	79	30	37	59
3	70	1,8	60	75	120	45	56	90
4	80[1)]	2,6	86	107	171	64	80	129
5	100	4,7	156	195	312	117	146	234
6	118[2)]	7,3	242	303	485	182	227	364
7	120	7,6	253	317	507	190	238	380
8	125	8,5	283	353	565	212	265	424
9	150	13,8	459	574	918	344	431	689
10	200	29,6	986	1.233	1.972	740	924	1.479

[1)] Maße nach DIN 18460
Für Regenfallleitungen aus Blech liegen den Werten der Tabelle trichterförmige Einläufe (Stutzen) zugrunde.

[2)] entspricht DN 125 nach DIN 19535-1, DIN 19538, DIN V 19560 und DIN V 19561

In Anlehnung an die DIN 18460:1989-05 „Regenfallleitungen außerhalb von Gebäuden und Dachrinnen; Begriffe, Bemessungsgrundlagen", ersetzt durch DIN EN 12056-3:2001-01 „Schwerkraftentwässerungsanlagen innerhalb von Gebäuden – Teil 3: Dachentwässerung, Planung und Berechnung" , ergibt sich hiernach Tabelle 6.47 für die Bemessung der Regenfallleitungen:

Tabelle 6.47: Anschließbare Niederschlagsflächen nach der – nicht mehr anwendbaren – DIN 18460:1989-05

anzuschl. Dach grundfl. bei max. Regenspende $r = 300\ l/(s \cdot ha)$[1)] in m²	Regenwasserabfluss[2)] $Q_{r\,zul}$ in l/s	Regenfallleitung		zugeordnete Dachrinne					
				halbrund				kastenförmig	
		Nenngröße[4)]	Querschnitt in cm²	Nenngröße	Rinnenquerschnitt in cm²	Richtgröße		Nenn größe	Rinnenquerschnitt in cm²
37	1,1	60	28	200	25	70	10-teilig	200	28
57	1,7	70	38	–	–	–		–	–
83	2,5	80	50	250	43	100	8-teilig	250	42
				280	63	125	7-teilig		
150	4,5	100	79	333	92	150	6-teilig	333	90
243[3)]	7,3	120	113	400	145	180	5-teilig	400	135
270	8,1	125	122	–	–	–	–	–	–
443	13,3	150	177	500	245	250	4-teilig	500	220

[1)] Ist die örtliche Regenspende größer als 300 l/(s · ha), muss mit den entsprechenden Werten gerechnet werden (siehe Berechnungsbeispiel).

[2)] Die angegebenen Werte resultieren aus trichterförmigen Einläufen. Bei zylindrischen Einläufen sind die anzuschließenden Dachgrundflächen um etwa 30 % zu reduzieren.

[3)] in DIN 1986-02 nicht enthalten

[4)] Regional sind auch Regenfallrohre mit den Nenngrößen 76 und 87 noch üblich. Die anzuschließenden Dachgrundflächen sind entsprechend umzurechnen.

Rinnengefälle

Dachrinnen sollten mit einem gezielten Gefälle in Richtung der Abläufe ausgestattet werden. Eine zwingende Regelung hierüber besteht jedoch in der Fachregel nicht.

Gemäß „Fachregel für Metallarbeiten im Dachdeckerhandwerk“ (2017) gilt:

„10 Dachentwässerung

10.1 Dachrinnen (…)

10.1.2 Außen liegende Dachrinnen

10.1.2.1 Vorgehängte Dachrinnen (…)

(3) Die vorgehängten Dachrinnen können mit oder ohne Gefälle zu den Abläufen verlegt werden. Wasserrückstände sind bei waagerecht verlegten Rinnen nach einem Regenereignis unvermeidbar und stellen keinen Mangel dar.“

Gemäß DIN EN 12056-3:2001-01 „Schwerkraftentwässerungsanlagen innerhalb von Gebäuden – Teil 3: Dachentwässerung, Planung und Berechnung“ gilt:

Abb. 6.275: Der bei einer Bitumenschweißbahnabdichtung auf der entwässerten Dachfläche erforderliche Schutzanstrich gegen Bitumenkorrosion in der Rinne fehlt.

„7 Planung (...)

7.2 Dachrinnen

7.2.1 Dachrinnen, die als Dachrinnen ohne Gefälle oder als Dachrinnen mit Gefälle, aber als solche ohne Gefälle bezeichnet, sollten mit einem Gefälle von 1 mm/m bis 3 mm/m verlegt werden, wo dies machbar ist.“

Ein eindeutiges Mindestgefälle für außen liegende Dachrinnen ist somit in den gängigen Regelwerken nicht vorgeschrieben, aber empfohlen. Es kommt bei der Beurteilung, ob wegen eines bestimmten Gefälles ein Mangel vorliegt, auf die vertragliche Vereinbarung an. Allerdings ist in beiden Regelwerken eine Ausführung mit einem Gegengefälle ausdrücklich nicht vorgesehen. Wasserrückstände, die nach einem Regenereignis aufgrund eines Gegengefälles in der Rinne verbleiben, sind insoweit vermeidbar und dürften dann einen Mangel darstellen.

Schutzanstrich gegen Bitumenkorrosion in Rinnen

Rinnen von bituminös eingedeckten Dachflächen müssen mit einem Schutzanstrich versehen werden, um einer Korrosionsgefahr vorzubeugen (siehe Abb. 6.275). Diese entsteht dadurch, dass die Bitumina unter UV-Bestrahlung Oxidationsprodukte abgeben, die zusammen mit dem Niederschlagswasser als Säuren in die Regenrinnen gelangen und dort zur Korrosion führen.

Gemäß Rheinzink (1988) gilt:

„2 Beanspruchungen und angrenzende Einflüsse (...)

2.6 Bitumenkorrosion

Bitumen kann unter bestimmten Voraussetzungen auch an Zink Korrosion auslösen. Dies ist seit über 40 Jahren bekannt (...). Neuere Arbeiten von Prof. Dr. Witt (...) haben nicht nur diese Erkenntnisse bestätigt, sondern in wesentlichen Punkten ergänzt und erweitert. Unsere eigenen, intensiven Laboruntersuchungen und praktischen Erfahrungen zeigen dieselben Ergebnisse.

Dieses Wissen gehört zum Stand der Technik und ist kurz zusammengefasst wie folgt zu erklären:

Die Bitumenkorrosion wird durch in Wasser gelöste Abbauprodukte des Bitumens hervorgerufen, die bei Bewitterung vor allem durch den Einfluss der UV-Strahlung entstehen.

Diese stark sauren Abbauprodukte bilden bei geringem Wasserzufluss (Tau/Nebel) sehr hohe Säurekonzentrationen, von denen Metalle generell angegriffen werden.

Soweit Bitumen regelwidrig ohne wirksame Abstrahlungsschicht (z. B. Kiesschüttung 5 cm) bleibt, müssen alle Metalle, wie Winkelstreifen, Traufstreifen, Rinnen, die in der Wasserführungsebene liegen, zusätzlich porenfrei geschützt werden. (…)

2.8 Anstrichmittel

In den Fällen zu erwartender Bitumenkorrosion oder in ähnlichen Fällen (…) sollten Beschichtungen vorgenommen werden. (…)

Die Beschichtung muss vollflächig, d. h. porenfrei aufgetragen werden. Solche Schutzbeschichtungen sind Pflegeanstriche und damit der natürlichen Korrosion und Alterung ausgesetzt und müssen in regelmäßigen zeitlichen Abständen erneuert werden.

Werden Anstriche nicht porenfrei ausgeführt, so muss mit einer Unterwanderung des Anstriches durch Feuchtigkeit gerechnet werden. Dies wiederum führt zu einer Hydroxidbildung, wodurch die Lebensdauer der betroffenen Stellen deutlich herabgesetzt werden kann.

Es werden auf dem Markt für Schutzanstriche zahlreiche Fabrikate angeboten. Die Wirksamkeit als Schutzanstrich muss aber in jedem Fall vom Produzenten nachgewiesen werden. Die einschlägigen Verarbeitungsvorschriften der Farbenhersteller sind grundsätzlich zu beachten."

Das Erfordernis eines Korrosionsschutzanstrichs bei korrosionsfördernden Einflüssen bestimmter Werkstoffe auf Metalle ergibt sich aus der „Fachregel für Metallarbeiten im Dachdeckerhandwerk" (2017):

„2 Werkstoffe und Anforderungen

2.1 Metalle

(1) Bei der Verwendung von Metallen untereinander ist wegen Kontaktkorrosion und Korrosion in Fließrichtung des Wassers ihre Verträglichkeit zu beachten. Die möglichen Kombinationen sind in Tabelle I.1 aufgeführt.

(2) Metalle und andere Werkstoffe müssen in Bezug auf eventuell korrosionsfördernde Einflüsse der Werkstoffe auf das Metall aufeinander abgestimmt sein. Gegebenenfalls sind Trennungen, Schutzschichten oder Schutz-/Korrosionsschutzanstriche nötig."

Verankerung der Fallrohre

Regenfallrohre sind in bestimmten Abständen mit Rohrschellen zu befestigen (siehe Abb. 6.276). Um ein Abrutschen der Fallrohre zu verhindern, müssen über den Rohrschellen Wulste angeordnet sein (siehe Abb. 6.277 und 6.278).

Gemäß „Fachregel für Metallarbeiten im Dachdeckerhandwerk" (2017) gilt:

„10 Dachentwässerung (…)

10.2 Regenfallleitungen (…)

(4) Die Rohrschellen (Abb. III.32) sind so anzubringen, dass der Abstand der Regenfallleitungen von den Bauwerksteilen mindestens 20 mm beträgt. Der Abstand der Rohrschellen untereinander darf bei Fallrohren aus Metall mit einem Innendurchmesser bis 100 mm höchstens 3 m und bei größerem Durchmesser höchstens 2 m betragen. Bei Kunststoffroh-

Abb. 6.276: Fehlende Abstützung des Fallrohres an der Schelle

Abb. 6.277: Wulst als Abstützung des Fallrohres

Abb. 6.278: Nachträglich angefügter Wulst als Abrutschsicherung über dem Schellenhalter

Abb. 6.279: Die Gewährleistung für das Fallrohr braucht nicht öffentlich sichtbar zu sein. Das Rohr muss so ausgerichtet werden, dass der Aufdruck zur Wandseite hin zeigt.

ren darf der Abstand höchstens 2 m betragen. Einzellängen sind gegen Abrutschen durch Wulste, Nasen, Muffen o. a. zu sichern. (…)"

Aufdrucke auf Fallrohren müssen entweder mit geeigneten Reinigungsmitteln entfernt werden oder das Rohr muss so ausgerichtet werden, dass der Aufdruck zur Wand hin zeigt (siehe Abb. 6.279).

Für die Planung und Bemessung von Dachentwässerungsanlagen ist DIN EN 12056-3:2001-01 „Schwerkraftentwässerungsanlagen innerhalb von Gebäuden – Teil 3: Dachentwässerung, Planung und Berechnung" einschlägig:

„7 Planung (…)

7.5 Reinigungsöffnungen

Abb. 6.280: Die Reinigungsöffnung des Standrohres liegt unzugänglich unter der Kiesanfüllung.

Abb. 6.281: Das Fallrohr geht ohne Reinigungsöffnung in die Grundleitung über.

7.5.1 Reinigungsöffnungen zum Zwecke der Reinigung, der Kontrolle und, wenn gefordert, zur Prüfung sind oberhalb des Endes der Regenwasserfallleitung und bei Richtungsänderungen anzuordnen, wenn die Gefahr von Verstopfungen besteht. Wo eine Regenwasserfallleitung über ein Auslaufformstück entwässert, wird dieses unten offene Auslaufformstück als geeigneter Zugang angesehen.“

Am unteren Ende der Regenwasserfallleitung beginnt die im Erdreich verlegte Regenwassergrundleitung. Entsprechend DIN 12056-3 ist oberhalb des unteren Endes der Regenwasserfallleitung eine Reinigungsöffnung erforderlich (siehe Abb. 6.280 und 6.281). Wenn Standrohre verwendet werden, sind diese in der Regel werkseitig mit verschraubten Reinigungsöffnungen ausgerüstet.

Gemäß „Fachregel für Metallarbeiten im Dachdeckerhandwerk“ (2017) gilt:

„10 Dachentwässerung (…)

10.2 Regenfallleitungen (…)

10.2.3 Standrohre (…)

(4) (…) Zu Reinigungszwecken ist der Übergang mit Schiebestück und daran angelöteter Standrohrkappe auszubilden oder ein Standrohr mit Reinigungsöffnung zu verwenden.“

Standrohre sind am unteren Ende von Regenentwässerungsfallleitungen vorzusehen, wenn dort mit mechanischen Belastungen gerechnet werden muss, wie DIN 1986-100:2016-12 „Entwässerungsanlagen für Gebäude und Grundstücke – Teil 100: Zusätzliche Bestimmungen zu DIN EN 752 und DIN EN 12056“ regelt:

„6 Verlegen von Leitungen

6.1 Allgemeines (…)

6.1.4 Schutz vor mechanischer Beschädigung

Abb. 6.282: Unzureichende Koordination der Gewerke

Abwasserleitungen sind in Bereichen, in denen mit mechanischen Beschädigungen gerechnet werden muss, z. B. in Tiefgaragen, Werks- oder Lagerhallen, zu schützen.

Für Regenfallleitungen sind in Bereichen, in denen mit mechanischen Belastungen gerechnet werden muss, Standrohre aus einem geeigneten Werkstoff zu verwenden (siehe DIN 1986-4)."

Werden die Fallrohre durch das Gewerk Klempnerarbeiten und die Grundleitungen durch das Gewerk Sanitärarbeiten ausgeführt, muss durch eine exakte Planung und eine sorgfältige Bauüberwachung dafür gesorgt werden, dass die Rohrachsen präzise miteinander korrespondieren, damit keine Situation wie in Abb. 6.282 entsteht.

6.10 Trockenbauarbeiten (VOB/C ATV DIN 18340)

Bewegungsfugen/Gipskartonabrisse

Beanstandet werden oft die Haarrisse im Ichselbereich (Wand-Decken-Anschluss) und zwischen Trockenbauwänden und Massivwänden.

Nach der Fertigstellung von Gebäuden mit einem Dachtragwerk aus Holz treten oft Haarrisse im Ichselbereich (Wand-Decken-Anschluss) und zwischen Trockenbauwänden und Massivwänden auf (siehe Abb. 6.283 und 6.284). Der Grund hierfür liegt in einer starren Verbindung zwischen Bauteilen, die zwangsläufig unterschiedlichen Verformungsbestrebungen unterliegen. Dachtragwerke aus Holz sind – relativ gesehen im Vergleich zu den massiven Außenwänden – labil. Sie verformen sich unter dem Einfluss

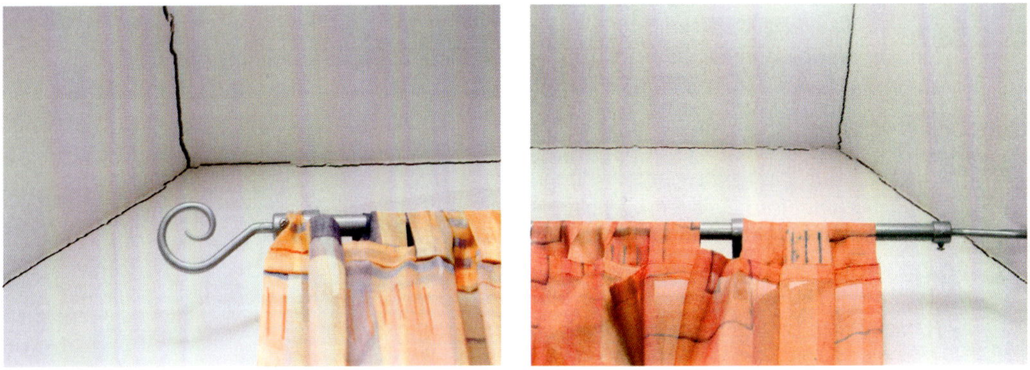

Abb. 6.283 und 6.284: Überobligatorisch breite Abrisse zwischen der massiven Giebelwand und der Gipsplattenbeplankung der Dachschrägen und der Decke mit Rissbreiten von bis zu 6 mm

von Schnee- und Windlasten sowie in Abhängigkeit von ihrer jahreszeitlich veränderlichen Umgebungsfeuchte kontinuierlich. Sämtliche Bauteile, die an der Holzkonstruktion des Dachtragwerkes befestigt sind, bewegen sich den Verformungen entsprechend mit, während die an Massivwänden behafteten Bauteile in einem Beharrungszustand verbleiben. Wird die Anschlussfuge zwischen den stabilen und den beweglichen Bauteilen nicht so beweglich ausgebildet, dass sie die ständigen Verformungsbestrebungen der Materialien unbeschadet absorbiert, kommt es zu typischen Abrissen z. B. zwischen Gipsplatten-Unterverkleidungen und den verputzten Innenwandoberflächen. Haarrisse oder Haarfugen sind in der Regel dekorativer Natur und können gewöhnlich im Zuge üblicher Sanierungsintervalle optisch beseitigt werden.

Für Risse, die bei Gipsplattenkonstruktionen, insbesondere bei Bauteilanschlüssen, auftreten, sind in der Regel Verformungen bzw. Verformungsunterschiede der Einzelbauteile untereinander verantwortlich. Den Verformungen können verschiedene Ursachen zugrunde liegen, wie der Bundesverband der Gipsindustrie im „Merkblatt 3: Fugen und Anschlüsse bei Gipsplatten- und Gipsfaserplattenkonstruktionen“ (2022) feststellt:

„2. Ursachen für Risse und Verformungen

Die folgenden Punkte gelten auch für die Bauphase, siehe hierzu Merkblatt 1 ‚Baustellenbedingungen‘ und ATV DIN 18340 Abschnitt 3.1.2.

Die maßgeblichen Ursachen für Verformungen und mögliche Rissbildung sind:

- *Hygrische Längenänderungen*
  Feuchtigkeitsänderungen (z. B. Änderung der relativen Luftfeuchte) führen zu Längenänderungen in Form von
  - *negativer Längenänderung (Verkürzung, i. d. R. als Schwinden bezeichnet) bei Verringerung der relativen Luftfeuchte; Schwindprozesse führen zu Rissen, wenn die Zugfestigkeit des Baustoffes (einschließlich Verbindungen) geringer ist als die durch den Schwindprozess entstehenden Materialspannungen (i. d. R. bei behinderter Längenänderung durch fehlende Dehnungs- oder Bewegungsfugen)*
  - *positiver Längenänderung (Verlängerung, i. d. R. als Quellen bezeichnet) bei Erhöhung der relativen Luftfeuchte; Quellprozesse können bei behinderter Längenänderung durch Aufbau von Druckspannungen bei fehlenden Dehnungs- oder Bewegungsfugen zur Verwölbung führen.*

- *Thermische Längenänderungen*
  Temperaturänderungen führen zu Verkürzungen bei Temperatursenkung bzw. Verlängerungen bei Temperaturerhöhung
- *Bewegungen von Bauteilen untereinander*
  auftretende Spannungen zwischen den Bauteilen durch unterschiedliche Längenänderungen, Bauteilbewegungen durch Windlasten (Druck und Sog), Setzungen etc. führen zu ungleichmäßigen Fugenabrissen, Verwerfungen von Beschichtungen (z. B. ‚Faltenbildung' von Tapeten)
- *Unerwartete Belastungen von nicht tragenden Bauteilen, z. B. durch zu große Durchbiegungen von Decken führen zu Verformungen und möglichen Rissbildungen an leichten Trennwänden bei fehlenden gleitenden Deckenanschlüssen"*

Als einschlägiges Regelwerk für die Beurteilung der Ursachen von Rissen in Gipsplatten gilt u. a. das BFS-Merkblatt Nr. 19.1 „Risse in unverputztem und verputztem Mauerwerk, in Gipskartonplatten und ähnlichen Stoffen auf Unterkonstruktionen, Ursachen und Bearbeitungsmöglichkeiten" (1991), das zu vergleichbaren Ergebnissen kommt:

„Rissbeschreibung

4. Trockenbautechnik (...)

4.3 Risse in Deckenflächen (...)

4.3.3 Risse im Bereich der Anschlüsse z. B. an gemauerte Wände, Beton usw.
Rissursache:
Starre Anschlüsse zu angrenzenden Bauteilen und/oder Baustoffen

4.3.4 Risse im Anschlussbereich gleicher Baustoffe in verschiedenen Ebenen, z. B. Gipskartondecke/Gipskartonwand
Rissursache:
Starre Anschlüsse zwischen Gipskartonplatten oder anderen ähnlichen Baustoffen in verschiedenen Ebenen (geneigt, horizontal, vertikal), Untergrundbewegungen (Holzbalken), Windlast"

Wird die Kontaktfuge zwischen den stabilen und den beweglichen Bauteilen nicht z. B. durch Trennschnitte so beweglich ausgebildet, dass sie den ständigen Verformungsbestrebungen der Materialien standhält, kommt es zu typischen unkontrollierten und ausufernden Abrissen z. B. zwischen Gipskarton-Bekleidungen und den verputzten Oberflächen von Massivbauteilen (siehe Abb. 6.285).

Entsprechend der VOB/C ATV DIN 18340:2019-09 „Trockenbauarbeiten" sind Anschlüsse der Gipsplatten an angrenzende Bauteile aus unterschiedlichem Material stumpf mit Trennstreifen auszuführen:

„3 Ausführung

Ergänzend zur ATV DIN 18299 gilt:

3.1 Allgemeines (...)

3.1.4 Bewegungsfugen des Bauwerks müssen konstruktiv mit gleicher Bewegungsmöglichkeit übernommen werden. (...)

3.1.8 Anpassungen und Anschlüsse an angrenzende Bauteile gleichen Materials sind stumpf ohne Trennstreifen auszuführen.

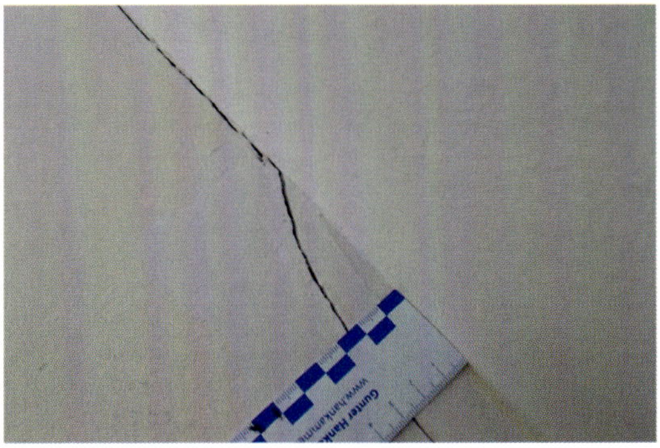

Abb. 6.285: Ausufernder Riss, der sich nicht als Haarriss geradlinig entlang der Kante des angrenzenden Bauteils gebildet hat

Anpassungen und Anschlüsse an angrenzende Bauteile unterschiedlichen Materials sind stumpf mit Trennstreifen auszuführen und anzuspachteln.

Geradlinige Haarrisse im Kantenbereich entlang angrenzender Bauteile durch z. B. Temperaturschwankungen, Bauteilbewegungen sind zulässig."

Auch aus der DIN 18181 und dem BFS-Merkblatt Nr. 12 „Oberflächenbehandlung von Gipsplatten (Gipskartonplatten) und Gipsfaserplatten" (BFS, 2007) ergibt sich, dass entsprechende Anschlüsse beweglich auszuführen sind.

DIN 18181:2019-04 „Gipsplatten im Hochbau – Verarbeitung":

„8 Bewegungs-/Dehnfugen[4)]

Bewegungsfugen des Rohbaues sind in die Konstruktionen mit Gipsplatten zu übernehmen.

Wand- und Deckenflächen aus Gipsplatten mit Seitenlängen über 15 m erfordern die Anordnung von Dehnfugen. Diese sind ferner erforderlich bei wesentlich eingeengten Deckenflächen, z. B. bei Einschnürungen durch Wandvorsprünge.

Gipsplatten sind von Bauteilen aus anderen Baustoffen zu trennen; das gilt auch für thermisch hoch beanspruchte Einbauten, wie z. B. Einbauleuchten."

BFS-Merkblatt Nr. 12 (2007):

„5 Fertigstellung der Beschichtungen und Verklebungen (...)

5.2 Ausführung von Tapezier- und Klebearbeiten (...)

Anschlüsse trennen

Anschlüsse zu anderen Bauteilen sind bei Tapezierungen zu trennen, d. h. im Eckbereich Tapete stoßen oder einschneiden. Elastisch ausgebildete Anschlüsse dürfen nicht übertapeziert werden.

4) Zur Information siehe auch [3]. (...)

[3] Merkblatt Nr. 3, Gipsplattenkonstruktionen, Fugen und Anschlüsse, herausgegeben durch die Industriegruppe Gipsplatten im Bundesverband der Gipsindustrie e. V."

Risse entstehen durch eine zumindest streckenweise starre Verbindung zwischen Bauteilen, die zwangsläufig unterschiedlichen Verformungsbestrebungen unterliegen. Im

Sollzustand hätten bewegliche Anschlüsse hergestellt werden müssen, z. B. mit einem Stumpfstoß und einer zulässigen Haarfuge.

Das WTA-Merkblatt 2-4 „Beurteilung und Instandsetzung gerissener Putze an Fassaden“ (2014) definiert den Begriff „Haarriss“:

„Anhang

Begriffe (…)

Haarrisse

Der Begriff ‚Haarriss‘ geht zurück auf die Breite des menschlichen Haares, welches 0,1 mm bis 0,2 mm breit ist. Risse mit einer Breite bis 0,2 mm werden als Haarrisse bezeichnet.“

Anschlüsse der Gipsplattenkonstruktionen an angrenzende Bauteile sind ebenfalls in dem „Merkblatt 3: Fugen und Anschlüsse bei Gipsplatten- und Gipsfaserplattenkonstruktionen“ (2022) geregelt. Dort wird grundsätzlich zwischen verschiedenen Varianten unterschieden, von denen hier die Kategorien A, C und D in Betracht kommen (siehe Abb. 6.286):

- Kategorie A: starrer Anschluss in Kombination mit einem Trennstreifen oder einem scharfkantig linearen Trennschnitt, mit der Konsequenz der späteren kontrollierten Rissbildung,
- Kategorie C: beweglicher Anschluss durch Anordnung einer Bewegungsfuge, die an der Oberfläche sichtbar mit einem elastischen Dichtstoff ausgefüllt wird,
- Kategorie D: Schattenfuge.

„Merkblatt 3: Fugen und Anschlüsse bei Gipsplatten- und Gipsfaserplattenkonstruktionen“ (2022):

„2. Ursachen für Risse und Verformungen

Die folgenden Punkte gelten auch für die Bauphase, siehe hierzu Merkblatt 1 ‚Baustellenbedingungen‘ und ATV DIN 18340 Abschnitt 3.1.2.

Die maßgeblichen Ursachen für Verformungen und mögliche Rissbildung sind:

- *Hygrische Längenänderungen*
  Feuchtigkeitsänderungen (z. B. Änderung der relativen Luftfeuchte) führen zu Längenänderungen in Form von
  - *negativer Längenänderung (Verkürzung, i. d. R. als Schwinden bezeichnet) bei Verringerung der relativen Luftfeuchte; Schwindprozesse führen zu Rissen, wenn die Zugfestigkeit des Baustoffes (einschließlich Verbindungen) geringer ist als die durch den Schwindprozess entstehenden Materialspannungen (i. d. R. bei behinderter Längenänderung durch fehlende Dehnungs- oder Bewegungsfugen)*
  - *positiver Längenänderung (Verlängerung, i. d. R. als Quellen bezeichnet) bei Erhöhung der relativen Luftfeuchte; Quellprozesse können bei behinderter Längenänderung durch Aufbau von Druckspannungen bei fehlenden Dehnungs- oder Bewegungsfugen zur Verwölbung führen.*
- *Thermische Längenänderungen*
  Temperaturänderungen führen zu Verkürzungen bei Temperatursenkung bzw. Verlängerungen bei Temperaturerhöhung
- *Bewegungen von Bauteilen untereinander auftretende Spannungen zwischen den Bauteilen durch unterschiedliche Längenänderungen, Bauteilbewegungen durch Windlasten*

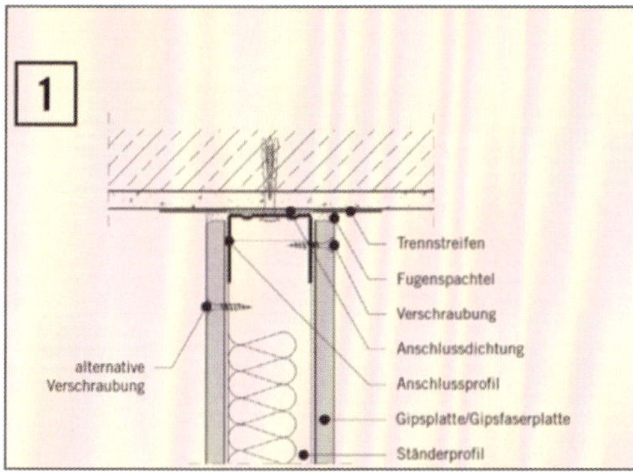

AUSFÜHRUNGSVARIANTEN

A

starrer angespachtelter Anschluss an Massivbauteile

geringe Verformung der Anschlussteile (z. B. Durchbiegung) zulässig: „kontrollierte" gerade Haarfuge im Nutzungszustand

- mit Trennstreifen (nach VOB/C ATV DIN 18340)

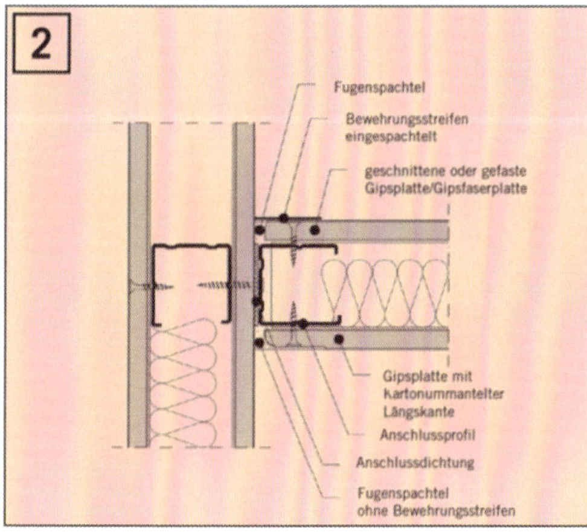

B

starrer angespachtelter Anschluss zwischen Trockenbaukonstruktionen

spezielle Anschlüsse für Trockenbaukonstruktionen untereinander

- mit stumpf gestoßenem Bewehrungsstreifen am Anschlussbauteil
- alternativ ohne Bewehrungsstreifen mit geeignetem Fugenspachtel möglich

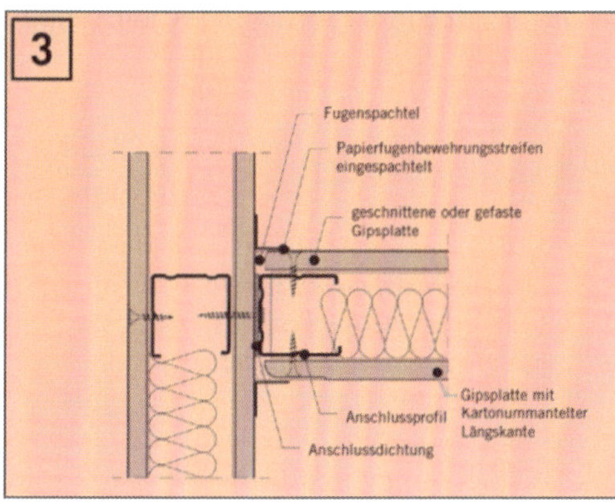

- mit eingespachteltem Papierfugen-Bewehrungsstreifen über Eck (nur für Gipsplatten)

Abb. 6.286: Ausführungsvarianten von Fugenausbildungen (Quelle: Merkblatt 3: Fugen und Anschlüsse bei Gipsplatten- und Gipsfaserplattenkonstruktionen, 2022)

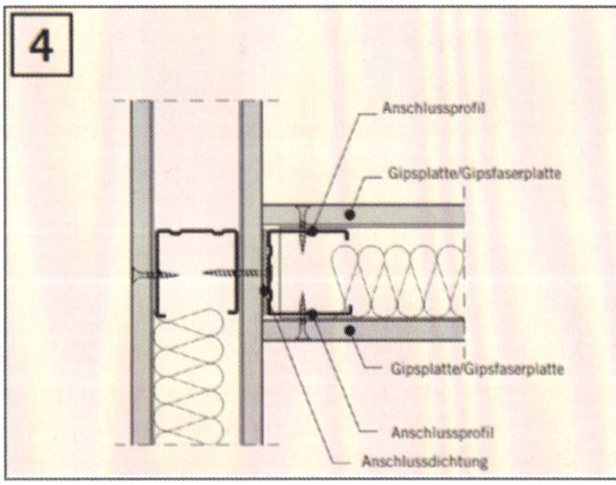

stumpf angearbeiteter Anschluss zwischen Trockenbaukonstruktionen
stumpf gestoßene Gipsplatte/Gipsfaserplatte

- Gipsplatte stumpf anarbeiten ohne Anspachteln nach VOB/C ATV DIN 18340, Nr. 3.1.8
- eventuell zusätzliche Anforderungen an Schall- und Brandschutz sind zu berücksichtigen

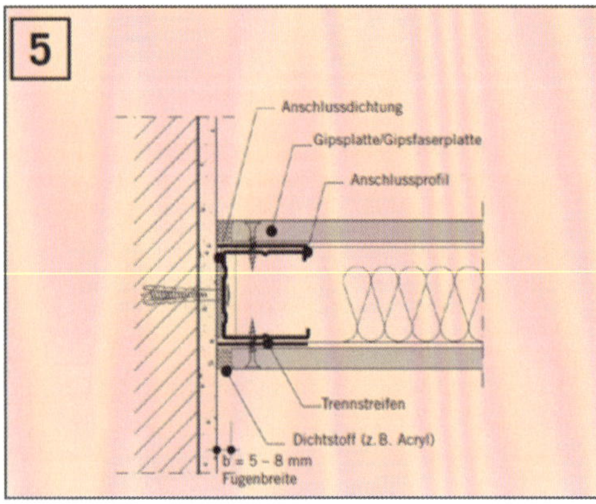

C

Anschlussfuge mit Dichtstoff

Aufnahme von Schwindverformungen lediglich von 0,1 - 1 mm (ca. 10 - 15% der Fugenbreite); Dieser Anschluss ist nur geeignet bei Beschichtungen mit Putz einer Körnung ≥ 2mm; in Anstrichen, Tapeten u. a. können Risse und Falten auftreten

- hinterlegter Trennstreifen zur Vermeidung von Dreiflankenhaftung des Dichtstoffes
- Der Dichtstoff sollte regelmäßig gewartet werden, siehe IVD Merkblatt 16

Abb. 6.286: Fortsetzung

(Druck und Sog), Setzungen etc. führen zu ungleichmäßigen Fugenabrissen, Verwerfungen von Beschichtungen (z. B. ‚Faltenbildung' von Tapeten)

- *Unerwartete Belastungen von nicht tragenden Bauteilen, z. B. durch zu große Durchbiegungen von Decken, führen zu Verformungen und möglichen Rissbildungen an leichten Trennwänden bei fehlenden gleitenden Deckenanschlüssen (…)*

4. Fugen und Anschlüsse

In diesem Abschnitt sind neben den grundsätzlichen Anforderungen für die Planung erprobte konstruktive Lösungen für Anschlüsse und Fugen, beispielhaft als Prinzipdarstellungen ohne Anspruch auf Vollständigkeit, zusammengestellt. Evtl. zusätzliche Anforderungen an die Bauteile bzgl. Brand-, Schall- und Wärmeschutz sind zu berücksichtigen. So gilt z. B. bei Brandschutzanforderungen, dass die Gipsplatten im Anschlussbereich zu den benachbarten Bauteilen durch Profile, Steinwolle bzw. Gipsplattenstreifen hinterlegt werden müssen.

Für alle Anschlüsse von leichten Trennwänden gilt im Regelfall, dass zwischen Anschlussprofilen und angrenzendem Bauteil Anschlussdichtungen einzubauen sind; diese bestehen üblicherweise aus Dichtungsbändern (z. B. Schaumstoffe, Filze, Mineralwolle) oder spritzbaren Dichtstoffen, die streifenförmig oder vollflächig auf das Anschlussprofil aufgebracht werden. (z. B. Detail 1)

4.1. Grundsätzliche Anforderung an Planung und Ausführung zur Vermeidung von Rissen und Verformungen

Fugen und Anschlüsse sind generell zu planen. (…) Dabei sind folgende planerische und konstruktive Grundsätze zu beachten:

- *Bewegungsfugen des Bauwerks müssen konstruktiv mit gleicher Bewegungsmöglichkeit übernommen werden*
- *Gipsbauteile sind von anderen Bauteilen konstruktiv zu trennen*
- *abgehängte Decken und Deckenbekleidungen sind konstruktiv von einbindenden Stützen, Einbauteilen (z. B. Leuchten) etc. zu trennen*
- *Dehnungs- oder Bewegungsfugen sind bei größeren Bauteilflächen anzuordnen*
- *Fugen sind bei ausgeprägten Querschnittsänderungen der Bekleidungsflächen wie Flurerweiterungen oder einspringende Wände anzuordnen*
- *bei zu erwartenden Bewegungen der Rohbaukonstruktion (z. B. Schwinden, Kriechen, variable Verkehrslasten, kontrollierte Setzungen) sind gleitende Decken- und/oder Wandanschlüsse auszuführen*
- *ausreichende Zeit für Trocknungsphasen und Aufheizen (Winter!) ist zu planen, um schockartigen Temperaturanstieg und schockartige Luftfeuchtesenkung zu vermeiden (dies gilt sowohl für die Bauphase und Beginn der Nutzung; siehe Merkblatt 1 ‚Baustellenbedingungen‘)(…) Bei der Planung sind Fugenausbildungen, klassifiziert nach der Ausbildungsart, festzuschreiben als*

  A *starrer angespachtelter Anschluss in Verbindung mit Trennstreifen an Massivbauteile*
  B *starrer angespachtelter/stumpfer Anschluss zwischen Trockenbaukonstruktionen*
  C *Anschlussfuge mit Dichtstoff*
  D *offene Anschlussfuge (Schattenfuge)*
  E *gleitender Anschluss (horizontale und vertikale Gleitung)*
  F *offene Feldfuge (Fuge in der Bekleidung der Konstruktion)*
  G *gleitende Feldfuge (Bewegungsfuge; konstruktive Trennung der gesamten Konstruktion)*

Fugenausbildungen der Gruppen A, B und C sind weitgehend starr und nehmen nur geringe Verformungen auf, wobei teilweise geradlinige Haarfugen in Konstruktionen der Gruppe A und B auftreten können und zulässig sind (siehe ATV DIN 18340 Abschnitt 3.1.8).

Fugen der Gruppe D sind offene Anschlussfugen, die i. d. R. als Schattenfugen bezeichnet werden. Sie können so ausgebildet werden, dass sie gestalterisch Risse im Anschlussbereich vermeiden.

In der Gruppe E sind gleitende Anschlüsse zusammengefasst. Je nach konstruktiver Ausbildung sind diese in der Lage, Verformungen der Anschlussbauteile in horizontaler und/oder vertikaler Richtung ohne Spannungseintrag in die Trockenbaukonstruktion aufzunehmen.

In den Gruppen F und G sind offene Feldfugen und gleitende Feldfugen eingeordnet. Als offene Feldfugen (auch mit Profilen abgedeckt) werden Fugen in der Plattenbekleidung bezeichnet. Sie reduzieren Spannungen in der Bekleidung. Bei gleitenden Feldfugen, in der Praxis oft als klassische Dehnungs- oder Bewegungsfuge bezeichnet, erfolgt im Fugenbereich die Trennung der gesamten Trockenbaukonstruktion einschließlich Unterkonstruktion. Diese Fugen sind in der Lage, größere Verformungen, insbesondere aus der Unterkonstruktion (z. B. Bauwerksfuge), durch ihre gleitende Ausbildung aufzunehmen.

4.2. Anschlüsse und Fugen von Montagewänden

Grundsätze der Fugenplanung

Durch die Fugen sind möglichst kompakte Teilflächen zu bilden. Bei langen Wänden, wie z. B. Flurwänden, sind Dehnungs- bzw. Bewegungsfugen i. d. R. im Abstand von ca. 15 m bei Gipsplatten zu planen. Für Bauwerke, in denen größere Verformungen zu erwarten sind als in Massivbauten (z. B. Stahlleichtbauweisen), wird empfohlen, den Abstand auf 10–12 m zu reduzieren.

Bei Verwendung von Gipsfaserplatten sind geringere Bewegungsfugenabstände von max. 10 m erforderlich. (siehe Herstellerangaben)

Ausbildung von Anschlüssen und Fugen

Nachfolgende Konstruktionsdetails [siehe Abb. 6.286] *können sowohl für vertikale als auch horizontale Anschlüsse an begrenzende Bauteile ausgeführt werden. Die Anschlussdichtung kann mit Dichtband oder Dichtstoff erfolgen.“*

Die Abrissfuge ist in der Regel dekorativer Natur und kann gewöhnlich im Zuge üblicher Sanierungsintervalle optisch behandelt werden. Voraussetzung hierfür ist jedoch, dass die Gipskartonebene nicht plangemäß als luftdichte Ebene der Gebäudehülle herangezogen wird. Vielmehr muss sichergestellt sein, dass eine zusätzliche luftdichte Ebene im Hintergrund, z. B. in Form einer stoßverklebten Dampfbremsfolie, vorhanden ist. Diese muss im Wandanschlussbereich nach den anerkannten Regeln der Technik um eine Anpresslatte herumgeschlagen sein und mit einem Schaumstoffstreifen zum Massivbaukörper hin luftdicht angeschlossen sein. Nur so wird verhindert, dass durch die zwangsläufig entstehende Abrissfuge zwischen Gipskarton und Putz neben der optischen Beeinträchtigung gleichzeitig eine Leckage innerhalb der Funktionsebene der Luftdichtheitsschicht der Gebäudehülle entsteht.

Besondere Bedeutung in Bezug auf mögliche Bauteilbewegungen im Sinne des Merkblatts 3 besitzen die nicht kraftschlüssig verspannten Windrispenbänder, die die Aufgabe haben, das Dachtragwerk aus Holz in Längsrichtung auszusteifen. Um ein Verschieben der einzelnen Sparren des Daches gegeneinander zu verhindern, müssen sie in der Regel durch diagonal über Kreuz gespannte Windrispen ausgesteift werden. Hierdurch entsteht in dem Zusammenwirken mit den Dachlatten und den Pfetten statisch ein flächenstabiler Dreiecksverband, der für die Steifigkeit des Dachstuhls in Längsrichtung zur Firstachse sorgt.

Bei der Montage von Windrispenbändern aus gelochten Flachstahlprofilen, die als Rollenware angeliefert werden, wird zunächst eine Befestigung am Firstpunkt auf der Oberseite der Sparren vorgenommen. Anschließend wird das Band diagonal zur Fußpfette geführt und dort über die Oberseite des letzten Sparrens hinweggezogen und seitlich befestigt. Da die Windrispenbänder nur auf Zug beanspruchbar sind, weil sie sich unter längsgerichteter Druckbelastung verwerfen, müssen jeweils 2 gegenläufige Profile montiert werden, die regelmäßig über Kreuz die gesamte Dachfläche überspannen. Die Windrispenbänder müssen bei der Montage mit einem speziellen Spanngerät verspannt werden, damit sie ihre Wirkung unter Beanspruchung voll entfalten können. Schlaff durchhängende, in Querrichtung bewegliche Windrispenbänder sind weitgehend wirkungslos. Nach dem Spannen werden die Bänder von oben her auf den Sparrenoberseiten mit Kammnägeln entsprechend dem jeweiligen bauaufsichtlichen Prüfzeugnis des Herstellers vernagelt.

Tabelle 6.48: Beurteilungsschema für Gipsplattenabrisse

			Quellen	§ 434, 633 BGB, § 13 VOB/B	§ 13 VOB, Rechtsprechung	§ 434, 633 BGB, § 13 VOB/B	§ 434, 633 BGB, § 13 VOB/B	§ 434, § 633 BGB, § 13 VOB/B
			Mangel	Abweichung	Abweichung	Nichteignung	Nichteignung	Abweichung
			Kriterium	vereinbarte Beschaffenheit	anerkannte Regeln der Technik	nach dem Vertrag vorausgesetzte Verwendung	gewöhnliche Verwendung	Beschaffenheit die bei Werken der gleichen Art üblich ist und die der Besteller nach der Art der Leistung erwarten kann
				1.1	1.2	2	3.1	3.2
Begründung								
Kategorie		**Mangel**	**Quellen**					
Beeinträchtigung Funktion	**W** Wärmeschutz	Wärmeverlust	DIN 4108					
	S Schallschutz	Schallübertragung	DIN 4109					
	F Feuchteschutz	Konvektion	DIN 4108-3					
	B Brandschutz	Brandausbreitung möglich	DIN 4102					
	D Luftdichtheit	Luftleckage	DIN 4108-2, DIN 4108-7					
technische Vermeidbarkeit	**T**	Regelwerke missachtet	DIN V 18340 Gipsmerkblatt 3		X			
Beeinträchtigung Geltung	**R** Rissbreite	> 0,1 bis 0,2 mm	Gipsmerkblatt 3					
	V Rissverlauf	unkontrolliert	Gipsmerkblatt 3					
	O Störfaktor	objektiv störend	Beurteilung durch Sachverständige					

Das Beurteilungsschema in Tabelle 6.48 beantwortet unter Berücksichtigung der 3 Stufen des Mangelbegriffs die Frage, wann Risse in Konstruktionen mit Gipsplatten aus technischer Sicht einen Mangel begründen können.

Wird eines der Kriterien unter den Ziffern 1 bis 3 erfüllt, weil eine Begründung dafür nach den oben dargestellten Kategorien vorliegt, dürfte aus technischer Sicht ein Mangel vorliegen. Ob es sich aus rechtlicher Sicht um Mängel handelt, muss ggf. als Rechtsfrage durch das Gericht geprüft werden.

Nach den Kriterien in Tabelle 6.48 lassen sich die bei der Abnahme festgestellten Risse aus technischer Sicht z. B. in einer tabellarischen Übersicht (vgl. Tabelle 6.49) beurteilen.

Tabelle 6.49: Beurteilung der Mangelhaftigkeit von Gipsplattenabrissen aus technischer Sicht

Riss	Etage	Raum		Risskategorie		Kriterien	Mangel
1	EG	4	Wohnen	1	Gipsplattenabriss	–	nein
2	OG	1	Treppenhaus	1	Gipsplattenabriss	3.2 B, T, V, O	ja
3	OG	1	Treppenhaus	1	Gipsplattenabriss	3.2 V	ja
4	OG	1	Treppenhaus	1	Gipsplattenabriss	3.2 V	ja
5	OG	2	Flur	1	Gipsplattenabriss	3.2 B, T, V, O	ja
6	OG	2	Flur	1	Gipsplattenabriss	–	nein
7	OG	2	Flur	1	Gipsplattenabriss	–	nein
8	OG	2	Flur	1	Gipsplattenabriss	–	nein

Luftdichtheitsschicht der Gebäudehülle

Eine Dampfsperrfolie als Luftdichtheitsschicht in ausgebauten Dachgeschossen muss stoßverklebt ausgeführt werden und darf nach dem Einbau nicht durch Installationsgewerke perforiert werden.

Die Begriffe Luftdichtheitsschicht, Dampfsperre und Windsperre unterscheiden sich hinsichtlich ihrer Anforderungen. Luftdichtheit und Luftdichtheitsschicht sowie Winddichtheit und Winddichtheitsschicht sind in DIN 4108-7 definiert. Eine Dach-, Fassaden- oder Wandkonstruktion ist winddicht, wenn sie nicht oder nur wenig von Außenluft durchströmt wird. Die Winddichtheitsschicht befindet sich in der Regel auf der Außenseite der Wärmedämmung. Sie soll bei Windanströmung verhindern, dass Kaltluft hinter die Wärmedämmung gerät und diese hinterspült, weil dadurch deren Funktion außer Kraft gesetzt werden würde. Eine Gebäudehülle, ein Baustoff oder ein Bauteil sind luftdicht, wenn Luft sie nur wenig oder gar nicht durchströmen kann. Die Luftdichtheitsschicht soll Raumluftfeuchte davon abhalten, in den Konstruktionsquerschnitt zu gelangen.

Ein Eindringen von Tauwasser in die Wärmedämmung hebt langfristig deren Wirkung auf und kann in der Konstruktion zu erheblichen Schäden führen.

Zur Planung und Ausführung der Luftdichtheitsschicht regelt die DIN 4108-7:2011-01 „Wärmeschutz und Energieeinsparung in Gebäuden – Teil 7: Luftdichtheit von Gebäuden Anforderungen, Planungs- und Ausführungsempfehlungen sowie -beispiele“:

„3 Begriffe

Für die Anwendung dieses Dokumentes gelten die folgenden Begriffe. (…)

3.4 Luftdichtheit

Eigenschaft eines Baustoffes, eines Bauteils oder der Hülle eines Gebäudes, nicht oder nur in geringem Maße mit Luft durchströmt zu werden

3.5 Luftdichtheitsschicht

(Bauprodukt) Schicht, meist raumseitig der Wärmedämmung verlegt, die die Luftströmung von außen in den Raum und umgekehrt durch das Bauteil hindurch verhindert (Vermeidung von Wärmeverlusten und Kondensat infolge Konvektion), meist in Funktionseinheit mit der diffusionshemmenden Schicht (…)

3.8 Winddichtheit

Eigenschaft einer Dach-, Wand- oder Fassadenkonstruktion, nicht oder nur in geringem Maße mit Außenluft durchströmt zu werden

3.9 Winddichtheitsschicht

(Bauprodukt) Schicht, meist außenseitig der Wärmedämmung verlegt, die das Einströmen von Außenluft in die Konstruktion und den Wiederaustritt an anderer Stelle erschwert (…)

5 Planung und Ausführung

Die Luftdichtheitsschicht ist sorgfältig zu planen, auszuschreiben und auszuführen. Die Arbeiten sind zwischen den Beteiligten am Bau zu koordinieren.

Bei der Planung ist für jedes Bauteil der Hüllfläche die Art und Lage der Luftdichtheitsschicht festzulegen. Der Wechsel der Luftdichtheitsebene in Konstruktionen, zum Beispiel von innen nach außen, ist problematisch und nach Möglichkeit zu vermeiden. In der Regel ist die Luftdichtheitsschicht raumseitig der Dämmebene anzuordnen. Hierdurch wird ein Einströmen von Raumluft in die Konstruktion verhindert. Die Anschlussdetails und Werkstoffe sind im Vorfeld festzulegen (z. B. mechanische Sicherung).

Es ist zu beachten, dass die Luftdichtheitsschicht und ihre Anschlüsse während und nach dem Einbau weder durch Witterungseinflüsse noch durch nachfolgende Arbeiten (z. B. Installation wie Elektro-, Sanitärarbeiten) beschädigt werden. Werden Durchdringungen durch nachfolgende Arbeiten erforderlich, sind diese nach Abschluss der Arbeiten luftdicht herzustellen Baumaterialien dürfen nicht in unnötiger Weise mit zu hoher Luftfeuchtigkeit während der Bauphase belastet werden. Es ist daher für eine ausreichende Entfeuchtung (z. B. Lüftung) zu sorgen.

6 Beispiele für Luftdichtheitsschichten, Fugen und Anschlüsse

6.1 Beispiele für Bauteile und Bauprodukte in der Fläche (Regelquerschnitt)

6.1.1 Mauerwerk und Betonbauteile

Bei Mauerwerk ist es in der Regel zum Herstellen einer ausreichenden Luftdichtheit erforderlich, eine Putzlage aufzubringen.

In später nicht mehr zugänglichen Bereichen ist zumindest ein Glattstrich anzubringen, z. B. im Bereich von Vorwandinstallationen, abgehängten Decken und Kniestockwänden.

Betonbauteile, die nach DIN 1045-2 hergestellt werden, gelten als luftdicht.

6.1.2 Luftdichtheitsbahnen

Luftdichtheitsbahnen können z. B. aus Kunststoff, Elastomeren, Bitumen und Papierwerkstoffen bestehen.

Die Perforationen durch die Befestigungsmittel der Bahnenmontage sind für die Luftdichtheit unbedeutend. Stiftförmige Befestigungsmittel für Bauteilanschlüsse sind ausreichend dicht, wenn eine Pressung oder Abdeckung vorliegt.

6.1.3 Plattenmaterialien als Luftdichtheitsschicht

Gipsfaserplatten, Gipsplatten, Faserzementplatten, Bleche, Holzwerkstoffplatten und weitere geeignete Platten sind luftdicht. Mit diesen Materialien lässt sich in der Fläche eine Luftdichtheitsschicht herstellen. Bei mehreren Lagen aus Plattenmaterialien ist eindeutig festzulegen, welche Lage die Luftdichtheitsfunktion übernimmt und diese ist durchgängig luftdicht auszuführen. Gesonderte Maßnahmen sind im Bereich von Stößen, Anschlüssen und Durchdringungen zu ergreifen (siehe 8.3).

Undicht sind z. B. poröse Weichfaserplatten und Holzwolleleichtbauplatten. Verputzte Plattenmaterialien (z. B. Holzwolleleichtbauplatten) sind luftdicht.

Undicht sind z. B. üblicherweise Trapezbleche im Bereich der Überlappungen, Nut-Feder-Schalungen, Platten als raumseitige Bekleidung im Bereich von Anschlüssen und Durchdringungen ohne gesonderte Maßnahmen.“

Die fachgerechte Planung der umlaufenden Luftdichtheitsebene zeigen Abb. 6.287 und 6.288.

Die Dampfsperrfolie dient als luftdichter Abschluss des Innenraumes und dazu, Wasserdampf aus der Raumluftfeuchte davon abzuhalten, in den Konstruktionsquerschnitt der Bauteile zu gelangen. Diese Wasserdampfwanderung geht jeweils von derjenigen Seite aus, auf der ein höherer Wasserdampfpartialdruck vorliegt, und erfolgt in Richtung von Bauteilen oder Hohlräumen, bei denen ein geringerer Wasserdampfpartialdruck besteht. An und in Bauteilen, deren Temperatur unterhalb der Taupunkttemperatur der Luft liegt, kommt es zum Tauwasserausfall. Die Konzentration der absoluten Luftfeuchte steigt dort auf den Wert der temperaturabhängigen Sättigungsfeuchte an und der Wert der relativen Luftfeuchte erreicht 100 %. Es kommt zur Bildung von Flüssigwasser. Gleichzeitig erreicht der Wert des Wasserdampfpartialdrucks den Wert des Wasserdampfsättigungsdrucks.

Die Bewegung von Wasserdampf durch wasserdampfdurchlässige Bauteilschichten hindurch wird als Diffusion bezeichnet.

Diese Wasserdampfwanderung kann entweder durch Diffusion erfolgen, bei der der Wasserdampf aufgrund des Wasserdampfpartialdruckgefälles poröse Materialien durchdringt, oder durch Konvektion, indem der Wasserdampf durch Lücken innerhalb der Bauteilschichten hindurchwandert. Da sich dem Wasserdampf im Bereich der Lücken keine Widerstände bieten, sind die durch Konvektion in die Bauteilschichten einwandernden Feuchtigkeitsmengen oft erheblich größer als diejenigen aufrund von Diffusion.

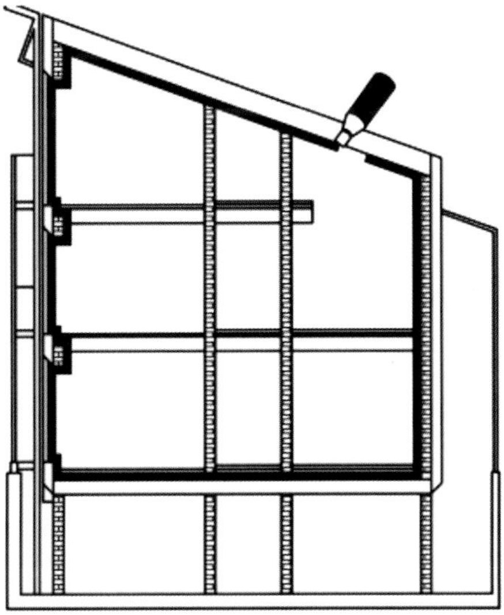

Abb. 6.287: Prinzipdarstellung für eine umlaufende Luftdichtheitsebene, die mit einem Stift ohne abzusetzen nachgezeichnet werden kann (Quelle: DIN 4108-7:2011-01, Bild 1).

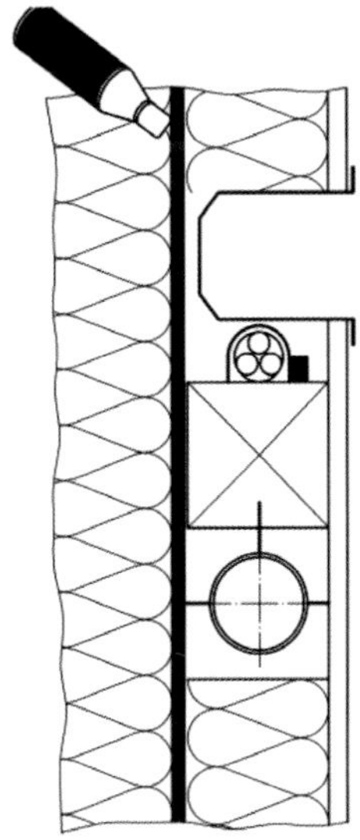

Abb. 6.288: Prinzipdarstellung für eine durchlaufende Luftdichtheitsebene zur Vermeidung von Durchdringungen (Quelle: DIN 4108-7:2011-01, Bild 5)

Neben den oben erläuterten Funktionsebenen für die Luft- und Winddichtheit gibt es die Funktionsebene der Dampfsperre, wie das „Merkblatt Wärmeschutz bei Dach und Wand“ (2018) ausführt:

„1 Allgemeine Hinweise (…)

1.2 Begriffe (…)

(17) Diffusionsoffene Schichten sind Bauteilschichten mit $s_d \leq 0{,}5$ m.

(18) Diffusionsbremsende Schichten sind Bauteilschichten mit 0,5 m < $s_d \leq 10$ m.

(19) Diffusionshemmende Schichten sind Bauteilschichten mit 10 m < $s_d \leq 100$ m.

(20) Diffusionssperrende Schichten sind Bauteilschichten mit 100 m < s_d < 1.500 m.

(21) Diffusionsdichte Schichten sind Bauteilschichten mit $s_d \geq 1500$ m.

(22) Feuchtevariable Schichten sind Schichten, deren s_d-Wert sich in Abhängigkeit von der Umgebungsfeuchte ändert.

(23) Dampfsperren sind Schichten, die den Wasserdampfdiffusionsstrom begrenzen bzw. verhindern. Sie weisen in der Regel einen s_d-Wert $\geq 1{,}0$ m auf. Sie können einen konstanten oder feuchtevariablen Wasserdampfdiffusionswiderstand aufweisen.“

Die für die Luftdichtheit von Gebäuden einschlägige DIN 4108-7:2011-01 „Wärmeschutz und Energieeinsparung in Gebäuden – Teil 7: Luftdichtheit von Gebäuden Anforderungen, Planungs- und Ausführungsempfehlungen sowie -beispiele“ enthält in der Anmerkung 1 hinsichtlich der Anforderungen an die Luftdichtheit einen entscheidenden Hinweis:

„4 Anforderungen an die Luftdichtheit (…)

ANMERKUNG 1: Selbst bei Einhaltung der oben genannten Grenzwerte sind lokale Fehlstellen in der Luftdichtheitsschicht möglich, die zu Feuchteschäden durch Konvektion führen können. Die Einhaltung der Grenzwerte ist somit kein hinreichender Nachweis für die sachgemäße Planung und Ausführung eines einzelnen Konstruktionsdetails, beispielsweise eines Anschlusses oder einer Durchdringung."

Eine erfolgreich durchgeführte Luftdichtheitsprüfung mit dem Blower-Door-Verfahren ist daher kein Nachweis für die Mangelfreiheit der Konstruktion, weil es trotz Einhaltung der Grenzwerte als Mindestanforderung an die Luftdichtheit an lokalen Fehlstellen innerhalb der Luftdichtheitsschicht zu dem konvektiven Eintritt von Wasserdampf in den Konstruktionsquerschnitt hinein kommen kann. Gelangt der Wasserdampf an Bauteile, deren Temperatur unterhalb der Taupunkttemperatur liegt, kommt es dort zum Tauwasserausfall.

DIN 4108-7:2011-01 „Wärmeschutz und Energieeinsparung in Gebäuden – Teil 7: Luftdichtheit von Gebäuden Anforderungen, Planungs- und Ausführungsempfehlungen sowie -beispiele" regelt normative Anforderungen an die Luftdichtheit der Gebäudehülle und daraus resultierende Ausführungsempfehlungen:

„6 Beispiele für Luftdichtheitsschichten, Fugen und Anschlüsse

6.1 Beispiele für Bauteile und Bauprodukte in der Fläche (Regelquerschnitt) (…)

6.1.2 Luftdichtheitsbahnen

Luftdichtheitsbahnen können z. B. aus Kunststoff, Elastomeren, Bitumen und Papierwerkstoffen bestehen.

Die Perforation durch die Befestigungsmittel der Bahnenmontage sind für die Luftdichtheit unbedeutend. Stiftförmige Befestigungsmittel für Bauteilanschlüsse sind ausreichend dicht, wenn eine Pressung oder Abdeckung vorliegt.

6.1.3 Plattenmaterialien als Luftdichtheitsschicht

Gipsfaserplatten, Gipsplatten, Faserzementplatten, Bleche, Holzwerkstoffplatten und weitere geeignete Platten sind luftdicht. Mit diesen Materialien lässt sich in der Fläche eine Luftdichtheitsschicht herstellen. Bei mehreren Lagen aus Plattenmaterialien ist eindeutig festzulegen, welche Lage die Luftdichtheitsfunktion übernimmt, und diese ist durchgängig luftdicht auszuführen. Gesonderte Maßnahmen sind im Bereich von Stößen, Anschlüssen und Durchdringungen zu ergreifen (siehe 8.3).

Undicht sind z. B. poröse Weichfaserplatten und Holzwolleleichtbauplatten. Verputzte Plattenmaterialien (z. B. Holzwolleleichtbauplatten) sind luftdicht.

Undicht sind z. B. üblicherweise Trapezbleche im Bereich der Überlappungen, Nut-Feder-Schalungen, Platten als raumseitige Bekleidung im Bereich von Anschlüssen und Durchdringungen ohne gesonderte Maßnahmen."

Abb. 6.289 bis 6.292: Vorwandinstallation vor Außenwandmauerwerk im Dachgeschoss: Die von der Dachschrägen her ankommende Dampfsperre als luftdichte Schicht ist nicht an einen Wandputz angeschlossen, sondern endet willkürlich.

Nach DIN 4108-7 kommen im Bereich der Dachschrägen sowohl die Ebene der Gipsplattenbeplankung als auch die Ebene der Dampfsperre als Luftdichtheitsschicht in Betracht. Eine dieser beiden Ebenen musste bereits in der Planung dafür ausgelegt worden sein, die Funktion der Luftdichtheit zu erfüllen.

Wenn die Ebene der Gipsplatten planmäßig die Funktionsebene der Luftdichtheitsschicht übernehmen sollte, dann müssten alle Durchdringungen wie Leuchtenauslässe usw. sowie alle Anschlussfugen an angrenzende Bauteile dauerhaft luftdicht abgedichtet sein. Andernfalls kann es zu dem konvektiven Eintritt von Wasserdampf in den Schichtenaufbau des Daches kommen (siehe Abb. 6.289 bis 6.292).

DIN 4108-7:2011-01 „Wärmeschutz und Energieeinsparung in Gebäuden – Teil 7: Luftdichtheit von Gebäuden Anforderungen, Planungs- und Ausführungsempfehlungen sowie -beispiele“ regelt:

Abb. 6.293: Beispiel einer Perforation der Dampfsperrfolie durch eine Befestigungsschraube ohne Pressung

„5 Planung und Ausführung (…)

Um die Anzahl der Durchdringungen der Luftdichtheitsschicht zu reduzieren, ist der Einbau von Installationsebenen für die Aufnahme von Installationen aller Art raumseitig vor der Luftdichtheitsschicht sinnvoll (siehe Bild 5).

Wird eine raumseitige Bekleidung als Luftdichtheitsschicht festgelegt, sind besondere Maßnahmen bei Durchdringungen und Anschlüssen zu treffen (z. B. luftdichte Hohlwandinstallationsdosen).“

Häufig wird die Dampfsperrfolie durch die Gewindespitzen der Schrauben durchstoßen, die bei der Befestigung der Gipsplatten-Bekleidung der Dachschrägen an der Tragschalung verwendet wurden und die aufgrund ihrer Schraubenlänge aus der Rückseite der Tragschalung herausstehen (siehe Abb. 6.293).

Soll die Ebene der Dampfbremse planmäßig die Funktionsebene der Luftdichtheitsschicht übernehmen, dann müssen Perforationen der Folie vermieden werden. Andernfalls kann es zu dem konvektiven Eintritt von Wasserdampf in den Schichtenaufbau des Daches kommen. Es sind lediglich diejenigen Perforationen zu vernachlässigen, die durch die Befestigungsmittel der Bahnenmontage an die Tragschalung selbst entstehen, wenn dort eine Pressung oder Abdeckung vorliegt.

DIN 4108-7:2011-01 „Wärmeschutz und Energieeinsparung in Gebäuden – Teil 7: Luftdichtheit von Gebäuden Anforderungen, Planungs- und Ausführungsempfehlungen sowie -beispiele“ regelt hierzu:

„6 Beispiele für Luftdichtheitsschichten, Fugen und Anschlüsse

6.1 Beispiele für Bauteile und Bauprodukte in der Fläche (Regelquerschnitt) (…)

6.1.2 Luftdichtheitsbahnen

Luftdichtheitsbahnen können z. B. aus Kunststoff, Elastomeren, Bitumen und Papierwerkstoffen bestehen.

Die Perforation durch die Befestigungsmittel der Bahnenmontage sind für die Luftdichtheit unbedeutend. Stiftförmige Befestigungsmittel für Bauteilanschlüsse sind ausreichend dicht, wenn eine Pressung oder Abdeckung vorliegt.“

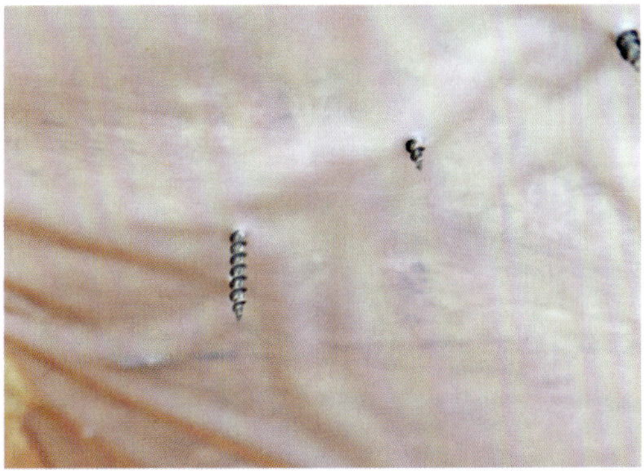

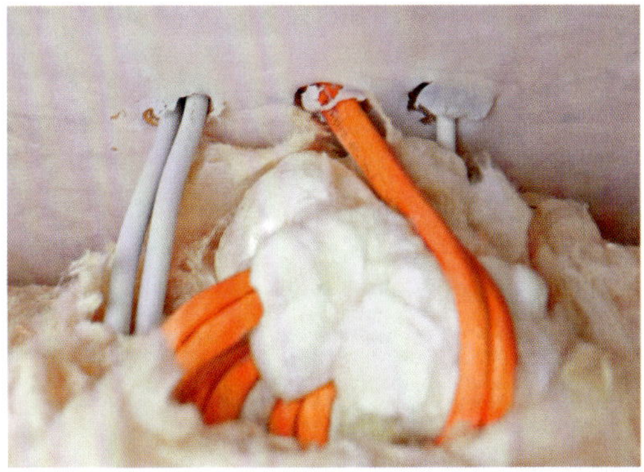

Abb. 6.294 und 6.295: Installationsdurchgänge mit übergroßen Bohrungen

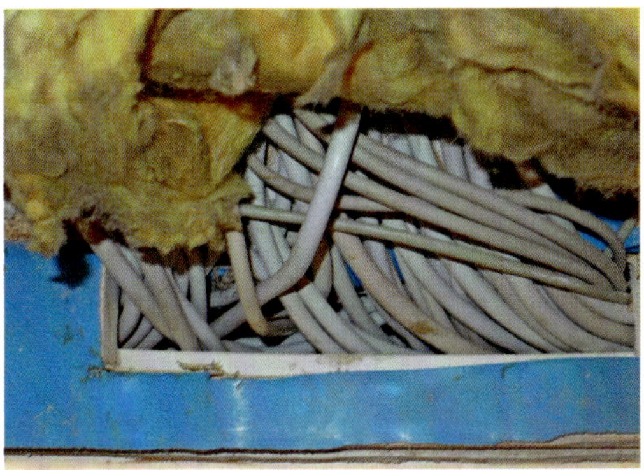

Abb. 6.296: Installationsdurchgang mit klaffender Öffnung innerhalb der Funktionsebene der Luftdichtheitsschicht

Abb. 6.297: Draufsicht Decke über Dachgeschoss: Die Dampfbremsfolie ist als planmäßig luftdichte Schicht ausgeführt, jedoch entlang der Innenwand beschnitten mit klaffend offenen Fugen.

Bei Perforationen der Dampfsperrfolie durch Schrauben der Gipsplattenbeplankung handelt es sich nicht um derartige gezielte Befestigungsmittel der Bahnenmontage, sondern um willkürlich eingetretene Perforationen, die nachträglich durch hervorstehende Gewindespitzen von Schrauben entstanden sind. Ein Anpressdruck ist nicht entstanden, die an den entsprechenden Stellen bewegliche Folie kann durch Flatterbewegungen bei Wind weiter aufreißen. Derartige Perforationen innerhalb der Dampfsperrfolie stellen eine Abweichung von den anerkannten Regeln der Technik dar (siehe Abb. 6.294 bis 6.297).

Eine Leckage innerhalb der Funktionsebene der Luftdichtheitsschicht kann zu Zugerscheinungen bei entsprechenden äußeren Windverhältnissen führen, außerdem kann es zum Entweichen feuchtwarmer Raumluft bis in den Dachbodenbereich hinein kommen. Anschließend kommt es an kalten Bauteilen im Dachbodenbereich zum Tauwasserausfall mit der Folge von Tauwasserschäden.

Gleichzeitig erhöht sich der Feuchtgehalt des Dachholzes, das hierauf mit weiteren Verformungen reagiert.

Abb. 6.298 bis 6.300: Die Dampfsperre als luftdichte Schicht ist nicht am Fensterblendrahmen angeschlossen.

Eine Abrissfuge zwischen Trockenbau und Massivwänden stellt insofern einen technischen Mangel dar, wenn die Gipskartonebene als luftdichte Ebene geplant war (siehe Abb. 6.298 bis 6.300).

Gleitender Deckenanschluss

Eine weitere typische Rissbildung in Gipskartonwänden stellt sich oft zwischen 2 Massivdecken ein, wenn der obere Anschluss der Wand an die Massivdecke, z. B. aus Fertigteilhohlkörperplatten, nicht gleitend ausgebildet ist. Der Riss verläuft hierbei senkrecht von der Unterkante der Decke bis zur Oberkante Fußboden und ist nach unten hin aufgeweitet.

Hohlkörperdecken sind werkseitig vorgespannt, sodass sie nach der Fertigung einen leichten Stich zur Oberseite hin haben.

Beispiel

Die Spannweite einer Hohlkörperdecke beträgt 8 m.

Nach Herstellerangabe beträgt die Überhöhung für eine Decke mit z. B. $d = 1\ 8$ cm bei einer Stützweite von 8 m, je nach Grad der Vorspannung, nach der Fertigung ca. 11 mm.

Das ungefähre Maß der Durchbiegung nach Einbau mit der Eigenlast der Decke beträgt gemäß Herstellerangabe l/600, also 800/600 = 13 mm.

Das maximal zulässige Maß der Durchbiegung im Endzustand und unter Belastung beträgt gemäß Herstellerangabe l/300, also 800/300 = 27 mm.

Somit ergibt sich vom Zeitpunkt des Einbaus der Decke bis zum Zeitpunkt, an dem die Montagewände erstellt werden, eine Differenz der Durchbiegung von 27 mm – 13 mm = 14 mm.

Die Gipskartonständerwände laufen mit ihrer Beplankung zwischen der Oberkante des Hohlraumbodens und der Unterkante der Hohlkörperspannbetondecke durch. Durchbiegungsverformungen, die sowohl von der unteren Hohlkörperdecke als auch von der oberen ausgehen, müssen von den Leichtbauwänden scheibenartig aufgenommen werden. Durch den formschlüssigen Verbund zwischen der Gipskartonbeplankung und der Spannbetondecke entsteht in der Schale ein Verformungsbestreben, für das die Gipskartonschale nicht ausgelegt ist.

Gemäß DIN 18183-1:2018-05 „Trennwände und Vorsatzschalen aus Gipsplatten mit Metallunterkonstruktionen – Teil 1: Beplankung mit Gipsplatten“ gilt:

„*4 Ausführung (…)*

4.3 Befestigung an angrenzenden Bauteilen

4.3.1 Allgemeines (…)

Die Art des Anschlusses richtet sich nach den Verformungen, die nach dem Einbau der Trennwände für die angrenzenden Bauteile zu erwarten sind. Die zu erwartenden Verformungen sind vom Planverfasser anzugeben. Bei Verformungen ≥ 10 mm sind gleitende Anschlüsse auszuführen (siehe 4.3.3).

Erfolgt der Anschluss an Deckenbekleidungen oder Unterdecken, so ist das Zusammenwirken von Decken- und Wandsystemen zu beachten. Hierbei können besondere konstruktive Maßnahmen im Deckenbereich erforderlich sein, um die aus den Trennwänden herrührenden Kräfte aufzunehmen. (…)

4.3.3 Gleitende Anschlüsse

Gleitende Anschlüsse sind so herzustellen, dass sich die zwischen Trennwand und angrenzendem Bauteil zu erwartenden Verformungen einstellen können (siehe Bild 9). Anforderungen des Schall- und/oder Brandschutzes sind bei der Ausbildung zu berücksichtigen. Bei Deckendurchbiegungen > 20 mm sind gesonderte konstruktive Maßnahmen zu ergreifen.“

Die im Beispiel zu erwartende Deckendurchbiegung wurde mit maximal 14 mm errechnet. Somit hätten die Gipskartonwände um dieses Durchbiegungsmaß verkürzt und mit einem gleitenden Anschluss eingebaut werden müssen.

Türecken

Bei einlagiger Beplankung führen Gipskartonplattenstöße in der vertikalen Verlängerung der Türpfostenständerprofile und in der horizontalen Verlängerung der Türsturzprofile zu unvermeidbarer Rissbildung, ausgehend von den Türecken. Der Grund hierfür liegt in Verformungen der tragenden Konstruktion wie Durchbiegungen und Schwindverkürzungen. Die Türständer sind zudem in besonderer Weise den Spannungen ausgesetzt, die aus den statischen Türlasten und dynamischen Türbewegungen resultieren. An diesen Schwachpunkten angeordnete Plattenstöße bilden somit automatisch eine markante Sollbruchstelle. Dieser Verstoß gegen die Herstellerrichtlinie ist auch ein Verstoß gegen anerkannte Regeln der Technik. Die Beplankung unterliegt unter diesen Beanspruchungen einem eigenen Verformungsbestreben und es kommt an den labilen Türecken zur Rissbildung.

Gemäß DIN 18183-1:2018-05 „Trennwände und Vorsatzschalen aus Gipsplatten mit Metallunterkonstruktionen – Teil 1: Beplankung mit Gipsplatten" gilt:

„4 Ausführung (…)

4.7 Wandöffnungen

Im Randbereich von Wandöffnungen (z. B. Türen, Fenster) sind zwischen den Ständern horizontale Profile anzuordnen; soweit erforderlich, ist die Unterkonstruktion auszusteifen (z. B. durch Profile aus Stahlblech).

Bei Wänden mit Konstruktionshöhen über 2,60 m, Türöffnungsbreiten über 0,885 m oder Türblattgewichten über 25 kg sind im Türöffnungsbereich mindestens U-Aussteifungsprofile (UA) nach DIN 18182-1 einzubauen (siehe Beispiele in Tabelle 2 [vgl. Tabelle 6.50]*). Decken- und Bodenanschlüsse der U-Aussteifungsprofile (UA) oder stärkerer Profile sind mit Anschlusswinkeln mit einer Mindestdicke von 2 mm zu befestigen. Als Türsturz ist ein U-Wandprofil (UW) oder ein gleichwertiges Profil einzubauen und an den vertikalen Profilen kraftschlüssig zu befestigen. (…)*

Bei einfach beplankten Wänden sind Plattenstöße in Verlängerung der Zargenholme zu vermeiden; bei mehrlagiger Beplankung sind Stöße in den einzelnen Lagen gegeneinander zu versetzen."

Tabelle 6.50: Beispiele für den Einsatz von U-Aussteifungsprofilen (UA) in Abhängigkeit zur Türöffnungsbreite und zum Türblattgewicht nach DIN 18183-1:2018-05, Tabelle 2

Türöffnungsbreite in mm	UA 50	UA 75	UA 100
	Türblattgewicht in kg		
≤ 1.010	≤ 50	≤ 75	≤ 100
≤ 1.260	≤ 40	≤ 60	≤ 80
≤ 1.510	≤ 30	≤ 50	≤ 65

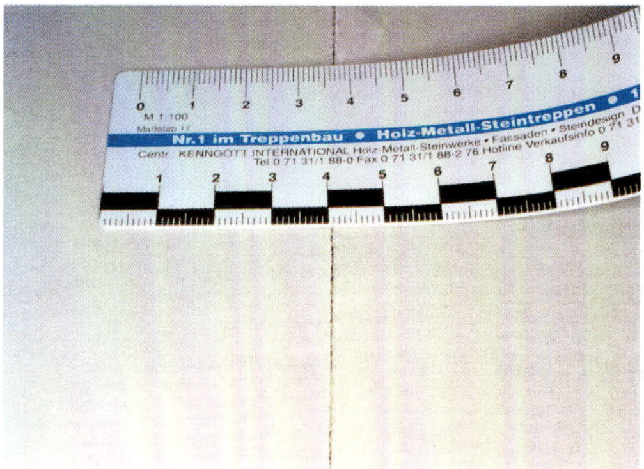

Abb. 6.301: Die Stoßfuge zwischen 2 geschnittenen Gipskartonplatten ist nicht v-förmig aufgeweitet, um das Fugenspachtelmaterial aufnehmen zu können.

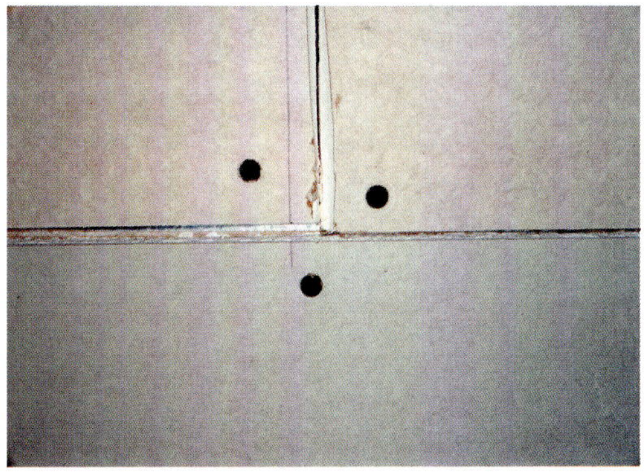

Abb. 6.302: Von den Stoßfugen zwischen geschnittenen Gipskartonplatten ist lediglich die obere Fuge v-förmig aufgeweitet, um das Fugenspachtelmaterial aufnehmen zu können.

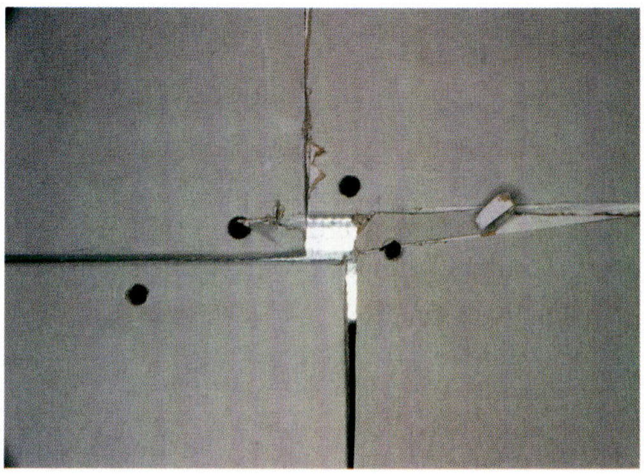

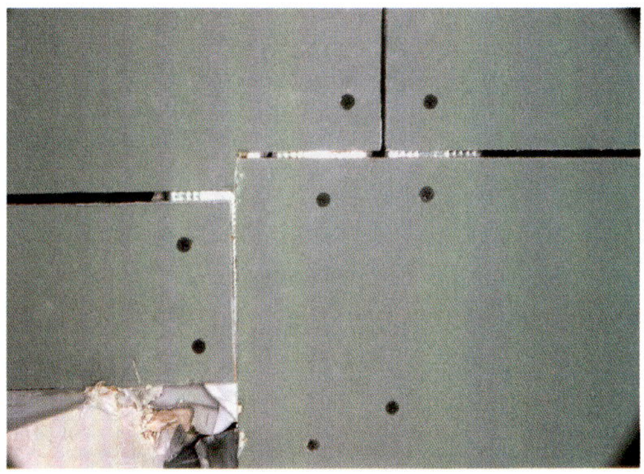

Abb. 6.303 und 6.304: Die Stoßfugen zwischen geschnittenen Gipskartonplatten sind nicht v-förmig aufgeweitet, um das Fugenspachtelmaterial aufnehmen zu können.

Verspachtelung

Es liegt ein Verstoß gegen die anerkannten Regeln der Technik vor, wenn die Gipskartonplattenstöße vor einer Verfugung mit VARIO-Spachtel nicht v-förmig aufgeschnitten wurden, um das Spachtelmaterial aufnehmen zu können (siehe Abb. 6.301 bis 6.304).

Unzureichende Verspachtelung wird vom Malergewerk insbesondere dann beanstandet, wenn auf eine nachfolgende Tapezierung verzichtet werden soll. Kellenschläge und Unebenheiten zeichnen sich dann unter Streiflicht markant in der Fläche ab. Vermeiden lässt sich dieser Zwist nur durch eine vorherige förmliche Vereinbarung über die Qualität der Verspachtelung.

Gemäß dem „Merkblatt 2: Hinweise und Richtlinien für Trockenbauarbeiten mit Gipsplatten-Systemen, Verspachtelung von Gipsplatten Oberflächengüten" (2017) gilt:

„Geltungsbereich (…)

Oberflächen müssen geplant werden – Oberflächengüte

In der Praxis werden häufig unterschiedliche, oft subjektive Maßstäbe angesetzt, die sich neben der Ebenheit vor allem an optischen Merkmalen, z. B. Markierungen der Kartonoberfläche und Fugenabzeichnungen, orientieren. Dementsprechend sind die zur Verwendung kommenden Baustoffe, deren Maßtoleranzen und die handwerklichen Ausführungsmöglichkeiten bei der Planung zu berücksichtigen.

Hinsichtlich der Verspachtelung von Gipsplatten müssen verschiedene Qualitätsstufen unterschieden werden:

Qualitätsstufe 1 (Q 1)	*Grundverspachtelung*
Qualitätsstufe 2 (Q 2)	*Standardverspachtelung*
Qualitätsstufe 3 (Q 3)	*Sonderverspachtelung*
Qualitätsstufe 4 (Q 4)	*Sonderverspachtelung*

Werden bei der Beurteilung oder Abnahme der gespachtelten Oberflächen spezielle Lichtverhältnisse – z. B. Streiflicht als natürliches Licht oder künstliche Beleuchtung – mit herangezogen, ist vom Auftraggeber dafür zu sorgen, dass bereits während der Ausführung der Spachtelarbeiten vergleichbare Lichtverhältnisse vorhanden sind.

Da die Lichtverhältnisse in der Regel nicht konstant sind, kann eine eindeutige Beurteilung der Trockenbauarbeit nur für eine vor Ausführung der Spachtelarbeiten definierte Lichtsituation vorgenommen werden. Die Lichtsituation ist dementsprechend vertraglich zu vereinbaren.

Q1 Qualitätsstufe 1 (Grundverspachtelung)

Für Oberflächen, an die keine optischen (dekorativen) Anforderungen gestellt werden, ist eine Grundverspachtelung (Q 1) ausreichend.

Die Verspachtelung nach Qualitätsstufe 1 umfasst:

- *das Füllen der Stoßfugen der Gipsplatten und*
- *das Überziehen der sichtbaren Teile der Befestigungsmittel,*
- *das Abstoßen von überstehendem Spachtelmaterial. Werkzeugbedingte Markierungen, Riefen und Grate sind zulässig.*

Die Grundverspachtelung schließt das Einlegen von Fugendeckstreifen (Bewehrungsstreifen) ein, sofern das gewählte Verspachtelungssystem (Spachtelmaterial, Kantenform der Platten) dies vorsieht.

Darüber hinaus sind Fugendeckstreifen einzulegen, wenn dies aus konstruktiven Gründen für notwendig erachtet wird (siehe ‚Hinweise für Planung und Ausführung‘).

Bei mehrlagigen Beplankungen ist bei den unteren Plattenlagen ein Füllen der Stoß- und Anschlussfugen ausreichend (vgl. [1], [5]), allerdings auch notwendig. Abhängig von Fugenausbildung und Spachtelmasse können dafür mehrere Arbeitsgänge erforderlich sein. Auf das Überspachteln der Befestigungsmittel kann bei den unteren Plattenlagen verzichtet werden.

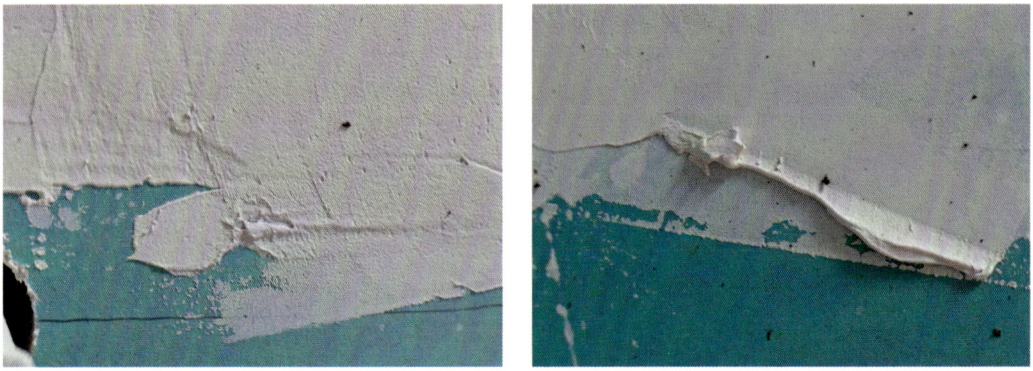

Abb. 6.305 und 6.306: Die vereinbarte Qualitätsstufe Q2 wird nicht erreicht, wenn sich Spachtelgrate abzeichnen.

Bei Flächen, die mit Bekleidungen und Belägen aus Fliesen und Platten (vgl. [15], [17]) versehen werden sollen, ist das Füllen der Fugen ausreichend. Glätten ist ebenso zu vermeiden wie das seitliche Verziehen des Spachtelmaterials über den unmittelbaren Fugenbereich hinaus.

Anstelle der für Gipsplatten üblichen Spachtelmassen können die Fugen unter Beachtung der Verarbeitungshinweise des Kleberherstellers auch mit den für keramische Bekleidungen verwendeten Klebstoffen (Dispersionsklebstoff oder Epoxidharzklebstoff [9]) oder geeigneten Mörteln (Gipsverträglichkeit beachten) geschlossen werden.

Q2 Qualitätsstufe 2 (Standardverspachtelung)

Die Verspachtelung nach Qualitätsstufe 2 (Q2) ist die Standardverspachtelung.

Sie genügt den üblichen Anforderungen an Wand und Deckenflächen.

Ziel der Verspachtelung ist es, den Fugenbereich durch stufenlose Übergänge der Plattenoberfläche anzugleichen. Gleiches gilt für Befestigungsmittel, Innen- und Außenecken sowie Anschlüsse.

Die Verspachtelung nach Qualitätsstufe 2 umfasst:

- *die Grundverspachtelung (Q1),*
- *das Nachspachteln (Feinspachteln, Finish) bis zum Erreichen eines stufenlosen Übergangs zur Plattenoberfläche.*

Dabei dürfen keine Bearbeitungsabdrücke oder Spachtelgrate sichtbar bleiben [siehe Abb. 6.305 und 6.306]. *Falls erforderlich, sind die verspachtelten Bereiche zu schleifen.*

Diese Oberfläche kann beispielsweise geeignet sein für:

- *mittel und grob strukturierte Wandbekleidungen, z. B. Tapeten wie Raufasertapete (mit mittlerer oder grober Körnung) [21],*
- *stumpfmatte bis matte Anstriche/Beschichtungen (z. B. Dispersionsanstriche) nach DIN EN 13300 [13],*
- *dekorative Oberputze und Beschichtungen mit putzartigem Aussehen, soweit sie vom Putz-/Beschichtungshersteller für das jeweilige Gipsplattensystem freigegeben sind.*

Wird die Qualitätsstufe 2 (Standardverspachtelung) als Grundlage für Wandbekleidungen, Anstriche und Beschichtungen gewählt, sind Abzeichnungen – insbesondere bei Einwirkung von Streiflicht – nicht auszuschließen. Eine Verringerung dieser Effekte ist in Verbindung mit einer Verspachtelung nach Qualitätsstufe 3 zu erreichen.

Q3 Qualitätsstufe 3 (Sonderverspachtelung)

Werden erhöhte Anforderungen an die gespachtelte Oberfläche gestellt, sind zusätzliche über Grund- und Standardverspachtelung hinausgehende Maßnahmen erforderlich (Q3 beachte Hinweise im Abschn. ‚Ausschreibung', insbesondere zu den erforderlichen Ebenheitstoleranzen).

Die Verspachtelung nach Qualitätsstufe 3 umfasst:

- *die Standardverspachtelung (Q2) mit*
- *einem breiteren Ausspachteln der Fugen sowie ein scharfes Abziehen der restlichen Kartonoberfläche zum Porenverschluss mit Spachtelmaterial.*

Im Bedarfsfall (z. B. Spachtelgrate) sind die gespachtelten Flächen zu schleifen.

Diese Oberfläche kann beispielsweise geeignet sein für:

- *fein strukturierte Wandbekleidungen,*
- *matte Anstriche/Beschichtungen nach DIN EN 13300 [13],*
- *dekorative Oberputze und Beschichtungen mit putzartigem Aussehen, soweit sie vom Putz-/Beschichtungshersteller für das jeweilige Gipsplattensystem freigegeben sind.*

Die unter Q2 angegebenen Beispiele sind auch auf Q3 anwendbar.

Auch bei dieser Verspachtelung sind bei Streiflicht sichtbar werdende Abzeichnungen nicht auszuschließen und nach VOB/C, DIN 18340, Nr. 3.1.3 [1] bzw. ÖNORM B 3415 No. 4.3.10.3 [6] zulässig.

Grad und Umfang solcher Abzeichnungen sind jedoch gegenüber der Standardverspachtelung geringer.

Q4 Qualitätsstufe 4 (Sonderverspachtelung)

Um höchste Anforderungen an die gespachtelte Oberfläche zu erfüllen, stehen

- *eine Vollflächenspachtelung oder*
- *ein Abstucken[1)] der gesamten Oberfläche zur Auswahl.*

Im Unterschied zur Verspachtelung Q3 wird dabei die gesamte Kartonoberfläche mit einer durchgehenden Spachtel-/Putzschicht überzogen (beachte Hinweise im Abschn. ‚Ausschreibung', insbesondere zu den erforderlichen Ebenheitstoleranzen).

Die Qualitätsstufe 4 umfasst:

- *die Standardverspachtelung Q2 und*
- *ggf. ein breites Ausspachteln der Fugen,*
- *ein breites Ausspachteln der Fugen sowie ein vollflächiges Überziehen und Glätten der gesamten Oberfläche mit einem dafür geeigneten Material (Schichtdicke größer 1 mm).*

Diese Oberfläche kann beispielsweise geeignet sein für:

- *glatte oder fein strukturierte Wandbekleidungen mit Glanz, z. B. Metall- oder Vinyltapeten,*
- *Anstriche/Beschichtungen bis zu mittlerem Glanz nach DIN EN 13300 [13],*
- *Stuccolustro oder andere hochwertige Glätt-Techniken.*

Die unter Q2 und Q3 angegebenen Beispiele sind auch auf Q4 anwendbar.

Eine Oberflächenbehandlung, die nach dieser Klassifizierung die höchsten Anforderungen erfüllt, minimiert die Möglichkeit von Abzeichnungen der Plattenoberfläche und Fugen. Soweit Lichteinwirkungen (z. B. Streiflicht) das Erscheinungsbild der fertigen Oberfläche beeinflussen können, werden unerwünschte Effekte (z. B. wechselnde Schattierungen auf der Oberfläche oder minimale örtliche Markierungen) weitgehend vermieden. Sie lassen sich nicht völlig ausschließen, da Lichteinflüsse in einem weiten Bereich variieren und nicht eindeutig erfasst und bewertet werden können (z. B. bei natürlichem Lichteinfall). Grundsätzlich müssen die Beleuchtungsverhältnisse, wie sie bei der späteren Nutzung vorgesehen sind, bekannt sein. Zweckmäßigerweise sollten sie bereits zum Zeitpunkt der Spachtelarbeiten vorhanden sein. Darüber hinaus sind die Grenzen der handwerklichen Ausführung vor Ort zu beachten.

Spachtelflächen, die auch bei Einwirkung von Streiflicht absolut eben und schattenfrei erscheinen, sind nicht ausführbar.

In Einzelfällen kann es erforderlich sein, dass in Verbindung mit Beschichtungs- und Klebearbeiten weitere Maßnahmen zur Vorbereitung der Oberfläche für die Schlussbeschichtung notwendig sind, z. B. für:

- *glänzende Beschichtungen,*
- *Lackierungen,*
- *Lacktapeten.*

[1)] In der Schweiz Weißputz"

Schraubenabstände

Die mindestens erforderlichen Schraubenabstände für Wand- und Deckenbauteile sind in der DIN 18181:2019-04 „Gipsplatten im Hochbau – Verarbeitung" festgelegt:

„5 Verarbeitung mit Unterkonstruktion (…)

5.4 Verbindung mit der Unterkonstruktion

5.4.1 Feste Verbindung (…)

5.4.1.5 Befestigung

Die Gipsplatten dürfen in Querbefestigung oder Längsbefestigung angebracht werden.

Bei Querbefestigung muss die Rückseitenstempelung rechtwinklig, bei Längsbefestigung parallel zu den Tragprofilen oder Traglatten verlaufen. (…)

5.4.1.6 Befestigungsmittel

Für die Abstände der Befestigungsmittel gilt Tabelle 3 [vgl. Tabelle 6.51].

Das Befestigen der Gipsplatten erfolgt in Abhängigkeit der Unterkonstruktion mit Schnellbauschrauben, Klammern oder Nägeln aus dem Anwendungsbereich von DIN EN 14566 und nach DIN 18182-2. Die erforderliche Mindestlänge ergibt sich aus der jeweils vorhandenen Beplankungsdicke und der notwendigen Mindesteindringtiefe.

Die Befestigungsmittel dürfen nur so weit versenkt werden, wie es für ein einwandfreies Verspachteln erforderlich ist."

Tabelle 6.51: Abstände der Befestigungsmittel für die Befestigung in der Unterkonstruktion nach DIN 18181:2019-04, Tabelle 3

Plattenart	**Befestigungsmittel aus dem Anwendungsbereich von DIN EN 14566 in Verbindung mit DIN 18182-2**		
	Schnellbau-schrauben	**Klammern**[1)]	**Nägel**[2)]
	maximale Abstände der Befestigungsmittel in mm		
Trennwände und Versatzschalen[3)]			
Gipsplatten mit geschlossener Sichtfläche	250	80	120[4)]
gelochte Gipsplatten	170	80	120
Deckenbekleidungen und Unterdecken			
Gipsplatten mit geschlossener Sichtfläche, gelochte Gipsplatten	170	80	120

[1)] Klammern sind so einzutreiben, dass der Winkel zwischen Klammerrücken und Kartonfaserrichtung etwa 45° beträgt.

[2)] Die Abstände gelten auch für von Hand eingetriebene Gipsplattennägel.

[3)] Bei mehrlagiger Beplankung dürfen für die unteren Plattenlagen (durch die mindestens eine weitere Plattenlage hindurch die Unterkonstruktion befestigt wird) die Abstände der Befestigungsmittel bis zum 3-Fachen vergrößert werden.

[4)] bei Konstruktionen ohne Brandschutzanforderungen max. 170 mm

Gelb-Braun-Verfärbungen

Wenn Gipskartonplatten über längere Zeit der UV-Bestrahlung oder einer überhöhten Feuchtigkeit ausgesetzt waren, kommt es häufig zu Braun- oder Gelbverfärbungen, die auch durch die später applizierte Beschichtung durchschlagen können.

Als Ursache von lichtabhängigen Vergilbungen wird eine fotochemische Reaktion des Lignins aus den Holzinhaltsstoffen des Kartons erachtet. Insbesondere unter Einfluss von UV-Licht bilden sich gelbliche bis braune Stoffe, die bei einem Anstrich oder bei einer Tapezierung durchschlagen können. Einen wesentlichen Einfluss übt die Feuchtigkeit an der beschichteten oder tapezierten Oberfläche aus. Auch alkalische Werkstoffe, wie z. B. Dispersionssilikatfarbe, können an den Reaktionen mitwirken.

Der Bundesausschuss Farbe und Sachwertschutz e. V. empfiehlt daher schon seit 1995, dass unbeschichtete Gipsplatten nicht über längere Zeit dem Licht ausgesetzt sein sollen:

„2 *Anforderungen an Untergründe aus Gipskartonplatten*

2.1 Anforderungen an Gipskartonplatten und -flächen (...)

Unbeschichtete Platten dürfen zur Vermeidung von Gelbverfärbungen nicht längere Zeit dem Licht ausgesetzt sein.“

Um Verfärbungen zu verhindern, empfiehlt das „Merkblatt 6: Vorbehandlung von Trockenbauflächen aus Gipsplatten zur weitergehenden Oberflächenbeschichtung bzw. -bekleidung“ (2011), die Flächen mit einem Absperrbeschichtungsstoff vorzubehandeln:

„*3. Untergrundprüfung für die Ausführung der Grundierung*

Vor dem Aufbringen des Grundiermittels ist der Untergrund auf Beschaffenheit und Eignung zu prüfen. Die zu prüfenden Kriterien sind in der Tabelle [vgl. Tabelle 6.52] *zusammengestellt.*

Untergrundprüfung (in Anlehnung an Tabelle, BFS-Merkblatt Nr. 12, Teil 2 [7])“

Tabelle 6.52: Untergrundprüfung nach „Merkblatt 6: Vorbehandlung von Trockenbauflächen aus Gipsplatten zur weitergehenden Oberflächenbeschichtung bzw. -bekleidung“ (2011)

Prüfung auf	**Prüfmethode**	**Erkennung**	**technische Hinweise, Maßnahmen und Empfehlungen, ggf. Bedenken mitteilen**
Vergilbung des Kartons	Augenschein, Prüfung auf Wasserrandbildung, Weißgrundierung	gelbe bis braune Verfärbung des Kartons, Durchschlagen bzw. -bluten nach der Beschichtung	Flächen mit Absperrbeschichtungsstoff vorbehandeln

Auch der Bundesausschuss Farbe und Sachwertschutz (BFS) weist im Merkblatt Nr. 12 „Oberflächenbehandlung von Gipskartonplatten“ (2007) auf erforderliche besondere Maßnahmen im Falle von lichtbedingten Vergilbungen hin:

„2 *Anforderungen an Untergründe aus Gipsplatten und Gipsfaserplatten*

2.2 Gipsplatten-Untergründe

(...) Bei lichtbedingten Vergilbungen sind besondere Maßnahmen erforderlich (siehe Tabelle 2).“

Trockenbau in Feuchträumen

Werden Gipskartonbauteile in Nassbereichen eingesetzt, gelten besondere Regeln zur Vermeidung von Feuchteschäden. Es müssen imprägnierte Gipskartonplatten eingesetzt werden und besondere Beachtung ist der Nachimprägnierung von Schnittkanten und Installationsöffnungen zu widmen.

Gemäß DIN 18181:2019-04 „Gipsplatten im Hochbau – Verarbeitung“ gilt:

„10 Verarbeitung von Gipsplatten in Feuchträumen von Wohnbereichen oder Räumen ähnlicher Beanspruchung (…)

In Räumen mit nutzungsbedingt zeitweise hoher Luftfeuchte ist der Einbau von Gipsplatten zulässig, wenn durch geeignete Lüftungsmöglichkeiten die anfallende hohe Luftfeuchte innerhalb eines üblichen Nutzungszyklus wieder abgeführt werden kann. Vorzugsweise sind für diese Anwendungsfälle Gipsplatten des Typs H2 nach DIN EN 520 beziehungsweise GKBI/GKFI nach DIN 18180 zu verwenden.

Für Räume mit nutzungsbedingt ständig hoher Luftfeuchte sind Gipsplatten im Regelfall nicht geeignet.

Hinsichtlich der Weiterbearbeitung der Gipsplattenoberflächen siehe Abschnitt 12. (…)

12 Hinweise für die Weiterbearbeitung von Gipsplattenoberflächen

Ist bei zweckbestimmter Nutzung mit zeitweisem Wasserbeschlag der Flächen (…) zu rechnen, z. B. im Wandbereich häuslicher Duschen, so sind die Oberflächen, Anschlussfugen und frei liegenden Schnittflächen (z. B. für Installationsdurchführungen) in geeigneter Weise abzudichten. Abdichtungen und Oberflächenbeschichtungen, z. B. mit Fliesen, müssen so aufeinander abgestimmt sein, dass sowohl die abdichtende Wirkung als auch der dauerhafte Halt der Beschichtung sichergestellt werden. (…)

Literaturhinweise (…)

[3] Merkblatt Nr. 3, Gipsplattenkonstruktionen, Fugen und Anschlüsse, herausgegeben durch die Industriegruppe Gipsplatten im Bundesverband der Gipsindustrie e. V.“

Sofern die Trockenbau-Ständerwände als Untergrund für Wandfliesen vorgesehen sind, ist aus Stabilitätsgründen eine zweilagige Beplankung zu empfehlen, wie produktspezifische Herstellervorschriften sie zum Teil fordern, u. a. das Informationsblatt „Rigips®-Lösungen für Feucht- und Nassräume Für jede Beanspruchung sicher planen“ (Saint Gobain GmbH, 2020):

„Befliesung (…)

Imprägnierte Rigips®-Platten

Trenn- und Schachtwände sowie Vorsatzschalen mit keramischer Belegung bei einem Ständerachsabstand von 625 mm benötigen eine zweifache Beplankung aus imprägnierten Rigips-Bauplatten 12,5 RBI. Alternativ kann die Beplankung als Einfachbeplankung aus Rigips Die Dicke 20 RFI oder Rigips Die Leichte 25 RBI erfolgen.“

Allgemein und produktunabhängig gilt die Anforderung nach einer zweilagigen Beplankung bei Fliesen, wenn bestimmte Ständerabstände überschritten oder bestimmte Plattendicken unterschritten werden, wie der Bundesverband der Gipsindustrie e. V.,

Industriegruppe Gipsplatten, im „Merkblatt 5: Bäder und Feuchträume im Holzbau und Trockenbau“ (2011) festgelegt hat:

6. Anwendungsbeispiele und Hinweise (...)

6.1 Ausbildung von Wandkonstruktionen

Wandunterkonstruktionen im Holzbau und Trockenbau werden i. d. R. als Einfach- oder Doppelständerwerk mit Ständern aus Holz, Holzwerkstoff und Metall ausgeführt. Um bewegungsarme Untergründe zu erhalten, wie es der keramische Fliesenbelag erfordert, ist bei Gipsplatten eine einfache Beplankung mit mindestens 12,5 mm dicken Platten bei einem Ständerabstand ≤ 420 mm bzw. mindestens 18 mm dicken Platten oder eine doppelte Beplankung mit 12,5 mm dicken Platten bei einem Ständerabstand ≤ 625 mm vorzusehen.“

Brandschutz

Werden aufgrund von Anforderungen an den Brandschutz (siehe Band 2, Kapitel 1.14) Feuerschutzplatten gefordert, muss geprüft werden, ob diese auch eingesetzt werden. Hierzu dienen die Plattenaufdrucke mit Hinweisen auf die DIN 4102. Auch an der Farbe des rückseitigen Schriftzuges kann die Brandschutzqualität erkannt werden.

Gemäß DIN 18180:2014-09 „Gipsplatten – Arten und Anforderungen“ gilt:

„8 Kennzeichnung

Jede Gipsplatte nach 4.1 ist zusätzlich zur CE-Kennzeichnung nach DIN EN 520 mit einem Hinweis auf das Herstellwerk, Herstelldatum, die DIN-Hauptnummer und dem Kurzzeichen der Plattenart zu versehen. Dieser Aufdruck muss gut lesbar sein.

Der Aufdruck kann für nachfolgend aufgelistete Gipsplatten z. B. in blauer Farbe erfolgen:

- *Bauplatten (GKB),*
- *Bauplatten – imprägniert (GKBI),*
- *Putzträgerplatten (GKP).*

Bei nachfolgenden Gipsplatten ist der Aufdruck rot.

- *Feuerschutzplatten (GKF),*
- *Feuerschutzplatten – imprägniert (GKFI).*

BEISPIEL: Marke XYZ, Werkzeichen, DIN 18180 GKF

Imprägnierte Gipsplatten können zur besseren Unterscheidung mit einem grünen Karton ausgestattet werden.

Feuerschutzplatten können zur besseren Unterscheidung auch mit rotem Karton ausgestattet sein, der dann andersfarbig beschriftet werden kann.“

Tipp

Die Feuerschutzplatten zeigen an der Aufbruchkante freie Glasfasern, sodass im Zweifel auch ohne Plattenaufdruck – ggf. mit einem Mikroskop oder einer Lupe – geprüft werden kann, welche Art von Material vorliegt.

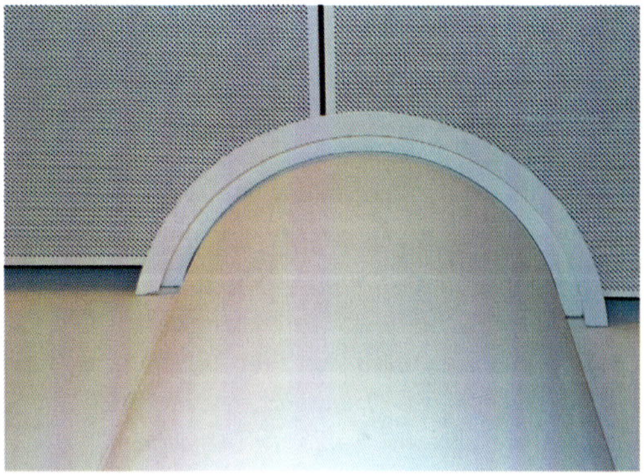

Abb. 6.307: Optische Beanstandung. Die Schattenfuge des Deckenanschlusses wird durch den Rundsäulen-Randwinkel unterbrochen.

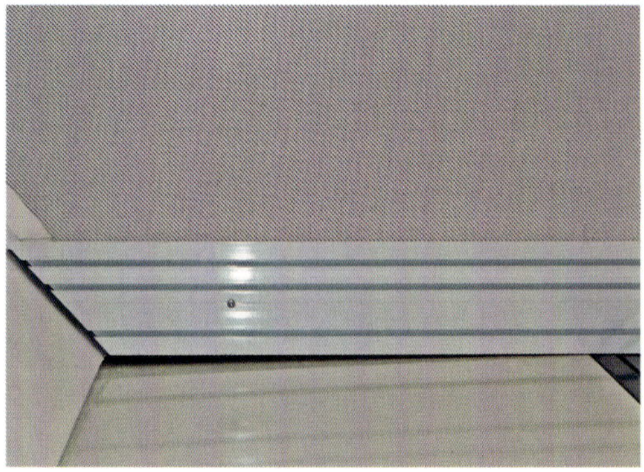

Abb. 6.308: Gardinenschiene ist nicht parallel zur Wand montiert

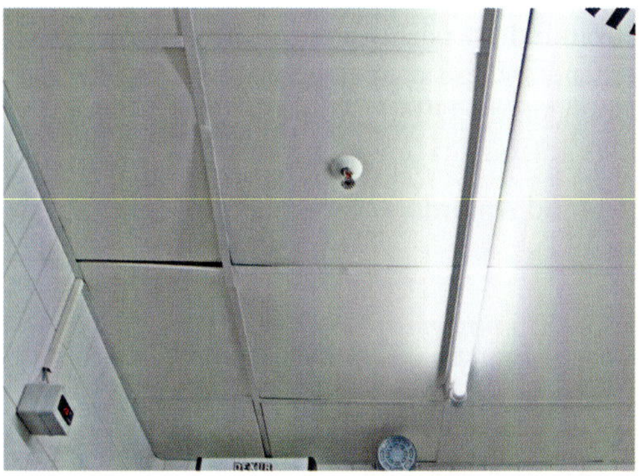

Abb. 6.309: Deckenschienen nicht ausgerichtet, teilweise verbogen; Einlegeplatten nicht ausgerichtet

Optische Beanstandungen

Optische Beanstandungen können sich im Bereich von Anschlussfugen an angrenzende Bauteile ergeben, wenn im Rahmen der Planung keine Detaillierung erfolgt ist (siehe Abb. 6.307).

Optische Beanstandungen können auch darin bestehen, dass das Schienensystem nicht ausgerichtet ist, die Schienen ggf. durch Nachfolgegewerke verbogen worden sind oder dass die Einlegeplatten nicht ausgerichtet worden sind (siehe Abb. 6.308 und 6.309).

Windbeanspruchung

Eine häufige Beanstandung bei Unterdecken mit eingelegten Platten sind Knackgeräusche bei offenen Fenstern oder das Anheben von Platten unter Windbeanspruchung. Dies kann verhindert werden, indem z. B. anstelle der Schnellspanner-Abhänger (siehe Abb. 6.310) drucksteife Noniusabhänger eingesetzt werden und insbesondere die Randplatten besonders befestigt werden. DIN EN 13964:2007-02 „Unterdecken; Anforderungen und Prüfverfahren" regelt, welche Anforderungen bei der Konstruktion von Unterdecken im Hinblick auf die Windbelastung zu erfüllen sind:

„3 *Begriffe*

Für die Anwendung dieser Europäischen Norm gelten die folgenden Begriffe. (…)

Abb. 6.310: Schnellspanner als Abhänger bieten nur eine begrenzte Drucksteifigkeit.

Abb. 6.311: Bei der Abnahme nur aus der Hocke erkennbar: Die Rosetten des Gewerks Sanitärarbeiten sind zwar schon vorhanden, aber der Wanddurchgang für die Waschtischinstallationen ist noch offen.

3.3 Decklagen und Decklagenbauteile

3.3.1 Decklage

sichtbare Fläche der raumseitigen Decke, soweit diese kein sichtbarer Teil der Unterkonstruktion ist

3.3.2 Decklagenbauteil

Produkt, das Teil der Decklage ist (z. B. Kassette oder Platte) (…)

4 Anforderungen (…)

4.3 Mechanische Festigkeit und Stabilität tragender Bauteile (…)

4.3.5 Widerstand gegen Windbeanspruchung

Wenn zu erwarten ist, dass Unterdecken im Gebäudeinnern Windlasten ausgesetzt sind (z. B. bei offenen Fenstern, Türen), ist durch entsprechende Maßnahmen sicherzustellen, dass die Decklagen und die Unterkonstruktion Sog- und/oder Drucklasten standhalten.

Unter der Einwirkung von Windlasten im Gebäudeinnern müssen Stabilität und Unversehrtheit von Decklage und Unterkonstruktion unbeeinträchtigt bleiben.

ANMERKUNG 1: Verformungen sind erlaubt, nicht jedoch Beschädigungen oder das Versagen der Unterdecke und ihrer Bauteile.

In allen anderen Fällen ist die Aufnahmefähigkeit von Windlasten (Druck/Sog) durch die Unterdecke nachzuweisen (z. B. durch Berechnung nach ENV 1991-2-4), insbesondere bei Gebäuden mit großen oder dauerhaften Öffnungen (z. B. Parkhäuser) oder in Kolonnaden und offenen Zugängen.“

Weitere Hinweise bieten die produktspezifischen Herstellervorschriften.

Restleistungen

Typische Restleistungen im Gewerk Trockenbauarbeiten sind z. B. unvollständig verschlossene Wanddurchdringungen (siehe Abb. 6.311).

Abb. 6.312 und 6.313: Die unerlaubte Entsorgung von Baustellenabfällen in den Abseitenhohlraum hinein wird oft erst bei einer späteren Öffnung der Abseite erkannt.

Abfallbeseitigung

Bei Trockenbauarbeiten besteht grundsätzlich das Risiko, dass Baustellenabfälle in Hohlräume hinein entledigt werden, anstatt sie einer geregelten Entsorgung zuzuführen (siehe Abb. 6.312 und 6.313).

6.11 Wärmedämm-Verbundsysteme (VOB/C ATV DIN 18345)

Die Begriffe für die Komponenten eines Wärmedämm-Verbundsystems (WDVS) sind in der DIN EN ISO 9229:2020-10 „Wärmedämmung – Begriffe" geregelt:

„3 Begriffe (…)

3.4 Systeme und Anwendungen von Wärmedämmungen (…)

3.4.2 Wärmedämmsystem

Anordnung von zwei oder mehr Komponenten, von denen mindestens eine ein Wärmedämmstoff (3.1.1) oder Wärmedämmprodukt (3.2.1) ist (…)

3.4.2.1 Wärmedämm-Verbundsystem

Wärmedämmsystem (3.4.2), in dem die Komponenten ohne Zwischenräume verbunden oder verklebt sind

3.4.2.2 außenseitiges Wärmedämmverbundsystem

ETICS

Satz aus einer Wärmedämmung (3.4.1), einem Unterputz, einer Armierung, einer Schlussbeschichtung und mindestens einem Klebstoff oder einem mechanischen Befestigungsmittel, optional einer Zwischenbeschichtung und/oder einem dekorativen Putz, die nach weiterführender Spezifikation zu verwenden sind (d. h. Schichtfolge, Klebeverbindungsfläche, Klebe-Deckfläche (3.6.12), Dicke der Wärmedämmung, Durchmesser der Ankerplatte, Ankerpositionierung, Position der Ankerplatte senkrecht zur Trägerplatte, Anzahl der Anker

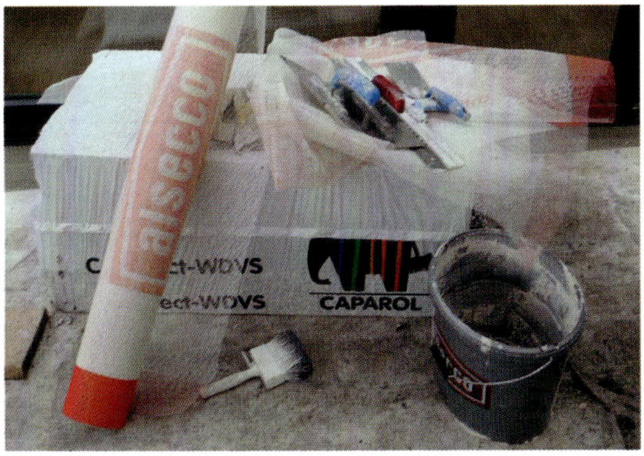

Abb. 6.314: Unzulässige Verarbeitung von Einzelkomponenten unterschiedlicher Systemanbieter

je Flächeneinheit, Abstände von Profilen und Schienen, Unterputzdicke, Überlappung der Armierung, Deckfläche der Zwischenbeschichtung, Schlussbeschichtungsdicke und Deckfläche des dekorativen Putzes) (...)"

Die Verarbeitung von Wärmedämm-Verbundsystemen ist in DIN 55699 geregelt. Ferner sind die einzelnen Verarbeitungsvorschriften der Hersteller sowie die Prüfzeugnisse und bauaufsichtlichen Zulassungsbescheide vorrangig maßgebend. Allgemein und produktunabhängig müssen entsprechend der einschlägigen DIN 55699:2017-08 „Anwendung und Verarbeitung von außenseitigen Wärmedämm-Verbundsystemen (WDVS) mit Dämmstoffen aus expandiertem Polystyrol-Hartschaum (EPS) oder Mineralwolle (MW)" grundsätzlich alle Komponenten eines Wärmedämm-Verbundsystems einheitlich aus dem System eines Herstellers stammen (siehe Abb. 6.314):

„1 Anwendungsbereich

Diese Norm gilt für die Anwendung und Verarbeitung von außenseitigen Wärmedämm-Verbundsystemen (WDVS) mit Dämmstoffen aus expandiertem Polystyrol-Hartschaum (EPS) oder Mineralwolle (MW) mit bewehrtem Unterputz sowie Oberputz oder Flachverblender. (...)

Die systembezogenen allgemeinen bauaufsichtlichen Zulassungen oder Europäischen technischen Zulassungen/Bewertungen sind zu beachten. (...)

„4 Allgemeines

4.1 Außenseitige Wärmedämm-Verbundsysteme (WDVS)

Alle aufeinander abgestimmten Komponenten eines WDVS werden speziell für das entsprechende System und den Untergrund ausgewählt. Bei Abweichungen von Systemvorgaben ist die Verwendbarkeit des WDVS in geeigneter Form nachzuweisen. Das WDVS ist objektbezogen zu planen."

Untergrund

Der Untergrund muss für eine Verklebung der Dämmplatten geeignet sein. Mauerwerk und Beton ohne Putz erfüllen diese Voraussetzung in der Regel ohne weiteren Nachweis. Generell ist für die Verklebung eine Abrissfestigkeit von 0,08 N/mm^2 nachzuweisen. Kreidende Untergründe sind nicht geeignet. Untergrundunebenheiten dürfen durch den Kleber nur bis zu einer Stärke gemäß Zulassungsbescheid ausgeglichen werden, in der Regel in der Größenordnung von 1 bis 2 cm.

Verarbeitungstemperatur

Die gängigen Systemkomponenten dispersionsgebundener Produkte dürfen nach Herstellerangabe und entsprechend DIN 55699 nur bei Temperaturen oberhalb von +5 °C verarbeitet werden. Bei hydraulisch abbindenden Produkten gilt als Untergrenze häufig +3 °C. Auch während der Aushärtungsphase darf diese Temperatur nicht unterschritten werden. Der nächtliche Temperaturverlauf muss daher beobachtet werden. Insbesondere bei hohen, windbeanspruchten Gebäuden entwickeln sich kritische Temperaturen auch dann schon, wenn die am Boden gemessenen Temperaturen augenscheinlich noch ausreichend sind. Zudem entsteht an der feuchten, noch frischen Putzoberfläche je nach Windlast Verdunstungskälte, die die Oberflächentemperatur um bis zu 1,5 °C zusätzlich herabsetzt. Sofern die Applikationen unter kritischen Witterungsbedingungen durchgeführt werden, sollte mit einem an der kritischen Einsatzstelle montierten „Minimum-Maximum-Thermometer" der Temperaturverlauf während der gesamten Erhärtungsphase des Materials dokumentiert werden, dass die Mindesttemperatur nicht unterschritten wurde. Die gemessenen Temperaturen sollten sich im Bautagebuch ablesen lassen. Die Temperaturen lassen sich nachträglich beim DWD abfragen, z. B. unter: www.wetteronline.de. Frostschäden zeichnen sich häufig durch Oberflächenabplatzungen und Schichtablösungen ab.

Dämmplattenverarbeitung

Die Dämmplatten müssen im Verband angesetzt sein mit versetzten Plattenstößen. Die Befestigung erfolgt nach Herstellervorschrift:

- Klebeverfahren in Randwulst-Punkt-Technik,
- Klebeverfahren in Streifentechnik,
- Klebeverfahren mit vollflächiger Zahnspachtelung,
- Dübelbefestigung,
- Klebe- und Dübelbefestigung.

Die Verarbeitung von Wärmedämm-Verbundsystemen richtet sich nach der DIN 55699:2017-08 „Anwendung und Verarbeitung von außenseitigen Wärmedämm-Verbundsystemen (WDVS) mit Dämmstoffen aus expandiertem Polystyrol-Hartschaum (EPS) oder Mineralwolle (MW)" :

„6 Verarbeitung von Wärmedämm-Verbundsystemen (…)

6.5 Verkleben der Dämmstoffplatten (…)

Die Randbereiche des WDVS bzw. Anschlüsse von Durchdringungen sind so herzustellen, dass eine Hinterlüftung vermieden wird.

Die Dämmstoffplatten sind innerhalb der Fläche im Verband (Überbindemaß ≥ 10 cm) zu verlegen und fugendicht zu stoßen. Kreuzfugen sind nicht zulässig. Die Oberfläche ist eben (ohne Vorsprünge an den Plattenstößen) herzustellen. Klebemörtel dürfen nicht in die Fugen gelangen.

Offene Plattenstöße und Fehlstellen (Fugen) sind mit Dämmstoff so zu schließen, dass Armierungsmörtel nicht eindringen kann. Fugen, die so gering sind, dass kein Unterputz eindringen kann, müssen nicht geschlossen werden. Fugen bis zu einer Breite von höchstens 5 mm können auch mit einem schwer entflammbaren PU-Fugenschaum ausgeschäumt werden. An den Gebäudekanten sind nach Möglichkeit die Dämmstoffplatten verzahnt anzuordnen. Das Ausschäumen der Stöße im Bereich der Brandriegel ist nicht zulässig.“

Der Kleberanteil bei Anwendung des Punkt-Wulst-Verfahrens muss nach den allgemeinen bauaufsichtlichen Zulassungen mindestens 40 % betragen. In DIN 55699 wird beim Randwulst-Punkt-Verfahren ebenfalls von einer Klebefläche im angedrückten Zustand von 40 % ausgegangen, beim Wulstverfahren sind es mindestens 50 %. Erreicht wird dies nur durch ein Anpressen der Dämmplatten in das Kleberbett hinein. Ein typischer Verarbeitungsfehler ist das „Aufmauern“ der Platten ohne Anpressdruck.

Tabelle 6.53 zeigt die Art der Verklebung nach DIN 55699, Tabelle 1:

Tabelle 6.53: Verkleben der Dämmstoffplatten nach DIN 55699:2017-08, Tabelle 1

Auftragsart	**Auftrag auf**	**Dämmstoff**			
		EPS-Dämmplatten	**Mineralwolleplatten**	**Mineralwollelamellen**	**Mineralwollelamellen mit Haftbrückenbeschichtung**
Klebemörtel/Klebemassen					
Randwulst-Punkt-Verfahren	Dämmstoffplatten	x	x	–	–
ganzflächiger Auftrag mit Zahntraufel	Dämmstoffplatten	x	x	x	x
	Untergrund	x	x[1]	–	x
Wulstverfahren (maschinell)	Untergrund	x	x[1]	–	x
Klebeschaum					
Rand umlaufend und mittig (w-förmig oder mittlerer Stränge)	Dämmstoffplatten	x	–	–	–

[1] Mineralwolleplatten mit spezieller Beschichtung

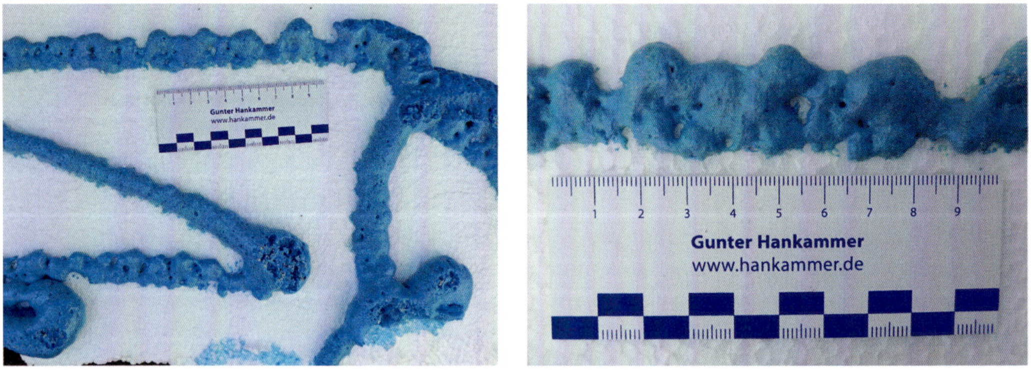

Abb. 6.315 und 6.316: An der aus der Fassade entnommenen EPS-Dämmstoffplatte sind die Oberflächen der Kleberraupen vollständig unberührt. Ein Kontakt mit dem Untergrund bestand nicht.

Abb. 6.315 und 6.316 zeigen ein Beispiel, in dem keine der zulässigen Auftragsarten für die Verklebung verwendet wurde.

Brandbarriere

Bei der Verwendung von Dämmplatten aus Polystyrol-Hartschaum ist entsprechend der zugehörigen allgemeinen bauaufsichtlichen Zulassung (abZ) oberhalb von Öffnungen eine Brandbarriere anzuordnen.

Gemäß DIN 55699:2017-08 „Anwendung und Verarbeitung von außenseitigen Wärmedämm-Verbundsystemen (WDVS) mit Dämmstoffen aus expandiertem Polystyrol-Hartschaum (EPS) oder Mineralwolle (MW)“ gilt:

„*5 Voraussetzungen für die Ausführung*

5.4 Brandschutzmaßnahmen

Für die brandschutztechnische Ausführung von WDVS gelten die bauordnungsrechtlichen Bestimmungen, z. B. Landesbauordnung, Sonderbauverordnung, Zulassungen.

Im Bereich von Brandwänden sind die Regelungen der jeweiligen Landesbauordnung zu beachten. (…)

Darüber hinaus sind die für das jeweilige WDVS erforderlichen Maßnahmen in der zugehörigen allgemeinen bauaufsichtlichen Zulassung festgelegt.

Bei schwer entflammbaren Wärmedämm-Verbundsystemen mit EPS-Dämmplatten sind aus brandschutztechnischen Gründen besondere Maßnahmen erforderlich, z. B. das Anbringen umlaufender Brandriegel um das Gebäude. Die Brandriegel oder Brandbarrieren sind vollflächig zu verkleben und ggf. zu dübeln.“

Seit etwa 2012 rücken Brandschäden an Wärmedämm-Verbundsystem-Fassaden mit Wärmedämmung aus expandiertem Polystyrol (EPS) in den Fokus öffentlicher Diskussionen. Das Deutsche Institut für Bautechnik (DIBt) hat angekündigt, dass zukünftige allgemeine bauaufsichtliche Zulassungen erhöhte Anforderungen an den Brandschutz von Wärmedämm-Verbundsystemen mit EPS-Dämmstoff enthalten werden. In der Veröffentlichung „Konstruktive Ausbildung von Maßnahmen zur Verbesserung des

Brandverhaltens von als ‚schwerentflammbar' einzustufenden Wärmedämm-Verbundsystemen mit EPS-Dämmstoff" (2015) heißt es:

„Im Rahmen einer durch die Bauministerkonferenz beauftragten Versuchsreihe wurden konstruktive Maßnahmen erarbeitet, die Fassaden, die als schwerentflammbares WDVS mit EPS-Dämmstoff ausgebildet sind, widerstandsfähiger gegen eine außerhalb des Gebäudes und in unmittelbarer Nähe zur Fassade wirkende Brandbeanspruchung machen sollen. Diese konstruktiven Vorgaben werden künftig in den allgemeinen bauaufsichtlichen Zulassungen der EPS-WDVS Berücksichtigung finden. Dabei werden die konstruktiven Maßnahmen in Abhängigkeit vom jeweiligen EPS-WDVS wie folgt unterschieden:

A. WDVS mit angeklebtem EPS-Dämmstoff mit Dicken bis 300 mm auf massiv mineralischen Untergründen mit Putzschicht

Bei schwerentflammbaren WDVS mit bis zu 300 mm dicken EPS-Dämmplatten müssen zu den bisher in den allgemeinen bauaufsichtlichen Zulassungen vorgeschriebenen Brandschutzmaßnahmen zusätzlich gebäudeumlaufende Brandriegel als Schutzmaßnahme gegen eine Brandeinwirkung von außerhalb des Gebäudes wie folgt angeordnet werden:

1. *ein Brandriegel an der Unterkante des WDVS bzw. maximal 90 cm über Geländeoberkante oder genutzten angrenzenden horizontalen Gebäudeteilen (z. B. Parkdächer u. a.).*
2. *ein Brandriegel in Höhe der Decke des 1. Geschosses über Geländeoberkante oder angrenzenden horizontalen Gebäudeteilen nach Nr. 1, jedoch zu dem darunter angeordneten Brandriegel mit einem Achsabstand von nicht mehr als 3 m. Bei größeren Abständen sind zusätzliche Brandriegel einzubauen.*
3. *ein Brandriegel in Höhe der Decke des 3. Geschosses über Geländeoberkante oder angrenzender horizontaler Gebäudeteile nach Nr. 1, jedoch zu dem darunter angeordneten Brandriegel mit einem Achsabstand von nicht mehr als 8 m. Bei größeren Abständen sind zusätzliche Brandriegel einzubauen.*
4. *weitere Brandriegel an Übergängen der Außenwand zu horizontalen Flächen (z. B. Durchgängen, -fahrten, Arkaden), soweit diese in dem durch einen Brand von außen beanspruchten Bereich des 1. bis 3. Geschosses liegen.*

Die Brandriegel müssen folgende Anforderungen erfüllen:

- *Höhe $\geq$ 200 mm,*
- *nichtbrennbare Mineralwolle-Lamellenstreifen, Klassen A1, A2 nach DIN 4102-1 oder A1, A2-s1, d0 nach DIN EN 13501-1 nicht glimmend, aus Steinfasern mit einem Schmelzpunkt von mindestens 1000 °C geprüft nach DIN 4102-17, mit einer Rohdichte zwischen 60 und 100 kg/m^3,*
- *mit mineralischem Klebemörtel (Bindemittel: Kalk und/oder Zement) vollflächig angeklebt und*
- *zusätzlich mit WDVS-Dübeln angedübelt,*
- *Verdübelung mit zugelassenen WDVS-Dübeln bestehend aus Dübelteller und Hülse aus Kunststoff sowie Spreizelement aus Stahl, Durchmesser des Dübeltellers $\geq$ 60 mm, Rand- und Zwischenabstände der Dübel: mindestens 10 cm nach oben und unten, maximal 15 cm zu den seitlichen Rändern eines Brandriegel-Streifenelements sowie maximal 45 cm zum benachbarten Dübel.*

Weiterhin ist ein Brandriegel (wie vorstehend beschrieben) maximal 1,0 m unterhalb von angrenzenden brennbaren Bauprodukten (z. B. am oberen Abschluss des WDVS unterhalb eines Daches) in der Dämmebene des WDVS anzuordnen. Dieser Brandriegel ist mit einem Klebemörtel vollflächig anzukleben; eine zusätzliche Verdübelung mit zugelassenen

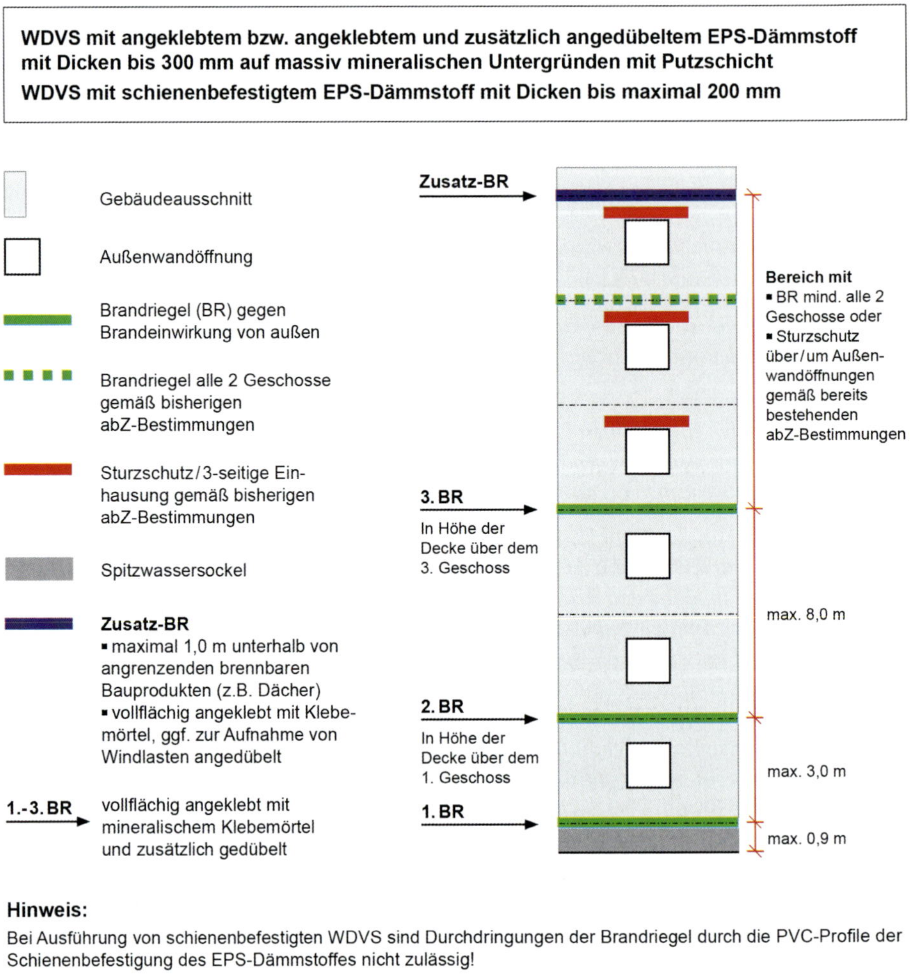

Abb. 6.317: Wärmedämm-Verbundsystem mit Brandriegeln (Quelle: Konstruktive Ausbildung von Maßnahmen zur Verbesserung des Brandverhaltens von als „schwerentflammbar" einzustufenden Wärmedämmverbundsystemen mit EPS-Dämmstoff, 2015)

WDVS-Dübeln ist jedoch nur auszuführen, wenn sie zur Aufnahme der Lasten aus Winddruck (Windsog) benötigt wird.

Das applizierte WDVS muss von der Unterkante des WDVS bis mindestens zur Höhe des Brandriegels nach Nr. 3 folgende Anforderungen erfüllen:

- *Mindestdicke des Putzsystems (Oberputz + Unterputz) von 4 mm, bei Ausführung vorgefertigter, klinkerartiger Putzteile (‚Flachverblender') Dicke des Unterputzes ≥ 4 mm,*
- *an Gebäudeinnenecken sind in den bewehrten Unterputz Eckwinkel aus Glasfasergewebe, Flächengewicht 280 g/m² und Reißfestigkeit > 2,3 kN/5 cm (im Anlieferungszustand) einzuarbeiten.*

- *Verwendung von EPS mit einer Rohdichte max. 25 kg/m³ und*
- *Verwendung eines Armierungsgewebes mit einem Flächengewicht von ≥ 150 g/m²*

Die bereits bisher in den allgemeinen bauaufsichtlichen Zulassungen für schwerentflammbare WDVS vorgeschriebenen Maßnahmen im Bereich von Außenwandöffnungen müssen erst oberhalb des Brandriegels nach Nr. 3 ausgeführt werden.

B. WDVS mit angeklebtem und zusätzlich angedübeltem EPS-Dämmstoff mit Dicken bis 300 mm auf massiv mineralischen Untergründen mit Putzschicht

Wie unter Punkt A."

Abb. 6.317 zeigt schematisch den Aufbau eines Wärmedämm-Verbundsystems mit Brandriegeln (BR) nach DIBt.

Die Frage, ob es sich bei diesen sicherheitsrelevanten erhöhten Anforderungen bereits mit der öffentlichen Ankündigung des DIBt um anerkannte Regeln der Technik handelt, die bei der Ausführung von Wärmedämm-Verbundsystemen zu beachten sind, wird in der Literatur teilweise bejaht.

Unterputz (Armierungsschicht)

In den verschiedenen bauaufsichtlichen Zulassungen der meisten gängigen Wärmedämm-Verbundsysteme gilt die Regel, dass die Armierung im äußeren Drittel der Armierungsschicht angeordnet werden muss. Ansonsten richtet sich die Lage der Armierung entsprechend DIN 55699:2017-08 „Anwendung und Verarbeitung von außenseitigen Wärmedämm-Verbundsystemen (WDVS) mit Dämmstoffen aus expandiertem Polystyrol-Hartschaum (EPS) oder Mineralwolle (MW)" nach der Unterputzdicke:

„*6 Verarbeitung von Wärmedämm-Verbundsystemen*

6.8 Unterputz mit Bewehrung/Armierung

Vor dem Aufbringen des Unterputzes mit Bewehrung/Armierung müssen folgende Voraussetzungen erfüllt sein:

- *der/die Klebemörtel/Klebemasse/Klebeschaum muss ausreichend verfestigt sein;*
- *die Dämmstoffoberfläche muss eben und frei von Verunreinigungen bzw. Beschädigungen sein;*
- *die Fugen zwischen den Dämmstoffplatten müssen dicht geschlossen sein;*
- *die Anschlüsse an andere Bauteile müssen hergestellt sein;*
- *die Dämmstoffplatten müssen ausreichend trocken sein;*
- *durch UV-Einwirkung geschädigte Oberflächen (z. B. vergilbte Schichten) von EPS-Dämmplatten müssen abgeschliffen sein (Schleifstaub muss entfernt sein).*

Der Unterputz wird vollflächig auf die Dämmstoffoberfläche aufgezogen. Anschließend wird die Bewehrung/Armierung in den aufgetragenen Unterputz vollständig eingebettet.

Die Bewehrung/Armierung wird in den Unterputz vollständig so eingebettet, dass sie bei Unterputzdicken bis 4 mm etwa mittig und bei Unterputzdicken oberhalb 4 mm in der oberen Hälfte liegt. Die Stöße der Bewehrung/Armierung sind etwa 10 cm zu überlappen. An den Ecken von Öffnungen, Aussparungen und Nischen sind in Abhängigkeit des aus-

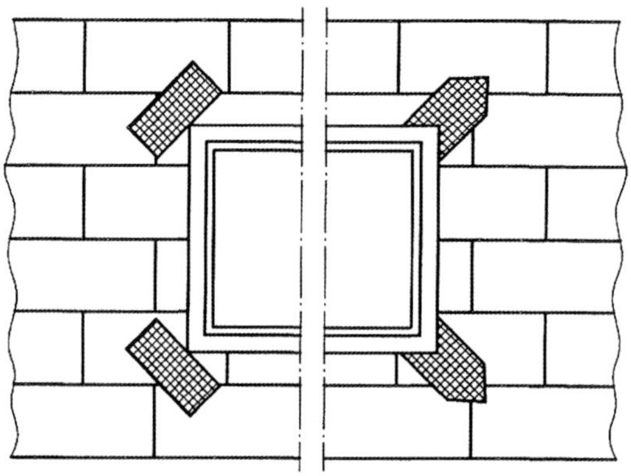

Abb. 6.318: Beispiele für die Ausbildung der Diagonalbewehrung/-armierung (Quelle: DIN 55699:2017-08, Bild 1)

gewählten WDVS zusätzlich Diagonalbewehrung/-armierung (siehe Bild 1) [siehe Abb. 6.318] *einzubauen.*"

Eine generelle Mindestschichtdicke ist nicht festgelegt. Die vorausgesetzte Schichtdicke ergibt sich aus dem Zulassungsbescheid des eingesetzten Materials.

Wenn eine Ausführung entsprechend der Werkvorschrift des Herstellers vertraglich vereinbart worden ist, liegt mit einer Abweichung der Armierungsschichtdicke in der Größenordnung von 1 bis 2 mm bei einer Sollschichtdicke von 4 mm ein Mangel vor, wie das Schleswig-Holsteinische OLG entschieden hat.

Schleswig-Holsteinisches OLG, Urteil vom 12.08.2004 – 7 U 23/99 (aus der Entscheidungsbegründung):

„*Soweit der Sachverständige Verstöße des Klägers gegen die anerkannten Regeln der Technik festgestellt hat, folgt schon daraus eine Haftung, weil ein Verstoß gegen die anerkannten Regeln der Technik einen Mangel der Werkleistung darstellt, auch wenn das Werk als solches funktionstauglich ist; eine Werkleistung, die nicht den anerkannten Regeln der Technik entspricht, birgt das Risiko eines Schadens in sich; dabei reicht es für die Beurteilung der Schadenswahrscheinlichkeit aus, dass eine Verarbeitung entgegen den Herstellervorgaben den Verstoß gegen die anerkannten Regeln der Technik begründet; auch die Ungewissheit über die Risiken des Gebrauchs der Werkleistung begründet bereits einen Mangel des Werks (vgl. OLG Düsseldorf, NJW-RR 1996, 146, 147); ein Verstoß gegen die Verarbeitungsvorschriften eines Herstellers führt mit Blick auf das vertraglich nicht übernommene Gebrauchsrisiko des Bestellers selbst dann zu einem Mangel, wenn das Werk ansonsten technisch nicht zu beanstanden ist.*"

Eine Unterschreitung der Armierungsschichtdicke stellt grundsätzlich einen Mangel in Form einer Abweichung von den vertraglich zugesicherten Eigenschaften dar (siehe Abb. 6.319).

Sockelausbildung

Aus technischer Sicht sind bei der Außendämmung eines Gebäudes 3 verschiedene Bereiche mit unterschiedlichen Anforderungen zu unterscheiden.

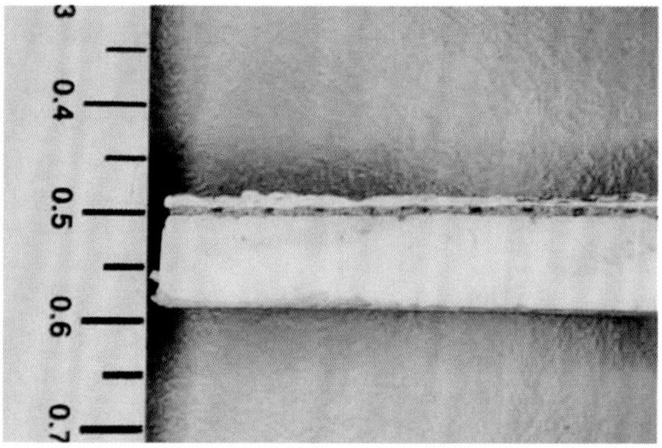

Abb. 6.319: Armierungsschicht mit unzureichender Schichtdicke von 0,5 mm

Als **Perimeterdämmung** wird die äußere Wärmedämmung von erdberührten Bauteilen von Gebäuden und Bauwerken bezeichnet. Perimeterdämmung kann sowohl die waagerechte Dämmung unterhalb der Bodenplatte eines Gebäudes sein als auch die senkrechte Wanddämmung einer im Erdreich eingebundenen Kelleraußenwand. Bei Wärmedämm-Verbundsystemen wird die Dämmung oberhalb der Geländeoberfläche als **Sockeldämmung** bezeichnet, die mindestens bis zur Höhe des Spritzwasserbereichs ausgeführt werden muss, der in einer Höhe von 30 cm über Oberkante der Geländeoberfläche liegt. Oberhalb der Sockeldämmung wird bei Wärmedämm-Verbundsystemen die **Fassadendämmung** ausgeführt.

Im Sockelbereich, in der Spritzwasserzone und unterhalb der Geländeoberfläche müssen die Materialien entweder ausweislich der jeweiligen allgemeinen bauaufsichtlichen Zulassung für diesen Einsatzbereich mit einer erhöhten Feuchtebeanspruchung geeignet sein oder sie müssen durch eine Abdichtung geschützt werden, damit keine Feuchtigkeitsschäden entstehen können.

DIN 55699:2017-08 „Anwendung und Verarbeitung von außenseitigen Wärmedämm-Verbundsystemen (WDVS) mit Dämmstoffen aus expandiertem Polystyrol-Hartschaum (EPS) oder Mineralwolle (MW)“ regelt:

„5 Voraussetzungen für die Ausführung (…)

5.3 Bauliche Voraussetzungen (…)

5.3.3 Bauwerksabdichtung

Ein WDVS übernimmt keine Abdichtungsfunktion des Bauwerks (siehe [4] und [5]). Alle notwendigen Bauwerksabdichtungen im Bereich des WDVS müssen vor Beginn der Arbeiten vorhanden sein. (…)

6 Verarbeitung von Wärmedämm-Verbundsystemen (…)

6.15 Ausführung der Dämmung im Spritzwasserbereich

Für den Spritzwasserbereich am Geländeanschluss bis etwa 30 cm Höhe sowie für die Dämmung unter der Geländeoberkante/Geländeoberfläche (GOK/GOF) sind geeignete Dämmstoffplatten einzubauen, diese müssen oberhalb der GOK/GOF zum Verputzen geeignet sein. Unterhalb der GOK/GOF sind Wärmedämmstoffe für den Perimeterbereich (PW, siehe DIN 4108-10) einzusetzen, oberhalb der GOK/GOF können auch Dämmplatten für den Außenwandbereich unter Putz (WAP, siehe DIN 4108-10) eingesetzt werden. Siehe [4] und [5].

ANMERKUNG: Die Sockelausbildung ist kein Bestandteil eines WDVS und muss detailliert geplant werden, insbesondere Geländeanschlüsse, Geländehöhe und Sockelhöhe.

Klebemasse/Klebemörtel/Klebeschaum muss auf den entsprechenden Untergrund abgestimmt sein.

Für das Aufbringen des Unterputzes mit Bewehrung/Armierung und des Oberputzes sind die Anforderungen nach 6.7 und 6.8 zu erfüllen. Das Putzsystem ist so zu wählen, dass es den Belastungen im Spritzwasserbereich (bis etwa 30 cm über der GOK/GOF) standhält. Unter der Geländeoberfläche (GOK/GOF) ist der Putz gegen Feuchteeinwirkung zu schützen. Der Feuchteschutz zur Vermeidung der kapillaren Wasseraufnahme (Putzabdichtung) ist etwa 5 cm über die Geländeoberfläche (GOK/GOF) hinaus zu führen. Zum Feuchteschutz des Putzes können z. B. folgende Werkstoffe verwendet werden:

- *flexible Dichtungsmassen zum Schlämmen und/oder Spachteln;*
- *bitumenfreie Dickbeschichtungen.*

Der vor Feuchte geschützte Putz ist gegen mechanische Belastungen (z. B. Noppenbahn) zu schützen."

Wenn das Wärmedämm-Verbundsystem bis in die Zone unterhalb des Erdreichs geführt werden soll, ist die Eignung des Sockelputzes für eine derartige Verwendung nachzuweisen. Unterhalb des Erdreichs liegende Bauteile müssen feuchtigkeitsresistent sein. Angaben zum Übergang des Wärmedämm-Verbundsystems in das Erdreich enthält auch die Richtlinie „Fassadensockelputz/Außenanlage – Richtlinie für die fachgerechte Planung und Ausführung des Fassadensockelputzes sowie des Anschlusses der Außenanlage" (2013):

„6. *Ausführung der Putzarbeiten*

6.1 *Allgemeines*

Ein Gebäude muss gegen Feuchtigkeit geschützt werden. Diese Regel gilt insbesondere für die Schnittstelle Sockel und erdberührter Bereich/Außenanlage. Grundsätzlich ist zu beachten, dass erdberührte Flächen des Putzes bis ca. 5 cm über Geländeoberfläche durch geeignete Putzabdichtungsmaßnahmen (z. B. mit einer mineralischen flexiblen Dichtungsschlämme, bitumenfreie Dickbeschichtung) zu schützen sind.

Für Putzarbeiten ist die ATV DIN 18350 (…), für Arbeiten an verputzter Außenwärmedämmung bzw. Wärmedämm-Verbundsystemen (VAWD) die ATV DIN 18345 (…) zu beachten.

Nach den Putzarbeiten muss eine Schutzschicht, z. B.

- *Noppenbahnen, ggf. mit Vlieskaschierung und/oder Gleitfolie,*
- *Vliesmatten, Geotextilien,*
- *mehrlagige Schutz- und Dränmatten*

o. Ä. im erdberührten Teil beauftragt und vorangestellt werden, um eine Beschädigung der Putzabdichtung zu verhindern (…), siehe Abschnitt 7.

6.2 *Sockelputz und Kellerwandaußenputz*

Sockelunterputze müssen gemäß DIN V 18550 [6] wasserabweisend sein. Dies sind in der Regel alle Sockelputze der Mörtelgruppe P II [6] CS III [7] und P III [6] CS IV [7].

Tabelle 6.54: Anforderungen an verschiedene Außenputze nach „Fassadensockelputz/Außenanlage – Richtlinie für die fachgerechte Planung und Ausführung des Fassadensockelputzes sowie des Anschlusses der Außenanlage" (2013), Tabelle 1

	Mörtelgruppe für Unterputz	**Druckfestigkeitskategorie des Unterputzes nach DIN EN 998-1**	**Mörtelgruppe bzw. Beschichtungsstoff-Typ für Oberputz**	**Druckfestigkeitskategorie des Oberputzes nach DIN EN 998-1**
Kellerwandaußenputz	–	–	P III[1]	CS IV
	–	–	P III[1]	CS IV
Außensockelputz	P III	CS IV	P III[1]	CS IV
	P III	CS IV	P II[1]	CS III
	P II	CS III	P II[1]	CS II[2]
nur für Sanierputze	P II	CS II[2]	P II[1]	CS II[2]

Tabelle 1: Putzsysteme für Außenputze – Auszug Tab. 2 DIN V 18550 [6]

[1] Ein Sockelputz sowie ein Kellerwandaußenputz sind im erdberührten Bereich immer abzudichten. Der Putz dient als Träger der vertikalen Abdichtung.

[2] > 2,5 N/mm^2

Auf **Untergründen mit hoher Festigkeit** (z. B. Beton) sollen Sockelputze der Kategorie CS IV nach DIN EN 998-1 [7] eingesetzt werden.

Im Einzelfall können auf bestimmten Putzgründen auch **Sanierputze** der Festigkeitsklasse CS II [7] gemäß Tabelle 1 [6] eingesetzt werden.

Auf Untergründen mit hoher Festigkeit (z. B. Beton) sollen Sockelputze der Kategorie CS IV nach DIN EN 998-1 [7] eingesetzt werden.

Im Einzelfall können auf bestimmten Putzgründen auch Sanierputze der Festigkeitsklasse CS II [7], gemäß Tabelle 1 [vgl. Tabelle 6.54] *[6] eingesetzt werden.*

Folgende Putze sind für den Sockelbereich geeignet:

Unterputze:

- *Mineralische Werktrockenmörtel wie Kalk-Zementputze, CS III [7]*
- *Mineralische Werktrockenmörtel wie Zementputze, CS IV [7]*
- *Sanierputze nach WTA [12] dürfen jedoch nicht unter die Geländeoberfläche geführt werden!*

Oberputze:

- *Mineralische Werktrockenmörtel wie Kalk-Zementputze CS III, CS II (mit Mindestdruckfestigkeit 2,5 N/mm2) [7]*
- *Mineralische Werktrockenmörtel wie Zementputze CS IV [7]*
- *Organische Oberputze, Dispersionsputz P Org 1 [6]*

Für Armierungsputze muss eine Herstellerfreigabe für den Sockelbereich vorliegen.

Kellerwandaußenputz

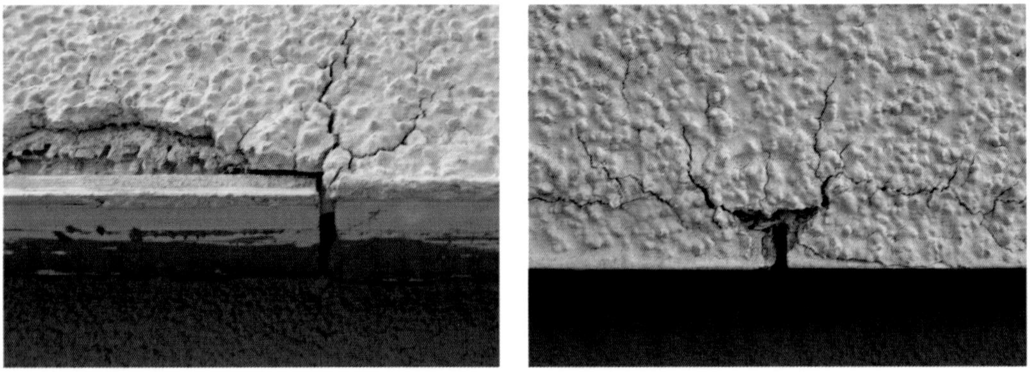

Abb. 6.320 und 6.321: Rissbildung im Deckputz an denjenigen Stellen, an denen der Stoßverbinder des Sockelabschlussprofils fehlt

Bei Putz, der in Kontakt mit dem Erdreich kommt (Kellerwandaußenputz) sind besondere Putzabdichtungsmaßnahmen zum Schutz vor Feuchtigkeit notwendig und zu planen. Dies können Bauwerksabdichtungsmaßnahmen nach DIN 18195 [1] oder Putzabdichtungsmaßnahmen wie z. B. mineralische flexible Dichtschlämmen, bitumenfreie Dickbeschichtung sein. Zusätzlich sind Schutzschichten (z. B. Noppenfolien, Dränplatten) für den mechanischen Schutz zu verwenden.

6.3 Schutzmaßnahmen auf Putz und verputzter Außenwärmedämmung (Putzabdichtung)

Zum Schutz von Putzen und verputzten Außenwärmedämmungen gegen Feuchtigkeit im Sockel und erdberührten Bereich sollten z. B.

- *mineralisch flexible Dichtungsmassen zum Schlämmen und/oder Spachteln (siehe auch [131])*
- *bitumenfreie Dickbeschichtung*

verwendet werden. Die Putzabdichtung ist im Allgemeinen zweilagig auszuführen, vielfach wird eine Mindest-Trockenschichtdicke vorgeschrieben. Die Dicke ist nach Herstellervorgabe auszuführen.

Generell können auch bitumenhaltige Abdichtungen (z. B. kunststoffmodifizierte Bitumendickbeschichtung KMB) [14] auf dem Putz angewendet werden. Sie sind aber nicht ohne Weiteres überarbeitbar (z. B. mit Farbe beschichtbar) und wirken daher optisch auffällig (dunkler Rand am Übergang Gelände/ Sockelputz).“

Sockelabschlussprofile

Die Längenstöße von Sockelabschlussprofilen müssen mit Systemverbindern untereinander verbunden werden, da sie hohen thermischen Belastungen ausgesetzt sind.

DIN 55699:2017-08 „Anwendung und Verarbeitung von außenseitigen Wärmedämm-Verbundsystemen (WDVS) mit Dämmstoffen aus expandiertem Polystyrol-Hartschaum (EPS) oder Mineralwolle (MW)“ regelt:

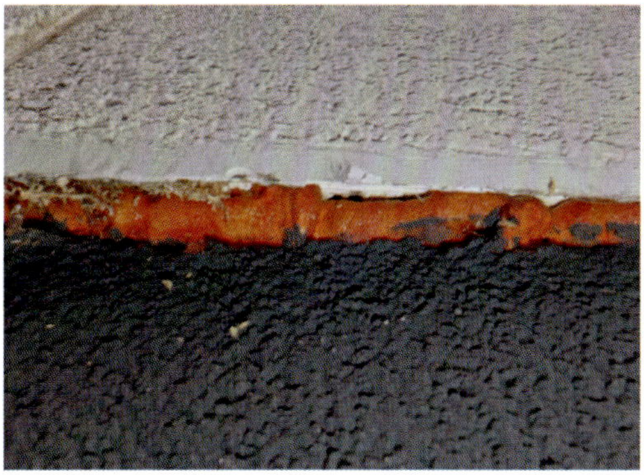

Abb. 6.322: Unterseite eines Sockelüberstands ohne Sockelabschlussprofil, lediglich ausgeschäumt mit einem Polyurethan-Ortsschaum

Abb. 6.323 und 6.324: Unterseite eines Sockelüberstands, teilweise ohne Sockelabschlussprofil und für Kleintiere zugänglich

„6 Verarbeitung von Wärmedämm-Verbundsystemen (...)

6.14 Unterer WDVS-Abschluss

Als unterer Abschluss eine WDVS muss ein Sockelprofil verwendet werden, sofern nicht ein vorspringender Sockel, ein vorspringendes Bauteil oder ein Übergang zu einer Sockeldämmung vorliegt. Sockelprofile, die am Untergrund befestigt werden (z. B. aus Aluminium, Edelstahl, Kunststoff), werden im Abstand von höchstens 50 cm mit Dübeln befestigt. Bei der Montage der Sockelprofile sind thermisch bedingte Längenänderungen zu beachten. Die Stöße der Sockelprofile sollten mit zugehörigen Profilverbindern verbunden werden. Im Stoßbereich der Sockelprofile können Haarrisse im Putz auftreten.

In besonderen Fällen kann alternativ zum Sockelprofil z. B. auch eine Gewebeschlaufe eingebaut werden.“

Ohne kraftschlüssige Verbindung kommt es zu einer Rissbildung des Putzes im Stoßbereich der Schienen (siehe Abb. 6.320 und 6.321).

Die Unterseiten des Sockelüberstands zählen zu den typischen Schwachstellen, die häufig mit mangelnder handwerklicher Sorgfalt ausgeführt werden. Sie müssen daher bei der Abnahme kontrolliert werden (siehe Abb. 6.322 bis 6.324).

Abb. 6.325 und 6.326: Nicht abgedichtete Kabeldurchgänge führen zum Risiko des Niederschlagseintrit1ts.

Abb. 6.327: Die Notentwässerung endet innerhalb des Wärmedämm-Verbundsystems und entwässert in die Kleberebene.

Durchdringungen

Durchdringungen wie Installationsdurchgänge müssen in der Funktionsebene 3 (Witterungsschutz) abgedichtet sein, damit kein Niederschlagswasser in den Konstruktionsquerschnitt eindringen kann (siehe Abb. 6.325 bis 6.327).

Fensterbänke

Aluminiumfensterbänke aus Strangpressprofilen werden vor Ort auf Länge geschnitten und erhalten vorzugsweise sog. Gleitendstücke, die eine seitliche Beweglichkeit der Profile bei thermischer Längenänderung von 1,9 mm/m sicherstellen sollen. Die Gleitendstücke verfügen über Anschlussdichtungen im Kontaktbereich zur Bank, um das Eindringen von Wasser zu verhindern. Sie müssen in die Leibungen einschneiden, damit das dort ablaufende Wasser auf die Bank tropfen kann, ohne eine wartungsabhängige Dichtstofffuge zu passieren (siehe Abb. 6.328 bis 6.331).

Die Ausführung von Fensterbänken innerhalb von Wärmedämm-Verbundsystemen ist in DIN 55699:2017-08 „Anwendung und Verarbeitung von außenseitigen Wärmedämm-Verbundsystemen (WDVS) mit Dämmstoffen aus expandiertem Polystyrol-Hartschaum (EPS) oder Mineralwolle (MW)“ und im BFS-Merkblatt Nr. 21 „Technische Richtlinien für die Planung und Verarbeitung von Wärmedämm-Verbundsystemen“ (2012) in Zusammenarbeit mit folgenden Institutionen geregelt:

Abb. 6.328: Die Bordprofile der Fensterbank sind nicht in die Leibungen eingeschnitten. Das abtropfende Wasser wird über eine sog. „Dreiecksfuge" abgeleitet, die einen erhöhten Wartungsbedarf erfordert.

Abb. 6.331: Der dreidimensionale Übergang Wärmedämm-Verbundsystem/Fensterbank/Rollladenschiene weist eine Fehlstelle auf, in die ein Zollstock bis zu 20 cm tief eingeschoben werden kann.

Abb. 6.329 und 6.330: Der dreidimensionale Übergang Wärmedämm-Verbundsystem/Fensterbank/Fensterblendrahmen stellt einen besonders kritischen Bauteilanschluss dar. Abgebildet ist eine Wassereintrittsstelle, deren Durchlässigkeit mit einer Prüfnadel untersucht werden kann. Wegen der fehlenden Dilatationsmöglichkeit ist es bereits zur Abrissbildung der Bordprofile von der Leibung gekommen.

- Fachverband Wärmedämmverbundsysteme e. V., Wiesbaden,
- Industrieverband Hartschaum e. V., Heidelberg,
- Forschungsinstitut für Pigmente und Lacke, ATA, Stuttgart,
- Verband der Lackindustrie, Frankfurt,
- Hauptverband des deutschen Maler- und Lackierhandwerks,
- Technische Informationsstelle des Maler- und Lackierhandwerks, Stuttgart/Frankfurt,
- Technische Beratungsstellen des Maler- und Lackierhandwerks, Berlin/Dortmund/Frankfurt am Main/Hannover/Köln/München/Stuttgart.

Aus dem BFS-Merkblatt Nr. 21 (2012) ergibt sich, dass die Fensterbankenden inklusive der oberen waagerechten Fläche der Aufkantung vollständig in die Fensterleibung einbinden sollen. Die obere Putzlage des Wärmedämm-Verbundsystems in den Leibungen stößt, von oben kommend, auf das freie Ende des waagerechten oberen Schenkels des Fensterbankprofils. Der Putz selbst überragt das Metallprofil um wenige Millimeter. Auf diese Weise wird sichergestellt, dass an der Fensterleibung herablaufendes

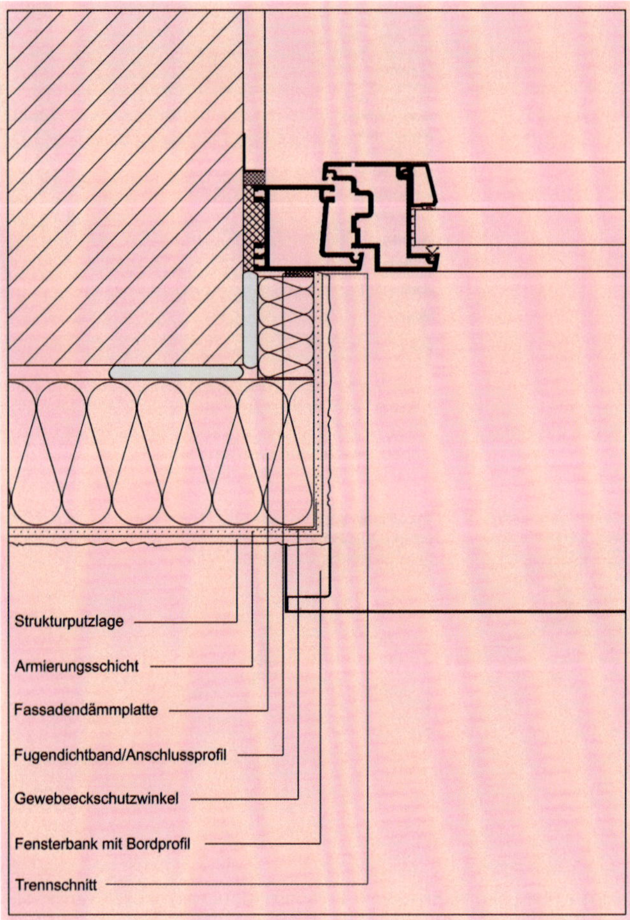

Abb. 6.332: Fensterbankanschluss, Fenster ohne Anschlag, Leibung gedämmt (Quelle: BFS-Merkblatt Nr. 21, 2012, Abbildung 7)

Schlagregenwasser sicher auf das Fensterbankblech abtropfen kann, ohne dass die Fuge im Materialübergang zwischen Blech und Putz von Wasser beansprucht wird (siehe Abb. 6.332 und 6.333).

Die Aluminiumfensterbank ist als Strangpressprofil einem thermisch bedingten Längenänderungsbestreben ausgesetzt. Systemfensterbänke müssen mit ihren f- förmig ausgebildeten Endkappen so eingesetzt werden, dass sich diese Längenänderungen nicht nachteilig auf die Regensicherheit auswirken. Die thermisch bedingte Längenänderung bei Aluminiumfensterbänken berechnet sich nach der „Fachregel für Metallarbeiten im Dachdeckerhandwerk" (2017) wie folgt:

„Anhang I: Tabellen (…)

Tabelle I.7: Richtwerte für die maximalen Abstände von Dehnungsausgleichern (…)

Für eine ungehinderte Längenänderung durch Temperaturwechsel ist mit einer Temperaturdifferenz von 100 K zu rechnen. Dabei geht man davon aus, dass im Winter –20 °C und im Sommer +80 °C erreicht werden. Für die Berechnung der Längenänderung im Sommer bzw. Winter ist die Einbautemperatur des Werkstoffes zu berücksichtigen.

Abb. 6.333: Das gegenteilige Beispiel entspricht wiederum nicht den anerkannten Regeln der Technik, da hier die Gefahr besteht, dass der Leibungsputz unter thermischen Beanspruchungen abreißt.

Die Änderung der Länge errechnet man nach der Formel:

$$\Delta L = L \cdot \alpha \cdot \Delta_t$$

Hierin ist:

ΔL = *Längenänderung in mm*
L = *Bauteillänge in m*
α = *Ausdehnungskoeffizient in mm/mK*
Δ_t = *Temperaturdifferenz in K (Kelvin)*

100 K bzw. Temperaturdifferenz der Einbautemperatur und t_{Sommer} und t_{Winter} (…)“

Bei einer 1 m langen Fensterbank aus Aluminium ergibt sich danach eine zu erwartende Längenänderung von:

α = 0,024 mm/(m/K)
Δ_t = 100 K
L = 1 m
ΔL = 0,024 mm/(m/K) · 100 K · 1 m = 2,4 mm/m

Die erforderliche Regensicherheit bei gleichzeitiger Beweglichkeit des Profils wird dann erreicht, wenn die Bordprofile der Fensterbank über einen festen Sitz innerhalb der Fensterleibung verfügen und die Kontaktfläche zwischen der seitlichen Aufkantung und dem Putzmaterial selbst durch ein eingelegtes vorkomprimiertes Fugenband geschützt wird. Das Fugendichtband sorgt bei unterschiedlicher Verformung zwischen Putz und Aluminiummaterial für die Regensicherheit im Fall von Abrissen. Das als Fensterbank dienende Strangpressprofil selbst soll durch entsprechendes Spiel in den Aufnahmenuten der Endkappen so weit beweglich sein, wie es die mögliche thermische Längenausdehnung erfordert.

Seitlich hervorstehende Bordprofile behindern den freien senkrechten Ablauf von Niederschlagswasser an der Fensterleibung. Durch diese Behinderung besteht die Gefahr, dass bei gleichzeitiger Windeinwirkung Wasser in die Konstruktionsfuge eindringt.

Sofern hier zwischen der Fensterbank selbst und dem Anschluss des Wärmedämm-Verbundsystem-Oberputzes kein vorkomprimiertes Fugenband eingebaut ist oder dieses zwar vorhanden ist, aber in der falschen Funktionsebene liegt, kann hier eindringende Feuchtigkeit sowohl zu einem Feuchtigkeitsschaden in der Tiefe des Fensterbankanschlusses führen als auch zu einer lokalen Zerstörung des Oberputzes infolge von Frosteinwirkung.

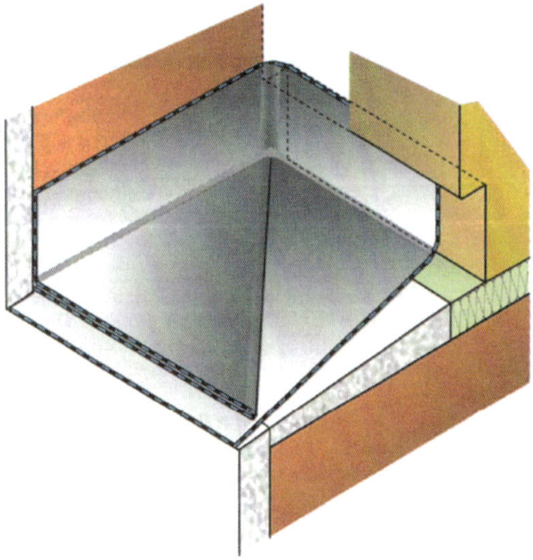

Abb. 6.334: Beispiel einer Abdichtung der Eckbereiche von Fensterbänken durch wannenförmig ausgebildete Dichtfolie mit gefalteter und verklebter Folienecke (Quelle: Leitfaden zur Planung und Ausführung der Montage von Fenstern und Haustüren für Neubau und Renovierung, 2020, Bild 7.23)

Unterhalb von herkömmlichen Fensterbanksystemen mit offenen Aufkantungsecken ist nach dem „Leitfaden zur Planung und Ausführung der Montage von Fenstern und Haustüren für Neubau und Renovierung" (RAL-Gütegemeinschaft Fenster und Haustüren e. V., 2020) eine Abdichtung erforderlich:

„7 Praktische Ausführung (…)

7.4 Ausführung der Außenfensterbank (Wetterbank)

Die Außenfensterbank muss das ablaufende Oberflächenwasser von Fenster und Fassade kontrolliert ableiten. Dazu sind die in Bild 7.22 dargestellten Details zu beachten. Im Regelfall muss die Fensterbank den Blendrahmen im Anschluss untergreifen. Die Anbindung der Fensterbank am Blendrahmen und an den Laibungen muss dicht mit geeigneten Dichtsystemen (z. B. vorgefertigtes Dichtprofil des Fensterbanksystems, vorkomprimiertes Fugendichtungsband) ausgeführt werden. Wird ein vorkomprimiertes Fugendichtungsband verwendet, muss dieses die gesamte Höhe des Anschraubstegs der Fensterbank abdecken. Die Anbindung an den Blendrahmen muss zudem gleitfähig sein, z. B. durch die Ausstattung der Schraubverbindungen mit Langlöchern und Unterlegscheiben aus Kunststoff.

Sind aufgesteckte Endstücke der Fensterbank nicht schlagregendicht, muss mit einer wannenförmig ausgebildeten Dichtfolie unter der Fensterbank eine zweite wasserführende Ebene hergestellt werden (Bild 7.23) [siehe Abb. 6.334]. *Die Ausführung seitlich zur Laibung kann alternativ auch mit einem Eckformteil kombiniert werden (vgl. Bild 7.17). Ist unter der Fensterbank eine Wärmedämmung eingebracht, so ist die Dichtfolie auf der Dämmung zu verlegen, um diese vor Durchfeuchtungen zu schützen. Bei WDVS kann die zweite wasserführende Ebene auch mit einer sogenannten Dichtschlämme ausgeführt werden (Bild 7.22, oben). Die Fensterbank wird dann in die fertige, lichte Laibung eingepasst und seitlich zu den fertigen Laibungen abgedichtet.*

Bei Einsatz eines schlagregendichten Fensterbanksystems kann auf die zweite wasserführende Ebene (Dichtfolie) verzichtet werden. Die Anschlussausbildung zum Bauteil und zum Baukörper ist dann unter Berücksichtigung der zu erwartenden Bewegungen mit besonderer Sorgfalt auszuführen.

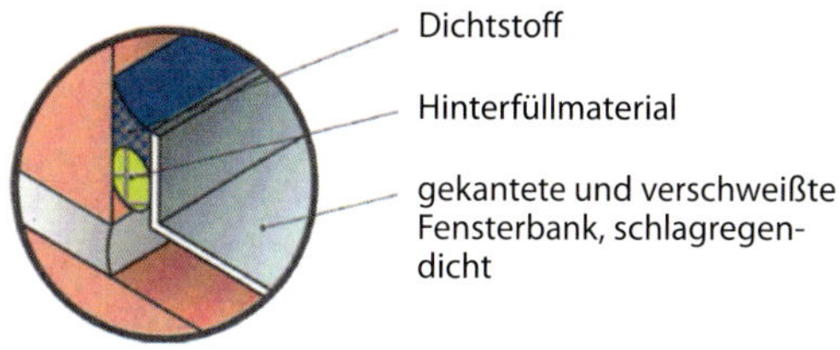

Abb. 6.335: Seitlicher Fensterbankanschluss mit einteiliger Fensterbank bei Sichtmauerwerk (Quelle: Leitfaden zur Planung und Ausführung der Montage von Fenstern und Haustüren für Neubau und Renovierung, 2020, Bild 7.26)

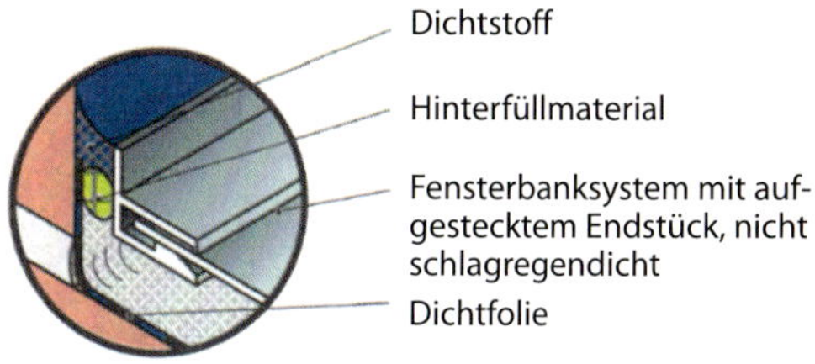

Abb. 6.336: Seitlicher Fensterbankanschluss bei mehrschaligem Außenwandsystem (Quelle: Leitfaden zur Planung und Ausführung der Montage von Fenstern und Haustüren für Neubau und Renovierung, 2020, Bild 7.27)

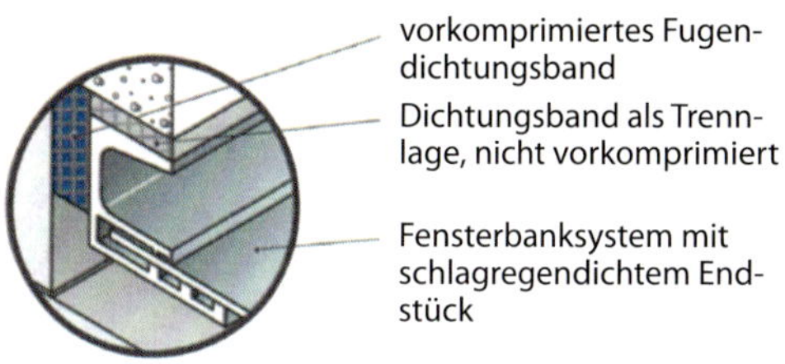

Abb. 6.337: Seitlicher Fensterbankanschluss, eingeputzt (Quelle: Leitfaden zur Planung und Ausführung der Montage von Fenstern und Haustüren für Neubau und Renovierung, 2020, Bild 7.28)

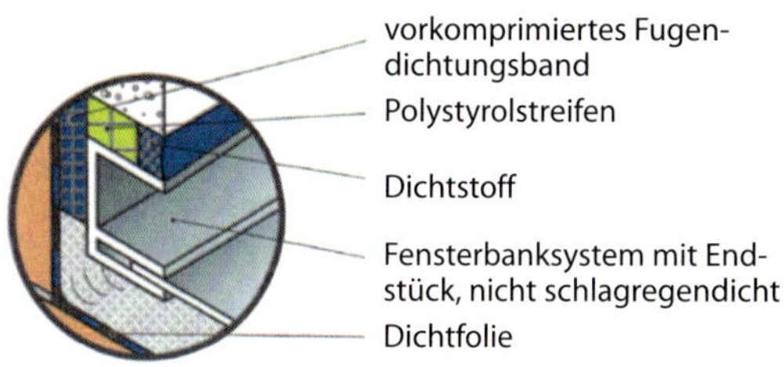

Abb. 6.338: Seitlicher Fensterbankanschluss, Gleitabschluss eingeputzt (Quelle: Leitfaden zur Planung und Ausführung der Montage von Fenstern und Haustüren für Neubau und Renovierung, 2020, Bild 7.29)

Fensterbanksysteme sind dann schlagregendicht:

- *wenn sie einteilig mit gekanteten und verschweißten seitlichen Abschlüssen ausgeführt sind. Hierbei ist zu berücksichtigen, dass die Bewegungen aus thermischen Längenänderungen im Anschluss zu den Mauerlaibungen stattfinden. Diese Anschlüsse müssen entsprechend bewegungsaufnahmefähig ausgeführt werden. Zur Ermittlung der zu erwartenden Längenänderungen siehe Kapitel 6.3.3.*
- *bei aufgesteckten Endstücken, wenn durch den Hersteller ein entsprechender Prüfnachweis für das Fensterbanksystem vorliegt. Die seitlichen Anschlüsse an die Mauerlaibung sind unter Berücksichtigung der Bewegungsaufnahmefähigkeit der Endstücke auszubilden. Die Einbauvorgaben des Herstellers für das Fensterbanksystem sind bei der Ausführung zu beachten.*

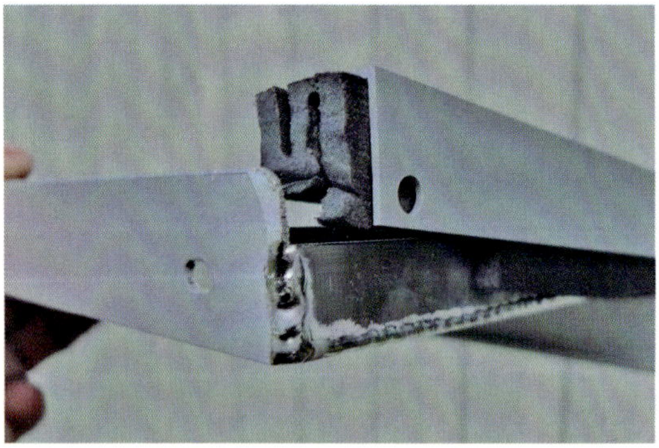

Abb. 6.339: Schlagregendichte Fensterbank mit wasserdicht verschweißten Aufkantungsecken und Dilatationsmöglichkeit an dem aufgesteckten Bordprofil

Das nachträgliche Abdichten nicht schlagregendichter Endstücke zur Fensterbank mit Dichtstoff stellt keine fachgerechte und dauerhafte Lösung dar! (...)

Sofern Bewegungen nicht vollständig innerhalb des Fensterbanksystems zwischen Endstück und Fensterbank aufgenommen werden, muss die seitliche Anbindung der Fensterbankendstücke zur Mauerlaibung ebenfalls bewegungsfähig gestaltet werden, um die thermisch bedingten Längenänderungen der Fensterbank auszugleichen. Dazu kommen die bereits in Kapitel 7.1.7.2 beschriebenen Dichtsysteme infrage. In der Folge sind einige Ausführungsbeispiele dargestellt (Bilder 7.26 bis 7.29) [siehe Abb. 6.335 bis 6.338]."

Ist unterhalb der Fensterbänke keine Abdichtungsebene vorhanden, müssen die Fensterbankecken selbst wasserdicht sein, da ansonsten Feuchtigkeit in den Bauteilquerschnitt eindringen kann (siehe Abb. 6.339).

Fensterbänke aus Aluminiumstrangprofilen sollen mit einer auf der Unterseite aufgeklebten Antidröhnbeschichtung ausgestattet sein, damit bei Regenfällen keine Prasselgeräusche entstehen. Im BFS-Merkblatt Nr. 21 (2012) wird zu Anschluss- und Bewehrungsfugen Folgendes gesagt:

„2.2.5 Ergänzungsprodukte (...)

Zum Zweck der Abdichtung von Fugen werden geeignete Fugendichtmassen inkl. Hinterfüllmaterial sowie spezielle Fugenprofile oder selbstexpandierende Fugendichtbänder verwendet.

Gesimse, Fenstergewände etc. können mit dekorativen Fassadenprofilen hergestellt werden."

Eine normative Festlegung für die Neigung von Fensterbänken besteht nicht. Bei einem Gefälle von 1 bis 2 % und mehr wird anfallendes Regenwasser von der glatten Fensterbank selbstständig abfließen.

Grundsätzlich gilt für Belagskonstruktionen mit Fliesen und Platten, dass ein Gefälle von 1 bis 2 % bei ebenen Oberflächen hergestellt werden soll, wie der Fachverband Fliesen und Naturstein im „Merkblatt Außenbeläge" (2012) empfiehlt:

„4 Belagskonstruktionen auf dränagefähigem Bettungsmörtel (...)

4.13 Oberflächengefälle

Die Entwässerung der Belagsfläche muss gewährleistet sein.

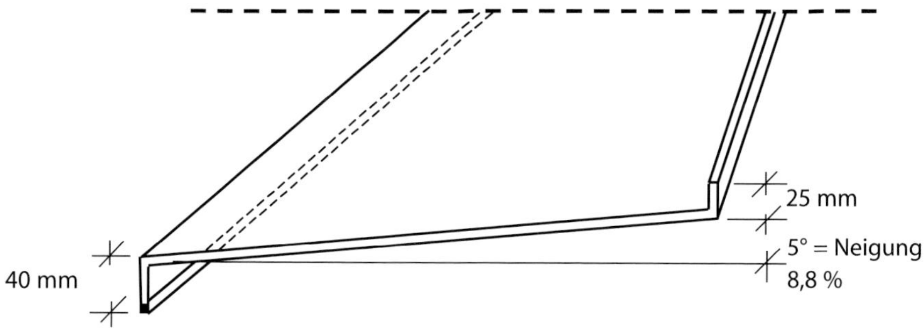

Abb. 6.340: Neigung Aluminiumfensterbänke

Feuchtigkeitsrückstände auf der Belagsfläche durch Adhäsionskraft und Oberflächenspannung des Wassers sind nicht zu verhindern.

Regelausführung: Fliesen und Platten mit ebener Oberfläche ca. 1–2 % Gefälle."

Vor diesem Hintergrund beträgt die Sollneigung für alle Fensterbänke aus Fliesen, Natur- oder Betonwerkstein 2 % (siehe Abb. 6.340).

Die mindestens erforderliche Neigung beträgt 1 %.

Die werkseitige Fensterbankneigung von vorproduzierten Aluminiumfensterbänken beträgt üblicherweise 5°.

Dies entspricht einer Neigung von 8,8 %.

Tropfkanten und Überhänge

Hinsichtlich der Tropfkanten und Überhänge von Fensterbänken verweist die DIN 55699:2017-08 „Anwendung und Verarbeitung von außenseitigen Wärmedämm-Verbundsystemen (WDVS) mit Dämmstoffen aus expandiertem Polystyrol-Hartschaum (EPS) oder Mineralwolle (MW)" auf:

„[1] Richtlinien für die Ausführung von Metalldächern, Außenwandverkleidungen und Bauklempner-Arbeiten (Fachregeln des Klempner-Handwerks), Herausgeber: Zentralverband Sanitär Heizung Klima, St. Augustin

[2] Richtlinie Metallanschlüsse an Putz- und Wärmedämmverbundsysteme, Herausgeber: Fachverband der Stuckateure für Ausbau und Fassade, Baden-Württemberg

[3] Deutsches Dachdeckerhandwerk – Regelwerk: Fachregel für Metallarbeiten im Dachdeckerhandwerk, Herausgeber: Zentralverband des Deutschen Dachdeckerhandwerks, Köln"

DIN 55699:2017-08 regelt:

„5 Voraussetzungen für die Ausführung (…)

5.3 Bauliche Voraussetzungen (…)

5.3.2 Horizontalabdeckungen

Horizontalabdeckungen, wie z. B. Fensterbänke, Dachabschlüsse, Brüstungsabdeckungen, Gesimsabdeckungen, sollten vor Arbeitsbeginn vorhanden sein und die Ausbildung dichter

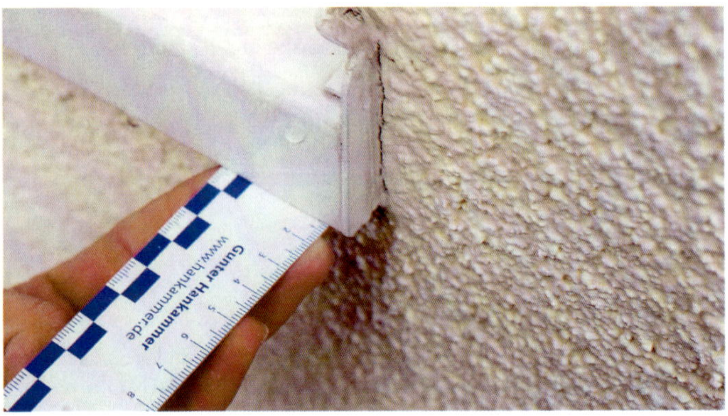

Abb. 6.341 bis 6.344: Schlierenbildung unterhalb der Fensterbankenden an einer Westfassade, 5 Jahre nach Fertigstellung

Anschlüsse ermöglichen. Bei nachträglichem Einbau von Horizontalabdeckungen ist durch zusätzliche geeignete Maßnahmen (z. B. zweite Dichtungsebene) die notwendige Abdichtung sicherzustellen. Zur Ausbildung von Tropfkanten und Überhängen an Fassaden sind die Fachregeln des Dachdecker- und Klempnerhandwerks als Mindestanforderung bei der Planung und Ausführung zu beachten. Siehe [1], [2] und [3].

Abweichend davon müssen Tropfkanten von Abdeckungen mindestens 4 cm von der fertigen Oberfläche des WDVS entfernt liegen. Sonderkonstruktionen sind möglich, sofern sie dauerhaft ein Eindringen von Wasser in das WDVS verhindern."

Fensterbänke müssen weit genug über die Putzoberfläche hinaus auskragen, damit abtropfendes Wasser nicht zu einer Schlierenbildung auf der Fassade führt. Das Mindestmaß nach VOB beträgt 20 mm. Herstellervorschriften bei Aluminiumfensterbänken gehen in der Regel darüber hinaus. Hier muss der Abstand 30 bis 40 mm betragen, damit die senkrechten Abkantungsschenkel der Gleitendstücke keinen Putzkontakt haben. Dies würde anstelle des Abtropfens zu einem gezielten Wasserablauf unterhalb der Fensterbankenden mit einer erheblichen Verschmutzungsgefahr führen (siehe Abb. 6.341 bis 6.344).

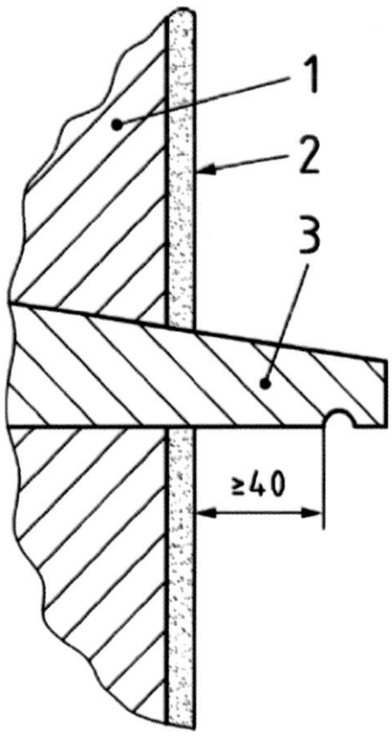

Maße in Millimeter

1 Wand
2 Putz
3 Fensterbank

Abb. 6.345: Arten von Fensterbänken — Beispiel des Abstandes zwischen Tropfkante und Putz (Quelle: DIN EN 13914-1:2016-09, Bild 2)

Auch die für die Planung, Zubereitung und Ausführung von Innen- und Außenputzen (jedoch nicht für Wärmedämm-Verbundsysteme) einschlägige DIN EN 13914-1:2016-09 „Planung, Zubereitung und Ausführung von Innen- und Außenputzen – Teil 1: Außenputze" gibt einen waagerechten Abstand zwischen der Tropfkante und der Fassade von 40 mm vor:

„6 Planungsempfehlungen (…)

6.16 Schutz durch architektonische Gestaltungselemente

6.16.5 Fensterbänke und Türschwellen

Fensterbänke und Türschwellen (…) [siehe Abb. 6.345] *sollten aus einem Material mit geringer Wasserdurchlässigkeit bestehen und über die Putzoberfläche und die Laibungen hinausragen (siehe Bild 2)* [siehe Abb. 6.345]. *Sie müssen eine wirksame Tropfnase oder Wasserablaufnut/-kante an der Unterseite besitzen, die mindestens 40 mm von der Wandoberfläche entfernt und so geplant sein sollte, dass Wasser weder auf die darunterliegende Wand noch in die Fensterrahmen läuft. In exponierten Lagen, die stark der Witterung ausgesetzt sind, kann es notwendig sein, sämtliche Lücken zwischen Putz und der oberen sowie der unteren Anschlusskante der Fensterbank bzw. Türschwelle zu schließen. Die Herstellung von Fensterbänken oder anderen Öffnungen aus Putz wird nicht empfohlen, außer, es wird ein Spezialputz verwendet."*

Abb. 6.346 und 6.347: Schatten bei Streiflicht aufgrund von Unebenheiten, die jedoch innerhalb der nach DIN 18202 zulässigen Grenzwerte liegen

Dehnungsfugen/Anschlussfugen

Dehnungsfugen des Gebäudes werden mit speziellen Fugenprofilen im Wärmedämm-Verbundsystem übernommen. Anschlussfugen werden schlagregendicht mit Systemprofilen und vorkomprimierten Fugenbändern hergestellt. Die untere Kante von vertikalen Flächen muss eine Tropfkante als Systemprofil erhalten. Fensteranschlüsse werden in der Regel mit werkseitig hergestellten Profilen hergestellt, bei denen Kunststoffschienen einseitig mit einem Putzträger und auf der anderen Seite mit aufkaschierten vorkomprimierten Fugenbändern ausgerüstet sind. Je nach Art der zu erwartenden Beanspruchung können hier Anputzprofile mit unterschiedlichen Leistungsmerkmalen eingesetzt werden.

Ebenheit

Hinsichtlich der Anforderungen an die Ebenheit verweist die VOB/C ATV DIN 18345:2019-09 „Wärmedämm-Verbundsysteme“ auf die DIN 18202-2019-07 „Toleranzen im Hochbau – Bauwerke“. Trotz Einhaltung der dort in Tabelle 3 aufgeführten Grenzwerte kann es bei Streiflicht zu auffälligen Schatten kommen (siehe Abb. 6.346 und 6.347).

Struktur/Ansätze

Häufig beanstandet wird der Arbeitsansatz zwischen verschiedenen Gerüstlagen innerhalb einer Fassade (siehe Abb. 6.348), häufig erst erkannt nach dem Abrüsten.

Arbeitsansätze sind durch Vorauswahl der Arbeitsabschnitte vermeidbar und gehören zu den nicht hinnehmbaren Unregelmäßigkeiten, wenn sie aus einem „üblichen Betrachterabstand, in aufrecht stehender Position und bei Tageslicht“ unter vernünftigen Gesichtspunkten als störend empfunden werden (siehe Abb. 6.349).

Das Gleiche gilt für Strukturabweichungen verschiedener Teilbereiche innerhalb einer Fassadenfläche untereinander oder vom Vertragsmuster.

Abb. 6.348: Gerüstlagen zeichnen sich in der Oberputzstruktur störend ab.

Abb. 6.349: Ausbesserungsstelle im Bereich einer ehemaligen Gerüstverankerung. Die deutlich sichtbare farbliche Abzeichnung ist vermeidbar und daher unzulässig.

Dübel

Gelegentlich wird beanstandet, dass sich lange nach Fertigstellung die Dübellagen hell abzeichnen, während die Umgebungsflächen allmählich infolge zunehmender Algenbildung nachdunkeln. Die Dübel bilden hierbei punktuelle Wärmebrücken innerhalb der ansonsten gut gedämmten Fläche. Rechnerisch sind die Wärmebrücken weniger relevant, sie können jedoch zu optischen Beeinträchtigungen führen, wenn insbesondere die über dem Dübelteller liegenden Mörtelschichten sehr gering sind und damit das Mikroklima oberhalb des Dübeltellers deutlich vom Umgebungsbereich abweicht. Einfluss auf dieses Phänomen haben auch die gewählte Dämmstoffdicke und die thermischen Eigenschaften des verwendeten Dübels.

Die Dübel sind laut Herstellervorschriften so auszuführen, dass sie oberflächenbündig innerhalb des Dämmstoffes sitzen. Handwerklich lässt sich dieses durch Schrauben/Bohren in einer steifen Polystyroldämmung mit hinreichender Präzision erreichen.

Bei Mineralwolldämmung und eingeschlagenen Dübeln gestaltet sich die exakte Einhaltung der Oberflächenbündigkeit jedoch als schwieriger, sodass die Dübel oft tiefer in der Fassade liegen. Es entsteht ein Matratzeneffekt. Die Unebenheiten werden durch Überspachteln der Dübelköpfe ausgeglichen. Lokal liegt eine Abminderung der Wärmedämmung im Bereich des Dübels vor. Gleichzeitig entscheidet nur ein geringer thermischer Schwellenwert über die Ansiedlung von Algenbewuchs, was allmählich vor allem auf Nord-, Süd- und Westseiten des Gebäudes dazu führt, dass sich die Dübellagen insbesondere unter Algenbildung abzeichnen. Bei Mineralwolledämmplatten, mit Ausnahme von Lamellendämmplatten, sind in der Regel nur bauaufsichtlich zugelassene Schraubdübel zulässig, sodass der vorgenannte Effekt durchaus vermeidbar ist.

Anputzleisten und Anputzdichtleisten

Im Fensterbereich schließt der Deckputz des Wärmedämm-Verbundsystems mit sog. APU-Leisten (Anputzleisten oder Anputzdichtleisten) die Außenoberflächen der Fensterblendrahmen an. Sie werden als Abschlussprofile an die glatten Oberflächen der Fensterblendrahmen angeklebt und anschließend bei Auftragen des Deckputzes des Wärmedämm-Verbundsystems in den Deckputz eingebettet. Auf glatten Flächen stellen Anputzdichtleisten einen schlagregen- und winddichten Anschluss sicher. Um dies zu gewährleisten, muss die Blendrahmenoberfläche planeben sein, im Bereich von erhaben

Abb. 6.350 und 6.351: Anputzleisten müssen dicht schließend am Fensterblendrahmen anliegen und im Bereich von Profilkanten unterbrochen werden, damit die Schlagregendichtigkeit sichergestellt ist.

hervorstehenden Profilierungen müssen die Anputzdichtleisten unterbrochen werden (siehe Abb. 6.350 und 6.351).

Anputzleisten (siehe Abb. 6.352) gelten – im Gegensatz zu Anputzdichtleisten (siehe Abb. 6.353) – entsprechend den anerkannten Regeln der Technik als unzureichend, um eine dauerhafte Abdichtung des Putzanschlusses an das Fenster zu gewährleisten, wie die Gütegemeinschaft Fenster, Fassaden und Haustüren e. V. im „Leitfaden zur Planung und Ausführung der Montage von Fenstern und Haustüren für Neubau und Renovierung“ (2020) festgestellt hat:

„6 *Abdichtung (...)*

6.4 *Dichtsysteme (...)*

6.4.6 *Anputzdichtleisten*

Anputzdichtleisten sind eine Weiterentwicklung von Anputzleisten. Anputzleisten haben eine unzureichende Bewegungsaufnahme, dienen nur für einen optisch sauberen Putzanschluss und erfüllen keine dauerhafte Abdichtfunktion. Für Putzmauerwerk und Außenwände mit Wärmedämmverbundfassade (WDVS) werden spezielle Anputzdichtleistensysteme angeboten, die den Anschluss zwischen Putz und weiteren Bauteilen ermöglichen. Die Systeme werden in der Regel am Blendrahmen aufgeklebt und über ein elastisches Element ist ein PVC-Profil verbunden, welches zur Putzanbindung dient. Der Fugenabschluss ist bei diesem Dichtsystem damit erst mit Fertigstellung der Putzarbeiten gegeben.“

Anwendungsbeispiele für Anputzleisten und Anputzdichtleisten enthält der „Leitfaden zur Planung und Ausführung der Montage von Fenstern und Türen für Neubau und Renovierung“ (2020) (siehe Abb. 6.354).

Mikroorganismen auf Fassaden

Die vergleichsweise guten Dämmwerte z. B. von Wärmedämm-Verbundsystemen führen dazu, dass von der Raumseite her nur noch in geringem Maße Wärmeenergie bis an die Fassadenoberfläche gelangt. In der Folge ist die Fassadenoberfläche von Wärmedämm-Verbundsystemen in der Regel insbesondere in den Nachtstunden sehr kühl. Untersuchungen der Eidgenössischen Materialprüfungs- und Forschungsanstalt Schweiz haben ergeben, dass die Oberflächentemperaturen von Wärmedämm-

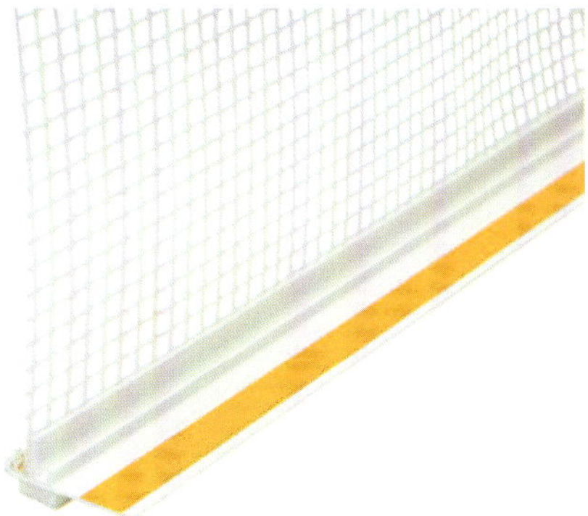

Abb. 6.352: Anputzleiste (Quelle: Fa. Würth)

Abb. 6.353: Anputzdichtleiste (Quelle: Fa. Würth)

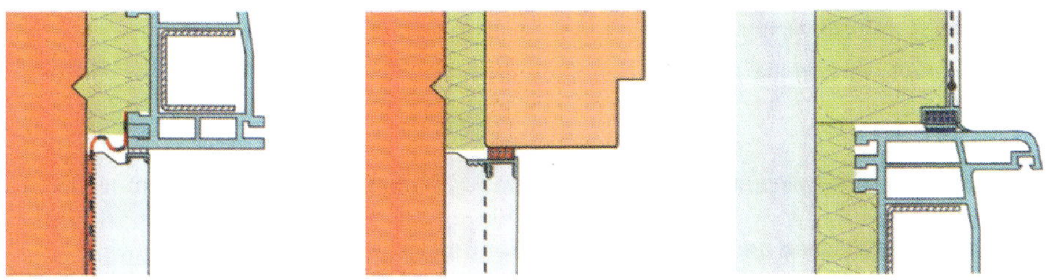

Abb. 6.354: Anwendungsbeispiele für Anputzleisten und Anputzdichtleisten einteilig und mehrteilig (Quelle: Leitfaden zur Planung und Ausführung der Montage von Fenstern und Haustüren für Neubau und Renovierung, 2020, Bild 6.21)

Verbundsystemen im Winterhalbjahr im Zeitraum nach Sonnenuntergang bis zum Sonnenaufgang ca. 2 bis 3 °C unterhalb der Lufttemperatur und ca. 1 °C unterhalb der Taupunkttemperatur lagen. Während eines Zeitraumes von 24 Stunden wurde dort die Taupunkttemperatur während rund 15 Stunden unterschritten. Währenddessen waren die physikalischen Voraussetzungen für Tauwasserniederschlag gegeben. Der Tauwasserniederschlag wurde während dieser Zeitdauer auch angetroffen.

Die physikalischen Gesetzmäßigkeiten, die diesem Phänomen zugrunde liegen, entsprechen z. B. der nächtlichen Tauwasserbildung auf Fahrzeugen, die im Außenbereich abgestellt wurden: Zwischen der Fahrzeugoberfläche und dem Nachthimmel besteht ein Temperaturgefälle. Durch Wärmestrahlung gibt das wärmere Fahrzeug an den Nachthimmel Energie ab. Die Oberflächentemperatur des Fahrzeuges sinkt bis zu einem Gleichgewichtszustand, bei dem die abstrahlende Wärmemenge der nachfließenden Wärme aus dem Fahrzeug bzw. aus der umgebenden Luft entspricht.

Abb. 6.355 und 6.356: Wasserdampfaustritt oberhalb eines Badezimmerfensters, das in Permanentkipplüftung gehalten wird, fördert den mikrobiologischen Bewuchs.

Die Oberflächentemperatur des Fahrzeugs kann bei klarem Nachthimmel unter die Lufttemperatur absinken. Sofern hierbei die Taupunkttemperatur der Umgebungsluft unterschritten wird, bildet sich Tauwasser. Der Effekt bei Wärmedämm-Verbundfassaden ist analog.

Zu den Grundkomponenten der Lebensbedingungen für Mikroorganismen gehören einerseits Nährstoffe, die in der Umgebungsatmosphäre ohnehin ständig existent sind, andererseits wird Wasser bzw. eine hohe relative Luftfeuchtigkeit benötigt. Wasser tritt z. B. an Fassadenoberflächen in unterschiedlichen Mengen auf. Grundsätzlich fördert Feuchtigkeit an der Fassade die Ansiedlung von Mikroorganismen. Vor diesem Hintergrund weisen intensive partielle Erscheinungen auf eine lokal erhöhte Feuchtigkeitsbelastung hin (siehe Abb. 6.355 und 6.356).

Auf der anderen Seite unterliegen wiederum stark bewitterte Teile von Fassaden einem gewissen Selbstreinigungseffekt, der dazu führen kann, dass sich Mikroorganismen nur mit erheblicher Verzögerung ansiedeln können. In der Literatur wird auch die Beteiligung von Schwefeldioxid (SO_2) aus der Luft als biozid wirkendes Element beschrieben (Künzel, 2003). Unter der Einwirkung von SO_2-haltiger Luft oder bei Bewitterung mit Regen, der SO_2 enthält, wird eine Ansiedlung von Mikroorganismen gehemmt. Mit allmählich sinkendem SO_2-Gehalt in der Außenluft nimmt das Risiko einer Mikroorganismenansiedlung also zu. Künzel (2003) beschreibt den unteren Schwellenwert der bioziden Wirkung von SO_2 mit 20 $\mu g/m^3$, d. h., in Gebieten mit reiner Luft besteht ein besonders hohes Risiko der mikrobiologischen Fassadenverunstaltungen.

Algen

Algen können als Mikroorganismen auf frei bewitterten Bauteilen ebenso auftreten wie in freier Natur auf Hölzern und Steinen. Die Intensität der Algenbildung steht in Abhängigkeit zur verfügbaren Feuchtigkeit des Materials. Je stärker die Bewitterung oder Durchfeuchtung eines Stoffes ist, desto größer ist die Chance einer Algenansiedlung.

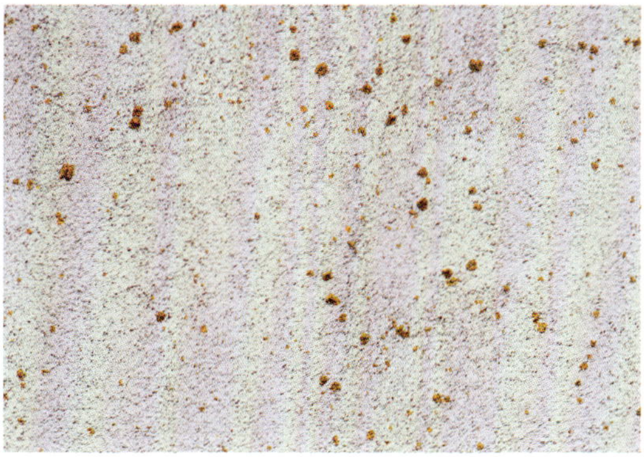

Abb. 6.357: Punktuelle Flechtenbildung auf einer 10 Jahre alten Wärmedamm-Verbundsystem-Südfassade

Algen benötigen Sonnenlicht als Energiequelle und können Kohlendioxid als notwendige Quelle für den Kohlenstoffbedarf verwenden. Für das Wachstum werden Feuchtigkeit, Mineralstoffe, Spurenelemente und Stickstoffverbindungen (z. B. Nitrate, Ammonium) benötigt. Die stattfindende Fotosynthese führt zu einem Kohlenhydrataufbau unter Freisetzung von Sauerstoff.

Die Ansiedlung von Algen kann als Grundlage für einen weiteren Befall mit Pilzen oder Bakterien dienen, bei denen sich Symbiosen mit neuen organischen Lebensformen entwickeln.

Flechten

Auf Fassadenoberflächen können Algen und Pilze als artfremde Mikroorganismen in einer Stoffwechselgemeinschaft zum gegenseitigen Nutzen zusammenleben. Diese Form der Solidargemeinschaft wird Symbiose genannt. Die Algen sind für die Lieferung der Fotosyntheseprodukte verantwortlich, der Pilz besorgt Wasser und Nährsalze. Die äußere Erscheinungsform der Flechten unterscheidet sich wesentlich sowohl von den Algen als auch von den Pilzen (siehe Abb. 6.357).

Schimmelpilze

Schimmelpilze auf Fassaden benötigen ebenso wie die Algen und natürlich auch die Flechten zunächst eine hohe Luftfeuchtigkeitskonzentration im Mikroklima unmittelbar oberhalb der Fassadenoberfläche. Abweichend von den Algen, die nährstofftunabhängig existieren, weil sie ihre Lebensfähigkeit aus Fotosyntheseprodukten gewinnen, benötigen Schimmelpilze Nährstoffe, um wachsen zu können.

Häufig handelt es sich bei den örtlich angetroffenen Mikroorganismen um Schimmelpilze der nachfolgenden Gattungen:

- Cladosporium sp.,
- Alternaria sp.

Sofern es sich bei einem identifizierten mikrobiologischem Befall nicht um eine Algenbildung handelt, sondern um die Ansiedlung von Schimmelpilzen, muss die ungleichförmige Intensität des Schadensbildes auf ein differenziert abgestuftes Nährstoffangebot auf den Fassadenoberflächen hinweisen. Da Tierkot sich generell als Nährmaterial für

Abb. 6.358: Mikrobiologisch befallenes Wärmedamm-Verbundsystem nach 10 Jahren Nutzungsdauer auf einer Südfassade

Abb. 6.359: Taubenanflug im Dachrandbereich als Indiz für eine fleckige Verschmutzung durch Vogelkot

Schimmelpilze eignet, ist ein Zusammenhang zwischen der Schimmelpilzbildung und eingetretenen Fassadenverunreinigungen wahrscheinlich (siehe Abb. 6.358 und 6.359).

Auch andere Verunreinigungen an der Fassade kommen als Ursache für das unregelmäßige Bild des Schimmelpilzanwuchses infrage:

- Rückstände aus ungeeigneten Reinigungsmitteln (eventuell aus der Bauzeit),
- partielle Oberflächenrauigkeiten mit erhöhter Staubanlagerung aus der Atmosphäre und dadurch unregelmäßige Biofilmbildung.

Mikrobiologisches Wachstum als Baumangel

Die Tauwasserbildung auf der Außenseite hochgedämmter Fassaden ist unter den vorgenannten Gesichtspunkten unvermeidbar und kann daher nicht als Mangel bewertet werden.

Die Schaffung von Nährstoffressourcen als erforderliche Sekundärkomponente einer Schimmelpilzentstehung lässt sich ebenfalls nicht bis in den Verantwortungsbereich des Auftragnehmers verfolgen.

Ein gewisser Selbstreinigungseffekt wird der Bewitterung durch „sauren Regen" (SO_2-haltigen Regen) zugeschrieben. Verbesserte Umweltbedingungen wirken sich daher auch positiv auf das mikrobiologische Wachstum an Fassaden aus (siehe Abb. 6.360 bis 6.362). In der Entwicklung der Fassadentechnik ist man daher dazu übergegangen, die natürlichen Feinde des Schimmelpilzes durch künstliche Fungizide zu substituieren. Zu diesem Zweck werden den äußeren Schichten des Systemaufbaus (Oberputz und/oder Egalisationsanstrich) Substanzen werkseitig beigefügt, die über eine pilzabtötende Wirkung verfügen. Die meist toxische Wirkung macht es erforderlich, den maximal zulässigen Anteil von Fungiziden innerhalb der Putzbeschichtungsstoffe zu beschränken.

Die Verwendung von Fungiziden in Fassadensystem bewirkt keine zeitlich uneingeschränkte Schimmelpilzfreiheit. Das Material wirkt nach dem Funktionsprinzip einer „Opferschicht". Infolge der ständigen Bewitterung verbraucht sich der fungizide Werkstoffanteil im Laufe der Zeit. Gleichzeitig kann sich auf der Fassadenoberfläche infolge von Umwelteinflüssen allmählich ein Biofilm bilden, der den fungiziden Werkstoff zur

Abb. 6.360: Zunehmende Schimmelpilz- und Algenbildung unterhalb der Fensterbank wegen fehlender Selbstreinigung

Abb. 6.361: Stark befallener Bereich unterhalb der auskragenden Fensterbank

Abb. 6.362: Wenig befallener Pfeilerbereich mit Selbstreinigungseffekt

Atmosphäre hin versiegelt. Auf dieser Biofilmschicht kann sich dann wiederum eine Schimmelpilzansiedlung entwickeln.

Herstellerseitig wird eine sog. „Filmkonservierung" empfohlen und ist seit 1995 bereits in verschiedene Systeme integriert, d. h., dass bei der Verwendung dieser Produkte keine zusätzliche Filmkonservierung notwendig ist.

Unter Verwendung derartiger Systeme kann eine sog. Zusatzvereinbarung zwischen dem Verarbeiter und dem Hersteller abgeschlossen werden, wonach dieser zusichert, dass 5 Jahre eine Resistenz gegen Algen- und/oder Pilzbefall bei Neubeschichtung oder Renovierung besteht.

Ob aus juristischer Sicht ein Baumangel in der Werkleistung vorliegt, kann erst beurteilt werden, wenn geklärt ist, ob die Fassadenverunreinigung als vermeidbare Verschmutzung gelten kann. Vorübergehend ist der eingetretene Effekt zwar vermeidbar, aber dauerhaft ist die mikrobiologische Besiedlung von Wärmedämm-Verbundsystemen durch den Einsatz von Fungiziden in dem Egalisationsanstrich nicht vermeidbar. Unter diesen Voraussetzungen wäre eine Schimmelpilzbildung auf der Fassade erst zu einem späteren Zeitpunkt eingetreten, eventuell erst unmittelbar vor Fälligkeit des nächsten Renovierungsintervalls.

Nach Urteil des LG Frankfurt am Main ist der Verzicht auf eine algizide bzw. fungizide Ausrüstung des Materials bei erkennbarem Algenrisiko als Mangel zu beanstanden (LG Frankfurt am Main, Urteil vom 19.12.1999 – 3-13-O 104/96).

Andererseits erlauben die Förderrichtlinien der Investitions- und Förderbanken (IFB), z. B. die „Eigenheim-Förderrichtlinie für selbstgenutztes Eigentum“ (2017) der Hamburgischen Investitions- und Förderbank, eine Verwendung von Bioziden in Wärmedämm-Verbundsystemen nicht:

„Anhang (…)

3. Welche technischen Anforderungen müssen erfüllt werden? (…)

3.7 Anforderungen an Baustoffe

Nicht verwendet werden dürfen:

(…)

- *Biozide (nach Definition der Biozidprodukte-Verordnung BPV (EU) Nr. 528/2012) in Putzen und Beschichtungen von Wärmedämmverbundsystemen (WDVS). Mittel zur Topfkonservierung sind entsprechend der Anlage 1 zur Vergabegrundlage RAL-UZ 102 zulässig.*

Empfohlen wird, Wärmedämmverbundsysteme mit dem Gütezeichen RAL-UZ 140 (Blauer Engel) zu verbauen.“

> **Tipp**
>
> Algenverunreinigungen lassen sich leicht und preiswert mit in Wasser aufgelöstem Sodapulver aus der Drogerie und einem Schrubber entfernen.

6.12 Putz- und Stuckarbeiten (VOB/C ATV DIN 18350)

6.12.1 Putzrisse

Um eine Beurteilung über mögliche Rissursachen vornehmen zu können, ist zunächst eine Einstufung in folgende Risskategorien notwendig:

Rissarten

Bauwerksbedingte Risse

Mögliche Ursachen hierfür sind lastabhängig (Setzungen, unterschiedliche Lastabtragungen und Ähnliches) oder lastunabhängig (Wärmedehnung, Schwinden, Quellen).

Außerdem können Formänderungen durch angrenzende Bauteile oder starke Erschütterungen Ursache für diese Rissbildungen sein.

Putzgrundbedingte Risse

Mögliche Ursachen für die Rissbildungen dieser Art sind in den Wirkungsbereichen unterschiedlicher Putzgründe zu suchen, als Folge stark unterschiedlicher Temperatur- und/oder Feuchtedehnung.

Abb. 6.363: Putzriss

Abb. 6.364: Putzriss mit einer Rissbreite von 0,2 mm

Weitere mögliche Ursachen sind bei großformatigen Steinen mangelnder Verbund zwischen Stein und Mörtel, Überschreitung der unvermörtelten Stoßfugenbreite, unzureichendes Überbindemaß sowie auch der Abtrag der Schwindverformung auf die wenigen Fugen.

Putzbedingte Risse (wie Schwindrisse, Sackrisse und Spannungsrisse)

Risse dieser Art sind nur oberflächig vorhanden und setzen sich nicht im Putzuntergrund fort.

Beurteilung der Risse

In verschiedenen Regelwerken und in der Fachliteratur wird hinsichtlich einer grundsätzlichen Unvermeidbarkeit von Feinrissen und der hieraus abzuleitenden Hinnehmbarkeit unterschieden zwischen solchen Rissen, die breiter als 0,3 mm, und solchen, die weniger als 0,3 mm breit sind (siehe Abb. 6.363 und 6.364).

Ein Hinweis auf die Hinnehmbarkeit von Feinrissen findet sich bei Pfefferkorn (1996):

„7 *Nicht alle Risse sind Mängel (…)*

Grobe Risse über 1 mm Breite lassen sich damit in der Regel vermeiden, mittlere Risse von 0,3 bis 1,0 mm Breite in vielen Fällen. Schwierig wird die Situation bei Rissbreiten unter 0,3 mm. Hier muss zunächst eindeutig klargestellt werden, dass sowohl von den Baustoffeigenschaften als auch von ihrer Verarbeitung her unter der Einwirkung der Witterung Mauerwerksrisse bis zu 0,3 mm Breite selbst durch völlig einwandfreie Bauplanung und Bauausführung nicht verhindert werden können. Da etwas Unmögliches nicht Vertragsgrundlage sein kann, können Risse bis zu 0,3 mm Breite auch nicht generell einen Mangel darstellen. Aus dieser Feststellung folgt jedoch so wenig wie bei Holz und Beton, dass Risse bis zu 0,3 mm grundsätzlich keine Mängel darstellen würden bzw. nicht auf Mängel zurückzuführen wären. Dies lässt sich an den äußerlich sehr ähnlichen Rissen aus dem Kapitel 6 zeigen. (…)

Betrachtet man Risse an ausgeführten Mauerwerksbauten, so lassen sich vor allem einzelne, also nicht systematisch auftretende Risse mit Breiten bis zu 0,3 mm oftmals hinsichtlich ihrer Ursache nicht eindeutig beurteilen. Gerade solche Risse aus dem komplizierten Zusammenspiel von Konstruktionsverformungen, variierenden Baustoffeigenschaften und

Witterungseinwirkungen insbesondere während der Bauzeit lassen sich nicht verhindern und müssen daher in Kauf genommen werden. Sie stellen für sich allein keine Mängel dar und haben in der Regel auch keine Schäden zur Folge.

Die Grenze von 0,3 mm, unterhalb derer Risse nicht allgemein als Mängel anzusehen sind, ist einerseits bautechnisch bedingt und andererseits vom Gebrauchswert und der Dauerhaftigkeit her auch bei Außenwänden gerechtfertigt. Bei Innenwänden dagegen spielen selbst weit größere Rissbreiten praktisch keine Rolle. Es besteht deshalb kein vernünftiger Grund, für Mauerwerksrisse im Gebäudeinneren eine kleinere Rissbreite als zulässig zu erachten als im Stahlbetonbau. Diese liegt nach Tabelle 15 bei 0,5 mm und sollte im Mauerwerksbau schon aus wirtschaftlichen Gründen mindestens in der gleichen Größe akzeptiert werden. Der Wert von 0,5 mm rührt nur aus optischen Erwägungen her. Wo diese keine Rolle spielen, sollten auch größere Rissbreiten als 0,5 mm nur als Mangel eingestuft werden, wenn sie tatsächlich aus einer mangelhaften Leistung herrühren oder in Ausnahmefällen einen Bauschaden zur Folge haben könnten. Das aber ist selbst bei Rissbreiten von 1,0 mm und mehr selten der Fall. (…)“

Nach allgemeinem technischem Sprachgebrauch werden Rissbreiten zwischen 0,1 und 0,2 mm als „Haarriss“ bezeichnet und gelten im Allgemeinen als unkritisch, wie DIN EN 13914-1:2016-09 „Planung, Zubereitung und Ausführung von Außen- und Innenputzen – Teil 1: Außenputze“ ausführt:

„6 Planungsempfehlungen (…)

6.14 Auftreten von Rissen (…)

6.14.4 Bewertung von Rissen

6.14.4.1 Allgemeines

Risse in begrenztem Umfang gelten nicht als kritisch, solange sie den technischen und optischen Wert des Putzes nicht beeinträchtigen.

Ein Mangel ist dann vorhanden, wenn der Schutz des Mauerwerkes gegenüber Schlagregen und/oder die Witterungsbeständigkeit des Putzes und der Beschichtung aufgrund vorhandener Risse nicht mehr sichergestellt sind. Eine allgemeingültige größte zulässige Rissweite kann nicht angegeben werden, da diese im Einzelfall in Abhängigkeit von Putzmörtel, Putzsystem und Putzgrund bewertet werden sollte. Ein optischer Mangel liegt vor, wenn Risse unter gebrauchsüblichen Bedingungen (z. B. Blickposition, Betrachtungsabstand) sichtbar und auffällig wahrgenommen werden und die Putzoberfläche eine besondere gestalterische oder repräsentative Bedeutung hat.

6.14.4.2 Rissbildung durch den Putzgrund/in der Konstruktion

Die folgenden Rissarten beziehen sich auf und/oder werden von dem Putzgrund/der Konstruktion verursacht:

a) einzelne Risse mit einem erkennbaren geradlinigen Verlauf (z. B. Stein-Putz-Risse);
b) Risse mit meist vertikaler oder horizontaler Ausrichtung;
c) Risse, die den Fugenverlauf nachzeichnen;
d) vertikale Risse in den Eckbereichen des Mauerwerks, die mit Wanddicken übereinstimmen;
e) Risse, die zwischen Öffnungen im Mauerwerk verlaufen;
f) Scherrisse;
g) diagonale Risse von den Eckbereichen von Mauerwerksöffnungen (einzelne Risse, die relativ gerade verlaufen).

Konstruktionsbedingte Risse erscheinen innerhalb eines Zeitraumes von 0,5 bis 5 Jahren nach Putzauftrag und unterscheiden sich auch dadurch grundlegend von putzbedingten Rissen.

Risse mit einer Breite bis 0,2 mm sind unproblematisch, wenn die technischen Eigenschaften des Putzes nicht beeinträchtigt werden (z. B. durch Eindringen von Wasser).

6.14.4.3 Haarrissbildung

Haarrissbildung wird durch unterschiedliches Schwinden der Putzoberfläche verursacht; diese Risse sind höchstens etwa 0,2 mm breit. Sie beeinträchtigen die Funktion des Putzes nicht, da sie im Allgemeinen nicht wesentlich unter die Oberfläche des Putzes reichen. Glatte Oberflächen sind anfälliger für Haarrissbildung."

Ergänzende Hinweise zu Haarrissen finden sich auch in der DIN 18550-1:2018-01 „Planung, Zubereitung und Ausführung von Innen- und Außenputzen – Teil 1: Ergänzende Festlegungen zu DIN EN 13914-1:2016-09 für Außenputze":

„6 Planungsempfehlungen (…)

6.14 Auftreten von Rissen

6.14.1 Allgemeines

Es gilt DIN EN 13914-1:2016-09, mit folgenden Ergänzungen:

Es ist zu unterscheiden zwischen Rissen, die ausschließlich im Putz auftreten (putz- oder ausführungsbedingte Risse), und Rissen, die primär im verputzten Bauteil entstehen und erst sekundär durch die Putzschale brechen (konstruktionsbedingte Risse). Es gibt aber auch Rissarten, die sowohl putzbedingte als auch konstruktionsbedingte Ursachen haben können. (…)

6.14.4 Bewertung von Rissen

6.14.4.1 Allgemeines

Es gilt DIN EN 13914-1:2016-09, mit folgenden Ergänzungen:

Das bloße Vorhandensein von Rissen stellt nicht zwangsläufig eine Beeinträchtigung des optischen oder technischen Wertes dar.

ANMERKUNG: Weitere Erläuterungen können [3] entnommen werden. (…)

6.14.4.3 Haarrissbildung

Es gilt DIN EN 13914-1:2016-09, mit folgenden Ergänzungen:

Bei dicklagigen, überwaschenen Putzen bzw. frei strukturierten Putzen (z. B. altdeutscher Putz, Landhausputz) kann eine Haarrissbildung nicht ausgeschlossen werden.

Bei gefilzten oder dünn geriebenen Oberflächen kann eine Haarrissbildung nicht ausgeschlossen werden.

6.14.4.4 Rissbildung aufgrund der Putzart oder des Auftragens

Es gilt DIN EN 13914-1:2016-09, mit folgenden Ergänzungen:

e) Schwindrisse im Unterputz: meist netzförmig, sie entstehen innerhalb der Standzeit des Unterputzes. Sie stellen dann keine Beeinträchtigung dar, wenn ihre Rissbreite 0,2 mm nicht überschreitet;

f) Fettrisse: sehr kurze, nur an der Oberfläche vorhandene Haarrisse; diese Risse entstehen durch Anreicherung von Feinteilen. In Vertiefungen der Putzstruktur vereinzelt auftretende Fettrisse im Oberputz beeinträchtigen die optischen und technischen Eigenschaften im Allgemeinen nicht.

6.14.4.5 Risse mit sich überlagernden Ursachen

Risse mit sich überlagernden Ursachen entstehen durch Verformung des Putzgrundes bei der Überschreitung der maximal aufnehmbaren Spannungen entweder bereits im Mauerwerk oder im Putz. Die Spannungen aus Lage-, Form- oder Volumenänderung des Untergrundes können die Eigenspannungen des Putzes überlagern und dadurch Anzahl, Umfang, Form und Lage der Risse beeinflussen. Hierzu können insbesondere Kerbrisse, Fugenrisse (Stein-Putz-Risse) und Risse in Verbindung mit Putzbewehrung, Putzträger und Putzprofilen gehören."

Haarrisse in begrenztem Umfang stellen entsprechend der DIN EN 13914-2:2016-09 „Planung, Zubereitung und Ausführung von Innen- und Außenputzen – Teil 2: Innenputze" auch bei Innenputzen keinen Mangel dar:

„3 Begriffe (...)

3.28 Haarrissbildung

ein Netz kurzer, unregelmäßiger und sehr dünner Risse bis zu einer Breite von etwa 0,2 mm

Anmerkung 1: zum Begriff: Haarrisse beeinträchtigen die Funktion des Putzes nicht und sind deshalb bis zu einer bestimmten Größe zulässig.

[QUELLE: EN 13914-1:2016, 3.33, modifiziert]

(...)

6 Planung (...)

6.3 Dauerhaftigkeit (...)

6.3.5 Widerstand gegen Rissbildung

Bei der Planung des Bauwerks muss die Notwendigkeit von Vorkehrungen zur Vermeidung möglicher Formänderungen des Putzgrundes berücksichtigt werden, z. B. bei Mörtelfugen.

ANMERKUNG 1: Rissbildung kann dort entstehen, wo erhöhte Spannungen auftreten, z. B. an den Ecken von Öffnungen. Die Verwendung von Bewehrungen im Innenputz verhindert nicht die konstruktionsbedingte Rissbildung.

ANMERKUNG 2: Eine begrenzte Anzahl von Haarrissen, einschließlich der Bildung von Haarrissen mit einer Rissbreite bis etwa 0,2 mm, gilt als unbedeutend, da durch sie die Dauerhaftigkeit des Putzes nicht beeinträchtigt wird."

Unter welchen Umständen diese Putzrisse aus technischer Sicht einen Mangel begründen können, lässt sich im Hinblick auf die Stufenprüfung bei der Mangeldefinition im Werkvertragsrecht anhand des Beurteilungsschemas in Tabelle 6.55 ermitteln.

Wird eins der dort aufgeführten Kriterien unter den Ziffern 1 bis 3 erfüllt, weil eine Begründung dafür nach den oben dargestellten Kategorien vorliegt, dürfte aus technischer Sicht ein Mangel vorliegen. Ob es sich aus rechtlicher Sicht um Mängel handelt, muss ggf. als Rechtsfrage durch das Gericht geprüft werden.

Tabelle 6.55: Beurteilungsschema für Putzrisse

			Kriterium	vereinbarte Beschaffenheit	anerkannte Regeln der Technik	nach dem Vertrag vorausgesetzte Verwendung	gewöhnliche Verwendung	Beschaffenheit, die bei Werken der gleichen Art üblich ist und die der Besteller nach der Art der Leistung erwarten kann
			Mangel	Abweichung	Abweichung	Nichteignung	Nichteignung	Abweichung
			Quellen	§ 434, 633 BGB, § 13 VOB/B	§ 13 VOB, Rechtsprechung	§ 434, § 633 BGB, § 13 VOB/B	§ 434, § 633 BGB, § 13 VOB/B	§ 434, § 633 BGB, § 13 VOB/B
				1.1	1.2	2	3.1	3.2
Begründung								
Kategorie		**Mangel**	**Quellen**					
Beeinträchtigung Funktion	**W** Wärmeschutz	Wärmeverlust	DIN 4108					
	S Schallschutz	Schallübertragung	DIN 4109					
	F Feuchteschutz	Konvektion	DIN 4108-3					
	B Brandschutz	Brandausbreitung möglich	DIN 4102					
	D Luftdichtheit	Luftleckage	DIN 4108-2, DIN 4108-7					
	G Putzgrund	Stabilität des Putzgrundes	DIN V 18550, 4.3					
technische Vermeidbarkeit	**T**	Regelwerke missachtet	DIN V 18550					
Beeinträchtigung Geltung	**R** Rissbreite	> 0,1 bis 0,2 mm	DIN V 18550; 7.1					
	V Rissverlauf	unkontrolliert	DIN V 18550, C2.4					
	O Störfaktor	objektiv störend	Beurteilung durch Sachverständige					

6.12.2 Putzsysteme

Im Nachgang zu der Sanierung von Altbausubstanz werden häufig und insbesondere von den Fensterecken ausgehende Diagonalrisse erkannt. In der Regel erfolgt bei dieser Sanierungsart ein Fassadenneuverputz mit der Mörtelgruppe P II auf den zuvor freigelegten Oberflächen der Wandsubstanz aus Ziegelmauerwerk mit einer Rohdichte von 1,8 bis 2,0 kg/dm^3 und Mauermörtel der Mörtelgruppe II. Eine Stabilisierung des Fugennetzes innerhalb des historischen Mauerwerks erfolgt hierbei gewöhnlich nicht, sodass der relativ spröde neue Außenputz bereits auf geringfügige Verformungen des historischen Mauerwerks mit einer Haarrissbildung reagiert. Hiervon sind in besonderer Weise die überwiegend ohnehin von Spannungen beanspruchten Zonen des Mauerwerks im Bereich von Querschnittsschwächungen und Lastumleitungszonen wie Fensterstürzen und -brüstungen betroffen.

Bei wasserabweisenden Putzsystemen mit einem Wasseraufnahmekoeffizienten zwischen 0,3 und 0,5 kg/(m^2 · h^{0,5}) können Rissbreiten bis zu 0,3 mm als tolerierbar gelten, wenn nicht ein besonders saugfähiger Untergrund die eventuell eindringende Feuchte nach innen weitertransportiert.

Bei der Dimensionierung eines Wandaufbaus im Zusammenhang mit monolithischem Mauerwerk gilt die Konstruktionsregel der nach außen hin stetig „weicher“ werdenden Schichten. Mit diesem Funktionsprinzip wird sichergestellt, dass sich die Verformungen der tragenden Massivbauteile nicht auf den anhaftenden filigranen Oberflächenschichten durch Risse oder Abplatzungen abzeichnen.

Gleichzeitig wird wirksam verhindert, dass die wärmeexponierte Putzschicht infolge thermischer Längenänderungen Spannungen gegenüber dem Mauerwerk aufbaut, die zur Putzrissbildung führen würden.

Kombiniert man hingegen eine relativ weiche tragende Wand kontakt- und kraftschlüssig mit einer ebenfalls relativ härteren, jedoch dünneren Außenschale, kommt es bei Verformungen jeglicher Art zum Bruch der dünnen, spröden Außenhaut, während der Wandbildner selbst die Verformungen über sein feingliedriges Fugennetz sozusagen „elastisch“ absorbiert.

6.12.3 Toleranzen

Ebenheit

Hinsichtlich der Ebenheit von Putzoberflächen von Wänden nimmt die VOB/C ATV DIN 18350:2019-09 „Putz- und Stuckarbeiten“ Bezug auf die DIN 18202:2019-07 „Toleranzen im Hochbau – Bauwerke“. Gemäß dieser beträgt der zulässige Grenzwert der Ebenheitstoleranz für flächenfertige Wände und Unterseiten:

- Tabelle 3, Spalte 2, Zeile 6 bei Stichmaßen bis zu 0,1 m: 3 mm,
- Tabelle 3, Spalte 3, Zeile 6 bei Stichmaßen bis zu 1 m: 5 mm,
- Tabelle 3, Spalte 4, Zeile 6 bei Stichmaßen bis z 4 m: 10 mm.

Hieraus ergibt sich durch Interpolation:

- bei Stichmaßen von 2,0 m ein zulässiges Toleranzmaß von 6,6 mm,
- bei Stichmaßen von 0,17 m ein zulässiges Toleranzmaß von 3,15 mm.

Gemessen wird zwischen 2 definierten Punkten im Abstand zum Beispiel von 1 m, deren (gedachte) Verbindungslinie als Bezugshorizont gilt. Alle Abweichungen von dieser Ebene als Aufwölbungen wie Kuppen und Grate oder als Vertiefungen wie Mulden und Kehlen werden durch Messung ermittelt und mit dem oben genannten zulässigen Wert, im Beispiel sind es 5 mm, verglichen.

Die DIN EN 13914-2:2016-09 „Planung, Zubereitung und Ausführung von Innen- und Außenputzen – Teil 2: Planung und wesentliche Grundsätze für Innenputz“ unterscheidet 5 Ebenheitsklassen mit unterschiedlichen Anforderungen an die Ebenheit der fertigen Putzoberfläche:

„*6 Planung (…)*

6.10 Arten und Ausführungen von Putzoberflächen (…)

6.10.3 Ebenheit der verputzten Oberfläche

Die Ebenheit der verputzten Oberfläche hängt von der Genauigkeit, mit der der Putzgrund aufgebaut wurde, und der für den Innenputz festgelegten Dicke ab. Wird der Innenputz in dünnen Lagen aufgebracht, lassen sich nur geringfügige Unebenheiten oder kleine Abweichungen des Putzgrundes von der Geraden ausgleichen. In der Regel können für sehr dünne Putzlagen keine Toleranzen festgelegt werden, da diese den Umriss des Putzgrundes sehr genau wiedergeben.

Im Falle größerer Unebenheiten des Putzgrundes, wird Folgendes erforderlich sein, um die Oberflächenbehandlung dieser Norm zu erreichen:

– eine größere Gesamtdicke des Innenputzes;
– und/oder eine oder mehrere zusätzliche Putzausgleichslage(n).

Tabelle 6 [vgl. Tabelle 6.56] *enthält Empfehlungen für die Klassifizierung der Ebenheit von verputzten Oberflächen in Bezug auf die Dicke des Innenputzsystems und die Ebenheit des Putzgrundes.*

Putzgründe, die innerhalb der in EN 1996-2 festgelegten Toleranzen liegen, können dennoch möglicherweise nicht lotrecht oder gerade verputzt werden, außer es ist eine ausreichende Putzdicke festgelegt.

Ist jedoch eine bestimmte Putzdicke festgelegt, lässt sich eine bestimmte Ebenheitsklasse nur für eine gegebene Abweichung des Putzgrundes erzielen.

ANMERKUNG: Wird Innenputz mit Streiflicht beleuchtet, wie z. B. in langen, nur am Ende beleuchteten Fluren, können unter bestimmten Bedingungen immer noch kleinere Unebenheiten sichtbar sein (siehe auch Anhang A), obwohl die zulässigen Abweichungen eingehalten werden.

Die aufgetragenen Dicken sollten die Empfehlungen des Herstellers nicht überschreiten.“

Tabelle 6.56: Klassifizierung der Ebenheit von verputzten Flächen nach DIN EN 13914-2:2016-09, Tabelle 6

Klasse	geforderte Normalausführung für die Ebenheit der Oberfläche – Spalt unter einem Richtscheit	Mindestwerte für die Ebenheit des Putzgrundes, um die geforderte Normalausführung der Oberfläche zu erzielen
0	keine Anforderung	keine Anforderung
1	10 mm auf 2 m	15 mm auf 2 m
2	7 mm auf 2 m	12 mm auf 2 m
3	5 mm auf 2 m	10 mm auf 2 m
4[1)]	3 mm auf 2 m	5 mm auf 2 m
5[1)]	2 mm auf 2 m	2 mm auf 2 m
ANMERKUNG: Nationale Anhänge dürfen Empfehlungen für die im Falle einer gegebenen Ebenheitsklasse geforderte Putzdicke für die üblicherweise zu erreichende Ebenheitsklasse enthalten.		
[1)] nur zutreffend für Putzsysteme mit einer Putzdicke ≤ 6 mm		

Klasse 2 aus Tabelle 6.56 entspricht DIN 18202:2019-07 „Toleranzen im Hochbau – Bauwerke“, Tabelle 3, Zeile 6 (flächenfertige Wände und Unterseiten von Decken). Sie kann daher als „mittlere Art und Güte“ gelten.

Oberfläche

Seit November 2003 haben sich die Qualitätsstufen Q1 bis Q4, die für die Verspachtelung von Gipskartonoberflächen definiert worden sind, auch in einem Merkblatt für Putzoberflächen im Innenbereich etabliert (vgl. Tabelle 6.57).

Gemäß Merkblatt „Putzoberflächen im Innenbereich – Qualitätsstufen: abgezogen, geglättet, abgerieben und gefilzt“ (Bundesverband der Gipsindustrie e. V. 2021) gilt:

„1. Einleitung (…)

Putzoberflächen im Innenbereich werden abgezogen, geglättet, abgerieben und gefilzt ausgeschrieben und ausgeführt. Innenputze dienen z. B. als Untergrund für Oberputze, Beschichtungen, Wandbekleidungen. Oftmals sind die vom Auftraggeber gewünschten Putzoberflächen sowie die geforderten Ebenheitstoleranzen in den Leistungsverzeichnissen nicht ausreichend beschrieben. Das Merkblatt soll Hilfestellung zu Planung, Ausschreibung und Ausführung geben.

Bei der Erstellung des Leistungsverzeichnisses für Putzarbeiten hat der Planende mit dem Auftraggeber den Putz auf die gewünschten nachfolgenden Oberflächen (z. B. Beschichtungen, Beläge, Fliesen) abzustimmen und die Vorgaben für die dafür geeigneten Qualitätsstufen zu treffen.

Beispielsweise werden Begriffe wie ‚malerfertig, malfertig, streichfertig, anstrichbereit, oberflächenfertig, tapezierfertig, glatt, streiflichttauglich‘ u. Ä. verwendet. Aus derartigen unbestimmten Beschreibungen, die keine definierten Qualitätsmerkmale darstellen, kann eine qualitative Beschaffenheit nicht abgeleitet werden. In der Praxis werden häufig für unterschiedliche Eigenschaften subjektive Maßstäbe angesetzt, die sich neben der Ebenheit

Tabelle 6.57: Übersicht über die Qualitätsstufen nach dem „Merkblatt 3: Putzoberflächen im Innenbereich – Qualitätsstufen: abgezogen, geglättet, abgerieben und gefilzt" (2021)

Putzart	**Qualitätsstufe**[2)]	**Anforderungen**		**Ausführung**	**Beispiele für Oberflächengestaltungen**[1)]
		Optik	**Ebenheit**		
abgezogene Putze	Q1	keine Anforderung	keine Anforderung	geschlossene Putzfläche	
	Q2		Standardanforderung	Putz auftragen, abziehen und ausrichten	• strukturierte Oberputze[3)], Körnung ≥ 2 mm • Spachtelputze, Putzglätten, Weißputze • Wandbeläge aus Keramik-, Natur- und Betonwerkstein usw.
	O3		erhöhte Anforderung	Putz auftragen, abziehen und ausrichten, Einsatz von UP-Profilen oder Putzleisten möglich	• strukturierte Oberputze, Körnung[4)] ≥ 2 mm • Spachtelputze, Putzglätten, Weißputze • Wandbeläge aus Feinkeramik, großformatigen Fliesen[5)], Glas, Naturwerkstein usw.
	Q1		keine Anforderung	geschlossene Putzfläche	
geglättete Putze	Q2	Standardausführung	Standardanforderung	Putz auftragen, abziehen, ausrichten, filzen, mit der Putzschlämme glätten; Ausführung als einlagiger Putz oder als Putzlage mit Putzglätte möglich	• Oberputze, Körnung > 1 mm • mittel- bis grob strukturierte Wandbekleidungen, z. B. Raufasertapeten mit Körnung RM oder RG nach BFS-Info 05-01 • stumpfmatte bis matte Beschichtungen[6)] nach DIN EN 13300 • strukturgebende Beschichtungen

Fortsetzung Tabelle 6.57

Putzart	**Qualitätsstufe**[2]	**Anforderungen**		**Ausführung**	**Beispiele für Oberflächengestaltungen**[1]
		Optik	**Ebenheit**		
geglättete Putze	Q3	erhöhte Anforderung an die Ausführung	erhöhte Anforderung empfohlen	Ausführung wie Q2, aber mit zusätzlichem Glättgang oder mit zusätzlichem Glättputz	• Oberputze, Körnung ≤ 1 mm • fein strukturierte Wandbekleidungen, z. B. Raufasertapeten mit Körnung RF nach BFS-Info 05-01 • technische oder dekorative (oberflächig strukturierte/oberflächig geprägte) Vliese, auch für die nachträgliche Beschichtung • stumpfmatte bis matte Beschichtungen[6] nach DIN EN 13300
	Q4		erhöhte Anforderung	Ausführung wie Q3 mit zusätzlich vollflächigem Überarbeiten der Oberfläche mit geeignetem Spachtel- oder Glättputzmaterial	• Beschichtungen matt[7] matt bis mittlerer Glanz nach DIN EN 13300 • Spachtel- und Glättetechniken • Metall-, Vinyl- oder Seidentapeten • glatte Vlies

1) Die aufgeführten Oberflächengestaltungen (Leistungen) stellen nur eine Auswahl dar und sind nicht verbindlich. Abhängig von individuellen Vorstellungen sowie von der handwerklichen Ausführung sind auch andere als die hier genannten Beispiele möglich. Die Angaben der Hersteller zum Anwendungsbereich und die Anforderungen an die Verarbeitung und den Untergrund sind zu beachten. Um die Anforderungen an den Untergrund zu erfüllen, sind ggf. zusätzliche Maßnahmen und Arbeitsschritte erforderlich. Die Verklebung von Vliesen („Malervlies"/ technisches Vlies) ist zur vorbeugenden Haarrissminderung ab der Qualitätsstufe Q2 möglich. Dies richtet sich nach den Vorgaben des Auftraggebers /Planers.

2) Bei den Qualitätsstufen muss immer die Ausführungsart „abgezogen" oder „geglättet" oder „abgerieben" oder „gefilzt" genannt werden, z. B. „Q2 – geglättet".

3) Der Begriff „Oberputz" wird in der Schweiz und in Liechtenstein als „Deckputz" bezeichnet.

4) für feinere Körnungen der Oberputze siehe Abschnitt 4.3

5) Zum Beispiel in der Schweiz und in Liechtenstein ≥ 1.600 cm^2 bei einer Druckfestigkeit von > 6 N/mm^2; in Österreich > 0,2 m^2 oder eine Seitenlänge > 1 m, in Luxemburg ≥ 3.600 cm^2 (über 60 cm × 60 cm); in Deutschland ≥ 2.500 cm^2. Zu beachten ist, dass bei Einbau von großformatigen Fliesen länderspezifisch besondere Maßnahmen notwendig werden können und eingeplant werden müssen.

6) Strukturlose/ungefüllte Beschichtungen sowie glatte Wandbekleidungen können Untergrundunregelmäßigkeiten nicht egalisieren, sondern verstärken ggf. zulässige Untergrundunregelmäßigkeiten. Je nach optischem Anspruch ist ggf. eine höhere Qualitätsstufe zu beauftragen.

7) Farbbeschichtungen können Untergrundunregelmäßigkeiten nicht egalisieren, sondern verstärken ggf. zulässige Untergrundunregelmäßigkeiten. Je nach optischem Anspruch ist ggf. eine höhere Qualitätsstufe zu beauftragen.

Abb. 6.365: Nicht rechtwinklig ausgeführte Außenleibung

vor allem an optischen Merkmalen orientieren oder durch äußere Bedingungen beeinflusst werden (Streiflicht zur Putzoberfläche).

Von Putzoberflächen, die in handwerklicher Leistung bei unterschiedlichsten Umgebungsbedingungen hergestellt werden, dürfen nicht dieselben Oberflächengüten wie bei industriell hergestellten Gebrauchsgütern erwartet werden; dies gilt auch für die Gleichmäßigkeit des Farbeindrucks der Oberfläche.

Grundsätzlich wird das Erscheinungsbild der Putzoberfläche von der Belichtung (Tageslicht) und/oder künstlichen Beleuchtung beeinflusst. Absolute Schattenfreiheit bei Streiflicht kann nicht erreicht werden. Die Belichtungs- und Beleuchtungsverhältnisse, wie sie bei der späteren Nutzung vorgesehen sind, müssen bekannt sein und bereits vor Beginn der Putzarbeiten bauseits imitiert werden (siehe Abschnitt 8: Lichtverhältnisse – Belichtung und Beleuchtung). Diese Voraussetzungen sind bei Planung, Ausschreibung, Ausführung und Beurteilung zu berücksichtigen.“

Winkligkeit und Leibungen (DIN 18202)

Der zulässige Wert der Winkeltoleranz für vertikale, horizontale und geneigte Flächen beträgt gemäß DIN 18202„Toleranzen im Hochbau – Bauwerke“:

- Tabelle 2, Spalte 3, Zeile 1 bei Stichmaßen bis zu 1 m: 6 mm,
- Tabelle 2, Spalte 4, Zeile 1 bei Stichmaßen von 1,0 bis zu 3 m: 8 mm.

Eine Fensterleibung, die um 15 mm von der Rechtwinkligkeit abweicht, entspricht nicht den anerkannten Regeln der Technik, weil der zulässige Grenzwert der Winkeltoleranz überschritten wird (siehe Abb. 6.365).

Putzdicke

DIN EN 13941-1 „Planung, Zubereitung und Ausführung von Innen- und Außenputzen – Teil 1: Außenputze“ legt die Dicken und die Mindestputzdicken von Außenputzen fest:

„6 *Planungsempfehlungen (…)*

6.18 Anzahl, Dicke und relative Festigkeit von Putzlagen

6.18.1 Normalputzmörtel (GP) und Leichtputz (LW)

ANMERKUNG: Diese Putze weichen von den in 6.18.6 beschriebenen ab.

Üblicherweise besteht ein Putz aus mindestens zwei Lagen, einem Unter- und einem Oberputz; ausgenommen sind Spezialprodukte, die besonderen Erstprüfungen unterzogen werden. Diese normalen Putze sollten entsprechend diesem Dokument (siehe Tabelle 7) [vgl. Tabelle 6.58] *aufgetragen werden, unter Berücksichtigung der ergänzenden oder abweichenden Anweisungen des Herstellers im Hinblick auf Anzahl und Dicke der Putzlagen. Im Allgemeinen sollten die nachfolgenden Putzlagen nicht fester sein als die vorhergehende Lage oder der Putzgrund, ausgenommen bei Wärmedämmung, Kellenwurf mit hoher Festigkeit (siehe jedoch 6.18.5) und Leichtputzen. Nachfolgende Putzlagen sollten nicht dicker sein als die vorhergehende Lage.*

(…)

Empfehlungen für die Mindestdicke der Putzlagen verschiedener Arten von Putzsystemen sind in Tabelle 7 [vgl. Tabelle 6.58] *angegeben.*“

DIN EN 13941-2 „Planung, Zubereitung und Ausführung von Innen- und Außenputzen – Teil 2: Planung und wesentliche Grundsätze für Innenputz“ legt die Dicken und die Mindestputzdicken von Außenputzen fest:

„6 *Planung (…)*

6.9 Dicke der Putzlage an Wänden und Decken

6.9.1 Allgemeine Anwendung

Bei der Planung eines Innenputzsystems muss beachtet werden, welche der nachfolgend aufgeführten Eigenschaften gefordert werden können, um Unebenheiten des Putzgrundes auszugleichen, für Brandschutz, Schallabsorption, Schalldämmung, Wärmedämmung oder Schutz gegen Strahlen.

Falls der zu verputzende Untergrund Vertiefungen aufweist, müssen deren Abmessungen, Tiefe und Abstände genau angegeben werden, damit das zusätzlich benötigte Putzmaterial abgeschätzt werden kann.

ANMERKUNG: Je geringer die festgelegte Putzlagendicke ist, desto wichtiger ist es, dass der betreffende Putzgrund möglichst maßhaltig und eben ist (siehe 6.10.3).

6.9.2 Massive Putzgründe

Bei massiven Putzgründen (z. B. Beton, Mauerwerk) sollte die Dicke mit Tabelle 4 [vgl. Tabelle 6.59] *übereinstimmen.*“

Tabelle 6.58: Empfohlene Dicken für verschiedene Arten von mehrlagigen Außenputzsystemen auf massiven Wänden nach DIN EN 13941-1, Tabelle 7

Bindemittel des Unterputzes	empfohlener Dickenbereich für das Auftragen von Putz in mm; die Unterputzart legt die Dicke des Systems fest[1), 2)]			
	Putzarten			
	Normalmörtel (GP)		Leichtputz (LW)	
	durchschnittliche Dicke	Minimum[3)]	durchschnittliche Dicke	Minimum[3)]
Kalk	20	15	–	–
Kalk/Zement	20	15	20	15
Zement	20	15	20	15
polymermodifizierter Zement, Zementkalk und Kalk	8	5	10	7
organischer Putz [4), 5)]	1–5 (Bereich)			

[1)] Die Werte sind von der Fläche des Putzgrundes vorgegeben (Rauigkeit ausgeschlossen).
[2)] Die Werte in dieser Tabelle geben die typische praktische Anwendung des Putzes wieder, jedoch sind Abweichungen stets möglich.
[3)] Die Werte sind auf einzelne Punkte beschränkt. Für Baustellenmörtel kann es erforderlich sein, diese Werte zu erhöhen.
[4)] Die vom Hersteller empfohlene maximale Putzdicke sollte nicht überschritten werden.
[5)] für das Auftragen als Oberputz, auf Altputz, auf Beton oder auf mineralisch gebundenem Unterputz

Tabelle 6.59: Empfohlene Dicken für verschiedene Arten von ein- und mehrlagigen Innenputzsystemen an massiven Wänden und Decken nach DIN EN 13941-2, Tabelle 4

Bindemittel des Unterputzes	empfohlene Mindest- und Durchschnittsdicke für das Auftragen von Innenputz in mm[1), 2)]				empfohlener Dickenbereich für das Auftragen von Innenputz in mm[1), 2)]		
	Normalputz		Leichtputz		Sanierputzmörtel	Dünnlagenputz	Glätt-/Spachtellage
	durchschnittliche Dicke	Minimum[3)]	durchschnittliche Dicke	Minimum[3)]	Bereich	Bereich[3)]	Bereich
Gips	10	5	10	5	–	2–6	0,1–5
Gips/Kalk	10	5	10	5	–	2–4 2	–
Kalk	10	5	–	–	–	2–4 2	0,1–5

Fortsetzung Tabelle 6.59

Bindemittel des Unterputzes	**empfohlene Mindest- und Durchschnittsdicke für das Auftragen von Innenputz in mm[1), 2)]**				**empfohlener Dickenbereich für das Auftragen von Innenputz in mm[1), 2)]**		
	Normalputz		**Leichtputz**		**Sanier-putz-mörtel**	**Dünn-lagen-putz**	**Glätt-/Spach-tellage**
	durch-schnitt-liche Dicke	**Mini-mum[3)]**	**durch-schnitt-liche Dicke**	**Mini-mum[3)]**	**Bereich**	**Bereich[3)]**	**Bereich**
Kalk/Zement	10	5	10	5	20–40	2–4 2	0,1–5
Zement	10	5	10	5	20–40	2–4 2	0,1–5
polymermodifizierter Kalk, Zement oder Kalkzement	6	2	6	2	–	1–4	0,1–5
organisch gebundener Innenputz[4)]	3	0,5	3	0,1	–	1–4	0,1–5

1) Die Werte werden von der Fläche des Putzgrundes vorgegeben.

2) Die Werte in dieser Tabelle geben die typische praktische Anwendung des Innenputzes wieder, jedoch sind Abweichungen stets möglich.

3) Die Werte sind auf einzelne Punkte beschränkt. Für Baustelleninnenputz kann es erforderlich sein, diese Werte zu erhöhen.

4) Die vom Hersteller empfohlene maximale Putzdicke sollte nicht überschritten werden.

Struktur/Ansätze

Grundsätzlich gilt, dass zusammenhängende Flächen über die Gerüstlagen hinweg „frisch in frisch" – ohne Arbeitsunterbrechung und damit ohne vermeidbare Arbeitsansätze – geputzt werden. Die Arbeitsabschnitte der Tagewerke müssen also entsprechend vorausgeplant werden. Strukturen und Ansätze sind aus einer angemessenen Betrachterposition zu beurteilen. Fallen sie optisch ins Gewicht, liegt ein Mangel vor.

6.12.4 Stuckgesimse im Außenbereich

Sämtliche zementgebundenen Baustoffe neigen zu Schwindverkürzungen während des Austrocknungsvorgangs. Die Größe des Schwindmaßes ist abhängig von der aufgetragenen Putzdicke und den Eigenschaften des Untergrundes. Die Umfrage bei verschiedenen Herstellern hat ergeben, dass das Schwindmaß für herkömmliche Kalkzementwandputze ca. 1,0 mm/m beträgt.

Nachteilig kommt hinzu, dass die gezogenen Gesimsprofile aus Frischmörtel erst dann aufgebracht werden, wenn der Flächenputz bereits ausgehärtet ist und dieser einen Teil seiner Schwindverkürzungen bereits absolviert hat. Es kommt zu Schwindmaßdifferenzspannungen zwischen dem Gesims und dem Wandputz.

Um nachhaltige Schwindrisse zu vermeiden, sollte der Farbanstrich der Stuckgesimse erst nach vollständigem Abschluss der Schwindvorgänge erfolgen. Zu der Dauer der vollständigen Durchtrocknung sind die jeweiligen Herstellerangaben zu beachten. Im Zuge der Vorbehandlung für die Farbbeschichtung können dann entstandene Schwindrisse auch durch einen Silikatanstrich geschlossen werden.

Schwindrisse treten verstärkt auf, wenn die Trocknung des Gesimsmaterials zu schnell erfolgt. Dies kann z. B. der Fall sein bei einem zu hohem Anmachwassergehalt, bei Verarbeitung des Materials bei hohen Außentemperaturen oder bei einem porösen Putz als Untergrund, der eine hohe Wasseraufnahmekapazität besitzt.

6.13 Baufeuchte bei der Abnahme (VOB/C ATV DIN 18299)

Die Praxis zeigt, dass in der Anfangszeit nach Bezug in den jungen Gebäuden eine erhöhte Luftfeuchtigkeit dadurch entsteht, dass Feuchtigkeit aus der Bauzeit über Diffusionsvorgänge aus den Bauteilquerschnitten an das Raumluftklima abgegeben wird. Die Geschwindigkeit der Diffusionsvorgänge und damit der Zeitraum, in dem die Austrocknung des Baukörpers stattfindet, sind abhängig von:

- dem Feuchtegehalt der Bauteile (ausführungsbedingt),
- dem Niveau der relativen Raumluftfeuchte in Nutzung (nutzungsbedingt).

Grundsätzlich ist eine erhöhte Bauteilfeuchtigkeit zum Zeitpunkt der Abnahme unvermeidbar, da das Anmachwasser von Beton, Estrich, Mörtel und Putz erst allmählich aus den Bauteilquerschnitten entweichen kann. Gleichzeitig werden die Lieferbaustoffe nicht mit ihrer Ausgleichsfeuchte angeliefert, sondern mit ihrem produktionsbedingten Feuchtegehalt. Beispielsweise wird Porenbeton mit einer Massefeuchte von 25 bis 30 % ausgeliefert.

Alle produktionsbedingt unvermeidbar in das Bauwerk eingetragenen Feuchtigkeitsmengen können somit unter dem Begriff „Baufeuchte" als hinnehmbar gelten.

Anders verhält es sich allerdings mit Niederschlagsmengen, die das offene Gebäude während der Bauzeit zusätzlich durchfeuchten.

Gemäß VOB/C ATV DIN 18299:2019-09 „Allgemeine Regelungen für Bauarbeiten jeder Art" gilt:

„4 Nebenleistungen, Besondere Leistungen

4.1. Nebenleistungen

Nebenleistungen sind Leistungen, die auch ohne Erwähnung im Vertrag zur vertraglichen Leistung gehören (§ 2 Nr. 1 VOB/B).

Nebenleistungen sind demnach insbesondere: (...)

4.1.10. Sichern der Arbeiten gegen Niederschlagswasser, mit dem normalerweise gerechnet werden muss, und seine etwa erforderliche Beseitigung."

Unter Beachtung entsprechender Sorgfaltspflichten durch den Auftragnehmer und die Bauleitung wird vorausgesetzt, dass eine nachhaltige Durchfeuchtung von Bauteilen infolge von Niederschlagswasser durch bereichsweises Abdecken der Bauteile und durch

Notentwässerungen vermieden werden kann. Einer besonderen vertraglichen Vereinbarung bedarf es hierfür nicht.

Unter üblicher **Baufeuchte** ist also diejenige Feuchte zu verstehen, die regelmäßig unvermeidbar mit dem Anmachwasser von Mauermörtel, Putzmörtel, Beton und Estrich in den Baukörper eingetragen wird.

Der Wassergehalt, der sich nach einiger Zeit in einem Baustoff bei gleichbleibender relativer Feuchte einstellt, wird als **Gleichgewichtsfeuchte** oder **praktischer Feuchtegehalt** bezeichnet.

Der Begriff „Ausgleichsfeuchtegehalte“ war in der inzwischen zurückgezogenen DIN V 4108-4:1998-10 „Wärmeschutz und Energie – Einsparung in Gebäuden, Teil 4 Wärme- und feuchteschutztechnische Kennwerte“ wie folgt definiert:

„Anhang A

Ausgleichsfeuchtegehalte und Zuschlagswerte von Baustoffen

Tabelle A.1: Praktische Feuchtegehalte von Baustoffen (...)

1) Unter Ausgleichsfeuchtegehalt wird der Feuchtegehalt verstanden, der bei der Untersuchung genügend ausgetrockneter Bauten, die zum dauernden Aufenthalt von Personen dienen, in 90 % aller Fälle nicht überschritten wird oder den Feuchtegehalt, der nach E DIN EN ISO 12570 bestimmt wurde.“

Durch die elektronische Messung ist festzustellen, ob sich die erforderliche Ausgleichsfeuchte des jeweiligen Bauteils bereits eingestellt hat oder ob noch erhebliche Feuchte im Bau vorhanden ist.

Besonders problematisch ist der Einbau von Estrich und Innenwandputzen im Winterhalbjahr, wenn die Dampfsperre der Dachkonstruktion noch nicht oder nur unvollständig vorhanden ist. Das beim Austrocknen entweichende Anmachwasser führt zu einer hohen relativen Luftfeuchtigkeit im Gebäude, die sowohl den Feuchtegehalt in den Hölzern der Dachkonstruktion erhöht als auch bereits eingebaute Dämmstoffe durchfeuchten kann. In der Folge kommt es regelmäßig zu Schimmelpilzschäden (siehe auch Kapitel 6.6).

6.14 Luftdichtheit der Gebäudehülle

Die Luftdichtheit der Gebäudehülle lässt sich mit einer sog. Blower Door (Gebläsetür) in einem geregelten Prüfverfahren ermitteln (siehe Band 2, Kapitel 2.21).

Bei diesem Prüfverfahren wird eine sog. Blower Door in einen Türrahmen luftdicht eingesetzt. Mithilfe dieser „Gebläsetür“ wird dann nach hermetischer Abschottung anderer Zugänge und Fugen zunächst ein Unterdruck, dann ein Überdruck von 50 Pa (entspricht in etwa Windstärke 5, aber auch 5 mm Wassersäule) im Gebäudeinneren erzeugt. Das Gebläse transportiert den Volumenstrom, der Fugen, Löcher und andere Undichtigkeiten durchwandert. Der Mittelwert aus dem Unterdruck- und dem Überdruckmessergebnis als stündlich transportierte Luftmenge, bezogen auf das zu beheizende Raumvolumen des Gebäudes, ergibt die **Luftwechselrate**.

Windgeschwindigkeiten werden in 12 Stufen nach der von Sir Francis Beaufort (1774–1857) im Jahre 1806 entwickelten Windskala definiert. Die ursprünglichen Einheiten für die Werte der Windgeschwindigkeiten waren knots oder seamiles per hour (kn, sm/h) und Kilometer pro Stunde (km/h). Später wurden diese Werte in Meter pro Sekunde (m/s) umgerechnet (vgl. Tabelle 6.60). Bis auf die Windstärke 1 wird dabei nur 1 Nachkommastelle angegeben. Dies führt bei der Umrechnung zu Rundungsungenauigkeiten.

Tabelle 6.60: Untere und obere Grenzen der Geschwindigkeits- und Druckstufen im Vergleich zu Beaufortgraden

Stufe	Beaufortskala	m/s	km/h	Knoten	Staudruck in Pa
0	Windstille	0,0– 0,2	1	1	0
1	leiser Zug	0,3– 1,5	1– 5	1– 3	0– 1
2	leichter Wind	1,6– 3,3	6–11	4– 6	2– 6
3	schwacher Wind	3,4– 5,4	12–19	7–10	7– 18
4	mäßiger Wind	5,5– 7,9	20–28	11–15	19– 39
5	frischer Wind	8,0–10,7	29–38	16–21	40– 72
6	starker Wind	10,8–13,8	39–49	22–27	73–119
7	harter steifer Wind	13,9–17,1	50–61	28–33	120–183
8	stürmischer Wind	17,2–20,7	62– 74	34–40	184–268
9	Sturm	20,8–24,4	75– 88	41–47	269–377
10	starker Sturm	24,5–28,4	89–102	48–55	378–505
11	heftiger starker Sturm	28,5–32,6	103–117	56–63	506–665
12	Orkan	32,7 und mehr	118 und mehr	64 und mehr	666 und mehr

m/s = Meter pro Sekunde
km/h = Kilometer pro Stunde
kn = Knoten = Seemeilen pro Stunde (1 sm = 1.852 m)
Staudruck = Druck des Windes in kg pro m² auf einer ebenen, senkrecht zum Winde stehenden Fläche (entsprechend den Normen im Bauwesen DIN 1055)

Die Mängelstellen, Undichtigkeiten, werden mit einem Anemometer (Windgeschwindigkeitsmessgerät) aufgespürt.

DIN 4108-7:2011-01 „Wärmeschutz und Energie – Einsparung in Gebäuden – Teil 7: Luftdichtheit von Gebäuden, Anforderungen, Planungs- und Ausführungsempfehlungen sowie -beispiele“ regelt:

„4 Anforderungen an die Luftdichtheit

Anforderungen an die Luftdichtheit sind in der jeweils aktuellen Energieeinsparverordnung (EnEV) geregelt. Sofern die EnEV keine Anforderungen stellt, darf bei Neubauten im Sinne der EnEV und bei Bestandsbauten, bei denen die komplette Gebäudehülle im Sinne der Luftdichtheit saniert wurde, die nach DIN EN 13829:2001-02, Verfahren A, gemessene Luftwechselrate bei 50 Pa Druckdifferenz, n_{50}:

– bei Gebäuden ohne raumlufttechnische Anlagen 3,0 h^{-1} und
– bei Gebäuden mit raumlufttechnischen Anlagen 1,5 h^{-1}

nicht überschreiten. (...)

ANMERKUNG 3: Werden Messungen der Luftdichtheit von Gebäuden oder Gebäudeteilen durchgeführt, so sollte die Luftwechselrate die in Tabelle 1 aufgeführten Höchstwerte nicht überschreiten. Diese Höchstwerte gelten für Messungen nach DIN EN 13829, Verfahren A, soweit die Gebäudepräparation nicht in Tabelle 1 abweichend geregelt ist. (...)

ANMERKUNG 5: Bei freier Lüftung über selbsttätig regelnde Außenluftdurchlässe (ALD) und bei Abluftanlagen ist es sinnvoll, abweichend von DIN EN 13829, Verfahren A, die Außenluftdurchlässe bei der Messung abzukleben und dafür den jeweiligen Grenzwert der EnEV:2009 [1 2] zu unterschreiten (siehe Tabelle 1 [vgl. Tabelle 6.61]*).“*

Tabelle 6.61: Empfohlene Gebäudepräparation und empfohlene Höchstwerte für die Luftwechselrate bei 50 Pa (n_{50}-Wert) nach DIN 4108-7:2011-01, Tabelle 1

Lüftungssystem		**Art des Außenluftdurchlasses (ALD)**	**Präparation von ALD und Abluftgitter (ALG)**	**Höchstwert $n_{50, max}$ 1/h**
freie Lüftung	ausschließlich durch Fenster	keine	entfällt	3,0
	Querlüftung über ALD	nicht verschließbar	keine Maßnahmen	3,0
		verschließbar, ohne selbsttätige Regelung	ALD schließen	3,0
		mit selbsttätiger Regelung	ALD abdichten	1,5
	Schachtlüftung	nicht verschließbar oder nicht vorhanden	ALD keine Maßnahmen Abluftgitter (ALG) abdichten	1,5
		verschließbar, ohne selbsttätige Regelung	ALD schließen ALG abdichten	1,5
		mit selbsttätiger Regelung	ALD und ALG abdichten	1,5
ventilatorgestützte Lüftung	Abluftanlage	verschließbar, ohne selbsttätige Regelung	ALD abdichten	1,0
		mit selbsttätiger Regelung	ALD abdichten	1,0
	Zu-Abluft-Anlage	–	Ab-/Fort- und Zu-/Außenluftleitungen abdichten	1,0

Gemäß Gütesicherung RAL-GZ 965:2009-04 „Energieeffiziente Gebäude – Gütesicherung“ gilt:

„3 *Güte- und Prüfbestimmungen (…)*

3.3 *Anforderungen an die Luftdichtheit*

Besonders energieeffiziente Gebäude sind mit geeigneten Materialien dauerhaft luftdicht zu errichten. Bei einer Luftdichtheitsmessung nach dem Differenzdruckverfahren gemäß DIN EN 13829 Verfahren A darf bei Niedrigenergiehäusern bei 50 Pascal Differenzdruck im Mittel aus Über- und Unterdruckmessung eine Luftwechselrate von 1,0 h^{-1}, bei Passivhäusern von 0,6 h^{-1} und bei Altbausanierungen von 1,5 h^{-1} nicht überschritten werden.“

Bei einer Förderung der Baumaßnahme durch die Investitions- und Förderbank (IFB) können nach der „Förderrichtlinie für selbstgenutztes Wohneigentum“ (IFB, 2017) ggf. höhere Anforderungen an die Luftdichtheit gelten:

„3. *Welche technischen Anforderungen müssen erfüllt werden? (…)*

3.4 *Luftdichtheit*

- *Ein IFB-gefördertes Gebäude im Mindeststandard darf nach der Fertigstellung bei einem Differenzdruck von 50 Pascal einen 1,5-fachen Luftwechsel nicht überschreiten. Ein IFB-Effizienzhaus 40 bzw. IFB-Passivhaus darf einen 0,6-fachen Luftwechsel nicht überschreiten.*
- *Für den Nachweis der geforderten Luftdichtheit ist durch den Bauherrn eine messtechnische Prüfung der Außenbauteile zu beauftragen. Es wird empfohlen, die Prüfung vor Abschluss des Innenausbaus durchzuführen, damit die Luftdichtheit ggf. durch nachträgliche Maßnahmen noch erhöht werden kann. In diesem Fall ist jedoch sorgfältig darauf zu achten, dass die luftdichtende Ebene bis zur Fertigstellung des Gebäudes unversehrt bleibt.*
- *Lüftungs- und Rauchabzugsöffnungen in Aufzugsschächten sind zur Begrenzung des Energieverlusts mit Klappen zu versehen, die eine bedarfsgesteuerte Öffnung ermöglichen.*“

Dichtigkeitsanforderungen

Grundsätzlich lassen sich die Gründe für die Forderung nach einer luftdichten Gebäudehülle in 3 Bereiche gliedern:

Vermeiden von Bauschäden

Im Winter kondensiert die warme, feuchte Luft, die ein Bauteil von innen nach außen durchströmt, sodass sich Wasser bildet und in den Bauteilen niedersetzt und dort zu Feuchtigkeitsschäden führen kann.

Aufenthaltsqualität

Luft, die von außen nach innen strömt, wird als Zugluft bezeichnet und wirkt sich auf das Wohlbefinden negativ aus. Einerseits wird die kalte Zugluft an sich als störend und unangenehm empfunden, andererseits bleibt die kalte Luft oft am Boden, ohne sich mit der warmen Raumluft zu vermengen. Hinzu kommt, dass die Luftqualität sich erheblich verschlechtern kann, sobald die Außenluft durch z. B. Faserdämmstoffe nach innen strömt und so Staub in die Räume transportiert.

Trotz Einhaltung der Grenzwerte entsprechend den Anforderungen aus der DIN 4108-7 können einzelne Leckagen innerhalb der Funktionsebene der Luftdichtheitsschicht zu Feuchteschäden in der Konstruktion führen und Zugluft im Aufenthaltsbereich der Menschen hervorrufen. Das Ziel einer Luftdichtheitsschicht ist nicht schon dann erreicht, wenn die Grenzwerte eingehalten worden sind, wie die DIN 4108-7:2011-01 „Wärmeschutz und Energie – Einsparung in Gebäuden – Teil 7: Luftdichtheit von Gebäuden, Anforderungen, Planungs- und Ausführungsempfehlungen sowie -beispiele“ regelt:

„*4 Anforderungen an die Luftdichtheit (…)*

ANMERKUNG 1: Selbst bei Einhaltung der oben genannten Grenzwerte sind lokale Fehlstellen in der Luftdichtheitsschicht möglich, die zu Feuchteschäden durch Konvektion führen können. Die Einhaltung der Grenzwerte ist somit kein hinreichender Nachweis für die sachgemäße Planung und Ausführung eines einzelnen Konstruktionsdetails, beispielsweise eines Anschlusses oder einer Durchdringung.“

Grenzwerte für die Zulässigkeit von Lufteintrittsgeschwindigkeiten unter Prüfbedingungen an einzelnen Leckagestellen sind in den Regelwerken nicht festgelegt. Bezüglich der Größenordnung einer als störend empfundenen Luftbewegung in Räumlichkeiten kann beispielhaft die nicht mehr gültige Fassung der DIN 18017-3:1990-08 „Lüftung von Bädern und Toilettenräumen ohne Außenfenster mit Ventilatoren – Teil 3: Lüftung von Bädern und Toilettenräumen ohne Außenfenster mit Ventilatoren“ von 1990 herangezogen werden:

„*3 Grundsätzliche lüftungstechnische und hygienische Anforderungen (…)*

3.4. Luftführung in Bädern

In Bädern ist die Luft so zu führen, dass sie im Aufenthaltsbereich des Badenden keine Luftgeschwindigkeit über 0,2 m/s hat.“

Die aktuelle Fassung dieser Norm enthält keine so allgemeine Begrenzung mehr. Die DIN 1946-6 verweist unter der Ziffer 5.3.5 bezüglich der Anforderungen an die thermische Behaglichkeit auf die DIN EN ISO 7730. Diese enthält in Tabelle A.5 differenzierte Werte für maximale mittlere Luftgeschwindigkeiten als Grundlage für thermische Behaglichkeit von Menschen in einem gemäßigten Umgebungsklima.

Der Orientierungswert von 0,2 m/s fand sich auch in der nicht mehr gültigen Fassung der Arbeitsstätten-Richtlinie ASR 5:1979-10 „Lüftung“:

„*Zu § 5 der Arbeitsstättenverordnung (…)*

4. Lüftungstechnische Anlagen (…)

4.2 Anforderungen (…)

4.2.2 Raumluftgeschwindigkeit

Die lüftungstechnischen Anlagen sind so auszulegen, dass an den Arbeitsplätzen keine unzumutbare Zugluft auftritt. Zuglufterscheinungen sind vorwiegend von der Temperatur der Luft, der Luftgeschwindigkeit und der Art der Tätigkeit (d. h. Wärmeerzeugung durch körperliche Arbeit) abhängig. Bis zu einer Temperatur von 20 °C tritt bei einer Luftgeschwindigkeit unter 0,2 m/sec üblicherweise keine Zugluft auf.“

Die aktuelle Fassung der Technischen Regeln für Arbeitsstätten ASR A3.6 (Ausschuss für Arbeitsstätten, 2012) definiert unzumutbare Zugluft im Zusammenhang mit raumlufttechnischen Anlagen wie folgt:

„Die Technischen Regeln für Arbeitsstätten (ASR) geben den Stand der Technik, Arbeitsmedizin und Arbeitshygiene sowie sonstige gesicherte arbeitswissenschaftliche Erkenntnisse für das Einrichten und Betreiben von Arbeitsstätten wieder.

6 Raumlufttechnische Anlagen (…)

6.5 Raumluftgeschwindigkeit

(1) In den Aufenthaltsbereichen darf keine unzumutbare Zugluft auftreten.

(2) Zugluft ist vorwiegend von der Lufttemperatur, der Luftgeschwindigkeit, dem Turbulenzgrad und der Art der Tätigkeit (d. h. Wärmeerzeugung durch körperliche Arbeit) abhängig. Bei einer Lufttemperatur von +20 °C, einem Turbulenzgrad von 40 % und einer mittleren Luftgeschwindigkeit unter 0,15 m/s tritt bei leichter Arbeitsschwere üblicherweise keine unzumutbare Zugluft auf. Bei größerer körperlicher Aktivität, anderen Lufttemperaturen oder anderen Turbulenzgraden kann der Wert für die mittlere Luftgeschwindigkeit abweichen und ist im Rahmen der Gefährdungsbeurteilung zu bewerten.“

Nach wie vor kann daher ein allgemeiner Orientierungswert von 0,2 m/s für tolerierbare Luftbewegungen im Aufenthaltsbereich von Menschen in Innenräumen zur Beurteilung der Frage herangezogen werden, ob Zugerscheinungen hinnehmbar sind oder nicht. Bei einer mittleren Raumtemperatur von 20 °C sollte die Luftgeschwindigkeit den Wert von 0,2 m/s nicht überschreiten, damit ein behagliches Raumklima gewährleistet wird.

An der Größenordnung der örtlichen Messergebnisse im Vergleich zu dem Referenzwert von 0,2 m/s kann erkannt werden, ob im jeweils vorliegenden Fall eine deutliche Überschreitung tolerierbarer Luftstrombewegungen innerhalb der Wohnung stattfindet.

Der unter Prüfbedingungen an der Leckagestelle gemessene Wert der Luftaustrittsgeschwindigkeit (n_{50}-Wert) ist hierbei nicht unbedingt relevant, weil sich die Luftbewegungsgeschwindigkeit im Raum abhängig von dem Querschnitt und der Ausrichtung der Leckagestelle stark verändern kann. Unter realen Bedingungen wird an den Leckagestellen außerdem eine andere Lufteintrittsgeschwindigkeit gemessen werden als unter Prüfbedingungen, weil die reale Windbeanspruchung von der Hauptwindrichtung und der Exposition des Gebäudes abhängt. Grundsätzlich muss aber ein Gebäude, das den allgemein anerkannten Regeln der Technik und einer üblichen Beschaffenheit entspricht, auch bei einer von außen angreifenden Windbeanspruchung oberhalb von 4 bis 5 Windstärken frei von Zuglufterscheinungen sein.

Der Bereich, der als Aufenthaltsbereich zu bewerten ist, wird in der DIN 1946-6:2009-05 „Raumlufttechnik – Teil 6: Lüftung von Wohnungen – Allgemeine Anforderungen, Anforderungen zur Bemessung, Ausführung und Kennzeichnung, Übergabe/Übernahme (Abnahme) und Instandhaltung“ wie folgt geregelt:

„3 Begriffe, Abkürzungen und grafische Symbole

3.1 Begriffe (…)

3.1.3 Aufenthalts-Bereich

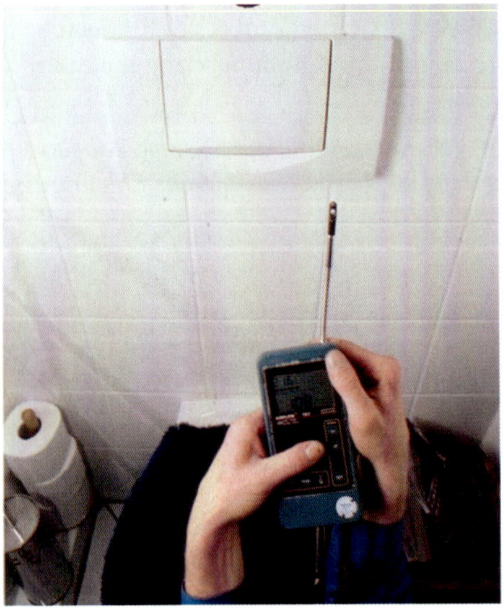

Abb. 6.366: Luftleckage am WC-Spültaster der Vorwandinstallation. Der Messwert von 1,08 m/sec in 15 cm Abstand ist nur für Segler erfreulich.

Abb. 6.367: Zweischaliges Außenmauerwerk mit Luftschicht und stoßfugenfreier Hintermauerwerksschale (ohne Innenwandputz) in Kombination mit Installationsschächten und Vorwandinstallationen führt zu Luftundichtheiten.

Behaglichkeitsbereich in Räumen, der durch eine Höhe von 0,1 m bis 1,8 m über dem Fußboden und einem Abstand von den Außen- und Innenwänden von 0,5 m und von den Außenfenstern, Türen und Heizflächen von 1,0 m gebildet wird.“

Dabei muss sich das Erfordernis einer einschneidenden Nacherfüllung sicher nicht ausschließlich am Orientierungswert von 0,2 m/s unter Prüfbedingungen bemessen. Es gibt bauliche Situationen, bei denen einzelne, kleinere Leckagequerschnitte auch bei höheren Lufteintrittsgeschwindigkeiten ohne nennenswerte Beeinträchtigungen der Behaglichkeit bleiben, weil sich diese Luftbewegung in der Tiefe des Raumes nicht in gleicher Intensität fortsetzt. Hier sind das Augenmaß und der Sachverstand des beurteilenden Gutachters gefragt.

Hohe Werte von Lufteintrittsgeschwindigkeiten sind nicht akzeptabel, wenn ein Aufenthalt in der Nähe der Leckagestelle sich gar nicht vermeiden lässt, wie z. B. im Bereich des WC-Beckens, weil ein Abstandnehmen von der Luftleckage am Spültaster von Vorwandinstallationen in der Praxis nicht gelingen wird (siehe Abb. 6.366).

Energieeffizienz

Durch die ständige Zugluft erhöhen sich die Lüftungswärmeverluste erheblich.

Fehlerstellen

- Wand
- fehlerhafter oder nicht vorhandener Putz an Innen- und Außenwänden
- Lufteintrittsstellen bei Versorgungssträngen, z. B. durch unsachgemäß verschlossene Rohrdurchbrüche und elektrische Leitungen

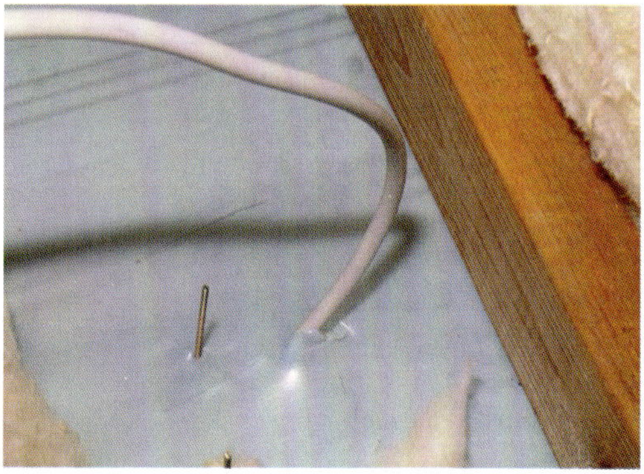

Abb. 6.368: Kabeldurchgang als Leckagestelle in der Dampfsperre, die als luftdichte Schicht dient

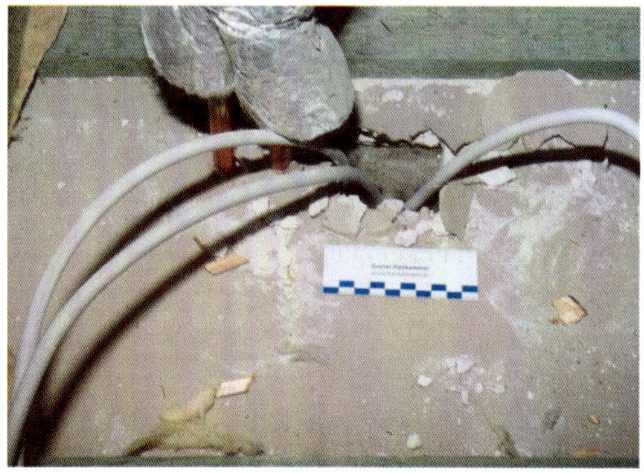

Abb. 6.369: Kabeldurchgang als Leckagestelle in der Gipsplattenebene, die als luftdichte Schicht dient

- undichte Fugen zwischen Fußboden und Wand
- Balkone und andere Anbauten
- aufwendige Bauausführungen, z. B. Erker
- zweischaliges Mauerwerk mit Luftschicht mit stoßfugenfreier Hintermauerwerksschale ohne Innenwandputz in Kombination mit Installationsschächten und Vorwandinstallationen (siehe Abb. 6.367).

• Fenster
- Undichtigkeiten zwischen Fensterrahmen und Fensterblendrahmen
- Undichtigkeiten zwischen Fensterrahmen und Mauerwerk
- Undichtigkeiten im Bereich von Fensterbänken

• Dach
- Anschlusspunkte der Luftdichtigkeitsebene
- Durchbrüche der Dichtungsfolie durch Balken, Träger und andere Installationen (siehe Abb. 6.368 und 6.369)
- nicht überlappend verlegte Dichtungsfolien

Gesetzliche Regelungen

Der Gesetzgeber hat mit den jeweils gültigen WSchVO die maximal zulässige Luftundurchlässigkeit von Gebäudehüllen zum Aufenthalt von Menschen regulativ vorgeschrieben.

Geprüft wird die Luftwechselzahl n [h^{-1}] nach dem sog. Blower-Door-Verfahren, bei dem innerhalb der Räumlichkeiten eine Druckdifferenz zum Außenmilieu aufgebaut wird. Unter Prüfbedingungen wird die Luftmenge gemessen, die die Gebäudehülle durchdringt. Die Werte für n werden mit der Prüfdruckdifferenz indexiert, z. B. n_{50} kennzeichnet die Luftwechselzahl bei einer Druckdifferenz von 50 Pa.

Dieser Wert entspricht einer simulierten äußeren Windgeschwindigkeit von 9 m/s oder 5 Windstärken.

6.15 Abbruch- und Rückbauarbeiten (VOB/C ATV DIN 18459)

Bei der Abnahme von Abbruch- und Rückbauarbeiten sind Toleranzen zu beachten, die von der DIN 18202 abweichen.

Gemäß VOB/C ATV DIN 18459:2012-09 „Abbruch- und Rückbauarbeiten" gilt:

„3 Ausführung

Ergänzend zur ATV DIN 18299, Abschnitt 3 gilt: (...)

3.5 Zulässige Abweichungen

3.5.1 Bei nicht vorgegebenen Verfahren sind folgende Abweichungen von den Nennmaßen zulässig:

- bei der Herstellung von Durchbrüchen: +10 cm;
- bei der Herstellung von Schlitzen: +10 cm für die Breite und +5 cm für die Tiefe;
- für das Abbrechen von Bauteilen innerhalb von Bauwerken: +10 cm.

Stoff- und strukturbedingte Abplatzungen an verbleibenden Bauteilen bis zu einem Abstand von 1 m von der Abbruchgrenze sind zulässig.

3.5.2 Bei vorgegebenen Kernbohrungen sind je 10 cm Bohrtiefe höchstens 5 mm Abweichung von der Bohrachse zulässig.

3.5.3 Bei vorgegebenen Sägearbeiten an Bauteilen, deren Ebenheit im Rahmen der DIN 18202 ‚Toleranzen im Hochbau – Bauwerke', Tabelle 3, Zeile 1 liegen, sind folgende Grenzwerte von den Nennmaßen zulässig:

- *Sägen mit Fugenschneider bei ebenen Oberflächen:*
  - *in der Schnittlänge höchstens 3 cm bezogen auf den Endpunkt,*
  - *in der Schnitttiefe höchstens 2 cm je 30 cm,*
  - *in der Schnittlinie 1,2 cm bis 3 m Schnittlänge, 1,6 cm über 3 m Schnittlänge.*
- *Sägen mit Wandsägen bei ebenen Oberflächen:*
  - *in der Schnittlänge höchstens 1 cm bezogen auf den Endpunkt,*
  - *in der Schnitttiefe höchstens 2 cm je 30 cm,*
  - *in der Schnittlinie 1,2 cm.*
- *Sägen mit Seilsägen:*
  - *in der Schnittlänge höchstens 1 cm bezogen auf den Endpunkt,*
  - *in der Schnittlinie 3 cm.*

3.5.4 Beläge und schwimmende Estriche sind vollständig, Verbundmassen mit folgenden Grenzabweichungen zu entfernen: in der Dicke 5 mm, an Umgrenzungen 2 cm."

7 Anhang

7.1 Beanstandungsliste

Der Begriff „Mängelliste“ sollte so lange nicht verwendet werden, bis bei den an der Abnahme beteiligten Parteien Einvernehmen darüber besteht, dass es sich bei den festgestellten Beanstandungen um Mängel handelt. Die Liste der Beanstandungen kann hierfür eine eigene Spalte enthalten, aus der sich ergibt, ob unstreitig Mängel vorliegen. Sie kann ferner eine Spalte enthalten, aus der hervorgeht, ob es sich bei einer Beanstandung um eine noch nicht fertiggestellte Restleistung handelt. Die Nummerierung sollte zur besseren Nachvollziehbarkeit bei der Mangelverfolgung permanent sein und sich nicht bei Wegfall einzelner Mängel automatisch anpassen. Jedem Mangel muss bis zu seiner Beseitigung eine eigenständige laufende Nummer zugeordnet werden.

Beispiel für eine Beanstandungsliste:

Beanstandungsliste BV: Große Schmach 13, 22333 Hamburg, Abnahmebegehung am 13.01.2013									
Bezeichnung		**Örtlichkeit**			**Darstellung**		**Beanstandung**		
Nr.	**Gruppe**	**Etage**	**Bereich**	**Raum**	**Foto**	**Beschreibung**	**als Mangel anerkannt**	**Restleistung**	**erledigt**
1	Rohbau	1. OG	Kantine	231	1	Wand 1 nicht im Lot 16 mm auf 1 m	x		

7.2 Checklisten für die Abnahme (PDF-Dateien zum Download) +

Auf der Website www.bauleiter-plattform.de der Verlagsgesellschaft Rudolf Müller stehen alle Checklisten für die Abnahme dieses Buches als PDF-Dokumente zur Verfügung.

Die Checklisten sind aus baupraktischer Sicht vom Verfasser zusammengestellt worden, um die systematische Durchführung einer Abnahme zu **erleichtern**. Sie sollen helfen, die im Kapitel 6 aufgeführten Anforderungen an die Ausführung der verschiedenen Gewerke zu kontrollieren.

Aufgeführt sind jeweils pro Gewerk die Mängel, die aus sachverständiger Betrachtungsweise häufig zu gerichtsanhängigen Streitigkeiten oder zu relevanten Schäden führen. Enthalten sind jeweils eine Kurzbeschreibung der zu überprüfenden Ausführung des jeweiligen Gewerks, eventuell einzuhaltende Grenzwerte mit Verweis auf die zugrunde liegenden Regelwerke und geeignete Mess- und Prüfmittel.

Die Abnahme-Checklisten verstehen sich als Orientierungshilfe für den Abnehmer, sie können aber nicht den Anspruch auf Vollständigkeit erfüllen, da eine Prognose über die sog. „Exoten" unter den Mängeln selbstverständlich nicht verlässlich gelingt.

Für den Zugriff auf die Checklisten benötigen Sie einen persönlichen Zugangscode.

Ihr persönlicher Zugangscode lautet: Abnahme682C!

Nach Eingabe der Webadresse www.bauleiter-plattform.de klicken Sie bitte auf den Reiter „Buchkäufer" und dort auf den Link „Exklusive Inhalte für Buchkäufer aus dem Fachbuch Abnahme von Bauleistungen – Band 1, 6. A." an. Über die Adresse www.bauleiter-plattform.de/download-abnahme-band1-6a gelangen Sie alternativ direkt zum Downloadbereich.

Dort geben Sie bitte Ihren persönlichen Zugangscode ein. Mit einem Klick auf die Schaltfläche „Senden" erhalten Sie bei korrekt eingegebenem Code Zugang zu den online verfügbaren Checklisten.

Abnahmeprotokoll

☐ **Abnahmeprotokoll**

☐ **Protokoll zur technischen Begehung als Vorbereitung der Abnahme**

BV: ________________ **Gewerk:** ________________ **Datum:** ________________

Anwesende:

Auftragnehmer:	**Auftraggeber:**	**Architekt:**	**Sonstige:**
Herr/Frau	Herr/Frau	Herr/Frau	Herr/Frau

Die

○ Schlussabnahme gem. § 12 VOB/B

○ Schlussabnahme gem. § 633/§ 640 BGB
○ Teilabnahme gem. § 12.2 VOB/B für ________________
○ Teilabnahme gem. § 4.10 VOB/B für ________________
○ erfolgt ohne Vorbehalte

○ erfolgt mit den anliegend aufgeführten Vorbehalten
○ kann wegen wesentlicher Mängel nicht erfolgen und wird zurückgestellt
bis zum: ____________

Die Überprüfung der Leistungen ergab folgende Beanstandungen:
(ggf. separate Liste als Anlage)

____

____

____

____

____

Die Beseitigung erkannter Mängel und Beanstandungen erfolgt
spätestens bis zum: ______________________________

Folgende Beanstandungen können nicht mehr beseitigt werden:

____

Der Auftraggeber behält sich die Geltendmachung der vereinbarten Vertragsstrafe vor.
Die auf Seite 2 aufgeführten Unterlagen wurden dem Auftraggeber übergeben.

Anerkannt Auftraggeber: ______________

Anerkannt Auftragnehmer: ______________

______________, den ______________

Abnahme/Mängelliste **Datum:** ____________

Seite 2

Revisionsunterlagen/Bescheinigungen/Wartungs- und Pflegeanweisungen:

○ 1. Revisionsplan/Heizung mit Strangschema
○ 2. Revisionsplan/Sanitär mit Strangschema
○ 3. Revisionsplan/Elektro mit Schaltschema
○ 4. Revisionsplan/Lüftung mit Schaltschema
○ 5. Mess- und Prüfprotokolle entsprechend den einschlägigen Vorschriften und Erfordernissen
○ 6. DIN 1045-Bestätigung
○ 7. Abnahmebescheinigung Bauprüfabteilung
○ 8. VDE-Bescheinigung
○ 9. Abnahmebescheinigung Grundstückentwässerung
○ 10. Abnahmebescheinigung Schornsteinfeger
○ 11. Bescheinigung Schallschutz für die eingebauten Fenster
○ 12. Bescheinigung für kraftbetätigte Türen und Tore
○ 13. Bescheinigung VSG-Verglasung
○ 14. Bescheinigung über die Qualität der Wohnungs- und Hauseingangstüren
○ 15. Wartungs- und Pflegeanweisungen, Betriebsbeschreibungen der technischen Einrichtungen
○ 16. Bescheinigung für die Brandabschottungen von Leitungsöffnungen

Abnahme-Checkliste						
Gewerk: VOB/C ATV DIN 18300 Erdarbeiten (Kapitel 6.1)						
BV:		**Datum:**		**Bearbeiter:**		
Nr.	**Überprüfung**	**zul. Grenzwerte**		**Erl.**	**Regelwerk**	**Prüfmittel**
		min.	**max.**	✓		
1	**Prüfung der Grundlagen/Unterlagen**					
1.1	**Entsorgungsnachweise** für kontaminierten Boden/Erdtanks vorhanden?					
1.2	**Bodengutachten** vorhanden?					
1.3	**Bodenklassen** zutreffend beschrieben?					
1.4	**Überfahrten** gesichert und genehmigt?					
1.5	**Vorhandene Grundleitungen** recherchiert?					
1.6	**Trennung von Grundleitungen** erfolgt?					
1.7	**Kampfmittelerkundung:** durchgeführt?				DIN 18300:2019-09, Abschnitt 3.1.6	
1.8	**Beweissicherung:** durchgeführt?				DIN 18300:2019-09, Abschnitt 3.2.1	
2	**Materialprüfung/Funktionsprüfung**					
2.1	Angelieferte Füllböden gemäß LV? **Bodenklasse** **Verdichtungsfähigkeit** **Sieblinie** **Mutterbodeneigenschaften** **Sickerfähigkeit**					Lieferschein
2.2	**Mutterboden** frei von Verunreinigungen?					
3	**Prüfung der Ausführung**					
3.1	**Hinterfüllung** der ehemaligen **Arbeitsräume** fachgerecht verdichtet?					
3.2	**Höhenlage** von Hinterfüllungen/Aushüben in Übereinstimmung mit Planung					Nivelliergerät
3.3	**Wasserhaltung** ordnungsgemäß ausgeführt?					
3.4	Eventuell umgebende Gebäude ausreichend gesichert? **(Unterfangung)**				DIN 4123:2013-04	
3.5	**Baugruben und Gräben** ausreichend gesichert?				DIN 4124:2012-01	
3.6	**Vorhandene Leitungen** in ihrer planmäßigen Lage? Markierungsbänder eingebaut?					
3.7	**Dränage- und Revisionsschächte** ordnungsgemäß gesichert?					

Gewerk: VOB/C ATV DIN 18300 Erdarbeiten (Kapitel 6.1)						
BV:		Datum:		Bearbeiter:		
Nr.	Überprüfung	zul. Grenzwerte		Erl.	Regelwerk	Prüfmittel
		min.	max.	✓		
3.8	**Gehwegüberfahrten und Verkehrswege** wiederhergestellt?					
3.9	**Schutzabdeckung der Baugrubensohle** und der Böschungen hergestellt?					
3.10	**Absperrung der Baugrube** vorgenommen?					

Abnahme-Checkliste

Gewerk: VOB/C ATV DIN 18308 Dränarbeiten (Kapitel 6.2)						
BV:		Datum:		Bearbeiter:		
Nr.	Überprüfung	zul. Grenzwerte		Erl.	Regelwerk	Prüfmittel
		min.	max.	✓		
1	**Prüfung der Grundlagen/ Unterlagen**					
1.1	**Baugrund:** Beschaffenheit bekannt?				DIN 4095:1990-06, Abschnitt 3.2	
1.2	**Grund- und Schichtenwasser:** Qualität bekannt?				DIN 4095:1990-06, Abschnitt 3.3	
1.3	**Wasseranfall und Wasserstände:** bekannt?				DIN 4095:1990-06, Abschnitt 3.5	
1.4	**Dränanlagenplanung:** vorhanden?					
1.5	**Sicherung gefährdeter baulicher Anlagen:** berücksichtigt?				VOB/C ATV DIN 18308:2019-09, Abschnitt 3.1.3	
1.6	**Sicherung gefährdeter Leitungen usw.:** berücksichtigt?				VOB/C ATV DIN 18308:2019-09, Abschnitt 3.1.4	
1.7	**Sicherung gefährdeter Pflanzen usw.:** berücksichtigt?				VOB/C ATV DIN 18308:2019-09, Abschnitt 3.1.7	
1.8	**Dränagewasser:** Ableitung baurechtlich geklärt?				Abwassersatzung, DIN 1986-100:2016-12, Abschnitt 5.5	
1.9	**Dränagewasser:** Entsorgung baulich geklärt?				DIN 4095:1990-06, Abschnitt 5.5	
1.10	**Beweissicherung an Nachbargebäuden:** erfolgt?					

Gewerk: VOB/C ATV DIN 18308 Dränarbeiten (Kapitel 6.2)						
BV:		**Datum:**		**Bearbeiter:**		
Nr.	**Überprüfung**	**zul. Grenzwerte**		**Erl.**	**Regelwerk**	**Prüfmittel**
		min.	**max.**	✓		
1.11	**Beweissicherung an Verkehrswegen:** erfolgt?				§ 3 Abs. 4, VOB/B DIN 1961:2019-09	
1.12	**Beweissicherung an Bepflanzungen:** erfolgt?				§ 3 Abs. 4, VOB/B DIN 1961:2019-09	
1.13	**Beweissicherung an Grundleitungen:** erfolgt?				§ 3 Abs. 4, VOB/B DIN 1961:2019-09	
1.14	**Kampfmittelerkundung:** durchgeführt?					
1.15	**Bepflanzungen und Vegetationsflächen:** Schutzmaßnahmen und Bewässerung während der Wasserhaltung gesichert?					
2	**Materialprüfung/ Funktionsprüfung**					
2.1	**Dränschicht:** versickerungsfähig?	$k_F > 10^{-4}$ m/s				
2.2	**Dränagepumpe:** Funktionskontrolle					
2.3	**Dränagepumpe:** akustisches Alarmsignal im Störfall sichergestellt?					
2.4	**Dränagepumpe:** optisches Alarmsignal im Störfall sichergestellt?					
2.5	**Dränagepumpe:** Störmeldung an Servicezentrale im Störfall sichergestellt?					
2.6	**Dränagepumpe:** Kontrolle der Schwimmerhöhe					
2.7	**Dränagepumpe** als Zwillingspumpe ausgeführt?					
2.8	**Dränageleitung:** Nachweis der Eignung gemäß zutreffender DIN für Gebäude erbracht?				DIN 4095:1990-06, Abschnitt 7	
2.9	**Dränageleitung:** Nachweis der Eignung gemäß zutreffender DIN für Ingenieurbauwerke erbracht?				DIN 4262-1:2009-10, Abschnitt 6.2.2.2	
2.10	**Dränageleitung:** Schlitzfläche ausreichend?				DIN 4262-1:2009-10, Abschnitt 6.2.2.2	
2.11	**Dränageleitung:** Nachweis der Eignung gemäß zutreffender DIN für landwirtschaftliche Flächen erbracht?				DIN 1187:1982-11	(Anm.: nicht für Gebäude geeignet!)

Gewerk: VOB/C ATV DIN 18308 Dränarbeiten (Kapitel 6.2)						
BV:		**Datum:**		**Bearbeiter:**		
Nr.	**Überprüfung**	**zul. Grenzwerte**		**Erl.**	**Regelwerk**	**Prüfmittel**
		min.	**max.**	✓		
2.12	**Dränageleitung:** Nachweis der Filterfestigkeit erbracht?				DIN 4095:1990-06	(Anm.: Kokosfilter nicht geeignet!)
3	**Prüfung der Ausführung**					
3.1	**Dränageleitung:** Gefälle ausreichend?	0,50 %			DIN 4095:1990-06, Abschnitt 5.2.2	
3.2	**Dränageleitung für Gebäude:** Hochpunkt der Rohrsohle 20 cm unterhalb OK Betonsohle?				DIN 4095:1990-06, Abschnitt 5.2.2	
3.3	**Dränageleitung für Gebäude:** Rohrscheitel unterhalb OK Betonsohle?				DIN 4095:1990-06, Abschnitt 5.2.2	
3.4	**Dränageleitung:** in Kiesbett eingelegt?					
3.5	**Dränageleitung:** mit Geotextil o. Ä. filterfest eingelegt?				DIN 4095:1990-06, Abschnitt 4.1	
3.6	**Dränageleitungen:** Hochpunkt, Höhenlage und Gefälle gemäß Planung ausgeführt?					
3.7	**Fallrohre:** keine Einleitung in Dränage!				DIN 4095:1990-06, Abschnitt 4.2	
3.8	**Dränageplatten:** nach Herstellervorschrift montiert?					
3.9	**Schutzplatten:** Noppenplatten seitenrichtig montiert?				Herstellervorschrift	
3.10	**Schutzplatten:** Montage nach vollständiger Aushärtung der Bitumendickbeschichtung erfolgt?					
3.11	**Schutzplatten:** Druckbelastung/ mechanische Beschädigung der Abdichtung ausgeschlossen?					
3.12	**Sickerschicht:** Durchlässigkeit ausreichend?					
3.13	**Dränageplatten/Dränschicht:** staufreie Entwässerung in die Dränageleitung sichergestellt?					
3.14	**Spülrohre:** an allen Richtungswechseln vorhanden?				DIN 4095:1990-06, Abschnitt 5.2.2	
3.15	**Spülrohre:** Höchstabstand eingehalten?	≤ 50 m			DIN 4095:1990-06, Abschnitt 5.2.2	

Gewerk: VOB/C ATV DIN 18308 Dränarbeiten (Kapitel 6.2)						
BV:		**Datum:**		**Bearbeiter:**		
Nr.	**Überprüfung**	**zul. Grenzwerte**		**Erl.**	**Regelwerk**	**Prüfmittel**
		min.	**max.**	✓		
3.16	**Spülrohre:** Durchmesser ausreichend?	≥ DN 300			DIN 4095:1990-06, Abschnitt 5.2.2	
3.17	**Kontrollrohre:** Durchmesser ausreichend?	≥ DN 100			DIN 4095:1990-06, Abschnitt 5.2.2	
3.18	**Übergabeschacht:** Revisionsfähigkeit vorhanden?	≥ DN 1000			DIN 4095:1990-06, Abschnitt 5.2.2	
3.19	**Dränageanlage:** Protokoll über Funktionsfähigkeitsprüfung?				DIN 4095:1990-06, Abschnitt 8.5	
3.20	**Wartungs- und Bedienungsanleitungen:** übergeben?					
3.21	**Elektroschaltplan:** übergeben?					
3.22	**Beweissicherungen:** Nachbegehungen erfolgt?					

Abnahme-Checkliste

Gewerk: VOB/C ATV DIN 18318 Pflasterdecken und Plattenbeläge, Einfassungen (Kapitel 6.3)						
BV:		**Datum:**		**Bearbeiter:**		
Nr.	**Überprüfung**	**zul. Grenzwerte**		**Erl.**	**Regelwerk**	**Prüfmittel**
		min.	**max.**	✓		
1	**Prüfung der Grundlagen/ Unterlagen**					
1.1	**Oberflächengefälle:** Planung vorhanden?					
1.2	**Oberflächenentwässerung:** Planung vorhanden?					
1.3	**Fahrbahnflächen:** Wenderadien ausreichend?				EAR 05	
1.4	**Fahrbahnflächen:** Rangierflächen ausreichend?				EAR 05	
1.5	**Kampfmittelerkundung:** durchgeführt?				DIN 18318:2019-09, Abschnitt 3.1.5	

Gewerk: VOB/C ATV DIN 18318 Pflasterdecken und Plattenbeläge, Einfassungen (Kapitel 6.3)						
BV:		**Datum:**		**Bearbeiter:**		
Nr.	**Überprüfung**	**zul. Grenzwerte**		**Erl.**	**Regelwerk**	**Prüfmittel**
		min.	**max.**	✓		
1.6	**Fahrbahnbreite:** für Feuerwehrfahrzeuge	3,50 m			DIN18225:1988-06, Abschnitt 2.4.3	Laser-Entfernungsmesser
1.7	**Lichte Höhe:** für Feuerwehrfahrzeuge	3,50 m			DIN18225:1988-06, Abschnitt 2.4.3	
1.8	**Fahrbahnrampen mit Neigungswechsel über 8 %:** Ausrundung am Rampenanfang (Wanne) sichergestellt?	$H_w \geq 20$ m			EAR 05	Porsche 911 Carrera GTS 4 Cabriolet
1.9	**Fahrbahnrampen mit Neigungswechsel über 8 %:** Ausrundung am Rampenende (Kuppe) sichergestellt?	$H_k \geq 15$ m			EAR 05	Porsche 911 Carrera GTS 4 Cabriolet
1.10	**Fahrbahnrampen mit Neigungswechsel unter 15 %:** Ausrundung am Rampenanfang (Wanne) sichergestellt?	50 % der Rampenneigung auf 2,5 m			EAR 05	Porsche 911 Carrera GTS 4 Cabriolet
1.11	**Fahrbahnrampen mit Neigungswechsel unter 15 %:** Ausrundung am Rampenende (Kuppe) sichergestellt?	50 % der Rampenneigung auf 1,5 m			EAR 05	Porsche 911 Carrera GTS 4 Cabriolet
1.12	**Rampenentwässerung:** Anzahl Entwässerungsrinnen ausreichend?				Entwässerungsplanung	
1.13	**Rampenentwässerung:** Roste der Entwässerungsrinnen gegen Schwallwasserübertritt geschützt?					
2	**Materialprüfung/Funktionsprüfung**					
2.1	**Befestigungen:** Versickerungsfähigkeit gemäß Baugenehmigung?					
2.2	**Lastklasse:** Oberbelag geeignet?					
2.3	**Lastklasse:** Unterbau geeignet?					
2.4	**Lastklasse:** Schachtdeckel, Entwässerungsrinnen, Einlaufdeckel geeignet?				DIN EN 1433:2005-09	
3	**Prüfung der Ausführung**					
3.1	**Pflaster:** Verlegemuster gemäß Planung?					
3.2	**Pflaster und Plattenbeläge, ungebunden, ≤ 100 mm Nenndicke:** Fugenbreiten eingehalten?	2 mm	6 mm		DIN 18318:2019-09, Abschnitt 3.2.3.1	Schiebelehre
3.3	**Pflaster und Plattenbeläge, ungebunden, > 100 mm Nenndicke:** Fugenbreiten eingehalten?	3 mm	9 mm		DIN 18318:2019-09, Abschnitt 3.2.3.1	Schiebelehre

Gewerk: VOB/C ATV DIN 18318 Pflasterdecken und Plattenbeläge, Einfassungen (Kapitel 6.3)						
BV:		**Datum:**		**Bearbeiter:**		
Nr.	**Überprüfung**	**zul. Grenzwerte**		**Erl.**	**Regelwerk**	**Prüfmittel**
		min.	**max.**	✓		
3.4	**Pflaster und Plattenbeläge ungebunden mit nicht gesägten Seitenflächen ≤ 120 mm Nenndicke:** Fugenbreiten eingehalten?	5 mm	15 mm		DIN 18318:2019-09, Abschnitt 3.2.3.2	Schiebelehre
3.5	**Pflaster und Plattenbeläge, ungebunden, mit nicht gesägten Seitenflächen > 120 mm Nenndicke:** Fugenbreiten eingehalten?	10 mm	20 mm		DIN 18318:2019-09, Abschnitt 3.2.3.2	Schiebelehre
3.6	**Spaltraues Kleinpflaster, gebunden, aus Naturstein/Beläge mit Plattenlängen ≥ 600 mm:** Fugenbreiten eingehalten?	10 mm	20 mm		DIN 18318:2019-09, Abschnitt 3.3.4	Schiebelehre
3.7	**Spaltraues Großpflaster, gebunden, aus Naturstein/spaltraue Natursteinplatten:** Fugenbreiten eingehalten?		30 mm		DIN 18318:2019-09, Abschnitt 3.3.4	Schiebelehre
3.8	**Bordsteine:** Fugenbreiten eingehalten?	2 mm	6 mm		DIN 18318:2019-09, Abschnitt 3.6.2	
3.9	**Fugenfüllung bei ungebundenen Pflasterdecken und Plattenbelägen:** vollständig bis zum oberen Rand der Steine bzw. bis zu Unterkante Fase?				DIN 18318:2019-09, Abschnitt 3.2.3.4	Zollstock
3.10	**Fugenfüllung bei gebundenen Pflasterdecken und Plattenbelägen:** Abstand Oberkante der Fuge zum oberen Rand der Steine bzw. bis zu Unterkante Fase?	5 mm	1 mm		DIN 18318:2019-09, Abschnitt 3.3.4	Zollstock
3.11	**Betonplatten und Betonpflaster:** Kantenabplatzungen vorhanden?		2 mm		Merkblatt Plattenbeläge aus Beton für befahrbare Verkehrsflächen, 2021-01, Abschnitt 9.4.2 (Betonstein/SLG e. V.)	
3.12	**Fluchtabweichungen der Fugenachsen**	±3 bis ±5 mm/4 m			Merkblatt Plattenbeläge aus Beton für befahrbare Verkehrsflächen 2021-01, Abschnitt 6.8.2 (Betonstein/SLG e. V.)	Richtscheit, Zollstock
3.13	**Höhenversprünge** zwischen benachbarten glatten Platten und Steinen		2 mm		DIN 18318:2019-09, Abschnitt 3.1.15	
3.14	**Höhenversprünge** zwischen benachbarten bruchrauen Platten und Steinen		5 mm		DIN 18318:2019-09, Abschnitt 3.1.15	

Gewerk: VOB/C ATV DIN 18318 Pflasterdecken und Plattenbeläge, Einfassungen (Kapitel 6.3)						
BV:		**Datum:**		**Bearbeiter:**		
Nr.	**Überprüfung**	**zul. Grenzwerte**		**Erl.**	**Regelwerk**	**Prüfmittel**
		min.	**max.**	✓		
3.15	**Pflasterdecken und Plattenbeläge:** Ebenheitsanforderungen				DIN 18318:2019-09, Abschnitt 3.1.17	Tabelle 5, Richtlatten 1 m, 2 m, 4 m
3.16	**Pflasterdecken und Plattenbeläge:** Lage oberhalb von Einbauten, Abläufen und Rinnen	7 mm ± 3 mm			DIN 18318:2019-09, Abschnitt 3.1.16	
3.17	Gefälle, begehbare Flächen: Naturstein, spaltrau, unbearbeitet	2 %			DIN 18318:2019-09, Aschnitt 3.1.10	
3.18	Gefälle, begehbare Flächen, sonstige: Naturstein, Beton bzw. bearbeitet	1,5 %			DIN 18318:2019-09, Aschnitt 3.1.10	
3.19	Gefälle befahrbare Flächen: Naturstein, spaltrau, unbearbeitet	3 %			DIN 18318-2019-09, Abschnitt 3.1.11	
3.20	**Gefälle befahrbare Flächen: Naturstein, spaltrau, unbearbeitet**	2 %	5 mm		VOB/C ATV DIN 18318: 2016-09, Abschnitt 3.4.2	
3.21	**Gefälle:** Toleranz (Mindestneigungen dürfen nicht unterschritten werden)	Toleranz ±0,4 %			DIN 18318:2019-09, Abschnitt 3.1.12	
3.22	**Gefälle:** von Fassade weg?				RiLi Fassadensockelputz/ Außenanlage, Abschnitt 8.1	
3.23	**Gefälle:** Querneigung für Barrierefreiheit bei öffentlichen Gebäuden eingehalten?		2,5 %		DIN 18040-1:2010-10, Abschnitt 4.2.1	
3.24	**Gefälle:** Längsneigung für Barrierefreiheit bei öffentlichen Gebäuden eingehalten?		3,0 %		DIN 18040-1:2010-10, Abschnitt 4.2.1	
3.25	**Gefälle:** Längsneigung bei Barrierefreiheit in öffentlichen Gebäuden eingehalten, wenn Zwischenpodeste vorhanden?		6,0 %		DIN 18040-1:2010-10, Abschnitt 4.2.1	
3.26	**Gefälle:** Rampen – Maximalgefälle allgemein		15 %		EAR 05	
3.27	**Gefälle:** Rampen – Maximalgefälle Industriebau		12,5 %		DIN 18225:1988-06, Abschnitt 3.2.1	
3.28	**Gefälle:** Rampen – Regelgefälle		8 %		DIN 18225:1988-06, Abschnitt 3.2.1	
3.29	**Gefälle:** Rampen – allgemein, im Freien		10 %		EAR 05	
3.30	**Gefälle:** Parkrampen		6 %		EAR 05	

Gewerk: VOB/C ATV DIN 18318 Pflasterdecken und Plattenbeläge, Einfassungen (Kapitel 6.3)						
BV:		**Datum:**		**Bearbeiter:**		
Nr.	**Überprüfung**	**zul. Grenzwerte**		**Erl.**	**Regelwerk**	**Prüfmittel**
		min.	**max.**	✓		
3.31	**Beleuchtung Zugangswege und Eingänge:** ausreichend?				DIN 18015-2:2021-10, Abschnitt 4.2, DIN EN 12464-2:2014-05, Abschnitt 5	

Abnahme-Checkliste

Gewerk: VOB/C ATV DIN 18330 Mauerarbeiten (Kapitel 6.4)						
BV:		**Datum:**		**Bearbeiter:**		
Nr.	**Überprüfung**	**zul. Grenzwerte**		**Erl.**	**Regelwerk**	**Prüfmittel**
		min.	**max.**	✓		
1	**Prüfung der Grundlagen/Unterlagen**					
1.1	**Verblendüberbinder:** bauaufsichtliche Zulassung, Prüfzeugnis vorhanden?					
1.2	**Verblendabfangkonsolen:** Tragfähigkeitsnachweis für Verwendungszweck vorhanden?					
1.3	**Verblendabfangkonsolen:** bauaufsichtliche Zulassung, Prüfzeugnis vorhanden?					
1.4	**Mauerfugenbewehrung:** bauaufsichtliche Zulassung/Prüfzeugnis für Verwendungszweck vorhanden?					
1.5	**Verblendfertigteilstürze:** Tragfähigkeitsnachweis vorhanden?					
1.6	**Kelleraußenwände:** Voraussetzungen für das vereinfachte Berechnungsverfahren in Bezug auf Erddruck gegeben?				DIN EN 1996-3: 2010-12, Abschnitt 4.5	
1.7	**Horizontalsperre:** bauaufsichtliche Zulassung für den Verwendungszweck vorhanden? – keine Schweißbahn –				DIN 18533-1: 2017-07, Abschnitt 8.8.3.2	Prüfzeugnis

Gewerk: VOB/C ATV DIN 18330 Mauerarbeiten (Kapitel 6.4)						
BV:		**Datum:**		**Bearbeiter:**		
Nr.	**Überprüfung**	**zul. Grenzwerte**		**Erl.**	**Regelwerk**	**Prüfmittel**
		min.	**max.**	✓		
2	**Materialprüfung/Funktionsprüfung**					
2.1	**Steinfestigkeitsklasse:** gemäß Statik?					Prüfzeugnis
2.2	**Steinrohdichte:** gemäß Schallschutzgutachten?				DIN 4109 (Normenreihe)	Prüfzeugnis
2.3	**Materialfeuchte:** zu hoch?					Feuchtigkeitsmessgerät, Verfärbung
2.4	**Schallschutz:** Wohnungstrennwände in einheitlicher Qualität durchlaufend bis Außenkante Baukörper?				VDI 4100:2012-10	
2.5	**Dämmmaterial:** in der Gebäudetrennfuge gemäß Schallschutzgutachten?				VDI 4100:2012-10	Prüfzeugnis
2.6	**Wärmeschutznachweis:** *U*-Wert zutreffend?				DIN 4108, GEG	Prüfzeugnis
2.7	**Wanddicken:** gemäß Planungsvorgaben?				DIN 4108, DIN 4109, DIN 4102	Zollstock
2.8	**Brandschutz:** Steinmaterial gemäß Anforderung?				DIN 4102	Prüfzeugnis
2.9	**Verblendsteine:** Wasseraufnahmefähigkeit gemäß Vereinbarung?					Darrprobe
2.10	**Verblendsteine:** Druckfestigkeit gemäß statischer Auslegung?					Prüfzeugnis
2.11	**Verblendmauerwerk:** Schlagregendichtigkeit ausreichend?					Karsten'sche Prüfröhrchen
2.12	**Verblendsteine Keramikklinker:** Abmessungen regelgerecht?				DIN 105-4:2019-01, Abschnitt 4.3, Tabelle 2	
2.13	**Verblendsteine:** Veränderung des Fugenrasters aufgrund untermaßiger Steine?				DIN 105-4, Abschnitt 4.3, DIN 4172:2015-09	
2.14	**Verblendmauerwerk:** Fugenbild, Fugenfarbe					
2.15	**Verblendmauerwerk:** Steinbeschädigungen, Kantenabplatzungen an 2 Steinen		2–5 mm		DIN EN 771-1: 2015-11, DIN 105-4:2019-01, Abschnitt 4.8	
2.16	**Verblendmauerwerk:** Steinbeschädigungen, Kantenabplatzungen an 1 Stein		5–10 mm		DIN EN 771-4: 2019-11, DIN 105-4:2019-01, Abschnitt 4.8	

Gewerk: VOB/C ATV DIN 18330 Mauerarbeiten (Kapitel 6.4)						
BV:		**Datum:**		**Bearbeiter:**		
Nr.	**Überprüfung**	**zul. Grenzwerte**		**Erl.**	**Regelwerk**	**Prüfmittel**
		min.	**max.**	✓		
2.17	**Verblendmauerwerk:** Steinbeschädigungen, Kantenabplatzungen an 1 Stein		> 10 mm oder > 1 cm^2		DIN 105-4:2019-01, Abschnitt 4.8	
2.18	**Mauermörtel:** Mörtelgruppe gemäß statischer Auslegung?					
2.19	**Mauermörtel:** für Außenmauerwerk geeignet?					
2.20	**Mörtel für die Kimmschicht:** Dicke entsprechend Verarbeitungsregeln?	1 cm	3 cm		Kalksandstein. Der KS-ISO-Kimmstein, Abschnitt 6.3	vereinzelt bis zu 5 cm
2.21	**Mauermörtel:** Mörtelzusätze auf Verwendungszweck abgestimmt – Mischöl, Luftporenbildner, Verzögerer, Frostschutz?					
2.22	**Verblendfugenmörtel:** Qualität gemäß Voraussetzung?					
2.23	**Verblendüberbinder:** Edelstahl? Durchmesser					
2.24	**Verblendabfangkonsolen:** Verankerungsmittel auf Untergrund abgestimmt?					
2.25	**Mauerfugenbewehrung:** entsprechend Tragfähigkeitsnachweis?					
2.26	**Vorgespannte Flachstürze:** Einbau gemäß Tragfähigkeitsnachweis und Zulassung?				Richtlinie Flachstürze	
2.27	**Vorgespannte Flachstürze:** Auflagerbreite ausreichend?	11,5 cm			Richtlinie Flachstürze	
2.28	**Vorgespannte Flachstürze:** vollfugige Übermauerung als Druckzone?				Richtlinie Flachstürze	
2.29	**Mauerwerksquerschnittsabdichtung:** vorhanden?				DIN 18195-4:2011-12, Abschnitt 7.2	
2.30	**Mauerwerksquerschnittsabdichtung:** besandete Bitumendachbahn R500 nach DIN EN 14967 in Verbindung mit DIN SPEC 20000-202?				DIN EN 1996-1-1/NA 2019-12, NCI zu 3.8.1, NCI zu 8.7	

Gewerk: VOB/C ATV DIN 18330 Mauerarbeiten (Kapitel 6.4)						
BV:		**Datum:**		**Bearbeiter:**		
Nr.	**Überprüfung**	**zul. Grenzwerte**		**Erl.**	**Regelwerk**	**Prüfmittel**
		min.	**max.**	✓		
2.31	**Mauerwerksquerschnittsabdichtung:** bahnenförmige Abdichtungsstoffe gemäß DIN EN 18533-2:2017-07?				DIN EN 1996-1-1/NA 2019-12, NCI zu 3.8.1, NCI zu 8.7	
2.32	**Mauerwerksquerschnittsabdichtung:** MDS nach DIN 18533-3 oder gleichwertiges Reibungsverhalten?				DIN EN 1996-1-1/NA 2019-12, NCI zu 3.8.1, NCI zu 8.7	
2.33	**Mauerwerksquerschnittsabdichtung: alternativ:** allgemeines bauaufsichtliches Prüfzeugnis vorhanden?				DIN EN 1996-1-1/NA 2019-12, NCI zu 3.8.1	
2.34	**Wärmedämmung:** WLG gemäß Wärmeschutznachweis?				DIN 4108, WSchVO, GEG	Prüfzeugnis
2.35	**Wärmedämmung:** hydrophobe Eigenschaften?					Lieferschein
3	**Prüfung der Ausführung**					
3.1	**Überbindemaß:** 0,4 · H eingehalten?	4,5 cm			DIN EN 1996-1-1:2013-04, Abschnitt 8.1.4.1	Zollstock
3.2	**Verbandsregeln:** eingehalten?					
3.3	**Anschluss:** an benachbarte Bauteile – Verzahnung, Einbindung kraftschlüssig?					
3.4	**Nicht tragende Wände:** Deckenluft vorhanden?					Fugenkelle
3.5	**Schlitze und Aussparungen:** Tragfähigkeitsnachweise vorhanden?				DGfM-Merkblatt Schlitze und Aussparungen, Abschnitt 3, DAfM-Richtlinie Nr. 2, Abschnitt 3.1	
3.6	**Schlitze und Aussparungen:** Mauerwerksdicke aureichend?	> 175 mm			DGfM-Merkblatt Schlitze und Aussparungen, Abschnitt 3, DAfM-Richtlinie Nr. 2, Abschnitt 3.1	

Gewerk: VOB/C ATV DIN 18330 Mauerarbeiten (Kapitel 6.4)						
BV:		**Datum:**		**Bearbeiter:**		
Nr.	**Überprüfung**	**zul. Grenzwerte**		**Erl.**	**Regelwerk**	**Prüfmittel**
		min.	**max.**	✓		
3.7	**Schlitze und Aussparungen ohne Tragfähigkeitsnachweis:** zulässige Grenzwerte eingehalten?				DGfM-Merkblatt Schlitze und Aussparungen, Abschnitt 3, DAfM-Richtlinie Nr. 2, Abschnitt 3.1	
3.8	**Mauerwerksquerschnittsabdichtung:** Bahnen auf Mörtelabgleich verlegt?				DIN EN 18533-2: 2017-07, Abschnitt 8.2.5.2 und 8.3.5.2, DIN 18195-4:2011-12, Abschnitt 7.2	Meißel
3.9	**Mauerwerksquerschnittsabdichtung:** Bahnen in Eckbereichen und Stößen überlappt?	150 mm			DIN EN 1996-2: 2010-12, Abschnitt 3.5.4	
3.10	**Mauerwerksquerschnittsabdichtung:** Bahnen bis zur Außenoberfläche der Verblendschale geführt?				DIN EN 18533-1: 2017-07, Bilder 20 und 21, DIN 18533-2:2017-07, Abschnitte 8.2.5.2 und 8.3.5.2	
3.11	**Grenzabmaße:** eingehalten?				DIN 18202:2019-04, Tabelle 1	Maßband, Zollstock, Disto
3.12	**Lotrechtigkeit, Rechtwinkligkeit:** eingehalten?				DIN 18202:2019-04, Tabelle 2	Wasserwaage, Winkel
3.13	**Ebenmäßigkeit:** eingehalten?				DIN 18202:2019-04, Tabelle 3	Wasserwaage, Richtscheit, Maurerschnur, Messkeil
3.14	**Gebäudetrennfuge:** frei von Schallbrücken?					
3.15	**Materialverwendung:** gemäß planmäßigen Voraussetzungen?					
3.16	**Höhenbezugspunkt:** durch Bolzen unveränderbar für Nachfolgegewerke gesichert?					
3.17	**Schwindmaßdifferenzen:** bei unterschiedlichen Materialien konstruktiv berücksichtigt?					

Gewerk: VOB/C ATV DIN 18330 Mauerarbeiten (Kapitel 6.4)						
BV:		**Datum:**		**Bearbeiter:**		
Nr.	**Überprüfung**	**zul. Grenzwerte**		**Erl.**	**Regelwerk**	**Prüfmittel**
		min.	**max.**	✓		
3.18	**Ringanker:** Bewehrung ohne Unterbrechung vorhanden?	2 · ∅ ≥ 150 mm^2			DIN EN 1996-1-1:2013-04, Abschnitt 8.5.1.4	
3.19	**Betonfertigstufen:** Schallschutz zu Wänden?					
3.20	**Sturzauflager:** ausreichend dimensioniert?					
3.21	**Sturzhöhen:** Unterkante korrekt?					
3.22	**Verblendfertigteilstürze:** Verankerung an tragender Konstruktion sichergestellt?					
3.23	**Verblendfertigteilstürze:** bei Verankerung des Sturzes an der Hinterkonstruktion und gleichzeitiger Gewölbewirkung des darüberliegenden Mauerwerks – horizontale Bewegungsfuge oberhalb des Sturzes vorgesehen?					
3.24	**Verblendmauerwerk:** Anzahl der Verblendschalenanker ausreichend?					
3.25	**Verblendmauerwerk:** Entwässerungsöffnungen für hinterlüftetes Mauerwerk ausreichend vorhanden?					
3.26	**Verblendmauerwerk:** Entwässerungsöffnungen für Kerndämmung ausreichend vorhanden?					
3.27	**Verblendmauerwerk:** Entwässerungsöffnungen frei von Mörtelschwellen?					Zollstock, Taschenlampe
3.28	**Verblendmauerwerk:** Z-Folie bis Außenkante Verblendschale geführt?				DIN EN 18533-2: 2017-07, Abschnitt 8.2.5.2 und 8.3.5.2	Filigranmeißel
3.29	**Verblendmauerwerk:** Z-Folie im Sturzbereich vorhanden?					
3.30	**Verblendmauerwerk:** vertikale Dehnungsfugen vorhanden?				DIN EN 1996-2: 2010-12, Abschnitt 2.3.3 und Abschnitt 2.3.4	
3.31	**Verblendmauerwerk:** Dehnungsfugen ordnungsgemäß verschlossen?				IVD-Merkblatt Nr. 27 2014-11	
3.32	**Verblendmauerwerk:** Rollschichten von Fensterbänken gleichmäßig geneigt?	10°				

Gewerk: VOB/C ATV DIN 18330 Mauerarbeiten (Kapitel 6.4)						
BV:		**Datum:**		**Bearbeiter:**		
Nr.	**Überprüfung**	**zul. Grenzwerte**		**Erl.**	**Regelwerk**	**Prüfmittel**
		min.	**max.**	✓		
3.33	**Verblendmauerwerk:** Sohlbänke aus Vollsteinen?					
3.34	**Verblendfertigteilstürze:** Anschlussfugen im Auflager und Überdeckungsbereich elastisch ausgeführt?					
3.35	**Verblendmauerwerk:** Verankerung der Konsolen kraftschlüssig erfolgt?					
3.36	**Verblendmauerwerk:** Fugen ausreichend tief und scharfkantig ausgekratzt?	1,5 cm			DIN EN 1996-2: 2010-12, Abschnitt 3.5.3.1, DIN EN 1996-2/ NA:2012-01 NA.D.1 (4) d)	Probeentnahme
3.37	**Verblendmauerwerk:** Ausblühungen/ Auslaugungen vorhanden?				DIN EN 771-1:2015-11, Anhang B.5	
3.38	**Verblendmauerwerk:** Gerüstlöcher, Fallrohranker, Außensteckdosen, Außenzapfstellen – regendichter Verschluss?					
3.39	**Verblendmauerwerk:** Zweischaligkeit – thermische und hygrische Trennung vorhanden?				DIN EN 1996-2/ NA, Abschnitt NA.D.1 (4) h)	
3.40	**Verblendmauerwerk:** Fensterbänke thermisch getrennt?					
3.41	**Stoßfugendicke:** Sollabmessung 10 mm eingehalten?	6 mm	15 mm		DIN EN 1996-1-1 NA:2019-12, NCI zu Abschnitt 8.1.5 NA 4, DIN EN 1996-1-1:2013-02, Abschnitt 8.1.5	
3.42	**Lagerfugendicke:** Sollabmessung 12 mm eingehalten?	6 mm	15 mm		DIN EN 1996-1-1 NA:2019-12, NCI zu Abschnitt 8.1.5, DIN EN 1996-1-1:2013-02, Abschnitt 8.1.5	
3.43	**Dünnbettmörtel:** Stoßfugen- und Lagerfugendicke – Sollabmessungen eingehalten?	1 mm	3 mm		DIN EN 1996-1-1 NA:2019-05, NCI zu Abschnitt 8.1.5, Praxistipps für die Ausführung von Mauerwerk, Abschnitt 6.3	

Gewerk: VOB/C ATV DIN 18330 Mauerarbeiten (Kapitel 6.4)						
BV:		**Datum:**		**Bearbeiter:**		
Nr.	**Überprüfung**	**zul. Grenzwerte**		**Erl.**	**Regelwerk**	**Prüfmittel**
		min.	**max.**	✓		
3.44	**Dünnbettmörtel:** vollflächig aufgetragen?				DIN EN 1996-1-1: 2013-02, Abschnitt 3.6.2 (3), DIN EN 1996-1-1/NA:2019-12, NCI zu 8.1.5 (NA5), Praxistipps für die Ausführung von Mauerwerk, Abschnitt 6.3	
3.45	**Dünnbettmörtel:** vollflächig aufgetragen? Rücksprung der Fugenaußenkante hinter Steinoberfläche?		5 mm		DIN EN 1996-2:2010-12, Abschnitt 3.5.1 (2)	Fotomaßstab
3.46	**Kimmschicht:** Lagerfugendicke?		3 cm		Kalksandstein. Der KS-ISO-Kimmstein	einzelne 5 cm
3.47	Verblendmauerwerk: Steine aus mindestens 4 Paketen quergemischt?				Ziegel Lexikon Mauerwerk 2020, Abschnitt 8	
3.48	**Kellerlichtschächte:** Abdeckroste mit Einbruchsicherungen fixiert?				Herstellerangaben	

Abnahme-Checkliste						
Gewerk: VOB/C ATV DIN 18331 Beton- und Stahlbetonarbeiten (Kapitel 6.5)						
BV:		**Datum:**		**Bearbeiter:**		
Nr.	**Überprüfung**	**zul. Grenzwerte**		**Erl.**	**Regelwerk**	**Prüfmittel**
		min.	**max.**	✓		
1	**Prüfung der Grundlagen/Unterlagen**					
1.1	Sichtbeton: vertragliche Vereinbarungen über die **Qualität der Sichtbetonoberflächen** vorhanden?				DIN 1045-3:2012-03, Abschnitt 2.8.9, DBV-Merkblatt Sichtbeton 2015-06, Referenzobjekte	
1.2	**Kellerlichtschächte:** Ausführung für Begehbarkeit/Befahrbarkeit geeignet?					

Gewerk: VOB/C ATV DIN 18331 Beton- und Stahlbetonarbeiten (Kapitel 6.5)						
BV:		**Datum:**		**Bearbeiter:**		
Nr.	**Überprüfung**	**zul. Grenzwerte**		**Erl.**	**Regelwerk**	**Prüfmittel**
		min.	**max.**	✓		
2	**Materialprüfung/Funktionsprüfung**					
2.1	**Allgemein**					
2.1.1	**Beton-Lieferschein** als Nachweis über eingebaute Betongüte – Festigkeitsklasse, Zuschlag usw. gemäß Leistungsverzeichnis?					
2.2	**Weiße Wanne, WU-Beton**					
2.2.1	**WU-Beton – Mindestbauteildicke:** eingehalten?				WU-Richtlinie (DAfStb), Tabelle 1	
2.2.2	**Wassereindringwiderstand** Wasserzementwert w/z Bauteildicke bis 0,4 m Bauteildicke > 0,4 m		 0,6 0,7		DIN 1045-2:2008-08, Abschnitt 5.5.3	
2.2.3	**Zementgehalt** bei Bauteildicken bis 0,4 m	280 kg/m^3			DIN 1045-2-2008-08, Abschnitt 5.5.3	
2.2.4	**Mindestdruckfestigkeitsklasse** bei Bauteildicken bis 0,4 m	C25/30			DIN 1045-2-2008-08, Abschnitt 5.5.3	
2.2.5	**Betonqualität WU-Beton $(wz)_{eq}$**		≤ 0,55		WU-Richtlinie (DAfStb), Abschnitt 7.1	
2.2.6	**Betonqualität WU-Beton:** Größtkorn		16 mm		WU-Richtlinie (DAfStb), Abschnitt 7.1	
2.2.7	**Fugenabdichtungen:** Verwendbarkeitsnachweis gemäß Bauregelliste A, Teil 1, erbracht?				WU-Richtlinie (DAfStb), Abschnitt 10	
3	**Prüfung der Ausführung**					
3.1	**Allgemein**					
3.1.1	**Bewehrung** gemäß Bewehrungsplan eingebaut? **Betonüberdeckung** ausreichend? **Oberflächengefälle** ausreichend?					
3.1.2	**Bewehrung** Stababstände ausreichend?				DIN 1045-3: 2012-03, Abschnitt 2.6.5, DIN EN 1992-1-1: 2011-01, Abschnitt 8.2, DIN EN 1992-1-1/ NA:2013-04, NDP zu Abschnitt 8.2	

Gewerk: VOB/C ATV DIN 18331 Beton- und Stahlbetonarbeiten (Kapitel 6.5)						
BV:		**Datum:**		**Bearbeiter:**		
Nr.	**Überprüfung**	**zul. Grenzwerte**		**Erl.**	**Regelwerk**	**Prüfmittel**
		min.	**max.**	✓		
3.1.3	**Dehnungsfugen** fachgerecht mit Fugenbändern ausgeführt?					
3.1.4	**Balkonplatten** mit planmäßiger Überhöhung eingebaut? Gefälle ausreichend?	2 %				Wasserwaage, Messkeil, Billardkugel
3.1.5	**Balkonplatten:** thermische Trennung zur Geschossdecke durch Isokörbe usw. vorhanden?					
3.1.6	**Schalungslöcher** der Spannanker fachgerecht verschlossen?					
3.1.7	**Kanten gebrochen** gemäß Ausschreibung?					
3.1.8	**Fundamente:** frostfrei gegründet?				DIN 1054:2021-04, Abschnitt zu Abschnitt 6.4	
3.2	**Weiße Wanne, WU-Beton**					
3.2.1	**Nachweise für die Wasserundurchlässigkeit:** erbracht?				WU-Richtlinie (DAfStb)	
3.2.2	**Bewehrung zur Beschränkung der Rissbreite:** eingebaut?				DIN 1992-1-1: 2011-01, Abschnitt 7.3	
3.2.3	**Nachweis Begrenzung der Trennrissbreiten für Nutzungsklassen A/B:** erbracht?				WU-Richtlinie (DAfStb), Tabelle 2	
3.2.4	**Nachweis der Fugenabdichtungen:** Fugen fachgerecht mit Fugenblech/ Verpressschlauch/Dichtungsrohr/ Fugenband ausgeführt?				WU-Richtlinie (DAfStb), Abschnitt 10, www.abp-fugenabdichtungen.de	
3.2.5	**Anschlussmischung:** hergestellt?				WU-Richtlinie (DAfStb), Abschnitt 7.1 (5)	
3.2.6	**Injektionsschlauchsysteme:** abP vorhanden?				Merkblatt Injektionsschlauchsysteme (DBV), 2020-12, Abschnitt 2.1	
3.2.7	**Injektionsschlauchsysteme:** Schlauchenden gesichert durch Verwahrdosen? Dokumentation vorhanden?				Merkblatt Injektionsschlauchsysteme (DBV), 2020-12, Abschnitt 2.5	

Gewerk: VOB/C ATV DIN 18331 Beton- und Stahlbetonarbeiten (Kapitel 6.5)						
BV:		**Datum:**		**Bearbeiter:**		
Nr.	**Überprüfung**	**zul. Grenzwerte**		**Erl.**	**Regelwerk**	**Prüfmittel**
		min.	**max.**	✓		
3.2.8	**Sparteneinführungen:** Anziehmomente der Pressdichtungen eingehalten?				Herstellervorschrift	
3.2.9	**Abstandhalter, Schalungsanker:** wasserundurchlässig verschlossen?				WU-Richtlinie (DAfStb), Abschnitt 11.2.1	
3.2.10	**Anschlussbauteile:** Tiefgaragenrampen, Kelleraußentreppen, Lichtschächte – als integrative Bestandteile der Weißen Wanne hergestellt?				DIN 18533-1: 2017-07, Abschnitt 12.3	
3.2.11	**Anschlussbauteile: Tiefgaragenrampen, Kelleraußentreppen, Lichtschächte** – druckwasserdichte Entwässerung vorhanden?				DIN 18533-1: 2017-07, Abschnitt 12.3	
3.2.12	**Lichtschächte:** Abstand der Brüstungsoberkante zur Lichtschachtsohle eingehalten?	150 mm			Herstellervorschrift	
3.2.13	**Lichtschächte:** Entwässerung des Geländes in den Lichtschacht hinein wirksam verhindert?				DIN 18533-1: 2017-07, Abschnitt 12.1	
3.2.14	**Tiefgaragenzufahrten:** Rampenlängsneigung zulässig?		15 %		GarVO	Digitalwasserwaage, Leica Disto D510
3.2.15	**Tiefgaragenzufahrten:** Rampenquerneigung im Bereich der Wendelung hinreichend?	3 %			GarVO	Digitalwasserwaage, Leica Disto D510
3.2.16	**Tiefgaragenzufahrten:** Rampenbreite zulässig?	2,75 m			GarVO	Zollstock, Leica Disto D510
3.2.17	**Tiefgaragenzufahrten:** Rampenbreite im Bereich der Wendelung zulässig?	3,5 m			GarVO	Zollstock, Leica Disto D510
3.2.18	**Stellplatzbreiten:** eingehalten?				GarVO, SBauVO, EAR 05, b.v.s Standpunkt	Zollstock, Leica Disto D510
3.2.19	**Parkstandtiefe:** eingehalten?	5 m			GarVO, SBauVO, EAR, 05, b.v.s Standpunkt	Zollstock, Leica Disto D510
3.3	**Sichtbeton**					
3.3.1	**Ansichtsflächen** gemäß Leistungsbeschreibung vereinbarter Musterobjekte ausgeführt?				Merkblatt Sichtbeton (DBV) 2015-06, Referenzobjekte	

Gewerk: VOB/C ATV DIN 18331 Beton- und Stahlbetonarbeiten (Kapitel 6.5)						
BV:		**Datum:**		**Bearbeiter:**		
Nr.	**Überprüfung**	**zul. Grenzwerte**		**Erl.**	**Regelwerk**	**Prüfmittel**
		min.	**max.**	✓		
3.2.2	**Sichtprüfung** aus üblichem Betrachterabstand auf vermeidbare Abweichungen, z. B.:				Merkblatt Sichtbeton (DBV) 2015-06, Referenzobjekte	
	– Kiesnester					
	– Mörtelreste					
	– Rostspuren					
	– willkürliche Anordnung von Schalungslöchern					
	– starke Ausblutungen					
	– starke Abzeichnung von Schüttlagen					
	– starke Versätze an Stößen von Schalelementen					
	– Ausbesserungen					
	– Schalungsfugen: Aufteilung gemäß Planung?					

Abnahme-Checkliste

Gewerk: VOB/C ATV DIN 18334 Zimmer- und Holzbauarbeiten (Kapitel 6.6)						
BV:		**Datum:**		**Bearbeiter:**		
Nr.	**Überprüfung**	**zul. Grenzwerte**		**Erl.**	**Regelwerk**	**Prüfmittel**
		min.	**max.**	✓		
1	**Prüfung der Grundlagen/Unterlagen**					
1.1	**Dachneigung** gemäß Planung?					
1.2	**Lattenabstand** gemäß Planung, Trauflatte in richtiger Position?					
1.3	**Firstachse** = Gebäudeachse?					
1.4	**Gauben** in richtiger Position?					

Gewerk: VOB/C ATV DIN 18334 Zimmer- und Holzbauarbeiten (Kapitel 6.6)						
BV:		**Datum:**		**Bearbeiter:**		
Nr.	**Überprüfung**	**zul. Grenzwerte**		**Erl.**	**Regelwerk**	**Prüfmittel**
		min.	**max.**	✓		
2	**Materialprüfung/Funktionsprüfung**					
2.1	**Holzquerschnitte:** entsprechend Statik?					
2.2	**Verbindungsmittel:** entsprechend Statik?					
2.3	**Holzgüte und Schnittklasse:** entsprechend Ausschreibung?					
2.4	**Holzart** gemäß Ausschreibung?					
2.5	**Bekleidungen:** Profilierung entsprechend Ausschreibung?					
2.6	**Außenwandbekleidungen:** Brettdicke?	18 mm			DIN 18334:2016-09, Abschnitt 3.10.1, Fachregeln des Zimmerhandwerks Nr. 1, 2020-01, Abschnitt 8.3 (3) (BDZ)	
2.7	**Außenwandbekleidungen bei sichtbarer Befestigung:** Wahl der Befestigungsmittel Edelstahl?				DIN 18334:2016-09, Abschnitt 3.8.2	
2.8	**Außenwandbekleidungen von land- und forstwirtschaftlichen Betriebsgebäuden bei sichtbarer Befestigung:** Befestigungsmittel verzinkt?				DIN 18334:2016-09, Abschnitt 3.8.2	
2.9	Werkseitige **Imprägnierung** ordnungsgemäß?				DIN 68800-2:2020-03, Abschnitt 5	Herstellernachweis
2.10	**Örtliche Schnittkanten** nachimprägniert?				DIN 68800-3:2020-03, Abschnitt 4.1.2 f) und Abschnitt 5.2.1.2	
3	**Prüfung der Ausführung**					
3.1	**Konstruktiver Holzschutz:** Abstände von Spritzwasserzonen eingehalten?					
3.2	**Windrispenbänder:** ordnungsgemäß verspannt?					
3.3	**Lüftungsgitter** bei Öffnungen mit einer Breite ≥ 20 mm: vorhanden?				DIN 18516-1:2010-06, Abschnitt 4.2.3	
3.4	**Insektengitter:** vorhanden?				Hinweise Holz und Holzwerkstoffe, Abschnitt 5.2.1	
3.5	**Insektengitter:** Lochdurchmesser als Wespenschutz geeignet?		3 mm		NABU-Info Wespen	

Gewerk: VOB/C ATV DIN 18334 Zimmer- und Holzbauarbeiten (Kapitel 6.6)						
BV:		**Datum:**		**Bearbeiter:**		
Nr.	**Überprüfung**	**zul. Grenzwerte**		**Erl.**	**Regelwerk**	**Prüfmittel**
		min.	**max.**	✓		
3.6	**Kleintierschutz** bei zugänglichen weichen Dämmstoffen: vorhanden?				Fachregeln des Zimmerhandwerks Nr. 1, 2020-01, Abschnitt 8.1 (2) (BDZ)	
3.7	**Dachüberstand** parallel und gleichmäßig?				DIN 18202:2019-07	
3.8	**Schalung aus Holz** als Untergrund für Bekleidungen aus Metallblechen: Dicke?	24 mm			Fachregel für Metallarbeiten im Dachdeckerhandwerk, Abschnitt 2.4.1 (2)	
3.9	**Schalung aus Holzwerkstoffplatten** als Untergrund für Bekleidungen aus Metallblechen bei Achsabstand UK ≤ 0,80 m: Dicke?	22 mm			Fachregel für Metallarbeiten im Dachdeckerhandwerk, Abschnitt 2.4.2 (3)	
3.10	**Schalung aus Holzwerkstoffplatten** als Untergrund für Bekleidungen aus Metallblechen bei Achsabstand UK ≤ 1,00 m: Dicke?	25 mm			Fachregel für Metallarbeiten im Dachdeckerhandwerk , Abschnitt 2.4.2 (3)	
3.11	**Mindestholzdicke** für Verbindungen aus Holz	24 mm			Hinweise Holz und Holzwerkstoffe, Abschnitt 3.1.2 (1)	
3.12	**Mindestholzdicke** für Verbindungen aus Holzwerkstoffen	22 mm			Hinweise Holz und Holzwerkstoffe, Abschnitt 3.1.2 (1)	
3.13	**Außenwandbekleidung** aus Holz: als Boden- und Deckelschalung Randabstand der Befestigungen?	2 cm			Fachregeln des Zimmererhandwerks Nr. 01, Abschnitt 8.6.2, Abb. 18	
3.14	**Außenwandbekleidungen aus Holz:** senkrechter Abstand zu glatten Böden	30 cm			Fachregeln des Zimmererhandwerks Nr. 01, 2020-01, Abschnitt 8.8 (BDZ)	
3.15	**Außenwandbekleidungen:** senkrechter Abstand zu glatten Böden bei Verschleißbrettern im Sockelbereich bis 30 cm	5 cm			Fachregeln des Zimmererhandwerks Nr. 01, Abschnitt 8.8	
3.16	**Außenwandbekleidungen aus Holz:** senkrechter Abstand zu Kiesstreifen	15 cm			Fachregeln des Zimmererhandwerks Nr. 01, Abschnitt 8.8	

Gewerk: VOB/C ATV DIN 18334 Zimmer- und Holzbauarbeiten (Kapitel 6.6)						
BV:		**Datum:**		**Bearbeiter:**		
Nr.	**Überprüfung**	**zul. Grenzwerte**		**Erl.**	**Regelwerk**	**Prüfmittel**
		min.	**max.**	✓		
3.17	**Außenwandbekleidungen aus Holz:** senkrechter Abstand zu Gitterrosten	2 cm			Fachregeln des Zimmererhandwerks Nr. 01, Abschnitt 8.8	
3.18	**Außenwandbekleidung** aus Holz als Boden- und Deckelschalung: Toleranzwert der Fluchtabweichung von der Nagellinie eingehalten?		±0,5 cm		Fachregeln des Zimmererhandwerks Nr. 01, Abschnitt 8.6.2 (2)	
3.19	**Außenwandbekleidung** aus Holz als Boden- und Deckelschalung: Toleranzwert der Abweichung benachbarter Befestigungen voneinander eingehalten?		0,5 cm		Fachregeln des Zimmererhandwerks Nr. 01, Abschnitt 8.6.2 (2)	
3.20	**Außenwandbekleidung** aus Holz als Boden- und Deckelschalung: Abweichung benachbarter Befestigungen voneinander?		0,5 cm		Fachregeln des Zimmererhandwerks Nr. 01, Abschnitt 8.6.2 (2)	
3.21	**Außenwandbekleidung** aus Holz als Boden- und Deckelschalung: Mindestüberdeckung der Bretter?		2 cm		Fachregeln des Zimmererhandwerks Nr. 01, Abschnitt 8.3 (3)	
3.22	**Außenwandbekleidungen:** Abstände der senkrechten Grundlatten		≤ 85 cm		Fachregeln des Zimmererhandwerks Nr. 01, Abschnitt 8.2.1 Tabelle 4	
3.23	**Außenwandbekleidungen:** Abstände der waagerechten Traglatten		$e \leq 40$ $d_{Bekleidung}$ $e_{max} =$ 85 cm		Fachregeln des Zimmererhandwerks Nr. 01, Abschnitt 8.2.1 Tabelle 4	
3.24	**Außenwandbekleidungen:** Oberflächenebenheit				DIN 18202:2019-07	
3.25	**Treppen:** bauaufsichtliche Zulassung erforderlich und nachgewiesen?				DIN 18299:2019-09, LBauO	
3.26	**Riffelholzdielenbeläge:** aufnehmbare Holzroste?		≤ 2,5 m²		Informationsdienst Holz: Holz im Außenbereich	
3.27	**Riffelholzdielenbeläge:** Dacheinläufe zugänglich?				DIN 18531-1: 2017-07, Abschnitt 6.6, DIN 1986-3: 2004-11, Abschnitt 7, DIN EN 12056-1: 2001-01 Abschnitt 5, Terrassen- und Balkonbeläge, Abschnitt 7.4.11	

Gewerk: VOB/C ATV DIN 18334 Zimmer- und Holzbauarbeiten (Kapitel 6.6)						
BV:		**Datum:**		**Bearbeiter:**		
Nr.	**Überprüfung**	**zul. Grenzwerte**		**Erl.**	**Regelwerk**	**Prüfmittel**
		min.	**max.**	✓		
3.28	**Riffelholzdielenbeläge:** Bohrlöcher vorgebohrt?				Terrassen- und Balkonbeläge 2020-07, Abschnitt 9.1.3.1 (GDH)	
3.29	**Riffelholzdielenbeläge:** Schrauben geeignet?				Terrassen- und Balkonbeläge, Abschnitt 9	
3.30	**Riffelholzdielenbeläge:** Befestigungen fluchtgerecht, Toleranzwert der Fluchtabweichung von der gedachten Mittellinie eingehalten?		± 5 mm		Fachregeln des Zimmererhandwerks Nr. 01, Abschnitt 9.5.5 (10)	
3.31	**Riffelholzdielenbeläge:** Toleranzwert der Abweichung der Befestigungspunkte untereinander eingehalten?		5 mm		Fachregeln des Zimmererhandwerks Nr. 01, Abschnitt 9.5.5 (10)	
3.32	**Riffelholzdielenbeläge:** Dielenabstände untereinander eingehalten?	3 mm			Informationsdienst Holz: Holz im Außenbereich	
3.33	**Riffelholzdielenbeläge:** Dielenabstände untereinander eingehalten?		10 mm		Informationsdienst Holz: Holz im Außenbereich	
3.34	**Riffelholzdielenbeläge:** Dielenabstände im Gebrauchszustand eingehalten?	4 mm			Terrassen- und Balkonbeläge, Abschnitt 8.2.1	
3.35	**Riffelholzdielenbeläge:** Dielenabstände im Einbauzustand eingehalten?	6 mm	10 mm		Terrassen- und Balkonbeläge, Abschnitt 8.2.1	
3.36	**Riffelholzdielenbeläge:** Auflagerabstände eingehalten?				Fachregeln des Zimmererhandwerks Nr. 01, Abschnitt 9.5 Tabelle 8	
3.37	**Riffelholzdielenbeläge Nadelholz:** Befestigungsabstände eingehalten? Zwischenhölzer eingebaut?		600 mm		Fachregeln des Zimmererhandwerks Nr. 01, Abschnitt 9.5.5 (5)	
3.38	**Riffelholzdielenbeläge Laubholz:** Befestigungsabstände eingehalten? Zwischenhölzer eingebaut?		500 mm		Fachregeln des Zimmererhandwerks Nr. 01, Abschnitt 9.5.5 (5)	

Gewerk: VOB/C ATV DIN 18334 Zimmer- und Holzbauarbeiten (Kapitel 6.6)						
BV:		**Datum:**		**Bearbeiter:**		
Nr.	**Überprüfung**	**zul. Grenzwerte**		**Erl.**	**Regelwerk**	**Prüfmittel**
		min.	**max.**	✓		
3.39	**Riffelholzdielenbeläge:** Gefälle in Brettlängsrichtung eingehalten?	2 %			VOB/C ATV DIN 18334, Abschnitt 3.7, Fachregeln des Zimmererhandwerks, Abschnitt 9.5.1	Wasserwaage
3.40	**Riffelholzdielenbeläge:** empfohlenes Gefälle in Brettlängsrichtung eingehalten?	1–2 %			Terrassen- und Balkonbeläge, Abschnitt 6.3.2	
3.41	**Lichter Stufenabstand von Treppenstufen bei Gebäuden im Allgemeinen:** ohne Setzstufe?		120 mm		DIN 18065:2020-08, Tabelle 1, Zeile 6.8	Zollstock
3.42	**Lichter senkrechter Abstand** der Treppengeländerstäbe untereinander und zum Podest bei Gebäuden im Allgemeinen?		120 mm		DIN 18065:2020-08, Tabelle 1, Zeile 6.9.3	Zollstock, Kugel 120 mm Durchmesser
3.43	**Lichter senkrechter Abstand** zwischen Treppengeländern und Stufen bei Gebäuden im Allgemeinen?		150 mm		DIN 18065:2020-08, Tabelle 1, Zeile 6.9.5	Zollstock, Würfel 150 mm Kantenlänge
3.44	**Lichter waagerechter Abstand** zwischen Treppengeländer und Stufenaußenkanten am Treppenauge generell?		60 mm		DIN 18065:2020-08, Tabelle 1, Zeile 6.9.4	Zollstock
3.45	**Lichter waagerechter Abstand** zwischen Treppenläufen und Wänden generell?		60 mm		DIN 18065:2020-08, Tabelle 1, Zeile 6.6	Zollstock
3.46	**Lichte Durchgangshöhe von Treppen** in der Lauflinie: über die Stufenvorderkanten gemessen?	2 m			DIN 18065:2020-08, Tabelle 1, Zeile 6.5	Zollstock, Richtscheit
3.47	**Treppengeländerhöhe Wohngebäude:** bei Gebäudehöhe ≤ 12 m ausreichend?	90 cm			DIN 18065:2020-08, Tabelle 1, Zeile 6.9.2	Zollstock
3.48	**Treppengeländerhöhe Gebäude:** bei Gebäudehöhe > 12 m ausreichend?	110 cm			DIN 18065:2020-08, Tabelle 1, Zeile 6.9.2	Zollstock
3.49	**Treppengeländerhöhe Arbeitsstätten:** bei Gebäudehöhe ≤ 12 m ausreichend?	100 cm			DIN 18065:2020-08, Tabelle 1, Zeile 6.9.2	Zollstock

Abnahme-Checkliste						
Gewerk: VOB/C ATV DIN 18336 Abdichtungsarbeiten (Kapitel 6.7)						
BV:		**Datum:**		**Bearbeiter:**		
Nr.	**Überprüfung**	**zul. Grenzwerte**		**Erl.**	**Regelwerk**	**Prüfmittel**
		min.	**max.**	✓		
1	**Prüfung der Grundlagen/ Unterlagen**					
1.1	**Dränage:** vorgesehen?				DIN 4095:1990-06, Abschnitt 5.5	
1.2	**Dränage:** genehmigt?				Untere Wasserbehörde	
1.3	**Ableitung des Dränwassers:** geklärt?				DIN 4095:1990-06, Abschnitt 5.5	
1.4	**Anstehender Boden:** $k_F > 1/10000$ m/s					
1.5	**Grundwasser:** vorhanden?				DIN 4020:2010-12, Abschnitt 2.1.4 und zu 2.4.1.5	
1.6	**Schichtenwasser:** vorhanden?				DIN 4020:2010-12, Abschnitt 2.1.4 und zu 2.4.1.5	
1.7	**Aufstauendes Sickerwasser:** vorhanden?				DIN 4020:2010-12, Abschnitt 2.1.4 und zu 2.4.1.5	
1.8	**Bemessungswasserstand:** festgelegt?				DIN 4020:2010-12, Abschnitt 2.1.4 und zu 2.4.1.5	
1.9	**Bemessungswasserstand:** Brüstungsabstand Kellerfenster in der Planung?	≥ 300 mm			DIN 18533-1:2017-07, Abschnitt 12.3	
1.10	**Dimensionierung der Abdichtung:** zutreffend erfolgt?				DIN 18533-1:2017-07, Abschnitte 5 bis 8	
1.11	Dimensionierung für **die Wassereinwirkungsklasse** erfolgt?				DIN 18533-1:2017-07	
1.12	**Andichtungshöhe** an aufgehende Bauteile: nach Planung ausreichend, bezogen auf Oberkante Belag?	≥ 300 mm			DIN 18533-1:2017-07, Abschnitt 8.8.2.1	
1.13	**Andichtungshöhe** an aufgehende Türschwellen: nach Planung ausreichend, bezogen auf Oberkante Belag?	≥ 150 mm			DIN 18533-1:2017-07, Abschnitt 8.8.2.1	

Gewerk: VOB/C ATV DIN 18336 Abdichtungsarbeiten (Kapitel 6.7)						
BV:		**Datum:**		**Bearbeiter:**		
Nr.	**Überprüfung**	**zul. Grenzwerte**		**Erl.**	**Regelwerk**	**Prüfmittel**
		min.	**max.**	✓		
1.14	**Andichtungshöhe** an aufgehende Türschwellen: nach Planung regulär ausreichend, bezogen auf Oberkante Belag?	≥ 150 mm			Flachdachrichtlinie 2016-12, Abschnitt 4.4 (1)	
1.15	**Andichtungshöhe** an aufgehende Türschwellen: im Sonderfall einer unmittelbar benachbarten Entwässerungsmöglichkeit ausreichend, bezogen auf Oberkante Belag?	≥ 50 mm			Flachdachrichtlinie 2016-12, Abschnitt 4.4 (2)	
1.16	**Andichtungshöhe** an niveaugleiche Schwellen: Ersatzmaßnahmen geplant (Vordächer usw.)?				Flachdachrichtlinie 2016-12, Abschnitt 4.4 (2), DIN 18533-1:2017-07, Abschnitt 9.3	
2	**Materialprüfung/Funktionsprüfung**					
2.1	**Abdichtung gemäß DIN 18195**					
2.1.1	**Bitumendickbeschichtung:** Trockenschichtstärke, W1-E (Bodenfeuchtigkeit)	3 mm			DIN 18533-3:2017-07, Abschnitt 9.2.1	Schublehre
2.1.2	**Bitumendickbeschichtung:** Trockenschichtstärke, W2.1-E (drückendes Wasser ≤ 3 m Eintauchtiefe)	4 mm			DIN 18533-3:2017-07, Abschnitt 9.2.1	Schublehre
2.1.3	**Bitumendickbeschichtung:** Trockenschichtdicke, W3-E (erdüberschüttete Decken)	4 mm			DIN 18533-3:2017-07, Abschnitt 9.2.1	Schublehre
2.1.4	**Bitumendickbeschichtung:** Trockenschichtdicke, W4-E (Wandsockelbereich)	3 mm			DIN 18533-3:2017-07, Abschnitt 9.2.1	Schublehre
2.1.5	**Dränschicht:** Dränschicht/Dränageplatten vorhanden?					
2.2	**Nachträgliche Abdichtung**					
2.2.1	Abdichtungssystem geeignet?				WTA-Merkblätter	
3	**Prüfung der Ausführung**					
3.1	**Abdichtung gemäß DIN 18533-1**					
3.1.1	**Hohlkehlausbildung:** Sohlüberdeckung mit Abkantung?	10 cm				
3.1.2	**Oberer Abdichtungsanschluss bei Außenwänden:** Ausführung der Höhenlage korrekt im Hinblick auf Geländeniveau?	150 mm			DIN 18533-1:2017-07, Abschnitt 8.8.2.1	
3.1.3	**Oberer Abdichtungsanschluss bei Außenwänden:** Randbefestigung vorhanden?				DIN 18533-1:2017-07, Abschnitt 8.8.2.2	

Gewerk: VOB/C ATV DIN 18336 Abdichtungsarbeiten (Kapitel 6.7)						
BV:		**Datum:**		**Bearbeiter:**		
Nr.	**Überprüfung**	**zul. Grenzwerte**		**Erl.**	**Regelwerk**	**Prüfmittel**
		min.	**max.**	✓		
3.1.4	**Oberer Abdichtungsanschluss bei Außenwänden:** Abdichtung vorhanden?				DIN 18533-1:2017-07, Abschnitt 8.8.2.2	
3.1.5	**Klemmprofile:** Maximalabstände der Verschraubungen untereinander eingehalten?		20 cm		DIN 18533-1:2017-07, Anhang A.5	
3.1.6	**Klemmprofile:** Maximaleinzellänge eingehalten?		3 m		DIN 18533-1:2017-07, Anhang A.5	
3.1.7	**Bewegungsfugen:** ordnungsgemäß abgedichtet?				DIN 18533-1:2017-07, Abschnitt 11	
3.1.8	**Durchdringungen:** ordnungsgemäß eingedichtet?				DIN 18533-1:2017-07, Abschnitt 10	
3.1.9	**Flansche und Manschetten:** Abstände der Ränder untereinander?	≥ 15 cm			DIN 18533-1:2017-07, Abschnitt 10.2	
3.1.10	**Flansche und Manschetten:** Abstände der Ränder zu Bauwerkskanten?	≥ 30 cm			DIN 18533-1:2017-07, Abschnitt 10.2	
3.1.11	**Flanschkonstruktionen:** Anziehmomente eingehalten?				DIN 18533-1:2017-07, Anlage A.6, Herstellervorschrift	
3.1.12	**Schutzschichten vor Außenwänden:** vorhanden?				DIN 18533-1:2017-07, Abschnitt 13.2	
3.1.13	**Schutzlage:** nach Herstellervorschrift verlegt, Noppenrichtung?				DIN 18533-1:2017-07, Abschnitt 13.3, Herstellervorschrift	
3.1.14	**Druckwasserdichte Lichtschächte:** druckwasserdicht in die Außenwandabdichtung eingebunden?				DIN 18533-1:2017-07, Abschnitt 12.3	
3.1.15	**Lichtschächte:** rückstaufreie Entwässerung für W2-E sichergestellt?				DIN 18533-1:2017-07, Abschnitt 12.3	
3.1.16	**Lichtschächte:** Brüstungshöhe der Kellerfenster über Lichtschachtsohle ausreichend bei sickerfähigem Boden?	≥ 150 mm			Herstellervorschrift	
3.1.17	**Lichtschächte:** Brüstungshöhe der Kellerfenster über Bemessungswasserstand ausreichend bei sickerfähigem Boden?	≥ 300 mm			DIN 18533-1:2017-07, Abschnitt 12.3, Herstellervorschrift	
3.1.18	**Innenraumabdichtung:** unter den Wannen hindurchgeführt?				DIN 18534-1:2017-07 Abschnitt 8.5.2, ZDB-Merkblatt Verbundabdichtungen 2012-08, Abschnitt 4.2.2	

Gewerk: VOB/C ATV DIN 18336 Abdichtungsarbeiten (Kapitel 6.7)						
BV:		**Datum:**		**Bearbeiter:**		
Nr.	**Überprüfung**	**zul. Grenzwerte**		**Erl.**	**Regelwerk**	**Prüfmittel**
		min.	**max.**	✓		
3.2.19	**PMBC-Abdichtung:** Schichtdickenkontrolle erfolgt?				DIN 18533-3:2017-07, Abschnitt 9.2.5	
3.2.20	**PMBC-Abdichtung:** Schichtdickenkontrolle bei W2-E dokumentiert?				DIN 18533-3:2017-07, Abschnitt 9.2.5.4	
3.1.21	**PMBC-Abdichtung:** Schichtdickenkontrolle als Bestätigungsprüfung in ausreichender Anzahl erfolgt?				DIN 18533-3:2017-07, Abschnitt 4.1.3.3	
3.2	**Nachträgliche Abdichtung**					
3.2.1	Wirksamkeit nachhaltig sichergestellt?				WTA-Merkblatt	Feuchtigkeitsmessung

Abnahme-Checkliste

Gewerk: VOB/C ATV DIN 18338 Dachdeckungs- und Dachdichtungsarbeiten (Kapitel 6.8)						
BV:		**Datum:**		**Bearbeiter:**		
Nr.	**Überprüfung**	**zul. Grenzwerte**		**Erl.**	**Regelwerk**	**Prüfmittel**
		min.	**max.**	✓		
1	**Prüfung der Grundlagen/Unterlagen**					
1.1	**Flachdachabdichtungen**					
1.1.1	**Einwirkungsklasse:** IA, IB, IIA, IIB: zutreffend festgelegt?				DIN 18531-1:2017-07, Abschnitt 5.7	
1.1.2	**Eigenschaftsklasse:** E1 bis E4 zutreffend festgelegt?				DIN 18531-2:2017-07, Abschnitt 4.2	
1.1.3	**Gefälle:** für Anwendungsklasse 1 ausreichend?	≥ 2 %			DIN 18531-1:2017-07, Abschnitt 6.3.1	
1.1.4	**Anwendungsklasse:** K1, K2: zutreffend festgelegt?				DIN 18531-1:2017-07, Abschnitt 6.2	
1.1.5	**Gefälle:** Gefälle fachgerecht geplant?	≥ 2 %			Flachdachrichtlinie 2016-12, DIN 18531-1:2017-07, Abschnitt 6.3.1	
1.1.6	**Gefälle:** statische Bauteilverformungen planmäßig berücksichtigt?				DIN 18531-1:2017-07, Abschnitt 6.3.1	

Gewerk: VOB/C ATV DIN 18338 Dachdeckungs- und Dachdichtungsarbeiten (Kapitel 6.8)						
BV:		**Datum:**		**Bearbeiter:**		
Nr.	**Überprüfung**	**zul. Grenzwerte**		**Erl.**	**Regelwerk**	**Prüfmittel**
		min.	**max.**	✓		
1.1.7	**Gefälle:** zulässige Maßtoleranzen planmäßig berücksichtigt?				DIN 18531-1:2017-07, Abschnitt 6.3.1	
1.1.8	**Wahl der Abdichtung:** zutreffend durchgeführt?				DIN 18531-3: 2017-07, Abschnitt 4	
1.1.9	**Holzschalung:** Mindestdicke eingehalten?	24 mm			DIN 18531-1:2017-07, Abschnitt 7.4.2	
1.1.10	**Holzschalung:** Brettbreite der Schalung eingehalten?		16 cm		DIN 18531-1:2017-07, Abschnitt 7.4.2	
1.1.11	**Schalung aus Holzwerkstoffen:** Mindestdicke eingehalten?	22 mm			DIN 18531-1:2017-07, Abschnitt 7.4.3	
1.1.12	**Wärmedämmung:** Nachweis der Eignung liegt vor?				DIN 18531-1:2017-07, Abschnitt 5.4	
1.1.13	**Schalung aus Holzwerkstoffen:** Tragfähigkeit nachgewiesen?				DIN 18531-1:2017-07, Abschnitt 7.4.3	
1.1.14	**Stahltrapezprofile:** Mindestdicke eingehalten?	0,88 mm			DIN 18531-1:2017-07, Abschnitt 7.5	
1.1.15	**Stahltrapezprofile:** Maximaldurchbiegung bei K2 eingehalten?	l/300			DIN 18531-1:2017-07, Abschnitt 7.5	
1.1.16	**Stahltrapezprofile:** Maximaldurchbiegung bei K1 eingehalten?	l/500			DIN 18531-1:2017-07, Abschnitt 7.5	
1.1.17	**Wärmedämmung:** Nachweis mechanischer Befestigung liegt vor?				DIN 18531-1:2017-07, Abschnitt 6.14	
2	**Materialprüfung/Funktionsprüfung**					
2.1	**Pfannendach**					
2.1.1	**Pfannenfarbe:** Einhaltung der Grenzmuster: Sichtprüfung					
2.1.2	**Oberflächenbeschädigungen:** Sichtprüfung		< ∅ 7 mm		DIN EN 1304:2013-08, Produktdatenblatt für Dachziegel des Deutschen Dachdeckerhandwerks	
2.1.3	**Trittsteine:** für Schornsteinfeger vorhanden?					
2.1.4	**Beschädigungen der Unterspannung:** Sichtprüfung, insbesondere im Traufbereich					Traufpfannen hochschieben
2.1.5	**Materialprüfung der Unterspannung:** diffusionsoffen bei Vollsparrendämmung				Herstellervorschrift	bauaufsichtliche Zulassung prüfen

Gewerk: VOB/C ATV DIN 18338 Dachdeckungs- und Dachdichtungsarbeiten (Kapitel 6.8)						
BV:		**Datum:**		**Bearbeiter:**		
Nr.	**Überprüfung**	**zul. Grenzwerte**		**Erl.**	**Regelwerk**	**Prüfmittel**
		min.	**max.**	✓		
2.1.6	**Insektenschutzgitter:** Maschenweite für Schutz vor Wespen		< 3 mm		NABU-Info Wespen	
2.2	**Flachdachabdichtungen**					
2.2.1	**Wärmedämmung:** Dämmstärke, WLG ausreichend?					
3	**Prüfung der Ausführung**					
3.1	**Steildach**					
3.1.1	**Ausrichtung:** Sichtprüfung					
3.1.2	**Verklammerung:** Überprüfung					
3.1.3	**Traufe:** Traufpfanneneinstand in die Dachrinne		1/3 · DN		Fachregel für Dachdeckungen mit Dachziegeln und Dachsteinen, Februar 2016, Abschnitt 4.1 (3)	
3.1.4	**Traufe:** Beseitigung von Pfannenschutt und Sackbildung?					Traufpfannen hochschieben
3.1.5	**Traufe mit Unterspannung:** Traufblech vorhanden?				Merkblatt für Unterdächer, Unterdeckungen und Unterspannungen, DIN 18338:2016-09, Abschnitt 3.2.2.8	Sichtkontrolle
3.1.6	**Entwässerungsmöglichkeit der Unterspannung:** in die Rinnen, freier Abfluss, ohne Sackbildung, Anschluss an Traufblech?				Merkblatt für Unterdächer, Unterdeckungen und Unterspannungen, Abschnitt 4.2 (7)	Traufpfannen hochschieben
3.1.7	**Kehlrinnen:** Dichtigkeit gegeben?					Dachpfannen im Kehlbereich hochschieben, Tastbefund, Sichtprüfung von der Unterseite
3.1.8	**Freier Lüftungsquerschnitt oberhalb der Wärmedämmung, Dachneigung < 5°**	2 permil, ≥ 5 cm			DIN 4108-3:2018-10, Abschnitt 5.3.3.3	
3.1.9	**Freier Lüftungsquerschnitt oberhalb d. Wärmedämmung, Dachneigung ≥ 5°**	≥ 2 cm			DIN 4108-3:2018-10, Abschnitt 5.3.3.3	

Gewerk: VOB/C ATV DIN 18338 Dachdeckungs- und Dachdichtungsarbeiten (Kapitel 6.8)						
BV:		**Datum:**		**Bearbeiter:**		
Nr.	**Überprüfung**	**zul. Grenzwerte**		**Erl.**	**Regelwerk**	**Prüfmittel**
		min.	**max.**	✓		
3.1.10	**Folienrinne:** Anschluss bei Dachdurchdringungen auf der Firstseite vorhanden?				Herstellervorschrift	
3.1.11	**Dachflächenfenster:** firstseitig durchgehende Folienrinne mit Entwässerung in die benachbarten Sparrenfelder, seitliche Folienaufkantung mit Anschluss an Zargenrahmen?				Merkblatt Einbauteile bei Dachdeckungen, Herstellervorschrift	
3.1.12	**Dachflächenfenster:** Anschluss der Innenbekleidung unten angeschrägt, ohne waagerechte Fensterbank?				Einbauanleitung Hersteller	
3.1.13	**Dachflächenfenster:** Heizkörper unterhalb des Fensters vorhanden?				Einbauanleitung Hersteller	
3.1.14	**Dachflächenfenster:** im Bad mit Kunststoffoberfläche und Kondensatrinne?				Einbauanleitung Hersteller	
3.1.15	**Gaubendächer:** oberseitiger Anschluss an Steildach – freie Entwässerung der Unterspannbahn auf das Gaubendach gewährleistet?					Pfannen hochschieben
3.1.16	Lattenabstände eingehalten? Sperrende Dachziegel/Dachsteine?					
3.1.17	Verkehrswege für Schornsteinfeger vorhanden?				DIN 18160-5:2016-04, Abschnitt 6.2	
3.1.18	Standflächen für Schornsteinfeger vorhanden?				DIN 18160-5:2016-04, Abschnitt 6.3	
3.2	**Flachdach**					
3.2.1	**Anschlusshöhen bei genutzten Dächern:** eingehalten?	≥ 0,15 m			DIN 18531-1:2017-07, Abschnitt 6.7	
3.2.2	**Anschlusshöhen bei nicht genutzten Dächern mit Gefälle ≤ 5°:** eingehalten?	≥ 0,15 m			DIN 18531-1:2017-07, Abschnitt 6.7	
3.2.3	**Anschlusshöhen bei nicht genutzten Dächern mit Gefälle > 5°:** eingehalten?	≥ 0,10 m			DIN 18531-1:2017-07, Abschnitt 6.7	
3.2.4	**Abschlusshöhen bei genutzten Dächern:** eingehalten?	≥ 0,10 m			DIN 18531-1:2017-07, Abschnitt 6.7	
3.2.5	**Abschlusshöhen bei nicht genutzten Dächern mit Gefälle ≤ 5°:** eingehalten?	≥ 0,10 m			DIN 18531-1:2017-07, Abschnitt 6.7	
3.2.6	**Abschlusshöhen bei nicht genutzten Dächern mit Gefälle > 5°:** eingehalten?	≥ 0,05 m			DIN 18531-1:2017-07, Abschnitt 6.7	
3.2.7	**Flachdacheinläufe:** vertieft in die Oberfläche eingelassen?				Flachdachrichtlinie 2016-12, Abschnitt 4.8.1 (3)	

Gewerk: VOB/C ATV DIN 18338 Dachdeckungs- und Dachdichtungsarbeiten (Kapitel 6.8)						
BV:		**Datum:**		**Bearbeiter:**		
Nr.	**Überprüfung**	**zul. Grenzwerte**		**Erl.**	**Regelwerk**	**Prüfmittel**
		min.	**max.**	✓		
3.2.8	**Flachdacheinläufe:** Anzahl ausreichend?				DIN EN 12056-3: 2001-01, Abschnitt 5, Herstellervorschrift	
3.2.9	**Flachdacheinläufe:** beheizt?					
3.2.10	**Flachdacheinläufe:** Materialverträglichkeit Flansch/Abdichtung?				Herstellervorschrift	
3.2.11	**Flachdacheinläufe:** für Revisionszwecke zugänglich?					
3.2.12	**Notentwässerung:** Speier vorhanden?				Flachdachrichtlinie 2016-12, DIN EN 12056-3:2001-01, Abschnitt 7.4	
3.2.13	**Notüberläufe:** bei Dachterrassen mit geschlossener Brüstung vorhanden?				DIN 18531-1:2017-07, Abschnitt 6.6	
3.2.14	**Bitumendachbahnen:** Schweißraupen sichtbar?				Herstellervorschrift	
3.2.15	**Nahtüberlappung:** bei mehrlagigen Bitumenbahnen eingehalten?	≥ 80 mm			DIN 18531-3:2017-07, Abschnitt 5.7.2.2	
3.2.16	**Nahtüberlappung:** bei einlagigen Bitumenbahnen eingehalten?	≥ 100 mm			DIN 18531-3:2017-07, Abschnitt 5.7.2.2	
3.2.17	**Nahtüberlappung:** in Längsrichtung bei einlagigen Polymerbitumenbahnen mit Flamme eingehalten?	≥ 80 mm			DIN 18531-3:2017-07, Abschnitt 5.7.2.2	
3.2.18	**Nahtüberlappung:** in Längsrichtung bei einlagigen Polymerbitumenbahnen mit Warmgas eingehalten?	≥ 60 mm			DIN 18531-3:2017-07, Abschnitt 5.7.2.2	
3.2.19	**Nahtüberlappung:** in Querrichtung bei einlagigen Polymerbitumenbahnen und auf beschieferten Bahnen eingehalten?	≥ 100 mm			DIN 18531-3:2017-07, Abschnitt 5.7.2.2	
3.2.20	**Flüssigkunststoffabdichtung:** Überlappungsbreite auf bahnenförmige Abdichtungen eingehalten?	≥ 100 mm			Flachdachrichtlinie 2016-12, Abschnitt 3.6.4.2. (11), DIN 18531-3:2017-07, Abschnitt 5.7.4.2	
3.2.21	**Flüssigkunststoffabdichtung:** Flächengewicht der Einlagen ausreichend?	≥ 110 g/m²			DIN 18531-3:2017-07, Abschnitt 5.7.4.1.1	
3.2.22	**Flüssigkunststoffabdichtung:** Überlappungsbreite der Einlagen eingehalten?	≥ 50 mm			DIN 18531-3:2017-07, Abschnitt 5.7.4.2, Flachdachrichtlinie 2016-12, Abschnitt 3.6.4.2. (10)	

Gewerk: VOB/C ATV DIN 18338 Dachdeckungs- und Dachdichtungsarbeiten (Kapitel 6.8)						
BV:		**Datum:**		**Bearbeiter:**		
Nr.	**Überprüfung**	**zul. Grenzwerte**		**Erl.**	**Regelwerk**	**Prüfmittel**
		min.	**max.**	✓		
3.2.23	**Flüssigkunststoffabdichtung:** Mindestschichtdicke bei nicht genutzten Dächern mit Gefälle ≥ 2 % und Anwendungsklasse K1 eingehalten?	≥ 1,8 mm			DIN 18531-3:2017-07, Tabelle 3	
3.2.24	**Flüssigkunststoffabdichtung:** Mindestschichtdicke bei nicht genutzten Dächern mit Gefälle < 2 % und Anwendungsklasse K1 eingehalten?	≥ 2,1 mm			DIN 18531-3:2017-07, Tabelle 3	
3.2.25	**Flüssigkunststoffabdichtung:** Mindestschichtdicke bei genutzten Dächern mit Gefälle < 2 % oder ≥ 2 % und Anwendungsklasse K1 eingehalten?	≥ 2,1 mm			DIN 18531-3:2017-07, Tabelle 3	
3.2.26	**Flüssigkunststoffabdichtung:** Mindestschichtdicke Anwendungskategorie K2 eingehalten?	≥ 2,1 mm			DIN 18533-3:2017-07, Tabelle 3	
3.2.27	**Flüssigkunststoffabdichtung:** Zulassung nach ETAG 005 vorhanden?				DIN 18531-3:2017-07, Tabelle 3	
3.2.28	**Mindestfügebreite bei Kunststoff- oder Elastomerbahnen** eingehalten?				DIN 18531-3:2017-07, Tabelle 6	
3.2.29	**Durchdringungen:** Mindestabstand bei bahnenförmigen Abdichtungsstoffen zu benachbarten Bauteilen eingehalten?	≥ 0,30 m			Flachdachrichtlinie 2016-12, Abschnitt 4.5.1 (2), DIN 18531-1:2017-07, Abschnitt 6.9, DIN 18531-3: 2017-07, Abschnitt 6.9	
3.2.30	**Durchdringungen:** Mindestabstand bei Flüssigkunststoffen zu benachbarten Bauteilen eingehalten?	≥ 0,10 m			DIN 18531-3:2017-07, Abschnitt 6.9	
3.2.31	**Durchdringungen:** Einfassung ordnungsgemäß mit Aufkantung hergestellt?				Flachdachrichtlinie 2016-12, Abschnitt 5.4.1 (1)	
3.2.32	**Gefälle:** in der Fläche eingehalten?	≥ 2 %			DIN 18531-1:2017-07, Abschnitt 6.3.1	
3.2.33	**Gefälle:** bei Anwendungsklasse K2 in Kehlen eingehalten?	≥ 1 %			DIN 18531-1:2017-07, Abschnitt 6.3.2.2	
3.2.34	**Wärmedämmung:** druckfest, nachgiebig?				DIN 18531-1:2017-07, Abschnitt 7.6	
3.2.35	**Wärmedämmung:** Mineralfaserdämmung im Bereich von Brandwänden vorhanden?	5 m				

Gewerk: VOB/C ATV DIN 18338 Dachdeckungs- und Dachdichtungsarbeiten (Kapitel 6.8)						
BV:		**Datum:**		**Bearbeiter:**		
Nr.	**Überprüfung**	**zul. Grenzwerte**		**Erl.**	**Regelwerk**	**Prüfmittel**
		min.	**max.**	✓		
3.2.36	**Bewegungsfugen:** Ausführung entsprechend Beanspruchung – Fugentyp I, II?				DIN 18531-3:2017-07, Abschnitt 7.7, DIN 18531-1:2017-07, Abschnitt 6.10	
3.2.37	**Oberflächenschutz:** ausreichend?				DIN 18531-2:2017-07, Abschnitt 5.8	
3.2.38	**Schutzlage vorhanden** bei Dachabdichtungen aus Bitumen- und Polymerbitumenbahnen?				DIN 18531-3:2017-07, Abschnitt 4.2	
3.2.39	**Schutzlage vorhanden** bei Dachabdichtungen Abdichtung mit Kunststoff- oder Elastomerbahnen?				DIN 18531-3:2017-07, Abschnitt 4.3, Tabelle 2	
3.2.40	**Schutzlage unter Stelzlagern:** sollte vorhanden sein (kein Muss)				Flachdachrichtlinie 2016-12, Abschnitt 3.8.3 (6)	
3.2.41	**Nachweis der Windsogsicherung:** erfolgt?				DIN 18531-3:2017-07, Abschnitt 6.3	
3.2.42	**Bekiesung:** Kiesfangleisten ohne Dachdurchdringung mechanisch befestigt?					
3.2.43	**Balkone:** Lage der Balkonabläufe im Belag markiert?					
3.2.44	**Balkone mit nach innen geführter Entwässerung:** Notüberlauf vorhanden?				Flachdachrichtlinie 2016-12, Abschnitt 4.4 (2)	
3.2.45	**Balkone:** Entwässerungsrinne direkt an die Entwässerung angeschlossen oder unter Stelzlager entwässert?				Flachdachrichtlinie 2016-12, Abschnitt 4.4 (2)	
3.2.46	**Sekuranten:** Anschlagvorrichtungen vorhanden?				Flachdachrichtlinie 2016-12, Abschnitt 1.4 (22); DGUV-Information 201-056, DIN 4426:2017-01, Abschnitt 5.1	
3.2.47	**Sekuranten:** Anschlagvorrichtungen statisch nachgewiesen?	10 kN			DIN EN 795:2012-10	
3.2.48	**Entwässerungsrinnen: im Terrassen-Balkonbelag** unmittelbar an Fenstertüren anliegend?				DIN 18531-3:2017-07, Abschnitt 6.8, Flachdachrichtlinie 2016-12, Abschnitt 4.4 (2)	

– Diese Liste erfüllt nicht den Anspruch auf Vollständigkeit. –

Abnahme-Checkliste						
Gewerk: VOB/C ATV DIN 18339 Klempnerarbeiten (Kapitel 6.9)						
BV:		**Datum:**		**Bearbeiter:**		
Nr.	**Überprüfung**	**zul. Grenzwerte**		**Erl.**	**Regelwerk**	**Prüfmittel**
		min.	**max.**	✓		
1	**Prüfung der Grundlagen/Unterlagen**					
1.1	**Entwässerungsnachweis** und Dimensionierung von Rinnen und Fallrohren vorhanden?					
2	**Materialprüfung/Funktionsprüfung**					
2.1	**Dachrandabschlüsse:** Materialdicke bei Aluminium, Kupfer und Titanzink	1,0 mm			VOB/C ATV DIN 18339:2019-09, Tabelle 10	Nanometer
2.2	**Dachrandabschlüsse:** Materialdicke bei nicht rostendem Stahl und verzinktem Stahl	0,8 mm			VOB/C ATV DIN 18339:2019-09, Tabelle 10	Nanometer
2.3	**Dachrinnen:** Dimension				DIN EN 12056-3:2001-01	
2.4	**Dachrinnen:** Dimensionierung und Abstand Rinnenhalter				Fachregel für Metallarbeiten im Dachdeckerhandwerk, 2017-06, mit Änderungen 2020-11, Anhang II.3	
2.5	**Dachrinnen:** Dilatationsausgleich bei Zuschnitt über 500 mm		8 m		Fachregel für Metallarbeiten im Dachdeckerhandwerk, 2017-06, mit Änderungen 2020-11, Anhang I, Tabelle I.7	
2.6	**Dachrinnen:** Dilatationsausgleich bei Zuschnitt bis 500 mm		15 m		Fachregel für Metallarbeiten im Dachdeckerhandwerk, 2017-06, mit Änderungen 2020-11, Anhang I, Tabelle I.7	
2.7	**Dachrinnen:** sollten ein Gefälle haben (kein Muss)	1–3 mm/m			DIN EN 12056-3:2001-01, Abschnitt 7.2.1	
2.8	**Regenfallrohre:** Dimension				DIN EN 12056-3:2001-01, Abschnitt 5	
2.9	**Dachentwässerung:** von Balkon-, Loggien- und Terrassenentwässerung getrennt, wenn Brüstung geschlossen?				DIN 1986-100:2016-12, Abschnitt 5.10	
2.10	**Fallrohre:** keine Einleitung in Dränage!				DIN 4095:1990-06, Abschnitt 4.2	

Gewerk: VOB/C ATV DIN 18339 Klempnerarbeiten (Kapitel 6.9)						
BV:		**Datum:**		**Bearbeiter:**		
Nr.	**Überprüfung**	**zul. Grenzwerte**		**Erl.**	**Regelwerk**	**Prüfmittel**
		min.	**max.**	✓		
3	**Prüfung der Ausführung**					
3.1	**Klemmstreifen:** Anpressdruck durch Verschraubung vorhanden?		25 cm		Fachregel für Metallarbeiten im Dachdeckerhandwerk, 2017-06, mit Änderungen 2020-11, Abschnitt 5.6 (8)	
3.2	**Klemmstreifen:** Anschlusshöhe an Wand ausreichend?	150 mm			Flachdachrichtlinie 2016-12, Abschnitt 4.4 (1)	
3.3	**Klemmstreifen:** Anschlusshöhe im Fenstertürbereich ausreichend, Entwässerungsrinne vorhanden mit unmittelbarem Entwässerungsanschluss?	50 mm			Flachdachrichtlinie 2016-12, Abschnitt 4.4 (2)	
3.4	**Mauerabdeckungen:** Dilationsausgleiche vorhanden?		8 m		Fachregel für Metallarbeiten im Dachdeckerhandwerk, 2017-06, mit Änderungen 2020-11, Anhang I, Tabelle I.7	
3.5	Mauerabdeckungen aus verzinktem Stahl und nicht rostendem Stahl: Dilationsausgleiche vorhanden?		14 m		Fachregel für Metallarbeiten im Dachdeckerhandwerk 2017-06 mit Änderungen 2020-11, Anhang I, Tabelle I.7	
3.6	**Dachrandanschlüsse:** vertikaler Überhang ausreichend?	H < 8 m: 60 mm			Fachregeln Metallbauarbeiten im Dachdeckerhandwerk 2017-06, mit Änderungen 2020-11, Abb. III.16	
		8 m < H < 20 m: 80 mm				
		H > 20 m: 100 mm				
3.7	**Dachrandanschluss:** seitlicher Überstand ausreichend?	H < 8 m: 30–40 mm				
		8 m < H < 20 m: 50 mm				
		H > 20 m: 60 mm				
3.8	**Aufkantungen** im Bereich aufgehender Bauteile und hinter Vertikalverkleidungen: Anschlusshöhe und dreidimensionale Schlüssigkeit	150 mm				

Gewerk: VOB/C ATV DIN 18339 Klempnerarbeiten (Kapitel 6.9)						
BV:		**Datum:**		**Bearbeiter:**		
Nr.	**Überprüfung**	**zul. Grenzwerte**		**Erl.**	**Regelwerk**	**Prüfmittel**
		min.	**max.**	✓		
3.9	**Dachrinnen aus Zinkblech unter bituminösen Dächern:** Schutzanstrich gegen Bitumenkorrosion vorhanden?				Fachregel für Metallarbeiten im Dachdeckerhandwerk 2017-06, mit Änderungen 2020-11, Abschnitt 2.1 (2), Rheinzink Produktlinien 2020, Abschnitt 5.4	Sichtprüfung
3.10	**Regenfallrohre:** freier Querschnitt im Einlaufstutzen					
3.11	**Regenfallrohre:** Abrutschsicherung über jeder Schelle vorhanden?				Fachregel Metallarbeiten im Dachdeckerhandwerk 2017-06, mit Änderungen 2020-11, Abschnitt 10.2.2 (4)	
3.12	**Regenfallrohre:** Standrohr bei Risiko mechanischer Beanspruchungen vorhanden?				DIN 1986-100:2016-12, Abschnitt 6.1.4	
3.13	**Regenfallrohre:** Revisionsöffnung vorhanden?				DIN 1986-100:2016-12, Abschnitt 6.6, DIN EN 12056-3:2001-01, Abschnitt 7.5.1	
3.14	**Regenfallrohre:** Schließschrauben der Revisionsöffnung korrosionsbeständig?				Fachregel Metallarbeiten im Dachdeckerhandwerk 2020-03, Abschnitt 10.2.2 (6)	
3.15	Blech-**Fensterbänke**: Außengefälle	2 %				
3.16	Blech-**Fensterbänke**: Abstand der vorderen Abkantung vom Bauwerk	20 mm			DIN 18339:2019-09, Abschnitt 3.4.3, Fachregel für Metallarbeiten im Dachdeckerhandwerk 2017-06, mit Änderungen 2020-11, Abschnitt 8.1, Abschnitt 6.3.1	
3.17	Blech-**Fensterbänke, Kupfer**: Abstand der vorderen Abkantung vom Bauwerk	50 mm			DIN 18339:2016-09, Fachregel für Metallarbeiten im Dachdeckerhandwerk 2017-06, mit Änderungen 2020-11, Abschnitt 8.1, Abschnitt 6.3.1	
3.18	Blech-**Fensterbänke**: Aufkantung dreidimensional schlagregendicht?					
3.19	Blech-**Fensterbänke**: Aufkantungsandichtung an Fenster-Blendrahmen gesichert gegen Hinterläufigkeit?					

Gewerk: VOB/C ATV DIN 18339 Klempnerarbeiten (Kapitel 6.9)						
BV:		**Datum:**		**Bearbeiter:**		
Nr.	**Überprüfung**	**zul. Grenzwerte**		**Erl.**	**Regelwerk**	**Prüfmittel**
		min.	**max.**	✓		
3.20	Blech-**Fensterbänke**: Dilatationsmöglichkeiten vorhanden, Δ L = 1,3 mm pro m bei Δ T = 100 K				DIN 18339:2019-09	
3.21	**Kehlen:** Zuschnittsbreite ausreichend?	400 mm			Fachregel Metallarbeiten im Dachdeckerhandwerk 2017-06, mit Änderungen 2020-11, Abschnitt 7.3 (4)	
3.22	**Kehlen:** Überdeckung Kehlbleche ausreichend? Kehlneigung > 22°	100 mm			Fachregel Metallarbeiten im Dachdeckerhandwerk 2017-06, mit Änderungen 2020-11, Abschnitt 7.2 (1)	
3.23	**Kehlen:** Überdeckung Kehlbleche ausreichend? Kehlneigung 15–22°	150 mm			Fachregel Metallarbeiten im Dachdeckerhandwerk 2017-06, mit Änderungen 2020-11, Abschnitt 7.2 (1)	
3.24	**Kehlen:** wasserdichte Verbindung vorhanden? Kehlneigung < 15°				Fachregel Metallarbeiten im Dachdeckerhandwerk 2017-06, mit Änderungen 2020-11, Abschnitt 7.2 (1)	
3.25	**Kehlen:** seitliche Überdeckung ausreichend? Kehlneigung > 22°	100 mm			Fachregel Metallarbeiten im Dachdeckerhandwerk 2017-06, mit Änderungen 2020-11, Abschnitt 7.3 (6)	
3.26	**Kehlen:** seitliche Überdeckung ausreichend? Kehlneigung 15–22°	150 mm			Fachregel Metallarbeiten im Dachdeckerhandwerk 2017-06, mit Änderungen 2020-11, Abschnitt 7.3 (6)	
3.27	**Kehlen:** seitliche Überdeckung ausreichend? Kehlneigung < 15°	200 mm			Fachregel Metallarbeiten im Dachdeckerhandwerk 2017-06, mit Änderungen 2020-11, Abschnitt 7.3 (6)	
3.28	**Dilatationsausgleich:** eingeklebte Einfassungen, Winkelanschlüsse, Rinneneinhänge und Schettrinnen		6 m		VOB/C ATV DIN 18339: 2019-09, Tabelle 1	

Gewerk: VOB/C ATV DIN 18339 Klempnerarbeiten (Kapitel 6.9)						
BV:		**Datum:**		**Bearbeiter:**		
Nr.	**Überprüfung**	**zul. Grenzwerte**		**Erl.**	**Regelwerk**	**Prüfmittel**
		min.	**max.**	✓		
3.29	**Dilatationsausgleich:** Strangpressprofile		6 m		VOB/C ATV DIN 18339: 2019-09, Tabelle 1	
3.30	**Dilatationsausgleich:** außerhalb wasserführender Ebenen, Mauerabdeckungen, Dachrandabschlüsse, innen liegende nicht eingeklebte Dachrinnen über 500 mm		8 m		VOB/C ATV DIN 18339: 2019-09, Tabelle 1	
3.31	**Dilatationsausgleich:** außerhalb wasserführender Ebenen bei Stahl		14 m		VOB/C ATV DIN 18339: 2019-09, Tabelle 1	
3.32	**Dilatationsausgleich:** Scharen von Dachdeckungen und Wandbekleidungen sowie innen liegende, nicht eingeklebte Dachrinne mit Zuschnittsbreite unter 500 mm und Hängedachrinnen mit Zuschnitt über 500 mm bei Stahl		10 m		VOB/C ATV DIN 18339: 2019-09, Tabelle 1	
3.33	**Dilatationsausgleich:** wie unter 3.31		14 m		VOB/C ATV DIN 18339: 2019-09, Tabelle 1	
3.34	**Dilatationsausgleich:** Hängedachrinnen mit Zuschnittsbreite bis 500 mm		15 m		VOB/C ATV DIN 18339: 2019-09, Tabelle 1	
3.35	Einzuklebende **Metallanschlüsse**: Klebefläche ausreichend?	120 mm			VOB/C ATV DIN 18339: 2019-09, Abschnitt 3.1.9	
3.36	Einzuklebende **Metallanschlüsse**: Verklebung bei Längen über 3 m – Befestigung indirekt?				VOB/C ATV DIN 18339: 2019-09, Abschnitt 3.1.9	
3.37	**Blechbekleidung:** Untergrund Schalung Vollholz	24 mm			Fachregel Metallarbeiten im Dachdeckerhandwerk 2017-06, mit Änderungen 2020-11, Abschnitt 2.4.1(2)	
3.38	**Blechbekleidung:** Untergrund Schalung Holzwerkstoffe	22 mm			Fachregel Metallarbeiten im Dachdeckerhandwerk 2017-06, mit Änderungen 2020-11, Abschnitt 2.4.2 (3)	

Abnahme-Checkliste						
Gewerk: VOB/C ATV DIN 18340 Trockenbauarbeiten (Kapitel 6.10)						
BV:		**Datum:**		**Bearbeiter:**		
Nr.	**Überprüfung**	**zul. Grenzwerte**		**Erl.**	**Regelwerk**	**Prüfmittel**
		min.	**max.**	✓		
1	**Prüfung der Grundlagen/Unterlagen**					
1.1	**Luftdichtigkeitsebene:** definiert?				DIN 4108-7:2011-01, Abschnitt 5	
2	**Materialprüfung/Funktionsprüfung**					
2.1	**GKI-Gipsplatten imprägniert:** Prüfung, ob Feuchtraumplatten entsprechend Verwendungszweck				DIN 18181:2019-04, Abschnitt 10	
2.2	**GKI-Gipsplatten:** Prüfung, ob Installationsdurchgänge abgedichtet				Gipsplatten-Merkblatt 5:2020-05, Abschnitt 8.4.1. DIN 18181:2019-04, Abschnitt 12	
2.3	**GKB-Gipsplatten:** Materialdicke gemäß Schallschutznachweis?				DIN 4109-33:2016-07, Abschnitt 4	
2.4	**GKF-Gipsfeuerschutzplatten:** Prüfung, ob Material gemäß Brandschutzanforderungen geeignet				DIN 18180:2014-09, Abschnitt 4	
2.5	**Nassräume:** Ausführung mit GKI-Platten erfolgt?				DIN 18180:2014-09, Abschnitt 4	
2.6	**Nassräume:** Beplankung als Untergrund für Wandfliesen zweilagig?				Herstellervorschrift, z. B. Rigips	
2.7	**Nassräume:** Beplankung als Untergrund für Wandfliesen zweilagig ≥ 12,5 mm oder einlagig ≥ 18 mm, wenn Ständerabstand > 420 mm und ≤ 625 mm				Rigips®-Lösungen für Feucht- und Nassräume, 2020-05, S. 40 (Saint-Gobain Rigips GmbH)	
2.8	**Brandwände:** Ausführung mit GKF-Platten erfolgt?					
2.9	**Schallschutzwände:** Aufbau gemäß schalltechnischen Berechnungen erfolgt?					
2.10	**Gipsplatten:** falsche Lagerung im feuchten Milieu oder unter Lichteinwirkung: Gelbbraun-Verfärbung				DIN 18181:2019-04, Abschnitt 4	Aufbringen von Wassertropfen, beim Abtrocknen braune Ränderung
2.11	**Gipsplatten:** durchfeuchtet aufgrund von Havarieschäden – Schimmelpilzschäden im Hohlraum?					

Gewerk: VOB/C ATV DIN 18340 Trockenbauarbeiten (Kapitel 6.10)						
BV:		**Datum:**		**Bearbeiter:**		
Nr.	**Überprüfung**	**zul. Grenzwerte**		**Erl.**	**Regelwerk**	**Prüfmittel**
		min.	**max.**	✓		
3	**Prüfung der Ausführung**					
3.1	**Deckenbekleidung:** Befestigungsabstände eingehalten?		170 mm		DIN 18181:2019-04, Abschnitt 5	
3.2	**Ständerwände:** Befestigungsabstände eingehalten?		250 mm			
3.3	**Plattenstöße:** nicht vertikal und horizontal von Türecken ausgehend				DIN 18183:2018-05, Abschnitt 4.7, Herstellervorschrift	
3.4	**Schnittkantenstöße:** für die Spachtelung mit Variospachtel v-förmig aufgeweitet?				Herstellervorschrift	
3.5	**Türen:** verstärkte Ständerprofile vorhanden?				DIN 18183:2018-05, Abschnitt 4.7	
3.6	**Türen:** Sturzprofil vorhanden?				DIN 18183:2018-05, Abschnitt 4.7	
3.7	**Wohnungstrennwände:** Steckdosen gegenüberliegend?					
3.8	**Ständerwände:** oberer Anschluss an Stahlbetondecke gleitend hergestellt?				DIN 18183:2018-05, Abschnitt 4.6	
3.9	**Bauteilanschlüsse:** scharfkantige Trennung als Scheinfuge vorhanden?					
3.10	**Abseiten und Dachschrägen:** Wärmedämmung gegen Luft hinterspülsicher schlüssig angebracht?					
3.11	**Abseiten und Dachschrägen:** Dampfsperre/Luftdichtigkeitsebene dichtschließend angeschlossen?				DIN 4108-7:2011-01, Abschnitt 5	
3.12	**Luftdichtigkeitsfolie:** Unterbrechungen abgedichtet: Steckdosen, Lampenauslässe, Installationen?					
3.13	**Fensteranschluss:** luftdichter Verschluss der Konstruktionsfuge?				DIN 4108-7:2011-01, Abschnitt 5	
3.14	**Abgehängte Decken:** Konstruktionsverstärkung für Lampen usw. vorhanden?					
3.15	**Abgehängte Decken:** Konstruktionsverstärkung für Windbeanspruchung vorhanden?				DIN EN 13964:2014-08, Abschnitt 4.3.5	

Gewerk: VOB/C ATV DIN 18340 Trockenbauarbeiten (Kapitel 6.10)						
BV:		**Datum:**		**Bearbeiter:**		
Nr.	**Überprüfung**	**zul. Grenzwerte**		**Erl.**	**Regelwerk**	**Prüfmittel**
		min.	**max.**	✓		
3.16	**Ständerwände:** Konstruktionsverstärkungen für Objekt-Anbauten usw. vorhanden?					
3.17	**Grenzabmaße:** eingehalten?				DIN 18202:2019-07, Tabelle 1	Bandmaß, Zollstock, Disto
3.18	**Lotrechtigkeit, Winkligkeit Toleranzen:** eingehalten?				DIN 18202:2019-07, Tabelle 2	Wasserwaage, Winkel, Messkeil
3.19	**Ebenheit:** innerhalb zulässiger Toleranzgrenzen?				DIN 18202:2019-07, Tabelle 3	Richtscheit, Schnur, Messkeil
3.20	**Stahlzargen:** Einbausituation – Höhenlage gemäß Meterriss, Zargeneinstand gemäß Herstellerangabe		±2 mm		DIN 18111-3:2018-10, Abschnitt 5.2.1	Nivelliergerät
3.21	**Stahlzargen:** Einbausituation: Abweichung von der Lotrechtigkeit		1 mm/m		DIN 18111-3:2018-10, Abschnitt 5.2.1	Nivelliergerät
3.22	**Stahlzargen:** Türzargen verwindungsfrei eingebaut?				DIN 18111-3:2018-10, Abschnitt 4	seitliches Fluchten über die Kanten
3.23	**Stahlzargen:** Schlagrichtung gemäß Planung?					
3.24	**Stahlzargen:** Beschädigungen, Lack, Beulen					
3.25	**Stahlzargen:** Transportprofile entfernt?				DIN 18111-3:2018-10, Abschnitt 5.2.1	
3.26	**Stahlzargen:** Befestigungslöcher der Transportprofile verschlossen?				DIN 18111-1:2018-10, Abschnitt 15.1	
3.27	**Stahlzargen in Ständerwänden:** Blechverbindungen mit den UA-Profilen mit selbst schneidenden Schrauben?				DIN 18111-3:2018-10, Abschnitt 5.3.1	
3.28	**Stahlzargen in Mauerwerk:** Hinterfüllung mit geeignetem Mörtel erfolgt?				DIN 18111-3:2018-10, Abschnitt 5.2.2	
3.29	**Stahlzargen in Mauerwerk:** Hinterfüllung mit geeignetem Montageschaum erfolgt?				DIN 18111-3:2018-10, Abschnitt 5.2.2	
3.30	**Gipskartonplatten:** Schraubenköpfe nicht durch Papierlage hindurch gebohrt?				DIN 18181:2019-04, Abschnitt 5.4.1.6	
3.31	**GKF-Gipsfeuerschutzplatten:** Materialprüfung hinsichtlich GKF				DIN 18181:2019-04, Abschnitt 5.4.1.6	roter Aufdruck, Glasfasern im Aufbruch

– Diese Liste erfüllt nicht den Anspruch auf Vollständigkeit. –

Abnahme-Checkliste						
Gewerk: VOB/C ATV 18345 Wärmedämm-Verbundsysteme (Kapitel 6.11)						
BV:		**Datum:**		**Bearbeiter:**		
Nr.	**Überprüfung**	**zul. Grenzwerte**		**Erl.**	**Regelwerk**	**Prüfmittel**
		min.	**max.**	✓		
1	**Prüfung der Grundlagen/Unterlagen**					
1.1	**Fungizide und algizide Ausrüstung** erforderlich?					
1.2	**Verdübelung:** Protokoll über Dübelauszugsversuche					
1.3	**Untergrund:** Untergrund geeignet?				DIN 55699:2017-08, Abschnitt 5.3.1	
1.4	**WDVS mit keramischen Bekleidungen**: horizontale Feldbegrenzungsfugen: Fugenplan erstellt?	3 m			Verarbeitungsregel Hersteller, abZ, DIN 18515-1:2017-08, Abschnitt 6.3.3.3	
1.5	**WDVS mit keramischen Bekleidungen**: vertikale Begrenzungsfugen: Fugenplan erstellt?	6 m			Verarbeitungsregel Hersteller, abZ, DIN 18515-1:2017-08, Abschnitt 6.3.3.3	
2	**Materialprüfung/Funktionsprüfung**					
2.1	**Dämmstoffdicke:** gemäß Leistungsbeschreibung und Wärmeschutznachweis?					
2.2	**Dämmung:** gemäß Brandschutzanforderung?					
2.3	**Systemschichtenaufbau:** gemäß Zulassung/Prüfzeugnis, Leistungsbeschreibung?					
2.4	**Komponenten:** systemzugehörig?				abZ	
2.5	**Schichtdicken:** gemäß abZ?				abZ	
2.6	**Egalisationsanstrich:** gemäß Leistungsbeschreibung vorhanden?					
2.7	**Korndurchmesser:** gemäß Leistungsbeschreibung?					
2.8	**Verdübelung:** gemäß Prüfzeugnis vorhanden?					
2.9	**Verdübelung:** Anzahl gemäß Prüfzeugnis?					
2.10	**Sockel:** Dämmstoff wasserfest?				Prüfzeugnis	

Gewerk: VOB/C ATV 18345 Wärmedämm-Verbundsysteme (Kapitel 6.11)						
BV:		**Datum:**		**Bearbeiter:**		
Nr.	**Überprüfung**	**zul. Grenzwerte**		**Erl.**	**Regelwerk**	**Prüfmittel**
		min.	**max.**	✓		
3	**Prüfung der Ausführung**					
3.1	**Dübel:** Dübellagen sichtbar?					
3.2	**EPS-Dämmung: Risse** in der Armierungsschicht vorhanden?		0,2 mm		DIN EN 13499:2003-12, Anhang B (informativ)	
3.3	**KMF-Dämmung: Risse** in der Armierungsschicht vorhanden?		0,2 mm		DIN EN 13500:2003-12, Anhang B (informativ)	
3.4	**Risse** über den Fugen der Dämmplatten vorhanden?				DIN EN 13499:2003-12, Anhang B (informativ), DIN EN 13500:2003-12, Anhang B (informativ)	
3.5	**Armierungsgewebe:** im äußeren Drittel der Armierungsschicht?				allgemeine bauaufsichtliche Zulassung	
3.6	**Armierungsgewebe bei Unterputzdicke bis 4 mm:** mittig in der Armierungsschicht?				DIN 55699:2017-08, Abschnitt 6.8	
3.7	**Armierungsgewebe bei Unterputzdicke oberhalb von 4 mm:** in der oberen Hälfte der Armierungsschicht?				DIN 55699:2017-08, Abschnitt 6.8	
3.8	**Armierungsgewebe:** systemgebunden und imprägniert?					
3.9	**Aufbrennsperre:** verarbeitet?				Herstellervorschrift	
3.10	**Verarbeitungstemperaturen** gemäß DIN 55699 eingehalten?	≥ +5 °C			DIN 55699:2017-08, Abschnitt 6.3	Anfrage DWD
3.11	**Oberflächenstruktur:** gemäß Leistungsbeschreibung?					
3.12	**Farb-/Strukturunterschiede** im Bereich von Gerüstlagen erkennbar?					
3.13	**Fenster:** diagonale Zusatzarmierung im Bereich der Ecken vorhanden?				DIN 55699:2017-08, Abschnitt 6.8	
3.14	**Öffnungen:** Brandbarriere oberhalb vorhanden?				DIN 55699:2017-08, Abschnitt 5.4	

Gewerk: VOB/C ATV 18345 Wärmedämm-Verbundsysteme (Kapitel 6.11)						
BV:		**Datum:**		**Bearbeiter:**		
Nr.	**Überprüfung**	**zul. Grenzwerte**		**Erl.**	**Regelwerk**	**Prüfmittel**
		min.	**max.**	✓		
3.15	**Außenfensterbank:** Bordprofile leibungsbündig eingeputzt?				BFS-Merkblatt Nr. 21	
3.16	**Außenfensterbank:** Neigung gemäß Herstellervorschrift ausreichend?	ca. 5°, ca. 9 %			Herstellervorschrift, Leitfaden zur Planung und Ausführung der Montage von Fenstern und Haustüren für Neubau und Renovierung (2020), Abschnitt 7.4, Bild 7.22	
3.17	**Außenfensterbank aus Naturstein:** Neigung ausreichend?	ca. 4 %			BIV-Merkblatt 6.04 (2021), Abschnitt 7.1	
3.18	**Außenfensterbank:** Abstand Fassade – Tropfkante eingehalten?	≥ 40 mm			DIN 55699:2017-08, Abschnitt 5.3.2, DIN EN 13914-1:2016-09, Abschnitt 6.16.5	
3.19	**Außenfensterbank:** Auskragung Mindestmaß eingehalten?	≥ 20 mm			DIN 55699:2017-08, Abschnitt 5.3.2, Fachregel für Metallarbeiten im Dachdeckerhandwerk 2017-06, mit Änderungen 2020-11, Abb. A III.16	
3.20	**Außenfensterbank aus Cu:** Auskragung – Mindestmaß eingehalten?	≥ 50 mm			Fachregel für Metallarbeiten im Dachdeckerhandwerk, Fachregel für Metallarbeiten im Dachdeckerhandwerk 2017-06, mit Änderungen 2020-11, Abb. AIII.16	
3.21	**Fensteranschlüsse:** Anputzdichtleiste vorhanden?				Leitfaden zur Planung und Ausführung der Montage von Fenstern und Haustüren für Neubau und Renovierung, Ausgabe März 2020, Abschnitt 6.4.6	

Gewerk: VOB/C ATV 18345 Wärmedämm-Verbundsysteme (Kapitel 6.11)						
BV:		**Datum:**		**Bearbeiter:**		
Nr.	**Überprüfung**	**zul. Grenzwerte**		**Erl.**	**Regelwerk**	**Prüfmittel**
		min.	**max.**	✓		
3.22	**Vorkomprimiertes Fugenband** im Bereich von festen Bauteilanschlüssen vorhanden? (Blendrahmen, Türzargen, Blechanschlüsse, Fensterbänke)				Herstellervorschrift	
3.23	**Dämmplatten:** im Verband verlegt?	≥ 10 cm			DIN 55699:2017-08, Abschnitt 6.5	
3.24	**Dämmplatten:** ohne Kreuzfugen verlegt?				DIN 55699:2005-02, Abschnitt 6.3	
3.25	**Dämmplatten:** Dämmstoffoberfläche planeben?				DIN 55699:2017-08, Abschnitt 6.8	
3.26	**Unebenheitsausgleich:** Maximalmaß bei geklebten WDVS eingehalten?		10 mm/m		DIN 55699:2017-08, Abschnitt 6.4	
3.27	**Unebenheitsausgleich:** Maximalmaß bei geklebten und gedübelten WDVS eingehalten?		20 mm/m		DIN 55699:2017-08, Abschnitt 6.4	
3.28	**Unebenheitsausgleich:** Maximalmaß bei WDVS mit Schienensystemen eingehalten?		30 mm/m		DIN 55699:2017-08, Abschnitt 6.4	
3.29	**Klebemörtel:** Auftrag ausreichend?	40 %			abZ	
3.30	**Sockel:** Sockelabschlussprofil vorhanden?				DIN 55699:2017-08, Abschnitt 6.14	Taschenspiegel
3.31	**Sockel:** Profilverbinder vorhanden?				DIN 55699:2017-08, Abschnitt 6.14	Taschenspiegel
3.32	**Sockel:** Abdichtungsführung gemäß Herstellervorschriften?				VDPM-Merkblatt Sockelbereiche (2020), Abschnitt 3, Richtlinie Fassadensockelputz (2013)	
3.33	**Sockel:** Systemkomponenten für Spritzwasserbereich geeignet?				DIN 55699:2017-08, Abschnitt 6.15, VDPM-Merkblatt Sockelbereiche (2020), Richtlinie Fassadensockelputz (2013)	

Gewerk: VOB/C ATV 18345 Wärmedämm-Verbundsysteme (Kapitel 6.11)						
BV:		**Datum:**		**Bearbeiter:**		
Nr.	**Überprüfung**	**zul. Grenzwerte**		**Erl.**	**Regelwerk**	**Prüfmittel**
		min.	**max.**	✓		
3.34	**Sockel:** Systemkomponenten für Bereich unter GOF geeignet?				DIN 55699:2017-08, Abschnitt 6.15; VDPM-Merkblatt Sockelbereiche (2020); Richtlinie Fassadensockelputz (2013)	
3.35	**Sockel:** WDVS-Feuchteschutz bis 5 cm über GOF geführt?				DIN 55699:2017-08, Abschnitt 6.15, VDPM-Merkblatt Sockelbereiche (2020), Richtlinie Fassadensockelputz (2013)	Taschenspiegel
3.36	**Sockel:** Dämmung – Übergang zu Wandputz mit vorkomprimiertem Fugenband verschlossen?				BFS-Merkblatt 21, Abschnitt 4.4.4, Herstellervorschrift	Prüfnadel
3.37	**Systemgrenzen:** Kellenschnitt hergestellt?				BFS-Merkblatt 21, Abschnitt 4.4.4	
3.38	**Gerüstanker-Löcher:** mit Kunststoffkappen verschlossen?					Fernglas
3.39	**Türöffnungen:** Schwellenbereich dreidimensional eingedichtet?				Leitfaden zur Planung und Ausführung der Montage von Fenstern und Haustüren für Neubau und Renovierung, Ausgabe März 2020, Abschnitt 3.1.3	

Abnahme-Checkliste						
Gewerk: VOB/C ATV DIN 18350 Putz- und Stuckarbeiten (Kapitel 6.12)						
BV:		**Datum:**		**Bearbeiter:**		
Nr.	**Überprüfung**	**zul. Grenzwerte**		**Erl.**	**Regelwerk**	**Prüfmittel**
		min.	**max.**	✓		
1	**Prüfung der Grundlagen/Unterlagen**					
1.1	**Putzsystem:** für Verwendungszweck geeignet?					
2	**Materialprüfung/Funktionsprüfung**					
2.1	**Putzsystem:** gemäß Leistungsbeschreibung?					
2.2	**Putzdicken:**					
	Außenputz: mittlere Putzdicke Kalkputz, Kalkzementputz, Zementputz	20 mm			DIN EN 13914-1:2016-09, Abschnitt 6.18, Tabelle 7	
	Außenputz: Mindestdicke Kalkputz, Kalkzementputz, Zementputz	15 mm			DIN EN 13914-1:2016-09, Abschnitt 6.18, Tabelle 7	
	Innenputz: mittlere Putzdicke	15 mm			DIN EN 13914-2:2016-09, Abschnitt 6.9.2, Tabelle 4	
	Innenputz: Mindestdicke	10 mm			DIN EN 13914-2:2016-09, Abschnitt 6.9.2, Tabelle 4	
	Innenputz: Dicke Dünnlagenputz	3 mm	6 mm		DIN 18550-2:2015-06, Abschnitt 4.8	
3	**Prüfung der Ausführung**					
3.1	**Ebenmäßigkeit**		5 mm/m		DIN 18202: 2019-07, Tabelle 3	Messkeil, Wasserwaage
3.2	**Winkligkeit, Lotrechtigkeit**		6 mm/m		DIN 18202: 2019-07, Tabelle 2	Messkeil, Winkel, Wasserwaage
3.3	**Winkligkeit bei Fensterlaibungen < 0,5 m**		3 mm/ 0,5 m		DIN 18202: 2019-07, Tabelle 2	Messkeil, Winkel, Wasserwaage
3.4	**Ebenheit bei Vereinbarung einer Ebenheitsklasse:** eingehalten? Klasse 2		7 mm/ 2 m		DIN EN 13914-1: 2016-09, Abschnitt 6.10.3, Tabelle 6	Richtscheit

Gewerk: VOB/C ATV DIN 18350 Putz- und Stuckarbeiten (Kapitel 6.12)						
BV:		**Datum:**		**Bearbeiter:**		
Nr.	**Überprüfung**	**zul. Grenzwerte**		**Erl.**	**Regelwerk**	**Prüfmittel**
		min.	**max.**	✓		
3.5	**Oberflächenstruktur:** gemäß Leistungsbeschreibung, Bemusterung?					
3.6	**Oberflächenglättung:** malerfertig gemäß Leistungsbeschreibung?					
3.7	**Arbeitsansätze:** Gerüstlagen, Arbeitsansätze sichtbar?					
3.8	**Innenputz:** Luftdichtheit der Putzanschlüsse gegeben?				DIN EN 13914-2: 2016-09, Abschnitt 6.11	
3.9	**Putzrisse Außenputz**		0,2 mm		DIN EN 13914-1: 2016-09, WTA-Merkblatt 2-4-94	Rissmaßstab
3.10	**Putzrisse Außenputz, glatt**		≤ 0,1 mm		BFS-Merkblatt Nr. 9	Rissmaßstab
3.11	**Putzrisse Außenputz, Korn ≥ 3 mm**		≤ 0,2 mm		BFS-Merkblatt Nr. 9	Rissmaßstab
3.12	**Putzrisse Innenputz**				DIN EN 13914-2: 2016-09, Abschnitt 6.3.5	

– Diese Liste erfüllt nicht den Anspruch auf Vollständigkeit. –

Abnahme-Checkliste						
Luftdichtheit – gewerkübergreifend (Kapitel 6.14)						
BV:		**Datum:**		**Bearbeiter:**		
Nr.	**Überprüfung**	**zul. Grenzwerte**		**Erl.**	**Regelwerk**	**Prüfmittel**
		min.	**max.**	✓		
1	**Prüfung der Grundlagen/Unterlagen**					
1.1	**Planung der Luftdichtheitsschicht**				DIN 4108-7:2011-01	
2	**Materialprüfung/Funktionsprüfung**					
2.1	**Material Außenwände:** geeignet?				DIN 4108-7:2011-01	
2.2	**Material Dachschräge:** geeignet?				DIN 4108-7:2011-01	
2.3	**Material Dachdecke:** geeignet?				DIN 4108-7:2011-01	
2.4	**Material Deckenunterseite über Lufträumen:** geeignet?				DIN 4108-7:2011-01	
2.5	**Material Fensterfugen:** geeignet?				DIN 4108-7:2011-01	
3	**Prüfung der Ausführung**					
3.1	**Blower-Door-Prüfung** ohne raumlufttechnischen Anlagen?		$n_{50} \leq$ 3,0 h^{-1}		DIN 4108-7:2011-01	
3.2	**Blower-Door-Prüfung** mit raumlufttechnischen Anlagen?		$n_{50} \leq$ 1,5 h^{-1}		DIN 4108-7:2011-01	
3.3	**Blower-Door-Prüfung** IFB-Mindeststandard?		$n_{50} \leq$ 1,5 h^{-1}		IFB-Förderrichtlinie	
3.4	**Blower-Door-Prüfung** Altbausanierung energieeffizient?		$n_{50} \leq$ 1,5 h^{-1}		RAL-GZ 965:2009-04	
3.5	**Blower-Door-Prüfung** Niedrigenergiehaus?		$n_{50} \leq$ 1,0 h^{-1}		RAL-GZ 965:2009-04	
3.6	**Blower-Door-Prüfung** Passivhaus?		$n_{50} \leq$ 0,6 h^{-1}		RAL-GZ 965:2009-04	
3.7	**Blower-Door-Prüfung** IFB-Passivhaus?		$n_{50} \leq$ 0,6 h^{-1}		Eigenheim – Förderrichtlinie (IFB)	
3.8	**Blower-Door-Prüfung** IFB-Effizienzhaus 40?		$n_{50} \leq$ 0,6 h^{-1}		Eigenheim – Förderrichtlinie (IFB)	

– Diese Liste erfüllt nicht den Anspruch auf Vollständigkeit. –

7.3 Abkürzungsverzeichnis

A

abP	allgemeines bauaufsichtliches Prüfzeugnis
abZ	allgemeine bauaufsichtliche Zulassung
a. F.	alter Fassung
AG	Amtsgericht
AGB	Allgemeine Geschäftsbedingungen
AGBG	Gesetz zur Regelung des Rechts der Allgemeinen Geschäftsbedingungen
ALD	Außenluftdurchlässe
ArbStättV	Verordnung über Arbeitsstätten
ASR	Arbeitsstätten-Richtlinien
ATV	Allgemeine Technische Vertragsbedingungen für Bauleistungen

B

BauA	Bundesanstalt für Arbeitsschutz und Arbeitsmedizin
BauR	Baurecht (Zeitschrift)
BDZ	Bundesverband der Deutschen Zementindustrie e. V.
BFS	Bundesausschuss Farbe und Sachwertschutz e. V.
BGB	Bürgerliches Gesetzbuch
BGBl.	Bundesgesetzblatt
BGH	Bundesgerichtshof
BIS	Der Bau- und Immobiliensachverständige (Zeitschrift)
BPV	Biozidprodukte-Verordnung
BQÜ	baubegleitende Qualitätsüberwachung
BVerfG	Bundesverfassungsgericht
BVerwG	Bundesverwaltungsgericht
BWA	Bauwerksabdichtung

C

CE	Communauté Européenne: Europäische Gemeinschaft

D

DAfStb	Deutscher Ausschuss für Stahlbeton
DBV	Deutscher Beton- und Bautechnik-Verein e. V.
DGUV	Deutsche Gesetzliche Unfallversicherung e. V. (DGUV)
DIBt	Deutsches Institut für Bautechnik
DIN	Deutsches Institut für Normung
DIN EN	Deutsches Institut für Normung, Europäische Norm
DIN V	Deutsche Vornorm
DN	Diameter Nominal (Nenndurchmesser)
DNotZ	Deutsche Notarzeitschrift
DVWK	Deutsche Vereinigung für Wasserwirtschaft, Abwasser und Abfall e. V. (seit 2004 DWA)
DWA	Deutsche Vereinigung für Wasserwirtschaft, Abwasser und Abfall e. V.
DWD	Deutscher Wetterdienst

E

EAR	Empfehlungen für Anlagen des ruhenden Verkehrs
EFH	Einfamilienhaus
EN	Europäische Norm
EnEV	Energieeinsparverordnung
EPS	expandiertes Polystyrol
ESG	Einscheiben-Sicherheitsglas
et al.	et allii: und andere
EuGH	Europäischer Gerichtshof
EWS	Entwässerungssatzung

F

FGSV	Forschungsgesellschaft für Straßen- und Verkehrswesen e. V.
FLK	Flüssigkunststoffabdichtungen

G

GarVO Garagenverordnung
GEG Gesetz zur Einsparung von Energie und zur Nutzung erneuerbarer Energien zur Wärme- und Kälteerzeugung in Gebäuden (Gebäudeenergiegesetz – GEG)
GOF Geländeoberfläche
GOK Geländeoberkante
GP general purpose rendering/plastering mortar (Normalputz)
GVOBl Gesetz- und Verordnungsblatt

H

HGW Bemessungsgrundwasserstand
HHW Bemessungshochwasserstand
HOAI Honorarordnung für Architekten und Ingenieure

I

IBR Immobilien- & Baurecht (Urteilssammlung)
i. d. F. in der Fassung
IFB Investitions- und Förderbank
ift Institut für Fenstertechnik GmbH, Rosenheim
IGG Industriegruppe Gipsplatten
ISO International Organization for Standardization

K

KG Kammergericht
KMB kunststoffmodifizierte Bitumendickbeschichtung (PMBC)

L

LBauO Landesbauordnung
LG Landgericht
LV Leistungsverzeichnis
LW lightweight rendering/plastering mortar (Leichtputzmörtel)

M

MaBV Makler- und Bauträgerverordnung
MBO Musterbauordnung der Bauministerkonferenz (IS ARGEBAU)
MDR Monatsschrift für Deutsches Recht
MDS mineralische Dichtungsschlämme
MFH Mehrfamilienhaus
m. w. N. mit weiteren Nachweisen
µg Mikrogramm

N

NA Nationaler Anhang (Eurocode)
NCI ergänzende nicht widersprechende Angaben zur Anwendung des Nationalen Anhangs (en: „non-contradictory complementary information“). (Eurocode)
NEH Niedrigenergiehaus
NJW Neue Juristische Wochenschrift (Zeitschrift)
NJW-RR NJW-Rechtsprechungsreport
NZBau Neue Zeitschrift für Baurecht und Vergaberecht

O

OLG Oberlandesgericht
openJur freie juristische Datenbank

P

PMBC kunststoffmodifizierte Bitumendickbeschichtung, Polymer Modified Bituminous Thick Coatings

R

RAL Reichsausschuss für Lieferbedingungen RAL, Deutsches Institut für Gütesicherung und Kennzeichnung e. V.
RAL-GZ RAL-Gütezeichen
RAL-UZ RAL-Umweltzeichen
Rn. Randnummer

S

st. Rspr. ständige Rechtsprechung
SV Sachverständiger

V

VDE Verband Deutscher Elektrotechniker
VDI Verein Deutscher Ingenieure
VersR Versicherungsrecht (Zeitschrift)
VFF Verband der Fenster- und Fassadenhersteller e. V. (Name geändert zu Verband Fester + Fassade)
VG Verwaltungsgericht
VOB Vergabe- und Vertragsordnung für Bauleistungen (Teile A, B und C)
VVTB Verwaltungsvorschrift Technische Baubestimmungen

W

WDVS Wärmedämm-Verbundsystem
WHG Wasserhaushaltsgesetz
WLG Wärmeleitfähigkeitsgruppe
WM Wohnungswirtschaft und Mietrecht (Zeitschrift)
WM Zeitschrift für Wirtschafts- und Bankrecht, Wertpapier-Mitteilungen
WSchV Wärmeschutzverordnung
WTA Wissenschaftlich-technische Arbeitsgemeinschaft für Bauwerkserhaltung und Denkmalpflege e. V.
WU wasserundurchlässig
WuB Entscheidungssammlung zum Wirtschafts- und Bankrecht

Z

ZDB Zentralverband des Deutschen Baugewerbes
ZfBR Zeitschrift für deutsches und internationales Bau- und Vergaberecht
ZPO Zivilprozessordnung
ZR Zivilrecht
ZTV Zusätzliche Technische Vertragsbedingungen
ZVDH Zentralverband des Deutschen Dachdeckerhandwerks e. V.

7.4 Literaturverzeichnis

Literatur

A

Allgemeine Bedingungen für die Bauleistungsversicherung durch Auftraggeber (ABN 2008)

Allgemeine Versicherungsbedingungen für die Haftpflichtversicherung (AHB 2011)

Anstriche für Holz und Holzwerkstoffe im Außenbereich. Stand: Dezember 1999. Düsseldorf: Informationsdienst Holz e. V., 1999

Anwendung im Hochbau, 9. Aufl. Stand: September 1988. Datteln: Rheinzink, 1988

B

Bauteilkatalog – Planungshilfe für dauerhafte Betonbauteile. 9. Aufl. Berlin: Bundesverband der Deutschen Zementindustrie e. V. (BDZ), 2016

BFS-Merkblatt Nr. 9. Beschichtungen auf mineralischen und pastösen Außenputzen. Stand: November 2019. Frankfurt am Main: Bundesausschuss Farbe und Sachwertschutz (BFS), 2019

BFS-Merkblatt Nr. 12. Oberflächenbehandlung von Gipsplatten (Gipskartonplatten) und Gipsfaserplatten. Stand: Juli 2007. Frankfurt am Main: Bundesausschuss Farbe und Sachwertschutz e. V. (BFS), 2007

BFS-Merkblatt Nr. 12, Teil 2. Verarbeitung von Gipskartonplatten. Stand: November 1995. Frankfurt am Main: Bundesausschuss Farbe und Sachwertschutz e. V. (BFS), 1995

BFS-Merkblatt Nr. 19, Teil 1. Risse in unverputztem und verputztem Mauerwerk, in Gipskartonplatten und ähnlichen Stoffen auf Unterkonstruktionen, Ursachen und Bearbeitungsmöglichkeiten. Stand: August 1991. Frankfurt am Main: Bundesausschuss Farbe und Sachwertschutz e. V. (BFS), 1991

BFS-Merkblatt Nr. 21. Technische Richtlinien für die Planung und Verarbeitung von Wärmedämm-Verbundsystemen. Stand: Februar 2012. Frankfurt am Main: Bundesausschuss Farbe und Sachwertschutz e. V. (BFS), 2012

BIV-Merkblatt 1.05 Überzähne bei Fliesen und Plattenbelägen. Stand: Juli 2019. Frankfurt am Main: Bundesinnungsverband des Deutschen Steinmetz- und Steinbildhauerhandwerks (BIV), 2019

BIV-Merkblatt 6.04 Außenfensterbänke aus Naturstein. Stand: Mai 2021. Frankfurt am Main: Bundesinnungsverband des Deutschen Steinmetz- und Steinbildhauerhandwerks (BIV), 2021

Bosshard, H. H.: Holzkunde. 3 Bände. 2. Aufl. Basel/Berlin/Boston: Birkhäuser Verlag, 1984

Brüning, H.: Ist das Einbringen von Niederschlagswasser in Verblendmauerwerk messbar? In: Klaas, H.; Schulz, E.: Schäden an Außenwänden aus Ziegel- und Kalksandstein-Verblendmauerwerk, Stuttgart: Fraunhofer IRB Verlag, Stuttgart, 1995, S. 76

BWA-Richtlinien für Bauwerksabdichtungen. Band 1: Technische Regeln für die Planung und Ausführung von Abdichtungen erdberührter Bauwerksflächen oberhalb des Grundwasserspiegels. 2. vollständig überarbeitete und erweiterte Aufl. Hrsg.: Bundesfachabteilung Bauwerksabdichtung im Hauptverband der Deutschen Bauindustrie e. V. Dieburg: Otto Elsner Verlagsgesellschaft mbH Co. KG., 2021

D

DAfM-Richtlinie Nr. 2 Schlitze und Aussparungen in Mauerwerk. Hrsg.: Deutscher Ausschuss für Mauerwerk e. V. (DAfM). Berlin: Ernst und Sohn Verlag GmbH & Co. KG, 2020

DBV-Merkblatt Injektionsschlauchsysteme und quellfähige Einlagen für Arbeitsfugen. Stand: Dezember 2020. Berlin: Deutscher Beton- und Bautechnik-Verein e. V. (DBV). 2020

DV-Merkblatt Sichtbeton. Stand: Juni 2015. Berling: Deutscher Beton- und Bautechnik-Verein e. V. (DBV), 2015

DGUV-Information 201-056. Planungsgrundlagen von Anschlageinrichtungen auf Dächern. Stand: August 2015. Berlin: Deutsche Gesetzliche Unfallversicherung e. V. (DGUV), 2015

E

EAR 05 – Empfehlungen für Anlagen des ruhenden Verkehrs (FGSV-Nr. 283). Stand: April 2005. Köln: Forschungsgesellschaft für Straßen- und Verkehrswesen e. V., 2005

Eigenheim – Förderrichtlinie für selbstgenutztes Wohneigentum. Stand: gültig ab 1. Januar 2017. Hamburg: IFB Hamburg – Hamburgische Investitions- und Förderbank, 2017

F

Fachregel für Dachdeckungen mit Dachziegeln und Dachsteinen. Stand: Dezember 2012, mit Änderungen Februar 2016. Hrsg.: Zentralverband des Deutschen Dachdeckerhandwerks (ZVDH) – Fachverband Dach-, Wand- und Abdichtungstechnik e. V. Köln: Verlagsgesellschaft Rudolf Müller, 2012

Fachregel für Dächer mit Abdichtungen – Flachdachrichtlinie. Stand: Dezember 2016, zuletzt geändert März 2020. Hrsg.: Zentralverband des Deutschen Dachdeckerhandwerks (ZVDH) – Fachverband Dach-, Wand- und Abdichtungstechnik e. V. und Hauptverband der Deutschen Bauindustrie e. V. – Bundesfachabteilung Bauwerksabdichtung. Köln: Verlagsgesellschaft Rudolf Müller, 2020

Fachregel für Metallarbeiten im Dachdeckerhandwerk. Stand: Juni 2017, zuletzt geändert November 2020. Hrsg.: Zentralverband des Deutschen Dachdeckerhandwerks (ZVDH) – Fachverband Dach-, Wand- und Abdichtungstechnik e. V. Köln: Verlagsgesellschaft Rudolf Müller, 2020

Fachregeln des Zimmerhandwerks 01: Außenwandbekleidungen aus Holz. Stand: Januar 2020. Berlin: Zentralverband des Deutschen Baugewerbes (ZDB) – Bund Deutscher Zimmermeister (BDZ), 2020

Fachregeln des Zimmerhandwerks 02: Balkone und Terrassen. 2. Aufl. Stand: Dezember 2015. Berlin: Zentralverband des Deutschen Baugewerbes (ZDB) – Bund Deutscher Zimmermeister (BDZ), 2015

Fachwissen Holz. Stand: 2013. Berlin: Gesamtverband Deutscher Holzhandel e. V., 2013

Fassadensockelputz/Außenanlage – Richtlinie für die fachgerechte Planung und Ausführung des Fassadensockelputzes sowie des Anschlusses der Außenanlage. Gemeinsame Richtlinie der Berufsverbände, 3. Aufl. 2013. Leinfelden-Echterdingen: Fachverband der Stuckateure für Ausbau und Fassade Baden-Württemberg/ Verband Garten-, Landschafts- und Sportplatzbau Baden-Württemberg e. V., 2013

Fischer, H.: Schadensanalyse und bauphysikalisches Messen. expert Verlag, 1993

G

Grundregel für Dachdeckungen, Abdichtungen und Außenwandbekleidungen. Stand: September 1997. Hrsg.: Zentralverband des Deutschen Dachdeckerhandwerks (ZVDH) – Fachverband Dach-, Wand- und Abdichtungstechnik e. V. Köln: Verlagsgesellschaft Rudolf Müller.

H

Hankammer, G.: Abnahme von Bauleistungen. 1. Aufl. Köln: Verlagsgesellschaft Rudolf Müller, 2002

Hankammer, G.; Mentlein, H.; Stein, R.; Thieme-Hack, M.: Abnahme von Bauleistungen – Tiefbau. Köln: Verlagsgesellschaft Rudolf Müller, 2006

Hinweise Holz und Holzwerkstoffe. Stand: November 2017. Hrsg.: Zentralverband des Deutschen Dachdeckerhandwerks (ZVDH) – Fachverband Dach-, Wand- und Abdichtungstechnik e. V. Köln: Verlagsgesellschaft Rudolf Müller, 2017

Holz im Außenbereich. Stand: Dezember 2000. Düsseldorf: Informationsdienst Holz e. V., 2000

I

Ift-Richtlinie HO-11/2 – Visuelle Beurteilung von Innentürelementen aus Holz und Holzwerkstoffen sowie anderen Materialien. Stand: November 2012. Rosenheim: Ift-Rosenheim, 2012

Info Wespen. Stand: 2006. Bonn: NABU Bundesverband – Naturschutz Deutschland e. V., 2006

IVD-Merkblatt Nr. 27 Abdichten von Anschluss- und Bewegungsfugen an der Fassade mit spritzbaren Dichtstoffen. Stand: November 2014. Hrsg.: Industrieverband Dichtstoffe e. V. (IVD). Düsseldorf: HS Public Relations Verlag und Werbung GmbH, 2014

K

Kalksandstein – Planungshandbuch. Planung, Konstruktion, Ausführung. Hrsg.: Bundesverband Kalksandsteinindustrie e. V. 7. Aufl. Düsseldorf: Verlag Bau+ Technik GmbH, 2018

Kalksandstein. Der KS-ISO-Kimmstein. Hannover: KS-Info GmbH, 2004

Karsten, R.: Bauchemie für Schule und Baupraxis. 4., neu bearbeitete Aufl. Karlsruhe: Chemie und Technik Verlagsgesellschaft, 1966

Karsten, R.: Zur Frage einer Prüfung von Mörtel auf Wasserdichtigkeit. In: Das Baugewerbe Nr. 13, Juli 1963, S. 885

Konstruktive Ausbildung von Maßnahmen zur Verbesserung des Brandverhaltens von als „schwerentflammbar" einzustufenden Wärmedämmverbundsystemen mit EPS-Dämmstoff. Stand: Mai 2015. Berlin: Deutsches Institut für Bautechnik (DIBt), Referat II 1 Kunststoffbau, Fassadenbau, 2015

Künzel, H.: Außenputz, Untersuchungen, Erfahrungen, Überlegungen. Stuttgart: Fraunhofer IRB Verlag, 2003

L

Leitfaden zur Planung und Ausführung der Montage von Fenstern und Haustüren für Neubau und Renovierung. Stand: März 2020. Frankfurt am Main: RAL-Gütegemeinschaft Fenster und Haustüren e. V., 2020

M

Mentlein, H.: Pflasteratlas Planung, Konstruktion und Herstellung. 3. Aufl. Köln: Verlagsgesellschaft Rudolf Müller, 2009

Merkblatt 2: Hinweise und Richtlinien für Trockenbauarbeiten mit Gipsplatten-Systemen, Verspachtelung von Gipsplatten Oberflächengüten. Stand: November 2017. Berlin: Bundesverband der Gipsindustrie e. V., Industriegruppe Gipsplatten, 2017

Merkblatt 3: Fugen und Anschlüsse bei Gipsplatten- und Gipsfaserplattenkonstruktionen. Stand: April 2022. Berlin: Bundesverband der Gipsindustrie e. V., Industriegruppe Gipsplatten, 2022

Merkblatt 3: Putzoberflächen im Innenbereich – Qualitätsstufen: abgezogen, geglättet, abgerieben und gefilzt. Stand: August 2021. Berlin: Bundesverband der Gipsindustrie e. V., 2021

Merkblatt 5: Bäder und Feuchträume im Holzbau und Trockenbau. Stand: Dezember 2006. Neuauflage 2011. Berlin: Bundesverband der Gipsindustrie e. V.; Industriegruppe Gipsplatten, 2011

Merkblatt 6: Vorbehandlung von Trockenbauflächen aus Gipsplatten zur weitergehenden Oberflächenbeschichtung bzw. -bekleidung. Stand: Juni 2007. Neuauflage 2011. Berlin: Bundesverband der Gipsindustrie e. V.; Industriegruppe Gipsplatten, 2011

Merkblatt 12: Oberflächenbehandlung von Gipskartonplatten. Stand: Juli 2007. Frankfurt am Main: Bundesausschuss Farbe und Sachwertschutz, 2007

Merkblatt ATV-DVWK-M 902: Dränfilter aus Kokosfasern für gütegesicherte Dränrohre. ATV-DVWK-Regelwerk. Stand: Januar 2003. Hennef, 2003

Merkblatt Ausführung von Sockelbereichen bei Wärmedämm-Verbundsystemen und Putzsystemen. 2. Ausgabe August 2020. Berlin: Verband für Dämmsysteme, Putz und Mörtel e. V. (VDPM), 2020

Merkblatt Außenbeläge. Belagskonstruktionen mit Fliesen und Platten außerhalb von Gebäuden. Stand: Juli 2008, ergänzt um Abschnitt 4 August 2012. Berlin: Zentralverband Deutsches Baugewerbe (ZDB) – Fachverband Fliesen und Naturstein, 2008

Merkblatt Einbauteile bei Dachdeckungen. Stand: Juli 2013 mit Änderungen Dezember 2016. Hrsg.: Zentralverband des Deutschen Dachdeckerhandwerks (ZVDH) – Fachverband Dach-, Wand- und Abdichtungstechnik e. V. Köln: Verlagsgesellschaft Rudolf Müller, 2013

Merkblatt für Unterdächer, Unterdeckungen und Unterspannungen. Stand: Januar 2010. Hrsg.: Zentralverband des Deutschen Dachdeckerhandwerks (ZVDH) – Fachverband Dach- Wand- und Abdichtungstechnik e. V. Köln: Verlagsgesellschaft Rudolf Müller, 2010

Merkblatt Sichtbeton. Stand: 2015. Berlin: Deutscher Beton- und Bautechnikverein e. V. (DBV)/Bundesverband der Deutschen Zementindustrie, 2015

Merkblatt Wärmeschutz bei Dach und Wand. Stand: Mai 2018. Hrsg.: Zentralverband des Deutschen Dachdeckerhandwerks (ZVDH) – Fachverband Dach-, Wand- und Abdichtungstechnik e. V. Köln: Verlagsgesellschaft Rudolf Müller, 2018

Mönck, W.; Rug, W.: Holzbau: Bemessung und Konstruktion unter Beachtung von Eurocode 5. 13., vollständig neu gefasste Aufl. Berlin: Verlag für Bauwesen, 1998

Montageanleitung MEA Multinorm. Stand: Dezember 2018. Aichach: MEA Bausysteme, 2018

Mortensen, M.: Das Ermitteln von Wertminderungen für eine spezielle Gruppe von Baumängeln. BauR 1/1998

Muth, W.: Schäden an Dränanlagen. Stuttgart: Fraunhofer IRB Verlag, 1997

O

Oswald, R.; Abel, R.: Hinzunehmende Unregelmäßigkeiten bei Gebäuden. 3. Aufl. Gütersloh: Bauverlag, 2000

P

Pfefferkorn, W.: Rissschäden an Mauerwerk, 2. Aufl. Stuttgart: Fraunhofer IRB Verlag, 1996

[PMBC-Richtlinie]: Richtlinie für die Planung und Ausführung von Abdichtungen mit polymermodifizierten Bitumendickbeschichtungen (PMBC). 4. Ausgabe. Frankfurt am Main: Deutsche Bauchemie e. V., 2018

Praxistipps für die Ausführung von Mauerwerk. Mit Erläuterungen zu DIN EN 1996 (Eurocode 6). Stand: September 2013. Berlin: Zentralverband des Deutschen Baugewerbes (ZDB) und Deutsche Gesellschaft für Mauerwerksbau (DGfM) (Hrsg.), 2013

Produktdatenblatt für Dachziegel. Stand: April 2020. Köln: Fachverband Dach-, Wand- und Abdichtungstechnik e. V., 2020

Puche, M.: Mängel an Gebäude- und Bauteiloberflächen: Anforderungen, Schadensbilder, Ursachen, Bewertung: Köln: Verlagsgesellschaft Rudolf Müller, 2007

R

RAL-GZ 965 Planung und Bauausführung von Häusern in besonders energiesparender Bauweise. Stand: Oktober 2002. Bonn: RAL – Deutsches Institut für Gütesicherung und Kennzeichnung e. V., 2002

RAL-GZ 965:2009-04 Energieeffiziente Gebäude – Gütesicherung. Stand: April 2009. Saarbrücken: RAL – Deutsches Institut für Gütesicherung und Kennzeichnung e. V., 2009

Reichert, H.: Konstruktiver Mauerwerksbau – Bildkommentar zur DIN 1053 Teil 1, 7. Auflage, Köln: Verlagsgesellschaft Rudolf Müller, April 1994

Retschek, W.: Naturnahe Böschungssicherungsmethoden mit Geotextilien aus Kokos-Naturfasern. In: Österreichische Ingenieur- und Architekten-Zeitschrift (ÖIAZ) 9/1989, S. 485

Richtlinie Fassadensockelputz/Außenanlage. 3. Aufl. Stuttgart: Fachverband der Stukkateure für Ausbau und Fassade Baden-Württemberg, 2013

Richtlinie für die Bemessung und Ausführung von Flachstürzen. Berichtigte Fassung Juli 1979. Berlin: Deutscher Ausschuss für Stahlbeton im DIN Deutsches Institut für Normung e. V., 1979

Richtlinie zur Beurteilung der Produkteigenschaften von Raffstoren/Außenjalousien. Stand: August 2017. Fulda: Industrievereinigung Rollladen-Sonnenschutz-Automation e. V. (IVRSA), 2017

Richtlinien für die Standardisierung des Oberbaus von Verkehrsflächen (RStO 11). Stand: 2011. Köln: Forschungsgesellschaft für Straßen- und Verkehrswesen e. V. (FGSV), 2011

Richtlinie zur visuellen Beurteilung beschichteter Oberflächen (Richtlinie-Oberflächen – Rili-Ofl). Hrsg.: Arbeitskreis der Sachverständigen im bayerischen Maler- und Lackiererhandwerk. Stuttgart: Fraunhofer IRB Verlag, 3. Aufl. 2013

Rigips®-Lösungen für Feucht- und Nassräume Für jede Beanspruchung sicher planen". 4. Aufl. Düsseldorf: Saint Gobain Rigips GmbH, 2020

S

Schmitz, H.; Gerlach, R.; Meisel, U: Baukosten 2014/2015, 20. Aufl. Essen: Verlag für Wirtschaft und Verwaltung Hubert Wingen, 2015

Strukturierte Putzoberflächen – Visuelle Anforderungen. Stand: März 2008. Frankfurt am Main: Hauptverband Farbe, Gestaltung, Bautenschutz/Bundesinnungsverband des Deutschen Maler- und Lackierhandwerks/Bundesverband Ausbau und Fassade im Zentralverband des Deutschen Baugewerbes, 2008

T

Technische Regeln für Arbeitsstätten ASR A2.1, Schutz vor Absturz und herabfallenden Gegenständen, Betreten von Gefahrenbereichen. Ausgabe: November 2012, zuletzt geändert GMBl 2022. Berlin: Ausschuss für Arbeitsstätten, 2012

Technische Regeln für Arbeitsstätten ASR A3.6 Lüftung. Ausgabe: Januar 2012. Dortmund: Ausschuss für Arbeitsstätten; Bundesanstalt für Arbeitsschutz und Arbeitsmedizin (BauA), 2012

Technische Regeln für Arbeitsstätten ASR 5:1979-10 Lüftung. Stand: Oktober 1979. Dortmund: Ausschuss für Arbeitsstätten; Bundesanstalt für Arbeitsschutz und Arbeitsmedizin (BauA), 1979

Terrassen- und Balkonbeläge, Produktstandards und Anwendungsempfehlungen. Stand: Juli 2020. 5. Aufl. Berlin: Gesamtverband Deutscher Holzhandel e. V., 2020

V

Vergabe- und Vertragshandbuch für die Baumaßnahmen des Bundes. Ausgabe 2017. Stand: 2019. Berlin: Bundesministerium für Umwelt, Naturschutz, Bau und Reaktorsicherheit (BUMV), Abteilung „Bauwesen, Bauwirtschaft und Bundesbauten" (BUMV), 2019

VFF-Merkblatt AL.02 Visuelle Beurteilung von organisch beschichteten (lackierten) Oberflächen auf Aluminium. Stand: August 2016. Frankfurt am Main: Verband der Fenster- und Fassadenhersteller e. V. (VFF), 2016

VFF-Merkblatt AL.03 Visuelle Beurteilung von anodisch oxidierten (eloxierten) Oberflächen auf Aluminium. Stand: August 2016. Frankfurt am Main: Verband der Fenster- und Fassadenhersteller e. V., 2016

VFF-Merkblatt HO.03 Anforderungen an Beschichtungssysteme für die werksseitige Beschichtung von Holz- und Holz-Metall-Fenstern, -Haustüren und -Fassaden. Stand: September 2020. Frankfurt am Main: Verband Fenster und Fassade, 2020

VFF-Merkblatt HO.05. Richtlinie zur visuellen Beurteilung einer fertigbehandelten Oberfläche bei Holzfenstern und -fenstertüren. Stand: Mai 2009. Hadamar: Bundesinnungsverband (BIV) des Glaserhandwerks u. a., 2009

VFF-Merkblatt KU.01 Visuelle Beurteilung von Oberflächen von Kunststofffenster- und -Türelementen. Stand: August 2016. Frankfurt am Main: Verband der Fenster- und Fassadenhersteller e. V., 2016

VFF-Merkblatt ST.02 Visuelle Beurteilung von organisch beschichteten (lackierten) Oberflächen auf Stahl, Stand: August 2016. Frankfurt am Main: Verband der Fenster- und Fassadenhersteller e. V., 2016

VFF-Merkblatt ST.03 Visuelle Beurteilung von Oberflächen aus Edelstahl Rostfrei. Stand: August 2016. Frankfurt am Main: Verband der Fenster- und Fassadenhersteller e. V., 2016

VFF-Merkblatt V.06-1 Richtlinie zur Beurteilung der visuellen Qualität von Glas für das Bauwesen. Stand: März 2019. Frankfurt am Main: Verband der Fenster- und Fassadenhersteller e. V., 2019

VOB/C Technische Vorschriften für Bauleistungen II Maurerarbeiten DIN 1963:1925-08

VOB/C ATV DIN 18299:2016-09 Allgemeine Technische Vertragsbedingungen für Bauleistungen (ATV) – Allgemeine Regelungen für Bauarbeiten jeder Art

VOB/C ATV DIN 18318:2019-09 Verkehrswegbauarbeiten – Pflasterdecken und Plattenbeläge, Einfassungen

VOB/C ATV DIN 18330:2019-09 Mauerarbeiten

VOB/C ATV DIN 18331:2016-09 Betonarbeiten: DIN EN 1992-1-1:2011-01 Eurocode 2: Bemessung und Konstruktion von Stahlbeton- und Spannbetontragwerken Teil 1-1: Allgemeine Bemessungsregeln und Regeln für den Hochbau

VOB/C ATV DIN 18336 Abdichtungsarbeiten

VOB/C ATV DIN 18338:2016-09 Dachdeckungs- und Dachabdichtungsarbeiten

VOB/C ATV DIN 18339:2016-09 Klempnerarbeiten

VOB/C ATV DIN 18340:2016-09 Trockenbauarbeiten

VOB/C ATV DIN 18345 VOB Wärmedämm-Verbundsysteme

VOB/C ATV DIN 18459:2012-09 Abbruch- und Rückbauarbeiten

VOB/C ATV DIN 18350 Putz- und Stuckarbeiten

W

WTA-Merkblatt 2-4. Beurteilung und Instandsetzung gerissener Putze an Fassaden. Stand: August 2014. Hrsg.: Wissenschaftlich-technische Arbeitsgemeinschaft für Bauwerkserhaltung und Denkmalpflege e. V. (WTA). Stuttgart: Fraunhofer IRB Verlag, 2008

[WU-Richtlinie]: Wasserundurchlässige Bauwerke aus Beton (WU-Richtlinie). Stand: Dezember 2017. Berlin: Deutscher Ausschuss für Stahlbeton (DAfStb) im DIN Deutsches Institut für Normung e. V., 2017

Z

ZDB-Merkblatt Verbundabdichtungen. Stand: August 2012. Hrsg.: Zentralverband Deutsches Baugewerbe (ZDB). Köln: Rudolf Müller Verlag, 2012

Ziegel-Bauberatung, Ziegelwand und Bauteile. Stand: Juli 1999. Bonn: Bundesverband der Deutschen Ziegelindustrie e. V., 1999

Ziegel Lexikon Mauerwerk, 2016. München: Ziegel Zentrum Süd e. V., 2020

Rechtsvorschriften

Arbeitsstättenverordnung vom 12. August 2004 (BGBl. I S. 2179), die zuletzt durch Artikel 4 des Gesetzes vom 22. Dezember 2020 (BGBl. I S. 3334) geändert worden ist

[Bauproduktenverordnung]: Verordnung (EU) Nr. 305/2011 des Europäischen Parlaments und des Rates vom 9. März 2011 zur Festlegung harmonisierter Bedingungen für die Vermarktung von Bauprodukten und zur Aufhebung der Richtlinie 89/106 EWG des Rates

BGB: Bürgerliches Gesetzbuch in der Fassung der Bekanntmachung vom 2. Januar 2002 (BGBl. I S. 42, 2909; 2003 I S. 738), das zuletzt durch Artikel 2 des Gesetzes vom 21. Dezember 2021 (BGBl. I S. 5252) geändert worden ist

HmbAbwG: Hamburgisches Abwassergesetz (HmbAbwG) in der Fassung vom 24. Juli 2001, letzte berücksichtigte Änderung: zuletzt geändert durch Artikel 5 des Gesetzes vom 23. Januar 2018 (HmbGVBl. S. 19, 27)

HOAI: Verordnung über die Honorare für Architekten- und Ingenieurleistungen (Honorarordnung für Architekten und Ingenieure – HOAI) vom 10. Juli 2013 (BGBl. I S. 2276), die durch Artikel 1 der Verordnung vom 2. Dezember 2020 (BGBl. I S. 2636) geändert worden ist

Landesbauordnung für das Land Schleswig-Holstein (LBO) vom 22.01.2009, letzte berücksichtigte Änderung: § 81 neu gefasst (Art. 4 Ges. v. 06.12.2021, GVOBl. S. 1422)

MBO: Musterbauordnung – MBO, Fassung November 2002, zuletzt geändert durch Beschluss der Bauministerkonferenz vom 13.05.2016

Technische Abwassersatzung der Landeshauptstadt Düsseldorf (Abwassersatzung) vom 19.04.2021, redaktioneller Stand: Juni 2021

Wasserhaushaltsgesetz: Gesetz zur Ordnung des Wasserhaushalts (Wasserhaushaltsgesetz – WHG) vom 31. Juli 2009 (BGBl. I S. 2585), das zuletzt durch Artikel 2 des Gesetzes vom 18. August 2021 (BGBl. I S. 3901) geändert worden ist

Wohnungseigentumsgesetz: Gesetz über das Wohnungseigentum und das Dauerwohnrecht (Wohnungseigentumsgesetz) in der Fassung der Bekanntmachung vom 12. Januar 2021 (BGBl. I S. 34)

[ZPO]: Zivilprozessordnung in der Fassung der Bekanntmachung vom 5. Dezember 2005 (BGBl. I S. 3202; 2006 I S. 431; 2007 I S. 1781), die zuletzt durch Artikel 3 des Gesetzes vom 5. Oktober 2021 (BGBl. I S. 4607) geändert worden ist

7.5 Stichwortverzeichnis

A

Abbruch 466
Abdichtung, an Türen 301
Abdichtungsarbeiten 295
Abdichtungshöhe 300
Abgasanlage 338
Ablauf 369
- von Balkonen oder Loggien 370
- zu Wartungszwecken 369
Ablauf/Notab- und Notüberlauf 346
Abnahme
- bei Abbruch- und Entsorgungsarbeiten 63
- bei Ablehnung 65
- bei Kündigung 64
- bei WEG-Projekten 46
- durch Architekten 37
- durch Sachverständige 45
–, fiktive 22
–, förmliche 13, 20, 22
–, konkludente 18
–, Kosten 29
–, technische 21
–, Verweigerung 30
- von Architekten- und Ingenieurleistungen 58
- von Sanierungsmaßnahmen 62
- Vorbereitung 28
Abnahmefolgen 75
Abnahmeprotokoll 67, 68
Abnahmeverweigerung 32
Abrissfuge 386
Absturz, Schutz vor 291
Abzug neu für alt 97
Algen 438
Aluminiumfensterbank 426
anerkannte Regeln der Technik 86, 135
Anputzdichtleiste 435, 436
Anputzleiste 435
Ansatz 456
Anscheinsvollmacht 40
Anschlageinrichtung 357
Anschlagpunkt 355
Anschluss
- an aufgehende Bauteile 351
- an Durchdringungen 351
- an Türen 352
- mit Abdichtungen 363
- und Fugen von Montagewänden 386
Anschlussfuge 434
Anschlusshöhe 351, 352, 353
Anwendungsklasse 342
Arbeitsfuge 233
Architektenvollmacht 41
Armierung 417
Armierungsschicht 417
Armierungsschichtdicke 418
Attikaabdeckung 360
Auftritt 285
Auftrittsbreite 286
Ausblühung 198
Ausgleichsfeuchtegehalt 458
Auslaugung 198
Ausschreibungs- und Planungsmängel 84
Außenfensterbank 428
Außenputzsystem 455
Außenwandabdichtung 295
Außenwandbekleidung 318
- aus Holz oder Holzwerkstoffen 273
Aussparung 218, 221

B

Balkenauflager 262
Balkongefälle 249, 250
Balkongeländerstütze 355
Balkonplatten 249
Baufeuchte 457
Bauherrenhaftpflichtversicherung 66
Bauleistungsversicherung 65
Bauplatten (GKB) 407
Bauplatten – imprägniert (GKBI) 407
Bauregelliste des Deutschen Instituts für Bautechnik (DIBt) 142
Baurichtmaß 203
Bauwerksabdichtung 308
Bauwesenversicherung 65
Beanspruchungsart durch Feuchtigkeit 295
Beanstandungen/Unregelmäßigkeiten 123
Beanstandungsliste 68
Beaufortskala 459
Beeinträchtigung der Gebrauchsfähigkeit, erhebliche 85
Befestigungsabstand 365
Befestigungsmittel 404
Bemessungsgrundwasserstand 297
Bemessungshochwasserstand 297
Bemessungswasserstand 150, 229, 297
Beschaffenheit, vereinbarte 88
Beschichtungssystem, Instandsetzungsintervalle 277
Besitzübergang 56
Beton, wasserundurchlässiger 230
Betonpflastersteine 169
Betrachterabstand 124, 130
Betrachtungsabstand 127, 128
Beurteilung 124
–, visuelle 126
Beurteilungsschema 388
Bewegungsfuge 378, 381, 385
Bezugsfertigkeit 34
Bitumendickbeschichtung, kunststoffmodifizierte 312, 314
Bitumenkorrosion 374
Bleianschluss 359
Blower Door 458
Blower-Door-Verfahren 465
Bodenabstand 273
Bodeneinlauf 177
Bodenfeuchte 297
Bordprofil 425, 427
Brandbarriere 414
Brandriegel 415, 416
Brandschaden 414
Brandschutz 407
Brettbekleidung 272
Brüstung 291

C

Calciumcarbonat 200
Checklisten 468

D

Dachabdichtung 341, 351
Dachbegrünung 355
Dachdeckung 318, 324
Dachdeckungsarbeit 319
Dachdichtungsbahn 348
Dachentwässerung 346, 368
Dachflächenfenster 328, 329
Dachneigung 250, 344, 345
Dachrandabdeckung 360
Dachrinne 372, 373
–, vorgehängte 373
Dachschräge 331
Dachstein 324

Dachterrasse 369
Dachziegel 322, 324
Dampfsperre 388, 391
Dampfsperrfolie 395
Deckenfläche, Risse 380
Dehnfuge 381
Dehnungsausgleicher 366, 426
Dehnungsfuge 207, 402, 434
Dichtstoffverfugung 364
Dilatationsausgleich 349
DIN-Normen 86, 139
Drahtanker 212
Dränagewasser 158
Dränrohr 162
Druckzuschlag 121
Dübel 435
Duldungsvollmacht 39
Dünnbettmörtel 216
Durchdringung 349, 394, 424

E

Ebenheit 174, 434, 448
Einbaufeuchte 278
Einwirkungsklasse 341
Einwirkungsstufen 342
Entsorgungsnachweis 149
Entwässerung 346
Entwässerungsöffnung 188
Entwässerungsrinne 176, 353
Erdarbeiten 149
Ersatzvornahme 14
Expositionsklassen 242

F

Fälligkeit der Vergütung 17
Fallrohr 371, 375, 377, 378
Fassadendämmung 419
Feinriss 443
Fensterbank 216, 367, 424, 425, 430, 433
Fensterbankblech 426
Fensterbankneigung 431
Fensterbankprofil 425
Fensterbanksystem, schlagregendichtes 429
Fensterleibung 453
Fenstersohlbank 216
Feuchtegehalt, praktischer 458
Feuchteschutz 185
– während der Bauzeit 268
Feuchtesperrschicht 192
Feuchtigkeitsbrücke 303
Feuerschutzplatten (GKF) 407
Feuerschutzplatten – imprägniert (GKFI) 407
Filigranelement-Deckenplatte 244, 245
Flachdach 341
Flachdachablauf 371
Flachdachrichtlinie 341, 351
Flachsturz, vorgespannter 214
Flechten 439
Flechtenbildung 439
Fliegengitter 264
Fugenausbildung 383
Fugenband 234
Fugenblech 234
Fugenbreite 169
Fuge und Anschluss 384
Fungizide 440
Funktionswert 113

G

Gebäudeaußentreppe 238
Gebäudeversicherung 67
Gebrauchswert 113
Gefälle 172, 344, 345
Geländerhöhe 290
Geltungswert 113
Gemeinschaftseigentum 47
Gewährleistungsarbeiten 27
Gipsausblühung 200
Gipsfaserplattenkonstruktion 379
Gipskartonabriss 378
Gipskartonoberfläche 450
Gipskartonwand 380
Gipsplatten 381
Gipsplattenabriss 388
Gipsplattenkonstruktion 379
Gleichgewichtsfeuchte 279, 420, 458
Grenzabweichungen für Maße 146
Grenzwerte
– für Ebenheitsabweichungen 147
– für Winkelabweichungen 146
Grundstücksentwässerungsanlage 370
Grundwasser 156, 157, 158
Gutachten
–, außergerichtliches 45
–, gerichtliches 45

H

Haarriss 378, 382, 444
Haarrissbildung 445, 446
Hauerbuckel 362, 363
Hauptvertragspflicht 30
Herstellerrichtlinie 87
Herstellervorschrift 87
Hinterlüftung 331
HOAI 42
Holzfeuchte 269, 280
Holzschalung 271, 343
Holzschutz 267, 268
Holztreppe 285

I

Imprägnierung 274
Injektionsschlauchsystem 234
Innenputzsystem 455
Insektengitter 264
Installationsdurchgang 350

K

Kalkauslaugung 200
Kantenabplatzung 179
Kehlblech 321
Kehlbreite 320
Kehle 320, 366
Kehlneigung 320
Kellerlichtschacht 236, 240
Kimmschicht 216, 217
Kleintierschutz 266
Klemmprofil 363, 365
Klemmschiene 364
Klempnerarbeit 357
Kokosummantelung 162

L

Längenänderung
–, hygrische 379, 382
–, thermische 382
Längenausdehnung 366
Lattenabstand 319
Laufbreite 285
Leibung 453
Leitungswasserschadenversicherung 67
lichte Höhe 288
Lichtschacht 238
Luftdichtheit 389, 391, 392, 458, 459, 462
Luftdichtheitsbahn 390
Luftdichtheitsschicht 388, 389, 390, 392, 393, 394
Lufteintrittsgeschwindigkeit 462
Luftfeuchtigkeit 457
Luftschicht 188
Lüftungsgitter 264, 265, 266
Lüftungsrohr 350
Luftwechselrate 458
Luftwechselzahl 465

M

Mangel 77
–, arglistig verschwiegener 92
–, optischer 90
–, technischer 90
–, versteckter 93
–, wesentlicher 31, 85
Mangelbegriff
- bei Kaufverträgen 81
- bei Mietverträgen 82
Mängelbeseitigungsarbeiten 27
Mangelbewertung 94
Mängelliste 467
Maßtoleranzen 145
Mauerabdeckung 360, 361
Mauerwerk 221
–, zweischaliges 186, 188
Mauerwerksquerschnittsabdichtung 192, 196, 197
Mauerwerksverband 209
Maximalgefälle 173
Mikroorganismen 438, 439
- auf Fassaden 436
Minderung 14, 16, 17, 100
Minderwert
–, betrieblicher 104
–, merkantiler 104
–, technischer 104
Minderwertermittlung 105
Mindestgefälle 172, 374
Mindesttrockenschichtdicke 315

N

Nacherfüllung 14, 16, 95
Nacherfüllungskosten 95
Nahtverbindung 347
Neigung 216
Nennmaß der Steine 205
Niederschlagsfläche 372, 373
Noniusabhänger 408
Notüberlauf 371
Nutzungsklassen 297

O

Oberputz 421
Oktametermaß 203
Ortgang 358, 359
Ortganganschluss 357

P

Perimeterdämmung 419
Pflasterdecke 169, 176, 178
Pflasterfläche 172
Pfützenbildung 344
Plattenbelag 169, 174
PMBC 312, 314
Präzision 123
Putzdicke 454
Putzoberfläche 450, 451
Putzriss 442
- Beurteilungsschema 447
Putzsystem, wasserabweisendes 448
Putzträgerplatten (GKP) 407

Q

Qualitätsstufe 1 Grundverspachtelung 400
Qualitätsstufe 2 Standardverspachtelung 400, 401
Qualitätsstufe 3 Sonderverspachtelung 400, 402
Qualitätsstufe 4 Sonderverspachtelung 400, 402
Qualitätsstufen 450, 451
Querschnittsabdichtung 280, 303

R

Rampenausrundung 179
Rampenentwässerung 180
Rampenneigung 173, 179
Randeinfassung 174, 175
Raumluftgeschwindigkeit 463
Regeldachneigung 335
Regenfallleitung 372, 377, 378
Regenfallrohr 375
Regensicherheit 333
–, Zusatzmaßnahmen 334
Regenwasserfallleitung 370
Reinigungsöffnung 376, 377
Riffelholzdiele 254
Rinne 371
Rinnengefälle 373
Riss 185
–, bauwerksbedingter 442
–, putzbedingter 443
–, putzgrundbedingter 442
Rissarten 442
Rissbewehrung 232
Rohbaufeuerversicherung 67
Rohrschelle 375
Rücktritt 14, 16, 121

S

Salzausblühung 198
Schachtdeckel 178
Schadenersatz 16
Schadensersatzpflicht 83
Schalung
- aus Holzwerkstoffen 343
- aus Vollholz 343
Schicht
–, diffusionsbremsende 391
–, diffusionsdichte 391
–, diffusionshemmende 391
–, diffusionsoffene 391
–, diffusionssperrende 391
Schichtdicke 275
Schichtenwasser 151
Schimmelpilzbefall 282
Schimmelpilze 280, 439, 440
Schlagregensicherheit 185
Schlitz 218
–, vertikaler 221
Schlussrechnung 23, 24
Schornstein 337
Schraubenabstand 403
Schutzanstrich 374
Schweißraupen 347
Schwelle, niveaugleiche 303, 308
Schwellenausbildung 306
Schwindmaß 255
Schwindriss 248
Schwind- und Quellmaß 282, 283
Sekurante 355
Selbstvornahme 17
Sichtbeton 222
Sichtmauerwerk 184
Sockel 420
Sockelabschlussprofil 422
Sockeldämmung 419
Sockelprofil 423
Sollschichtdicke 418
Sondereigentum 47
Sowiesokosten 96
Spenglerschraube 362
Spritzwasserschutz 273
Spritzwasser und Bodenfeuchte 298
Stand der Technik 141
Standfläche 338
Standrohr 377
Standstein 337
Steigung 285
Steigungshöhe 286
Stolperstelle 178
Stoß- und Lagerfuge 201
Stoßverbinder 422
Streiflicht 124
Struktur 456
Struktur/Ansätze 434
Stuckgesimse 456
Stülpfassade 273
Sturz 214

T

Tapezier- und Klebearbeit 381
Tauwasser 388
Tauwassernachweis 331, 332
Teilabnahme
- § 12 Nr. 2 VOB/B 25
–, unechte 21
Teileigentum 47
Teilsickerrohre 167
Terrassendiele 254
Terrassentür 304, 352
Terrassen- und Balkonbelag 258, 260
Toleranzen 448
Toleranzen im Hochbau 123
Traufblech 324, 325, 326
Traufe 324, 326, 327
Trennrissbreite 233
Trennschnitt 382
Treppendurchgangshöhe, lichte 289
Treppenstufenneigung 294
Trittstein 337
Trittstufe 287
Trockenbauarbeit 378, 380
Trockenbau in Feuchträumen 406
Trockenbautechnik 380
Trockenschichtdicke 275, 288, 312
Tropfkante 361, 431, 432
Türanschluss 353
Türecke 398
Türschwelle 301, 309, 433

U

Überbindemaß 210
Umwehrung 291
Unmöglichkeit 100, 101
Unterdach 335
Unterdeckung 335
Unterkonstruktion 403
Unterputz 417, 421
Unterspannbahn 325, 328, 331
Unterspannung 335
Unverhältnismäßigkeit 100, 101
Unzumutbarkeit 101, 103

V

Verband 209
–, wilder 210, 211
Verbandsregeln 211
Verblendmauerwerk 181, 185
Verblendsockel 306
Verblendsturz 214
Verblendverfugung 197
Verpressschlauch 234
Verspachtelung 399
Vertragsbestandteil 89
Vertragsstrafe 72
Vertragsstrafenvorbehalt 24
Verwaltungsvorschrift „Technische Baubestimmungen“ (VVTB) 144
Vollmacht 41
Vollsickerrohre 167
Vollsparrendämmung 331
Vorteilsausgleich 96
Vorwegabnahme 30

W

Wandsockel 300, 302, 314
Wärmebrücke 214
Wärmedämmung 331, 388
Wärmedämm-Verbundfassade 438
Wärmedämm-Verbundsystem 410, 411, 412, 417, 420, 423, 424, 434, 442
Wärmeschutz 261
Wartung 276
Wasser
–, drückendes 298
–, nicht drückendes 298
Wasseraufnahmekoeffizient 448
Wasserdampfpartialdruck 390
Wasserdampfwanderung 390
Wassereinwirkungsklasse 297, 312, 314
Weißen Wanne 233
– aus WU-Beton 153, 228
wilder Verband 210
Windbeanspruchung 408
Winddichtheit 388, 389
Winddichtheitsschicht 388, 389
Windrispenband 252, 386
Windsperre 388
Winkeltoleranz 453
Winkligkeit 453
WU-Beton 228
Wurzelschutzbahnen 355

Z

Z-Folie 283, 306
Ziegel 183
Zielbaumverfahren 113
Zulassung, bauaufsichtliche 417
Zuschnittsbreite 321
Zustandsfeststellung 14
– von Teilen der Leistung 26